資料壓縮-第三版

Introduction to DATA COMPRESSION
Third Edition

Khalid Sayood　原著
吳俊霖　編譯

全華圖書股份有限公司　Elsevier(Singapore) Pte Ltd. 合作出版

Introduction to Data Compression 3e

Khalid Saywood

ISBN: 978-0-12-620862-7 (0-12-620862-X)

Authorized translation from English language edition published by the Proprietor.

ISBN: 978-981-259-862-2 (981-259-862-6)

Elsevier (Singapore) Pte Ltd.

3 Killiney Road

#08-01 Winsland Hose I

Singapore 239519

Tel: (65) 6349-0200

Fax: (65) 6733-1817

First Published 2008

2008 年初版

序
Preface

近十年來，資料壓縮的使用已經無所不在。從幾乎每個年輕人都戴在耳邊 (甚至有些不那麼年輕的人也一樣) 的 mp3 播放機、手機、DVD 到數位電視，資料壓縮已經是所有資訊技術不可分割的一部分。資料壓縮愈來愈融入日常生活中，也表示這項技術已經具備了一定的成熟度。本書與前一版之間的差異，比起本書第二版與第一版之間的差異要少，這一點也反映了資料壓縮技術的成熟。在本書第二版中，我們加入了第一版問世之後才發展出來的新技術。在這一版中，我們的主要目的是納入第二版中沒有詳細討論的一些重要主題，例如音訊壓縮。在這段期間內，這個領域並沒有完全停止發展，我們也嘗試納入有關新發展的資訊。我們添加了新的一章，討論音訊壓縮 (其中包括 mp3 演算法的描述)。我們加入了有關新標準的資訊，例如新的視訊編碼及新的傳真標準。我們重新組織了書中的題材，把有關無失真影像壓縮的各種技術與標準收集在一起，放在獨立的一章內，我們也更新了一些章節；有一些材料也許一開始就應該出現，我們也加入了這些內容。

這些修改使本書的篇幅大為增加，然而我們的目的仍然不變：介紹資料壓縮這門藝術或科學。大部份常用的壓縮技術都附有一段講義形式的描述，隨後則描述這些技術如何應用於影像、語音、文字、音訊及視訊壓縮。

由於這個領域進展的速度非常快，必然會有一些新的進展無法容納於本書中，為了讓讀者能隨時掌握這些進展，我們將在 *http://www.mkp.com* 網站上定期提供更新資訊。

讀者群

如果讀者從事壓縮演算法的硬體或軟體實作，或需要與進行該項設計的人員互動，或參與了多媒體應用的開發，並且具有電機工程、計算機工程或計算機科學背景，那麼這本書應該對您很有幫助。我們在書中納入了大量的範例，以協助讀者自行研讀。我們也納入了各種多媒體標準的討論。我們的目的並不是提供實作某一項標準可能需要的所有細節，而是提供有助於讀者瞭解標準說明文件的資訊。

課程使用

撰書本書的動機是：我們需要一本內容完整的教科書，以供給電機系、計算機工程系或計算機科學系開設大四/碩一程度的資料壓縮課程。大部份的章後面都附有習題和專案。習題解答手冊可從出版商獲得。我們也在 *http://sensin.unl.edu/idc/index.html* 這個網頁上提供了指向各種課程首頁的連結，這些連結是專案構想和支援材料的寶貴資源。

　　本書的材料對於一個學期的課程而言太多了，不過，如果審慎地使用帶有星號的章節，本書可以修改成適合「強調壓縮的各種層面」的資料壓縮課程。如果課程強調的重點是無失真壓縮，教師可以涵蓋前七章中大部份的章節，並且可以講授第 9 章的 1–5 節及第 13 章 (包括其中有關 JPEG 的描述)，然後講授第 18 章 (描述多媒體通訊中使用的視訊壓縮方法)，讓學生稍微瞭解什麼是有失真壓縮。如果課程的興趣更偏向音訊壓縮，教師可以不教第 13 章和第 18 章，改為講授第 14 章和第 16 章。如果選擇後者，可以根據班上學生的背景，指定第 12 章作為課外閱讀。如果強調的重點是有失真壓縮，教師可以講授第 2 章、第 3 章的前兩節、第 4 章的第 4 節和第 6 節 (並簡短地討論一下第 2 節和第 3 節)、第 8 章、從第 9 章選擇的一些章節，以及第 10 章到第 15 章。此時可以衡量剩餘的時間有多少，以及教師與學生的興趣，講授最後三章的部份章節。我發現指定期末專案，讓學生按照自己的興趣發揮，對於教導課程中沒有涵蓋，然而學生很感興趣的材料，一直都很有效。

策略

在本書中，我們涵蓋了無失真和有失真壓縮技術，以及這些技術在影像、語音、文字、音訊和視訊方面的應用。我們介紹了各種無失真和有失真的編碼技術，而且只使用到恰好足以把所有材料聯繫起來的理論。需要用到的理論，在使用前會先加以說明。因此，本書有三章討論數學基礎，在這三章中，我們介紹瞭解與領悟後面章節中的技術需要的數學知識。

雖然這本書是導論課本，然而對於不同的讀者來說，「導論」這個辭可能代表不同的意義。我們採取雙軌策略，試圖滿足不同讀者群的需要。如果我們覺得某些材料可以增進讀者對於討論主題的瞭解，然而即使跳過這些材料，也不會嚴重妨礙讀者對於技術的瞭解，我們會把這些章節標上星號 (★)。如果讀者的主要興趣是瞭解各種技術如何運行，特別是如果讀者自行研讀本書，我們建議您跳過帶星號的章節，至少在第一次閱讀本書時這麼做。需要多一點理論性討論的讀者應該閱讀帶星號的章節。除了帶星號的章節之外，我們已經嘗試讓運用到的數學降到最少的程度。

從本書學習

我發現如果能看到範例的話，會更容易理解，因此我利用非常多的範例來解釋觀念。如果讀者覺得某些觀念很困難，您將會發現，多花一點時間來研讀範例是非常有用的。大體而言，壓縮仍然是一門藝術，想要精通一門藝術，必須對整個過程有「感覺」。我們附上了大部份書中所討論的技術的軟體實作，以及大量的資料集，這些軟體與資料集可從 *ftp://ftp.mkp.com/pub/Sayood* 取得。這些程式是以 C 語言撰寫的，已經在一些平台上測試過。這些程式在大部份的 UNIX 機器上應該都能執行，只要稍微修改一下，應該也可以在其他作業系統下執行。pub/Sayood 目錄下的 README 檔案中含有更詳細的資訊。

我們非常鼓勵讀者使用及修改這些程式，並且使用它們來處理讀者喜愛的資料，以便瞭解資料壓縮會遇到的問題。當讀者讀完本書時，開發自己的壓縮軟體套件，應該是一個非常有用，也可以達成的目標，這也是學習各種不同壓縮方法所涉及之權衡取捨的好方法。只要有機會，我們會嘗試比較各種技術。

然而，不同類型的資料各有其特質。想要知道在任何特定情況下應該採用哪一種方案，最理想的方式就是嘗試看看。

內容與架構

本書各章的架構如下：我們在第 2 章解釋無失真壓縮需要的數學基礎；第 3 章和第 4 章討論編碼演算法，包括 Huffman 編碼、算術編碼、Golomb-Rice 碼和 Tunstall 碼。第 5 章和第 6 章描述許多常用的無失真壓縮方案及其應用，這些方案包括 LZW、ppm、BWT 和 DMC 以及其他方案。我們在第 7 章描述一些無失真影像壓縮演算法，以及它們在若干國際標準中的應用，這些標準包括 JBIG 標準和各種傳真標準。

第 8 章提供有失真壓縮的數學基礎。量化是絕大多數有失真壓縮方案的核心。第 9 章和第 10 章研究量化，其中第 9 章處理純量量化，第 10 章處理向量量化。第 11 章處理差分編碼技術，特別是差分脈波碼調變 (DPCM) 和增量調變。本章包含 CCITT G.726 標準的討論。

第 12 章是第三個有關數學基礎的章節，本章的目標是提供瞭解後面三章討論的轉換、分類與小波技術需要的數學基礎。本章與前面有關數學基礎的各章一樣，並非所有讀者都需要瞭解其中涵蓋的全部材料。我們在第 13 章描述 JPEG 標準，在第 14 章描述 CCITT G.722 國際標準，在第 15 章討論 EZW、SPIHT 和 JPEG 2000。

第 16 章討論音訊壓縮。我們在這本章中描述各種 MPEG 音訊壓縮方案，其中包括一般稱為 mp3 的方案。

第 17 章涵蓋會分析欲壓縮的資料，並將產生資料的模型傳送給接收機的技術，其中接收機會使用該模型來合成語音。這些分析/合成及以合成進行分析的方案包括低資料率語音編碼使用的線性預測方案和碎形壓縮技術。我們描述聯邦政府 LPC-10 標準。碼激發線性預測 (CELP) 是「以合成進行分析」方案的常用範例。我們討論了三種以 CELP 為基礎的標準：聯邦標準 1016、CCITT G.728 國際標準，以及相當新的寬頻語音壓縮標準 G.722.2。我們也納入了混合

激發線性預測 (MELP) 技術的討論，這是傳輸率等於 2.4 kbps 時，語音編碼的新聯邦標準。

第 18 章處理視訊編碼。我們描述各種國際標準 (包括 H.261 和 H.264)，以及各種 MPEG 標準，以介紹常用的視訊編碼技術。

個人觀點

對我個人來說，資料壓縮絕不僅僅只是數目的處理而已；它是一個「發現資料中存在的結構」的過程。9 世紀的詩人奧瑪‧開儼寫道：

> 冥冥有手寫天書，
> 彩筆無情揮不已，
> 流盡人間淚幾千，
> 不能洗去半行字

(奧瑪‧開儼，魯拜集)

解釋這幾行詩，要用掉好幾卷書的篇幅。它們連結到一個共通的人類經驗，因此在我們的心靈之眼中，可以重建詩人在好幾個世紀以前意圖傳達的訊息。要瞭解這些詩句，不僅需要懂得所使用的語言，還需要擁有和詩人相近的現實世界模型。詩人的才華在於他認出了深藏於人性之中的現實世界模型，因此好幾個世紀以後，在完全不同的文化之下，這幾行詩可以引出好幾卷書。

資料壓縮並沒有這麼偉大的抱負，再說，把它與詩歌相提並論，也未免有點狂妄，然而兩者之間仍然有許多相似之處。資料壓縮必須從不同類型的資料中辨別出不同類型結構的模型，然後使用這些模型，也許再配合會使用這些資料的感知結構，得到簡潔的資料表示方式。這些結構的形式可能是樣式，只要把資料畫成圖形，就可以辨認出來，也可能是統計性的結構，需要使用更為深入的數學方法才能理解。

在英國幽默作家 Douglas Adams 的小說「The Long Dark Teatime of the Soul」中，主人翁發現如果他把頭傾斜某個角度，就可以神遊北歐神話中的陣亡將士英靈殿 (這英靈殿還真是破舊)。如果我們想察覺存在於資料中的結構，有時候也必須把頭傾斜某個角度。如果我們把這個比喻擴張到荒唐可笑的

極限，由於把頭傾斜的方式有成千上萬種，爲了不讓脖子酸痛，如果我們曉得有一些方式通常可以產生有用的結果，那樣會比較理想。本書的目標之一是爲讀者提供一個可以進一步探索的參考架構。我希望這一趟探索之旅帶給讀者的樂趣和作者一樣多。

致謝

寫這本書非常有趣。由於我得到許多人的幫忙，因此我的任務變得相當容易，最後的成果也好得多。向這些幫助過我的人致謝，本身就是一件樂事。

IBM 公司的 Roy Hoffman、加州大學 Santa Cruz 分校的 Glen Langdon、加州理工州立大學的 Debra Lelewer、華盛頓大學的 Eve Riskin、柯達公司的 Ibrahim Sezan 及羅德島大學的 Peter Swaszek 等人細心與詳盡的批評指教，使本書的第一版受益良多。他們對第一版整本書或大部份的內容提供了詳細的評論。加州理工州立大學的 Nasir Memon、當時在 S3 公司的 Victor Ramanoorthy、杜比公司的 Grant Davidson、當時在土耳其科技研究局 (位於伊斯坦堡) 的 Hakan Caglar，以及加州大學 Santa Barbara 分校的 Allen Gersho 等人審閱了部份的草稿。

北德州大學的 Steve Tate、新墨西哥州立大學的 Sheila Horan、Oerlikon Contraves 集團的 Edouard Lamboray、蒙特婁大學的 Steven Pigeon，以及 Raytheon Systems 公司的 Jesse Olvera 等人審閱了第二版的整份草稿。Emin Anarim (博斯普魯斯大學) 和 Hakan Çağlar 協助我撰寫有關小波技術的章節。Mark Fowler 針對第 12 章到第 15 章提供了廣泛的評論，也更正了內容的錯誤，並補上了遺漏的部份。。Tim James、Devajani Khataniar 和 Lance Pérez 也閱讀及評論了第二版中一部份的新資料。Chloeann Nelson 除了試圖阻止我使用分離不定式的文法，也嘗試讓本書的前兩版更容易閱讀。

自從第一版問世之後，有許多讀者來函批評與指正。我非常感謝所有將評論與建議寄給我的人士。特別感謝 Roberto Lopez-Hernandez、Dirk vom Stein、Christopher A. Larrieu、Ren Yih Wu、Humberto D'Ochoa、Roderick Mills、Mark Elston 和 Jeerasuda Keesorth 等人指出本書的錯誤，並提供改進意見。我也感

謝許多教師來函提出指正，特別感謝田納西州大學的 Bruce Bomar，紐約州立大學 Binghamton 分校的 Mark Fowler、德拉瓦大學的 Paul Amer、德州大學 Arlington 分校的 K.R. Rao、密蘇里大學 Rolla 分校的 Ralph Wilkerson、杜肯大學的 Adam Drozdek、華盛頓大學的 Ed Hong 和 Richard Ladner、柯羅拉多礦業學校的 Lars Nyland、Zagreb 大學的 Mario Kovac，以及巴黎國立高等礦業學校的 Pierre Jouvelet 等人。

我在內布拉斯加州大學系上的同事 Frazer Williams 和 Mike Hoffman 審閱了本書的第一版。Mike 閱讀了第二版與第三版中新增章節的原稿，並提供指正，最後讓我大幅重新改寫了這些章節。他的洞見總是有幫助，這本書帶有他的印記，恐怕比他本人曉得的還要多。能擁有這位才華洋溢又慷慨的朋友，實為人生樂事。蒙大拿州立大學的 Rob Maher 廣泛地指正了討論音訊壓縮的章節，指出我思考方式的錯誤，並親切地提供了修正的建議。我感謝他的專業、時間與善意。

Morgan Kaufmann 公司的 Rick Adams、Rachel Roumeliotis 和 Simon Crump 負責讓本書得以出版，其中包括讓我準時趕上截稿期限的苦差事。Vytas Statulevicius 幫我解決了簡直讓我抓狂的 LaTex 問題。

書中大部份的範例是在 Andy Hadenfeldt 建立的實驗室中產生的。James Nau 幫助我從數不清的軟體泥淖中解救出來，慷慨地貢獻了許多寶貴的時間。當我驚慌不知所措時，只要一封電子郵件或語音郵件，總是可以得到他的援助。

我想要感謝本書所附，且作為範例使用的資料集的各位「模特兒」。出現在影像中的人是 Sinan Sayood、Sena Sayood 和 Elif Sevuktekin。女姓的聲音是來自 Pat Masek。

這本書反映出這些年來我學到的知識。我非常幸運，能擁有許多良師。目前在南達科他州立大學的 David Farden 引領我進入數位通訊的領域。德州農工大學的 Norm Griswold 引領我進入資料壓縮的領域。目前在加州大學 Santa Barbara 分校的 Jerry Gibson 是我的博士論文指導教授，也幫助我開啟了我的職場生涯。雖然這個世界不會因為這樣而感謝他，但我可是五內銘感。

　　我也從內布拉斯加州大學和博斯普魯斯大學的同學那裡學到了很多。他們的興趣與好奇心強迫我不斷地學習，以及接觸「資料壓縮」這個廣闊的領域。我從他們身上學到的，至少和他們從我學到的一樣多。

　　如果不是 NASA 的支持，這些學習過程就不可能實現。Goddard 太空飛行中心已故的 Warner Miller 和 Pen-Shu Yeh，以及 Lewis 研究中心的 Wayne Whyte，提供我許多支援與構想。我誠心感謝他們他們的指導、信任與友誼。

　　有許多個夜晚和週末，我由於工作，不能陪伴我的兩個孩子 Sena 和 Sinan，他們很大方地原諒了我。當我開始寫這本書的時候，他們還很小 (照片可以證明)。當我和他們談話時，很快就必須抬頭看著他們了。這些年來，「那本書」一直陪伴著他們，有時候這可是很令人討厭的事。由於孩子們對我很仁慈，而且總是讓我非常快樂，所以我感謝他們。

　　在所有讓這本書得以誕生的人當中，最重要的一位就是我的太太和摯友 Füsun。她的支持與友情，讓我可以自由地進行原來連想都不會去想的事。她是我宇宙的中心，此外，就像我遇見她之後的一切重大成就一般，雖然這本書是我的作品，但其中至少有一半也是她的作品。

目 錄
Contents

第 3 章　Huffman 編碼　　　　　51

第 8 章　有失真編碼的數學基礎 243

第 9 章　純量量化 283

第 10 章　向量量化　339

第 14 章　次頻帶編碼　　　　　　　　　　　　523

第 15 章　以小波為基礎的壓縮　　585

第 18 章 視訊壓縮   707

1

引言

近十年來，我們親眼目睹了通訊方式的轉變 (有人把它稱為革命)，而且這個過程仍然在持續進行中。此一轉變包括一直存在，並持續成長的網際網路，還有行動通訊的爆炸性成長，以及愈來愈重要的視訊通訊。資料壓縮是促成多媒體革命中這些層面的技術之一。如果沒有資料壓縮，根本不可能把影像放在網站上，更不用說聲音或影片了。要不是有壓縮技術，行動電話將無法提供愈來愈清晰的通訊服務。沒有壓縮技術，數位電視就不可能問世。長久以來，資料壓縮向來只是一小群工程師及科學家鑽研的領域，現在卻已無所不在。當你打長途電話時，你已經在使用壓縮技術了。使用數據機和傳真機，就可以享受到壓縮技術帶來的好處。當你聆聽 *mp3* 播放機上的音樂或觀賞 DVD 時，你正在享受壓縮技術帶給我們的娛樂功能。

那麼，什麼是資料壓縮？為什麼需要資料壓縮？讀者中絕大部份都聽過 JPEG 和 MPEG，它們是表示影像、音訊和視訊的標準。這些標準使用資料壓縮演算法，以減少表示影像、視訊訊號序列或音樂所需的位元數。簡而言之，資料壓縮是以簡潔形式表示資訊的藝術或科學。我們找出存在於資料中的結構，並加以利用，以產生這些簡潔的表示方式。這些資料可能是文字檔的字元，代表語音或影像波形取樣值的數目，或由其他程序產生的一系列數目。我們需

1

要資料壓縮的原因是：我們所產生和使用的資訊中，有愈來愈多是數位形式的資訊 ─ 其形式是以資料位元表示的數目。表示多媒體資訊所需的位元組數目可能非常龐大。舉例來說，以數位方式表示 1 秒鐘沒有壓縮的視訊資料 (使用 CCIR 601 格式)，需要兩千萬個位元組，或一億六千萬個位元。如果考慮一部電影放映的秒數，就很容易瞭解爲什麼我們需要壓縮技術。要表示兩分鐘未壓縮的 CD 品質的音樂 (每秒 44,100 個取樣點，每個取樣點 16 位元)，需要的位元數超過八千四百萬。如果以這個速率從網站下載音樂，可得花去不少時間。

由於人類活動對環境的衝擊愈來愈大，因此我們需要愈來愈多關於我們的環境、它如何作用、以及我們正在對環境做些什麼的資訊。全球各地的太空總署，包括歐洲太空總署 (ESA)、美國國家航空暨太空總署 (NASA)、加拿大太空總署 (CSA) 和日本太空總署 (STA)，正在合作進行一項計畫，以監視全球性的變化，當這些機構全力運轉起來時，每天可以產生 130 兆位元組的資料。世界最大的陸上大量資料檔案庫 ─ 美國南達科他州的 EROS 資料中心 ─ 目前儲存的資料量是 130 兆位元組，讀者不妨把前述的資料量與它比較一下。

既然需要傳輸及儲存的資料呈現爆炸性成長，爲什麼不把注意力集中在開發更好的傳輸及儲存技術？這些進展正在發生，但還是不夠。可以儲存及傳輸愈來愈大容量的資訊，而且不經過壓縮的技術，已經有了重要的進展，其中包括 CD-ROM、光纖、非對稱數位用戶迴路 (ADSL) 和纜線數據機。儘管資訊的儲存與傳輸容量隨著新的技術發明穩定地成長，然而正如 Parkinson 第一定律[1]的推論一般，大量儲存與傳輸的需求增長的速率，至少是儲存與傳輸容量增長速率的兩倍。此外，在某些情況下，容量也不可能大幅成長，舉例來說，可以透過電視、廣播頻道傳輸的資訊量總是會受到大氣特性的限制。

---

[1] Parkinson 第一定律：「工作會不斷地膨脹，直到把可以使用的時間全部填滿為止。」出自 Cyril Northcote Parkinson 著，「*Parkinson's Law and Other Studies in Administration*」，紐約 Ballantine Books，1957 年出版。

　　資料壓縮的早期範例是 19 世紀中葉，由 Samuel Morse 發展的摩爾斯電碼。由電報傳送的字母以短音和長音編碼。Morse 注意到有些字母比其他字母更常出現，為了縮短傳送訊息所需的平均時間，他把比較短的序列指定給較常出現的字母，例如 e (·) 和 a (·–)，又把比較長的序列指定給較少出現的字母，例如 q (– – · –) 和 j (· – – –)。Huffman 編碼使用到「較常出現的字母使用較短的碼」這個概念，我們將在第 3 章描述。

　　摩爾斯電碼使用單一字元的出現頻率，有一種也是在 19 世紀中葉發展，且被廣泛使用的盲人點字碼，則是使用字的出現頻率來提供壓縮 [1]。盲人點字編碼使用 2 × 3 的點列來表示文字。我們可以根據每一點是否凸起或平坦來表示不同的字母。在一級點字中，由六個點組成的點列表示單一字元。然而，給定六個點，每個點有兩種位置，可以得到 $2^6 = 64$ 種不同的組合，如果我們使用其中的 26 種來表示不同的字母，還剩下 38 種組合。在二級點字中，有一些剩下的組合被用來表示經常出現的字，例如「and」和「for」。有一種組合被使用為特殊符號，指示下一個符號是一個字，而不是字元，因此我們可以使用兩個點列來表示許多字。這些修改再加上某些字的縮短形式，使得平均空間使用量大約縮減了 20% [1]。

　　在這些例子中，我們使用統計結構來提供壓縮，然而資料中存在的結構並非只有統計結構。不同種類的資料中，還有許多其他類型的結構可以用來進行壓縮。試考慮語音。當我們說話時，聲帶的物理構造決定了我們可以發出哪些聲音。也就是說，語音生成的機械原理會賦予語音一個特有的結構，因此我們可以不傳輸語音資料本身，改為傳輸有關聲帶形態的資訊，接收器可以利用此一資訊合成語音。表示聲帶形態的充足資訊量，如果與表示語音取樣值的資訊量相比，將會簡潔得多，因此可以達到壓縮的效果。目前有一些應用使用這種壓縮方法，包括藉由行動無線電傳輸語音，以及會說話的玩具中的合成語音。1936 年，貝爾實驗室的 Homer Dudley 曾經開發出此種壓縮方法的早期版本，稱為 *vocoder* (語音編碼器；voice code)。語音編碼器曾在 1939 年的紐約世界博覽會中展出，是當時眾人矚目的焦點之一。我們在第 17 章會再討論語音編碼器及此種語音壓縮方法。

這些只是可以用來獲得壓縮效果的許多不同結構類型之中的幾種而已。可以加以利用，以獲得壓縮效果的，並非只有資料中的結構這一項，我們也可以利用資料使用者的特性。舉例來說，當我們傳輸或儲存語音或影像時，經常是為了讓人類聆聽或觀賞的，而人類的感官能力有限，例如極高頻率的聲音，狗兒聽得到，我們卻聽不到。如果我們在資料中表示使用者無法感知的訊息，有什麼理由需要保留這些資訊？答案通常是「沒有」。因此，我們可以利用人類的感官極限，拋棄其中不相關的資訊，而獲得壓縮效果。有一些壓縮方案使用了這個方法，我們將在第 13 章、第 14 章、第 16 章再度討論。

在我們開始進行壓縮技術的研究之前，讓我們概略地描述這個領域，並定義本書後面會用到的一些關鍵術語和觀念。

■ 1.1　壓縮技術

當我們提到一項壓縮技術或壓縮演算法[2]時，實際上指的是兩個演算法，其中一個是會取得一個輸入 X，然後產生所需位元數較少的壓縮表示方式 X_c 的壓縮演算法，還有一個是會對壓縮表示方式 X_c 操作，並產生重建結果 Y 的重建演算法。這些運算示於圖 1.1。我們將遵循傳統，同時稱呼壓縮與重建演算法，以代表壓縮演算法。

資料壓縮方案可以根據我們對於重建結果的要求，區分成**無失真** (lossless) 壓縮方案和**有失真** (lossy) 壓縮方案兩大類。在無失真壓縮方案中，Y 與 X 完全相同；有失真壓縮方案則允許 Y 與 X 不同，然而它提供的壓縮率一般而言要比無失真壓縮高得多。

---

[2]　演算法這個字來自於 9 世紀的一位阿拉伯數學家 Al-Khwarizmi，他寫了一本論文，書名是「*The Compendious Book on Calculation by al-jabr and al-muqabala*」(移項與集項法計算概論)。在書中，他探討怎樣透過規則或「演算法」求出各種線性及二次方程式的解 (以及其他問題)。這個方法成為所謂的 Al-Khwarizmi 法。這個名字變成了拉丁文中的 algoritni，從這裡我們得到 algorithm 這個字。這本論文的名稱也產生了 algebra 這個字 [2]。

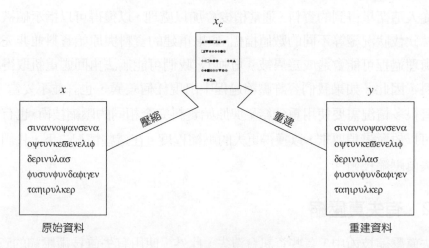

圖 1.1 壓縮與重建。

1.1.1 無失真壓縮

顧名思義，在無失眞壓縮技術中，資訊不會遺失。如果資料是以無失眞方式進行壓縮，我們可以從被壓縮的資料完整地重建出原始資料。不能容許原始資料與重建結果之間有任何差異的應用，通常會使用無失眞壓縮。

文字壓縮是無失眞壓縮的一個重要應用領域。重建結果必須與原先的文字完全相同，這一點非常重要，因爲即使是非常小的差異，也可能產生意義完全不同的敘述。讀者不妨考慮 "Do *not* send money." (「不要寄錢過來。」) 和 "Do *now* send money." (「現在務必寄錢過來。」) 這兩個句子。對於電腦檔案和某些類型的資訊 (例如銀行的記錄)，同樣的論點也成立。

任何種類的資料，如果稍後要進行處理或「增強」，以獲得更多的資訊，保持資訊的完整性，是非常重要的。舉例來說，假設我們使用有失眞方式壓縮一幅 X 光片影像，而且重建結果 Y 與原始資料 X 之間的差異，用肉眼看不出來。如果這幅影像稍後經過增強處理，先前無法察覺的差異可能會導致 X 光片上出現假影像，嚴重誤導放射學家的判斷。由於此種不幸事件的代價可能是一條寶貴的性命，如果我們使用的壓縮方案產生的重建結果與原始影像不同，那麼使用這種方案時必須非常小心，是很有道理的。

　　從人造衛星得到的資料，通常稍後會加以處理，以獲得可以指示植被狀況或森林砍伐狀況等等不同的數值指標。如果重建的資料與原始資料並非完全相同，處理過程可能會造成差異被「增強」。我們可能無法再回頭重新取得同樣的資料，因此，如果我們容許壓縮過程中出現任何差異，也許並不妥當。

　　有很多情況需要使用重建結果與原始資料完全相同的壓縮技術，也有一些情況可以放鬆這項要求，以獲得更大的壓縮程度。在這些情況之下，我們會考慮有失真壓縮技術。

1.1.2　有失真壓縮

在有失真壓縮技術中，有些資訊會遺失，此外，使用有失真技術壓縮的資料，通常無法精確地還原或重建。接受重建結果存在失真現象的回報是：可以得到的壓縮比通常比無失真壓縮高得多。

　　在許多應用中，重建結果與原始資料不完全相同，並不是什麼大問題。舉例來說，儲存或傳輸語音時，並不需要每一個語音取樣點的精確值。我們可以容許每一個取樣點有不同程度的資訊量遺失，端視重建語音品質的要求而定。如果我們希望重建語音的品質像在電話上聽到的語音一樣，則可容許遺失相當多的資訊。然而，如果重建語音的品質必須像從 CD 上聽到的語音一樣，可以容許遺失的資訊量就少得多了。

　　同樣地，當我們觀看視訊序列的重建結果時，只要重建結果與原始資料的差異不會造成惱人的假影像，這項差異一般來說並不重要，因此視訊通常會使用有失真壓縮技術進行壓縮。

　　我們一旦開發了一個資料壓縮方案，便需要知道如何測量它的效能。由於不同的應用領域種類繁多，人們已經發展出各種不同的術語，以描述和測量資料壓縮方案的效能。

1.1.3 效能的量度

我們可以用各種不同的方式來衡量一個壓縮演算法。我們可以測量演算法的相對複雜度、實作演算法所需的記憶體容量、演算法在特定機器上的執行速率、壓縮的量，以及重建結果有多像原始資料。在本書中，我們主要會關切最後兩項標準，讓我們逐一進行討論。

要測量某一個壓縮演算法壓縮一組給定資料有多理想，有一個非常合乎邏輯的方法，就是觀察壓縮前與壓縮後表示這組資料所需的位元數的比例。這個比例稱為**壓縮比** (compression ratio)。假設儲存一幅由 256×256 個像素的正方形陣列組成的影像需要 65,536 個位元組。我們把這幅影像壓縮，壓縮後的版本需要 16,384 個位元組，則我們說壓縮比是 4:1。我們也可以把所需資料量縮減的量表示成原始資料大小的百分比，以描述壓縮比。在這個特別的例子中，以此種方式計算出來的壓縮比是 75%。

報告壓縮效能的另一種方式是提供表示單一樣本值的平均位元數。這個值通常稱為**資料率** (rate)。舉例來說，在上述壓縮影像的例子中，如果我們假設每一個位元組 (或像素) 佔 8 個位元，則壓縮表示方式中每一個像素的平均位元數是 2。因此我們說資料率是每個像素 2 個位元。

在有失真壓縮中，重建結果與原始資料不同。因此，為了決定壓縮演算法的效率，我們必須有辦法將差異量化。原始資料與重建結果之間的差異通常稱為**失真** (distortion)。(我們將在第 8 章描述幾個失真的量度。) 有失真技術通常用來壓縮原始形式是類比信號的資料，例如語音和視訊資料。語音和視訊被壓縮時，品質的最後仲裁者是人類。由於人類的響應很難以數學方法建立模型，因此有許多失真的近似量度被用來決定重建波形的品質。我們將在第 8 章更詳細地討論這個主題。

談論重建結果與原始資料之間的差異時，也會用到的其他術語，還包括**保真度** (fidelity) 和**品質** (quality)。當我們說重建結果的保真度或品質很高時，是指重建結果與原始資料之間的差異很小。這個差異是數學上的差異，還是感官上的差異，從上下文應該可以很清楚地判斷出來。

▣ 1.2 模型建立和編碼

雖然重建結果的要求可能會強迫我們決定壓縮方案是有失真或無失真，我們眞正使用的壓縮方案將取決於許多不同的因素。最重要的因素包括需要壓縮的資料的特性。處理文字壓縮非常理想的壓縮技術，如果用來壓縮影像，可能並不理想。每一種應用都會呈現出一些不同的挑戰。

德州工業大學的籃球教練 Bobby Knight 有一句名言：「如果你唯一的工具是一把鐵鎚，你會把所有的問題都當作釘子。」本書的目的是提供大量的工具，讓你可以解決特定的資料壓縮問題。讀者必須記住：就算資料壓縮是一門科學，也是一門實驗科學。最適合於某一特殊應用的方法，主要取決資料中固有的冗餘性。

各種資料的壓縮演算法的開發可以分成兩個階段。第一個階段通常稱爲**模型化 (modeling)**。在這個階段，我們試圖擷取出資料中存在的任何冗餘性的資訊，並以模型的形式來描述此一冗餘性。第二個階段稱爲**編碼 (coding)**。我們把有關模型的描述，以及資料與模型如何不同的「描述」編碼，通常是使用二進位字母集。資料與模型之間的差距通常稱爲**殘餘值 (residue)**。在以下的三個例題中，我們將討論三種建立資料模型的不同方式。然後我們將使用模型來得到壓縮效果。

例題 1.2.1

考慮下面的數值序列 $\{x_1, x_2, x_3, \ldots\}$：

9	11	11	11	14	13	15	17	16	17	20	21

如果我們傳輸或儲存這些數目的二進位表示方式，每個樣本將需要使用 5 個位元。然而，如果利用資料中的結構，就可以使用更少的位元數來表示這個序列。若把這些資料畫出來，如圖 1.2 所示，會看到資料好像落在一條直線上，因此這組資料的模型可以是一條直線，其方程式如下：

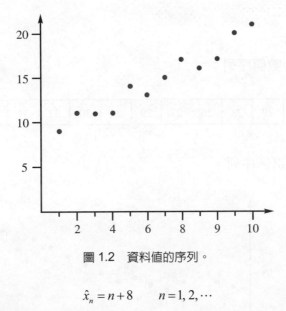

圖 1.2　資料值的序列。

$$\hat{x}_n = n + 8 \qquad n = 1, 2, \cdots$$

因此，資料中的結構可以用一個方程式來描述。爲了利用這個結構，來檢驗資料與模型之間的差距。差距 (或者殘餘值) 由以下的序列給出：

$$e_n = x_n - \hat{x}_n : 0 \quad 1 \quad 0 \quad -1 \quad 1 \quad -1 \quad 0 \quad 1 \quad -1 \quad -1 \quad 1 \quad 1$$

殘餘值序列只含有 3 個數目 $\{-1, 0, 1\}$。如果我們把碼 00 指定給-1，把碼 01 指定給 0，把碼 10 指定給 1，則需要使用 2 個位元來表示殘餘值序列中的每一個元素。因此，我們可以傳輸或儲存模型的參數和殘餘值序列，而得到壓縮效果。如果需要的壓縮形式必須是無失眞，則編碼值可以使用精確值，如果壓縮形式可爲有失眞，則編碼值可以使用近似值。

◆

　　這些資料中存在的結構或冗餘性類型遵循一個簡單的規則。一旦我們認出這個規則，就可以利用結構來**預測**序列中每一個元素的值，然後把殘餘值編碼。這種結構類型只是許多種結構類型之中的一種。試考慮下面的例題。

例題 1.2.2

考慮下面的數值序列：

27	28	29	28	26	27	29	28	30	32	34	36	38

圖 1.3 畫出這個序列。

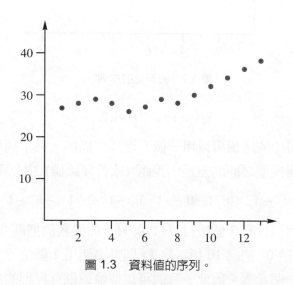

圖 1.3　資料值的序列。

這個序列似乎不像前一個例題那樣遵循簡單的規則，然而序列中的每一個值與前一個值都很接近。假設我們傳送第一個值，然後傳送隨後的每一個值與前一個值的差距，以代替這些值。傳送的數值序列將是：

27	1	1	−1	−2	1	2	−1	2	2	2	2	2

像前面的例題一樣，不同的值的個數已經降低。表示每一個數目所需的的位元數更少了，因此達到了壓縮的效果。解碼器把接收到的每一個值

加上前一個解碼出來的值,而得到對應於接收值的重建結果。使用序列中前面的值來預測目前的值,然後將預測的誤差 (或殘餘值) 編碼的技術稱為預測性編碼方案。我們將在第 7 章討論無失真預測性壓縮方案,並在第 11 章討論有失真預測性編碼方案。

即使我們假設編碼器和解碼器知道使用的模型,我們仍然必須傳送序列的第一個元素的值。　　　　　　　　　　　　　　　　　　　　　◆

有一種非常不同的冗餘性類型,本質上是統計性的。我們經常會遇到一些資料源,這些資料源產生某些符號的頻率比其他符號更高。在這種情況下,把不同長度的二進位碼指定給不同的符號,將會非常有利。

例題 1.2.3

假設有以下的序列:

abarayaranbarraybranbfarbfaarbfaaarbaway

這是某一資料源產生的典型序列。請注意這個序列由八個不同的符號組成。為了表示八個符號,每個符號需要使用 3 個位元。假設我們改用表 1.1 所示的碼。請注意我們把只有一個位元的編碼字指定給最常出現的符號,又把較長的編碼字指定給較不常出現的符號。如果我們用碼來取代每一個符號,把整個序列編碼,將會使用 106 個位元。因為序列中有 41 個符號,我們算出每一個符號大約是 2.58 位元。這代表我們得到了 1.16:1 的壓縮比。我們在第 3 章和第 4 章將學習如何使用統計冗餘性。

表 1.1 編碼字長度會變動的碼。

a	1
n	001
b	01100
f	0100
n	0111
r	000
w	01101
y	0101

處理文字時，除了統計冗餘性，我們也會發現另一種形式的冗餘性，就是經常重複出現的字。我們可以建立這些字的列表，然後以這些字在列表中的位置來表示它們，以利用此種形式的冗餘性。這一類型的壓縮方案稱為**辭典** (dictionary) 壓縮方案，我們將在第 5 章研究這些方案。

如果我們觀察一群符號，資料的結構或冗餘性通常會變得更明顯。我們將在第 4 章和第 10 章討論利用這項特性的壓縮方案。

最後，還有一些情況，如果我們先把資料分解成許多成分，會比較容易利用資料的結構。我們可以分別研究每一個成分，並使用適合該成分的模型。我們將在第 13、14 和 15 章討論此種方案。

有許多不同的方式可以描述資料的特性。不同的特性描述會導致不同的壓縮方案。我們將在隨後的章節研究這些壓縮方案，並使用一些範例，這些範例應該可以幫助我們瞭理解特性描述與壓縮方案之間的關係。

隨著壓縮技術的使用日益增加，對於標準的需求也愈來愈殷切。各種標準使得不同的廠商開發的產品可以互相溝通，因此我們可以用某一家廠商的產品壓縮某些資料，然後用另一家不同廠商的產品來重建。不同的國際標準化組織回應了這樣的需求，適用於各種壓縮應用的許多標準也已經核准。我們將討論這些標準，作為各種壓縮技術的應用。

　　最後，壓縮大致上仍然是一門藝術，如果你想精通一門藝術，必須對整個過程有感覺。爲了協助讀者，我們爲書中討論的大部份技術的開發了軟體實作，也提供了用來發展書中例題的資料集。本書的序言說明了獲得這些程式和資料集的細節。讀者應該使用這些程式來處理自己喜愛的資料或我們提供的資料集，以便瞭解壓縮過程中會遇到的一些問題。我們也鼓勵讀者自行撰寫軟體實作這些技術，因爲要瞭解演算法怎樣工作，最好的方法通常是實作該演算法。

■ 1.3　摘要

在本章中，我們介紹了「資料壓縮」這個主題。我們說明了爲什麼需要資料壓縮的動機，並定義了本書中需要的一些術語。其他的術語將視需要加以介紹。我們簡短地介紹了壓縮演算法的兩種主要類型：無失眞壓縮和有失眞壓縮。無失眞壓縮使用於需要精確重建原始資料的應用，如果使用者可以容忍原始資料與重建結果之間有一些差異，則可使用有失眞壓縮。設計資料壓縮演算法時，資料的模型化是一個很重要的要素。我們簡短地討論了模型化如何幫助我們得到更簡潔的資料表示形式。我們描述了一些觀察資料，以建立其模型的方式。我們觀察資料的方式愈多，開發能充分利用資料中的結構的壓縮方案就會愈順利。

■ 1.4　專案與習題

1. 使用你的電腦上的壓縮公用程式來壓縮各種不同的檔案。研究一下原始檔案大小及檔案類型態對於「壓縮檔案大小對原始檔案大小的比例」所產生的影響。

2. 從流行雜誌上摘錄一兩段文字，然後把句子裡面所有對於理解含義無關無緊要的字刪除，以壓縮這些文字。例如在句子 "This is the dog that belongs to my friend." (這是屬於我朋友的狗) 中，我們可以刪除 is, the,

that 和 to 等字，但仍然能表達同樣的意義。令刪除字數與原始文字總字數的比代表文字中冗餘性的量度。使用技術期刊的文字段落，重複同樣的實驗。對於從不同的資料源得到的文字的冗餘性，你可以作出任何定量的敘述嗎？

2

無失真壓縮的數學基礎

2.1 概觀

本書處理資料壓縮時，並沒有用到太多數學 (對於本書中包含的一些題材，如果讀者想要更具數學性的討論，請參閱 [3 , 4 , 5 , 6])。然而，我們確實需要一些數學基礎，才能瞭解我們即將討論的壓縮技術。壓縮方案可以分成兩類：有失真和無失真。在有失真壓縮方案中，有些資訊會遺失，此外，使用有失真方案壓縮的資訊通常無法精確地還原。無失真方案壓縮資料時，資訊不會損失，且原始資料可以從壓縮資料精確地還原。本章將簡短地複習資訊理論中可以為無失真資料壓縮方案的發展提供架構的一些概念。我們也將討論一些建立資料模型的方法，這些方法可以產生有效率的編碼方案。我們假設讀者瞭解一點機率的概念 (有關機率與隨機過程的簡短複習，請參閱附錄 A)。

2.2 資訊理論簡介

雖然「資訊的定量化量度」這個想法已經出現了好一段時間，然而把所有的概念一同放進目前稱為資訊理論的人是貝爾實驗室的一位電機工程師 Claude Elwood Shannon [7]。Shannon 定義了一個稱為**自我資訊** (self-information) 的

量。假設我們有一事件 A，這是某一隨機實驗的一組結果。如果 $P(A)$ 代表事件 A 發生的機率，則與 A 相關的自我資訊可由以下的式子求出：

$$i(A) = \log_b \frac{1}{P(A)} = -\log_b P(A). \tag{2.1}$$

請注意我們沒有指定對數函數的基底。我們在本章稍後將更詳細地討論這一點。我們在本章稍後將發現，使用對數獲得資訊的量度，並不是隨意選擇的。但首先讓我們看看在這種情況下使用對數，從直覺觀點來看是否有意義。回憶一下 $\log(1) = 0$，而且當 x 從 1 減少到 0 時，$-\log(x)$ 會增加。因此，如果某一事件的機率很低，與其相關的自我資訊就很高；如果某一事件的機率很高，與其相關的資訊就很低。即使我們忽略不看資訊的數學定義，而只使用日常語言所用的定義，從直覺上來看，這也有些道理。樑上君子破門竊盜時狗會狂吠，這個事件的機率很高，因此不會包含太多訊息。然而，發生竊盜案時，如果狗竟然不叫，這個事件的機率就很低，而且包含很多訊息 (顯然名偵探夏洛克·福爾摩斯懂得資訊理論！)[1]。資訊的數學定義和語義定義等價，儘管大致上是正確的，但也不是永遠成立。例如，由字母完全隨機組成的字串，其包含的資訊 (在數學意義上) 要比一篇深思熟慮的資訊理論論文更多。

資訊的數學定義還有一個性質，從直覺上來看是有意義的，就是從兩個獨立事件發生獲得的資訊總量，等於從個別事件發生獲得的資訊量的總和。假設 A 與 B 是兩個獨立事件。根據方程式 (2.1)，與「事件 A 與事件 B 都發生」相關的自我資訊等於

$$i(AB) = \log_b \frac{1}{P(AB)}.$$

由於 A 與 B 爲獨立，

$$P(AB) = P(A)P(B)$$

---

[1] 亞瑟·柯南·道爾著，「銀駒」。

且

$$i(AB) = \log_b \frac{1}{P(A)P(B)}$$

$$= \log_b \frac{1}{P(A)} + \log_b \frac{1}{P(B)}$$

$$= i(A) + i(B).$$

資訊的單位視基底而定。使用的基底如果是 2，則單位是位元 (bit)；使用的對數基底如果是 e，則單位是 nats；使用的對數基底如果是 10，則單位是 *hartleys*。

　　請注意，為了計算以位元為單位的資訊量，我們需要求出機率對數 (基底為 2)。由於你的電子計算器上或許找不到這個功能，讓我們簡單地複習一下對數。回憶一下，

$$\log_b x = a$$

表示

$$b^a = x$$

因此，如果想要取 x 的對數 (基底為 2)

$$\log_2 x = a \Rightarrow 2^a = x \,,$$

我們想要求出 a 的值。可以取兩邊的自然對數 (基底為 e) 或常用對數 (基底為 10)，(這些按鍵在你的電子計算器上都找得到)。則

$$\ln(2^a) = \ln x \Rightarrow a \ln 2 = \ln x$$

且

$$a = \frac{\ln x}{\ln 2}$$

例題 2.2.1

令 H 和 T 代表擲一枚硬幣的結果。如果硬幣是公正的，則

$$P(H) = P(T) = \frac{1}{2}$$

且

$$i(H) = i(T) = 1 \text{ bit}.$$

如果硬幣不公正，我們會期望與每一個事件相關的資訊是不同的。假設

$$P(H) = \frac{1}{8}, \qquad P(T) = \frac{7}{8}.$$

則

$$i(H) = 3 \text{ bits}, \qquad i(T) = 0.193 \text{ bits}.$$

至少從數學上來看，「出現正面」傳達的資訊比「出現反面」要多。正如我們稍後所見，這會影響由這些結果傳達的資訊應該怎樣編碼。　　◆

如果我們有一組獨立事件 A_i，這是某實驗 S 的結果，使得

$$\bigcup A_i = S$$

其中 S 是樣本空間，則與隨機實驗相關的平均自我資訊可由以下的式子求出

$$H = \sum P(A_i) i(A_i) = -\sum P(A_i) \log_b P(A_i).$$

這個量稱為與實驗相關的**熵** (entropy)。Shannon 的諸多貢獻之一在於他證明了：如果實驗是一個從某一集合 A 中輸出符號 A_i 的資料源，則熵等於將該資料源的輸出編碼所需二進位符號之平均數目的量度。Shannon 證明：無失真壓縮方案再了不起，也只能使用等於該資料源熵值的平均位元數，將資料源的輸出編碼。

符號集合 A 通常稱為資料源的**字母集** (alphabet)，符號則稱為**字母** (letter)。對於一個字母集為 $A = \{1, 2, ..., m\}$，且產生序列 $\{X_1, X_2, \cdots\}$ 的一般性資料源 S 來說，熵值係由以下的式子給出

$$H(S) = \lim_{n \to \infty} \frac{1}{n} G_n \tag{2.2}$$

其中

$$G_n = -\sum_{i_1=1}^{i_1=m} \sum_{i_2=1}^{i_2=m} \cdots \sum_{i_n=1}^{i_n=m} P(X_1=i_1, X_2=i_2, \cdots, X_n=i_n) \log P(X_1=i_1, X_2=i_2, \cdots, X_n=i_n)$$

且 $\{X_1, X_2, \cdots X_n\}$ 為資料源所產生，長度等於 n 的序列。本章稍後將更詳細地討論方程式 (2.2) 中取極限的原因。如果序列中的每一個元素皆為**獨立且均等分佈** (independent and identically distributed，簡寫為 iid)，則可證明

$$G_n = -n \sum_{i_1=1}^{i_1=m} P(X_1=i_1) \log P(X_1=i_1) \tag{2.3}$$

且熵的方程式變成

$$H(S) = -\sum P(X_1) \log P(X_1). \tag{2.4}$$

對於大部份的資料源而言，方程式 (2.2) 和 (2.4) 並不完全相同。如果需要釐清，我們會把 (2.4) 式中計算的量稱為資料源的**一階熵** (first order entropy)，(2.2) 式中的量則稱為稱為資料源的**熵** (entropy)。

通常我們沒有辦法知道實際資料源的熵，因此必須估計熵的值。熵的估計值取決於我們對資料源序列結構所作的假設。

考慮以下序列：

$$1\ 2\ 3\ 2\ 3\ 4\ 5\ 4\ 5\ 6\ 7\ 8\ 9\ 8\ 9\ 10$$

假設每一個數目的出現頻率準確地反映於它在序列中出現的次數，則每一個符號的出現機率可以估計如下：

$$P(1) = P(6) = P(7) = P(10) = \frac{1}{16}$$

$$P(2) = P(3) = P(4) = P(5) = P(8) = P(9) = \frac{2}{16}$$

假設此序列為 iid，則其熵值等於 (2.4) 式中定義的一階熵。熵值可計算如下

$$H = -\sum_{i=1}^{10} P(i) \log_2 P(i).$$

根據我們所作的假設，這個資料源的熵等於 3.25 位元。這代表我們所能找到將這個序列編碼的最佳方案，最多也只能以每個取樣值 3.25 位元的資料率將它編碼。

然而，如果我們假設取樣值之間具有取樣值對取樣值的關聯性，並取出相鄰取樣值之間的差距，而除去此一關聯性，可得到由殘餘值組成的序列

1 1 1 –1 1 1 1 –1 1 1 1 1 1 1 –1 1 1

這個序列只使用到兩個值，其機率為 $P(1)$ = 13/16 與 $P(-1)$ = 3/16。在這個例子中，熵等於每個符號 0.70 位元。當然，只知道這個序列，並不足以讓接收器重建原始序列，接收器還必須知道從原始序列產生該序列的過程。這個過程取決於我們對資料源序列結構所作的假設。這些假設稱為序列的 *模型* (model)。在這個例子中，序列的模型為

$$x_n = x_{n-1} + r_n$$

其中 x_n 是原始序列的第 n 個元素，r_n 是殘餘值序列的第 n 個元素。這個模型稱為靜態 (static) 模型，因為它的參數不隨 n 而改變。如果一個模型的參數會根據不斷變化的資料特性，而隨著 n 改變或調整，則稱為適應性 (adaptive) 模型。

基本上，我們發現對資料的結構有些瞭解，有助於「降低熵值」。我們把「降低熵值」放在引號內，是因為資料源的熵乃是該資料源所產生之資訊量的度量。只要資訊來源產生的資訊保持不變 (不論其表示方式為何)，熵值就相

同。我們降低的是熵的估計值。事實上，通常我們沒有辦法知道資料的「真正」結構，但是我們所瞭解的有關資料的任何資訊，皆有助於估計資料源真正的熵值。理論上，如方程式 (2.2) 所示，在熵的定義中，我們選擇愈來愈大的資料區塊，計算其機率，然後讓區塊大小變成無限大，而達成這一點。

考慮以下的人造序列：

$$1\ 2\ 1\ 2\ 3\ 3\ 3\ 3\ 1\ 2\ 3\ 3\ 3\ 3\ 1\ 2\ 3\ 3\ 1\ 2$$

這些資料中顯然有某種結構。然而，若一次只看一個符號，很難抽出其中的結構。考慮下列機率：$P(1) = P(2) = \dfrac{1}{4}$，且 $P(3) = \dfrac{1}{2}$。熵等於 1.5 位元/符號。這個特殊的序列包含 20 個符號，所以表示此序列所需的位元數為 30。現在考慮同樣的序列，但一次看兩個符號，這樣一來，顯然只有 1 2 和 3 3 兩個符號，機率為 $P(12) = \dfrac{1}{2}, P(33) = \dfrac{1}{2}$，且熵等於 1 位元/符號。因為序列中有 10 個這樣的符號，我們總共需要 10 個位元來表示整個序列 ─ 減少了三倍。理論上，我們總是可以採用愈來愈大的區塊，以抽出資料的結構，然而實務上這種方法有其限制。為了避免這些限制，我們試圖獲得資料的精確模型，並根據此模型將資料源編碼。我們在第 2.3 節會描述無失真壓縮演算法中常用的一些模型，但在這之前，讓我們稍微偏離主題，討論一下平均資訊量表示式較嚴謹的推導。雖然這個解釋很有趣，然而對於瞭解本書中研究的大部份內容而言並不需要，因此讀者可以略過不讀。

2.2.1 平均資訊量的推導★

我們先提出希望平均資訊量的量度擁有的性質，然後證明要求資訊量度具有這些性質，必然會導出前述平均資訊量 (或熵) 的特殊定義。

已知一組獨立事件 $A_1, A_2, \cdots, A_n$，其機率為 $p_i = P(A_i)$，我們希望平均資訊量 H 的量度具有下列性質：

1. 我們希望 H 是機率 p_i 的連續函數，亦即 p_i 的微小變化應該只會造成平均資訊量的微小變化。

2. 如果所有的事件同樣可能出現，亦即對於所有的 i，$p_i = 1/n$，則 H 應為 n 的單調遞增函數。可能出現的結果愈多，則出現任何特定結果時，其中包含的資訊也應該愈多。

3. 假設我們把可能的結果分成若干群。當我們要指出發生某一特定事件時，會先指出該事件所屬的群，然後指出該事件是該群中的哪一個特定成員。因此，當我們獲得資訊時，我們是先知道某一事件所屬的群，而獲得一些資訊，然後得知 (該群的所有事件中) 發生了哪一個特殊事件，而獲得額外的資訊。分成許多次指出結果的相關資訊量，應該和一次指出結果的相關資訊量並無二致。

舉例來說，假設有一個實驗，其中有三種結果 A_1, A_2 和 A_3，機率分別為 p_1, p_2 和 p_3。與這個實驗相關的平均資訊量顯然是機率的函數

$$H = H(p_1, p_2, p_3)$$

讓我們把三種結果分成兩組

$$B_1 = \{A_1\}, \quad B_2 = \{A_2, A_3\}$$

事件 B_i 的機率為

$$q_1 = P(B_1) = p_1, \qquad q_2 = P(B_2) = p_2 + p_3.$$

當我們要指出發生某一事件 A_i 時，如果我們先宣布該事件所屬的群，然後宣布發生了哪一個事件，則平均資訊量的總量為

$$H = H(q_1, q_2) + q_1 H\left(\frac{p_1}{q_1}\right) + q_2 H\left(\frac{p_2}{q_2}, \frac{p_3}{q_2}\right).$$

我們要求這兩種方法計算出來的平均資訊量必須相同。

Shannon 在他的經典論文中證明，滿足以上所有條件的唯一方法是

$$H = -K \sum p_i \log p_i$$

其中 K 為任意的正值常數。現在回顧一下這篇論文附錄中的證明 [7]。

假設有一個實驗，其中有 $n = k^m$ 種同樣可能的結果。與這個實驗相關的平均資訊 $H(\frac{1}{n}, \frac{1}{n}, \cdots, \frac{1}{n})$ 是 n 的函數。換句話說，

$$H\left(\frac{1}{n}, \frac{1}{n}, \cdots, \frac{1}{n}\right) = A(n).$$

我們可以利用一系列 m 次「從 k 種同樣可能的選項中選出一種」的選擇，指出任何特定事件的發生。例如，試考慮 $k = 2$ 和 $m = 3$ 的情況。一共有八種同樣可能的事件；因此 $H(\frac{1}{8}, \frac{1}{8}, \cdots, \frac{1}{8}) = A(8)$。

我們可以如圖 2.1 所示，指出任何特定事件的發生。在這個例子中，我們有一系列三次選擇，每一次選擇都是從兩個同樣可能的事件中選出。因此，

$$
\begin{aligned}
H\left(\frac{1}{8}, \frac{1}{8}, \cdots, \frac{1}{8}\right) &= A(8) \\
&= H\left(\frac{1}{2}, \frac{1}{2}\right) + \frac{1}{2}\Bigg[H\left(\frac{1}{2}, \frac{1}{2}\right) + \frac{1}{2} H\left(\frac{1}{2}, \frac{1}{2}\right) \\
&\qquad\qquad\qquad\qquad + \frac{1}{2} H\left(\frac{1}{2}, \frac{1}{2}\right) \Bigg] \\
&\quad + \frac{1}{2}\Bigg[H\left(\frac{1}{2}, \frac{1}{2}\right) + \frac{1}{2} H\left(\frac{1}{2}, \frac{1}{2}\right) \\
&\qquad\qquad\qquad\qquad + \frac{1}{2} H\left(\frac{1}{2}, \frac{1}{2}\right) \Bigg] \\
&= 3 H\left(\frac{1}{2}, \frac{1}{2}\right) \\
&= 3 A(2).
\end{aligned}
\tag{2.5}
$$

換句話說，

$$A(8) = 3A(2).$$

(方程式 (2.5) 左邊相當古怪的書寫方式，是為了說明各項如何對應於圖 2.1 所示選擇樹的各分支)。我們可以推廣到 $n = k^m$ 的情況，如以下所示

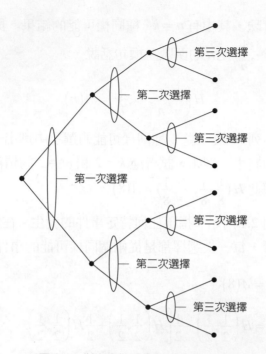

第三次選擇

第二次選擇

第三次選擇

第一次選擇

第三次選擇

第二次選擇

第三次選擇

圖 2.1   指出事件發生的可能方式。

$$A(n) = A(k^m) = mA(k).$$

同樣的，對於 j^l 種選擇，

$$A(j^l) = l\,A(j).$$

我們可以選擇任意大的 l (稍後將更詳細地討論這一點)，然後選擇 m，使得

$$k^m \le j^l \le k^{(m+1)}.$$

取各項的對數，得到

$$m\log k \le l \log j \le (m+1)\log k.$$

現在把整個式子除以 $l\log k$，得到

$$\frac{m}{l} \le \frac{\log j}{\log k} \le \frac{m}{l} + \frac{1}{l}.$$

請記住我們挑選的 l 爲任意地大。如果 l 爲任意地大，則$\frac{1}{l}$爲任意地小。這表示只要選擇任意大的 l，我們可以讓 $\frac{\log j}{\log k}$ 的上界和下界與 $\frac{m}{l}$ 任意地接近。這個結果的另一種表達方式是

$$\left|\frac{m}{l}-\frac{\log j}{\log k}\right|<\varepsilon$$

其中 ε 的值可以變成任意地小。我們將利用這個結果，求出 $A(n)$ 及 $H(\frac{1}{n},\cdots,\frac{1}{n})$ 的表示式。

爲了這麼做，我們使用第二項要求，即 $H(\frac{1}{n},\cdots,\frac{1}{n})$ 是 n 的單調遞增函數。因爲

$$H\left(\frac{1}{n},\cdots,\frac{1}{n}\right)=A(n),$$

這表示 $A(n)$ 是 n 的單調遞增函數。如果

$$k^{m}\leq j^{l}\leq k^{m+1}$$

爲了滿足第二項要求，我們有

$$A\left(k^{m}\right)\leq A\left(j^{l}\right)\leq A\left(k^{m+1}\right)$$

或

$$mA(k)\leq lA(j)\leq(m+1)A(k).$$

把整個式子除以 $l\,A(k)$，我們得到

$$\frac{m}{l}\leq\frac{A(j)}{A(k)}\leq\frac{m}{l}+\frac{1}{l}.$$

使用和前面一樣的論點，我們得到

$$\left|\frac{m}{l}-\frac{A(j)}{A(k)}\right|<\varepsilon$$

其中 ε 的值可以變成任意地小。

現在 $\dfrac{A(j)}{A(k)}$ 與 $\dfrac{m}{l}$ 的差距最多等於 ε，且 $\dfrac{\log j}{\log k}$ 與 $\dfrac{m}{l}$ 的差距最多等於 ε。因此，$\dfrac{A(j)}{A(k)}$ 與 $\dfrac{\log j}{\log k}$ 的差距最多等於 2ε。

$$\left| \frac{A(j)}{A(k)} - \frac{\log j}{\log k} \right| < 2\varepsilon$$

我們可以選擇任意小的 ε，且 j 和 k 為任意值。對於任意小的 ε，以及任意的 j 和 k，這個不等式能被滿足的唯一方法是 $A(j) = K \log(j)$，其中 K 為任意常數。換句話說，

$$H = K \log(n).$$

到目前為止，我們只討論了同樣可能的事件。我們現在轉換到更一般性，亦即各種實驗結果發生的可能性並不相同的情況。試考慮一個實驗，其中有 $\sum n_i$ 種同樣可能的結果，這些結果被分成 n 群，各群的大小 n_i 並不相等，且其機率為有理數 (如果機率並非有理數，我們可以用有理數機率來近似，並使用連續性要求)

$$p_i = \frac{n_i}{\sum_{j=1}^{n} n_j}.$$

已知有 $\sum n_i$ 種同樣可能的事件，由以上的推導，我們有

$$H = K \log\left(\sum n_j \right).$$

當我們要指出發生某一結果時，如果我們先指出它屬於 n 個群中的哪一群，然後指出它是該群中的哪一個成員，那麼根據前面的推導，平均資訊量 H 為

$$H = H\left(p_1, p_2, \cdots, p_n \right) + p_1 H\left(\frac{1}{n_1}, \cdots, \frac{1}{n_1} \right) + \cdots + p_n H\left(\frac{1}{n_n}, \cdots, \frac{1}{n_n} \right) \tag{2.7}$$

$$= H\left(p_1, p_2, \cdots, p_n \right) + p_1 K \log n_1 + p_2 K \log n_2 + \cdots + p_n K \log n_n \tag{2.8}$$

$$= H\left(p_1, p_2, \cdots, p_n \right) + K \sum_{i=1}^{n} p_i \log n_i. \tag{2.9}$$

令方程式 (2.6) 和 (2.9) 中的式子相等，我們得到

$$K \log \left(\sum n_j \right) = H \left(p_1, p_2, \cdots, p_n \right) + K \sum_{i=1}^{n} p_i \log n_i$$

或

$$H \left(p_1, p_2, \cdots, p_n \right) = K \log \left(\sum n_j \right) - K \sum_{i=1}^{n} p_i \log n_i$$

$$= -K \left[\sum_{i=1}^{n} p_i \log n_i - \log \left(\sum_{j=1}^{n} n_j \right) \right]$$

$$= -K \left[\sum_{i=1}^{n} p_i \log n_i - \log \left(\sum_{j=1}^{n} n_j \right) \sum_{i=1}^{n} p_i \right] \qquad (2.10)$$

$$= -K \left[\sum_{i=1}^{n} p_i \log n_i - \sum_{i=1}^{n} p_i \log \left(\sum_{j=1}^{n} n_j \right) \right]$$

$$= -K \sum_{i=1}^{n} p_i \left[\log n_i - \log \left(\sum_{j=1}^{n} n_j \right) \right]$$

$$= -K \sum_{i=1}^{n} p_i \log \frac{n_i}{\sum_{j=1}^{n} n_j} \qquad (2.11)$$

$$= -K \sum p_i \log p_i \qquad (2.12)$$

其中方程式 (2.10) 內使用了 $\sum_{i=1}^{n} p_i = 1$ 的結果。習慣上我們選擇 K 等於 1，因此我們得到以下的公式

$$H = -\sum p_i \log p_i \ .$$

請注意這個公式是我們一開始所做的要求必然導致的結果，完全沒有任何人為強迫的跡象，資訊理論之美盡在其中。資訊理論定律就像物理學定律一樣，是萬事萬物固有的本質，數學不過是表達這些關係的一種工具而已。

▣ 2.3 模型

如同我們在 2.2 節所見，擁有理想的資料模型，可能有助於估計資料源的熵。我們在後面的各章將會發現，資料源的理想模型可以導引出更有效率的壓縮演算法。一般而言，為了開發使用數學運算處理資料的技術，我們需要資料的數學模型。模型愈理想 (亦即模型我們有興趣的現實愈符合)，顯然愈有可能提出令人滿意的技術。建立數學模型有幾種方法。

2.3.1 物理模型

如果我們知道資料產生過程的一些物理原理，則可利用此一資訊來建立模型。例如在有關語音的應用中，瞭解語音生成的物理原理，可以用來建立被取樣之語音過程的數學模型。接下來，我們可以使用這個模型將被取樣的語音編碼。我們將在第 8 章更詳細地討論語音生成模型。

　　某些遙測資料的模型也可以藉由對基本過程的瞭解而得到。舉例來說，如果我們以每小時為單位，將住宅區的電表讀數編碼，那麼對於民眾生活習慣的瞭解，可以用來確定什麼時候用電量高，以及什麼時候用電量低。接下來，我們就不需要將實際讀數編碼，而改為將實際讀數與模型預測結果之間的差異 (殘餘值) 編碼。

　　然而一般來說，資料產生的物理原理簡直複雜到無法理解，更不用說是用來發展模型了。如果問題的物理原理太複雜，我們可以根據資料統計性質的經驗觀察結果獲得資料的模型。

2.3.2 機率模型

最簡單的資料源統計模型會假設該資料源產生的每一個字母皆與其他字母無關，而且每一個字母出現的機率相同。我們可以把它稱為*無知模型* (ignorance model)，因為通常只有在我們對資料源一無所知時，這個模型才有用 (當然，

可能眞是如此，在這種情況下，這個模型名稱還眞的很不幸！）。更複雜一點的是保留獨立假設，但除去機率相等的假設，並爲字母集中的每一個字母指定一個出現機率。對於一個從字母集 $A = \{a_1, a_2, \cdots, a_M\}$ 中產生字母的資料源而言，可以有一個**機率模型** (probability model) $P = \{P(a_1), P(a_2), \cdots, P(a_M)\}$。

如果有一個機率模型（以及獨立假設），我們可以使用方程式 (2.4) 計算資料源的熵。我們在後面使用機率模型的各章中將發現，我們也可以建立一些非常有效率的碼，來代表 A 中的字母。當然，只有在我們的數學假設與現實相符時，這些碼才會有效率。

獨立假設不符合我們對資料的觀察時，如果我們拋棄此一假設，通常可以找出更好的壓縮方案。當我們拋棄獨立假設時，必須有辦法描述資料序列元素彼此之間的相依性。

2.3.3 Markov 模型

表示資料相依性最常用的方法之一是使用 Markov 模型，這個模型是以俄國數學家 Andrei Andrevich Markov (1856-1922) 的名字來命名的。對於在無失眞壓縮中使用的模型，我們使用一種特別類型的 Markov 過程，稱爲**離散時間** *Markov* **鏈** (discrete time Markov chain)。令 $\{x_n\}$ 代表一個觀察值的序列。若

$$P\left(x_n \middle| x_{n-1}, \cdots, x_{n-k}\right) = P\left(x_n \middle| x_{n-1}, \cdots, x_{n-k}, \cdots\right). \tag{2.13}$$

則我們說這個序列遵循 k 階 Markov 模型，換句話說，知道前面 k 個符號，就等於瞭解了這個過程過去所有的歷史。集合 $\{x_{n-1}, \cdots, x_{n-k}\}$ 所取的值稱爲過程的**狀態** (state)。如果資料源字母集的大小爲 l，則狀態數爲 l^k。最常使用的 Markov 模型是一階 Markov 模型，其中

$$P\left(x_n \middle| x_{n-1}\right) = P\left(x_n \middle| x_{n-1}, x_{n-2}, x_{n-3}, \cdots\right). \tag{2.14}$$

方程式 (2.13) 和 (2.14) 指示樣本之間存在相依性，然而它們並沒有描述相依性的形式。我們可以根據對樣本之間相依性形式的假設，而發展不同的一階 Markov 模型。

　　如果我們假設相依性乃是以線性方式引入，我們可以把資料序列視爲由白噪音驅動的線性過濾器的輸出。此種過濾器的輸出可由以下的差分方程式求出

$$x_n = \rho x_{n-1} + \varepsilon_n \tag{2.15}$$

其中 ε_n 爲一白噪音過程。開發語音和影像編碼演算法時，經常使用這個模型。

　　使用 Markov 模型不需要線性的假設。舉例來說，考慮一幅二元影像。這幅影像只有兩種像素，亦即白色像素與黑色像素。我們知道，下一個觀察值會出現白色像素，在某種程度上取決於目前的像素是白色還是黑色，因此我們可以用離散時間 Markov 鏈模型來描述像素過程。我們定義兩個狀態 S_w 和 S_b（S_w 對應於目前像素是白色像素的情況，S_b 則對應於目前像素是黑色像素的情況）。我們再定義轉變機率 $P(w/b)$ 和 $P(b/w)$，以及在每一個狀態內的機率 $P(S_w)$ 和 $P(S_b)$，這樣一來，圖 2.2 所示的狀態圖就可以表示 Markov 模型。

　　具有狀態 S_i 的有限狀態過程，其熵值顯然是各狀態熵值的平均值：

$$H = \sum_{i=1}^{M} P(S_i) H(S_i). \tag{2.16}$$

對於二元影像的特殊範例而言

$$H(S_w) = -P(b/w)\log P(b/w) - P(w/w)\log P(w/w)$$

其中 $P(w/w) = 1 - P(b/w)$。$H(S_b)$ 可用同樣的方法計算。

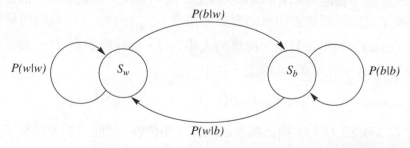

圖 2.2　二元影像的二狀態 Markov 模型。

| 例題 2.3.1 | Markov 模型 |

為了觀察模型化對熵的估計值的影響，讓我們計算一幅二元影像的熵，首先使用簡單的機率模型，然後使用上述的有限狀態模型。讓我們假設各機率值如下：

$$P(S_w) = 30/31 \quad P(S_b) = 1/31$$

$$P(w|w) = 0.99 \quad P(b|w) = 0.01 \quad P(b|b) = 0.7 \quad P(w|b) = 0.3.$$

使用機率模型和 *iid* 假設的熵值為

$$H = -0.8 \log 0.8 - 0.2 \log 0.2 = 0.206 \text{ bits.}$$

現在使用 Markov 模型

$$H(S_b) = -0.3 \log 0.3 - 0.7 \log 0.7 = 0.881 \text{ bits.}$$

且

$$H(S_w) = -0.01 \log 0.01 - 0.99 \log 0.99 = 0.081 \text{ bits.}$$

其中，使用方程式 (2.16) 得到 Markov 模型的熵為 0.107 位元，大約是使用 *iid* 假設所得熵值的一半。　　　　　　　　　　　　　　　　　　　◆

文字壓縮中的 Markov 模型

正如我們所預期的，Markov 模型在文字壓縮中特別有用，其中下一個字母的機率深受前面字母的影響。事實上，Shannon 的原始論文中出現了書寫英文使用的 Markov 模型 [7]。在目前的文字壓縮文獻中，k 階 Markov 模型更常被稱為**有限上下文模型** (finite context model)，其中的「**上下文**」(context) 是指先前所定義的狀態。

　　考慮 *preceding* 這個字。假設我們已經處理了 *precedin*，現在要將下一個字母編碼。如果我們不考慮上下文，同時把每一個字母的出現都視為驚奇，出現字母 g 的機率就相當低。我們使用一階 Markov 模型或單一字母的上下文 (也就是說，我們關注給定 n 時的機率模型)，會發現 g 的機率將大幅增加。當我

們增加上下文的大小時 (從 *n* 到 *in* 和 *din*，依此類推)，字母集的機率會變得愈來愈偏斜，導致熵值更低。

Shannon 使用英文文字的二階模型，其中包含 26 個字母和一個空格，得到的熵值等於 3.1 位元/字母 [8]。如果使用輸出符號是字而非字母的模型，熵值會降低到 2.4 位元/字母。接下來，Shannon 使用其他人產生的預測值 (而不是統計模型)，估計出二階模型的熵值上界與下界。對於受試者知道前 100 個字母的情況，他估計上界與下界分別為 1.3 和 0.6 位元/字母。

上下文愈長，預測值就愈好。然而，如果我們真的把具有給定長度的所有上下文對應的機率模型儲存起來，上下文的數量將隨其長度呈指數增長。此外，如果資料源針對其輸出施加了一些結構，這些上下文中有許多可能會對應到實際上永遠不會出現的字串。考慮一個四階 (上下文由前 4 個符號決定) 的上下文模型。如果我們使用大小等於 95 的字母集，可能的上下文的數目將等於 95^4 — 超過 8100 萬！

資料源輸出的不同實現方式，如果就重複樣式而論，可能差異極大，這一點使得以上的問題變得更嚴重。因此文字壓縮方案中的上下文模型化傾向於採用適應性策略，當我們遇到不同的符號時，它們在不同上下文中的機率會被更新。然而，這表示我們經常會遇到任何已知的上下文中都沒有遇到過的符號 (這稱為**零頻率問題** (zero frequency problem))。上下文愈長，這種情況愈常發生。如果我們傳送一個碼，指示接下來的符號是第一次遇到，再傳送為該符號預先安排的碼，則可解決這個問題。當符號 (在已知的上下文中) 第一次出現時，這樣會顯著增加碼的長度。然而如果這種情況不常發生，則與此符號第一次出現相關的負荷，與整個資料源的輸出編碼所需的總位元數比起來並不大。不幸的是，在以上下文為基礎的編碼中，遇到零頻率問題的次數多到足以讓負荷成為問題，尤其是比較長的上下文。*ppm* (以部分匹配進行預測) 演算法及其變形提出了解決這個問題的方法 (在第 6 章詳細描述)。

簡單地說，*ppm* 演算法會先嘗試找出欲編碼的符號相對於最大上下文長度，其機率是否不等於零。如果是的話，符號會被編碼並傳送。如果不是，則會傳送一個逸出符號，上下文長度減一，並且重複此一過程。這個程序會一直

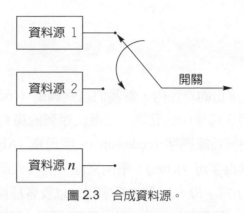

圖 2.3　合成資料源。

重複下去，直到發現該符號相對於它的機率不等於零的上下文。為了保證這個過程會收斂，我們總是會加入一個空白的上下文，所有符號相對於它的機率均相同。一開始的時候，只有比較短的上下文可能會被使用到。然而，當我們處理的資料源輸出愈來愈多時，愈長的上下文會更常被使用，而這些上下文可以提供更好的預測結果。逸出符號的機率可以用許多不同的方式計算，導致不同的實作 [1]。

　　文字壓縮中使用 Markov 模型，是一個豐富和活躍的研究領域。我們將在第 6 章描述一些這樣的方法 (如需更詳細的討論，請參閱 [1])。

2.3.4　合成資料源模型

在許多應用中，只使用單一模型來描述資料源並不容易。在這種情況下，我們可以定義一個**合成資料源** (composite source)，可視為數個資料源的組合或合成，其中在任何特定時刻，只有一個資料源會作用。合成資料源可以表示成許多個別的資料源 S_i，其中每一個都有自己的模型 M_i，以及一個開關，此開關選擇資料源 S_i 的機率為 P_i (如圖 2.3 所示)。這是一個異常豐富的模型，而且可以用來描述一些非常複雜的過程。當我們需要時，會更詳細地描述這個模型。

2.4 編碼

在本章和本書大部份的章節內,當我們談到**編碼** (coding) 時,是指將二進位序列指定給一組字母集中的元素。二進位序列的集合稱爲**碼** (code),該集合中的個別成員則稱爲**編碼字** (codeword)。**字母集** (Alphabet) 是一些符號的集合,這些符號稱爲**字母** (letter)。舉例來說,撰寫大部份的書籍時使用的字母集,包含 26 個小寫字母,26 個大寫字母,以及各種標點符號。依照本書使用的術語,逗點是一個字母。字母 *a* 的 ASCII 碼是 1000011,字母 *A* 被編碼爲 1000001,字母 "," 被編碼爲 0011010。請注意 ASCII 碼使用同樣數目的位元來代表每個符號,這樣的碼稱爲**固定長度碼** (fixed-length code)。如果我們希望減少表示不同訊息所需的位元數,則需使用不同數目的位元來表示不同的符號。如果我們使用比較少的位元來表示較常出現的符號,平均而言,每個符號使用的位元數會比較少。每一個符號的平均位元數通常稱爲碼的**資料率** (rate)。「使用比較少的位元來表示較常出現的符號」這個概念和摩爾斯電碼使用的概念一樣:較常出現的字母,其編碼字比較不常出現的字母要短。舉例來說,*E* 的編碼字是·,*Z* 的編碼字則是− −··[9]。

2.4.1 可唯一解譯碼

欲設計「理想」的碼,要考慮的重點並不是只有「碼的平均長度」。考慮下列從 [10] 修改而成的範例。假設資料源的字母集包含四個字母 a_1, a_2, a_3 和 a_4,其機率爲 $P(a_1) = \dfrac{1}{2}$, $P(a_2) = \dfrac{1}{4}$, $P(a_3) = P(a_4) = \dfrac{1}{8}$。此一資料源的熵爲 1.75 位元/符號。試考慮表 2.1 中用來表示此一資料源的碼。

每一個碼的平均長度爲

$$l = \sum_{i=1}^{4} P(a_i) n(a_i)$$

其中 $n(a_i)$ 是字母 a_i 的編碼字的位元數，且平均長度的單位為位元/符號。如果我們依據平均長度來比較的話，1 號碼似乎是最理想的碼。然而，如果一組碼想要具有任何用處，當它轉換資訊時，應該不會模稜兩可，1 號碼顯然並非如此。指定給 a_1 和 a_2 的編碼字都是 0，當我們接收到 0 時，我們無法知道傳送的究竟是 a_1 還是 a_2。我們希望為每一個符號指定一個**唯一**(unique)的編碼字。

乍看之下，2 號碼似乎沒有模稜兩可的問題；每個符號都指定了一個截然不同的編碼字。然而，假設我們希望把序列 $a_2\,a_1\,a_1$ 編碼。使用 2 號碼時，這個序列會被編碼成二進位字串 100。然而當解碼器接收到字串 100 時，有幾種方式可以把這個字串解碼。字串 100 可以解碼成 $a_2\,a_1\,a_1$ 或 $a_2\,a_3$。這表示序列一旦以 2 號碼編碼，並不能完全肯定地還原成原始字串。一般而言，我們並不希望碼具有這種性質。我們希望碼具有**可唯一解譯性** (unique decodability)；也就是說，任何給定的編碼字序列均恰好可以使用一種方式解碼。

現在我們知道 1 號碼和 2 號碼不具備可唯一解譯性。那麼 3 號碼呢？請注意前三個編碼字均以 0 結尾。事實上，0 總是代表一個編碼字的結束。最後一個編碼字不含 0，且長度是 3 個位元。由於其他所有的編碼字含有的 1 都不超過 3 個，而且都是以 0 結尾，所以只有一種方式可以得到連續三個 1，就是 a_4 的碼。解碼規則很簡單：累計位元，直到出現 0 或出現三個 1。這個規則一點也不含糊，我們也很容易看出這組碼可以唯一解譯。如果使用 4 號碼，則情況會更簡單。每一個編碼字均以 0 開頭，只有在編碼字開始時才會看到 0。因此，解碼規則乃是不斷累計位元，直到 0 出現。0 之前的位元，就是前一個編碼字的最後一個位元。

表 2.1　供含有四個字母的字母集使用的四種碼。

字母	機率	一號碼	二號碼	三號碼	四號碼
a_1	0.5	0	0	0	0
a_2	0.25	0	1	10	01
a_3	0.125	1	00	110	011
a_4	0.125	10	11	111	0111
平均長度		1.125	1.25	1.75	1.875

　　3 號碼和 4 號碼有一點小小的差異。如果使用 3 號碼，解碼器知道在什麼時刻編碼字是完整的。如果使用 4 號碼，我們必須等到下一個編碼字開始之後，才能知道目前的編碼字已經完整了。由於 3 號碼具有這一項性質，因此被稱為**可立即解譯** (instantaneous) 碼。雖然 4 號碼不是可立即解譯碼，但也已經差不多了。

　　儘管「可立即解譯」或「近乎可立即解譯」是很不錯的性質，但它並非可唯一解譯的必要條件。考慮表 2.2 所示的碼。讓我們將字串 01111111111111111111 解碼。在這個字串中，第一個編碼字是對應於 a_1 的 0 或對應於 a_2 的 01。除非我們把整個字串解碼完畢，否則無法知道哪一個才是對的。如果我們一開始的時候假設第一個編碼字對應於 a_1，則後面的八對位元會被解碼成 a_3。然而，解碼成 8 個 a_3 之後，還剩下單一 (待決) 的 1，這個 1 並不能對應到任何編碼字。另一方面，如果我們假設第一個編碼字對應於 a_2 的話，我們可以把接下來的 16 個位元解碼成由 8 個 a_3 組成的序列，而且不會剩下任何位元。事實上，儘管 5 號碼顯然不是可立即解譯碼，但它可以唯一解譯。

　　我們觀察了一些很小的碼，其中的字母不超過四個。即使如此，我們仍然無法馬上看出一組碼是不是可以唯一解譯。決定一組比較大的碼能不能唯一解譯時，一套系統化的程序將會非常有用。事實上，說最後這句話時應該小心。本章稍後會討論一類可變長度碼，這種碼一定可以唯一解譯，因此可唯一解譯性的測試似乎沒有那麼必要。現在讀者也許希望先跳過以下的討論內容，必要時再回來閱讀。

表 2.2　五號碼。			表 2.3　六號碼。	
字母	編碼字		字母	編碼字
a_1	0		a_1	0
a_2	01		a_2	01
a_3	11		a_3	10

在描述用來決定一組碼能不能唯一解譯的程序之前，讓我們從另一個角度來看最後一個例題。我們會發現解碼錯誤，是因為剩下一個不是編碼字的二進位字串 (1)。這件事如果沒有發生，我們就會有兩種有效的解碼方式。舉例來說，考慮表 2.3 所示的碼。讓我們使用這一組碼，將 a_1 後面跟著八個 a_3 的字串編碼。編碼後的序列是 01010101010101010。第一個位元是 a_1 的編碼字。然而，我們也可以把它解碼成 a_2 的編碼字的第一個位元。如果我們使用這一種 (不正確的) 解碼方式，接下來的七對位元會被解碼成 a_2 的編碼字。解碼完七個 a_2 後，會剩下單一的 0，並解碼成 a_1。因此，這一不正確的解碼方式也是有效的編碼，所以這一組碼並不能唯一解譯。

可唯一解譯的測試 ★

在前述例題中，若使用可唯一解譯碼，則進行錯誤解譯後，剩下的二進位字串並不是編碼字。若使用的碼不能唯一解譯，進行錯誤解譯後，剩下的則是有效的編碼字。我們可根據待決字尾是不是編碼字，而得到下面的測試 [11,12]。

我們先說明一些定義。假設有兩個二進位編碼字 a 和 b，其中 a 為 k 個位元長，b 為 n 個位元長，且 $k < n$。如果 b 的前 k 個位元和 a 完全相同，則稱 a 為 b 的**字首** (prefix)。b 的最後 $n - k$ 個位元稱為**待決字尾** (dangling suffix) [11]。例如，如果 $a = 010$，$b = 01011$，則 a 是 b 的字首，且待決字尾為 11。

現在建立由所有編碼字組成的列表。考慮每一對編碼字，看看有沒有哪一個編碼字是其他編碼字的字首。如果找到這樣的一對編碼字，除非待決字尾和上一個回合相同，否則把它加入列表中。現在針對比較大的列表重複同樣的步驟，照這樣繼續下去，直到出現下列兩種情況之中的任何一種：

1. 你得到的待決字尾是一個編碼字。
2. 再也沒有不一樣的待決字尾。

如果是第一種情況，則該碼並不能唯一解譯。然而，如果是第二種情況，則該碼可以唯一解譯。

現在讓我們看看這個程序如何應用在一些範例上。

例題 2.4.1

考慮 5 號碼。首先列出編碼字

$$\{0, 01, 11\}$$

編碼字 0 是編碼字 01 的字首，待決字尾是 1。除此之外，並沒有其他對編碼字滿足「其中一個是另一個的字首」的條件。讓我們把待決字尾加入編碼字列表中。

比較這個列表中的元素，我們發現 0 是 01 的字首，待決字尾是 1，但我們已經把 1 加入列表。此外，1 是 11 的字首，這樣會產生待決字尾 1，它也已經在列表中。除此之外，沒有其他對編碼字會產生待決字尾，故列表無法再擴大，因此 5 號碼可以唯一解譯。 ◆

例題 2.4.2

考慮 6 號碼。首先列出編碼字

$$\{0, 01, 10\}$$

編碼字 0 是編碼字 01 的字首。待決字尾是 1。除此之外，再也沒有其他對編碼字滿足「其中一個是另一個的字首」。把 1 加入編碼字列表，我們得到列表

$$\{0, 01, 10, 1\}$$

在這個列表中，1 是 10 的字首。這一對編碼字的待決字尾是 0，這是 a_1 的編碼字。因此 6 號碼並非可唯一解譯。 ◆

2.4.2　字首碼

可唯一解譯性的測試必須檢查由滿足下列條件的各對編碼字產生的待決字尾，即其中一個編碼字是另一個的字首。如果待決字尾本身就是一個編碼字，

則此碼並非可唯一解譯。有一種類型的碼永遠不會發生「待決字尾是編碼字」的情況，就是滿足「沒有一個編碼字是另一個的字首」的碼。在這種情況下，由待決字尾組成的集合是空集合，因此我們不必擔心會發現某一個待決字尾與編碼字完全相同。在一組碼中，如果沒有一個編碼字是另一個的字首，則該碼稱為**字首碼** (prefix code)。要檢查某一組碼是否為字首碼，有一種很簡單的方法，就是畫出對應於該碼的有根二元樹。請畫出一棵樹，從單一節點 (**根節點；** root node) 開始，每一個節點最多只能有兩個分支，其中的一個分支對應到 1，另一個分支對應到 0。在本書中，我們將採用以下的規定：當我們畫出根節點在頂端的樹時，左邊的分支對應到 0，右邊的分支對應到 1。如果我們遵照這個規定，可以畫出 2 號碼、3 號碼和 4 號碼的二元樹，如圖 2.4 所示。

　　請注意，除了根節點之外，這些樹有兩種節點 — 會產生其他節點的節點，以及不會產生其他節點的節點。第一種節點稱為**內部節點** (internal node)，第二種節點稱為**外部節點** (external node) 或**葉節點** (leaf)。在一個字首碼中，編碼字只會出現在外部節點。如果一組碼不是字首碼 (例如 4 號碼)，則其中會有一些編碼字出現在內部節點。從樹根開始走訪這棵樹，直到對應於某一個符號的外部節點，可以得到這個符號的碼。沿路上的每一個分支都會產生編碼字中的一個位元：每一個左邊分支會產生一個 0，每一個右邊分支會產生一個 1。

　　如果能夠有一種碼，其中的成員顯然可以唯一解譯，那樣會很理想。然而，如果我們限制自己只使用字首碼，會不會有什麼損失？如果我們不限制自己只

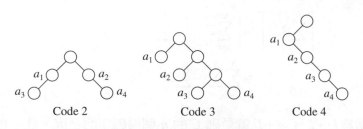

圖 2.4　三種不同碼的二元樹。

使用字首碼的話，可以找到比較短的碼嗎？幸運的是，答案是「不會」。對於任何一組不是字首碼，且能唯一解譯的碼，我們一定可以找到一組編碼字長度與它相同的字首碼。下一節將證明這一點。

2.4.3　Kraft-McMillan 不等式★

本節討論的特殊結果包含兩部份。第一部份提供可唯一解譯碼的編碼字長度的必要條件。第二部份證明一定可以找到滿足此一必要條件的字首碼。因此，如果有一組可唯一解譯的碼不是字首碼，一定可以找到具有相同編碼字長度的字首碼。

定理　令 C 為一組具有 N 個編碼字的碼，其長度分別為 $l_1, l_2, ..., l_N$。如果 C 可以唯一解譯，則

$$K(C) = \sum_{i=1}^{N} 2^{-l_i} \leq 1.$$

這個不等式稱為 Kraft-McMillan 不等式。

證明　我們將探討 K(C) 的 n 次方，以進行證明。如果 K(C) 大於 1，則 $K(C)^n$ 應該會隨著 n 以指數形式成長。如果它不隨著 n 以指數形式成長，就證明了 $\sum_{i=1}^{N} 2^{-l_i} \leq 1$。

令 n 為任意整數，則

$$\left[\sum_{i=1}^{N} 2^{-l_i} \right]^n = \left(\sum_{i_1=1}^{N} 2^{-l_{i_1}} \right) \left(\sum_{i_2=1}^{N} 2^{-l_{i_2}} \right) \cdots \left(\sum_{i_n=1}^{N} 2^{-l_{i_n}} \right) \tag{2.17}$$

$$= \sum_{i_1=1}^{N} \sum_{i_2=1}^{N} \cdots \sum_{i_n=1}^{N} 2^{-\left(l_{i_1} + l_{i_2} + \cdots + l_{i_n} \right)} \tag{2.18}$$

指數 $l_{i_1} + l_{i_2} + \cdots + l_{i_n}$ 就是碼 C 的 n 個編碼字的長度。此一指數的最小值大於或等於 n（如果所有的編碼字均為 1 個位元長）。如果

$$l = \max \{l_1, l_2, \ldots, l_N\}$$

則該指數的最大值小於或等於 nl。因此，我們可以將總和寫成

$$K(C)^n = \sum_{k=n}^{nl} A_k 2^{-k}$$

其中 A_k 是總長度等於 k 的 n 個編碼字的組合數。讓我們看看這個係數有多大。長度等於 k 的二進位序列總共有 2^k 種不同的可能。如果該碼可以唯一解譯，則每一個序列恰好可以表示一個編碼字序列。因此，總長度等於 k 的一群編碼字可能的組合數不能大於 2^k。也就是說，

$$A_k \leq 2^k.$$

這表示

$$K(C)^n = \sum_{k=n}^{nl} A_k 2^{-k} \leq \sum_{k=n}^{nl} 2^k 2^{-k} = nl - n + 1. \tag{2.19}$$

然而，如果 $K(C)$ 大於 1，則它會隨著 n 以指數形式成長，但 $n(l-1) + 1$ 只能以線性形式成長。因此，如果 $K(C)$ 大於 1，我們一定可以找到一個夠大的 n，使得不等式 (2.19) 不成立。所以對於可唯一解譯的碼 C 而言，$K(C)$ 小於或等於 1。　　　　□

Kraft-McMillan 不等式的這一部份提供了可唯一解譯碼的必要條件。也就是說，如果一組碼可以唯一解譯，則其編碼字的長度必須滿足此不等式。Kraft-McMillan 不等式的的第二部份是：如果我們有一組編碼字，其長度滿足此不等式，一定可以找到具有此種編碼字長度的字首碼。這裡提供的證明，是從 [6] 修改而來的。

定理　給定一組滿足下列不等式的整數 $l_1, l_2, \ldots, l_N$，一定可以找到編碼字長度等於 $l_1, l_2, \ldots, l_N$ 的一組字首碼。

$$\sum_{i=1}^{N} 2^{-l_i} \leq 1$$

證明 我們將發展一套程序，建立編碼字長度等於 $l_1, l_2, ..., l_N$，且滿足所給不等式的一組字首碼，以證明此敘述。

在不失一般性的情況下，可以假設

$$l_1 \leq l_2 \leq \ldots \leq l_N$$

茲按照下列方式定義一組數目 $w_1, w_2, \cdots, w_N$：

$$w_1 = 0$$
$$w_j = \sum_{i=1}^{j-1} 2^{l_j - l_i} \qquad j > 1.$$

$j > 1$ 時，w_j 的二進位表示方式需要 $\lceil \log_2(w_j + 1) \rceil$ 個位元。我們將使用此二進位表示方式來建立字首碼。首先，說明 w_j 的二進位表示方式的位元數小於或等於 l_j。對於 w_1 而言，這一點顯然成立。對於 $j > 1$，

$$\log_2\left(w_j + 1\right) = \log_2\left[\sum_{i=1}^{j-1} 2^{l_j - l_i} + 1\right]$$

$$= \log_2\left[2^{l_j} \sum_{i=1}^{j-1} 2^{-l_i} + 2^{-l_j}\right]$$

$$= l_j + \log_2\left[\sum_{i=1}^{j} 2^{-l_i}\right]$$

$$\leq l_j$$

最後一個不等式成立，是因為定理的假設 $\sum_{i=1}^{N} 2^{-l_i} \leq 1$，因為這表示 $\sum_{i=1}^{j} 2^{-l_i} \leq 1$。由於比 1 小的數，其對數為負值，因此 $l_j + \log_2\left[\sum_{i=1}^{j} 2^{-l_i}\right]$ 須小於 l_j。

我們可以按照以下的方式，使用 w_j 的二進位表示方式，造出一組二進位碼。如果 $\lceil \log_2(w_j + 1) \rceil = l_j$，則第 j 個編碼字 c_j 就是 w_j 的二進位表示方式。如果 $\lceil \log_2(w_j + 1) \rceil < l_j$，則 c_j 等於二進位表示方式 w_j，後面補上 $l_j - \lceil \log_2(w_j + 1) \rceil$ 個零。這當然是一組碼，但它是字首碼嗎？如果我們可以證明碼 $C = \{c_1, c_2, ..., c_N\}$ 是字首碼，就完成了以建構法證明本定理的任務。

假設我們的聲明不成立，那麼對於某一個 $j < k$，c_j 是 c_k 的字首。這表示 w_k 的 l_j 個最高有效位元形成 w_j 的二進位表示方式。因此，如果我們把 w_k 的二進位表示方式右移 $l_k - l_j$ 個位元，應該會得到 w_j 的二進位表示方式。我們可以把它寫成：

$$w_j = \left\lfloor \frac{w_k}{2^{l_k - l_j}} \right\rfloor$$

然而

$$w_k = \sum_{i=1}^{k-1} 2^{l_k - l_i}$$

所以

$$
\begin{aligned}
\frac{w_k}{2^{l_k - l_j}} &= \sum_{i=0}^{k-1} 2^{l_j - l_i} \\
&= w_j + \sum_{i=j}^{k-1} 2^{l_j - l_i} \\
&= w_j + 2^0 + \sum_{i=j+1}^{k-1} 2^{l_j - l_i} \\
&\geq w_j + 1.
\end{aligned}
\tag{2.20}
$$

也就是說，$\dfrac{w_k}{2^{l_k - l_j}}$ 最小值是 $w_j + 1$，但這與「c_j 是 c_k 的字首」這個要求相互矛盾，因此 c_j 不可能是 c_k 的字首。由於 j 和 k 爲任意值，這表示沒有一個編碼字是另一個編碼字的字首，故碼 C 是字首碼。　　□

因此，如果我們有一組可以唯一解譯的碼，則其編碼字長度必須滿足 Kraft-McMillan 不等式。此外，給定一組滿足 Kraft-McMillan 不等式的編碼字長度，一定可以找到具有這些編碼字長度的一組字首碼。因此，限制自己只使用字首碼，並不會造成可能忽略掉有一些碼的平均長度更短，又能唯一解譯，卻不是字首碼的危險。

■ 2.5 演算法資訊理論

以上各節描述的資訊理論直覺上令人滿意，而且有許多有用的應用，然而它在處理現實世界的資料時，確實有一些理論上的困難。假設你的任務是發展一套壓縮方案，供一組特定的說明文件使用。我們可以把整組文件視為單一的長字串。你可以發展資料的模型；根據這些模型，你可以使用相對頻率方法計算機率，然後這些機率可以用來求出熵的估計值，以及可提供的壓縮量的估計值。一切都很理想，只有一點「美中不足」。你拿到的字串是固定的，其中並無任何機率性可言。我們並沒有可以在不同的時間產生不同說明文件的抽象資料源。這樣的話，我們怎麼可以談論熵，而不假裝事實及其真相其實有點不一樣？不幸的是，我們並不清楚是不是可以這麼做。我們對熵的定義需要有一個抽象資料源。我們對熵的估計值仍然有用。它讓我們對於可以獲得多少壓縮比例有一個很清楚的概念。因此從實務上來說，資訊理論是說得通的，然而在理論上，似乎仍然有些虛假。演算法資訊理論是另一種不同的檢視資訊的方法，實務上用途不大 (因此我們不會花太多時間討論)，但它可以克服這個理論問題。演算法資訊理論的核心是一個稱為 *Kolmogorov* **複雜度** (Kolmogorov complexity) 的度量。這個度量雖然掛有一個人的名字，實際上卻是由三個人獨立發現的：R. Solomonoff，他是研究機器學習的；俄國數學家 A.N. Kolmogorov；以及 G. Chaitin，當他提出這個概念時，還只是個中學生。

序列 x 的 Kolmogorov 複雜度 $K(x)$ 是產生 x 所需程式的大小，這個大小包括程式所需的一切輸入。我們沒有指定程式語言，因為某種語言寫的程式總是可以使用固定成本轉換成另一種語言寫的程式。如果 x 是一連串的 1，這是一

個可以大幅壓縮的序列，程式將只是在迴圈中的一行列印敘述而已。至於另一種極端狀況，如果 x 是一個沒有結構的隨機序列，那麼唯一能產生它的程式將包含序列本身，程式的大小會比序列本身稍微大一點。因此，可以產生一個序列的最小程式大小與壓縮量之間，可以得到一個清楚的對應關係。Kolmogorov 複雜度似乎是一個可供資料壓縮使用的理想量度，問題是我們並不知道任何可以計算或密切近似 Kolmogorov 複雜度的系統化方法。可以產生特別序列的任何程式，顯然是該序列的 Kolmogorov 複雜度的上界，然而我們沒有辦法決定下界。因此，雖然在壓縮序列時，Kolmogorov 複雜度的概念在理論上比熵的概念更令人滿意，可是在實務上並沒有那麼好用。不過，既然大家對這些概念的興趣這麼高昂，它們很有可能產生更實際的應用。

2.6　最小描述長度原理

Kolmogorov 複雜度較實用的分支之一是最小描述長度 (MDL) 原理。第一個發現 Kolmogorov 複雜度的人，亦即 Ray Solomonoff，把「可以產生一個序列的程式」的概念視為一種建立資料模型的方法。1978 年，Jorma Risannen (獨立於 Solomonoff，但仍受 Kolmogorov 複雜度所啟發) 發展了一般稱為 MDL 的模型建立方法 [13]。

令 M_j 代表試圖描述序列 x 中之結構的模型集 M 的一個模型。令 D_{M_j} 代表描述模型所需的位元數。舉例來說，如果模型集 M 可由一群係數表示 (個數可能會改變)，則 M_j 的描述將包含係數的個數，以及每一個係數的值。令 $R_{M_j}(x)$ 代表相對於模型 M_j 表示 x 所需的位元數。最小描述長度可由以下的式子求出

$$\min_j(D_{M_j} + R_{M_j}(x))$$

考慮圖 2.5 所示的例子，其中 X 代表資料值。假設模型集 M 是 k 階多項式的集合。我們也已經描繪出可以用來建立資料模型的兩個多項式。高階多項式在建立資料模型方面顯然要「好」得多，因為模型可以精確地描述資料。為了描述更高階的多項式，我們需要指定每一個係數的值。如果多項式能精確地

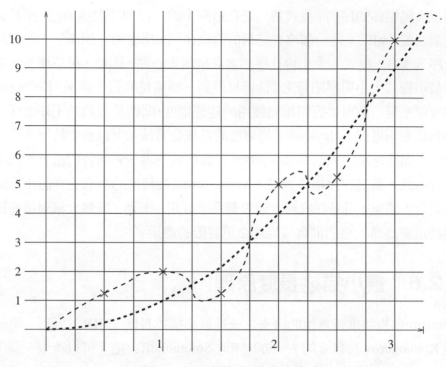

圖 2.5 說明 MDL 原理的範例。

建立資料的模型,則係數必須精確,這樣會需要許多位元數。另一方面,二次方程式模型並不能擬合任何資料值,然而它的描述非常簡單,資料值與二次方程式的值的差距不是 +1 就是 −1。因此我們可以傳送二次多項式的係數 (1,0),並為每一個資料值使用 1 個位元,來代表與二次多項式的值相距 +1 或 −1,而精確地表示資料。從壓縮的觀點來看,在這個例子中,使用比較差的模型,事實上反而會產生比較好的壓縮結果。

2.7 摘要

在本章中,我們學習了資訊理論的一些基本定義。本章的討論相當簡短,我們將在第 8 章再討論這個主題,不過本章涵蓋的內容已經足夠讓讀者順利閱讀後

面四章。本章中介紹的概念讓我們可以在已知資料源的機率模型時，估計表示
該資料源的輸出所需的位元數。把二進位表示方式指定給資料源輸出的過程稱
爲編碼。我們介紹了可唯一解譯性與字首碼的概念，當我們在後面兩章描述各
種編碼演算法時將會用到。我們也很簡短地討論了不同的模型建立方法。如果
在書稍後需要更深入地瞭解一個模型，我們會在那時更詳細地討論，不過本章
所涵蓋的模型建立方法，大致上已經足夠讓讀者瞭解後面四章描述的方法。

進階閱讀

1. J. R. Pierce 所著的「Symbols, Signals, and Noise - The Nature and Process
   of ommunications」 [14] 討論了關於資訊理論及其在若干領域的應用，
   是一本非常容易閱讀的書。

2. R.W Hamming 所著「*Coding and Information Theory*」的第 6 章 [9]，是
   本章材料一個很好的介紹性資訊來源。

3. T.C. Bell、J.G. Cleary 與 I.H. Witten 合著的「*Text Compression*」非常精
   采與詳盡地描述了各種文字壓縮的模型 [1]。

4. 想要更完整及詳盡的資訊理論的記載，作者特別推薦下面這幾本書 (前
   面兩本是作者個人最喜愛的書)：R.B. Ash 所著的「*Information Theory*」
   [15]；R.M. Fano 所著的「*Transmission of Information*」[16]；R.G. Gallagher
   所著的「*Information Theory and Reliable Communication*」[11]；R.M. Gray
   所著的「*Entropy and Information Theory*」[17]；T.M. Cover 與 J.A. Thomas
   合著的「*Elements of Information Theory*」[3]；以及 R.J. McEliece 所著的
   「*The Theory of Information and Coding*」[6]。

5. M. Li 與 P. Vitanyi 合著的「An Introduction to Kolmogorov Complexity and
   Its Applications」[18] 詳細地討論了 Kolmogorov 複雜度。

6. S. R. Tate 所著的「*Complexity Measures*」一章中 [19]，可以找到一篇非常容易閱讀，有關無失真壓縮情況下的 Kolmogorov 複雜度的概觀。

7. P. Grunwald、I.J. Myung 與 M.A. Pitt 編輯的「*Advances in Minimum Description Length*」[20] 討論了最小描述長度原理的各方面。此書也包含由 Peter Grunwald 所著，關於最小說明長度原理的一篇非常棒的介紹 [21]。

2.8　專案與問題

1. 假設 X 為一隨機變數，其值可為某一字母集的 M 個字母其中之一。證明 $0 \le H(X) \le \log_2 M$。

2. 證明：若一被觀察之序列的元素均為 *iid*，則其熵值等於一階熵的值。

3. 已知一字母集 $A = \{a_1, a_2, a_3, a_4\}$，求出下列情況下的一階熵：

   (a) $P(a_1) = P(a_2) = P(a_3) = P(a_4) = \dfrac{1}{4}$.

   (b) $P(a_1) = \dfrac{1}{2}, P(a_2) = \dfrac{1}{4}, P(a_3) = P(a_4) = \dfrac{1}{8}$.

   (c) $P(a_1) = 0.505, P(a_2) = \dfrac{1}{4}, P(a_3) = \dfrac{1}{8}$, 且 $P(a_4) = 0.12$.

4. 假設有一個資料源，其機率模型為 $P = \{p_0, p_1, \cdots, p_m\}$，且熵值為 H_P；再假設有另一個資料源，其機率模型為 $Q = \{q_0, q_1, \cdots, q_m\}$，且熵值為 H_Q，其中

$$q_i = p_i \quad i = 0, 1, \ldots, j-2, j+1, \ldots, m$$

且

$$q_j = q_{j-1} = \frac{p_j + p_{j-1}}{2}$$

則 H_Q 與 H_P 的關係為何 (大於、等於或小於)？證明你的答案。

5. 本書隨附的資料集中有一些影像檔和語音檔。

(a) 寫一個程式，計算這些影像檔和語音檔的一階熵。

(b) 挑選一個影像檔，計算其二階熵。試討論一階熵與二階熵的差異。

(c) 使用 (b) 的影像計算在相鄰像素之間熵的差別。試說明你的發現。

6. 做一個實驗，看看模型描述資料有多理想。

(a) 寫一個程式，從 $\{a, b, ..., z\}$ 等 26 個字母組成的字母集中隨機選擇字母，並形成有四個字母的字。形成 100 個這樣的字，看看其中有多少是有意義的字。

(b) 本書隨附的資料集中有一個稱為 4letter.words 的檔案，其中包含有四個字母的字的列表。使用這個檔案求出字母集的機率模型。現在重複 (a) 部份的作業 (使用機率模型產生這些字)。如果要根據機率模型挑選字母，可以建立累積密度函數 (cdf) $F_X(x)$ (關於 cdf 的定義，請參閱附錄 A)。使用均勻的隨機數產生器產生 r 值，其中 $0 \le r < 1$，如果 $F_X(x_k - 1) \le r < F_X(x_k)$，則挑選字母 x_k。把你的結果與 (a) 部份作比較。

(c) 使用單一字母的上下文重複 (b) 部份。

(d) 使用兩個字母的上下文重複 (b) 部份。

7. 決定下列哪一組碼可以唯一解譯。

(a) $\{0, 01, 11, 111\}$

(b) $\{0, 01, 110, 111\}$

(c) $\{0, 10, 110, 111\}$

(d) $\{1, 10, 110, 111\}$

8. 使用一個文字檔計算每一個字母的機率 p_i。

(a) 假設我們需要使用長度等於 $\left\lceil \log_2 \frac{1}{p_i} \right\rceil$ 的編碼字將字母 i 編碼。試決定將檔案編碼所需的位元數。

(b) 已知前一個字母是 j，計算字母 i 的條件機率 $P(i/j)$。假設我們需要 $\left\lceil \log_2 \dfrac{1}{P(i/j)} \right\rceil$ 個位元來表示在字母 j 後面的字母 i。試決定將檔案編碼所需的位元數。

3

Huffman 編碼

3.1 綜覽

在本章中，我們描述一個非常受歡迎的編碼演算法，叫作 Huffman 編碼演算法。我們先說明已知資料源的機率模型時，用來建立 Huffman 碼的程序，然後說明當我們不知道資料源的統計性質時，用來建立這種碼的程序。我們也會描述一些碼的設計技術，這些技術就某種意義而言與 Huffman 編碼方法很類似。最後，我們會舉一些將 Huffman 編碼使用於影像壓縮、音訊壓縮和文字壓縮的例子。

3.2 Huffman 編碼演算法

這項技術是由 David Huffman 發展的，起初是課堂作業的一部分。這門課由 Robert Fano 在麻省理工學院講授，是有史以來第一門有關「資訊理論」這個領域的課程 [22]。使用這種技術或程序產生的碼稱為 *Huffman 碼* (Huffman codes)。這些碼是字首碼，而且對於一給定的模型 (一組機率) 而言是最佳碼。

Huffman 程序是根據有關最佳字首碼的兩項觀察：

1. 在一最佳碼中，較常出現 (出現機率較高) 的符號的編碼字，要比較不常出現的符號的編碼字短。

2. 在一最佳碼中，最不常出現的兩個符號，其編碼字的長度相同。

第一項觀察顯然是正確的。如果較常出現的符號的編碼字，比較不常出現的符號的編碼字長，則每一個符號平均位元數，會比情形正好相反時要多。因此，如果一個碼把較長的編碼字指定給較常出現的符號，就不可能是最佳碼。

為了瞭解第二項觀察為什麼成立，請考慮下面的情況。假設有一最佳碼 C 存在，其中最不可能出現的兩個符號對應的兩個編碼字長度不同。假設較長的編碼字比較短的編碼字長 k 個位元。由於此碼是字首碼，較短的編碼字不可能是較長的編碼字的字首。這表示即使去掉較長的編碼字的最後 k 個位元，這兩個編碼字仍然不一樣。由於這些編碼字對應到字母集中最不可能出現的符號，所以不可能有其他的編碼字會比這些編碼字更長；因此，不會有某一個縮短的編碼字是其他編碼字字首的危險。此外，把這 k 個位元捨棄，會產生平均長度比 C 更短的新碼，但這違反我們有關「C 是最佳碼」的論點。因此，對於最佳碼而言，第二項觀察也成立。

這兩項觀察再加上一個簡單的要求，就可以得到 Huffman 編碼程序。這項要求是：機率最低的兩個符號對應的編碼字，只有最後一個位元不同。也就是說，如果 γ 和 δ 是字母集中最不可能出現的兩個符號，且 γ 的編碼字是 **m*0**，則 δ 的編碼字將是 **m*1**，這裡的 **m** 是由 1 與 0 組成的字串，且 * 代表連接。

這個要求並沒有違反我們的兩項觀察，而且可以產生一個非常簡單的編碼程序。我們藉由以下例題的幫助來描述這個程序。

例題 3.2.1 Huffman 碼的設計

讓我們為一個資料源設計 Huffman 碼，此資料源會輸出字母集 $A = \{a_1, a_2, a_3, a_4, a_5\}$ 中的字母，且機率為 $P(a_1) = P(a_3) = 0.2, P(a_2) = 0.4, P(a_4) = P(a_5) = 0.1$。此資料源的熵為 2.122 位元/符號。為了設計 Huffman 碼，首先我

們依據機率將字母由高到低排序，如表 3.1 所示。這裡的 $c(a_i)$ 代表 a_i 的編碼字。

表 3.1 一開始有五個字母的字母集。

字母	機率	編碼字
a_2	0.4	$c(a_2)$
a_1	0.2	$c(a_1)$
a_3	0.2	$c(a_3)$
a_4	0.1	$c(a_4)$
a_5	0.1	$c(a_5)$

機率最低的兩個符號是 a_4 和 a_5。因此，我們可以把它們的編碼字指定為

$$c(a_4) = \alpha_1 * 0$$
$$c(a_5) = \alpha_1 * 1$$

其中 α_1 是一個二進位字串，且 $*$ 代表連接。

現在我們定義一個有 4 個字母 a_1, a_2, a_3, a_4' 的新字母集 A'，其中 a_4' 係由 a_4 和 a_5 組成，且機率為 $P(a_4') = P(a_4) + P(a_5) = 0.2$。我們依據機率將這個新字母集由高到低排序，結果得到表 3.2。

表 3.2 有四個字母的縮減字母集。

字母	機率	編碼字
a_2	0.4	$c(a_2)$
a_1	0.2	$c(a_1)$
a_3	0.2	$c(a_3)$
a_4'	0.2	α_1

在這個字母集中，a_3 和 a_4' 在已排序列表的最尾端。我們把它們的編碼字指定為

$$c(a_3) = \alpha_2 * 0$$
$$c(a_4') = \alpha_2 * 1$$

但 $c(a_4') = \alpha_1$。因此，

$$\alpha_1 = \alpha_2 * 1$$

這表示

$$c(a_4) = \alpha_2 * 10$$
$$c(a_5) = \alpha_2 * 11$$

在這個階段,我們再定義由三個字母 a_1, a_2, a_3' 組成的新字母集 A'',其中 a_3' 係由 a_3 和 a_4' 組成,其機率爲 $P(a_3') = P(a_3) + P(a_4') = 0.4$。我們依據機率將這個新字母集由高到低排序,結果得到表 3.3。

表 3.3 有三個字母的縮減字母集。

字母	機率	編碼字
a_2	0.4	$c(a_2)$
a_3'	0.4	α_2
a_1	0.2	$c(a_1)$

在這個例子中,最不可能出現的兩個符號是 a_1 和 a_3'。因此

$$c(a_3') = \alpha_3 * 0$$
$$c(a_1) = \alpha_3 * 1$$

但是 $c(a_3') = \alpha_2$。因此

$$\alpha_2 = \alpha_3 * 0$$

這表示:

$$c(a_3) = \alpha_3 * 00$$
$$c(a_4) = \alpha_3 * 010$$
$$c(a_5) = \alpha_3 * 011.$$

我們再定義一個新的字母集,這一次只有兩個字母 a_3'' 和 a_2。這裡的 a_3'' 係由字母 a_3' 和 a_1 組成,且機率爲 $P(a_3'') = P(a_3') + P(a_1) = 0.6$。現在我們得到表 3.4。

表 3.4 有兩個字母的縮減字母集。

字母	機率	編碼字
a_3''	0.6	α_3
a_2	0.4	$c(a_2)$

由於我們只有兩個字母,因此編碼字的指定就很簡單了:

$$c(a_3'') = 0$$

$$c(a_2) = 1$$

這表示 $\alpha_3 = 0$,接下來又表示

$$c(a_1) = 01$$

$$c(a_3) = 000$$

$$c(a_4) = 0010$$

$$c(a_5) = 0011$$

表 3.5 原始有五個字母的字母集的 Huffman 碼。

字母	機率	編碼字
a_2	0.4	1
a_1	0.2	01
a_3	0.2	000
a_4	0.1	0010
a_5	0.1	0011

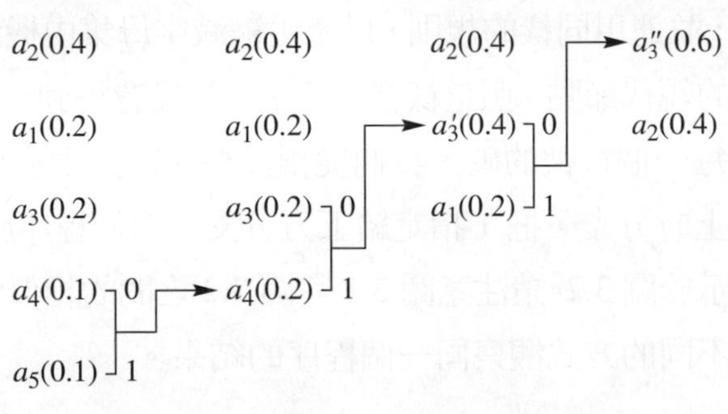

圖 3.1 Huffman 編碼程序。各符號的機率列在括弧內。

且其 Huffman 碼如表 3.5 所示。這個程序可以總結成圖 3.1。　　　　　◆

這個碼的平均長度是

$$l = .4 \times 1 + .2 \times 2 + .2 \times 3 + .1 \times 4 + .1 \times 4 = 2.2 \text{ 位元/符號。}$$

測量此碼效率的標準之一爲其**冗餘度** (redundancy) — 熵與平均長度之間的差距。在這個例子中，冗餘度是 0 078 位元/符號。當機率爲二的負數次方時，冗餘度等於 0。

另一種建造 Huffman 碼的方式，是利用以下的性質：由於 Huffman 碼是字首碼，故可表示成二元樹，其中的外部節點或葉節點對應到這些符號。如果我們從根節點走訪這棵樹，直到對應於某一個符號的葉節點，每一次經過上方分支時，在編碼字中加入一個 0，每一次經過下方分支時，則在編碼字中加入一個 1，即可得到該符號的 Huffman 碼。

我們從葉節點開始建立二元樹。我們知道，機率最低的兩個符號，其編碼字除了最後一個位元不同，其餘完全相同。這表示從根節點走訪到對應於這兩個符號的葉節點，除了最後一步之外，路徑必定完全相同。這又表示對應到機率最低的兩個符號的葉節點是同一個節點的子代節點。一旦我們把機率最低的符號對應的葉節點連接到單一節點，我們會把這個節點當作縮減字母集中的一個符號。這個符號的機率爲其子代機率的總和。現在我們可以將對應於縮減字母集的節點排序，並運用同樣的規則，以產生縮減字母集中機率最低的兩個符號所對應之節點的親代節點。照這樣繼續下去，最後會得到一個節點，亦即根節點。爲了得到每一個符號的碼，我們從根節點走訪這棵樹直到每一個葉節點，把 0 指定給上方分支，把 1 指定給下方分支。這個程序應用於例題 3.2.1 之字母集的結果示於圖 3.2。請注意圖 3.1 與圖 3.2 之間的相似性。這並不奇怪，因爲這是以兩種不同的方式觀察同一個程序的結果。

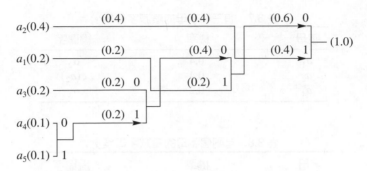

圖 3.2　建立二進位 Huffman 樹。

3.2.1　最小異動 Huffman 編碼

如果我們採用稍微不同的方式進行排序，則可找到另一組不同的 Huffman 碼。在第一次重新排序過程中，我們可以把 a'_4 放在列表中更高的位置，如表 3.6 所示。

現在把 a_1 和 a_3 合併成 a_1'，其機率爲 0.4。將字母集 a_2, a_4', a_1' 排序，並將 a_1' 放在列表中最高的位置，我們得表到 3.7。最後，我們把 a_2 和 a_4' 合併，然後重新排序，得到表 3.8。如果我們把拆解過程從頭到尾走一遍，可以得到表 3.9 中的編碼字。整個程序總結於圖 3.3。碼的平均長度是

$$l = .4 \times 2 + .2 \times 2 + .2 \times 2 + .1 \times 3 + .1 \times 3 = 2.2 \text{ 位元/符號。}$$

這兩個碼的冗餘度相同，然而編碼字長度的變化則極爲不同，從圖 3.4 可以很清楚地看出來。

表 3.6　有四個字母的縮減字母集。

字母	機率	編碼字
a_2	0.4	$c(a_2)$
a_4'	0.2	α_1
a_1	0.2	$c(a_1)$
a_3	0.2	$c(a_3)$

表 3.7 有三個字母的縮減字母集。

字母	機率	編碼字
a'_1	0.4	α_2
a_2	0.4	$c(a_2)$
a'_4	0.2	α_1

表 3.8 有兩個字母的縮減字母集。

字母	機率	編碼字
a'_2	0.6	α_3
a'_1	0.4	α_2

表 3.9 最小變異 Huffman 碼。

字母	機率	編碼字
a_1	0.2	10
a_2	0.4	00
a_3	0.2	11
a_4	0.1	010
a_5	0.1	011

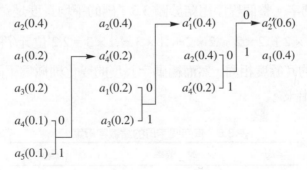

圖 3.3 最小異動 Huffman 編號程序。

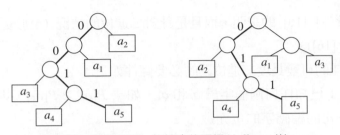

圖 3.4　對應於同一組機率的兩棵 Huffman 樹。

請記住，在許多應用中，雖然我們可以使用可變長度編碼，但可用的傳輸率通常是固定的。舉例來說，如果我們想要以每秒 10,000 個符號的速率傳送我們使用的字母集中的符號，我們可以要求每秒 22,000 個位元的傳輸容量。這表示該頻道會預期每秒鐘接收到 22,000 個位元，不多也不少。由於位元產生速率將在每秒 22,000 個位元上下變動，資料源編碼器的輸出通常會送到一個緩衝區。緩衝區的目的是讓位元產生速率的差異變小。但緩衝區的大小必須是有限的，而且編碼字的變異愈大，緩衝區設計問題就愈困難。假設我們討論的資料源產生幾秒鐘一連串的 a_4 和 a_5。如果我們使用第一個碼，這表示我們將以每秒鐘 40,000 個位元的資料率產生位元，緩衝區每秒鐘必須儲存 18,000 個位元。另一方面，如果我們使用第二個碼，每秒鐘將產生 30,000 個位元，而且只要這種情況持續一秒鐘，緩衝區就必須儲存 8000 個位元。如果我們有一連串的 a_2，而非一連串的 a_4 和 a_5，第一個碼會造成每秒鐘產生 10,000 個位元。請記得該頻道每秒鐘仍然預期接收到 22,000 個位元，因此我們必須想辦法補足每秒鐘不足的 12,000 個位元。在同樣的情況下，使用第二個碼會造成每秒鐘不足 2000 個位元。因此選擇使用第二個碼，而不使用第一個碼，應該是很合理的。爲了得到最小變異 Huffman 碼，我們總是把被合併的字母儘可能放在列表中最高的位置。

3.2.2　Huffman 編碼的最佳性★

我們只需先寫下一個最佳碼必須滿足的必要條件，然後證明要滿足這些條件，必然會設計出 Huffman 碼，即可證明 Huffman 碼的最佳性。這裡提供的證明

是根據參考資料 [16] 的證明，而且是針對二進位的情況 (至於更一般性的證明，請參閱 [16])。

一個最佳的可變長度二進位碼的必要條件如下：

- **條件 1**：已知任何兩個字母 a_j 和 a_k，如果 $P[a_j] \geq P[a_k]$，則 $l_j \leq l_k$，其中 l_j 是 a_j 的編碼字的位元數。
- **條件 2**：最不可能出現的兩個字母，其編碼字均為最大長度 l_m。

我們已經在本章的前面幾節提供了這兩個條件的理由。

- **條件 3**：在對應於最佳碼的樹中，每一個中間節點都必須長出兩個分支。

如果有任何中間節點只有一個分支，我們可以把它除去，同時降低碼的平均長度，卻不會影響碼的可解譯性。

- 條件 4：假設我們把從某一個中間節點長出來的所有葉節點合併成縮減字母集中的一個合成字，而將此中間節點改變成葉節點。那麼，如果原先的樹對於原先的字母集為最佳，則縮小的樹對於縮減字母集亦為最佳。

如果這個條件不滿足，我們可以為縮減字母集找到平均碼長度更小的一個碼，然後只要再把合成字展開，就可以產生一棵新的編碼樹，其平均長度比我們原先的「最佳」樹更短。如此將與「原先的樹具備最佳性」的陳述矛盾。

為了滿足條件 1、2 和 3，最不可能出現的兩個字母必須指定最大長度 l_m 的編碼字。而且，對應於這些字母的葉節點必須從同一個中間節點長出。這等於是說除了最後一個位元之外，這些字母的編碼字完全相同。讓我們把共同字首視為縮減字母集中一個合成字母的編碼字。由於縮減字母集的碼必須為最佳，原先的字母集的碼才會是最佳的，我們再次遵循同樣的程序。為了滿足必要條件，這個程序需要一直重複，直到產生大小等於一的縮減字母集。但是恰好就是 Huffman 程序。因此，以上的必要條件，Huffman 程序所有滿足，因此也是充分條件。

3.2.3　Huffman 碼的長度 ★

我們已經指出 Huffman 編碼程序會產生最佳碼，但我們沒有提到最佳碼的平均長度為何。任何碼的長度將取決於許多因素，包括字母集的大小和個別字母的機率。在本節中，我們將證明：資料源 S 的最佳碼，以及資料源 S 的 Huffman 碼，其平均碼長度的下界為其熵值，上界則為熵值加上 1 個位元。換句話說，

$$H(S) \le \bar{l} < H(S)+1 \tag{3.1}$$

為了這麼做，我們將必須使用第 2 章介紹的 Kraft-McMillan 不等式。回憶一下，這個結果的第一部分 (由於 McMillan) 表示：如果我們有一個可唯一解譯碼 C，其中有 K 個編碼字，其長度為 $\{l_i\}...$，則下列不等式成立：

$$\sum_{i=1}^{K} 2^{-l_i} \le 1. \tag{3.2}$$

例題 3.2.2

讓我們檢查 3.2.1 例題所產生的碼 (表 3.5)，編碼字的長度為 $\{1, 2, 3, 4, 4\}$。將這些值代入方程式 (3.2) 的左邊，我們得到

$$2^{-1} + 2^{-2} + 2^{-3} + 2^{-4} + 2^{-4} = 1$$

滿足 Kraft-McMillan 不等式。

如果我們使用最小變異碼 (表 3.9)，編碼字的長度為 $\{2, 2, 2, 3, 3\}$。將這些值代入方程式 (3.2) 的左邊，我們得到

$$2^{-2} + 2^{-2} + 2^{-2} + 2^{-3} + 2^{-3} = 1$$

再度滿足不等式。　　　　　　　　　　　　　　　　　　　　　　　　◆

此結果的第二部分 (由於 Kraft) 表示：如果有一個滿足 (3.2) 式的正整數序列 $\{l_i\}_{i=1}^{K}$，則存在一個可唯一解譯碼，其編碼字長度為 $\{l_i\}_{i=1}^{K}$。

使用這個結果，我們現在證明以下的結果：

1. 資料源 S 的最佳碼，其平均編碼字長度 $\bar{l}$ 大於或等於 $H(S)$。
2. 資料源 S 的最佳碼，其平均編碼字長度 $\bar{l}$ 嚴格小於 $H(S)+1$。

如果資料源 S 的字母集爲 $A = \{a_1, a_2, ..., a_K\}$，且機率模型爲 $\{P(a_1), P(a_2), ..., P(a_K)\}$，則平均編碼字長度爲

$$\bar{l} = \sum_{i=1}^{K} P(a_i)\, l_i.$$

因此，我們可以把資料源的熵 $H(S)$ 和平均長度之間的差距寫成

$$
\begin{aligned}
H(S) - \bar{l} &= -\sum_{i=1}^{K} P(a_i)\log_2 P(a_i) - \sum_{i=1}^{K} P(a_i) l_i \\
&= \sum_{i=1}^{K} P(a_i)\left(\log_2\left[\frac{1}{P(a_i)}\right] - l_i \right) \\
&= \sum_{i=1}^{K} P(a_i)\left(\log_2\left[\frac{1}{P(a_i)}\right] - \log_2\left[2^{l_i}\right] \right) \\
&= \sum_{i=1}^{K} P(a_i)\log_2\left[\frac{2^{-l_i}}{P(a_i)}\right] \\
&\leq \log_2\left[\sum_{i=1}^{K} 2^{-l_i}\right].
\end{aligned}
$$

最後一個不等式是利用 Jensen 不等式得到的，這個不等式指出：如果 $f(x)$ 爲一凹函數（開口向下 $\bigcap$），則 $E[f(X)] \leq f(E[X])$。對數函數是一個凹函數。

由於此碼爲最佳碼 $\sum_{i=1}^{K} 2^{-l_i} \leq 1$，因此

$$H(S) - \bar{l} \leq 0. \tag{3.3}$$

我們將證明存在一個編碼字長度等於 $H(S)+1$ 的可唯一解譯碼，以證明上界。因此，如果我們有一個最佳碼，這個碼的平均長度必須小於或等於 $H(S)+1$。

已知和前面一樣的資料源、字母集與機率模型，茲定義

$$l_i = \left\lceil \log_2 \frac{1}{P(a_i)} \right\rceil$$

其中 $\lceil x \rceil$ 是大比或等於 x 的最小整數。例如，$\lceil 3.3 \rceil = 4$，且 $\lceil 5 \rceil = 5$。所以，

$$\lceil x \rceil = x + \varepsilon, \text{ 其中 } 0 \le \varepsilon < 1.$$

因此，

$$\log_2 \frac{1}{P(a_i)} \le l_i < \log_2 \frac{1}{P(a_i)} + 1 \tag{3.4}$$

由 (3.4) 式中左邊的不等式，我們可以看出

$$2^{-l_i} \le P(a_i)$$

因此，

$$\sum_{i=1}^{K} 2^{-l_i} \le \sum_{i=1}^{K} P(a_i) = 1$$

根據 Kraft-McMillan 不等式，編碼字長度等於 $\{l_i\}$ 的可唯一解譯碼會存在。這個碼的平均長度的上界可使用 (3.4) 式中右邊的不等式求出：

$$\bar{l} = \sum_{i=1}^{K} P(a_i) l_i < \sum_{i=1}^{K} P(a_i) \left[\log_2 \frac{1}{P(a_i)} + 1 \right]$$

或

$$\bar{l} < H(S) + 1$$

從上界導出的方式，我們可以看到這是一個相當寬鬆的上界。事實上，我們可以證明，如果機率模型中的最大機率為 p_{max}，且 $p_{max} \ge 0.5$，則 Huffman 碼的上界為 $H(S) + p_{max}$，如果 $p_{max} < 0.5$，則上界為 $H(S) + p_{max} + 0.086$。這個上界顯然比上面導出的結果要嚴格得多。要瞭解這個界限的導出，得花費一點時間 (如需詳細過程，請參閱 [23])。

3.2.4 延伸 Huffman 碼★

在字母集很大的的應用中，p_{max} 通常相當小，碼的平均長度與熵的偏差值也相當小 (尤其是表示成資料率的百分比時)。然而，如果字母集很小，而且不同字母的出現機率很偏斜時，p_{max} 的值可能相當大，當碼的平均長度與熵相比時，Huffman 碼可能會變得相當沒有效率。

例題 3.2.3

考慮一個從字母集 $A = \{a_1, a_2, a_3\}$ 中輸出 iid 字母的資料源，其機率模型為 $P(a_1) = 0.8$, $P(a_2) = 0.02$, $P(a_3) = 0.18$。此資料源的熵為 0.816 位元/符號。此資料源的一個 Huffman 碼示於表 3.10。

表 3.10　字母集 A 的 Huffman 碼。

字母	編碼字
a_1	0
a_2	11
a_3	10

這個碼的平均長度是 1.2 位元/符號。此碼的平均碼長與熵的差距 (或冗餘度) 為 0.384 位元/符號，等於熵值的 47%。這表示要把這個序列編碼，將比所需的最少位元數多使用 47%的位元。　　　　　　　　　　◆

有時我們可以把幾個符號放在一起，以降低編碼資料率。為了瞭解怎麼會發生這種事，考慮一個從字母集 $A = \{a_1, a_2, ..., a_m\}$ 中輸出字母序列的資料源 S，序列的每一個元產生時，均獨立於序列中的其他元素。這個資料源的熵為

$$H(S) = -\sum_{i=1}^{m} P(a_i) \log_2 P(a_i).$$

我們知道可以產生此資料源的一個 Huffman 碼，其資料率 R 滿足

$$H(S) \leq R < H(S) + 1. \tag{3.5}$$

這裡使用了比較寬鬆的界限；同樣的論點也適用於比較嚴謹的界限。請注意我們使用「資料率 R」來代表每個符號的位元數，這是資料壓縮文獻中的標準習慣。然而在通訊文獻中，「資料率」這個字通常是指每秒鐘的位元數。

假設我們現在為每 n 個符號產生一個編碼字，而將序列編碼。由於 n 個符號有 m^n 種組合，故 Huffman 碼需要 m^n 個編碼字。我們可以把這 m^n 個符號視為資料源 $S^{(n)}$ 的 **延伸字母集** (extended alphabet) 中的字母，而產生這個碼

$$A^{(n)} = \left\{ \overbrace{a_1 a_1 \cdots a_1}^{n\text{次}}, a_1 a_1 \cdots a_2, \cdots, a_1 a_1 \cdots a_m, a_1 a_1 \cdots a_2 a_1, \cdots, a_m a_m \cdots a_m \right\}$$

我們把新資料源的編碼資料率記為 $R^{(n)}$。則我們知道

$$H(S^{(n)}) \leq R^{(n)} < H(S^{(n)}) + 1 \tag{3.6}$$

$R^{(n)}$ 是將 n 個符號編碼所需的位元數，因此每一個符號需要的位元數 R 為

$$R = \frac{1}{n} R^{(n)}.$$

每一個符號位元數的上下界如下：

$$\frac{H(S^{(n)})}{n} \leq R < \frac{H(S^{(n)})}{n} + \frac{1}{n}.$$

為了與 (3.5) 式比較，並看出將符號成塊編碼，而非一次編碼一個符號的優點，我們需要以 $H(S)$ 來表示 $H(S^{(n)})$。結果我們發現這項任務相當容易 (雖然有點煩瑣)。

$$H\left(S^{(n)}\right) = -\sum_{i_1=1}^{m}\sum_{i_2=1}^{m}\cdots\sum_{i_n=1}^{m} P\left(a_{i_1}, a_{i_2}, \cdots a_{i_n}\right)\log\left[P\left(a_{i_1}, a_{i_2}, \cdots a_{i_n}\right)\right]$$

$$= -\sum_{i_1=1}^{m}\sum_{i_2=1}^{m}\cdots\sum_{i_n=1}^{m} P\left(a_{i_1}\right)P\left(a_{i_2}\right)\ldots P\left(a_{i_n}\right)\log\left[P\left(a_{i_1}\right)P\left(a_{i_2}\right)\ldots P\left(a_{i_n}\right)\right]$$

$$= -\sum_{i_1=1}^{m}\sum_{i_2=1}^{m}\cdots\sum_{i_n=1}^{m} P\left(a_{i_1}\right)P\left(a_{i_2}\right)\ldots P\left(a_{i_n}\right)\sum_{j=1}^{n}\log\left[P\left(a_{i_j}\right)\right]$$

$$= -\sum_{i_1=1}^{m} P\left(a_{i_1}\right)\log\left[P\left(a_{i_1}\right)\right]\left\{\sum_{i_2=1}^{m}\cdots\sum_{i_n=1}^{m} P\left(a_{i_2}\right)\ldots P\left(a_{i_n}\right)\right\}$$

$$- \sum_{i_2=1}^{m} P\left(a_{i_2}\right)\log\left[P\left(a_{i_2}\right)\right]\left\{\sum_{i_1=1}^{m}\sum_{i_3=1}^{m}\cdots\sum_{i_n=1}^{m} P\left(a_{i_1}\right)P\left(a_{i_3}\right)\ldots P\left(a_{i_n}\right)\right\}$$

$$\vdots$$

$$- \sum_{i_n=1}^{m} P\left(a_{i_n}\right)\log\left[P\left(a_{i_n}\right)\right]\left\{\sum_{i_1=1}^{m}\sum_{i_2=1}^{m}\cdots\sum_{i_{n-1}=1}^{m} P\left(a_{i_1}\right)P\left(a_{i_2}\right)\ldots P\left(a_{i_{n-1}}\right)\right\}$$

每一項中的大括弧內的 $n-1$ 個總和,加起來等於 1。因此,

$$H(S^{(n)}) = -\sum_{i_1=1}^{m} P\left(a_{i_1}\right)\log\left[P\left(a_{i_1}\right)\right] - \sum_{i_2=1}^{m} P\left(a_{i_2}\right)\log\left[P\left(a_{i_2}\right)\right] -$$

$$\cdots - \sum_{i_n=1}^{m} P\left(a_{i_n}\right)\log\left[P\left(a_{i_n}\right)\right]$$

$$= nH(S)$$

而且我們可以把 (3.6) 式寫成

$$H(S) \le R \le H(S) + \frac{1}{n} \tag{3.7}$$

把它與 (3.5) 式比較,我們看到將資料源的輸出以較長的符號區塊編碼,可以**保證**得到更接近熵值的資料率。請注意這裡談論的都是邊界或有關資料率的保證。如同我們在前面各章所見,在某些情況下,我們可以用長度等於 1 的區塊達到一個**等於**熵值的資料率!

例題 3.2.4

對於前一個例題中描述的資料源，我們不再產生每一個符號的編碼字，改為產生每**兩**個符號的編碼字。資料源的序列，如果我們一次檢查兩個符號，則可能的符號對數目或延伸字母集的大小等於 $3^2 = 9$。這個例題的延伸字母集、機率模型和 Huffman 碼示於表 3.11。

表 3.11　延伸字母集與對應的 Huffman 碼。

字母	機率	碼
a_1a_1	0.64	0
a_1a_2	0.016	10101
a_1a_3	0.144	11
a_2a_1	0.016	101000
a_2a_2	0.0004	10100101
a_2a_3	0.0036	1010011
a_3a_1	0.1440	100
a_3a_2	0.0036	10100100
a_3a_3	0.0324	1011

這個延伸碼的平均編碼字長度是 1.7228 位元/符號。然而延伸字母集中的每個符號，對應於原先字母集中的兩個符號，因此就原先的字母集而言，平均編碼字長度為 1.7228/2 = 0.8614 位元/符號。冗餘度大約是 0.045 位元/符號，大約只有熵值的 5.5%。　　　　　　　　　　　　◆

我們看到，將符號的區塊一同編碼可以降低 Huffman 碼的冗餘度。在前一個例題中，我們把兩個符號放在一起，以獲得相當接近於熵值的資料率。把兩個符號放在一起表示字母集的大小從 m 變成 m^2，其中 m 是最初字母集的大小。在這個例子中 m 等於 3，因此延長的字母集的大小等於 9。這個大小對大部份的應用來說不至於造成過度的負擔。然而，如果符號的機率更不平均，在冗餘度降低到可接受的程度之前，將需要把更多符號放在一起。當我們把愈來愈多的符號放在一起時，字母集的大小會呈現指數增長，Huffman 編碼方案將變得不切實際。在這些情況下，我們需要採用 Huffman 編碼之外的其他技術。

在這種情況下非常有用的一種方法是**算術編碼** (arithmetic coding)。我們將在下一章更詳細地討論這種技術。

◨ 3.3　非二進位 Huffman 碼★

二進位 Huffman 編碼程序很容易延伸到非二進位的情況，其中碼元素由 m 進位字母集中的字母構成，且 m 不等於 2。回憶一下，我們根據對最佳二進位字首碼的觀察而得到 Huffman 演算法：

1. 較常出現 (出現機率較高) 的符號的編碼字，要比較不常出現的符號的編碼字短，以及

2. 最不常出現的兩個符號，其編碼字的長度相同，

以及機率最低的兩個符號對應的編碼字，只有最後一個位元不同的要求。

　　我們可以用幾乎完全一樣的方式獲得非二進位 Huffman 碼。要做的事顯然是把第 2 項觀察修改成「最不常出現的 m 個符號，其編碼字將具有相同的長度」，以及把其他的要求修改成「機率最低的 m 個符號，其編碼字只有最後一個位置不同」。

　　不過，這種方法會遇到一個小問題。假設有一個資料源，其字母集有 6 個字母，試考慮爲它設計一個三進位的 Huffman 碼。使用以上所述的規則，我們將首先把機率最低的 3 個字母合併成一個合成字母。這樣會得到一個有 4 個字母的縮減字母集。不過，把這個字母集中機率最低的 3 個字母合併，會產生更爲縮減的字母集，其中只有兩個字母。我們有 3 個值要指定，卻只有兩個字母。一開始的時候，我們可以不合併 3 個字母，而合併兩個字母。這樣會得到大小等於 5 的縮減字母集。如果我們合併字母集中的 3 個字母，最後會得到大小等於 3 的縮減字母集。最後，我們還可以在第 2 步合併兩個字母，最後也會得到大小等於 3 的縮減字母集。我們應該選擇哪一條路？

　　回憶一下，機率最低的符號將具有最長的編碼字。此外，合併到同一個合成符號內的所有符號，其編碼字長度均相同。這表示在第一步合併的所有字母，其編碼字長度均相同，而且這些編碼字的長度在所有編碼字中是最長的。

既然如此，如果我們在某一步可以合併 m 個以下的符號，這麼做最符合邏輯的位置將是在第一步。

在一般情況下，我們使用 m 進位碼，且字母集具有 M 個字母，那麼在第一階段應該合併多少個字母？令 m' 等於第一階段合併的字母的個數，則 m' 是介於 2 和 m 之間的一個數，且等於 M 除以 $(m-1)$ 的餘數。

例題 3.3.1

有一個資料源的字母集有 6 個字母，其機率模型為 $P(a_1) = P(a_3) = P(a_4) = 0.2$, $P(a_5) = 0.25$, $P(a_6) = 0.1$, $P(a_2) = 0.05$，試產生此資料源的三進位 Huffman 碼。在這個例子中，$m = 3$，因此 m' 等於 2 或 3。

$$6(\text{mod } 2) = 0, \qquad 2(\text{mod } 2) = 0, \qquad 3(\text{mod } 2) = 1$$

因為 6 (mod 2) = 2 (mod 2)，所以 $m' = 2$。將符號按機率排序，結果產生表 3.12。

表 3.12 已經過排序，且有六個字母的字母表。

字母	機率	編碼字
a_5	0.25	$c(a_5)$
a_1	0.20	$c(a_1)$
a_3	0.20	$c(a_3)$
a_4	0.20	$c(a_4)$
a_6	0.10	$c(a_6)$
a_2	0.05	$c(a_2)$

由於 $m' = 2$，我們把機率最低的兩個符號的編碼字指定為

$$c(a_6) = \alpha_1 * 0$$
$$c(a_2) = \alpha_1 * 1$$

其中 α_1 是一個三進位字串，且 * 代表連接。縮減字母集示於表 3.13。

表 3.13 有五個字母的縮減字母集。

字母	機率	編碼字
a_5	0.25	$c(a_5)$
a_1	0.20	$c(a_1)$
a_3	0.20	$c(a_3)$
a_4	0.20	$c(a_4)$
a_6'	0.15	α_1

現在我們把機率最低的 3 個字母合併成一個合成字母 $a_3{}'$，並將它們的編碼字指定為

$$c(a_3) = \alpha_2 * 0$$
$$c(a_4) = \alpha_2 * 1$$
$$c(a_6') = \alpha_2 * 2.$$

但是 $c(a_6') = \alpha_1$。因此，

$$\alpha_1 = \alpha_2 * 2$$

這表示

$$c(a_6) = \alpha_2 * 20$$
$$c(a_2) = \alpha_2 * 21.$$

將縮減字母集排序，我們得到表 3.14。因此 $\alpha_2 = 0$，$c(a_5) = 1$，且 $c(a_1) = 2$。將 α_2 代入，我們得到表 3.15 的編碼字指定。

表 3.14 有三個字母的縮減字母集。

字母	機率	編碼字
a_3'	0.45	α_2
a_5	0.25	$c(a_5)$
a_1	0.20	$c(a_1)$

表 3.15　有六個字母的字母集的三進位碼。

字母	機率	編碼字
a_1	0.20	2
a_2	0.05	021
a_3	0.20	00
a_4	0.20	01
a_5	0.25	1
a_6	0.10	020

這個碼對應的樹示於圖 3.5。請注意樹的最底層只有兩個編碼字。如果我們在第一步合併 3 個字母，並在下一步合併兩個字母，最底層將包含 3 個編碼字，碼的平均長度會比較長 (參閱習題 7)。

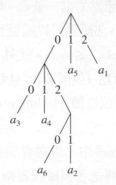

圖 3.5　非二進位 Huffman 碼的編碼樹。　　　　　　　　　　◆

3.4　適應性 Huffman 編碼

Huffman 編碼需要知道資料源序列的機率。如果無法得知機率，Huffman 編碼將變成一個兩回合的程序：第一個回合收集統計性質，第二個回合將資料源編碼。為了把這個演算法轉變成一回合的程序，Faller [24] 與 Gallagher [23] 各自獨立發展了適應性演算法，根據已經遇到的符號的統計性質建立 Huffman 碼，後來 Knuth [25] 與 Vitter [26] 改進了這些方法。

　　理論上，如果我們想要使用前 k 個符號統計性質將第 $k+1$ 個符號編碼，我們可以在傳送每一個符號的時候使用 Huffman 編碼程序重新計算此碼。然

而，由於其中牽涉到的計算量太龐大，所以這個辦法不切實際，因此我們採用適應性 Huffman 編碼程序。

Huffman 碼可以使用類似圖 3.4 所示的的二元樹來描述。正方形代表外部節點或葉節點，且對應於資料源字母集中的符號。要得到一個符號的編碼字，可以從根節點走訪這棵樹，直到對應於該符號的葉節點，其中 0 對應到左邊分支，且 1 對應到右邊分支。為了描述適應性 Huffman 碼如何作用，我們在二元樹中加入另外兩個參數：每個葉節點的**權重** (weight)，寫成節點內的一個數目，以及**節點號碼** (node number)。每個外部節點的權重，就是葉節點對應的符號遇到的次數。每個內部節點的權重為其子代節點的權重總和。節點號碼 y_i 是指定給每一個內部和外部節點的唯一號碼。如果我們有一個大小等於 n 的字母集，則 $2n - 1$ 個內部和外部節點可以編號為 $y_1, ..., y_{2n-1}$，使得若節點 y_j 的權重為 x_j，則我們有 $x_1 \le x_2 \le ... \le x_{2n-1}$。此外，對於 $1 \le j < n$，節點 y_{2j-1} 和 y_{2j} 是同一個親代節點的子代節點 (或同輩)，且親代節點的節點號碼比 y_{2j-1} 和 y_{2j} 大。最後這兩個性質稱為**同輩性質** (sibling property)，而且任何擁有這種性質的樹都是 Huffman 樹 [23]。

在適應性 Huffman 編碼程序中，傳送者與接收者在開始傳送時，通通不知道資料源序列的統計性質。傳送者與接收者兩端的樹都只有一個節點，這個節點對應到所有尚未傳送 (NYT) 的符號，且權重為零。當傳輸繼續進行時，已傳送的符號對應的節點會加到樹中，且更新程序會重新調整樹的形態。在開始傳輸之前，傳送者與接收者彼此同意採用每一個符號的固定碼。一個簡單的 (短) 碼如下：

如果資料源的字母集 $\{a_1, a_2, ..., a_m\}$ 大小等於 m，則挑選 e 和 r，使得 $m = 2^e + r$，且 $0 \le r < 2^e$。如果 $1 \le k \le 2r$，則字母 a_k 被編碼成 $k - 1$ 的 $(e + 1)$ 位元二進位表示方式；否則 a_k 被編碼成 $k - r - 1$ 的 e 位元二進位表示方式。舉例來說，假設 $m = 26$，則 $e = 4$，且 $r = 10$。符號 a_1 被編碼成 00000，符號 a_2 被編碼成 00001，且符號 a_{22} 被編碼成 1011。

當一個符號第一次遇到時，會傳送 NYT 節點的碼，後面跟著該符號的固定碼。然後我們建立該符號的一個節點，且該符號將從 NYT 列表中取出。

傳送者與接收者都從同樣的樹狀結構開始。傳送者與接收者使用的更新程序完全相同，因此編碼與解碼過程可以保持同步。

3.4.1　更新程序

更新程序要求節點的順序是固定的。我們將節點編碼，以保護此一順序。最大的節點號碼指定給樹的根節點，最小的號碼則指定給 NYT 節點。從 NYT 節點到根節點的號碼，係由左至右，且由下層至上層依漸增順序指定。權重相同的節點形成的集合組成一個**區塊**。圖 3.6 是更新程序的流程圖。

更新程序的功能是維護同輩性質。爲了讓更新程序在傳送者和接收者兩邊都以同樣的資訊操作，每一個符號被編碼之後，傳送者這邊的樹會被更新，而在每一個符號被解碼之後，接收者這邊的樹也會被更新。這個程序的操作過程如下：

當一個符號被編碼或者解碼之後，我們會檢查對應於該符號的外部節點，看看它是否爲其區塊中號碼最大的節點。如果外部節點的號碼並非最大，那麼只要號碼較大的節點不是被更新節點的親代節點，就把它與區塊中號碼最大的節點交換，然後將外部節點的權重加 1。節點的權重加 1 之前，如果我們並沒有交換節點，很可能會破壞同輩性質需要的順序。我們一旦把節點的權重加 1，就已經調整了那一層的 Huffman 樹。接下來，我們將注意力轉移到上一層，並檢查權重加 1 的節點的親代節點，看看它是否爲其區塊中號碼最大的節點。如果不是，則將它與與區塊中號碼最大的節點交換。這項規則一樣有例外，就是當號碼較大的節點是目前所考慮之節點的親代節點時。一旦發生了交換動作，(或者我們已經決定不需要進行交換)，親代節點的權重會加 1。然後我們繼續進行到一個新的親代節點，並重複整個過程。這個過程會繼續下去，直到抵達樹的根節點。

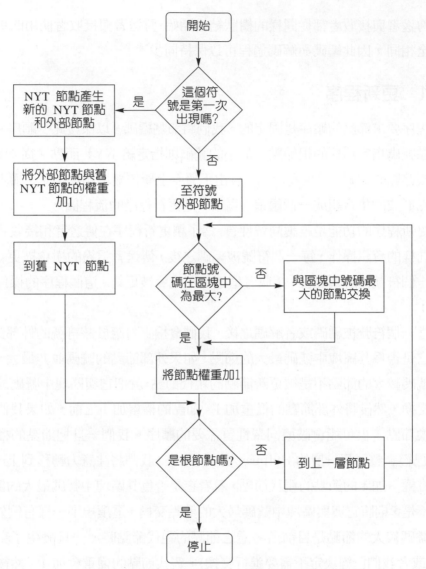

圖 3.6　適應性 Huffman 編碼演算法的更新程序。

　　如果被編碼或解碼的符號已經出現過第一次，我們會把一個新的外部節點指定給該符號，同時將一個新的 NYT 節點加到樹中。新外部節點和新 NYT 節點都是舊 NYT 節點的子代節點。我們把新外部節點的權重加 1。因爲舊 NYT

節點是新外部節點的親代節點,我們把它的權重加 1,然後接著更新其他所有的節點,直到抵達樹的根節點。

更新程序

假設我們要將訊息 [aardvark] 編碼,其中我們的字母集係由英文字母集中的 26 個小寫字母組成。

更新過程示於圖 3.7。我們從只有 NYT 節點開始。這棵樹中的節點總數

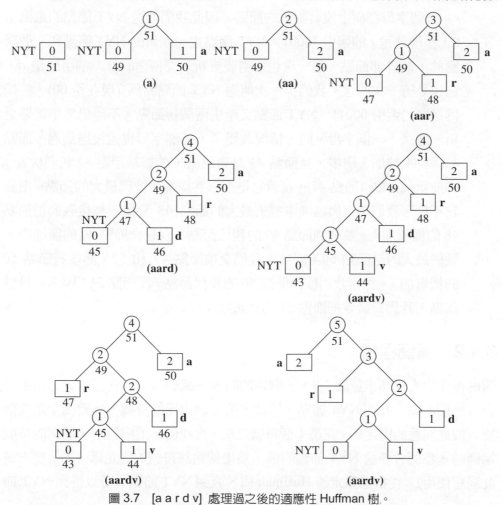

圖 3.7　[aardv] 處理過之後的適應性 Huffman 樹。

是 $2 \times 26 - 1 = 51$，因此我們從 51 開始往回編號，且根節點的號碼是 51。要傳送的第一個字母是 a。由於 a 還不在樹中，我們傳送 a 的二進位碼 00000，然後把 a 加入樹中。NYT 節點產生一個新的 NYT 節點和一個對應於 a 的終端節點。終端節點的權重比 NYT 節點大，我們把 49 指定給 NYT 節點，再把 50 指定給對應於字母 a 的終端節點。要傳送的第 2 個字母也是 a。這次傳送的碼是 1。對應於 a 的節點號碼最大 (如果我們不考慮它的親代節點)，因此我們不需要交換節點。要傳送的下一個字母是 r。這個字母在樹上沒有對應的節點，因此我們傳送 NYT 節點的編碼字 0，然後傳送 r 的索引 10001。NYT 節點生一個新的 NYT 節點和一個對應於 r 的外部節點。這一次也不需要更新。要傳送的下一個字母是 d，它也是第一次傳送。我們再一次傳送 NYT 節點的碼 (現在是 00)，然後傳送 d 的索引 00011。NYT 節點又產生兩個新節點，不過仍然不需要更新。傳送下一個字母 v 時，情況改變了，這個字母也還沒遇到過。節點 43 和 44 被加入樹中，且節點 44 是對應於 v 的終端節點。 我們檢查 v 的前兩代節點 (節點 47)，看看它是否爲其區塊中號碼最大的節點。由於它不是，我們把它與區塊中號碼最大的節點 48 交換。然後我們把節點 48 的權重加 1，並移到節點 49 的親代節點。在包含節點 49 的區塊中，號碼最大的是節點 50。因此，我們交換節點 49 和 50，然後將節點 50 的權重加 1。然後我們移到節點 50 的親代節點，即節點 51。因爲它是根節點，我們只需要把節點 51 的權重加 1。 ◆

3.4.2 編碼程序

編碼程序的流程圖示於圖 3.8。一開始的時候，編碼器和解碼器兩邊的樹都只含有一個節點，亦即 NYT 節點。因此，第 1 個出現的符號，其編碼字是先前雙方彼此同意的固定碼。在第 1 個符號之後，當我們必須把第一次遇到的符號編碼時，我們會傳送 NYT 節點的碼，然後傳送該符號的固定碼 (先前雙方彼此同意使用)。從根節點走訪 Huffman 樹，直到 NYT 節點，可以得到 NYT 節

點的碼。這個碼提醒接收者注意：後面的碼所屬的符號在 Huffman 樹中還沒有節點。如果要編碼的符號在樹中有對應的節點，則從根節點走訪這棵樹，直到對應於這個符號的外部節點，可產生該符號的碼。

　　為了瞭解編碼運算如何運行，我們使用說明更新程序的同一個範例。

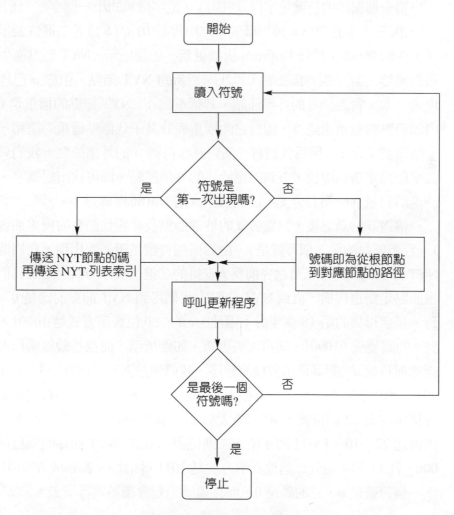

圖 3.8　編碼程序的流程圖。

例題 3.4.2 編碼程序

在例題 3.4.1 中，我們使用的字母集是由 26 個字母組成。爲了得到預先安排的碼，我們必須求出 m 和 e，使得 $2^e + r = 26$，其中 $0 \le r < 2^e$。我們很容易看出 $e = 4$ 與 $r = 10$ 的值可以滿足這項要求。

第一個編碼的符號是字母 a。因爲 a 是字母集的第一個字母，所以 $k = 1$。因爲 1 小於 20，a 被編碼成 $k - 1$ (等於 0) 的 5 位元二進位表示方式，亦即 00000。然後 Huffman 樹被更新，如圖所示。NYT 節點產生一個對應於元素 a 的外部節點，以及一個新的 NYT 節點。由於 a 已經出現過一次，對應於 a 的外部節點，其權重爲 1。NYT 節點的權重是 0。內部節點的權重也是 1，因爲它的權重等於其子代節點權重的總和。下一個符號又是 a。因爲我們有一個對應於符號 a 的外部節點，我們只要從根節點走訪這棵樹，直到對應於 a 的外部節點，即可找出編碼字。此一走訪只包含一個右分支，因此符號 a 的 Huffman 碼是 1。

傳送 a 的碼之後，對應於 a 的外部節點及其親代節點的權重都會加 1。我們傳送的第 3 個符號是 r。由於這個符號是第一次出現，我們傳送 NYT 節點的碼，然後傳送先前爲 r 安排的二進位表示方式。如果我們從根節點走訪這棵樹，直到 NYT 節點，我們得到 NYT 節點的碼是 0。字母 r 是字母集的第 18 個字母；因此，r 的二進位表示方式是 10001。符號 r 的碼變成 010001。樹再次被更新，如圖所示，而並且編碼過程會繼續處理符號 d。對 d 使用同樣的程序，我們傳送 NYT 節點的碼 (現在是 00)，然後傳送 d 的索引，結果得到編碼字 0000011。下一個符號 v 是字母集中的第 22 個符號。由於 22 大於 20，我們傳送 NYT 節點的碼，然後傳送 $22 - 10 - 1 = 11$ 的 4 位元二進位表示方式。NYT 節點的碼目前是 000，且 11 的 4 位元二進位表示方式是 1011，因此，v 編碼成 0001011。下一個符號是 a，它的碼是 0，而且編碼過程會繼續進行下去。　　　◆

3.4.3 解碼程序

解碼程序的流程圖示於圖 3.9。當我們讀入接收到的二進位字串時，我們使用與編碼程序完全相同的方式走訪 Huffman 樹。一旦遇到葉節點，對應於該葉節點的符號會被解碼出來。如果葉節點是 NYT 節點，則檢查接下來的 e 個位元，看看所得的數目是否小於 r。如果小於 r，我們會再讀入另一個位元，以補滿該符號的碼。我們把這 e 個位元或 $e+1$ 個位元的二進位字串對應的十進位數目加上 1，得到該符號的索引。一旦符號被解碼出來，樹會被更新，後續接收到的位元會用來展開樹的另一次走訪。為了瞭解這個程序如何運行，讓我們把上一個例題產生的二進位字串解碼。

例題 3.4.3 解碼程序

編碼程序產生的二進位字串是

$$000001010001000001100010110$$

一開始的時候，解碼器的樹只有 NYT 節點。因此，被解碼的第一個符號必須從 NYT 列表中得到。我們讀入前 4 個位元 0000，因為 e 的值等於 4。4 位元 0000 對應於十進位值 0。因為它小於 r 的值 (等於 10)，我們再讀入一個位元，形成完整的碼 00000。把這個二進位字串對應的十進位值加上 1，我們得知接收到的符號的索引是 1，這是 a 的索引，因此第一個字母被解碼成 a。現在樹會被更新，如圖 3.7 所示。字串中的下一個位元是 1，這個位元會追蹤出從根節點到對應於 a 之外部節點的一條路徑。我們解碼出符號 a，並將樹更新。在這個例子中，更新只包含將對應於 a 之外部節點的權重加 1。下一個位元是 0，它會追蹤出從根節點到 NYT 節點的一條路徑。接下來的 4 個位元 1000 對應於十進位數目 8，由於 8 小於 10，因此我們再讀入一個位元，得到 5 位元的字 10001。這個 5 位元的字加上 1 的十進位等值數目是 18，這是 r 的索引。我們解碼出符號 r，並將樹更新。接下來的 2 個位元 00 又會追蹤出通往 NYT 節點的一條路徑。我們讀進接下來的 4 個位元 0001。因為它對應於十進位

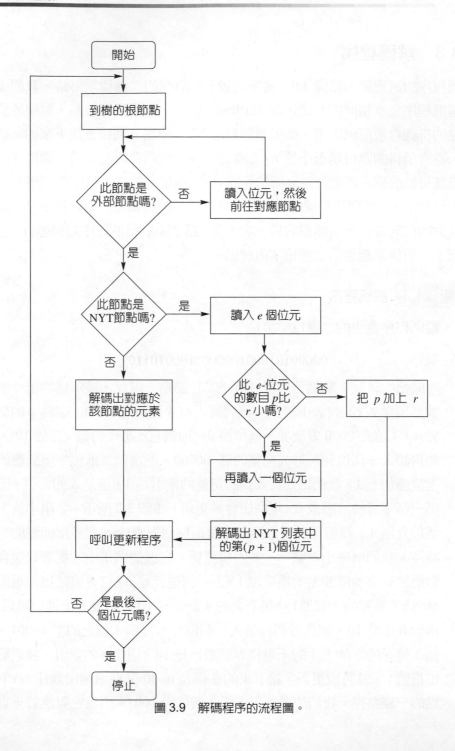

圖 3.9　解碼程序的流程圖。

數目 1，且 1 小於 10，我們再讀入一個位元，得到 5 個位元的字 00011。為了求出接收到的符號在 NYT 列表內的索引，我們把這個 5 位元的字對應的十進位值加上 1。索引值等於 4，對應於符號 d。照這種方式繼續下去，我們解碼出序列 *aardva*。　　　　　　　　　　　　　　　　　◆

　　雖然 Huffman 編碼演算法是最著名的可變長度編碼演算法其中之一，但也有一些其他較不為人知的演算法可能在某些情況下非常有用。更明確地說，Golomb-Rice 碼和 Tunstall 碼目前愈來愈受歡迎，將在後面各節描述碼。

■ 3.5　Golomb 碼

有一系列的碼被設計成可以用來將整數編碼，其中有一個假設：整數愈大，出現的機率的愈低，Golomb-Rice 碼就屬於這一類的碼。在這種情況下，最簡單的碼是**一元** (unary) 碼。一個正整數 n 的一元碼就是 n 個 0，然後跟著一個 1，因此 4 的碼是 11110，7 的碼則是 11111110。一元碼等於半無限的字母集 {1，2，3，...}，且機率模型為

$$P[k] = \frac{1}{2^k}.$$

的 Huffman 碼。因為 Huffman 編碼是最佳碼，所以一元碼對於此機率模型也是最佳碼。

　　雖然一元碼只有在非常侷限的條件下才是最佳碼，但我們可以看出它顯然非常容易實作。再複雜一點的是把整數分成兩個部分，然後使用一元碼表示一部分，另一部分則使用不同的碼來表示的一些編碼方案。這種碼的一個例子是Golomb 碼。其他的例子可參閱 [27]。

　　Solomon Golomb 所寫的一篇簡明的論文中 [28]，描述了 Golomb 碼，這篇論文的開頭是這麼寫的：「00111 情報員又回到賭場來，博一局機會的遊戲，人類的命運則懸而未決。」00111 情報員需要一個可以表示一場輪盤遊戲中連

續獲勝次數的碼，Golomb 就給了他！Golomb 碼實際上是一系列的碼，以一個大於 0 的整數 m 作為參數。在參數為 m 的 Golomb 碼中，我們使用 q 和 r 兩個數目來表示一個大於 0 的整數 n，其中

$$q = \left\lfloor \frac{n}{m} \right\rfloor$$

且

$$r = n - qm.$$

$\lfloor x \rfloor$ 是 x 的整數部分。換句話說，q 是 n 除以 m 的商數，r 則是餘數。商數 q 可以取的值為 0, 1, 2, ...，且係使用 q 的一元碼表示。餘數 r 可以取的值為 0, 1, 2, ..., $m-1$。如果 m 等於 2 的次方，我們使用 r 的 $\log_2 m$ 位元二進位表示方式。如果 m 不是 2 的次方，我們仍然可以使用「$\log_2 m$」個位元，這裡的「x」是大於或等於 x 的最小整數。如果前 $2^{\lceil \log_2 m \rceil} - m$ 個值使用 r 的 $\lfloor \log_2 m \rfloor$ 位元二進位表示方式，其餘的值使用 $r + 2^{\lceil \log_2 m \rceil} - m$ 的「$\log_2 m$」位元二進位表示方式，則可減少所需的位元數。

例題 3.5.1 Golomb 碼

讓我們為 $m = 5$ 設計一個 Golomb 碼。由於

$$\lceil \log_2 5 \rceil = 3, \quad 及 \quad \lfloor \log_2 5 \rfloor = 2.$$

r 的前 $8 - 5 = 3$ 個值 (亦即 $r = 0, 1, 2$) 將由 r 的 2 位元二進位表示方式描述，接下來的兩個值 (亦即 $r = 3, 4$) 則以 $r + 3$ 的 3 位元二進位表示方式描述。商數 q 總是使用 q 的一元碼表示。因此 3 的編碼字是 0110，21 的編碼字是 1111001。$n = 0, ..., 15$ 的編碼字示於表 3.16。

表 3.16　　$m = 5$ 時的 Golomb 碼。

n	q	r	編碼字	n	q	r	編碼字
0	0	0	000	8	1	3	10110
1	0	1	001	9	1	4	10111
2	0	2	010	10	2	0	11000
3	0	3	0110	11	2	1	11001
4	0	4	0111	12	2	2	11010
5	1	0	1000	13	2	3	110110
6	1	1	1001	14	2	4	110111
7	1	2	1010	15	3	0	111000

我們可以證明，當

$$P(n) = p^{n-1}q, \qquad q = 1 - p.$$

時，Golomb 碼對於下列機率模型為最佳

$$m = \left\lceil -\frac{1}{\log_2 p} \right\rceil.$$

3.6　Rice 碼

Rice 碼最初是由 Robert F. Rice 開發的 (他稱為 Rice 機器) [29, 30]，之後又由 Pen-Shu Yeh 和 Warner Miller 予以擴充 [31]。Rice 碼可以視為適應性 Golomb 碼。在 Rice 碼中，一個非負整數的序列 (可能是從其他資料的前處理獲得的) 被分成許多區塊，每一個區塊都有 J 個整數。然後每一個區塊都會使用幾種選項中的每一種分別予以編碼，其中大部份是 Golomb 碼的形式。每一個區塊均使用這些選項逐一予以編碼，並選擇所產生之編碼位元數最少的選項。使用的特定選項係以附在該區塊的碼上的一個標識符號來表示。

　　要瞭解 Rice 碼，最容易的方法就是查看它的某一個實作。我們將研究太空資料標準 (CCSDS) 諮詢委員會提出的無失真壓縮通訊協定中的 Rice 碼實作。

3.6.1　CCSDS 的無失真壓縮通訊協定

　　讓我們簡短地討論 CCSDS 建議的無失眞資料壓縮演算法，作爲 Rice 演算法的應用。此演算法包含一個前處理器 (模型化步驟) 和一個二進位編碼器 (編碼步驟)。前處理器會除去輸入資料的關聯性，並產生一個非負整數的序列。這個序列的性質如下：小的值比大的值更有可能出現。二進位編碼器會產生可以代表整數序列的位元流。我們目前關注的重點是二進位編碼器。

　　前處理器的作用如下：給定一序列 $\{y_i\}$，我們產生每一個 y_i 的預測值 $\hat{y}_i$。有一個簡單的方法可以產生預測值，就是取序列的前一個值作爲序列目前值的預測值：

$$\hat{y}_i = y_{i-1}.$$

第 7 章會討論一些可以產生預測值，而且更複雜的方法。接下來，我們會產生一個序列，其元素爲 y_i 與其預測值…的差距：

$$d_i = y_i - \hat{y}_i.$$

當我們的預測很好時，d_i 值的大小就很小，當我們的預測不好時，d_i 的大小就很大。假設我們建立了一個精確的模型，則前面的情況會比後面的情況更有可能發生。令 y_{max} 和 y_{min} 代表序列 $\{y_i\}$ 所取之值的最大值與最小值。假設 $\hat{y}$ 的值侷限於 $[y_{min}, y_{max}]$ 應屬合理。茲定義

$$T_i = \min\{y_{max} - \hat{y},\ \hat{y} - y_{min}\}. \tag{3.8}$$

　　序列 $\{d_i\}$ 可使用以下的映射轉換成非負整數的序列 $\{x_i\}$：

$$x_i = \begin{cases} 2d_i & 0 \le d_i \le T_i \\ 2|d_i| - 1 & -T_i \le d_i < 0 \\ T_i + |d_i| & \text{其他情況.} \end{cases} \tag{3.9}$$

當 d_i 的大小很小時，x_i 的值也很小，因此，x_i 的值愈小，機率就愈大。序列 $\{x_i\}$ 被分割成許多片段，每一片段又更進一步被分成大小等於 J 的區塊。CCSDS

建議 J 的值等於 16。然後每一個區塊將使用下列選項其中之一予以編碼，編碼後的區塊將與一個識別符號一起傳送，這個識別符號是用來指示該區塊所使用的特殊選項。

■ **基本序列**：這是一個一元碼。數目 n 是以 n 個 0 再加上一個 1 (或 n 個 1 再加上一個 0) 的序列表示。

■ **取樣值分割選項**：這些選項包含一系列的碼，這些碼係以參數 m 進行索引。k 位元數目 n 使用第 m 個取樣值分割選項所得的碼包含 k 的 m 個最低有效位元，再加上代表 $k - m$ 個最高有效位元的一元碼。舉例來說，假設我們想要使用第三個取樣值分割選項將 8 位元數目 23 編碼。23 的 8 位元表示方式為 00010111。3 個最低有效位元為 111，其餘的位元 (00010) 對應到數目 2，其一元碼為 001。因此 23 使用第三個取樣值分割選項所得的碼為 111001。請注意，對於不同的 x_i 值，不同的 m 值可能較為理想，且較大的 m 值係使用於熵值較大的序列。

■ **第二次延伸選項**：第二次延伸選項對於熵值很小的序列很有用 —— 一般而言，當許多 x_i 的值等於零時。在第二次延伸選項中，序列被分割成連續取樣值組成的對。每一對取樣值均使用以下的轉換計算出一個索引值 γ：

$$\gamma = \tfrac{1}{2}(x_i + x_{i+1})(x_i + x_{i+1} + 1) + x_{i+1} \tag{3.10}$$

γ 的值則使用一元碼予以編碼。γ 的值是一個檢索表的索引，其中每一個 γ 值對應到兩個值 x_i, x_{i+1}。

■ **零值區塊選項**：當一個或多個 x_i 區塊的值全部為 0 時，會使用零值區塊選項 —— 通常是在很長一串 y_i 的值均相同的時候。在這種情況下，我們會使用表 3.17 所示的碼傳送零值區塊的個數。當一個片段中的最後五個或更多個區塊全部為 0 時，會使用 ROS 碼。

一些太空應用已經使用了 Rice 碼，而且已經有人針對一些不同的應用提出了 Rice 碼的變形。

表 3.17　零值區塊選項使用的碼。

全部零值區塊的個數	編碼字
1	1
2	01
3	001
4	0001
5	000001
6	0000001
$\vdots$	$\vdots$
63	$\overbrace{000\cdots0}^{63\ 0s}1$
ROS	00001

◻ 3.7　Tunstall 碼

本書中討論的可變長度碼，大部份都是使用位元數不固定的編碼字，將資料源字母集中的字母編碼：較常出現的字母使用位元數較少的編碼字，較不常出現的字母則使用位元數較多的編碼字。在 Tunstall 碼中，所有編碼字的長度都相同。字母集 $A = \{A, B\}$ 的 2 位元 Tunstall 碼的例子示於表 3.18。Tunstall 碼的主要好處是編碼字的錯誤不會一直傳遞下去。它不像其他的可變長度碼 (例如 Huffman 碼)，在這些碼中，一個編碼字的錯誤就會導致一連串的錯誤發生。

例題 3.7.1

讓我們使用表 3.18 的碼將序列 *AAABAABAABAABAAA* 編碼。從左邊開始，我們發現編碼冊中有 *AAA* 這個字串，而且它的碼是 00。然後我們把 *B* 編碼成 11，把 *AAB* 編碼成 01，依此類推。最後我們得到的編碼字串是 001101010100。　　　　　　　　　　　　　　　　　　　　　◆

表 3.18 一個 2 位元的 Tunstall 碼。

序列	編碼字
AAA	00
AAB	01
AB	10
B	11

表 3.19 一個 2 位元的 (非 Tunstall) 碼。

序列	編碼字
AAA	00
ABA	01
AB	10
B	11

設計「編碼字的長度固定,但每個編碼字代表的符號個數不固定」的碼時,應該滿足下列條件:

1. 我們應該可以把資料源的輸出序列剖析成編碼冊中出現的符號序列。
2. 應該讓每一個編碼字所代表之資料源符號的平均個數達到最大。

為了瞭解第一個條件是什麼意思,請考慮表 3.19 所示的碼。讓我們使用表 3.19 的碼,將前一個例題中同樣的序列 *AAABAABAABAABAAA* 編碼。我們首先以碼 00 將 *AAA* 編碼,然後以碼 11 將 *B* 編碼。接下來的 3 個符號是 *AAB*,然而並沒有對應於這個符號序列的編碼字。因此,如果使用這一組特別的碼,該序列將無法編碼 ── 我們並不希望發生這種情況。

Tunstall [32] 提出了一個非常簡單的演算法,可以滿足這些條件。其演算法如下:

假設有一個資料源會從大小等於 N 的字母集中產生 *iid* 字母,我們想要求出此資料源的 n 位元 Tunstall 碼。編碼字的個數是 2^n。一開始的時候,編碼冊中有資料源字母集中的 N 個字母。我們把編碼冊中機率最大的一筆辭條刪除,然後把這個字母與字母集中的每一個字母 (包括它自己) 連接在一起而得的 N 個字串加入編碼冊。這樣會讓編碼冊的大小從 N 增加到 $N + (N-1)$。新辭條的

機率等於連接成這個新辭條的所有字母的機率的乘積。現在察看編碼冊中的 $N + (N-1)$ 筆辭條，並找出機率最大的一筆，同時記住機率最大的辭條有可能是許多符號連接成的字串。每進行一次這樣的運算，編碼冊的大小就會增加 $N - 1$，因此這項運算可以進行 K 次，其中：

$$N + K(N-1) \leq 2^n$$

例題 3.7.2　Tunstall 碼

讓我們為一個沒有記憶，且具有下列字母集的資料源設計一個 3-位元的 Tunstall 碼：

$$A = \{A, B, C\}$$
$$P(A) = 0.6, \qquad P(B) = 0.3, \qquad P(C) = 0.1$$

表 3.20　資料源字母集與相關的機率。

字母	機率
A	0.60
B	0.30
C	0.10

表 3.21　一個回合之後的編碼冊。

序列	機率
B	0.30
C	0.10
AA	0.36
AB	0.18
AC	0.06

表 3.22　一個 3 位元的 Tunstall 碼。

序列	機率
B	000
C	001
AB	010
AC	011
AAA	100
AAB	101
AAC	110

從表 3.20 所示的編碼冊及相關的機率開始。由於字母 A 的機率最大，所以把它從列表中移除，並加入所有以 A 開頭，且具有兩個字母的字串，如表 3.21 所示。在第一個回合之後，編碼冊中有五筆辭條。又進行一個回合，編碼冊的大小會增加 2，變成有 7 筆辭條，而且仍然比編碼冊的最終尺寸要小。再進行一個回合，會讓編碼冊的大小變成 10，這就比最大尺寸 8 要大了。因此，我們在下一步移除 AA，並加入由 AA 產生的所有延伸，如表 3.22 所示。最後的 3 位元 Tunstall 碼示於表 3.22。　　　◆

▣ 3.8　Huffman 編碼的應用

在本節中，我們描述 Huffman 編碼的一些應用。當讀者繼續閱讀本書時，我們會描述更多的應用，因為 Huffman 編碼經常與其他編碼技術一同使用。

3.8.1　無失真影像壓縮

　　Huffman 編碼在影像壓縮方面的簡單應用包括產生任何像素所能取值之集合的 Huffman 碼。對單色影像來說，這個集合通常包含從 0 到 255 的整數。本書隨附的資料集合中含有此種影像的範例。本書的例題使用的這 4 幅影像示於圖 3.10。

圖 3.10 測試影像。

表 3.23 使用 Huffman 程式碼對像素值進行壓縮。

影像名稱	位元/像素	檔案總大小 (位元組)	壓縮比
Sena	7.01	57,504	1.14
Sensin	7.49	61,430	1.07
Earth	4.94	40,534	1.62
Omaha	7.12	58,374	1.12

我們將利用本書隨附的軟體 (參閱序言) 中的一個程式來產生每一幅影像的 Huffman 碼，然後使用 Huffman 碼將影像編碼。圖 3.10 中 4 幅影像的結果示於表 3.23。Huffman 碼係與壓縮影像一起儲存，因爲解碼器重建影像時將需要這些碼。

原先未壓縮的影像表示方式爲每個像素使用 8 個位元。這幅影像由 256 列的 256 個像素組成，因此未壓縮的表示方式使用 65,536 個位元組。壓縮比就是未壓縮表示方式的位元組數目與壓縮表示方式中位元組數目的比值。壓縮表示方式中的位元組數目包括儲存 Huffman 碼所需的位元組數目。請注意不同影像的壓縮比也不同。在某些應用過程中，需要事先知道需要多少位元組來表示特定的資料集合時，這樣可能會造成一些問題。

表 3.23 的結果有點令人失望，因爲影像被壓縮後，大約只減少了½到 1 位元/像素。對某些應用來說，這樣的縮減量可以接受。舉例來說，如果我們要把上千幅影像儲存在檔案庫裡，1 位元/像素的縮減量可以節省好幾百萬位元組的磁碟空間。然而我們可以做得更好。回憶一下，當我們開始討論壓縮時，我們提到任何壓縮演算法的第一步是建立資料的模型，以利用資料中的結構。在這個例子中，我們完全沒有使用到資料中的結構。

用眼睛檢查一下測試影像，可以很清楚地看出：影像中的像素與相鄰像素之間的關聯極爲密切。我們可以用一個很粗糙的模型 $\hat{x}_n = x_{n-1}$ 來表示這個結構。殘餘值等於相鄰像素之間的差距。如果我們進行差分運算，並針對殘餘值使用 Huffman 編碼器，結果如表 3.24 所示。如我們所見，使用資料中的結構可以造成相當可觀的改進。

表 3.24 使用 Huffman 程式碼對像素值差距進行壓縮。

影像名稱	位元/像素	檔案總大小 (位元組)	壓縮比
Sena	4.02	32,968	1.99
Sensin	4.70	38,541	1.70
Earth	4.13	33,880	1.93
Omaha	6.42	52,643	1.24

表 3.25　使用適應性 Huffman 程式碼對像素值差距進行壓縮。

影像名稱	位元/像素	檔案總大小 (位元組)	壓縮比
Sena	3.93	32,261	2.03
Sensin	4.63	37,896	1.73
Earth	4.82	39,504	1.66
Omaha	6.39	52,321	1.25

表 3.23 和 3.24 的結果是使用兩回合的系統得到的，第一個回合收集統計性質，並產生一張 Huffman 表。我們可以使用一回合的適應性 Huffman 編碼器，而非兩回合的系統，其結果示於表 3.25。

請注意適應性 Huffman 碼的效能與兩回合 Huffman 編碼器幾乎沒有差別。此外，適應性 Huffman 編碼器可以使用於線上或即時編碼器，也使得適應性 Huffman 編碼器成爲許多應用中更具吸引力的選擇。然而適應性 Huffman 編碼器更容易被錯誤所影響，而且也可能更難實作。最後，特定的應用會決定哪一種方法更合適。

3.8.2　文字壓縮

Huffman 編碼使用於文字壓縮似乎是很自然的。文字具有離散的字母集，而且在某一種給定的文字類型中，其機率相當穩定。舉例來說，一本特定小說的機率模型與另一本小說的機率模型不會相差很多。同樣的，一組 FORTRAN 程式的機率模型不會與另一組 FORTRAN 程式的機率模型相差很多。表 3.26 中機率的是從美國憲法得到的 26 個字母 (大寫與小寫) 的機率，而且可以代表英文文字。表 3.27 的機率是藉由計算本章較早版本的字母出現頻率而得到的。雖然這兩份文件相當不同，但兩組機率則非常類似。

我們使用從本章獲得的出現機率建立的 Huffman 碼，將本章較早的版本編碼。使用 Huffman 碼，可以讓檔案大小從大約 70,000 個位元組降到大約 43,000 個位元組。

雖然檔案大小的減少很有用，如果我們先除去檔案中以「符號之間的關聯性」的形式存在的結構，可以得到更好的壓縮效果。這份文字中顯然有大量的

關聯性，例如 *Huf* 的後面總是跟著 *fman*！不幸的是，這種關聯性並不像影像檔案那樣容易轉換成簡單的數值模型。然而有其他較複雜的技術可以用來除去文字檔案中的關聯性。我們將在第 5 章和第 6 章更仔細地討論這些技術。

表 3.26　英文字母集的字母在美國憲法中的出現機率。

字母	機率	字母	機率
A	0.057305	N	0.056035
B	0.014876	O	0.058215
C	0.025775	P	0.021034
D	0.026811	Q	0.000973
E	0.112578	R	0.048819
F	0.022875	S	0.060289
G	0.009523	T	0.078085
H	0.042915	U	0.018474
I	0.053475	V	0.009882
J	0.002031	W	0.007576
K	0.001016	X	0.002264
L	0.031403	Y	0.011702
M	0.015892	Z	0.001502

表 3.27　英文字母集的字母在本章文字中的出現機率。

字母	機率	字母	機率
A	0.049855	N	0.048039
B	0.016100	O	0.050642
C	0.025835	P	0.015007
D	0.030232	Q	0.001509
E	0.097434	R	0.040492
F	0.019754	S	0.042657
G	0.012053	T	0.061142
H	0.035723	U	0.015794
I	0.048783	V	0.004988
J	0.000394	W	0.012207
K	0.002450	X	0.003413
L	0.025835	Y	0.008466
M	0.016494	Z	0.001050

3.8.3　音訊壓縮

另一種非常適合壓縮的資料類型是 CD 品質的音訊資料。每個立體聲聲道的音訊信號係以 44.1 kHz 取樣，且每個取樣值係以 16 位元表示。這表示一片 CD 上儲存的資料量非常龐大。如果我們想要傳送此一資料，需要的頻道容量將極為可觀，在這種情況下，壓縮裡一定非常有用。在表 3.28 中，我們顯示了許多種音訊素材的檔案大小、熵值、使用 Huffman 編碼器時壓縮檔案大小的估計值，以及所得的壓縮比。

表 3.28　16 位元 CD-品質音訊資料的 Huffman 編碼。

檔案名稱	原始檔案大小 (位元組)	熵 (位元)	壓縮檔案大小估計值 (位元組)	壓縮比
Mozart	939,862	12.8	725,420	1.30
Cohn	402,442	13.8	349,300	1.15
Mir	884,020	13.7	759,540	1.16

在這個範例中使用的 3 份資料代表各種音訊素材，包括莫扎特的交響樂作品，以及 Cohn 的搖滾民謠作品。即使素材不同，Huffman 編碼仍然可以讓傳送此一素材所需的容量有些許降低。

請注意我們只提供了壓縮檔案大小的估計值。檔案大小的估計值 (以位元為單位) 係由取樣值的數目乘以熵而獲得。我們使用這種方法，因為 16 位元音訊的取樣值可能有 65,536 個不同的值，因此 Huffman 編碼器需要 65,536 個不同的 (可變長度) 編碼字。在大部份的應用中，這麼大的編碼冊是不切實際的。有一種處理大型字母集的方法，稱為遞迴索引，我們將在第 9 章描述。最近還有一些研究成果 [14]，其中使用的 Huffman 樹的葉節點代表機率相同的一個符號集合。編碼字包含字首和字尾，字首指定是哪一個集合，字尾則指定是集合中的哪一個符號。這種方法可以容納相當大的字母集。

像其他的應用一樣，如果我們先從資料中除去結構，壓縮量可以增加。音訊資料可以用數值方式建立模型。在後面各章中，我們會研究更複雜的模型建立方法。現在讓我們使用影像編碼的例題中用到的簡單模型；也就是說，每個

取樣值與前一個取樣值相同。使用這個模型，我們得到差值序列。差值序列的熵值示於表 3.29。

　　請注意檔案大小更進一步地減少了：壓縮檔案的大小大約是原始檔案的 60%。使用更複雜的模型，可以更進一步地減少檔案大小。

　　大部份的無失眞音訊壓縮方案，包括 FLAC (自由無失眞音訊轉碼器)、蘋果電腦的 ALAC 或 ALE、Shorten [33]、Monkey's Audio、以及已被提議 (亦即目前使用) 的 MPEG-4 ALS [34] 演算法，使用線性預測模型從音訊序列中除去一些結構，然後使用 Rice 編碼將殘餘值編碼。大部份的其他方案，例如 Audiopak [35] 和 OggSquish，則使用 Huffman 編碼將殘餘值編碼。

表 3.29　16 位元 CD-品質音訊資料差值的 Huffman 編碼。

檔案名稱	原始檔案大小 (位元組)	熵 (位元)	壓縮檔案大小估計值 (位元組)	壓縮比
Mozart	939,862	9.7	569,792	1.65
Cohn	402,442	10.4	261,590	1.54
Mir	884,020	10.9	602,240	1.47

◼ 3.9　摘要

在本章中，我們描述了 Huffman 編碼技術和其他的一些相關技術，開始探討資料壓縮技術。Huffman 編碼技術及其變形是最常使用的一些編碼方法。當我們討論文字、影像和視訊的壓縮技術時，會遇到修改過的 Huffman 碼版本。在本章中，我們描述怎樣設計 Huffman 碼，並討論與 Huffman 碼有關的一些問題。我們也描述了適應性 Huffman 碼如何作用，並簡短地討論了使用 Huffman 碼的一些地方，後面的各章中會更常見到這些應用。

　　爲了探討 Huffman 編碼更進一步的應用，你可以使用 huff_enc, huff_dec 和 adap_huff 等程式爲你最喜愛的應用產生自己的 Huffman 碼。

進階閱讀

1. 「*Lossless Compression Handbook*」一書中，由 S. Pigeon 撰寫的「*Huffman Codes*」[36] 提供了很詳盡，而且非常容易閱讀的綜覽。

2. 「*Encyclopedia of Mathematics and Its Applications*」的第三卷，由 R J McElice 所著的「*The Theory of Information and Coding*」[6] 中可以找到非二進位 Huffman 碼的細節，以及關於可變長度碼更爲理論性與嚴謹的描述。

3. 1987 年 9 月號的 ACM Computing Surveys 期刊中有一篇由 D.A. Lelewer 與 D.S. Hirschberg 合著的講義性文章「*Data Compression*」[37]，這篇文章以及該期的其他材料，提供了本章題材非常棒的簡短討論。

4. J.A. Storer 所著的「*Data Compression – Methods and Theory*」[38] 以一種稍微不一樣的方式描述 Huffman 碼。

5. T.M. Cover 和 J.A. Thomas 合著的「*Elements of Information Theory*」[3] 中，可以找到一篇較爲理論性，但非常容易閱讀，有關可變長度編碼的記載。

6. 雖然 R.W. Hamming 所著的「*Coding and Information Theory*」[9] 主要是討論頻道編碼，不過第 4 章也稍微詳細地描述了 Huffman 碼。

◼ 3.10 專案與習題

1. 表 3.26 和表 3.27 的機率是使用本書隨附軟體中的 `countalpha` 程式得到的。使用這個程式比較不同類型的文字、C 語言程式、Usenet 上的訊息等等的機率。試評論你觀察到的任何差異，並描述你將如何針對每一種類型的文字調整壓縮策略。

2. 使用 `huff_enc` 和 `huff_dec` 程式執行以下的任務 (在每一種情況中，使用被被壓縮影像產生的編碼冊：

    (a) 將 Sena, Sinan 和 Omaha 影像編碼。

    (b) 寫一個程式，計算相鄰像素之間的差值，然後使用 `huffman` 程式將差值影像編碼。

    (c) 使用 `adap_huff` 程式重複 (a) 和 (b)。

    報告每一個實驗得到的檔案大小，並評論其差異。

3. 使用 `huff_enc` 和 `huff_dec` 程式，並以被 Sinan 影像產生的編碼冊將 Bookshelf1 和 Sena 影像編碼。試將此結果與使用被壓縮影像所產生的編碼冊的情況比較一下。

4. 有一個資料源從字母集 $A = \{a_1, a_2, a_3, a_4, a_5\}$中發出字母，且機率爲 $P(a_1) = 0.15$, $P(a_2) = 0.04$, $P(a_3) = 0.26$, $P(a_4) = 0.05$, $P(a_5) = 0.50$。

    (a) 計算這個資料源的熵。

    (b) 求出這個來源的 Huffman 碼。

    (c) 求出 (b) 中之碼的平均長度及其的冗餘度。

5. 有一個字母集 $A = \{a_1, a_2, a_3, a_4\}$，其機率爲 $P(a_1) = 0.1$, $P(a_2) = 0.3$, $P(a_3) = 0.25$, $P(a_4) = 0.35$，試使用下列方法求出 Huffman 碼

    (a) 使用本章概略描述的第一個程序，以及

    (b) 使用最小變異程序。

    試評論 Huffman 碼的差異。

6. 在許多通訊應用中，我們會希望傳輸過一個頻道的 1 和 0 的數量大約相同。然而，如果我們察看 Huffman 碼，會發現其中有許多碼好像 1 比 0 多，或者反過來。試問這表示 Huffman 編碼將導致無效率的頻道使用嗎？試針對習題 3 中得到的 Huffman 碼求出 0 傳輸過頻道的機率。這個機率對於上述問題而言有何意義？

7 對於例題 3.3.1 的資料源，試於第 1 步和第 2 步合併 3 個字母，並於第 3 步合併兩個字母，以產生一個三進位碼。試與例題中得到的三進位碼比較。

8 在例題 3.4.1 中，我們已經說明當序列 $a\ a\ r\ v\ d$ 被傳送時，樹會如何發展。使用序列中接下來的其他字母 $a\ r\ k$ 繼續完成這個例題。

9. Monte Carlo 方法經常用來研究很難以解析方式解決的問題，讓我們利用這個方法來研究使用可變長度編碼時的緩衝區問題。我們將模擬例題 3.2.1 的情況，並研究緩衝區發生滿溢和空乏的時間對緩衝區大小的函數關係。在我們的程式中，我們需要一個隨機數產生器，一組將隨機數產生器初始化的種子，一個模擬緩衝區佔用量的計數器 B，一個記錄時間的計數器 T，以及緩衝區的大小 N。我們使用隨機數產生器從字母集中選擇一個字母，以模擬緩衝區的輸入，然後計數器 B 會加上該字母的編碼字的長度。我們把 B 的值減少 2 (除非 T 可以被 5 整除)，以模擬對緩衝區的輸出。如果 T 可以被 5 整除，則 B 減少 3，而不是 2 (為什麼？)。繼續將 T 不停地加 1，每一次模擬一次輸入和輸出，直到發生 $B \geq N$ (相當於緩衝區滿溢) 或 $B < 0$ (相當於緩衝區空乏)。發生其中任何一個事件時，請記錄發生了什麼事件，以及何時發生，然後使用新的種子重新開始模擬。至少執行 100 個種子。

針對一些緩衝區大小 ($N = 100, 1000, 10,000$) 以及為例題 3.2.1 中的資料源求出的兩個Huffman碼執行這項模擬。在報告中描述你的結果。

10. 當我們要在兩個平均長度相等的 Huffman 碼之間作選擇時，雖然長度的變異是一個重要的考量，但它不是唯一必須考慮的點，另一個要考慮的是從頻道中的錯誤復原的能力。在本題中，我們將探討錯誤對兩個等價的 Huffman 碼造成的影響。

(a) 對於例題 3.2.1 的資料源和 Huffman 碼 (表 3.5)，將序列

$$a_2\ a_1\ a_3\ a_2\ a_1\ a_2$$

編碼。假設頻道中有一個錯誤，且接收到的第一個位元變成 0，而不是 1。試將接收到的位元序列解碼。在第一個被正確解碼的字元之前，有多少個接收到的字元是錯誤的？

(b) 使用表 3.9 的碼重複上面的任務。

(c) 假設錯誤發生在第三個位元，重複 (a) 和 (b) 部分。

11. (本題係由 P.F. Swaszek 建議。)

    (a) 對於機率 $P(0) = 0.9$, $P(1) = 0.1$ 的二進位資料源，試將 m 個位元放在一起，並產生資料源的 Huffman 碼，其中 $m = 1, 2, ..., 8$。畫出平均長度對 m 的圖形。試評論你的結果。

    (b) 針對 $P(0) = 0.99$, $P(1) = 0.01$ 重複上面的任務。

    你可以使用 `huff_enc` 程式產生 Huffman 碼。

12. 使用 $J = 8$，且具有一種取樣值分割選項的 Rice 碼將以下有 16 個值的序列編碼。

    32, 33, 35, 39, 37, 38, 39, 40, 40, 40, 40, 39, 40, 40, 41, 40

    使用序列中的前一個值作為預測值

$$\hat{y}_i = y_{i-1}$$

    並假設序列的第一個元素的預測值等於零。

13. 有一個字母集 $A = \{a_1, a_2, a_3\}$，其機率為 $P(a_1) = 0.7$, $P(a_2) = 0.2$, $P(a_3) = 0.1$，試設計 3 位元的 Tunstall 碼。

14. 寫一個程式，使用 Rice 演算法將影像編碼。使用八種選項，包括基本序列、五種取樣值分割選項和兩種低熵值選項。使用 $J = 16$。使用左邊像素或上方像素其中之一作為預測值。使用你的程式將 Sena 影像編碼。把你的結果與針對像素之間的差值進行 Huffman 編碼所得的結果比較一下。

4

算術編碼

4.1 綜覽

我們在前一章討論了一種產生可變長度碼的方法。在本章中,我們討論另外一種產生可變長度碼,而且愈來愈受歡迎的方法,稱為*算術編碼* (arithmetic coding)。處理字母集很小 (例如二進位資料源) 或字母集的機率非常偏斜的資料源時,算術編碼特別有用。如果基於各種原因,無失真壓縮的模型建立和編碼方面必須分開,這也是一種非常有用的方法。在本章中,我們討論算術編碼背後的看基本概念,研究算術碼的一些特性,並描述一個實作。

4.2 引言

在前一章中,我們研究了 Huffman 編碼方法,這個方法保證編碼率 R 在熵值 H 加 1 位元以內。回憶一下,編碼率是表示資料源符號的平均位元數,而且對於已知的機率模型而言,熵值是可以把資料源編碼的最低資料率。我們可以把這個界限再縮緊一點。已經有人證明 [23] Huffman 演算法可以將產生資料率在熵值加上 0.086 以內的碼,其中 p_{max} 是最常出現的符號的機率。我們在前一章曾經提到,在字母集很大的應用中,p_{max} 通常相當小,且編碼率與熵的偏差

量 (特別是當我們以資料率的百分比表示時) 也很小。然而，如果字母集很小，而且不同字母的出現機率又很偏斜，p_{max} 的值可能相當大，當 Huffman 碼與熵相比時，可能會變成非常沒有效率。避免這個問題的方法之一是把幾個符號放在一起，並產生一個延伸的 Huffman 碼。不幸的是，這種方法並非永遠有效。

例題 4.2.1

考慮從字母集 $A = \{a_1, a_2, a_3\}$ 中輸出獨立、均勻分佈 (*iid*) 的字母，且機率模型為 $P(a_1) = 0.95, P(a_2) = 0.02, P(a_3) = 0.03$ 的資料源。此資料源的熵等於 0.335 位元/符號，它的一個 Huffman 碼示於表 4.1。

表 4.1　有三個字母的字母集的 Huffman 碼。

字母	編碼字
a_1	0
a_2	11
a_3	10

這個碼的平均長度是 1.05 位元/符號。這個碼的平均長度與熵值的差距 (或冗餘度)，因為是 0.715 位元/符號，等於熵的 213%。這表示當我們將此序列編碼時，會需要比熵值所保證的量還要多兩倍的位元數。

回憶一下例題 3.2.4。在這裡，我們也可以把符號分成兩個兩個一組的區塊。我們可以得到延伸字母集、機率模型和碼，如表 4.2 所示。延伸字母集的平均編碼率為 1.222 位元/符號，就原來的字母集而言等於 0.611 位元/符號。因為資料源的熵等於 0.335 位元/符號，在熵值以上的額外編碼率仍然大約是熵的 72%！當我們繼續將更多符號放在一起時，我們發現：當我們把 8 個符號放在一起時，冗餘度才會降低到可接受的值。如果我們把許多符號組成一塊到這種程度的話，對應的字母集大小是 6561！由於許多因素，這麼大的碼是不切實際的。對許多應用來說，通常無法取得儲存這樣的碼所需的記憶體。我們雖然可以設計相當有效率

的編碼器，要把這麼大的 Huffman 碼解碼將是非常沒有效率，而且曠日費時的程序。最後，如果統計性質有一些擾動，並且我們假設的一些機率稍微改變了，對於碼的效率將有很重大的影響。

表 4.2　延伸字母集的 Huffman 碼。

字母	機率	編碼字
a_1a_1	0.9025	0
a_1a_2	0.0190	111
a_1a_3	0.0285	100
a_2a_1	0.0190	1101
a_2a_2	0.0004	110011
a_2a_3	0.0006	110001
a_3a_1	0.0285	101
a_3a_2	0.0006	110010
a_3a_3	0.0009	110000

我們可以看到，產生一組符號或符號序列的編碼字，而不是為序列中的每一個符號產生一個唯一的編碼字，會更有效率。然而，當我們試圖找出獲得長符號序列的 Huffman 碼時，這個方法會變得不切實際。為了找到長度等於 m 的特定序列的 Huffman 編碼字，我們需要長度等於 m 的所有可能序列的編碼字。這樣一來，編碼冊的大小呈現指數成長。我們需要有一種方法，可以把編碼字指定給**特定**序列，卻不需要產生等於該長度之所有序列的碼。算術編碼技術滿足了這項要求。

在算術編碼中，我們會為欲編碼的序列產生一個唯一的識別符號或標記。這個標記對應於一個二進位分數，這個分數會變成序列的二進位碼。實際上標記和二進位碼的產生都是同樣的過程。然而，如果我們在觀念上把這種方法分成兩個階段，算術編碼方法會更容易瞭解。在第一個階段，我們為一個給定的符號序列產生一個唯一的識別符號或標記，然後我們給這個標記一個唯一的二進位碼。我們不需要產生長度等於 m 的所有序列的編碼字，就可以為一個長度等於 m 的序列產生唯一的算術碼。這一點與 Huffman 碼的情形不同。為了

產生長度等於 m 的序列的 Huffman 碼，而且這個碼不等於個別符號的編碼字連接而成的字串，我們必須求出長度等於 m 的所有序列的 Huffman 碼。

■ 4.3 將序列編碼

爲了將區別某一個符號序列和另一個符號序列，我們需要使用唯一的識別符號來標識它。用來代表符號序列的一組可能的標記，是單位區間 [0, 1) 內的數目。因爲單位區間的數目有無限多個，應該可以把唯一的標記指定給每一個不同的符號序列。爲了這麼做，我們需要一個可以把符號序列映射到單位區間的函數。把隨機變數和隨機變數的序列映射到進單位區間的函數，乃是與資料源相關聯之隨機變數的**累積分佈函數** (cumulative distribution function，簡寫爲 *cdf*)。我們在發展算術碼時，會使用這個函數。(如果你不熟悉隨機變數和累積分佈函數，或需要複習一下，可能會希望翻閱附錄 A。)

使用累積分佈函數來產生序列的二進位碼，其歷史相當有趣。Shannon 在其 1948 年的原始論文中 [7] 描述一種碼 (現在叫作 Shannon-Fano 碼) 時，提到了一種使用累積分佈函數的方法。Fano 在麻省理工學院開的第一門資訊理論課程，班上的另一個學生 Peter Elias (Huffman 也上了這門課) 提出了這個概念的遞迴性實作，然而他從來沒有發表。我們是因爲 Abramson 在一本資訊理論的書籍 [39] (1963 年) 中提到了這個方法，才曉得有這麼一回事。Abramson 在某一章的註解中描述了這個編碼方法。在另一本由 Jelinek 著作的資訊理論書籍 [40] 中 (1968 年)，算術編碼的想法被更進一步地發展，這次是在附錄中，作爲可變長度編碼的一個例子。現代算術編碼的誕生要歸功於 Pasco [41] 與 Rissanen [42]，他們在 1976 年各自獨立發現精密度有限的問題是可以解決的。最後，有幾篇提供實用算術編碼演算法的論文出現了，其中最著名的是 Rissanene 和 Langdon 的論文 [43]。

在我們開始發展算術碼之前，我們需要建立一些記號。回憶一下，隨機變數將實驗的結果或一組結果映射到實數軸上的值。舉例來說，在扔硬幣的實驗中，隨機變數可以把正面映射到零，把反面映射到一 (或把正面映射到

2367.5，把反面映射到–192)。為了使用這項技術，我們必須把數目映射到資料源的符號或字母。為了方便起見，在在本章的討論中，我們將使用映射

$$X(a_i) = i \qquad a_i \in A \tag{4.1}$$

其中 $A = \{a_1, a_2, ... , a_m\}$ 是離散資料源的字母集，X 是一個隨機變數。這映射表示已知資料源的一機率模型為 P 時，我們也有隨機變數的機率密度

$$P(X = i) = P(a_i)$$

而且累積密度函數可定義為

$$F_X(i) = \sum_{k=1}^{i} P(X = k)$$

請注意，對於每一個機率不等於零的符號 a_i，$F_x(i)$ 都有不同的值，以下發展算術碼時將用到這個事實。我們的發展過程可能比你想要的更詳細，至少在第一次閱讀時是如此。如果是這樣的話，請跳過或迅速翻閱 4.3.1 – 4.4.1 節，直接閱讀 4.4.2 節。

4.3.1 產生標記

產生標記的程序如下：當我們接收到序列中愈來愈多的元素時，我們縮減標記所在的區間的大小。

首先把單位區間分成下列形式的子區間：$[F_X(i–1), F_X(i)]$，$i = 1, ..., m$。由於 cdf 的最小值是零，最大值是一，這樣正好可以劃分單位區間。把子區間 $[F_X(i–1), F_X(i)]$ 與符號 a_i 關聯起來。序列中出現的第一個符號，把包含標記的區間限制在這些子區間的其中之一。假設第一個符號是 a_k，那麼包含標記值的區間將是子區間 $[F_X(k–1), F_X(k)]$。現在這個子區間按照與原先區間完全相同的比例被劃分。即對應於符號 a_j 的第 j 個區間是 $[F_X(k–1) + F_X(j–1)/(F_X(k) – F_X(k–1), F_X(k–1) + F_X(j)/(F_X(k) – F_X(k–1)))$。因此，如果序列的第 2 個符號是 a_j，則包含標記值的區間變成 $[F_X(k–1) + F_X(j–1)/(F_X(k) – F_X(k–1), F_X(k–1) + F_X(j)/(F_X(k) – F_X(k–1)))$。接下來的每一個符號都會讓標記被限制在依照相同

比例更進一步劃分的子區間內。藉由例題，可更清楚地瞭解這個過程。

例題 4.3.1

考慮有 3 個字母且 $P(a_1) = 0.7, P(a_2) = 0.1, P(a_3) = 0.2$ 的字母集 $A = \{a_1, a_2, a_3\}$。使用方程式 (4.1) 的映射，$F_X(1) = 0.7, F_X(2) = 0.8$，且 $F_X(3) = 1$。這樣會把單位區間劃分開，如圖 4.1 所示。

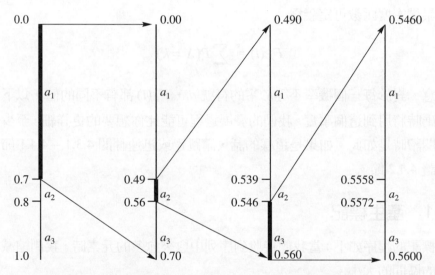

圖 4.1　限制包含輸入序列 $\{a_1, a_2, a_3, \ldots\}$ 之標記的區間。

標記所在的分割，取決於欲編碼序列的第一個符號。舉例來說，如果第一個符號是 a_1，則標記位於區間 [0.0 , 0.7) 內；如果第一個符號是 a_2，則標記位於區間 [0.7, 0.8) 內；如果第一個符號是 a_3，則標記位於區間 [0.8, 1.0) 內。一旦決定了包含標記的區間，單位區間的其餘部份會被丟棄，而且此一被限制的區間會依照與原先區間同樣的比例再作分割。假設第一個符號是 a_1，則標記將包含在子區間 [0.0, 0.7) 內，然後這個子區間會依照與原的區間完全相同的比例再細分，結果產生子區間 [0.0,

0.49), [0.49, 0.56) 和 [0.56, 0.7)。和前面一樣,第一個分割對應於符號 a_1,第 2 個分割對應於符號 a_2,第 3 個分割 [0.56, 0.7) 對應於符號 a_3。假設序列的第 2 個符號是 a_2,則標記值會被限制在區間 [0.49, 0.56) 內。我們現在依照與產生此一子區間的原有區間同樣的比例來分割它,結果得到下面的子區間:[0.49, 0.539) 對應於符號 a_1,[0.539, 0.546) 對應於符號 a_2,且 [0.546, 0.56) 對應於符號 a_3。如果第 3 個符號是 a_3,標記將被限制在區間 [0.546, 0.56) 內,然後可以更進一步再予細分。這個過程圖示於圖 4.1。

請注意,如果使用這個過程,則每一個新符號的出現,都會使標記被限制在與任何其他子區間都不相交的子區間內。對於以 $\{a_1, a_2, a_3, ...\}$ 開頭的序列而言,當接收到第 3 個符號 a_3 時,標記會被限制在子區間 [0.546, 0.56) 內。如果第 3 個符號是 a_1 而不是 a_3,則標記會落在子區間 [0.49, 0.539) 內,這個子區間與子區間 [0.546, 0.56) 並不相交。即使兩個序列從這裡開始完全相同 (一個序列是以 a_1, a_2, a_3 開頭,另一個序列則是以 a_1, a_2, a_1 開頭),這兩個序列的標記所在的區間也永遠不會相交。　　　　◆

如我們所見,一個特定序列的標記所在的區間與任何其他序列的標記可能存在的所有區間都不相交。因此,這個區間內的任何成員都可以當作標記使用。一個常用的選擇是區間的下限;另一種可能是區間的中點。現在讓我們使用區間的中點作為標記。

為了看出標記產生的程序在數學上如何進行,我們從長度等於一的序列開始。假設我們有一個資料源會輸出字母集 $A = \{a_1, a_2, ..., a_m\}$ 中的符號。我們可以把符號 $\{a_i\}$ 映射到實數 $\{i\}$。我們將 $\bar{T}_X(a_i)$ 定義為

$$\bar{T}_X(a_i) = \sum_{k=1}^{i-1} P(X = k) + \frac{1}{2} P(X = i) \tag{4.2}$$

$$= F_X(i - 1) + \frac{1}{2} P(X = i) \tag{4.3}$$

對於每一個 a_i，$\overline{T}_X(a_i)$ 將有唯一的值，這個值可以使用為 a_i 的唯一標記。

例題 4.3.2

考慮以一個公正骰子進行投骰子的簡單實驗。擲骰子的結果可以映射到 $\{1, 2, ..., 6\}$ 等數目。對於一個公正的骰子來說

$$P(X = k) = \frac{1}{6}, \qquad \text{其中 } k = 1, 2, ...,6.$$

因此，使用 (4.3) 式，我們可以求出 $X = 2$ 的標記是

$$\overline{T}_X(2) = P(X = 1) + \frac{1}{2}P(X = 2) = \frac{1}{6} + \frac{1}{12} = 0.25$$

以及 $X = 5$ 的標記是

$$\overline{T}_X(5) = \sum_{k=1}^{4} P(X = k) + \frac{1}{2}P(X = 5) = 0.75 \,.$$

所有其他結果的標記示於表 4.3。

表 4.3   擲骰子實驗之結果的標記。

結果	標記
1	$0.08\overline{33}$
3	0.4166
4	$0.58\overline{33}$
6	$0.91\overline{66}$

◆

從上面的例題可以看到，把唯一的標記給予長度等於一的字串非常容易。我們可以規定序列的順序，把這個方法延伸到更長的序列。我們需要序列的順序，因為我們要把以下的標記指定給特定序列 $\mathbf{x}_i$

$$\overline{T}_X^{(m)}(\mathbf{x}_i) = \sum_{\mathbf{y} < \mathbf{x}_i} P(\mathbf{y}) + \frac{1}{2}P(\mathbf{x}_i) \tag{4.4}$$

其中 **y** < **x** 表示 **y** 的順序在 **x** 之前，且上標表示序列的長度。

有一個很容易使用的順序是**辭彙順序** (lexicographic ordering)。在辭彙順序中，字母集中字母的順序會產生從這個字母集造出的字的順序。一本辭典中字的順序是辭彙順序的一個好例子 (也許是最原始的例子)。有時我們會使用**辭典順序** (dictionary order) 作為辭彙順序的同義詞。

例題 4.3.3

我們可以把例題 4.3.1 延伸到由擲兩次骰子的結果組成的序列。使用如上所述的順序方案，結果 (依序) 是 11 12 13 ... 66。接下來我們可以使用方程式 (4.4) 來產生標記。舉例來說，序列 13 的標記是

$$\bar{T}_X(13) = P(\mathbf{x} = 11) + P(\mathbf{x} = 12) + 1/2\, P(\mathbf{x} = 13) \tag{4.5}$$

$$= 1/36 + 1/36 + 1/2\,(1/36) \tag{4.6}$$

$$= 5/72. \tag{4.7}$$

◆

請注意，我們不必為了產生 13 的標記，而產生每一個其他可能訊息的標記。然而根據方程式 (4.4) 和例題 4.3.3，我們需要知道「小於」欲產生標記之序列的每一個序列的機率。「明確計算出給定長度之所有序列的機率」的要求，可能就像「擁有給定長度之所有序列的編碼字」一樣嚇人。幸運的是，我們將看到：要計算一個給定符號序列的標記，我們只需要個別符號的機率或機率模型。

回憶一下，根據我們的建造方式，包含一個給定序列之標記值的區間，與包含所有其他序列之標記值的區間並不相交。這表示在這個區間內的任何值，都是 x_i 的唯一識別符號。因此，為了滿足唯一地識別每一個序列的最初目標，計算包含標記的區間的上下限，並選擇該區間內的任何值就夠了。上下限可用遞迴方式計算，如以下的例題所示：

例題 4.3.4

我們將使用例題 4.3.2 的字母集，並找出包含序列 322 之標記的區間的上下限。假設我們依序觀察到 3 2 2；也就是說，我們先看到 3，然後看到 2，然後又看到 2。每一次觀察之後，我們將計算一個區間的上下限，此區間包含到那時爲止觀察到的序列的標記。我們把上限記爲 $u^{(n)}$，把下限記爲 $l^{(n)}$，其中 n 表示序列的長度。

我們先觀察到 3。因此，

$$u^{(1)} = F_X(3), \qquad l^{(1)} = F_X(2).$$

然後我們觀察到 2，序列是 $\mathbf{x} = 32$。因此，

$$u^{(2)} = F_X^{(2)}(32), \qquad l^{(2)} = F_X^{(2)}(31).$$

我們可以計算這些值，如以下所示：

$$\begin{aligned} F_X^{(2)}(32) = {} & P(\mathbf{x} = 11) + P(\mathbf{x} = 12) + \ldots + P(\mathbf{x} = 16) \\ & + P(\mathbf{x} = 21) + P(\mathbf{x} = 22) + \ldots + P(\mathbf{x} = 26) \\ & + P(\mathbf{x} = 31) + P(\mathbf{x} = 32). \end{aligned}$$

但是，

$$\sum_{i=1}^{i=6} P(\mathbf{x} = k\,i) = \sum_{i=1}^{i=6} P(x_1 = k,\, x_2 = i) = P(x_1 = k)$$

其中 $\mathbf{x} = x_1 x_2$。因此，

$$\begin{aligned} F_X^{(2)}(32) &= P(x_1 = 1) + P(x_1 = 2) + P(\mathbf{x} = 31) + P(\mathbf{x} = 32) \\ &= F_X(2) + P(\mathbf{x} = 31) + P(\mathbf{x} = 32). \end{aligned}$$

然而，假設每一次投擲骰子均彼此獨立，

$$P(\mathbf{x} = 31) = P(x_1 = 3)\, P(x_2 = 1)$$

且

$$P(\mathbf{x} = 32) = P(x_1 = 3)\, P(x_2 = 2)$$

因此，

$$P(\mathbf{x} = 31) + P(\mathbf{x} = 32) = P(x_1 = 3)\,(P(x_2 = 1) + P(x_2 = 2))$$
$$= P(x_1 = 3)\,F_X(2).$$

請注意

$$P(x_1 = 3) = F_X(3) - F_X(2)$$

我們可以寫出

$$P(\mathbf{x} = 31) + P(\mathbf{x} = 32) = (F_X(3) - F_X(2))\,F_X(2)$$

且

$$F_X^{(2)}(32) = F_X(2) + (F_X(3) - F_X(2))\,F_X(2)$$

我們也可以把它寫成

$$u^{(2)} = l^{(1)} + (u^{(1)} - l^{(1)})F_X(2).$$

同樣地，我們可以證明

$$F_X^{(2)}(31) = F_X(2) + (F_X(3) - F_X(2))\,F_X(1)$$

或

$$l^{(2)} = l^{(1)} + (u^{(1)} - l^{(1)})F_X(1).$$

觀察到的序列的第 3 個元素是 2，而且序列是 $\mathbf{x} = 322$。包含此序列之標記的區間，其上下限是

$$u^{(3)} = F_X^{(3)}(322)\,, \qquad l^{(3)} = F_X^{(3)}(321).$$

使用和上面一樣的方法，我們發現

$$F_X^{(3)}(322) = F_X^{(2)}(31) + (\,F_X^{(2)}(32) - F_X^{(2)}(31)\,)\,F_X(2) \tag{4.8}$$
$$F_X^{(3)}(321) = F_X^{(2)}(31) + (\,F_X^{(2)}(32) - F_X^{(2)}(31)\,)\,F_X(1)$$

或

$$u^{(3)} = l^{(2)} + (u^{(2)} - l^{(2)})F_X(2).$$
$$l^{(3)} = l^{(2)} + (u^{(2)} - l^{(2)})F_X(1). \qquad\qquad \blacklozenge$$

一般而言,我們可以證明,對於任何序列 $\mathbf{x} = (x_1 x_2 \ldots x_n)$

$$l^{(n)} = l^{(n-1)} + (u^{(n-1)} - l^{(n-1)})F_X(x_n - 1) \qquad (4.9)$$
$$u^{(n)} = l^{(n-1)} + (u^{(n-1)} - l^{(n-1)})F_X(x_n) \qquad (4.10)$$

請注意在整個過程中,我們並不需要明確計算任何聯合機率。

如果我們使用區間的中點作為標記,則

$$\overline{T}_X(\mathbf{x}) = \frac{u^{(n)} + l^{(n)}}{2}.$$

因此,任何序列的標記都可以依序計算。標記產生程序唯一需要的訊息是資料源的 *cdf*,可以從機率模型直接獲得。

例題 4.3.5　產生標記

考慮例題 3.2.4 的資料源。定義隨機變數 $X(a_i) = i$。假設我們希望將序列 **1 3 2 1** 編碼。由機率模型,我們知道

$$F_X(k) = 0, k \le 0, \quad F_X(1) = 0.8, \quad F_X(2) = 0.82, \quad F_X(3) = 1, \quad F_X(k) = 1, k > 3.$$

我們可以依序使用方程式 (4.9) 和 (4.10),決定包含標記之區間的上限和下限。將 $u^{(0)}$ 初始化為 1,以及將 $l^{(0)}$ 初始化為 0,序列 **1** 的第一個元素造成以下的更新:

$$l^{(1)} = 0 + (1 - 0)\, 0 = 0$$
$$u^{(1)} = 0 + (1 - 0)\, (0.8) = 0.8.$$

也就是說,標記包含在區間 [0, 0.8) 內。序列的第 2 個元素是 **3**。使用更新方程式,我們得到

$$l^{(2)} = 0 + (0.8 - 0)\, F_X(2) = 0.8 \times 0.82 = 0.656$$
$$u^{(2)} = 0 + (0.8 - 0)\, F_X(3) = 0.8 \times 1.0 = 0.8.$$

因此序列 **1 3** 的標記被包含在區間 [0.656, 0.8) 內。第 3 個元素 **2** 會產生以下的更新方程式：

$$l^{(3)} = 0.656 + (0.8 - 0.656)\, F_X(1) = 0.656 + 0.144 \times 0.8 = 0.7712$$
$$u^{(3)} = 0.656 + (0.8 - 0.656)\, F_X(2) = 0.656 + 0.144 \times 0.82 = 0.77408$$

而且標記的區間是 [0.7712, 0.77408)。繼續最後一個元素，包含標記的區間的上下限是

$$l^{(4)} = 0.7712 + (0.77408 - 0.7712)\, F_X(0) = 0.7712 + 0.00288 \times 0.0 = 0.7712$$
$$u^{(4)} = 0.7712 + (0.77408 - 0.7712)\, F_X(1) = 0.7712 + 0.00288 \times 0.8 = 0.773504$$

而且我們可以產生序列 **1 3 2 1** 的標記，如以下所示

$$\bar{T}_X(1321) = \frac{0.7712 + 0.773504}{2} = 0.772352.$$ ◆

請注意每一個後續的區間都包含在先前的區間內。如果我們檢驗用來產生區間的方程式，我們看見情況永遠是這樣。這個性質將用來把標記解碼。當序列變得更長時，這個過程有一個不理想的結果，就是區間變得愈來愈小，而且需要更高的精密度。為了克服這個問題，我們需要採用調整尺度的策略。我們在 4.4.2 節將描述一個簡單的尺度調整方法，以解決這個問題。

4.3.2 將標記解碼

我們花了相當多的時間說明已知最少量的訊息時，如何將唯一的標記指定給序列。然而，除非我們也可以使用最少的計算成本把它解碼，否則標記沒有什麼用處。幸運的是，將標記解碼就像產生標記一樣簡單，透過例題，最容易看出這一點。

例題 4.3.6 將標記解碼

已知例題 4.3.5 中獲得的標記，讓我們嘗試獲得標記代表的序列。我們將試著模擬編碼器，以便進行解碼。標記值是 0.772352。包含這個標記值的區間是在編碼過程中得到的每一個區間的子集合。我們的解碼策略是，對於每一個 k，讓上限 $u^{(k)}$ 和下限 $l^{(k)}$ 永遠包含著標記值，而將序列中的元素解碼出來。我們從 $l^{(0)} = 0$ 和 $u^{(0)} = 0$ 開始。解碼出序列的第一個元素 x_1 之後，上限和下限變成

$$l^{(1)} = 0 + (1 - 0)\, F_X(x_1 - 1) = F_X(x_1 - 1)$$
$$u^{(1)} = 0 + (1 - 0)\, F_X(x_1) = F_X(x_1).$$

換句話說，包含標記的區間是 $[\,F_X(x_1 - 1), F_X(x_1)\,)$。我們必須求出使 0.772352 位於區間 $[F_X(x_1-1), F_X(x_1))$ 內的 x_1 值。如果我們選擇 $x_1 = 1$，則區間為 $[0, 0.8)$。如果我們選擇 $x_1 = 2$，則區間為 $[0.8, 0.82)$。如果我們選擇 $x_1 = 3$，則區間為 $[0.82, 1.0)$。由於 0.772352 位於區間 $[0.0, 0.8)$ 內，所以我們選擇 $x_1 = 1$。現在我們針對第 2 個元素 x_2 重複這個程序，使用更新過的 $l^{(1)}$ 和 $u^{(1)}$ 的值：

$$l^{(2)} = 0 + (0.8 - 0)\, F_X(x_2 - 1) = 0.8 F_X(x_2 - 1)$$
$$u^{(2)} = 0 + (0.8 - 0)\, F_X(x_2) = 0.8 F_X(x_2).$$

如果我們選擇 $x_2 = 1$，則更新過的區間為 $[0, 0.64)$，它不包含標記。因此 x_2 不可能是 1。如果我們選擇 $x_2 = 2$，則更新過的區間為 $[0.64, 0.656)$，它也不包含標記。如果我們選擇 $x_2 = 3$，則更新過的區間為 $[0.656, 0.8)$，它確實包含了 0.772352 這個標記值，因此序列的第 2 個元素是 3。知道序列的第 2 個元素之後，我們可以更新 $l^{(2)}$ 和 $u^{(2)}$ 的值，並求出元素 x_3，這樣會讓我們得到包含標記的一個區間：

$$l^{(3)} = 0.656 + (0.8 - 0.656)\, F_X(x_3 - 1) = 0.656 + 0.144 \times F_X(x_3 - 1)$$
$$u^{(3)} = 0.656 + (0.8 - 0.656)\, F_X(x_3) = 0.656 + 0.144 \times F_X(x_3).$$

然而這種形式的 $l^{(3)}$ 和 $u^{(3)}$ 表示式很麻煩。為了便於比較，我們可以從上下限和標記減去 $l^{(2)}$ 的值。也就是說，我們求出使區間 $[0.144 \times F_X(x_3-1),$ $0.144 \times F_X(x_3))$ 包含 $0.772352 - 0.656 = 0.116352$ 的 x_3 值。或者我們可以讓它更簡單，就是把殘餘的標記值 0.116352 除以 0.144，得到 0.808，然後求出使 0.808 位於區間 $[F_X(x_3-1), F_X(x_3))$ 內的 x_3 值。我們可以看到唯一可能的 x_3 值是 **2**。將 **2** 代入更新方程式中的 x_3，我們可以更新 $l^{(3)}$ 和 $u^{(3)}$ 的值。現在我們可以計算出上下限，以求出元素 x_4：

$$l^{(4)} = 0.7712 + (0.77408 - 0.7712) F_X(x_4 - 1) = 0.7712 + 0.00288 \times F_X(x_4 - 1)$$
$$u^{(4)} = 0.7712 + (0.77408 - 0.7712) F_X(x_4) = 0.7712 + 0.00288 \times F_X(x_4).$$

我們同樣可以從標記中減去 $l^{(3)}$，而得到 $0.772352 - 0.7712 = 0.001152$，並求出使區間 $[0.00288 \times F_X(x_4-1), 0.00288 \times F_X(x_4))$ 包含 0.001152 的 x_4 值。為了便於比較，我們可以把標記的殘餘值除以 0.00288，得到 0.4，並找出使 0.4 被包含在區間 $[F_X(x_3-1), F_X(x_3))$ 內的 x_4 值。我們可以看出這個值是 $x_4 = 1$，而且我們已經解碼出整個序列。請注意，我們事先知道序列的長度，因此我們知道什麼時候應該停止。　　　　　　　　　　◆

從上面的例題，我們可以推導出將標記解碼的演算法。

1. 初始化：$l^{(0)} = 0$，且 $u^{(0)} = 1$。
2. 對於每一個 k，求出 $t^* = (tag - l^{(k-1)})/(u^{(k-1)} - l^{(k-1)})$。
3. 求出滿足 $F_X(x_k - 1) \le t^* < F_X(x_k)$ 的 x_k 值。
4. 更新 $u^{(k)}$ 和 $l^{(k)}$。
5. 繼續下去，直到整個序列都被解碼出來。

有兩種方法可以知道整個序列在什麼時候已經解碼出來。解碼器也許知道序列的長度，在這種情況下，當我們得到這個數目的符號時，解碼過程就停止。知道整個序列是否已經解碼出來的第二種方法是使用一個特別的符號來表示傳輸結束符號。這個符號被解碼出來，將使解碼過程結束。

4.4　產生二進位碼

使用上一節描述的演算法，我們可以得到給定序列 **x** 的標記，然而我們真正想要知道的是序列的**二進位碼**。我們希望找出可以唯一和有效率地代表序列 **x** 的一個二進位碼。

我們曾經提過標記形成序列的唯一表示方式。這表示標記的二進位表示方式形成序列唯一的二進位碼。然而，我們並沒有限制標記在單位區間內可以取得值。在這些值中，有一些的二進位表示方式將是無限長，在這種情況下，雖然碼是唯一的，但可能沒有效率。為了讓碼有效率，二進位表示方式必須予以刪節。然而，如果我們刪節表示方式，得到的碼仍然是唯一的嗎？最後，我們得到的碼有效率嗎？每一個符號的平均位元數與熵值的差距有多遠或多近？下一節將檢驗這裡所有的問題。

即使我們能證明碼是唯一且有效率的，到目前為止所描述的方法非常不切實際。在 4.4.2 節中，我們將描述一個更實用的演算法，以產生序列的算術碼。我們將在 4.4.3 節提供這個演算法的整數實作方式。

4.4.1　算術碼的唯一性和效率

$\overline{T}_X(x)$ 是區間 $[0, 1)$ 內的數目。我們可以取這個數目的二進位表示方式，並把它刪節成 $l(x) = \left\lceil \log \dfrac{1}{P(x)} \right\rceil + 1$ 個位元，以獲得 $\overline{T}_X(x)$ 的二進位碼。

> **例題 4.4.1**

考慮一個從大小等於 4 的字母集 A

$$A = \{a_1, a_2, a_3, a_4\}$$

產生字母的資料源，其機率為

$$P(a_1) = \frac{1}{2}, \quad P(a_2) = \frac{1}{4}, \quad P(a_3) = \frac{1}{8}, \quad P(a_4) = \frac{1}{8}.$$

這個資料源所產生的二進位碼，如表 4.4 所示。使用方程式 (4.3) 可得到 $\overline{T}_X$ 這個量。把 $\overline{T}_X$ 的二進位表示方式刪節成 $\left\lceil \log \frac{1}{P(x)} \right\rceil + 1$ 個位元，可以得到 $\overline{T}_X$ 的二進位碼。

表 4.4　有四個字母的字母集的二進位碼。

符號	F_X	$\overline{T}_X$	二進位形式	$\lceil \log \frac{1}{P(x)} \rceil + 1$	碼
1	.5	.25	.010	2	01
2	.75	.625	.101	3	101
3	.875	.8125	.1101	4	1101
4	1.0	.9375	.1111	4	1111

◆

我們將證明用這種方式得到的碼是可唯一解譯碼。　我們先證明這個碼是唯一的，然後證明它可以唯一解譯。

回憶一下，雖然我們一直用 $\overline{T}_X(x)$ 作為序列 $\mathbf{x}$ 的標記，然而區間 $[F_X(\mathbf{x}-1), F_X(\mathbf{x}))$ 內的任何數目都是唯一的識別符號。因此，為了證明碼 $\lfloor \overline{T}_X(\mathbf{x}) \rfloor_{l(\mathbf{x})}$ 是唯一的，我們只需要證明它包含在區間 $[F_X(\mathbf{x}-1), F_X(\mathbf{x}))$ 內。因為我們把 $\overline{T}_X(\mathbf{x})$ 的二進位表示方式刪節，而得到 $\lfloor \overline{T}_X(\mathbf{x}) \rfloor_{l(\mathbf{x})}$，所以 $\lfloor \overline{T}_X(\mathbf{x}) \rfloor_{l(\mathbf{x})}$ 小於或等於 $\overline{T}_X(\mathbf{x})$。更明確地說，

$$0 \leq \overline{T}_X(\mathbf{x}) - \lfloor \overline{T}_X(\mathbf{x}) \rfloor_{l(\mathbf{x})} < \frac{1}{2^{l(\mathbf{x})}}. \tag{4.11}$$

由於 $\overline{T}_X(\mathbf{x})$ 嚴格小於 $F_X(\mathbf{x})$，故

$$\lfloor \overline{T}_X(\mathbf{x}) \rfloor_{l(\mathbf{x})} < F_X(\mathbf{x}).$$

為了證明 $\lfloor \overline{T}_X(\mathbf{x}) \rfloor_{l(\mathbf{x})} \geq F_X(\mathbf{x}-1)$，請注意

$$\frac{1}{2^{l(\mathbf{x})}} = \frac{1}{2^{\left\lceil \log \frac{1}{P(\mathbf{x})} \right\rceil + 1}}$$

$$< \frac{1}{2^{\log \frac{1}{P(\mathbf{x})} + 1}}$$

$$= \frac{1}{2 \frac{1}{P(\mathbf{x})}}$$

$$= \frac{P(\mathbf{x})}{2}.$$

從 (4.3) 式，我們有

$$\frac{P(\mathbf{x})}{2} = \bar{T}_X(\mathbf{x}) - F_X(\mathbf{x} - 1).$$

因此，

$$\bar{T}_X(\mathbf{x}) - F_x(\mathbf{x} - 1) > \frac{1}{2^{l(\mathbf{x})}}. \tag{4.12}$$

將 (4.11) 式和 (4.12) 式結合起來，我們有

$$\left\lfloor \bar{T}_X(\mathbf{x}) \right\rfloor_{l(\mathbf{x})} > F_X(\mathbf{x} - 1) \tag{4.13}$$

因此，碼 $\left\lfloor \bar{T}_X(\mathbf{x}) \right\rfloor_{l(\mathbf{x})}$ 是 $\bar{T}_X(\mathbf{x})$ 的唯一表示方式。

為了證明這個碼可以唯一解譯，我們將證明此碼為字首碼；也就是說，沒有一個編碼字是另一個編碼字的字首。因為字首碼一定可以唯一解譯，證明算術碼是字首碼，就自動證明了它可以唯一解譯。已知區間 [0, 1] 內的一個數目 a，其 n 位元二進位表示方式為 $[b_1 \, b_2 \, \ldots \, b_n]$，則對於二進位表示方式的字首是 $[b_1 \, b_2 \, \ldots \, b_n]$ 的任何其他數目 b 來說，b 必須位於區間 $[a, a + \frac{1}{2^n})$ 內 (參閱習題 1)。

如果 $\mathbf{x}$ 和 $\mathbf{y}$ 是兩個不同的序列，我們知道 $\left\lfloor \bar{T}_X(\mathbf{x}) \right\rfloor_{l(\mathbf{x})}$ 和 $\left\lfloor \bar{T}_X(\mathbf{y}) \right\rfloor_{l(\mathbf{y})}$ 分別位於 $[F_X(\mathbf{x} - 1), F_X(\mathbf{x})]$ 和 $[F_X(\mathbf{y} - 1), F_X(\mathbf{y})]$ 這兩個**不相交**的區間內。因此，若可以證明：對於任何序列 $\mathbf{x}$，區間 $[\left\lfloor \bar{T}_X(\mathbf{x}) \right\rfloor_{l(\mathbf{x})}, \left\lfloor \bar{T}_X(\mathbf{x}) \right\rfloor_{l(\mathbf{x})} + \frac{1}{2^{l(\mathbf{x})}})$ 完全落在區

間 $[F_X(\mathbf{x}-1), F_X(\mathbf{x})]$ 內，這表示一個序列的碼不可能是另一個序列的碼的字首。

我們已經證明了 $\lfloor \overline{T}_X(\mathbf{x}) \rfloor_{l(\mathbf{x})} > F_X(\mathbf{x}-1)$。因此，只需要證明

$$F_X(\mathbf{x}) - \lfloor \overline{T}_X(\mathbf{x}) \rfloor_{l(\mathbf{x})} > \frac{1}{2^{l(\mathbf{x})}}$$

這個式子成立，因為

$$F_X(\mathbf{x}) - \lfloor \overline{T}_X(\mathbf{x}) \rfloor_{l(\mathbf{x})} > F_X(\mathbf{x}) - \overline{T}_X(\mathbf{x})$$

$$= \frac{P(\mathbf{x})}{2}$$

$$> \frac{1}{2^{l(\mathbf{x})}}.$$

這個碼沒有字首，同時，如果我們取 $\overline{T}_X(\mathbf{x})$ 的二進位表示方式，並刪節成 $l(\mathbf{x}) = \left\lceil \log \dfrac{1}{P(\mathbf{x})} \right\rceil + 1$ 個位元，則可得到一個可唯一解譯碼。

雖然這個碼可以唯一解譯，但它多麼有效率呢？我們已經證明，以足夠的準確度表示 $F_X(\mathbf{x})$，使得不同 $\mathbf{x}$ 值的碼均不相同，需要的位元數 $l(\mathbf{x})$ 為

$$l(\mathbf{x}) = \left\lceil \log \frac{1}{P(\mathbf{x})} \right\rceil + 1$$

請記住 $l(\mathbf{x})$ 是把**整個**序列 $\mathbf{x}$ 編碼所需的位元數。因此長度等於 m 的字串，其算術碼的平均長度為

$$l_{A^m} = \sum P(\mathbf{x}) l(\mathbf{x}) \tag{4.14}$$

$$= \sum P(\mathbf{x}) \left[\left\lceil \log \frac{1}{P(\mathbf{x})} \right\rceil + 1 \right] \tag{4.15}$$

$$< \sum P(\mathbf{x}) \left[\log \frac{1}{P(\mathbf{x})} + 1 + 1 \right] \tag{4.16}$$

$$= -\sum P(\mathbf{x}) \log P(\mathbf{x}) + 2 \sum P(\mathbf{x}) \tag{4.17}$$

$$= H(X^m) + 2. \tag{4.18}$$

既然平均長度恆大於熵值，$l_{A^{(m)}}$ 的上下界是

$$H(X^{(m)}) \le l_{A^{(m)}} < H(X^{(m)}) + 2.$$

每一個符號的長度 l_A，或算術碼的資料率是 $\frac{l_{A^{(m)}}}{m}$。因此，l_A 的上下界是

$$\frac{H(X^{(m)})}{m} \le l_A < \frac{H(X^{(m)})}{m} + \frac{2}{m}. \tag{4.19}$$

我們在第 3 章已經證明，對於 *iid* 的資料源，

$$H(X^{(m)}) = mH(X). \tag{4.20}$$

因此，

$$H(X) \le l_A < H(X) + \frac{2}{m}. \tag{4.21}$$

把序列的長度增加，我們可以保證資料率能隨心所欲地接近熵值。

4.4.2   演算法實作

在 4.3.1 節中，我們發展了一個遞迴演算法，可以求出一個區間 (包含欲編碼序列的標記) 的邊界：

$$l^{(n)} = l^{(n-1)} + (u^{(n-1)} - l^{(n-1)})F_X(x_n - 1) \tag{4.22}$$

$$u^{(n)} = l^{(n-1)} + (u^{(n-1)} - l^{(n-1)})F_X(x_n) \tag{4.23}$$

其中 x_n 是對應於第 n 個觀察到之符號的隨機變數的值，$l^{(n)}$ 是第 n 個回合時，標記區間的下限，$u^{(n)}$ 是第 n 個回合時，標記區間的上限。

在我們可以實作這個演算法之前，必須先解決一個主要問題。回憶一下，使用區間 [0, 1) 內的數目作為標記的理由是：這個區間內有無限多個數目。然而在實務上，一部機器上可以唯一表示的數目，其個數受限於表示數目時最多可以使用幾個數字 (或位元)。考慮例題 4.3.5 中 $l^{(n)}$ 和 $u^{(n)}$ 的值。當 n 變大時，這些值變得愈來愈接近。這表示當序列的長度增加時，為了唯一地表示所有的子區間，我們必須增加精密度。在精密度有限的系統中，這兩個值必然會收斂，

而且我們會失去自從這兩個值收斂之後有關序列的一切訊息。為了避免這種情況，我們必須調整區間的尺度。然而這麼做的時候，必須能保存欲傳送的訊息。我們也希望**以漸進方式**進行編碼 — 也就是說，當我們觀察序列時，就傳送部份的碼，而不是等到整個序列都被觀察到之後，才傳送第一個位元。本節描述的演算法解決了同步化的調整尺度和漸進式編碼的問題。

當區間變得更狹窄時，我們有 3 種可能：

1. 區間被完全限制在單位區間的下半部 [0, 0.5)。
2. 區間被完全限制在單位區間的上半部 [0.5, 1.0)。
3. 區間跨越單位區間的中點。

本節稍後將稍微討論一下第 3 種情況，讓我們先檢驗前兩種情況。一旦區間被限制在單位區間的上半部或下半部，就永遠被限制在單位區間的那一半。區間 [0, 0.5) 內所有的數目，其二進位表示方式的最高有效位元是 0，區間 [0.5, 1) 內所有的數目，其二進位表示方式的最高有效位元則是 1。因此，一旦區間被限制在單位區間的上半部或下半部，標記的最高有效位元就完全決定了。因此，我們不需要等到看見序列的其餘部份是什麼樣子，就可以傳送 1 (代表上半部) 或 0 (代表下半部)，告訴解碼器標記被限制在單位區間的上半部或下半部。我們傳送的位元也是標記的第一個位元。

一旦編碼器和解碼器知道哪一半包含標記，就可以忽略單位區間中不包含標記的另一半，並專注於包含標記的這一半。因為算術的精密度有限，所以把包含標記的一半區間映射到整個 [0, 1) 區間是最理想的做法。我們需要的映射是

$$E_1 : [0, 0.5) \rightarrow [0, 1); \qquad E_1(x) = 2x \qquad (4.24)$$

$$E_2 : [0.5, 1) \rightarrow [0, 1); \qquad E_2(x) = 2(x - 0.5) \qquad (4.25)$$

我們一旦執行了任何一個映射，就失去了有關最高有效位元的一切訊息。然而這應該沒有什麼要緊，因為我們已經把這個位元傳送給解碼器了。我們現在可以繼續這個過程，每當標記區間被限制在到單位區間的任何一半時，就產

生標記的另一個位元。產生標記的位元,而不等待到看見整個序列的過程稱為漸進式編碼。

例題 4.4.2　附尺度調整的標記產生

讓我們再討論一次例題 4.3.5。回憶一下,我們希望將序列 **1 3 2 1** 編碼。資料源的機率模型是 $P(a_1) = 0.8$, $P(a_2) = 0.02$, $P(a_3) = 0.18$。我們將 $u^{(0)}$ 初始化為 1,並將 $l^{(0)}$ 初始化為 0,序列的第一個元素 **1** 會產生以下的更新:

$$l^{(1)} = 0 + (1 - 0)\, 0 = 0$$
$$u^{(1)} = 0 + (1 - 0)\, (0.8) = 0.8.$$

區間 [0, 0.8) 並未被限制在單位區間的上半部或下半部,因此我們繼續進行下去。

序列的第 2 個元素是 **3**。它會造成以下的更新

$$l^{(2)} = 0 + (0.8 - 0)\, F_X(2) = 0.8 \times 0.82 = 0.656$$
$$u^{(2)} = 0 + (0.8 - 0)\, F_X(3) = 0.8 \times 1.0 = 0.8.$$

區間 [0.656, 0.8] 完全被包含在單位區間的上半部,因此我們傳送二進位碼 1,並調整尺度:

$$l^{(2)} = 2 \times (0.656 - 0.5) = 0.312$$
$$u^{(2)} = 2 \times (0.8 - 0.5) = 0.6.$$

第 3 個元素 **2** 會產生以下的更新方程式:

$$l^{(3)} = 0.312 + (0.6 - 0.312)\, F_X(1) = 0.312 + 0.288 \times 0.8 = 0.5424$$
$$u^{(3)} = 0.312 + (0.6 - 0.312)\, F_X(2) = 0.312 + 0.288 \times 0.82 = 0.54816.$$

標記區間為 [0.5424, 0.54816),它完全被包含在單位區間的上半部。我們傳送一個 1,然後再進行一次尺度調整:

$$l^{(3)} = 2 \times (0.5424 - 0.5) = 0.0848$$
$$u^{(3)} = 2 \times (0.54816 - 0.5) = 0.09632.$$

這個區間完全被包含在單位區間的下半部，因此我們傳送一個 0，並使用 E_1 映射調整尺度：

$$l^{(3)} = 2 \times (0.0848) = 0.1696$$
$$u^{(3)} = 2 \times (0.09632) = 0.19264.$$

這個區間仍然完全被包含在單位區間的下半部，因此我們傳送另一個 0，然後再進行一次尺度調整：

$$l^{(3)} = 2 \times (0.1696) = 0.3392$$
$$u^{(3)} = 2 \times (0.19264) = 0.38528.$$

因為包含標記的區間仍然在單位區間的下半部，我們再傳送另一個 0，同時再進行一次尺度調整：

$$l^{(3)} = 2 \times 0.3392 = 0.6784$$
$$u^{(3)} = 2 \times 0.38528 = 0.77056.$$

現在包含標記的區間完全被包含在單位區間的上半部。因此我們傳送一個 1，並使用 E_2 映射調整尺度：

$$l^{(3)} = 2 \times (0.6784 - 0.5) = 0.3568$$
$$u^{(3)} = 2 \times (0.77056 - 0.5) = 0.54112.$$

在每一個階段，我們傳送標記區間上限和下限的共同最高有效位元。如果上限和下限中的最高有效位元相同，那麼這個位元的值將與標記的最高有效位元相同。因此，當左端點與右端點的最高有效位元相同時，如果我們傳送這個位元，實際上傳送的是標記的二進位表示方式。調整尺度運算可以視為向左移位，讓次高有效位元變成最高有效位元。

$$l^{(4)} = 0.3568 + (0.54112 - 0.3568) F_X(0) = 0.3568 + 0.18422 \times 0.0 = 0.3568$$
$$u^{(4)} = 0.3568 + (0.54112 - 0.3568) F_X(1) = 0.3568 + 0.18422 \times 0.8 = 0.504256.$$

繼續處理最後一個元素，則包含標記之區間的上下限為：到了這裡，如果我們希望停止編碼，只需要通知接收器標記值的最後狀態。我們可以傳送最後一個標記區間內任何值的二進位表示方式。這個值通常是使用 $l^{(n)}$。在這個特別的例子中，不妨使用 0.5 這個值。0.5 的二進位表示方式是 .10...，因此我們將傳送一個 1，後面跟著許多個 0，以滿足所使用之實作的字組長度要求的位元數。 ◆

請注意，在這個階段的標記區間大小，大約是使用未修改的演算法時的 64 倍。因此這項技術可以解決精密度有限的問題。我們稍後將看到，每一次映射時一起傳送的位元會形成標記本身，因此滿足了我們對漸進式編碼的需求。在前一個例題的編碼過程中產生的二進位序列是 1100011。我們可以直接把它當作標記的二進位展開。二進位數目 .1100011 對應於十進位數目 0.7734375。回顧一下例題 4.3.5，請注意這個數目位於最後的標記區間內，因此我們可以使用它來將序列解碼。

然而我們希望進行漸進式解碼和漸進式編碼。這樣會產生 3 個問題：

1. 我們如何開始解碼？
2. 我們如何繼續解碼？
3. 我們如何停止解碼？

第 2 個問題最容易回答。一旦開始解碼，我們只需要模擬編碼器演算法。也就是說，一旦開始解碼，我們知道如何繼續解碼。如果要開始進行解碼過程，我們需要有足夠的訊息，將第一個符號毫不含糊地解碼出來。為了保證解碼不會含糊不清，接收到的位元數應該指向一個比最小的標記區間還要小的一個區間。根據最小的標記區間，我們可以決定開始解碼程序之前需要多少個位元。我們在例題 4.4.4 中將說明這個程序。讓我們先討論使用例題 4.4.2 的訊息來解碼的其他方面。

例題 4.4.3

這個例題使用的字組長度等於 6。請注意，因爲我們處理的是實數，對於不同的序列而言，這個字組長度可能不夠長。如同編碼器一樣，我們先將 $u^{(0)}$ 初始化爲 1，並將 $l^{(0)}$ 初始化爲 0。接收到的位元序列是 110001100...0。前 6 個位元對應的標記值爲 0.765625，這表示序列的第一個元素是 **1**，而且產生了以下的更新：

$$l^{(1)} = 0 + (1 - 0)\, 0 = 0$$
$$u^{(1)} = 0 + (1 - 0)(0.8) = 0.8.$$

區間 [0, 0.8) 並沒有被限制在單位區間的上半部或下半部，因此我們繼續進行。標記 0.765625 位於區間 [0, 0.8) 的前 18%；因此序列的第 2 個元素是 **3**。我們將標記區間更新，結果得到

$$l^{(2)} = 0 + (0.8 - 0)\, F_X(2) = 0.8 \times 0.82 = 0.656$$
$$u^{(2)} = 0 + (0.8 - 0)\, F_X(3) = 0.8 \times 1.0 = 0.8.$$

區間 [0.656, 0.8) 完全被包含在單位區間的上半部。在編碼器這邊，我們傳送位元 1，同時調整尺度。在解碼器這邊，我們把 1 從接收緩衝區移位出去，並移入下一位，補足標記中 6 個位元。我們也更新標記區間，結果得到

$$l^{(2)} = 2 \times (0.656 - 0.5) = 0.312$$
$$u^{(2)} = 2 \times (0.8 - 0.5) = 0.6.$$

將一個位元移位，會得到 0.546875 的標記值。當我們把這個值與標記區間比較時，我們可以看出這個值位於標記區間 80% – 82% 的範圍內，因此我們解碼出序列的下一個元素是 **2**。然後我們可以把標記區間的方程式更新爲

$$l^{(3)} = 0.312 + (0.6 - 0.312)\, F_X(1) = 0.312 + 0.288 \times 0.8 = 0.5424$$
$$u^{(3)} = 0.312 + (0.6 - 0.312)\, F_X(2) = 0.312 + 0.288 \times 0.82 = 0.54816.$$

因為標記區間現在完全被包含在單位區間的上半部，我們使用 E_2 調整尺度，得到

$$l^{(3)} = 2 \times (0.5424 - 0.5) = 0.0848$$
$$u^{(3)} = 2 \times (0.54816 - 0.5) = 0.09632.$$

我們也從標記中移位出一個位元，並將下一個位元移入。現在標記是 000110。區間完全被包含在單位區間的下半部，因此我們使用 E_1，並把另一個位元移位。標記區間的下限和上限變成

$$l^{(3)} = 2 \times (0.0848) = 0.1696$$
$$u^{(3)} = 2 \times (0.09632) = 0.19264$$

且標記變成 001100。區間仍然完全被包含在單位區間的下半部，因此我們把另一個0移位出去，得到011000的標記，然後再進行一次尺度調整：

$$l^{(3)} = 2 \times (0.1696) = 0.3392$$
$$u^{(3)} = 2 \times (0.19264) = 0.38528.$$

因為包含標記的區間仍然位於單位區間的下半部，我們把另一個 0 從標記中移位出去，得到 110000，同時再進行一次尺度調整：

$$l^{(3)} = 2 \times 0.3392 = 0.6784$$
$$u^{(3)} = 2 \times 0.38528 = 0.77056.$$

現在包含標記的區間完全被包含在單位區間的上半部。因此我們使用 E_2 映射，把 1 從標記中移位出去，同時調整尺度：

$$l^{(3)} = 2 \times (0.6784 - 0.5) = 0.3568$$
$$u^{(3)} = 2 \times (0.77056 - 0.5) = 0.54112.$$

現在我們把標記值與標記區間比較，以解碼出最後一個元素。標記是 100000，對應於 0.5。這個值位於前 80%的區間內，因此我們解碼出這個元素是 **1**。◆

如果標記區間完全被包含在單位區間的上半部或下半部，我們描述的調整尺度程序可以避免區間不斷地縮小。現在，我們考慮變小的標記區間跨越單位區間中點的情況。我們檢查看看標記區間是否包含在區間 [0.25, 0.75) 內，以判斷是否需要觸發調整尺度的運算。當 $l^{(n)}$ 大於 0.25，且 $u^{(n)}$ 小於 0.75 時，會發生這種情況。當這種情況發生時，我們使用以下的映射，使標記區間加倍：

$$E_3 : [0.25, 0.75] \rightarrow [0, 1]; \qquad E_3(x) = 2(x - 0.25) \tag{4.26}$$

我們已經使用 1 來傳送有關 E_2 映射的資訊，又使用 0 來傳送有關 E_1 映射的資訊。那麼，我們該如何把有關 E_3 映射的資訊傳送到解碼器？在這種情況下，我們將採用有一點不同的策略。進行 E_3 映射時，我們不傳送任何訊息到解碼器；相反地，我們只是記錄編碼器中使用了 E_3 映射的事實。假設在這之後，標記區間被限制在單位區間的上半部。此時我們將使用 E_2 映射，並傳送一個 1 到接收器。請注意，如果我們不曾使用 E_3 映射，那麼在這個階段的標記區間將至少是使用 E_3 映射時的兩倍。此外，標記區間的上限本來比 0.75 小。因此，如果 E_3 映射沒有正好在 E_2 映射之前發生，標記區間可能完全被包含在單位區間的下半部。此時，我們可能已經使用了 E_1 映射，並將一個 0 傳送到了接收器。在實務上，解碼器這邊可以在 E_2 映射之後進行 E_1 映射，以模擬先使用 E_3 映射的效果。在編碼器這邊，我們在宣告 E_2 映射的 1 後面傳送一個 0，以幫助解碼器追蹤解碼器這邊的標記區間的變化。如果在 E_3 映射之後的第一個調整尺度運算正好是 E_1 映射，我們就執行相反的動作。也就是說，我們在宣告 E_1 映射的 0 後面傳送一個 1，以模擬編碼器這邊的 E_3 映射的效果。

如果編碼器這邊必須進行一連串的 E_3 映射，會發生什麼事？我們只需要記錄 E_3 映射的次數，然後在第一個 E_1 或 E_2 映射後面，傳送同樣個數的反相位元。如果編碼器這邊進行了 3 次 E_3 映射，後面跟著一次 E_2 映射，我們將傳送一個 1，後面跟著三個 0。另一方面，如果我們在 E_3 映射之後進行了 E_1 映射，我們將傳送一個 0，後面跟著三個 1。由於解碼器會模擬編碼器，當標記區間被包含在區間 [0.25, 0.75] 內時，解碼器這邊也會使用 E_3 映射。

4.4.3　整數實作

我們已經描述了算術編碼的浮點數實作。我們現在使用整數算術，並產生此一過程中的二進位碼，以重複整個程序。

編碼器實作

我們要做的第一件事情是決定欲使用的字組長度。已知字組長度為 m，我們把 $[0, 1)$ 區間內重要的值映射到 2^m 個二進位字組的範圍內。點 0 被映射到

$$\overbrace{00\ldots0}^{m次},$$

1 被映射到

$$\overbrace{11\ldots1}^{m次},$$

0.5 這個值被映射到

$$\overbrace{100\ldots0}^{m-1次}.$$

更新方程式幾乎與方程式 (4.9) 和 (4.10) 完全相同。因為我們要進行整數算術，我們需要更換這些方程式中的 $F_X(x)$。

茲定義 n_j 為符號 j 在長度等於 *Total Count* 的序列中出現的次數。則 $F_X(k)$ 可以估計為

$$F_X(k) = \frac{\sum_{i=1}^{k} n_i}{Total\ Count}. \tag{4.27}$$

如果我們現在定義

$$Cum\_Count(k) = \sum_{i=1}^{k} n_i$$

則方程式 (4.9) 和 (4.10) 可以寫成

$$l^{(n)} = l^{(n-1)} + \left\lfloor \frac{(u^{(n-1)} - l^{(n-1)} + 1) \times Cum\_Count(x_n - 1)}{Total\ Count} \right\rfloor \tag{4.28}$$

$$u^{(n)} = l^{(n-1)} + \left\lfloor \frac{(u^{(n-1)} - l^{(n-1)} + 1) \times Cum\_Count(x_n)}{Total\ Count} \right\rfloor - 1 \tag{4.29}$$

其中 x_n 是第 n 個欲編碼的符號，$\lfloor x \rfloor$ 是小於或等於 x 的最大整數，而且加 1 和減 1 是為了處理整數算術的效應。

因為我們映射單位區間的端點和中點的方式，當 $l^{(n)}$ 和 $u^{(n)}$ 在同時在區間的上半部或下半部時，$u^{(n)}$ 和 $l^{(n)}$ 的最高位元將會相同。如果主要位元或最高有效位元 (MSB) 等於 1，則標記區間完全被包含在 [00 ... 0, 11 ... 1] 區間的上半部。如果 MSB 等於 0，則標記區間完全被包含在下半部。使用 E_1 和 E_2 映射是一件很簡單的事情。我們只需要把 MSB 移位出來，然後把 1 移入 $u^{(n)}$ 的整數碼，把 0 移入 $l^{(n)}$ 的碼。舉例來說，假設 m 等於 6，$u^{(n)}$ 等於 54，$l^{(n)}$ 等於 33。$u^{(n)}$ 和 $l^{(n)}$ 的二進位表示方式分別是 110110 和 100001。請注意兩個端點的 MSB 都等於 1。我們遵循以上的程序，我們把 1 移出 (並傳送或儲存)，並將 1 移入 $u^{(n)}$，得到 $u^{(n)}$ 的新值為 101101 (或 45)，再將 0 移入 $l^{(n)}$，得到 $l^{(n)}$ 的新值為 000010 (或 2)。這相當於進行 E_2 映射。我們也可以看出如何使用同樣的運算來進行 E_1 映射。

為了看看是否需要進行 E_3 映射，我們將監視 $u^{(n)}$ 和 $l^{(n)}$ 的次高有效位元。當 $u^{(n)}$ 的次高有效位元為 0，且 $l^{(n)}$ 的次高有效位元為 1 時，表示標記區間位於 [00 ... 0, 11 ... 1] 區間中央的一半。為了實作 E_3 映射，我們把 $u^{(n)}$ 和 $l^{(n)}$ 的次高有效位元反相，向左移位，然後把 1 移入 $u^{(n)}$，把 0 移入 $l^{(n)}$。我們也會在 Scale3 內記錄 E_3 映射的次數。

我們可以使用以下的虛擬碼來總結編碼演算法：

將 l 和 u 初始化。

取得符號。

$$l \leftarrow l + \left\lfloor \frac{(u - l + 1) \times Cum\_Count(x - 1)}{Total Count} \right\rfloor$$

$$u \leftarrow l + \left\lfloor \frac{(u - l + 1) \times Cum\_Count(x)}{Total Count} \right\rfloor - 1$$

while (u 和 l 的 MSB 都等於 b 或 E_3 條件成立)

　　　　　if (*u* 和 *l* 的 MSB 都等於 *b*)

　　　　　　{

　　　　　　送 *b*

　　　　　　將 *l* 向左移動 1 個位元，並將 0 移入 LSB

　　　　　　將 *u* 向左移動 1 個位元，並將 1 移入 LSB

　　　　　　while (Scale3 > 0)

　　　　　　　　{

　　　　　　　　傳送 *b* 的反相位元

　　　　　　　　將 Scale3 減 1

　　　　　　　　}

　　　　　　}

　　　　　if (E_3 條件成立)

　　　　　　{

　　　　　　將 *l* 向左移動 1 個位元，並將 0 移入 LSB

　　　　　　將 *u* 向左移動 1 個位元，並將 1 移入 LSB

　　　　　　將 *l* 和 *u* 的 (新) MSB 反相

　　　　　　將 Scale3 加 1

　　　　　　}

為了瞭解這些函數如何一起作用，讓我們看一個例題。

例題 4.4.4

我們將使用表 4.5 所示的參數將序列 **1 3 2 1** 編碼。首先我們需要選擇字組長度 *m*。請注意 *Cum_Count*(1) 和 *Cum_Count*(2) 只相差 1。回憶一下，*Cum_Count* 的值將被轉換成子區間的端點。我們希望確認所選擇的字組長度可以容納夠大的範圍，以便表示區間端點之間最小的差距。當區間變小時，我們總是會調整它的大小。為了確保區間的端點永遠保持不同，我們必須確認：從 0 到 *Total_Count* (等於 *Cum_Count*(3)) 這個範圍內所

有的值，在我們所考慮範圍最小，而且不會觸發調整尺度運算的區間內，都必須可以唯一地表示。當 $l^{(n)}$ 正好在區間中點以下，且 $u^{(n)}$ 位於區間的四分之三處，或當 $u^{(n)}$ 在區間中點上，且 $l^{(n)}$ 正好在區間四分之一處的下方時，可以產生不會觸發調整尺度運算的區間。也就是說，最小的 $[l^{(n)}, u^{(n)}]$ 區間可以是 2^m 個值的所有可用範圍的四分之一。因此，m 應該大到足以唯一地容納 0 與 Total_Count 之間的值組成的集合。

表 4.5　算術編碼例題中一些參數的值。

$Count(1) = 40$	$Cum\_Count(0) = 0$	$Scale3 = 0$
$Count(2) = 1$	$Cum\_Count(1) = 40$	
$Count(3) = 9$	$Cum\_Count(2) = 41$	
$Total\_Count = 50$	$Cum\_Count(3) = 50$	

對本例題來說，這表示總區間範圍必須大於 200。$m = 8$ 的值可以滿足這項要求。

使用這樣的 m 值，我們有

$$l^{(0)} = 0 = (00000000)_2 \tag{4.30}$$

$$u^{(0)} = 255 = (11111111)_2 \tag{4.31}$$

其中 $(\ldots)_2$ 是一個數目的二進位表示方式。

欲編碼序列的第一個元素是 **1**。使用方程式 (4.28) 和 (4.29)，

$$l^{(1)} = 0 + \left\lfloor \frac{256 \times Cum\_Count(0)}{50} \right\rfloor = 0 = (00000000)_2 \tag{4.32}$$

$$u^{(1)} = 0 + \left\lfloor \frac{256 \times Cum\_Count(1)}{50} \right\rfloor - 1 = 203 = (11001011)_2. \tag{4.33}$$

序列的下一個元素是 **3**。

$$l^{(2)} = 0 + \left\lfloor \frac{204 \times Cum\_Count(2)}{50} \right\rfloor = 167 = (10100111)_2 \tag{4.34}$$

$$u^{(2)} = 0 + \left\lfloor \frac{204 \times Cum\_Count(3)}{50} \right\rfloor - 1 = 203 = (11001011)_2. \tag{4.35}$$

$l^{(2)}$ 和 $u^{(2)}$ 的 MSB 都等於 1。因此我們把這個值移位出來，並傳送給解碼器。其他所有的位元均向左移位 1 個位元，結果產生

$$l^{(2)} = (01001110)_2 = 78 \tag{4.36}$$

$$u^{(2)} = (10010111)_2 = 151. \tag{4.37}$$

請注意，雖然上下限的 MSB 不同，但上限的第二 MSB 為 0，且下限的第二 MSB 為 1。這是 E_3 映射的條件。我們將上下限的第二 MSB 反相，又將 0 移入 $l^{(2)}$，成為 MSB，將 1 移入 $u^{(2)}$，成為 MSB。這樣會得到

$$l^{(2)} = (00011100)_2 = 28 \tag{4.38}$$

$$u^{(2)} = (10101111)_2 = 175. \tag{4.39}$$

我們也把 Scale3 的值加 1。

序列的下一個元素是 **2**。我們將上下限更新，得到

$$l^{(3)} = 28 + \left\lfloor \frac{148 \times Cum\_Count(1)}{50} \right\rfloor = 146 = (10010010)_2 \tag{4.40}$$

$$u^{(3)} = 28 + \left\lfloor \frac{148 \times Cum\_Count(2)}{50} \right\rfloor - 1 = 148 = (10010100)_2. \tag{4.41}$$

兩個 MSB 完全相同，因此我們把一個 1 移位出來，並向左移位 1 個位元：

$$l^{(3)} = (00100100)_2 = 36 \tag{4.42}$$

$$u^{(3)} = (00101001)_2 = 41. \tag{4.43}$$

因為 Scale3 等於 1，我們把傳送一個 0，又將 Scale3 減 1，使它變成 0。上下限的 MSB 都等於 0，因此我們把 0 移位出來，並傳送 0：

$$l^{(3)} = (01001000)_2 = 72 \tag{4.44}$$

$$u^{(3)} = (01010011)_2 = 83. \tag{4.45}$$

兩個 MSB 仍然都等於 0，因此我們將其移位出來，並傳送 0：

$$l^{(3)} = (10010000)_2 = 144 \tag{4.46}$$

$$u^{(3)} = (10100111)_2 = 167. \tag{4.47}$$

現在兩個 MSB 都等於 1。因此我們將其移位出來，並傳送一個 1。上下限變成

$$l^{(3)} = (00100000)_2 = 32 \tag{4.48}$$
$$u^{(3)} = (01001111)_2 = 79. \tag{4.49}$$

兩個 MSB 仍然相同。這次我們移位出來，並傳送一個 0。

$$l^{(3)} = (01000000)_2 = 64 \tag{4.50}$$
$$u^{(3)} = (10011111)_2 = 159. \tag{4.51}$$

現在兩個 MSB 不同。然而下限的第二 MSB 是 1，上限的第二 MSB 則是 0。這是 E_3 映射的條件。我們將第二 MSB 反相，並向左位移 1 個位元，以實施 E_3 映射，結果得到

$$l^{(3)} = (00000000)_2 = 0 \tag{4.52}$$
$$u^{(3)} = (10111111)_2 = 191. \tag{4.53}$$

我們也把 Scale3 加 1，使它變成 1。

欲編碼序列的下一個元素是 **1**。因此，

$$l^{(4)} = 0 + \left\lfloor \frac{192 \times Cum\_Count(0)}{50} \right\rfloor = 0 = (00000000)_2 \tag{4.54}$$

$$u^{(4)} = 0 + \left\lfloor \frac{192 \times Cum\_Count(1)}{50} \right\rfloor - 1 = 152 = (10011000)_2. \tag{4.55}$$

編碼係以這種方式繼續下去。此時我們已經產生了二進位序列 1100010。如果我們希望在這個時刻結束編碼，我們必須傳送標記的目前狀態。我們可以傳送下限 $l^{(4)}$ 的值，而達成這一點。由於 $l^{(4)}$ 等於 0，我們最後將傳送 8 個 0。然而此時 Scale3 等於 1。因此，當我們傳送 $l^{(4)}$ 之值的第 1 個 0 之後，我們需要傳送一個 1，再傳送剩下的 7 個 0。最後傳送的序列是 1100010010000000。　　　　　　　　　　　　　　♦

解碼器實作

一旦有了編碼器實作，解碼器實作就很容易描述了。如前所述，一旦開始解碼，我們只需要模擬編碼器演算法。讓我們先使用虛擬碼來描述解碼器演算法，然後使用例題 4.4.5 來研究它的實作。

解碼器演算法

將 l 和 u 初始化。

將接收到的位元流中的前 m 個位元讀入標記 t。

$k = 0$

while $\left(\left\lfloor \dfrac{(t-l+1) \times Total\ Count - 1}{u-l+1} \right\rfloor \geq Cum\_Count(k) \right)$

$k \leftarrow k+1$

解碼出符號 x。

$l \leftarrow l + \left\lfloor \dfrac{(u-l+1) \times Cum\_Count(x-1)}{Total\ Count} \right\rfloor$

$u \leftarrow l + \left\lfloor \dfrac{(u-l+1) \times Cum\_Count(x)}{Total\ Count} \right\rfloor - 1$

while (u 和 l 的 MSB 都等於 b 或 E_3 條件成立)

if (u 和 l 的 MSB 都等於 b)

    {

    將 l 向左移動 1 個位元，並將 0 移入 LSB

    將 u 向左移動 1 個位元，並將 1 移入 LSB

    將 t 向左移動 1 個位元，並從接收到的位元流中把下一個位元讀入 LSB

    }

    if (E_3 條件成立)

    {

將 l 向左移動 1 個位元，並將 0 移入 LSB

將 u 向左移動 1 個位元，並將 1 移入 LSB

將 t 向左移動 1 個位元，並從接收到的位元流中把下一個位元讀入 LSB

將 l, u 和 t 的 (新) MSB 反相

}

例題 4.4.5

將例題 4.4.4 的序列編碼之後，我們會得到以下的二進位序列：1100010010000000。我們把這個序列當作接收到的序列，並使用表 4.5 的參數，將這個序列解碼。使用相同的字組長度 8，我們讀入接收到的序列的前 8 個位元，而形成標記 t：

$$t = (11000100)_2 = 196.$$

我們將下限和上限初始化為

$$l = (00000000)_2 = 0$$
$$u = (11111111)_2 = 255.$$

為了開始解碼，我們計算

$$\left\lfloor \frac{(t-l+1) \times Total\ Count - 1}{u-l+1} \right\rfloor = \left\lfloor \frac{197 \times 50 - 1}{255 - 0 + 1} \right\rfloor = 38$$

並將這個值與以下的結果比較

$$Cum\_Count = \begin{bmatrix} 0 \\ 40 \\ 41 \\ 50 \end{bmatrix}$$

由於

$$0 \le 38 < 40,$$

我們解碼出第一個符號是 **1**。一旦我們解碼出一個符號，就更新下限和上限：

$$l = 0 + \left\lfloor \frac{256 \times Cum\_Count[0]}{Total\ Count} \right\rfloor = 0 + \left\lfloor 256 \times \frac{0}{50} \right\rfloor = 0$$

$$u = 0 + \left\lfloor \frac{256 \times Cum\_Count[1]}{Total\ Count} \right\rfloor - 1 = 0 + \left\lfloor 256 \times \frac{40}{50} \right\rfloor - 1 = 203$$

或

$$l = (00000000)_2$$
$$u = (11001011)_2.$$

上下限的 MSB 不同，且 E_3 條件不成立，因此我們繼續解碼，而不修改標記值。為了得到下一個符號，我們計算

$$\left\lfloor \frac{(t - l + 1) \times Total\ Count - 1}{u - l + 1} \right\rfloor$$

結果等於 48，我們檢查 *Cum_Count* 陣列：

$$Cum\_Count[2] \leq 48 < Cum\_Count[3].$$

因此，我們解碼出 **3**，並更新上下限：

$$l = 0 + \left\lfloor \frac{204 \times Cum\_Count[2]}{Total\ Count} \right\rfloor = 0 + \left\lfloor 204 \times \frac{41}{50} \right\rfloor = 167 = (10100111)_2$$

$$u = 0 + \left\lfloor \frac{204 \times Cum\_Count[3]}{Total\ Count} \right\rfloor - 1 = 0 + \left\lfloor 204 \times \frac{50}{50} \right\rfloor - 1 = 203 = (11001011)_2$$

由於 u 和 l 的 MSB 相同，我們將 MSB 移位出來，並讀入 0 作為 l 的 LSB，讀入 1 作為 u 的 LSB。我們也針對標記模擬這個動作，將 MSB 移位出來，並從接收到的位元流中讀入下一個位元，作為 LSB：

$$l = (01001110)_2$$
$$u = (10010111)_2$$
$$t = (10001001)_2.$$

檢查 l 和 u，我們發現 E_3 條件成立。因此，針對 l、u 和 t，我們將 MSB 移位出來，將新的 MSB 反相，並讀入一個 0，作為 l 的 LSB，讀入一個 1，作為 u 的 LSB，又從接收到的位元流中讀入下一個位元，作為 t 的 LSB。現在我們得到

$$l = (00011100)_2 = 28$$
$$u = (10101111)_2 = 175$$
$$t = (10010010)_2 = 146.$$

為了解碼出下一個符號，我們計算

$$\left\lfloor \frac{(t-l+1) \times Total\ Count - 1}{u-l+1} \right\rfloor = 40.$$

由於 $40 \leq 40 < 41$，所以我們解碼出 **2**。

使用解碼出來的符號更新上下限，我們得到

$$l = 28 + \left\lfloor \frac{(175-28+1) \times 40}{50} \right\rfloor = 146 = (10010010)_2$$

$$u = 28 + \left\lfloor \frac{(175-28+1) \times 41}{50} \right\rfloor - 1 = 148 = (10010100)_2$$

我們可以看到還有相當多的位元要移位出來，然而我們注意到下限 l 與標記 t 的值相同。此外，接收到的序列中，剩下來的部份只包含 0(完全由 0 組成)。因此，我們將針對同樣的數目進行同樣的運算，結果得到同樣的數目，這樣會使得解碼出來的最後一個符號是 **1**。我們知道這是解碼出來的最後一個符號，因為只有 4 個符號被編碼。在實務上，這項資訊必須傳送給解碼器。　　　　　　　　　　　　　　　　　　　　◆

■ 4.5　Huffman 編碼與算術編碼的比較

我們描述了一個新的編碼方案，雖然比 Huffman 編碼複雜，但它可以將符號**序列**編碼。這個編碼方案的效果有多理想，取決於它的使用方式。讓我們先嘗

試使用這個碼，將我們知道 Huffman 碼的資料源編碼。

參閱例題 4.4.1，這個碼的平均長度爲

$$l = 2 \times 0.5 + 3 \times 0.25 + 4 \times 0.125 + 4 \times 0.125 \qquad (4.56)$$
$$= 2.75 \ \text{位元/符號} \qquad (4.57)$$

回憶一下，根據 2.4 節，這個資料源的熵等於 1.75 位元/符號，而且 Huffman 碼可以達到這個熵值。將訊息編碼時，如果你打算一次編碼一個符號，編碼算術顯然不是一個好辦法。讓我們重複做一個例題，其中訊息係由兩個符號組成 (請注意我們這麼做只是爲了證明一點。在實務上，我們不會使用算術碼，將這麼短的序列編碼)。

例題 4.5.1

如果我們一次編碼兩個符號，得到的碼示於表 4.6。

表 4.6 兩個符號組成之序列的算術碼。

訊息	$P(x)$	$\bar{T}_X(x)$	$\bar{T}_X(x)$ 二進位形式	$\lceil \log \frac{1}{P(x)} \rceil + 1$	碼
11	.25	.125	.001	3	001
12	.125	.3125	.0101	4	0101
13	.0625	.40625	.01101	5	01101
14	.0625	.46875	.01111	5	01111
21	.125	.5625	.1001	4	1001
22	.0625	.65625	.10101	5	10101
23	.03125	.703125	.101101	6	101101
24	.03125	.734375	.101111	6	101111
31	.0625	.78125	.11001	5	11001
32	.03125	.828125	.110101	6	110101
33	.015625	.8515625	.1101101	7	1101101
34	.015625	.8671875	.1101111	7	1101111
41	.0625	.90625	.11101	5	11101
42	.03125	.953125	.111101	6	111101
43	.015625	.9765625	.1111101	7	1111101
44	.015625	.984375	.1111111	7	1111111

每一則訊息的平均長度是 4.5 位元。因此，一次使用兩個符號，得到的資料率爲 2.25 位元/符號 (當然比 2.75 位元/符號好一點，但仍然比不上

最好的資料率 1.75 位元/符號)。然而我們看見，當我們增加每一則訊息的符號數時，結果會變得愈來愈好。 ◆

我們必須把多少個取樣值放在同一組，才能讓算術編碼方案的效能比 Huffman 編碼方案好？我們可以瞧瞧編碼率的界限，而得到一些概念。

回憶一下，算術碼平均長度 l_A 的界限為

$$H(X) \le l_A \le H(X) + \frac{2}{m}.$$

不需要使用序列中太多的符號，算術碼的編碼率就會十分接近熵值。然而請回憶一下，對 Huffman 碼而言，如果我們把 m 個符號放在一起，則編碼率為

$$H(X) \le l_H \le H(X) + \frac{1}{m}.$$

優勢似乎在 Huffman 碼這邊，但此一優勢會隨著 m 的增加而減少。然而請記得，為了產生長度等於 m 的序列的編碼字，使用 Huffman 程序需要為長度等於 m 的所有序列建立整個碼。如果原先的字母集大小為 k，則編碼冊的大小將是 k^m。如果我們選擇相當合理的值，亦即 $k = 16$，$m = 20$，編碼冊的大小將是 16^{20}！這顯然不是一個可行的選擇。對算術編碼程序來說，我們不需要建造整本編碼冊。相反地，我們只會求出給定序列的標記所對應的碼，因此把長度等於 20 或更長的序列編碼是完全可行的。事實上，對於算術編碼器而言，我們可以讓 m 的值很大，但 Huffman 編碼器則不然。這表示對於大部份的資料源，使用算術編碼可以得到比使用 Huffman 編碼更接近熵值的資料率。例外情況是機率為二的次方的資料源。在這種情況下，單一字母的 Huffman 碼就可以達到熵值，而且不管我們挑選多長的序列，算術編碼也無法做得更好。

增益的量也取決於資料源。回憶一下，Huffman 碼保證可以得到在熵值的 $0.086 + p_{max}$ 以內的資料率，其中 p_{max} 是字母集中最有可能出現的字母的機率。如果字母集相當大，而且機率不太偏斜，最大機率 p_{max} 通常很小。在這種情況下，算術編碼超越 Huffman 編碼的優勢不大；此外，使用算術編碼而非 Huffman 編碼，額外增加的複雜性可能並不值得。然而有很多資料源（例如傳

眞) 的字母集很小，而且機率非常不平均。在這種情況下使用算術編碼，即使複雜度增加了，通常也是值得的。

　　算術編碼的的另一個主要優勢是我們很容易實作一個有許多個算術碼的系統。這看起來似乎互相矛盾，因爲我們已經說過算術編碼比 Huffman 編碼複雜。然而，使複雜度增加的是計算的機制。一旦我們有了實作一個算術碼的計算機制，只要我們能取得更多的機率表格，就可以實作許多個算術碼。如果資料源的字母集很小，例如一個二進位的資料源，其實增加的複雜度非常少。事實上，我們在下一節將看到，我們可以發展相當容易實作的，而且不使用乘法的算術編碼器 (不使用乘法的非二進位算術編碼器描述於 [44])。

　　最後，讓算術碼適應不斷改變的輸入統計性質要容易得多。我們只需要估計輸入字母集的機率。我們可以在字母被編碼時記錄各字母的計數。我們不必像像適應性 Huffman 碼一樣維持一棵樹，也不必像 Huffman 編碼一樣必須事先產生一個碼。這個性質讓我們可以把模型建立程序與編碼程序分開，對於 Huffman 編碼而言，這種方式並不太可行。這樣的分離讓壓縮系統的設計更有彈性，這一點可以產生極大的優勢。

◾ 4.6　適應性算術編碼

我們已經看到，當我們可以藉由累積計數的形式獲得資料源的分佈時，如何建造算術編碼器。在許多應用中，這些計數事先無法獲得。修改我們所討論的演算法，讓編碼器在編碼進行時學習資料源的分佈，是一件相當容易的任務。一個直截了當的實作方式是從每一個字母的計數都等於 1 開始。我們必須讓每一個符號的計數至少等於 1，不然的話，當我們第一次遇到某一個符號時，將無法把它編碼。這是假設我們對資料源的分佈毫無所悉。如果我們確實知道一些有關資料源分佈的資訊，我們可以讓初始的計數反映出我們所知道的。

　　編碼被啓動之後，當我們遇到的字母被編碼之後，該字母的計數會加 1。累積的計數表格會跟著被更新。編碼之後才進行更新是非常重要的；否則解碼

器執行解碼時使用的累積計數表格將與編碼器不同。在解碼器這邊，當每一個字母被解碼之後，計數值和累積計數表格會被更新。

在靜態算術碼的情況下，我們根據總計數 (欲編碼符號的總數) 選擇字組大小。在適應性的情況下，我們可能事先並不知道符號的總數爲何。在這種情況下，我們必須挑選與總計數無關的字組長度。然而，給定一個字組長度 m，我們知道只能容納 2^{m-2} 或以下的總計數。因此在編碼和解碼過程中，當總計數接近 2^{m-2} 時，我們必須進行調整尺度或重歸一化運算。一個簡單的調整尺度運算是把所有的計數值都除以 2，然後四捨五入，使得所有的計數值都不會被調整成零。定期調整尺度還有一個額外的好處，就是計數表格可以更清楚地反映資料源的局部統計性質。

■ 4.7　應用

各種無失眞和有失眞壓縮應用都使用到算術編碼。它是許多國際標準的一部分。在多媒體領域中，有一些開發標準的主要組織。國際標準組織 (ISO) 和國際電工委員會 (IEC) 是研究多媒體標準的工業集團，國際電信聯盟 (ITU) 是聯合國的一部分，代表聯合國的會員國研究多媒體標準。這些機構經常一起合作，以建立國際標準。在後面各章中，我們將討論一些標準，而且我們會發現算術編碼如何使用於影像壓縮、音訊壓縮和視訊壓縮標準。

現在讓我們看看前一章的無失眞壓縮的範例。

表 4.7　使用像素值的適應性算術編碼進行壓縮。

影像名稱	位元/像素	總大小 (位元組)	壓縮比 (算術碼)	壓縮比 (Huffman 碼)
Sena	6.52	53,431	1.23	1.16
Sensin	7.12	58,306	1.12	1.27
Earth	4.67	38,248	1.71	1.67
Omaha	6.84	56,061	1.17	1.14

表 4.8　使用像素差值的適應性算術編碼進行壓縮。

影像名稱	位元/像素	總大小 (位元組)	壓縮比 (算術碼)	壓縮比 (Huffman 碼)
Sena	3.89	31,847	2.06	2.08
Sensin	4.56	37,387	1.75	1.73
Earth	3.92	32,137	2.04	2.04
Omaha	6.27	51,393	1.28	1.26

在表 4.7 和 4.8 中，我們顯示了針對先前使用 Huffman 編碼的同一組試驗影像使用適應性算術編碼的結果。我們納入了前一章中使用 Huffman 碼獲得的壓縮比，以便進行比較。把這些值與前一章中獲得的值比較，我們看到的變化極少。這是因爲影像的字母集相當大，p_{max} 的值非常小，而且 Huffman 編碼器的效能非常接近熵值。

我們先前曾經提過，算術編碼超越 Huffman 編碼的主要優勢，在於前者可以把壓縮方法的模型建立方面和編碼方面分離。以影像編碼來說，這一點讓我們可以使用一些利用局部性質的不同模型。舉例來說，我們可以在影像中幾乎恆定不變，因此差距很小的區域，以及有許多活動，造成差距較大的區域，分別使用不同的策略來移除關聯性。

📑 4.8　摘要

在本章中，我們介紹了算術編碼背後的基本概念。我們證明了算術碼是可唯一解譯碼，對於靜態的長序列，它可以提供接近熵值的資料率。這種將序列直接編碼，而非將序列中各元素的碼連接起來的能力，使得這個方法對於機率極爲偏斜的字母集，比 Huffman 編碼更有效率。我們稍微詳細地討論了算術編碼方法的實作。

本章的算術編碼結果是使用由 Witten、Neal 和 Cleary 提供的程式得到的 [45]。將這個程式稍作修改之後，可以用來探討算術編碼的其他方面 (參閱習題)。

進階閱讀

1. T.C. Bell、J.G. Cleary 與 I.H. Witten 合著的「*Text Compression*」[1] 中，有一節非常容易閱讀，關於算術編碼的章節，還附有虛擬碼與 C 語言程式。

2. 「*Data Compression Handbook*」一書中，由 Amir Said 撰寫，非常棒的一章「*Arithmetic Coding*」[46] 內，可以找到有關算術編碼各方面的完整討論。

3. 1984 年三月份的 *IBM Journal of Research and Development* 期刊中，有一篇由 G.G. Langdon Jr. 所著，非常棒的講義性文章 [47]。

4. J.J. Rissanen 和 G.G. Langdon 在一篇論文中，針對算術編碼的情況，精確地探討了「將模型與碼分開」的思考架構 [48]。

5. G.G. Langdon 與 J.J. Rissanen 的一篇早期論文中 [49]，以非常好的方式應用了模型建立與編碼的分離 [49]。

6. T.G. Bell, I.H. Witten 與 J.G. Cleary 在 *ACM Computing Surveys* 期刊的一篇論文中，描述了可能和算術編碼一起有效使用的各種文字壓縮模型 [50]。

7. JBIG 演算法中使用的編碼器是從 Q 編碼器衍生而來的，在 1988 年 11 月號的 *IBM Journal of Research and Development* 期刊的數篇論文 [51, 52, 53] 中有比較詳細的描述。

◼ 4.9 專案與習題

1 已知區間 $[0, 1)$ 內的一個數 a，其 n 位元二進位表示方式為 $[b_1 b_2 \dots b_n]$，證明任何其他數目的二進位表示方式若要以 $[b_1 b_2 \dots b_n]$ 開頭，則 b 必須位於區間 $[a, a + 1/2^n)$ 內。

2. JBIG 標準中指定的二進位算術編碼方法，可以用來透過位元平面編碼將灰階影像編碼。在位元平面編碼中，我們把每一個像素的最高有效位元組合成一個位元平面，把次高有效位元組合成另一個位元平面，依此類推。使用 `extrctbp` 函數求出 `sena.img` 和 `omaha.img` 測試影像的八個位元平面，並使用算術編碼將其編碼。使用圖 7.11 所示的低解析度上下文。

3. 使用 Gray 碼將像素編碼時，位元平面編碼會更有效。Gray 碼會指定在數值上鄰近，而且只相差 1 個位元的二進位碼。要從標準的二進位碼 $b_0b_1b_2 \ldots b_7$ 轉換成 Gray 碼 $g_0g_1g_2 \ldots g_7$，可使用以下的方程式

$$g_0 = b_0$$
$$g_k = b_k \oplus b_{k-1}.$$

試將試驗影像 `sena.img` 和 `omaha.img` 轉換成 Gray 碼表示方式，並使用位元平面進行編碼。把你的結果與非 Gray 碼表示方式的結果互相比較。

表 4.9　習題 5 和 6 的機率模型。	
字母	機率
a_1	.2
a_2	.3
a_3	.5

表 4.10　習題 7 的頻率計數。	
字母	機率
a	37
b	38
c	25

4. 在例題 4.4.4 中，使用 $m = 6$ 重複編碼程序。試評論你的結果。

5. 已知表 4.9 中的機率模型，求出序列 $a_1\,a_1\,a_3\,a_2\,a_3\,a_1$ 的實數標記值。

6. 使用表 4.9 的機率模型，解碼出標記值為 0.63215699，且長度等於 10 的序列。

7. 已知表 4.10 所示的頻率計數：

(a) 明確的編碼所需的字組長度為何？

(b) 求出序列 $abacabb$ 的二進位碼。

(c) 將你得到的碼進行解碼，以驗證你的編碼是正確的。

8. 使用 $P(0) = 0.8$，產生長度等於 L 的二進位序列，並使用算術編碼演算法將它編碼。將資料率 (單位爲位元/符號) 和熵值的差距畫成 L 的函數。試評論 L 對資料率的影響。

5

辭典技術

▣ 5.1　概觀

在前面兩章中，我們討論了一些編碼技術，這些技術假設資料源會產生一連串的獨立符號。由於大部份的資料源一開始的時候就有關聯性，進行編碼步驟之前，通常會先去除關聯性。在本章中，我們將討論納入資料結構，以增加壓縮量的技術。這些技術 — 包含靜態和適應性 (或動態) 兩者 — 會建立經常出現的樣式的列表，並傳送這些樣式在列表中的索引，以進行編碼。如果由資料源產生，且經常出現的樣式數量相當小，例如文字資料源和計算機命令，那麼這種技術會非常有用。我們會討論在文字壓縮、數據機通訊和影像壓縮方面的應用。

▣ 5.2　引言

在許多應用中，資料源的輸出是由重複出現的樣式組成的。一個典型的例子是某些樣式或某些字經常重複出現的文字資料源。此外，也有某些樣式完全不會

147

出現，就算出現，次數也極少。舉例來說，我們可以相當肯定 *Limpopo*[1]這個字在現有的文字資料源中，只會在非常小的一部份裡出現。

要把這樣的資料源編碼，一個非常合理的方法是維護一份經常出現的樣式的列表 (或稱為**辭典** (dictionary))，當這些樣式出現在資料源的輸出時，把它們編碼成對辭典的參考。如果這個樣式在辭典裡沒有出現，我們可以使用其他沒那麼有效率的方法來編碼。實際上我們把輸入分成兩類：經常出現的樣式，以及並且很少出現的樣式。這種技術如果要有效，經常出現的樣式的種類，以及辭典的大小，必須比所有可能樣式的數量小得多。假設我們有一份特別的文字，其中含有由 4 個字元組成的字，三個字元來自英文字母集的 26 個小寫字母，後面跟著一個標點符號。假設我們的資料源字母集由英文字母集的 26 個小寫字母，以及逗號、句號、驚嘆號、問號、分號和冒號等標點符號組成，也就是說輸入字母集的大小等於 32。如果我們要將文字資料源一次一個字元進行編碼，把每一個字元都當作同樣可能出現，每個字元將需要 5 個位元。如果我們把所有 32^4 $(= 2^{20} = 1,048,576)$ 個四字元的樣式都視為同樣可能出現，會得到一個碼，把 20 個位元指定給每一個四字元的樣式。現在讓我們把 256 個最有可能出現的四字元的樣式放進一本辭典裡。傳送方案的動作方式如下：當我們想要傳送辭典裡存在的樣式，我們會傳送一個 1 位元的旗標 (好比說 0)，然後傳送一個對應於辭典中該辭條的 8 位元索引。如果這個樣式不在辭典裡，我們會傳送一個 1，然後傳送該樣式的 20 位元編碼結果。如果我們遇到的樣式不在辭典裡，我們實際上會比原先的方案多使用一個位元 (21 個位元，而不是 20 個位元)。但如果它在辭典裡，我們將只發傳送 9 個位元。這個方案的效能將取決於我們遇到的單字在辭典裡的百分比。 我們可以計算每一樣式的平均位元數，以便對於這個方案的效能有一點概念。如果遇到辭典中的樣式的機率為 p，則每一樣式 R 的平均位元數為

$$R = 9p + 21(1-p) = 21 - 12p \tag{5.1}$$

---

[1] Rudyard Kipling 著，「原來如此故事集」中的「大象如何長出象鼻」。

我們的方案如果要有用，R 的值應該小於 20，當 $p \geq 0.084$ 時才會如此。這好像不是非常大的數目，然而請注意，如果所有的樣式以同樣可能的方式出現，遇到辭典中的樣式的機率將低於 0.00025！

　　我們不僅想要一個效能比起「把每一種樣式視爲同樣可能出現」的單純方式稍微好一點的編碼方案，還希望盡盡改進效能。爲了實現這一點，p 應該盡可能地大。這表示我們應該仔細地選擇最有可能出現的樣式，作爲辭典的辭條。爲了這麼做，對於資料源輸出的結構，我們必須有一個很清楚的的概念。在我們把特定的資料源輸出編碼之前，如果無法取得這種資訊，當我們編碼時，需要設法取得這訊息。如果我們覺得事先已經擁有充足的瞭解，可以使用**靜態** (static) 方法；不然的話，我們可以採用**適應性** (adaptive) 方法。本章將討論這兩種方法。

■ 5.3　靜態辭典

事先對資料源具備相當充分的瞭解時，選擇靜態辭典技術是最合適的。這種技術在特定的應用中特別適合使用。舉例來說，如果我們的任務是壓縮一所大學中的學生記錄，靜態辭典方法可能是最理想的。這是因爲我們事先知道某些字，例如「姓名」和「學號」，幾乎在所有的記錄中都會出現。其他的字 (例如「大二」、「學分」等等) 也將經常出現。視大學所在的位置而定，某些數字很可能會出現在社會安全號碼中，例如在內布拉斯加州，大多數學生的學號是以 505 開頭。事實上，大部份的辭條具有重複出現的特性。在這種情況下，設計一個以靜態辭典 (其中包含重複出現的樣式) 爲基礎的壓縮方案是非常有效率的。同樣的，可能有一些其他的情況，以應用特有或資料特有的靜態辭典爲基礎的編碼方案將是最有效率的。我們應當指出，這些方案只有在針對用來設計它們的應用和資料時，效能才會理想。如果這些方案使用於不同的應用，它們可能會造成資料膨脹，而非壓縮。

　　有一種比較不會侷限於單一應用的靜態辭典技術，稱爲**雙字元編碼** (digram coding)，我們將在下一節描述。

5.3.1 雙字元編碼

靜態辭典編碼較普通的形式之一是雙字元編碼。在這種形式的編碼中，辭典將包含資料源字母集中所有的字母，以及辭典所能容納的許多字母對 (稱爲**雙字元** (digram))。舉例來說，假設我們將爲所有可列印的 ASCII 字元的雙字元編碼建造一本大小等於256的辭典。辭典的前95筆辭條將是95個可列印的ASCII字元。剩下的 161 筆辭條將是最常使用的字元對。

雙字元編碼器讀入兩個字元的輸入，然後搜尋辭典，看看辭典裡是否存在此一輸入。如果存在，對應的索引會被編碼並傳送。如果不存在，字元對的第一個字元會被編碼，接下來，字元對中的第 2 個字元會成爲下一個雙字元的第一個字元。編碼器讀入另一個字元，把雙字元補滿，且搜尋程序會不斷重複。

例題 5.3.1

假設我們有一個資料源，其字母集 $A = \{a, b, c, d, r\}$ 有 5 個字母。我們根據對於資料源的瞭解，建立了表 5.1 所示的辭典。

表 5.1 一本簡單的辭典。

碼	辭條	碼	辭條
000	a	100	r
001	b	101	ab
010	c	110	ac
011	d	111	ad

假設我們希望將以下的序列編碼

abracadabra

編碼器讀入前兩個字元 *ab*，並檢查辭典裡是否存在這一對字母。這一對字母存在，並使用編碼字 101 予以編碼。然後編碼器讀下兩個字元 *ra*，並檢查辭典裡是否存在這一對字母。這一對字母不存在，因此編碼器送出 *r* 的碼，即 100，然後再讀入一個字元 *c*，形成兩個字元的樣式 *ac*。這個樣式確實存在於辭典裡，且被編碼爲 110。我們以這種方式繼續下

去，將序列的剩餘部分編碼。給定輸入序列的輸出字串是
101100110111101100000。　　　　　　　　　　　　　　◆

表 5.2　一份 41,364 個字元長的 LaTeX 文件中最常出現的三十個字元對。

字元對	個數	字元對	個數
e♭	1128	ar	314
♭t	838	at	313
♭♭	823	♭w	309
th	817	te	296
he	712	♭s	295
in	512	d♭	272
s♭	494	♭o	266
er	433	io	257
♭a	425	co	256
t♭	401	re	247
en	392	♭$	246
on	385	r♭	239
n♭	353	di	230
ti	322	ic	229
♭i	317	ct	226

表 5.3　一組包含 64,983 個字元的 C 語言程式中最常出現的三十個字元對。

字元對	個數	字元對	個數
♭♭	5728	st	442
nl♭	1471	le	440
; nl	1133	ut	440
in	985	f(	416
nt	739	ar	381
=♭	687	or	374
♭i	662	r♭	373
t♭	615	en	371
♭=	612	er	358
);	558	ri	357
,♭	554	at	352
nlnl	506	pr	351
♭f	505	te	349
e♭	500	an	348
♭*	444	lo	347

本章較早版本中最常出現的 30 對字元的列表示於表 5.2。爲了便於比較，表 5.3 顯示一組 C 語言程式中最常出現的 30 對字元。

在這些表中，b 代表空格，nl 代表換行。請注意兩張表有多麼不同。我們很容易看出，針對壓縮 LaTeX 文件設計的辭典用來壓縮 C 語言程式時，表現並不會很理想。然而通常我們會希望擁有能夠壓縮各種資料源輸出的技術。如果我們要壓縮電腦檔案，我們並不希望根據檔案的內容而改變技術。相反的，我們希望這種技術**自行適應**資料源輸出的特性。下一節將討論以適應性辭典爲基礎的技術。

5.4　適應性辭典

大部份以適應性辭典爲基礎的技術根源於 Jacob Ziv 在 1977 年 [54]，以及 Abraham Lampel 在 1978 年 [55] 發表的兩篇具有里程碑地位的論文。這些論文提供適合建造辭典的不同方法，而且每一種方法都產生了許多變形。我們說以 1977 年論文爲基礎的方法屬於 LZ77 家族 (又稱爲 LZ1)，以 1978 年論文爲基礎的方法則屬於 LZ78 或 LZ2 家族。姓名的第一個字母被調換是一個歷史事故，本書將遵循這項傳統。在後面各章中，我們先描述每一種方法的實作，然後討論一些比較著名的變形。

5.4.1　LZ77 方法

在 LZ77 方法中，辭典就是先前已編碼的序列的一部份。編碼器透過如圖 5.1 所示的一扇滑動窗口檢查輸入序列。窗口包含兩個部分，亦即包含最近編碼序列的**搜尋緩衝區** (search buffer)，以及包含欲編碼序列下一部份的**預覽緩衝區** (look-ahead buffer)。在圖 5.1 中，搜尋緩衝區包含 8 個字元，預覽緩衝區則包含 7 個字元。在實務上，緩衝區的大小要大得多；然而爲了便於解釋，我們將使緩衝區的大小保持很小。

爲了將預覽緩衝區內的序列編碼，編碼器會在搜尋緩衝區內把一個搜尋指標往回移動，直到遇到預覽緩衝區內第一個符號的一個匹配。指標與預覽緩衝

區的距離稱為**偏移值** (offset)。然後編碼器會檢查指標位置後面的符號，看看是否與預覽緩衝區中的連續符號匹配。搜尋緩衝區內與預覽緩衝區內連續符號匹配的符號個數 (從第一個字元開始) 稱為匹配長度。編碼器會尋找搜尋緩衝區內最長的匹配。一旦發現最長的匹配，編碼器以三元組 $\langle o, l, c \rangle$ 將它編碼，其中 o 是偏移值，l 是匹配長度，且 c 是預覽緩衝區內匹配後面的符號對應的編碼字。舉例來說，在圖 5.1 中，指標正指向最長匹配的開頭。在這個例子中，偏移值 o 等於 7，匹配長度 l 等於 4，且預覽緩衝區內匹配後面的符號是 r。

傳送三元組中第三個元素的原因，是為了顧慮到「在搜尋緩衝區內找不到與預覽緩衝區內符號的匹配」的情況。在這種情況下，偏移值和匹配長度的值會被設定為 0，且三元組的第三個元素是符號本身的碼。

如果搜尋緩衝區的大小等於 S，窗口的大小 (搜尋與預覽緩衝區) 等於 W，且資料源字母集的大小等於 A，則使用固定長度碼將三元組編碼所需的位元數等於 $\lceil \log_2 S \rceil + \lceil \log_2 W \rceil + \lceil \log_2 A \rceil$。請注意第 2 項是 $\lceil \log_2 W \rceil$，而非 $\lceil \log_2 S \rceil$。原因是匹配長度事實上可以超過搜尋緩衝區的長度，在例題 5.4.1 中將會看到這種情況。

在下面的例題中，我們將討論在編碼過程中可能會遇到的 3 種不同的狀況：

1. 下一個要編碼的字元在窗口中找不到匹配。
2. 有一個匹配。
3. 被匹配的字串延伸到預覽緩衝區內。

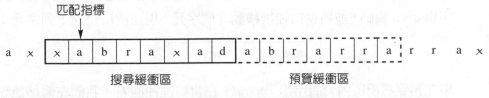

圖 5.1 使用 LZ77 方法進行編碼。

例題 5.4.1　LZ77 方法

假設要編碼的序列是

$$\ldots cabracadabrarrarrad\ldots$$

假設窗口的長度等於 13，預覽緩衝區的大小等於 6，且目前的狀態如下：

cabraca	dabrar

dabrar 在預覽緩衝區內。我們在窗口中已經編碼的部份尋找 *d* 的匹配。如我們所見，我們找不到匹配，因此我們傳送三元組 $\langle 0, 0, C(d)\rangle$。三元組的前兩個元素顯示搜尋緩衝區內找不到 *d* 的匹配，$C(d)$ 則是字元 *d* 的碼。用這種方式將單一字元編碼，好像很浪費，我們稍後會更仔細地說明這一點。

現在讓我們繼續編碼過程。因為我們已經把單一的字元編碼，我們將窗口移動一個字元。現在緩衝區的內容是

abracad	abrarr

abrarr 在預覽緩衝區內。從目前的位置往回看，我們在偏移值等於 2 的地方找到 *a* 的一個匹配，這個匹配的長度等於 1。再往回看，我們在偏移值等於 4 的地方找到 *a* 的另一個匹配；這個匹配的長度也等於 1。在窗口裡繼續往回看，我們在偏移值等於 7 的地方找到第三個匹配，不過這一次匹配的長度等於 4 (參閱圖 5.2)。因此我們用三元組 $\langle 7, 4, C(r)\rangle$ 將字串 *abra* 編碼，並將窗口往後移動 5 個字元。現在窗口包含下列字元：

adabrar	rarrad

現在預覽緩衝區內含有字串 *rarrad*。在窗口裡往回看，我們在偏移值等於 1 的地方找到 *r* 的一個匹配，且匹配長度等於 1，又在偏移值等於 3 的地方找到第 2 個匹配，乍看之下匹配長度似乎等於 3。原來我們可以使用的匹配長度等於 5 (而不是 3)。

搜尋指標

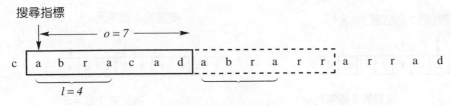

圖 5.2　編碼過程。

當我們將序列解碼時，為什麼會這樣的原因將變得更清楚。為了瞭解解碼是怎樣進行的，讓我們假設我們已經解碼出序列 *cabraca*，並收到三元組 〈0, 0, *C(d)*〉, 〈7, 4, *C(r)*〉, 〈3, 5, *C(d)*〉。第一個三元組很容易解碼；先前已解碼的字串中找不到匹配，而且下一個字元是 *d*。現在已經解碼出來的字串是 *cabracad*。下一個三元組的第一個元素告訴解碼器將複製指標往回移動 7 個字元，並從那裡複製 4 個字元。解碼過程的進行如圖 5.3 所示。

最後，讓我們看看三元組 〈3, 5, *C(d)*〉如何被解碼。我們往回移動 3 個字元，並開始複製。我們複製的前 3 個字元是 *rar*。複製指標再度移動，如圖 5.4 所示，並複製剛被複製的字元 *r*。同樣的，我們複製下一個字元 *a*。即使我們開始時只複製了前面的 3 個字元，最後卻解碼出 5 個字元。請注意，匹配只需要從搜尋緩衝區**開始**，它可以延伸到預覽緩衝區內。事實上，如果預覽緩衝區內的最後一個字元是 *r* 而不是 *d*，然後 *rar* 再重複出現幾次，整個重複的 *rar* 序列可以只使用一個三元組來編碼。　　　　　　　　　　　　　　　　　　　　◆

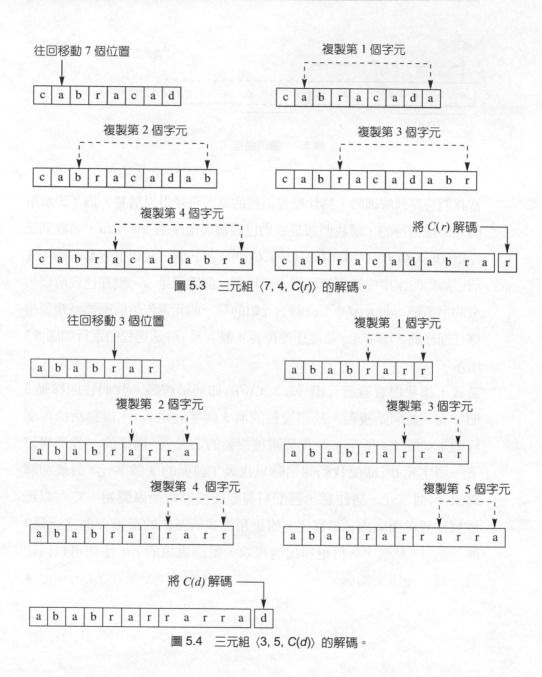

圖 5.3　三元組 〈7, 4, *C*(*r*)〉 的解碼。

圖 5.4　三元組 〈3, 5, *C*(*d*)〉 的解碼。

　　我們可以看出來，LZ77 方案是一個非常簡單的適應性方案，它不需要事先對資料源有所瞭解，也不需要假設資料源的特性。這個演算法的創始者證明，此演算法的效能以漸近形式趨近於使用一個完全知道資料源統計特性的方案所能達到的最佳效能。雖然在漸近行為上這可能是真的，實際上有很多方法可以改進 LZ77 演算法的效能，像這裡描述的一樣。再者，使用序列最近的部分，就已經使用了某種假設 — 亦即重複出現的樣式很「靠近」。我們即將看到，LZ78 的作者除去了這項「假設」，結果得到一個完全不同，以適應性辭典為基礎的方案。在我們討論到這個主題之前，讓我們先看看 LZ77 演算法的不同變形。

LZ77 變奏曲

有許多方法可以使 LZ77 方案更有效率，而且大部份的方法都已經在文獻中出現過了。有許多改進方式處理三元組的有效編碼。在 LZ77 演算法的描述中，我們假設三元組係使用固定長度的碼進行編碼。不過，如果我們願意接受更複雜的情況，我們可以使用可變長度碼將三元組編碼。正如我們在前面各章看到的，這些碼可能具有適應性，如果我們願意使用兩回合的演算法，他們也可以是半適應性的。常用的壓縮套件，例如 PKZip、Zip、LHarc、PNG、gzip 和 ARJ，全都使用以 LZ77 為基礎的演算法，再加上一個可變長度編碼器。

　　LZ77 演算法的其他變形包括改變搜尋緩衝區及預覽緩衝區的大小。將搜尋緩衝區擴大，需要發展更有效的搜尋策略。如果搜尋緩衝區的內容以適合快速搜尋的方式儲存，則可更有效地實作這樣的策略。

　　LZ77 演算法最簡單的修改，而且大部份變形的 LZ77 演算法都會使用的是，除去使用一個三元組將單一字元編碼的情況。使用三元組非常沒有效率，尤其是如果有許多字元不常出現時更是如此。除去此種無效率的修改方式，只需要加入一個旗標位元，以指示後面的碼是單一字元的編碼字。如果使用這個旗標位元，就不再需要三元組的第三個元素。只需要傳送一對值，分別對應符合匹配長度和偏移值。LZ77 演算法的這種修改稱為 LZSS [56, 57]。

5.4.2 LZ78 方法

LZ77 方法有一個隱藏的假設，就是類似的樣式出現時會很靠近。它使用剛編碼過的序列作為編碼的辭典，以利用這個結構。然而，這也表示我們抓不到重複出現週期比編碼器窗口涵蓋的區域還要長的任何樣式。最壞情況是欲編碼的序列具有週期性，且週期比搜尋緩衝區長。請考慮圖 5.5。

　　這是週期等於 9 的一個週期性序列。如果搜尋緩衝區正好比週期長一個字元，這個序列就可以大幅壓縮。然而，就目前情況來看，沒有一個新符號在搜尋緩衝區內找得到匹配，因此全都必須以不同的編碼字來表示。由於這樣必須傳送額外的負荷 (對 LZSS 而言是 1 個位元的旗標，對原始的 LZ77 演算法而言則是一個三元組)，最終結果將是資料膨脹，而不是壓縮。

　　雖然這是極端情況，但還是有一些沒那麼嚴重，可是有限的過往字串仍然是個缺點的情形。LZ78 演算法不再倚賴搜尋緩衝區，並且明確地維護一本辭典，而解決了這個問題。這本辭典必須在編碼器和解碼器內建立，並且一定要注意兩本辭典是以同樣的方式建立。輸入被編碼成二元組 $\langle i, c \rangle$，其中 i 是一個索引，對應到與輸入具有最長匹配的辭典辭條，c 則是輸入中在匹配後面的字元的碼。如同 LZ77 的情況一般，在沒有任何匹配的情況下，會使用到索引值 0。然後這個二元組在辭典裡會成為最新的一筆辭條。因此，進入辭典的每一筆新辭條都是某一個新符號連接上辭典中現有的辭條。為了瞭解 LZ78 演算法怎樣進行，請考慮下面的例題。

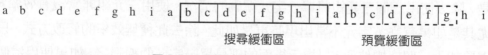

搜尋緩衝區　　　　　預覽緩衝區

圖 5.5　LZ77 演算法的致命弱點。

例題 5.4.2 LZ78 方法

讓我們使用 LZ78 方法把以下的序列編碼：

$$wabba\flat wabba\flat wabba\flat wabba\flat woo\flat woo\flat woo\,^2$$

其中 $\flat$ 代表空格。一開始的時候，辭典是空的，因此我們遇到的前幾個符號被編碼時，索引值會被設定爲 0。編碼器的前三個輸出是 $\langle 0, C(w)\rangle$, $\langle 0, C(a)\rangle$, $\langle 0, C(b)\rangle$，而且辭典看起來像表 5.4 一般。

表 5.4　初始辭典。

索引	辭條
1	w
2	a
3	b

表 5.5　辭典的進展。

編碼器輸出	辭典 索引	辭典 辭條
$\langle 0, C(w)\rangle$	1	w
$\langle 0, C(a)\rangle$	2	a
$\langle 0, C(b)\rangle$	3	b
$\langle 3, C(a)\rangle$	4	ba
$\langle 0, C(\flat)\rangle$	5	$\flat$
$\langle 1, C(a)\rangle$	6	wa
$\langle 3, C(b)\rangle$	7	bb
$\langle 2, C(\flat)\rangle$	8	a$\flat$
$\langle 6, C(b)\rangle$	9	wab
$\langle 4, C(\flat)\rangle$	10	ba$\flat$
$\langle 9, C(b)\rangle$	11	wabb
$\langle 8, C(w)\rangle$	12	a$\flat$w
$\langle 0, C(o)\rangle$	13	o
$\langle 13, C(\flat)\rangle$	14	o$\flat$
$\langle 1, C(o)\rangle$	15	wo
$\langle 14, C(w)\rangle$	16	o$\flat$w
$\langle 13, C(o)\rangle$	17	oo

2　"妖怪之歌 (The Monster Song)" 出自芝麻街 (Sesame Street)。

第 4 個字元是 b，它是辭典裡的第三筆辭條。如果我們加上下一個字元，會得到樣式 ba，它不在辭典裡，因此我們把這兩個符號編碼成 $\langle 3, C(a)\rangle$，並將樣式 ba 加入辭典裡，成為第四筆辭條。以這種方式繼續下去，編碼器的輸出與辭典的進展如表 5.5 所示。請注意辭典裡的辭條一般來說會愈來愈長，而且如果某個特殊的句子經常重複，如同這首歌裡的句子一般，不久之後，整個句子就會成為辭典裡的一筆辭條。　　　◆

雖然 LZ78 演算法抓得到樣式，而且可以無限期地保留這些樣式，它也有一個相當嚴重的缺點。如同在前面的例題中所見，辭典一直在增長，而且沒完沒了。在實際的情況下，我們在某個時刻必讓辭典停止增長，要不是刪節辭典，就是把編碼當作固定辭典方案。當我們研究辭典編碼的應用時，我們將討論一些可能的方法。

LZ78 變奏曲 ── LZW 演算法

LZ78 演算法有許多種修改方式，而且像 LZ77 演算法一樣，任何可以修改的東西恐怕都已經出現過了。最為人熟知，也是最早激起大家對 LZ 演算法產生興趣的修改是由 Terry Welch 所做的修改，稱為 LZW [58]。Welch 提出了一種技術，可以不需要將 $\langle i, c\rangle$ 對的第二個元素編碼，也就是說，編碼器只會傳送對辭典的索引。為了這麼做，辭典內必須備有資料源字母集中的所有字母。只要樣式 p 包含在辭典裡，編碼器的輸入就會在 p 內一直累積。如果加入另一個字母 a，會產生一個不在辭典內的樣式 $p*a$（*代表連接），則 p 的索引會被傳送到接收器，樣式 $p*a$ 會加到辭典內，同時我們會用字母 a 開始另一個樣式。LZW 演算法最好使用範例來瞭解。在下面的兩個例題中，我們將觀察編碼器和解碼器處理用來解釋 LZ78 演算法的同一個字串時操作。

例題 5.4.3　LZW 演算法 ── 編碼

我們將使用先前用來說明 LZ78 演算法的序列作為我們的輸入：

wabbabwabbabwabbabwabbabwoobwoobwoo

假設資料源的字母集是 $\{\not{b}, a, b, o, w\}$。一開始的時候， LZW 辭典看起來像表 5.6。

表 5.6　初始 LZW 辭典。

索引	辭條
1	$\not{b}$
2	a
3	b
4	o
5	w

編碼器首先遇到字母 w。這個「樣式」在辭典裡，因此我們把下一個字母和它連接起來，形成樣式 wa。這個樣式不在辭典裡，因此我們用 w 的辭典索引 5 把它編碼，把樣式 wa 加入辭典內，成為辭典的第六個元素，並開始一個以字母 a 開頭的新樣式。因為 a 在辭典裡，我們連接下一個元素 b，形成樣式 ab。這個樣式不在辭典裡，因此我們用 a 的辭典索引值 2 把它編碼，把樣式 ab 加入辭典內，成為辭典的第七個元素，並以字母 b 開始建立一個新樣式。照這樣繼續下去，建立兩個字母的樣式，直到我們到達第 2 個 $wabba$ 中的字母 w。到目前為止，編碼器的輸出完全由初始辭典的索引組成：5 2 3 3 2 1。這個時候的辭典看起來像表 5.7 (在辭典裡的第 12 筆辭條仍然在建造中)。序列中的下一個符號是 a。把它和 w 連接起來，我們得到樣式 wa。這個樣式已經存在於辭典裡 (第 6 項)，因此我們讀入下一個符號 b。把它和 wa 連接起來，我們得到樣式 wab。這個樣式不在辭典裡，因此我們把它納入辭典，成為第 12 筆辭條，並以符號 b 開始一個新樣式。我們也使用 wa 的索引值 6 把它編碼。請注意在一系列兩個字母的辭條之後，我們現在有了三個字母的辭條。當編碼繼續進行時，辭條的長度會一直增加。辭典裡的辭條愈長，表示辭典捕捉到序列中更多的結構。編碼過程結束時的辭典示於表 5.8。請注意第 12 到第 19 筆辭條的長度全都是 3 個或 4 個字母長。接下來，我們第一次遇到樣式 woo，然後回到另外三筆兩個字母的辭條，之後又回到愈來愈長的辭條。

表 5.7　建造 LZW 辭典的第 12 筆辭條。

索引	辭條
1	*ƀ*
2	*a*
3	*b*
4	*o*
5	*w*
6	*wa*
7	*ab*
8	*bb*
9	*ba*
10	*aƀ*
11	*ƀw*
12	*w...*

表 5.8　將 *wabbaƀwabbaƀwabbaƀwabbaƀwooƀwooƀwoo*
　　　　編碼的 LZW 辭典。

索引	辭條	索引	辭條
1	*ƀ*	14	*aƀw*
2	*a*	15	*wabb*
3	*b*	16	*baƀ*
4	*o*	17	*ƀwa*
5	*w*	18	*abb*
6	*wa*	19	*baƀw*
7	*ab*	20	*wo*
8	*bb*	21	*oo*
9	*ba*	22	*oƀ*
10	*aƀ*	23	*ƀwo*
11	*ƀw*	24	*ooƀ*
12	*wab*	25	*ƀwoo*
13	*bba*		

編碼器的輸出序列是 5 2 3 3 2 1 6 8 10 12 9 11 7 16 5 4 4 11 21 23 4。　　◆

例題 5.4.4　LZW 演算法 — 解碼

在這個例題中，我們使用前一個例題的編碼器輸出，並使用 LZW 演算法將它解碼。前一個例題中的編碼器輸出序列是

5 2 3 3 2 1 6 8 10 12 9 11 7 16 5 4 4 11 21 23 4

這個序列成為解碼器的輸入序列。一開始的時候，解碼器的辭典與編碼器相同 (表 5.6)。

索引值 5 對應於字母 *w*，所以我們解碼出序列的第一個元素是 *w*。同時，為了模仿編碼器的辭典建構程序，我們開始建立辭典的下一個元素。我們從字母 *w* 開始。這個樣式存在於辭典裡，因此我們不把它加入辭典，並繼續解碼過程。下一個解碼器輸入是 2，它對應於字母 *a* 的索引。我們解碼出一個 *a*，並把它與目前的樣式連接，形成樣式 *wa*。由於它不在辭典裡，我們把它加入辭典，成為辭典的第六個元素，並開始一個以字母 *a* 開頭的新樣式。接下來的四個輸入 3 3 2 1 對應於字母 *bbab*，且產生了辭典的辭條 *ab, bb, ba* 和 *ab*。現在辭典看起來像表 5.9，其中第 11 筆辭條正在建造中。

表 5.9 在解碼過程中，建造 LZW 辭典的第 11 筆辭條。

索引	辭條
1	*b*
2	*a*
3	*b*
4	*o*
5	*w*
6	*wa*
7	*ab*
8	*bb*
9	*ba*
10	*ab*
11	*b . . .*

下一個輸入是 6，這是樣式 *wa* 的索引，因此我們解碼出 *w* 和 *a*。我們先把 *w* 和現有的樣式 (亦即 *b*) 連接起來，並形成樣式 *bw*。由於 *bw* 不在辭典裡，所以它成為第 11 筆辭條。現在新樣式從字母 *w* 開始。我們先

前已經解碼出字母 *a*，現在我們把它和 *w* 連接起來，得到樣式 *wa*。這個樣式包含在辭典裡，因此我們將下一個輸入 8 解碼，它對應於辭典裡的辭條 *bb*。我們解碼出第一個 *b*，並把它和樣式 *wa* 連接起來，得到樣式 *wab*。這個樣式不在辭典裡，因此我們把它加入，成為辭典裡的第 12 筆辭條，並以字母 *b* 開始一個新樣式。我們解碼出第二個 *b*，並把它和新樣式連接起來，得到樣式 *bb*。這個樣式存在於辭典裡，因此我們將編碼器輸出序列的下一個元素解碼。照這種方式繼續下去，我們可以解碼出整個序列。請注意解碼器建立的辭典與編碼器建立的完全相同。　　◆

上述 LZW 演算法的解碼方法在某一種特殊情況下會失效。假設有一個資料源，其字母集 *A* = {*a*, *b*}，而且我們將從序列 *abababab*…開始進行編碼。編碼過程仍然相同。一開始的時候，我們從表 5.10 所示的初始辭典開始，並以表 5.11 所示的最終辭典結束。

傳送的序列是 1 2 3 5 …。把這個序列解碼，看起來似乎相當簡單，然而當我們試圖這麼做時，卻遇到了意想不到的困難。讓我們進行解碼過程，看看到底發生了什麼事。

我們從與編碼器 (表 5.10) 相同的初始辭典開始。接收到的序列 1 2 3 5 … 的前兩個元素解碼出 *a* 和 *b*，產生辭典的第 3 筆辭條，而且下一個要加入辭典的樣式是從 *b* 開始。此時的初始辭典示於表 5.12。

表 5.10　abababab 的初始辭典。

索引	辭條
1	*a*
2	*b*

表 5.11　abababab 的最終辭典。

索引	辭條
1	*a*
2	*b*
3	*ab*
4	*ba*
5	*aba*
6	*abab*
7	*b...*

表 5.12　在解碼過程中，建造辭典的第四筆辭條。

索引	辭條
1	*a*
2	*b*
3	*ab*
4	*b...*

表 5.13　建造第五筆辭條 (第一階段)。

索引	辭條
1	*a*
2	*b*
3	*ab*
4	*ba*
5	*a...*

表 5.14　建造第五筆辭條 (第二階段)。

索引	辭條
1	*a*
2	*b*
3	*ab*
4	*ba*
5	*ab...*

　　解碼器的下一個輸入是 3，它對應於辭典的辭條 *ab*。我們依序解碼出這些字元，且先把 *a* 與建造中的樣式連接起來，結果得到 *ba*。這個樣式並沒有包

含在辭典裡，所以我們把它加入辭典內 (記住，我們還沒有使用來自 *ab* 的 *b*)，現在辭典看起來像表 5.13。

新的辭條以字母 *a* 開頭。我們只使用 *ab* 對中的第一個字母。因此，現在我們把 *b* 和 *a* 連接起來，得到樣式 *ab*。這個樣式包含在辭典裡，因此我們繼續解碼過程。這個時候的辭典看起來像表 5.14。

辭典裡的前四筆辭條是完整的，第五筆辭條則仍然在建造中，然而解碼器的下一個輸入就是 5，它對應到不完整的辭條！我們該怎樣把「對應到一個還不完整的辭典辭條」的索引解碼？

事實上情況並沒有看起來那麼糟 (當然，如果真是如此，我們現在就不會研究 LZW 了)。雖然辭典中可能沒有第五筆辭條，但我們確實有第五筆辭條的開頭，亦即 *ab* …。現在讓我們暫時假裝我們確實有第五筆辭條，並繼續解碼過程。如果我們有第五筆辭條，它的前兩個字母將是 *a* 和 *b*。把 *a* 和部分的新辭條連接起來，我們得到樣式 *aba*。這個樣式並沒有包含在辭典裡，因此我們把它加入辭典，現在辭典看起來像表 5.15。請注意現在辭典裡已經有第五筆辭條，亦即 *aba*。我們已經解碼出 *aba* 的 *ab* 部分了，現在我們可以解碼出最後一個字母 *a*，並繼續快樂地往前走。

這表示 LZW 解碼器必須包含一個例外處理器，以處理將一個在解碼器辭典裡並沒有對應完整辭條的索引解碼的特例。

表 5.15　第五筆辭條的完成。

索引	辭條
1	*a*
2	*b*
3	*ab*
4	*ba*
5	*aba*
6	*a*. . .

5.5 應用

自從 Terry Welch 的論文發表以來 [58]，使用 LZ78 演算法的某些變形的應用，其數量正穩定增加中。LZ78 的變形中最普遍的是 LZW 演算法。這一節將描述 LZW 最著名的兩個應用：GIF 和 V. 42 bis。雖然一開始的時候，LZW 演算法是演算法的首選，然而專利考量使得 LZ77 演算法的使用日漸增加。LZ77 演算法最常用的實作是最初由 Phil Katz 設計的 *deflate* 演算法，它是 Jean-loup Gailly 和 Mark Adler 開發的常用程式庫 *zlib* 的一部份。Jean-loup Gailly 也在廣泛使用的 *gzip* 演算法中使用 *deflate*。下面描述的 PNG 中也使用到 *deflate* 演算法。

5.5.1 檔案壓縮 — UNIX compress

UNIX 的 compress 命令是 LZW 較早期的應用之一。辭典的大小是適應性的。我們從辭典大小 512 開始。這表示被傳送的編碼字是 9 個位元長。一旦辭典被填滿，辭典的大小會加倍到 1024 筆辭條，此時傳送的編碼字有 10 個位元。當辭典被填滿時，大小會繼續加倍。這樣一來，在編碼過程的初期，辭典裡的字串不會非常長，把它們編碼的編碼字位元數也較少。編碼字的最大長度 b_{max} 可由使用者在 9 和 16 之間設定，預設值則是 16。一旦辭典內包含了 $2^{b_{max}}$ 筆辭條，compress 會變成靜態辭典編碼技術。這時演算法會監視壓縮比，如果壓縮比低於某一個臨界值，辭典會被清空，然後重新開始建立。這樣一來，辭典永遠反映出資料源的局部特性。

5.5.2 影像壓縮 — 圖形交換格式 (GIF)

Compuserve Information Service 公司開發了用來將圖形影像編碼的圖形交換格式 (GIF)。這是 LZW 演算法的另一種實作，而且非常類似 compress 命令。被壓縮的影像儲存時，第一個位元組是原始影像中每一像素的最小位元數 b。對我們一直當作範例使用的影像來說，這個值等於 8。二進位數目 2^b 被定義為**清**

除碼 (clear code)。這個碼是用來把所有的壓縮和解壓縮參數重設為啓始狀態。初始辭典的大小是 2^{b+1}。當辭典被填滿時，辭典的大小會加倍，正如 compress 演算法一樣，直到辭典達到最大尺寸 4096。這時壓縮演算法的行為就像靜態辭典演算法。LZW 演算法產生的編碼字被儲存在字元區塊內。字元為 8 位元長，而且最大區塊大小是 255。每個區塊以一個標頭開頭，其中包含區塊的大小。每個區塊以一個區塊終止符號結尾 (由八個 0 組成)。壓縮影像的結尾由訊息結束碼表示，其值等於 $2^b + 1$。這個編碼字應該在區塊結束符號之前出現。

表 5.16　GIF 與算術編碼的比較。

影像	GIF	像素值的 算術編碼	像素值差距 的算術編碼
Sena	51,085	53,431	31,847
Sensin	60,649	58,306	37,126
Earth	34,276	38,248	32,137
Omaha	61,580	56,061	51,393

　　GIF 在將各種影像編碼這方面已經變得十分受歡迎，這些影像包括計算機產生的影像，以及「自然」的影像。雖然 GIF 處理計算機產生的圖形影像、假色或顏色對映影像時很理想，但它通常不是以無失真方式壓縮自然景物、照片、衛星影像等影像最有效率的方法。表 5.16 顯示以 GIF 編碼之測試影像的檔案大小。為了便於比較，我們也納入了原始影像進行算術編碼，以及將差值進行算術編碼的檔案大小。

　　請注意，就算我們考慮到 GIF 檔案中額外的負荷，對於這些影像而言，即便只是以原始像素進行簡單的算術編碼，GIF 幾乎都拼不過。雖然乍看之下這一點很奇怪，然而如果我們從像素層次檢查影像，會發現相較於文字資料源，影像中重複樣式非常少。有一些影像如同 Earth 影像一般，包含大面積的恆定值。在辭典編碼方法中，這些區域會變成辭典裡的單一辭條。因此，對於像這樣的影像，直截了當的辭典編碼方法確實可以勝任，然而對於大部份其他的影像，或許最好先進行一些預處理，以獲得更適合辭典編代碼的序列。下面

描述的 PNG 標準利用「在自然影像中，像素對像素的變化一般而言很小」的
事實來發展合適的前處理器。我們將在第 7 章再討論這個主題。

5.5.3　影像壓縮 ─ 可攜式網路圖形 (PNG)

PNG 標準是最早透過網際網路合作開發的幾個標準其中之一。它的原動力是
Unisys (當時已從 Sperry 取得 LZW 的專利權) 和 Compuserve 在 1994 年 12 月
發佈的一份聲明，這份聲明表示他們將開始向支援 GIF 格式的軟體作者收取
權利金。這項聲明發佈之後，組成 Usenet 群組 comp.compression 核心的資料
壓縮社群一片譁然。該社群決定應該發展沒有專利問題的 GIF 替代品，三個
月之後，PNG 就誕生了 (有關 PNG 更詳細的歷史、軟體及其他資源，請造訪
由 Greg Roelof 維護的 PNG 網站，網址為 http://www.libpng.org/pub/png/)。

　　與 GIF 不同，PNG 使用的壓縮演算法是根據 LZ77。更明確地說，它是根
據 LZ77 的 *deflate* 實作 [59]。這個實作允許匹配長度介於 3 和 258 之間。編
碼器一次檢查 3 個位元組。如果找不到至少 3 個位元組的匹配，則輸出第一個
位元組，並且檢查接下來的 3 個位元組。因此，編碼器每一次不是輸出單一位
元組的值 (即 *literal*)，就是 ⟨*match length, offset*⟩。*literal* 和 *match length* 的字
母集被組合成大小等於 286 的一個字母集 (由 0 ─ −285 的值索引)。索引 0 ─
−255 代表文字的位元組，索引 256 是區塊結束符號。剩下的 29 個索引代表 3
和 258 之間的長度範圍的碼，如表格 5.17 中所示。表格中顯示索引，索引後
面的選擇器位元數，以及索引與選擇器位元代表的長度。例如，索引 277 代表
從 67 到 82 的長度範圍。為了指定這 16 個值中實際上出現了哪一個值，此碼
的後面有 4 個位元的選擇器。

　　索引值使用 Huffman 編碼來描述。Huffman 編碼指定於表 5.18 內。

　　offset 的值可以介於 1 和 32,768 之間。這些值被分成 30 個範圍。30 個範
圍值使用 Huffman 碼進行編碼 (不同於 *literal* 和 *length* 值的 Huffman 碼)，且
該碼後面跟著一些選擇器位元，指定在範圍內的特定距離。

　　先前我們曾經提到，自然影像中沒有太多重複的像素值序列。然而在空間上接近的像素，也傾向於具有相似的值。PNG 標準根據像素的非正式鄰近像素估計像素的值，並從像素值中減去這個估計值，以利用這個結構。然後我們以差距除以 256 的餘數代替原先的像素，並予以編碼。有四種不同的方式 (如果加上不使用估計值，則有五種) 可以得到估計值，PNG 允許每一列像素使用一種不同的估計方法。第一種方式是使用上面一列的像素作為估計值。第二種方法是使用左邊的像素作為估計值。第三種方法使用上面像素和左邊像素的平均值。最一種方法稍微複雜一點。首先我們將上面的像素加上左邊的像素，再減去左上方的像素，得到一個像素的初步估計值，然後取最靠近初步估計值 (上面、左邊，或左上方) 的像素作為估計值。PNG 和 GIF 處理標準像集時效能的比較示於表格 5.19 顯示。PNG 方法顯然勝過 GIF。

表 5.17　表示 *match length* 的碼 [59]。

索引	選擇器位元數	長度	索引	選擇器位元數	長度	索引	選擇器位元數	長度
257	0	3	267	1	15,16	277	4	67–82
258	0	4	268	1	17,18	278	4	83–98
259	0	5	269	2	19–22	279	4	99–114
260	0	6	270	2	23–26	280	4	115–130
261	0	7	271	2	27–30	281	5	131–162
262	0	8	272	2	31–34	282	5	163–194
263	0	9	273	3	35–42	283	5	195–226
264	0	10	274	3	43–50	284	5	227–257
265	1	11, 12	275	3	51–58	285	0	258
266	1	13, 14	276	3	59–66			

表 5.18　*match length* 字母的 Huffman 碼 [59]。

索引範圍	位元數	二進位碼
0–143	8	00110000 直到 10111111
144–255	9	110010000 直到 111111111
256–279	7	0000000 直到 0010111
280–287	8	11000000 直到 11000111

表 5.19 PNG 與 GIF 和算術編碼的比較。

影像	PNG	GIF	像素值的 算術編碼	像素值差距 的算術編碼
Sena	31,577	51,085	53,431	31,847
Sensin	34,488	60,649	58,306	37,126
Earth	26,995	34,276	38,248	32,137
Omaha	50,185	61,580	56,061	51,393

5.5.4 數據機壓縮 V.42 bis

ITU-T 通訊協定 V.42 bis 是針對電話網路的使用而設計的壓縮標準，其中包含 CCFIT 通訊協定 V.42 中描述的錯誤修正程序。這個演算法係使用於連接電腦與遠端用戶的數據機上。此一通訊協定中描述的演算法係以兩種模式操作，即透明模式和壓縮模式。在透明模式中，資料係以未經壓縮的形式傳送，至於壓縮模式，則使用 LZW 演算法提供壓縮功能。

有兩種模式的原因在於有時被傳送的資料並沒有重複結構，因此不能使用 LZW 演算法進行壓縮。在這種情況下，使用壓縮演算法甚至可能造成資料膨脹。在這些情況下，最好以未經壓縮的形式傳送資料。隨機資料流會使辭典增長，但辭典的元素中卻沒有任何很長的樣式。這表示在大部份的時間內，傳送的編碼字只代表一個資料源字母集中的字母。由於辭典的大小比資料源字母集的大小大得多，表示辭典裡的元素所需的位元數遠遠超過表示資料源字母所需的位元數。因此，如果我們試圖壓縮不包含重複樣式的序列，結果將是傳送資料所需的位元數會比不進行任何壓縮時還要多。先前已經壓縮過的檔案以電話線傳送時，經常會遇到沒有重複結構的資料。

V.42 bis 通訊協定建議定期測試壓縮演算法的輸出，看看是否發生資料膨脹的現象。該通訊協定中並沒有指定此項測試的精確特性。

在壓縮模式中，系統使用具有可變大小辭典的 LZW 壓縮。當傳送者和接收者之間建立連結時，會協商出辭典的初始大小。V.42 bis 通訊協定建議採用 2048 作為辭典大小。此通訊協定規定最小的辭典大小為 512。假設一開始的協

商產生的辭典大小是 512。這表示編碼字 (亦即辭典的索引) 是 9 個位元長。
實際上，並非全部 512 個索引都會對應到輸入字串；辭典中有三筆辭條保留給
控制編碼字。這些壓縮模式中的編碼字示於表 5.20。

　　當辭典裡的辭條數超過某一預先設定的臨界值 C_3 時，編碼器會傳送
STEPUP 控制碼，編碼字的長度會增加 1 個位元，同時臨界值 C_3 也會加倍。
當所有可用的辭典辭條都被填滿時，演算法會啟動重新使用程序。變數 N_5 會
記錄辭典中第一筆字串辭條的位置。計數器 C_1 的值會從 N_5 開始不斷地加 1，
直到找到一筆辭典辭條，不是辭典中任何其他辭條的字首。這筆辭條不是另一
個辭典辭條的字首，表示自從這個樣式被建立以來，並沒有遇到過。此外，由
於找出它的方式，在這一類的樣式中，這個樣式的長度算是最長的。此一重新
使用程序使演算法能夠持續不斷地刪除辭典中由過去可能遇到過，但最近沒有
遇到過的字串組成的部份。這樣一來，辭典永遠符合目前的資料源統計性質。

　　為了降低錯誤造成的影響，CCITT 建議我們設定最大字串長度。此一最
大長度在建立連結時經由協商而獲得。CCITT 建議採用 6 到 250 的範圍，且
預設值為 6。

　　V.42 bis 通訊協定禁止使用辭典裡的最後一筆辭條，而避免了當解碼器接
收到一個對應不完整辭條的編碼字時，對例外處理器的需要。該通訊協定要求
我們不傳送對應於最後一筆辭條的編碼字，而改為傳送對應於最後一筆辭條之
組成成分的編碼字。在用來說明 LZW 演算法奇異狀況的例題中，V.42 bis 通
訊協定會強迫我們不傳送編碼字 5，而改為傳送編碼字 3 和 1。

表 5.20　壓縮模式中的控制編碼字。

編碼字	名稱	描述
0	ETM	進入透明模式
1	FLUSH	清空資料
2	STEPUP	編碼字大小加 1

5.6　摘要

在本章中，我們介紹了一些技術，這些技術會維護一本記錄重複出現樣式的辭典，並傳送這些樣式的索引，而非樣式本身，以獲得壓縮效果。有幾種可以建立辭典的方法。

- 在某些樣式一貫重複出現的應用中，我們可以建立應用特有的靜態辭典。我們應該小心，不要在這些辭典預定的應用範圍之外使用這些辭典，否則最後可能會造成資料膨脹，而不是資料壓縮。

- 辭典本身可能就是資料源的輸出，這是 LZ77 演算法使用的方法。使用這個演算法時，有一個隱藏的假設，就是樣式的重複出現是一個局部現象。

- LZ78 方法中除去了這個假設，這個方法會根據在資料源輸出中觀察到的樣式，以動態方式建立辭典。

以辭典為基礎的演算法被用來壓縮各種資料，然而使用時應該小心。當結構性限制使得經常出現的樣式侷限在所有可能樣式的一個小子集合中時，這種方法非常有用，在文字與計算機對計算機通訊中通常是這樣。

進階閱讀

1. T.C. Bell、J.G. Cleary 與 I.H. Witten 合著的「*Text Compression*」[1] 對於以辭典為基礎的編碼技術提供了非常棒的闡述。

2. M. Nelson 與 J. –L. Gailley 合著的「*The Data Compression Book*」[60] 對於 Ziv-Lempel 演算法的描述也非常好。本書還包括一些有關軟體實作方面的極佳描述。

3. G. Held 與 T.R. Marshall 合著的「*Data Compression*」[61] 包含雙字元編碼的描述 (但名稱是「diatomic coding」)。本書也包含有助於辭典設計的 BASIC 程式。

4. G. Roelofs 在「*Lossless Compression Handbook*」這本書的「PNG Lossless Compression」[62] 中描述了 PNG 演算法，非常容易閱讀。

5. S.C. Şahinalp 與 N.M. Rajpoot [63]在「*Lossless Compression Handbook*」這本書的「Dictionary-Based Data Compression: An Algorithmic Perspective」[63] 中提供了對辭典壓縮技術更深入的討論。

5.7　專案與習題

1. 為了研究辭典大小對靜態辭典技術的效率的影響，我們可以修改方程式 (5.1)，將資料率表示成 p 與辭典大小 M 的函數。對於不同的 M 值，把資料率畫成 p 的函數，並討論選擇較大或較小的 M 值時的權衡取捨。

2. 為你感興趣的文字檔案設計和實作一個雙字元編碼器。

   (a) 研究辭典大小及被編碼的文字檔案的大小對壓縮量的影響。

   (b) 使用雙字元編碼器來處理和你用來設計該編碼器的檔案並不相似的檔案。這樣會對壓縮造成多大的影響？

3. 已知初始辭典由字母 $a\ b\ r\ y\ b$ 組成，使用 LZW 演算法將下列訊息編碼：*abbarbarraybbybbarrayarbbay*。

4. 有一個序列使用 LZW 演算法和表 5.21 所示的初始辭典進行編碼。

表 5.21　習題 4 的初始辭典。

索引	辭條
1	a
2	b
3	h
4	i
5	s
6	t

(a) LZW 編碼器的輸出是以下的序列：

| 6 | 3 | 4 | 5 | 2 | 3 | 1 | 6 | 2 | 9 | 11 | 16 | 12 | 14 | 4 | 20 | 10 | 8 | 23 | 13 |

請把這個序列解碼。

(b) 使用同樣的初始辭典把解碼出來的序列編碼。你的答案與上面序列相符嗎？

5. 有一個序列使用 LZW 演算法和表 5.22 所示的初始辭典進行編碼。

表 5.22 習題 5 的初始辭典。

索引	辭條
1	*a*
2	*b̸*
3	*r*
4	*t*

(a) LZW 編碼器的輸出是以下的序列：

| 3 | 1 | 4 | 6 | 8 | 4 | 2 | 1 | 2 | 5 | 10 | 6 | 11 | 13 | 6 |

請把這個序列解碼。

(b) 使用同樣的初始辭典把解碼出來的序列編碼。你的答案與上面序列相符嗎？

6. 使用 LZ77 演算法將以下的序列編碼：

barrayar̸bbar̸bby̸bbarrayar̸bbay

假設窗口大小等於 30，且預覽緩衝區大小等於 15。此外，再假設 $C(a)$ = 1, $C(b)$ = 2, $C(b̸)$ = 3, $C(r)$ = 4，且 $C(y)$ = 5。

7. 有一個序列使用 LZ77 演算法進行編碼。如果 $C(a)$ = 1, $C(b̸)$ = 2, $C(r)$ = 3，且 $C(t)$ = 4，試將以下的三元組序列解碼：

$\langle 0, 0, 3 \rangle$ $\langle 0, 0, 1 \rangle$ $\langle 0, 0, 4 \rangle$ $\langle 2, 8, 2 \rangle$ $\langle 3, 1, 2 \rangle$ $\langle 0, 0, 3 \rangle$ $\langle 6, 4, 4 \rangle$ $\langle 9, 5, 4 \rangle$

假設窗口大小等於 20，且預覽緩衝區的大小等於 10。把解碼出來的序列編碼，並確認你得到的是同樣的三元組序列。

8. 已知如下內容的辭典，以及接收到的序列，試建立一本 LZW 辭典，並將傳送過來的序列解碼。

接收到的序列：4, 5, 3, 1, 2, 8, 2, 7, 9, 7, 4
解碼出來的序列：_____
初始辭典：

(a)　S
(b)　b♭
(c)　I
(d)　T
(e)　H

6

根據上下文的壓縮

6.1 綜覽

在本章中，我們提出一些對資料的統計性質作最少先驗假設的技術。相反地，它們使用欲編碼之資料的上下文，以及資料過去的歷史，以提供更有效率的壓縮。我們即將討論的一些方案主要是用來進行文字壓縮。這些方案以不同的方式使用資料出現的上下文。

6.2 引言

在第 3 章和第 4 章，我們學習到欲編碼的訊息機率較為偏斜時，可以得到更大的壓縮效果。「偏斜」是指欲編碼的序列中某些符號出現的機率比其他符號高得多，因此尋找可以導致偏斜更大的訊息表示方法是有意義的。一個很有效的方法是檢視字母在其所出現的上下文中的出現機率。也就是說，我們並不把序列中的每一個符號視為毫無預警地突然出現。相反地，在決定符號可以取的不同值的可能機率之前，我們會先檢查序列的歷史。

　　就英文文字的情況而論，Shannon [8] 在兩個非常有趣的實驗中說明了上下文扮演的角色。在第一個實驗中，他選擇了一部份的文字，並要求一位受試

者 (也許是他的妻子 Mary Shannon) 猜測每一個字母。如果她猜得正確，Shannon 會告訴她猜對了，並繼續猜測下一個字母。如果她猜錯了，Shannon 會告訴她正確的答案，然後同樣繼續到下一個字母。以下是這些實驗其中之一的結果，其中的橫線代表猜測正確的字母。

實際文字	THE ROOM WAS NOT VERY LIGHT A SMALL OBLONG
受試者表現	____ROO_____NOT_V_____I_____SM____OBL___

請注意受試者很有可能猜測字母，尤其是如果該字母在一個字的尾端，或從上下文來判斷，這個字是什麼顯而易見的時候。如果我們現在根據受試者的表現來表示原始序列，那麼序列中的每一個元素可以取的值將會呈現一組非常不同的機率。第 2 排的機率顯然更為偏斜：「字母」_出現的機率很高。從數學的觀點來看，如果另一端可以出現受試者的雙胞胎，我們可以傳送第 2 排的「縮減」句子，並讓這位雙胞胎進行同樣的猜測過程，最後會得到原始序列)。

在第 2 個實驗中，受試者可以一直猜測，直到猜出正確的字母，且正確預測字母所需的猜測次數會被記錄下來。同樣的，大部份的時間受試者都猜對了，所以 1 次變成最有可能的次數。從數學的觀點來看，如果接收端有一位雙胞胎，那麼這個偏斜的序列對接收器而言可以代表原始序列。Shannon 使用他的實驗得到了英文字母集的上界和下界 (分別是每個字母 1.3 位元和每個字母 0.6 位元)。

使用這些實驗的困難在於：人類受試者在預測序列的下一個字母這方面的表現，遠比我們所能發展的任何數學預測要理想得多。有些研究假設對人類而言，文法是與生俱來的 [64]，如果是這樣的話，要發展一套像人類一樣有效率的語言預測器，在可見的未來是不可能實現的。然而這個實驗確實提供了一種對壓縮所有類型的序列都有效的壓縮方法，而非僅限於語言表現方式。

如果要編碼的符號序列並不是由獨立出現的符號所組成，那麼知道哪些符號曾經出現在被編碼的符號的附近，可以讓我們對於這個符號的值是什麼的概念清楚得多。如果我們知道某一個符號出現的上下文，那麼猜測這個符號的值

是什麼，成功的機率會大得多。這等於是說：已知上下文時，某些符號出現的機率比其他符號高得多。也就是說已知上下文時，機率分佈會更偏斜。如果編碼器和解碼器都知道上下文，我們可以使用此一偏斜的機率分佈進行編碼，並增加壓縮的程度。解碼器可以使用對上下文的瞭解決定用來解碼的機率分佈。如果我們設法讓類似的上下文聚集在一起，那麼這些上下文後面的符號很有可能是一樣的，這樣就可以使用非常簡單，而且有效率的一些壓縮策略。我們可以看出上下文在提高壓縮程度這方面扮演著重要的角色，本章將討論幾種使用上下文的不同方式。

考慮 *probability* 這個字的編碼。假設我們已經把前 4 個字母編碼了，而且想要把第 5 個字母 *a* 編碼。如果我們忽略前 4 個字母，字母 *a* 的機率大約是 0.06。如果我們使用前一個字母是 *b* 的訊息，會降低一些字母 (例如 *q* 和 *z*) 的出現機率，並且提高 *a* 出現的機率。在這個例子中，*b* 是 *a* 的一階上下文，*ob* 則是二階上下文，依此類推。使用更多的字母來定義 *a* 出現的上下文，或高階上下文，在這個例子中，通常會增加 *a* 的出現機率，並降低把它的出現編碼所需的位元數。因此，我們想做的事情乃是使用每一個字母相對於高階上下文的出現機率將其編碼。

如果我們希望擁有相對於所有可能高階上下文的機率，則其資訊量可能極為驚人。考慮大小等於 M 的一個字母集。一階上下文的數目等於 M，二階上下文的數目等於 M^2，依此類推。因此，如果我們希望使用 5 階上下文把字母集大小等於 256 的序列編碼，將需要 256^5 種，或大約 1.09951×10^{12} 種機率分佈！所以這種方法是不切實際的。有一套演算法以非常簡單和優雅的方式解決了這個問題，這套演算法是根據*以部分匹配進行預測* (prediction with partial match，簡稱 *ppm*) 的方法。下一節將描述這個方法。

■ 6.3　以部分匹配進行預測 (*ppm*)

根據上下文的演算法中，最著名的是 *ppm* 演算法，最早由 Cleary 和 Witten 於 1984 年提出 [65]。它不像各種以 Ziv-Lempel 為基礎的演算法一樣受歡迎，主

要是因為後者的執行速度更快。最近，由於更有效率的變形被發展出來，因此以 *ppm* 為基礎的演算法目前變得愈來愈受歡迎。

　　ppm 演算法的概念既高雅又簡單。我們希望使用很長的上下文來決定被編碼的符號的機率。然而，為了使用很長的上下文，我們將需要估計和儲存數量極為龐大的條件機率，這一點恐怕並不可行。我們可以在編碼進行時才估計機率，而非事先估計，以減輕負擔。這樣一來，我們只需要儲存已經編碼的序列中出現的上下文。與所有可能的上下文的數量相比，這個數目小得多。雖然這樣可以減輕儲存的問題，但也表示我們需要將先前在這個上下文中不曾出現過的字母編碼，尤其是在開始編碼時。為了處理這種情況，資料源編碼器的字母集總是包含一個逸出符號，用來通知被編碼的字母在這個上下文中沒有看見過。

6.3.1　基本演算法

一開始的時候，基本演算法嘗試使用最長的上下文。最長的上下文的大小是預先決定的。如果被編碼的符號先前在這個上下文中沒有遇到過，則會編碼出一個逸出符號，然後演算法嘗試使用短一點的上下文。如果該符號在這個上下文中也不曾出現過，上下文的大小會更進一步縮小。這個過程會繼續下去，直到我們找出先前遇到過這個符號的上下文，或作出「這個符號在任何上下文中先前都不曾遇到過」的結論。在這種情況下，我們使用 $1/M$ 的機率將符號編碼，其中 M 是資料源字母集的大小。舉例來說，將 *probability* 的 *a* 編碼時，我們會先嘗試看看字串 *proba* 先前是否曾經出現過 — 也就是說，先前 *a* 是否曾經在上下文 *prob* 中出現。如果沒有的話，我們會編碼出一個逸出符號，並看看 *a* 是否在上下文 *rob* 中出現。如果字串 *roba* 先前沒有出現過，我們將再傳送一個逸出符號，並測試上下文 *ob*。照這種方式繼續下去，我們將嘗試上下文 *b*，結果失敗，我們將看看相對於零階上下文，字母 *a* 先前是否出現過。如果 *a* 是第一次遇到，我們將使用所有字母出現機率相等的模型將 *a* 編碼。這個機率均等模型有時稱為–1 階上下文。

　　由於相對於每一個上下文的機率的發展爲一適應性過程，每當我們遇到一個符號時，對應於該符號的計數會被更新。指定給逸出符號的計數應該是多少，其實並不清楚，而且已經有一些不同的方法被使用過。Cleary 和 Witten 使用的一種方法是：令逸出符號的計數等於 1，因此使總計數增加 1。Cleary 和 Witten 把這種指定計數的方法稱爲方法 A，所產生的演算法則稱爲 *ppma*。本節稍後將描述指定逸出符號計數的其他方法。

　　在我們深入研究一些細節之前，讓我們作一個例題，看看這些部份如何一同作用。因爲我們將使用算術編碼把符號編碼，也許你會希望複習算術編碼演算法。

例題 6.3.1

讓我們把以下的序列編碼

$$thisbisbthebtithe$$

假設我們已經把前 7 個字符 *thisbis* 編碼了，符號的算術編碼使用的各計數值與 *Cum_Count* 陣列示於表 6.1 - 6.4。在這個例題中，我們假設最長的上下文長度等於二。這個值相當小，而且在這裡使用，是爲了讓例題的大小保持合理地小。最長的上下文長度通常是 5。

表 6.1　－1 階上下文的計數陣列。

字母	計數	*Cum_Count*
t	1	1
h	1	2
i	1	3
s	1	4
e	1	5
b̸	1	6
總計數		6

表 6.2 零階上下文的計數陣列。

字母	計數	Cum_Count
t	1	1
h	1	2
i	2	4
s	2	6
b	1	7
$\langle Esc \rangle$	1	8
總計數		8

表 6.3 一階上下文的計數陣列。

上下文	字母	計數	Cum_Count
t	h	1	1
	$\langle Esc \rangle$	1	2
	總計數		2
h	i	1	1
	$\langle Esc \rangle$	1	2
	總計數		2
i	s	2	2
	$\langle Esc \rangle$	1	3
	總計數		3
b	i	1	1
	$\langle Esc \rangle$	1	2
	總計數		2
s	b	1	1
	$\langle Esc \rangle$	1	2
	總計數		2

我們將假設編碼的算術的字組長度是 6。因此 $l = 000000$，且 $u = 111111$。由於 *thisbis* 已經被編碼了，因此下一個要編碼的字母是 b。這個字母的 2 階上下文是 *is*。參閱表 6.4，我們可以看到字母 b 是這個上下文中的第

一個字母，且 *Cum_Count* 值等於 1。在這種情況下，由於 *Total_Count* 等於 2，所以下限和上限的更新方程式是

$$l = 0 + \left\lfloor (63 - 0 + 1) \times \frac{0}{2} \right\rfloor = 0 = 000000$$

$$u = 0 + \left\lfloor (63 - 0 + 1) \times \frac{1}{2} \right\rfloor - 1 = 31 = 011111.$$

表 6.4　二階上下文的計數陣列。

上下文	字母	計數	*Cum_Count*
th	*i*	1	1
	⟨*Esc*⟩	1	2
	總計數		2
hi	*s*	1	1
	⟨*Esc*⟩	1	2
	總計數		2
is	*ƀ*	1	1
	⟨*Esc*⟩	1	2
	總計數		2
sƀ	*i*	1	1
	⟨*Esc*⟩	1	2
	總計數		2
ƀi	*s*	1	1
	⟨*Esc*⟩	1	2
	總計數		2

由於 *l* 和 *u* 的 MSB 相同，我們把該位元移位出來，把 0 移入 *l* 的 LSB，又把 1 移入 *u* 的 LSB。進行更新後，被傳送的序列、下限和上限為：

傳送序列：　0

l：　000000

u：　111111

我們也更新表 6.2 - 6.4 中的計數。

序列中下一個要編碼的字母是 t。2 階上下文是 sb。察閱表 6.4，我們可以看到 t 在這個上下文中先前並不曾出現過。因此我們編碼出一個逸出符號。使用表 6.4 所列的計數，我們更新下限和上限：

$$l = 0 + \left\lfloor (63 - 0 + 1) \times \frac{1}{2} \right\rfloor = 32 = 100000$$

$$u = 0 + \left\lfloor (63 - 0 + 1) \times \frac{2}{2} \right\rfloor - 1 = 63 = 111111.$$

l 和 u 的 MSB 仍然相同，因此我們把這個位元移位出來，把 0 移入 l 的 LSB，把 1 移入 u，使 l 的值還原成 0，u 的值還原成 63。傳送過去的序列現在是 01。傳送逸出符號之後，我們察看 t 的一階上下文，結果是 b。參閱表 6.3，我們可以看到 t 在這個上下文中先前並沒有出現過。為了讓解碼器知道這一點，我們傳送另一個逸出符號。更新上下限之後，我們得到

$$l = 0 + \left\lfloor (63 - 0 + 1) \times \frac{1}{2} \right\rfloor = 32 = 100000$$

$$u = 0 + \left\lfloor (63 - 0 + 1) \times \frac{2}{2} \right\rfloor - 1 = 63 = 111111.$$

由於 l 和 u 的 MSB 相同，我們把 MSB 移位出來，把 0 移入 l 的 LSB，把 1 移入 u 的 LSB。傳送過去的序列現在是 011。測試完一階上下文之後，我們檢查表 6.5，亦即表 6.2 的更新版本，看看能不能使用零階上下文將 t 編碼。結果我們發現確實可以，而且使用 *Cum_Count* 陣列，我們可以更新 l 和 u：

$$l = 0 + \left\lfloor (63 - 0 + 1) \times \frac{0}{9} \right\rfloor = 0 = 000000$$

$$u = 0 + \left\lfloor (63 - 0 + 1) \times \frac{1}{9} \right\rfloor - 1 = 6 = 000110.$$

表 6.5　零階上下文的更新計數陣列。

字母	計數	Cum_Count
t	1	1
h	1	2
i	2	4
s	2	6
$\not{b}$	2	8
$\langle Esc \rangle$	1	9
總計數		9

l 和 u 的 3 個最高有效位元相同，因此我們把它們移位出來。在更新之後，我們得到

$$傳送序列： \quad 011000$$
$$l： \quad 000000$$
$$u： \quad 110111$$

要編碼的下一個字母是 h。2 階上下文 $\not{b}t$ 以前沒有出現過，因此我們直接移到一階上下文 t。字母 h 以前在這個上下文中曾經出現過，因此我們更新 l 和 u，並得到

$$傳送序列： \quad 0110000$$
$$l： \quad 000000$$
$$u： \quad 110101$$

表 6.6 零階上下文的計數陣列。

字母	計數	Cum_Count
t	2	2
h	2	4
i	2	6
s	2	8
b̷	2	10
⟨Esc⟩	1	11
總計數		11

表 6.7 一階上下文的計數陣列。

上下文	字母	計數	Cum_Count
t	h	2	2
	⟨Esc⟩	1	3
	總計數		3
h	i	1	1
	⟨Esc⟩	1	2
	總計數		2
i	s	2	2
	⟨Esc⟩	1	3
	總計數		3
b̷	i	1	1
	t	1	2
	⟨Esc⟩	1	3
	總計數		3
s	b̷	2	2
	⟨Esc⟩	1	3
	總計數		3

表 6.8 二階上下文的計數陣列。

上下文	字母	計數	*Cum_Count*
th	i	1	1
	⟨Esc⟩	1	2
	總計數		2
hi	s	1	1
	⟨Esc⟩	1	2
	總計數		2
is	ƀ	2	2
	⟨Esc⟩	1	3
	總計數		3
sƀ	i	1	1
	t	1	2
	⟨Esc⟩	1	3
	總計數		3
ƀi	s	1	1
	⟨Esc⟩	1	2
	總計數		2
ƀt	h	1	1
	⟨Esc⟩	1	2
	總計數		2

編碼方法現在應該很清楚了。到目前為止，各種計數如表 6.6 - 6.8 所示。

◆

既然我們已經瞭解了 *ppm* 演算法如何作用，讓我們檢查它的一些變形。

6.3.2 逸出符號

在我們的例題中，逸出符號使用的計數等於 1，因此使得每一個上下文的總計數增加了 1。Cleary 和 Witten 把它稱為方法 A，對應的演算法則稱為 *ppma*。

把計數值 1 指定給逸出符號，其實並沒有明確的理由。關於這一點，我們並沒有把計數值指定給逸出符號的明確方法。文獻中報告了各式各樣的方法。

Cleary 和 Witten 描述的另一種方法是把每一個符號的計數減 1，然後把這些計數指定給逸出符號。舉例來說，假設在某一給定序列中，*a* 在上下文 *prob* 中出現了 10 次，*l* 出現了 9 次，且 *o* 在同樣的上下文中出現了 3 次 (例如 *problem*、*proboscis* 等等)。在方法 A 中，我們把計數值 1 指定給逸出符號，結果得到總計數等於 23，比 *prob* 出現的次數多 1 次。此種情況示於表 6.9。

在第二種方法 (稱爲方法 B) 中，我們把 *a*、*l* 與 *o* 中每一個符號的計數減 1，並給予逸出符號 3 的計數，結果產生表 6.10 所示的計數。

這個方法背後的道理在於，如果在某一個特定的上下文中可能出現比較多的符號，那麼有一個符號之前在這個上下文中不曾出現過的可能性會比較大。這就增加了逸出符號被使用的可能性。因此，我們應該把更高的機率指定給逸出符號。

表 6.9　使用方法 A 的計數。

上下文	符號	計數
prob	*a*	10
	l	9
	o	3
	⟨*Esc*⟩	1
總計數		23

表 6.10　使用方法 B 的計數。

上下文	符號	計數
prob	*a*	9
	l	8
	o	2
	⟨*Esc*⟩	3
總計數		22

　　Moffat 提出了方法 B 的一個變形 (被恰當地命名爲方法 C) [66]。在方法 C 中，指定給逸出符號的計數是已經在該上下文中出現的符號的數目。在這一方面，方法 C 與方法 B 類似。差別在於我們並不是從個別符號的計數中把這些計數「搶」過來，而是讓總計數增加。這種情況示於表 6.11。

　　這三種將計數指定給逸出符號的方法，雖然效能有一些差異，視被編碼之資料的特性而定，然而平均而言，方法 C 提供的效能似乎最好。

6.3.3　上下文的長度

只要討論到上下文的最大長度，結論似乎是愈長愈好，然而這不一定是眞的。如果被編碼的符號相對於某一上下文有一個不等於零的計數，最大長度愈長，通常會造成更高的機率。然而最大長度很長，也表示很長的逸出符號序列出現的機率更高，接下來又會增加將序列編碼所需的位元數。如果我們畫出壓縮效能對最大上下文長度的圖形，會看到一開始的時候，效能將急遽增加，直到某一個最大長度的值，接下來，當最大長度繼續增加時，效能會穩定地下降。我們看到效能變化出現下降趨勢的值，取決於資料源序列的特性。

表 6.11　使用方法 C 的計數。

上下文	符號	計數
prob	*a*	10
	l	9
	o	3
	⟨*Esc*⟩	3
總計數		25

　　演算法 *ppm**中使用了固定最大長度策略之外的另一種選擇 [67]。這個演算法使用到一件事實，就是只會產生單一預測值，而且很長的上下文，後面很少會跟著新的符號。如果 *mike* 的後面過去總是跟著 *y*，下次當我們遇到它時，後面大概不會跟著 *b* 。後面總是跟著相同符號的上下文稱爲**確定性**

(deterministic) 上下文。*ppm**演算法先尋找最長的確定性上下文。如果要編碼
的符號在這個上下文中不曾出現過,我們會編碼出一個逸出符號,而且演算法
會預設為最大上下文長度。與基本演算法相比,這種方法似乎可以提供為數不
多,但相當顯著的改進。*ppm**演算法目前最佳的變形是 Charles Bloom 的 *ppmz*
演算法。在 *http://www.cbloom.com/src/ppmz.html* 網頁上,可以找到 *ppmz* 演算
法和演算法的實作細節。

6.3.4　不相容原理

算術編碼背後的基本想法是把單位區間劃分成子區間,其中每一個子區間代表
一個特別的字母。子區間愈小,將它與其他子區間區別所需的位元數也愈多。
如果我們可以減少要表示的符號的數目,子區間的數目也會減少。這又表示子
區間的大小增加了,導致編碼所需的位元數減少。*ppm* 中使用的不相容原理提
供此種編碼率的縮減。假設我們正在壓縮一個文字序列,而且偶然碰到序列
proba,又假設我們試圖將字母 *a* 編碼。此外,讓我們假設兩個字母的上下文
ob 和一個字母上下文 *b* 的狀態如表 6.12 所示。

表 6.12　不相容範例的計數。

上下文	符號	計數
ob	*l*	10
	o	3
	$\langle Esc \rangle$	2
總計數		15
b	*l*	5
	o	3
	a	4
	r	2
	e	2
	$\langle Esc \rangle$	5
總計數		21

表 6.13　不相容範例的修正表格。

上下文	符號	計數
b	a	4
	r	2
	e	2
	$\langle Esc \rangle$	3
總計數		11

　　首先我們嘗試使用兩個字母的上下文將 a 編碼。由於 a 不曾在這個上下文中出現過，我們發出一個逸出符號，並且縮短上下文的大小。在表格中尋找一個字母的上下文 b，我們發現 a 在這個上下文中確實出現過，而且在可能的總計數 21 次中有 4 次計數。請注意這個上下文的其他字母包括 l 和 o。然而，當我們在上下文是 ob 時傳送逸出符號，就已經通知解碼器：被編碼的符號並不是先前在上下文 ob 中已經遇到過的任何字母。因此，我們可以暫時從表格中除去 l 和 o，以增加對應於 a 的子區間的大小。我們不使用表 6.12，而使用表 6.13 將 a 編碼。這種暫時把符號從上下文中排除的方法，累積起來，可以讓我們節省相當多的編碼率。

　　你可能已經注意到我們一直在談論很小，但很重要的節省。在無失真壓縮方案中，通常有一個基本原理，例如使用部分匹配進行預測的想法，隨後有許多相當小的修改。我們不應該低估這些修改的重要性，因為它們經常一同發揮功效，使得某一個特定方案的壓縮邊際效能極具競爭性。

■ 6.4　Burrows-Wheeler 轉換

Burrows-Wheeler 轉換 (BWT) 演算法也使用被編碼符號的上下文來進行無失真壓縮，但其方式極為不同。此一轉換 (演算法的主要部分) 係由 Wheeler 於 1983 年所開發，然而使用這個轉換的 BWT 壓縮演算法直到 1994 年才誕生 [68]。BWT 演算法與前面討論過的大部份演算法不同，在進行編碼之前，編碼器必須可以取得要編碼的整個序列。此外，與先前大部份的演算法不同，即使我們知道了編碼程序，解碼程序也不會立即就很明顯。我們先描述編碼程

序。如果讀者並不清楚這個特殊的編碼應該如何反轉，請忍耐一下，我們很快就會把它解釋清楚的。

演算法可以總結如下。給定一個長度等於 N 的序列，我們產生 $N-1$ 個其他序列，其中的每一個序列都是原始序列的循環移位。這 N 個序列係按照辭彙順序排列。接下來，編碼器從每一個經過循環移位，且已排序的序列中取出最後一個字母，形成一個長度等於 N 的序列，並傳送這個序列。由最後一個字母組成的序列 L，以及原始序列在已排序列表中的位置將被編碼，並傳送給解碼器。我們即將看到，這項資訊足以將原始序列還原。

我們從一個長度等於 N 的序列開始，最後得到含有 $N+1$ 個元素的表示方式。然而這個序列具有某種結構，使得它很容易壓縮。更明確地說，我們將使用一種稱為移到前面 (move to front，簡稱 *mtf*) 的編碼方法，這個方法對於序列 L 所展現的結構特別有效。

在描述 *mtf* 方法之前，讓我們先完成一個例題，以產生 L 序列。

例題 6.4.1

讓我們把以下的序列編碼

$$thisbisbthe$$

我們從這個序列所有的循環排列開始。因為一共有 11 個字元，所以有 11 個排列，如表 6.14 所示。

表 6.14 *thisbisbthe* 的排列。

0	t	h	i	s	b	i	s	b	t	h	e
1	h	i	s	b	i	s	b	t	h	e	t
2	i	s	b	i	s	b	t	h	e	t	h
3	s	b	i	s	b	t	h	e	t	h	i
4	b	i	s	b	t	h	e	t	h	i	s
5	i	s	b	t	h	e	t	h	i	s	b
6	s	b	t	h	e	t	h	i	s	b	i
7	b	t	h	e	t	h	i	s	b	i	s
8	t	h	e	t	h	i	s	b	i	s	b
9	h	e	t	h	i	s	b	i	s	b	t
10	e	t	h	i	s	b	i	s	b	t	h

表 6.15 按照辭彙順序排序的序列。

0	ƀ	i	s	ƀ	t	h	e	t	h	i	s		s
1	ƀ	t	h	e	t	h	i	s	ƀ	i		s
2	e	t	h	i	s	ƀ	i	s	ƀ	t		h
3	h	e	t	h	i	s	ƀ	i	s	ƀ		t
4	h	i	s	ƀ	i	s	ƀ	t	h	e		t
5	i	s	ƀ	i	s	ƀ	t	h	e	t		h
6	i	s	ƀ	t	h	e	t	h	i	s		ƀ
7	s	ƀ	i	s	ƀ	t	h	e	t	h		i
8	s	ƀ	t	h	e	t	h	i	s	ƀ		i
9	t	h	e	t	h	i	s	ƀ	i	s		ƀ
10	t	h	i	s	ƀ	i	s	ƀ	t	h		e

現在讓我們把這些序列按照辭彙 (辭典) 順序排序 (表 6.15)。在這個例
子中，由最後一個字母組成的序列 L 為

$$L : sshtthƀiiƀe$$

請注意相同的字母已經聚在一起了。如果我們有一個更長的字母序列，
相同字母的連續片段就會更長。稍後將描述的 *mtf* 演算法會利用到這些
連續片段。

原始序列是已排序列表中的第 10 個序列，因此序列的編碼將包含序列 L
與索引值 10。 ◆

既然我們有了序列的編碼，讓我們看看如何使用序列 L 及原始序列在已
排序列表中的索引將原始序列解碼。請讀者注意一件很重要的事情，就是初始
序列的所有元素都包含在 L 裡面。我們只需要找出可以把原始序列還原的排
列。

找出排列的第一步是產生由每一排的第一個元素組成的序列 F。這項任務
很簡單，因為我們已經按照辭彙順序將序列排序，所以序列 F 就是按照辭彙
順序的序列 L。在我們的例題中，這表示 F 為

$$F : ƀƀehhiisstt$$

我們可以使用 L 和 F 來產生原始序列。讓我們看看表 6.15，其中含有經由循環移位產生，並已按照辭彙順序排序的序列。由於每一列都是循環移位，所以任何一列的第一欄中的字母，都是原始序列中，在該列最後一欄的字母後面出現的字母。如果我們知道原始序列在第 k 列，就可以開始尋找從 F 的第 k 個元素開始的原始序列。

例題 6.4.2

在我們的例題中，

$$F = \begin{bmatrix} b \\ b \\ e \\ h \\ h \\ i \\ i \\ s \\ s \\ t \\ t \end{bmatrix} \quad L = \begin{bmatrix} s \\ s \\ h \\ t \\ t \\ h \\ b \\ i \\ i \\ b \\ e \end{bmatrix}$$

原始序列是第 10 號序列，因此原始序列的第一個字母是 $F[10] = t$。為了找出 t 後面的字母，我們在陣列 L 中尋找 t。L 內有兩個 t，我們應該使用哪一個？我們正在處理的這個 F 內的 t，是兩個 t 之中比較下面的那一個，因此我們選擇 L 內的兩個 t 之中比較下面的那一個，結果是 $L[4]$，所以重建序列的下一個字母是 $F[4] = h$。到目前為止，重建的出來序列是 th。為了找出下一個字母，我們在 L 陣列中尋找 h。這次同樣有兩個 h。位於 $F[4]$ 的 h 是 F 的兩個 h 之中比較下面的那一個，因此我們選擇 L 內的兩個 h 之中比較下面的那一個。這是 L 的第五個元素，因此解碼出來的序列的下一個字母是 $F[5] = i$。到目前為止，解碼出來的序列是 thi。整個過程繼續下去，如圖 6.1 所描繪，而產生出原始序列。

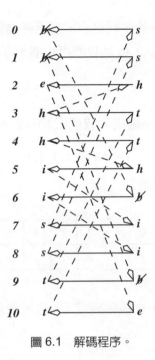

圖 6.1   解碼程序。   ◆

　　為什麼要搞得這麼麻煩呢？畢竟我們不過是從一個長度等於 N 的序列，變成另一個長度等於 N 的序列，再加上一個索引值。實際上我們似乎反而造成了膨脹，而非壓縮。答案是序列 L 可以比原始序列更有效率地壓縮。即使在這個小例題中，我們也有相同符號的連續片段。當 N 很大時，這種情況將會經常出現。考慮一個進行過循環移位及排序的大型文字樣本。考慮所有以 heb 開頭的列。heb 的前面是 t 的機率很高，因此 L 之中將有一長串的 t。

6.4.1   移到前面編碼

移到前面 (*mtf*) 編碼是一種編碼方案，其中利用到相同符號的長片段。在這個編碼方案中，我們從資料源字母集的初始列表開始。列表頂端的符號指定為 0 號，下一個符號則指定為 1 號，依此類推。當某個特別的符號第一次出現時，我們會傳送它在列表中的位置，然後這個符號會被移到列表的頂端。如果我們有一連串這樣的符號，我們會傳送一連串的 0。這樣一來，不同符號的長片段

會被轉換成到許多的 0。由於序列很小，把這種技術應用在我們的例題，並不會產生讓人印象深刻的結果，但是我們可以看到這種技術如何作用。

例題 6.4.3

讓我們把 $L = sshtthb iibe$ 編碼。我們假設資料源的字母集為

$$A = \{b, e, h, i, s, t\}.$$

我們從以下的指定開始

0	1	2	3	4	5
b	e	h	i	s	t

L 的第一個元素是 s，它被編碼成 4。然後我們把 s 移到列表的頂端，得到

0	1	2	3	4	5
s	b	e	h	i	t

下一個 s 被編碼成 0。因為 s 已經在列表的頂端，所以我們不需要做任何改變。下一個字母是 h，我們把它編碼成 3，然後把 h 移到列表的頂端：

0	1	2	3	4	5
h	s	b	e	i	t

下一個字母是 t，被編碼成 5。把 t 移到列表的頂端，我們得到

0	1	2	3	4	5
t	h	s	b	e	i

下一個字母也是 t，因此被編碼成 0。

用這種方式繼續下去，我們得到以下的序列

$$4\ 0\ 3\ 5\ 0\ 1\ 3\ 5\ 0\ 1\ 5$$

如同我們先前警告過的，使用這個小序列，其結果並不會給人太深刻的印象，但是我們可以看到，如果被編碼的序列更長，我們將會得到許許多多的 0，以及一些很小的值。 ◆

6.5 Buyanovsky 相關聯性編碼器 (ACB)

另一種使用上下文進行壓縮的不同方法，是由 George Buyanovsky 所開發，且以其姓氏命名的壓縮公用程式。這個編碼器非常有效率，其細節並非廣為人知，然而它使用上下文的方式很有趣，我們將簡短地描述 ACB 的這一方面。如果讀者需要更詳細的描述，請參閱參考文獻 [69] 與 [70]。ACB 編碼器會發展一本包含所有已經遇見過的上下文，並經過排序的字典。在這方面它與其他根據上下文的編碼器類似。然而它也記錄了這些上下文的**內容**。上下文的內容是指上下文後面出現的資料。對於傳統從左到右的文字閱讀而言，左邊的上下文及右邊的內容是沒有界限的 (除了被編碼文字的邊界之外)。當編碼器編碼時，會尋找目前上下文 (從右到左閱讀) 的最長匹配，這又是一件不尋常的事情。有趣的是編碼器發現最佳匹配做了什麼。編碼器不僅會檢查對應於最佳匹配的上下文的**內容**，也會檢查編碼器在最佳匹配的上下文附近的**內容**。Fenwick [69] 把這個過程描述為先尋找錨點，然後搜尋最佳匹配相鄰上下文的**內容**。編碼器和解碼器都知道錨點的位置。我們會把這個**內容**的上下文相對於錨點的偏移值 δ 編碼，以通知解碼器最佳**內容**匹配的位置。我們沒有明確地指出什麼是「最佳」匹配。編碼器採取實用主義，也就是說，最佳匹配是最後可以提供最大壓縮效果的匹配。因此，一個遠離錨點的匹配，由於將 δ 編碼所需的位元數，可能不如一個比較短，但是離錨點比較近的匹配那麼理想。匹配長度 λ 也會傳送給解碼器。

這個方案有趣的一面在於它不採用與先前出現過的文字精確匹配的想法。它提供了一種豐富得多的環境與彈性，以提升壓縮效率，而且我們希望它可以提供進一步研究的康莊大道。

■ 6.6　動態 Markov 壓縮

在一個序列中，下一個符號所取的值，其機率通常不僅取決於目前的值，也取決於過去的值。*ppm* 方案倚賴這種較長距離的關聯性。*ppm* 方案在某種意義上反映出最常運用它的應用，亦即文字壓縮。Cormack 和 Horspool [71] 引入的動態 Markov 壓縮 (DMC) 使用更一般化的架構，以利用延伸到單一符號以外的關係與關聯性 (或上下文)。

考慮一份掃描文件中的像素序列。序列是由黑色與白色像素的連續片段組成。如果我們用 0 表示黑色，用 1 表示白色，則我們有 0 與 1 的連續片段。目前的值如果是 0，則下一個值是 0 的機率，會比目前的值如果是 1 時更高。圖 6.2 顯示的兩狀態模型反映出我們有兩組不同機率的事實。試考慮狀態 A。下一個值是 1 的機率，取決於我們是從狀態 B 還是從狀態 A 自己到達狀態 A。我們可以 **複製** (clone) 狀態 A，而建立狀態 A'，如圖 6.3 所示，讓模型反映出這一點。現在，如果我們在黑色像素的連續片段後面看見白色像素，我們就進入狀態 A'。在這個狀態中，下一個值是 1 的機率非常高。這樣一來，當我們估計下一個像素值的機率時，我們不僅考慮到目前像素的值，也考慮到前一個像素的值。

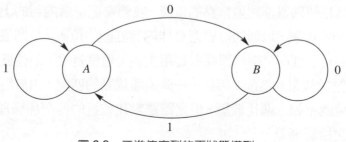

圖 6.2　二進位序列的兩狀態模型。

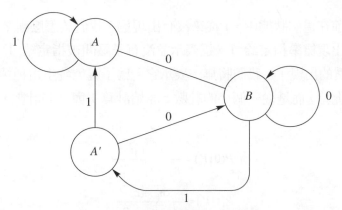

圖 6.3 經由複製得到的三狀態模型。

這個過程可以繼續下去,只要我們願意考慮愈來愈長的過往文字。當我們討論到演算法的實作時,「只要我們願意」是一個相當含糊的陳述。事實上,對於許多實作問題,我們的答案都相當含糊。我們將試圖矯正這種情況。

為了實作這個演算法,有許多問題需要解決:

1. 初始狀態數是多少?
2. 我們如何估計機率?
3. 我們如何決定什麼時候需要複製一個狀態?
4. 當狀態數變得太大時,我們該怎麼辦?

讓我們依次回答每一個問題。

我們可以從具有兩個自我迴路 0 和 1 的單一狀態開始編碼過程。這個狀態可以複製成兩個,然後複製成更多個。在實務上,已經有人發現,視特定應用而定,從多一點的狀態 (大於 1) 開始會更有效率。

來自某一給定狀態的機率可以這樣估計:我們只需要計算在該狀態中 0 和 1 出現的次數,然後除以該特定狀態所佔的次數。舉例來說,如果在狀態 V 中,0 出現的次數記為 n_0^V,1 出現的次數記為 n_1^V,則

$$P(0|V) = \frac{n_0^V}{n_0^V + n_1^V}$$

$$P(1|V) = \frac{n_1^V}{n_0^V + n_1^V}.$$

如果先前在這個狀態中，1 從來沒有出現過，我們該怎麼辦？這種方法會把等於零的出現機率指定給 1。這表示並沒有子區間被指定給 1 出現的可能性，如果它真的出現了，我們將無法表示它。為了避免發生這種情況，我們不從零的計數開始，而是從一個小的計數 c 開始計算 1 與 0 的計數，並將機率估計為

$$P(0|V) = \frac{n_0^V + c}{n_0^V + n_1^V + 2c}$$

$$P(1|V) = \frac{n_1^V + c}{n_0^V + n_1^V + 2c}.$$

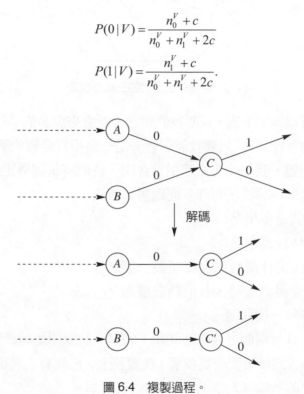

圖 6.4　複製過程。

每當有兩個分支導向同一個狀態時，就可以將它複製。而且在理論上，複製絕不會有什麼壞處。藉由複製，我們可以提供額外的資訊給編碼器。這也許不會讓編碼率降低，但絕對不致於造成編碼率增加。然而複製確實會增加編碼與解碼過程的複雜度。為了控制狀態數的增加，我們應該只有在資料的降低有一個合理的預期值時才執行複製。我們可以確認通往考慮進行複製之狀態的兩條路徑是否使用得夠頻繁，而達到這一點。考慮圖 6.4 所示的情況。假設目前

狀態為 A，且下一狀態為 C。由於有兩條進入 C 的路徑，因此 C 是進行複製的候選者。Cormack 和 Horspool 建議：如果 $n_0^A > T_1$，且 $n_0^B > T_2$，則複製 C，其中 T_1 和 T_2 是由使用者決定的臨界值。如果有 3 條以上的路徑通往一個複製候選者，則我們同時檢查從目前狀態開始的轉變次數大於 T_1，以及從所有其他狀態轉變成候選者狀態的次數大於 T_2。

最後，當我們由於實務上的原因，無法再容納更多的狀態時，我們該怎麼辦？一個簡單的解決辦法是重新開始整個演算法。為了保證我們不會每次都從零開始，我們可以使用一些過去的輸入來訓練初始狀態設定。

6.7 摘要

一個符號出現的上下文，對於這個符號所取的值，也許可以提供非常豐富的訊息。如果解碼器知道此一上下文，那麼這個訊息不需要編碼：解碼器可以推測它是什麼。在本章中，我們討論了幾種運用對上下文的瞭解來提供壓縮的創造性方法。

進階閱讀

1. T.C. Bell, J.G. Cleary 和 I.H. Witten 合著的「*Text Compression*」[1] 中，詳細地描述了基本的 *ppm* 演算法。

2. 有關 Burrows-Wheeler 編碼的極佳描述，包括實作方法，以及對基本演算法的改進，請參閱「*Lossless Compression Handbook*」中由 P. Fenwick 撰寫的「Burrows-Wheeler Compression」[72]。

3. ACB 演算法描述於「*Lossless Compression Handbook*」中由 P. Fenwick 撰寫的「Symbol Ranking and ACB Compression」[69]，以及 D. Salomon 所著的「*Data Compression: The Complete Reference*」[70]。Fenwick 撰寫的那一章也探討了根據 Shannon 實驗的壓縮方案。

■ 6.8 專案與習題

1. 將例題 6.3.1 產生的位元流解碼。假設你已經解碼出 *thisbis*，而且可以使用表 6.1 - 6.4。

2. 已知序列 *thebbetabcatbatebthebcetabhat*：

   (a) 使用 *ppma* 演算法和一具適應性算術編碼器將這個序列編碼。假設我們使用有 6 個字母的字母集 $\{h, e, t, a, c, b\}$。

   (b) 將編碼後的序列解碼。

3. 已知序列 *etabcetabandbbetabceta*：

   (a) 使用 Burrows-Wheeler 轉換與移到前面編碼來進行編碼。

   (b) 將編碼後的序列解碼。

4. 有一個序列使用 Burrows-Wheeler 轉換予以編碼。已知 $L = elbkkee$ 和索引 = 5 (我們從 1 開始數，而不是非 0)，試求出原始序列。

7 無失真影像壓縮

7.1 綜覽

在本章中，我們檢驗用來進行影像無失真壓縮的一些方案。我們將討論灰階影像與彩色影像的壓縮方案，以及二進位影像的壓縮方案。這些方案中，有一些是國際標準的一部份。

7.2 引言

前幾章的重點是壓縮技術。儘管有一些技術可以適用於比較特殊的應用，但焦點乃是技術，而不是應用。然而有一些技術無法與其應用分離，這是因為該項技術倚賴其應用的性質或特性。因此本書中有幾章將著重於特別的應用。在本章中，我們將檢驗特別適合進行無失真影像壓縮的技術。後面各章將討論查語音、音訊和視訊壓縮。

在前幾章中，我們知道要編碼的訊息機率愈偏斜時，可以得到的壓縮效果愈好。在第 6 章中，我們知道將文字編碼時，如果我們使用背景，以獲得一組偏斜的機率，可能會特別有效。我們也可以把序列 (以可逆方式) 轉換成具備其他方法所需性質的另一個序列。舉例來說，請考慮以下的序列：

1	2	5	7	2	−2	0	−5	−3	−1	1	−2	−7	−4	−2	1	3	4

如果我們認為這個樣本相當適合代表整個序列，我們可以發現：任何給定數目 (範圍介於−7 與 7 之間) 的機率幾乎是一樣的。如果我們打算使用 Huffman 碼或算術碼將這個序列編碼，每一個符號差不多將使用 4 個位元。

我們也可以不直接將序列編碼，而依照以下方式進行：將序列的前一個數目加上 2，並傳送序列目前元素與這個預測值之間的差距。被傳送的序列是

1	−1	1	0	−7	−4	0	−7	0	0	0	−5	−7	1	0	1	0	−1

這種方法使用了規則 (加上 2) 和歷史 (前一個符號的值) 來產生新序列。如果解碼器知道產生這個**殘餘值序列** (residual sequence) 的規則，則可從殘餘值序列將原來的序列還原。殘餘值序列的長度與原來的序列相同。然而請注意，與其他值相比，殘餘值序列中更有可能包含 0、1 與 −1。也就是說，0、1 與 −1 的機率將比其他數目的機率高得多。這又表示殘餘值序列的熵將會很低，因此可以提供更大的壓縮程度。

在這個例子中，我們使用了專屬於這個序列的特殊預測方法 (將序列的前一個元素加上 2)。為了得到最佳效能，我們必須找出最適合我們所處理之特定資料的預測方法。在以下各節中，我們將討論無失真影像壓縮中使用的一些預測方案。

7.2.1 舊式 JPEG 標準

聯合影像專家小組 (JPEG) 是一個 ISO/ITU 聯合委員會，負責開發展連續色調靜態影像的編碼標準。這個團體所開發的標準中，比較著名的是有失真影像壓縮標準。然而這個委員會在建立著名的 JPEG 標準時，也建立了無失真影像壓縮標準 [73]。現在這個標準或多或少已有些過時了，而且已經被本章稍後即

將描述，而且更有效的 JPEG-LS 標準超越了。然而，作為檢驗影像預測性編碼的第一步，舊式 JPEG 標準仍然很有用。

　　舊式 JPEG 無失真靜態壓縮標準 [73] 提供了 8 種不同的預測性方案，可以讓使用者選擇。第一個方案不作任何預測，其餘的 7 個方案列在下面。這 7 個方案中，有 3 個是一維的預測器，其他的 4 個則是二維的預測方案。這裡的 $I(i,j)$ 是原始影像的第 (i,j) 個像素，$\hat{I}(i,j)$ 則是第 (i,j) 個像素的預測值。

$$\textbf{1} \quad \hat{I}(i,j) = I(i-1,j) \tag{7.1}$$

$$\textbf{2} \quad \hat{I}(i,j) = I(i,j-1) \tag{7.2}$$

$$\textbf{3} \quad \hat{I}(i,j) = I(i-1,j-1) \tag{7.3}$$

$$\textbf{4} \quad \hat{I}(i,j) = I(i,j-1) + I(i-1,j) - I(i-1,j-1) \tag{7.4}$$

$$\textbf{5} \quad \hat{I}(i,j) = I(i,j-1) + \big(I(i-1,j) - I(i-1,j-1)\big)/2 \tag{7.5}$$

$$\textbf{6} \quad \hat{I}(i,j) = I(i-1,j) + \big(I(i,j-1) - I(i-1,j-1)\big)/2 \tag{7.6}$$

$$\textbf{7} \quad \hat{I}(i,j) = \big(I(i,j-1) + I(i-1,j)\big)/2 \tag{7.7}$$

　　不同的影像可能有不同的結構，可以使用這 8 種預測模式的其中之一作最妥當的利用。如果壓縮是在非即時環境下進行 (例如供歸檔使用)，這 8 種預測模式可以全部進行測試，然後使用壓縮效果最好的方案。用來執行預測的模式，可以使用 3 個位元的標頭，與被壓縮的檔案一起儲存。我們使用各種 JPEG 模式將 4 幅測試影像編碼，殘餘值影像則使用適應性算術編碼進行編碼，結果示於表 7.1。

　　最好的結果 — 亦即最小的壓縮檔案大小 — 在表中以粗體顯示。從這些結果，我們可以發現：對於不同的影像，最佳的 JPEG 預測器也不同。在表 7.2 中，我們把最好的 JPEG 結果與使用 GIF 和 PNG 獲得的檔案大小互相比較。請注意 PNG 也使用了有 4 種預測器的預測性編碼，其中每一列影像都可以使用不同的預測器進行編碼。PNG 方法描述於第 5 章。

　　即使我們一併考慮與 GIF 有關的負荷，從這項比較中，我們也可以看出：當影像是「自然」的灰階影像時，預測性方法一般而言比辭典方法更適合無失真影像壓縮。當影像是圖形影像或假色影像時，情形就不一樣了。Earth 影像

可能是個例外。如果與使用 GIF 得到的 34,276 個位元組相比，使用第 2 種 JPEG
模式及適應性算術編碼，得到的最小壓縮檔案大小是 32,137 個位元組。檔案
大小彼此之間的差別不大。只要觀看 Earth 影像，就可以曉得其中的原因。請
注意影像中有相當大的部份是具有固定值的背景。在辭典編碼中，這樣會造成
一些非常長的辭條，繼而提供相當顯著的壓縮效果。我們可以看出，這幅影像
中的背景與前景的比例如果稍微有所不同，GIF 中的辭典方法將會勝過 JPEG
方法。對於這幅影像而言，在辭典編碼之前允許每一排影像使用不同預測器
(或不使用預測器) 的 PNG 方法，將遠勝於 GIF 和 JPEG。

表 7.1　使用各種 JPEG 預測模式得到的壓縮檔案大小，單位為位元組。

影像	JPEG 0	JPEG 1	JPEG 2	JPEG 3	JPEG 4	JPEG 5	JPEG 6	JPEG 7
Sena	53,431	37,220	31,559	38,261	31,055	**29,742**	33,063	32,179
Sensin	58,306	41,298	37,126	43,445	**32,429**	33,463	35,965	36,428
Earth	38,248	32,295	**32,137**	34,089	33,570	33,057	33,072	32,672
Omaha	56,061	**48,818**	51,283	53,909	53,771	53,520	52,542	52,189

表 7.2　使用 JPEG 無失真壓縮、GIF 和
PNG 得到的檔案大小的比較。

影像	JPEG 的最理想結果	GIF	PNG
Sena	31,055	51,085	31,577
Sensin	32,429	60,649	34,488
Earth	32,137	34,276	26,995
Omaha	48,818	61,341	50,185

■ 7.3　CALIC

1994 年，為了回應大眾對無失真影像壓縮方案的新提議的呼求，背景適應性
無失真影像壓縮 (Context Adaptive Lossless Image Compression，簡稱 CALIC)
方案誕生了 [74, 75]。這個方案同時使用了像素的背景和預測值。事實上，
CALIC 方案有兩種操作模式，一種是灰階影像，另一種則是黑白影像。在本
節中，我們將專注於灰階影像的壓縮。

　　在一幅影像中，一個給定像素的值通常與其鄰近像素的值接近，至於哪一個鄰近像素的值最接近，則取決於影像的局部結構。上方的像素，左邊的像素，或相鄰像素的某些加權平均值都有可能產生最好的預測值，端視欲編碼的像素附近是否有水平或垂直邊緣而定。預測值與被編碼的像素有多接近取決於周圍的結構。比起影像中變化較少的區域，在影像中變化很大的區域內，預測值有可能離欲編碼的像素更遠。

　　為了考慮所有的因素，演算法必須決定欲編碼像素的環境。編碼器和解碼器都必須知道唯一可以用來做決定的資訊。

　　現在我們來解決欲編碼像素的附近是否存在垂直或水平邊緣的問題。為了協助討論，我們將參考圖 7.1。在本圖中，欲編碼的像素以 X 標示，上方的像素稱為北方像素，左邊的像素則是西方像素，依此類推。請注意，當像素 X 被編碼時，編碼器與解碼器均可取得一切有標示的其他像素 ($N, W, NW, NE,$ WW, NN, NE 和 NNE) 的資訊。

　　我們可以計算以下這兩個值，以瞭解 X 的附近是否有垂直或水平邊界。

$$d_h = |W - WW| + |N - NW| + |NE - N|$$
$$d_v = |W - NW| + |N - NN| + |NE - NNE|.$$

d_h 和 d_v 的相對值是用來求出像素 X 的初始預測值。接下來，我們會考慮其他因素，以改進這個初始預測值。如果 d_h 的值比 d_v 的值大得多，表示水平變化的量很大，選擇 N 作為初始預測值比較恰當。另一方面，如果 d_v 比 d_h 大得多，表示有垂直變化的量很大，而且初始預測值將取為 W。如果差距較為適度或較小，則預測值為相鄰像素的加權平均值。

		NN	NNE
	NW	N	NE
WW	W	X	

圖 7.1　標示像素 X 的鄰近像素。

CALIC 用來求出初始預測值的精確演算法示於以下的虛擬碼：

```
if d_h - d_v > 80
    X̂ ← N
else if d_v - d_h > 80
    X̂ ← W
else
{
    X̂ ← (N + W)/2 + (NE - NW)/4
    if d_h - d_v > 32
        X̂ ← (X̂ + N)/2
    else if d_v - d_h > 32
        X̂ ← (X̂ + W)/2
    else if d_h - d_v > 8
        X̂ ← (3X̂ + N)/4
    else if d_v - d_h > 8
        X̂ ← (3X̂ + W)/4
}
```

使用欲編碼像素附近的垂直或水平的方向上，像素值改變的量是大或小的資訊，可以提供理想的初始預測值。為了改進這個預測值，我們需要一些有關鄰近像素的關聯性的資訊。使用這項資訊，可以產生初始預測值的修正量或改進量。我們先形成以下的向量，把有關鄰近區域的資訊加以量化

$$[N, W, NW, NE, NN, WW, 2N - NN, 2W - WW]$$

然後我們把這個向量的每一個分量與初始預測值 $\hat{X}$ 比較。如果分量的值小於預測值，則以 1 取代，否則以 0 取代。因此，我們最後會得到一個有 8 個分量的二進位向量。如果二進位向量的每個分量彼此獨立，我們最後會得到 256 種可能的向量。然而，由於各分量之間的相依性，實際上只有 144 種可能的組成方式。我們也計算一個量，把垂直與水平方向上的變化量，以及先前的預測誤差納入考慮：

$$\delta = d_h + d_v + 2\left|N - \hat{N}\right| \tag{7.8}$$

其中 $\hat{N}$ 是 N 的預測值。δ 值的範圍被分成 4 個區間，每一個區間以 2 個位元表示。這 4 種可能性，再加上 144 種結構描述子，一共會產生 $144 \times 4 = 576$ 種 X 的背景。進行編碼時，我們會記錄每一種背景產生的預測誤差有多大，並將初始預測值加上這個偏移量。這樣會產生最終的預測值。

　　一旦得到預測值，像素值與預測值之間的差距 (預測誤差或殘餘值) 必須予以編碼。以上概略描述的預測過程雖然除去了原始序列中的許多結構，但仍然有一些結構會留在殘餘值序列中。我們可以將殘餘值以其所在的背景值編碼，以利用這些結構。我們取方程式 (7.8) 中定義的 δ 值作為殘餘值的背景。為了降低編碼的複雜度，CALIC 不使用 δ 的實際值，而使用 δ 所在的範圍作為背景。因此：

$$0 \leq \delta < q_1 \Rightarrow \text{背景 1}$$
$$q_1 \leq \delta < q_2 \Rightarrow \text{背景 2}$$
$$q_2 \leq \delta < q_3 \Rightarrow \text{背景 3}$$
$$q_3 \leq \delta < q_4 \Rightarrow \text{背景 4}$$
$$q_4 \leq \delta < q_5 \Rightarrow \text{背景 5}$$
$$q_5 \leq \delta < q_6 \Rightarrow \text{背景 6}$$
$$q_6 \leq \delta < q_7 \Rightarrow \text{背景 7}$$
$$q_7 \leq \delta < q_8 \Rightarrow \text{背景 8}$$

使用者可以指定 q_1 到 q_8 的值。

　　如果原先的像素值介於 0 和 $M-1$ 之間，則差距或預測殘餘值將介於 $-(M-1)$ 和 $M-1$ 之間。即使大部份差距別的大小接近於零，為了進行算術編碼，我們仍然必須為所有可能的符號指定一個計數值。這表示指定給確實出現的值的區間大小縮短了，接下來又表示必須使用較多的位元數來表示這些值。CALIC 演算法試圖以各種方式來解決這個問題。讓我們使用一個例子來描述這些方法。

　　考慮以下的序列

$$x_n : 0, 7, 4, 3, 5, 2, 1, 7$$

我們可以看出，所有的數目均介於 0 與 7 之間，這樣的範圍需要 3 個位元來描述。現在假設我們以序列的前一個元素來預測值序列的元素。差距值序列

$$r_n = x_n - x_{n-1}$$

為

$$r_n : 0, 7, -3, -1, 2, -3, -1, 6$$

如果我們得到這個序列，我們可以使用以下的式子，很容易將原始序列還原：

$$x_n = x_{n-1} + r_n$$

然而預測殘餘值 r_n 的範圍是 $[-7, 7]$。也就是說，表示這些值所需的字母集，幾乎是原先字母集大小的兩倍。然而，如果我們仔細觀察，我們可以發現 r_n 的值實際上介於 $-x_{n-1}$ 與 $7-x_{n-1}$ 之間。當 x_n 的值等於 0 時，會出現 r_n 可以取的最小值，在這種情況下，r_n 的值等於 $-x_{n-1}$。當 x_n 等於 7 時，會出現 r_n 可以取的最大值，在這種情況下，r_n 的值等於 $7-x_{n-1}$。換句話說，給定一個特別的 x_{n-1}，r_n 可以取的不同值的個數與 x_n 可以取的值的個數相同。把這個結果推廣，我們可以發現，如果像素 X 所取的值介於 0 與 $M-1$ 之間，則給定一預測值 $\hat{X}$，差距 $X-\hat{X}$ 的值將介於 $-\hat{X}$ 到 $M-1-\hat{X}$ 之間。我們可以利用這一點，並使用以下的映射，將差距值映射到 $[0, M-1]$ 這個範圍內：

$$0 \rightarrow 0$$
$$1 \rightarrow 1$$
$$-1 \rightarrow 2$$
$$2 \rightarrow 3$$
$$\vdots \quad \vdots$$
$$-\hat{X} \rightarrow 2\hat{X}$$
$$\hat{X}+1 \rightarrow 2\hat{X}+1$$
$$\hat{X}+2 \rightarrow 2\hat{X}+2$$
$$\vdots \quad \vdots$$
$$M-1-\hat{X} \rightarrow M-1$$

其中我們已經假設 $\hat{X} \leq (M-1)/2$。

CALIC 用來讓字母集縮小的另一種方法，是使用一種稱為*遞迴索引* (recursive indexing) 的技術的修改版本 [76]。遞迴索引是一種只使用一個小集合來表示大範圍數目的技術。如果使用例子來解釋的話，最容易瞭解這個技術。假設我們希望只使用 0 到 7 之間的整數來表示正整數 — 也就是說，字母集的大小等於 8。遞迴索引的動作如下：如果要表示的數目介於 0 到 6 之間，則直接以這個數目來表示。如果要表示的數目大於或等於 7，我們先傳送數目 7，把原來的數目減去 7，並重複這個過程。我們一直重複下去，直到餘數介於 0 與 6 之間。因此，舉例來說，9 會被表示成 7 後面跟著一個 2，17 則被表示成兩個 7，後面跟著一個 3。當解碼器看見 0 與 6 之間的數目時，會把它解碼成字面值；當它看見 7 時，則會持續累積一個值，直到接收到介於 0 與 6 之間的值。已經有人證明，對於遵循幾何分佈的序列，如果以遞迴索引法表示，然後進行熵值編碼，則可得到最佳碼 [77]。

在 CALIC 中，不同編碼背景的表示字母集是不同的。對於每一個編碼背景 k，我們使用一個字母集 $A_k = \{0, 1, ..., N_k\}$。此外，如果殘餘值出現在背景 k 中，則傳送的第一個數目將針對背景 k 進行編碼；如果需要更進一步的遞迴，我們將使用背景 $k+1$。

CALIC 演算法可以總結如下：

1. 求出初始預測值 $\hat{X}$。
2. 計算預測背景。
3. 減去該背景中之偏差的估計值，以改進預測值。
4. 更新偏差估計值。
5. 求出殘餘值，並重新映射，使殘餘值介於 0 與 $M-1$ 之間，其中 M 是初始字母集的大小。
6. 求出編碼的背景 k。
7. 使用編碼的背景將殘餘值編碼。

所有的組成部分一同發揮功能，使得 CALIC 一直是無失真影像壓縮領域內的尖端技術。然而，如果我們簡化 CALIC 中一些比較複雜的部份，我們可以得到幾乎一樣好的效能。下一節將研究這樣的方案。

7.4 JPEG-LS

JPEG-LS 標準看起來比較像 CALIC，而不像舊式的 JPEG 標準。當新式無失真壓縮標準的各種初始提案進行比較時，一共測試了 7 種影像類型，其中有 6 種由 CALIC 獲得第一名。由於受到 CALIC 某些方面的啓發，惠普公司的一個團隊提出了一個簡單得多的預測性編碼器，稱爲 LOCO-I (代表低複雜度)，然而效能仍然很接近 CALIC [78]。

如同 CALIC 一般，此一標準具有無失真與有失真模式。本書中不會描述有失真編碼程序。

我們使用以下的演算法求出初始預測值：

$$
\begin{aligned}
&\text{if } NW \geq \max(W, N) \\
&\hat{X} = \max(W, N) \\
&\text{else} \\
&\{ \\
&\quad \text{if } NW \leq \min(W, N) \\
&\quad \hat{X} = \min(W, N) \\
&\quad \text{else} \\
&\quad \hat{X} = W + N - NW \\
&\}
\end{aligned}
$$

這個預測方法是中位數適應性預測法的變形 [79]，其中被預測值的值是 N、W 和 NW 像素的中位數。然後我們使用該特定背景下的預測誤差的平均值，以改進初始預測值。

JPEG-LS 的背景也反映出像素值的局部變化。然而它們的計算方式與 CALIC 不同。首先，按照以下的式子計算差距度量 D_1, D_2 和 D_3：

$$D_1 = NE - N$$
$$D_2 = N - NW$$
$$D_3 = NW - W.$$

這些差距值定義了一個有 3 個分量的背景向量 **Q**。**Q** 的分量 $(Q_1, Q_2$ 和 $Q_3)$ 係依照下列映射予以定義：

$$D_i \le -T_3 \Rightarrow Q_i = -4$$
$$-T_3 < D_i \le -T_2 \Rightarrow Q_i = -3$$
$$-T_2 < D_i \le -T_1 \Rightarrow Q_i = -2$$
$$-T_1 < D_i \le 0 \Rightarrow Q_i = -1$$
$$D_i = 0 \Rightarrow Q_i = 0 \tag{7.9}$$
$$0 < D_i \le T_1 \Rightarrow Q_i = 1$$
$$T_1 < D_i \le T_2 \Rightarrow Q_i = 2$$
$$T_2 < D_i \le T_3 \Rightarrow Q_i = 3$$
$$T_3 < D_i \Rightarrow Q_i = 4$$

其中 T_1, T_2 和 T_3 為正值係數，可由使用者指定。如果背景向量的每一個分量都有 9 個可能的值，這樣會產生 $9 \times 9 \times 9 = 729$ 種可能的背景。為了簡化編碼過程，第一個非零的元素是負值的所有背景向量 **Q** 均以 $-$**Q** 取代，以減少背景的數目。發生這種情況時，變數 *SIGN* 也會被設定為-1，否則 *SIGN* 會被設定為$+1$。這樣可以把背景的數目降到 365。然後向量 **Q** 會被映射到介於 0 與 364 之間的一個數目 (此標準並沒有指定要使用的特定映射)。

表 7.3　使用新式和舊式 JPEG 無失真壓縮標準
及 CALIC 得到的檔案大小的比較。

影像	老式 JPEG	舊式 JPEG	CALIC
Sena	31,055	27,339	26,433
Sensin	32,429	30,344	29,213
Earth	32,137	26,088	25,280
Omaha	48,818	50,765	48,249

預測值的改進步驟中會使用到變數 *SIGN*。修正值會先乘以 *SIGN*，然後加入初始預測值。

預測誤差 r_n 被映射到和原先的像素值擁有的範圍一樣大的一個區間。JPEG-LS 中使用的映射如下：

$$r_n < -\frac{M}{2} \Rightarrow r_n \leftarrow r_n + M$$

$$r_n > \frac{M}{2} \Rightarrow r_n \leftarrow r_n - M$$

最後，預測誤差會使用根據 Golomb 碼，並以適應性方法選擇的碼進行編碼，此外，也已經有人證明，對於具有幾何分佈的序列，這樣的碼是最佳碼。在表 7.3 中，我們比較了舊式和新式 JPEG 標準和 CALIC 的效能。新式 JPEG 方案的結果係使用惠普公司提供的軟體實作而得，在此特致謝忱。

我們可以看到，對於大部份的影像，新式 JPEG 標準的效能非常接近 CALIC，而且超越舊式標準達 6% 到 18%。效能沒那麼理想的情況只有 Omaha 影像。雖然這些例子中的效能改善並沒有帶給我們很深刻的印象，但我們應該記住，對於舊式 JPEG，我們是從 8 種選項中挑選最好的結果。在實務上，這表示我們必須測試所有的 8 種 JPEG 預測器，並挑選效果最好的一種。另一方面，CALIC 和新式 JPEG 標準都是單一回合演算法。此外，由於 CALIC 和新式標準均可使用多種模式進行操作，所以這兩種方法對於複合文件的效能都非常好，複合文件中除了文字之外，也可以包含影像。

■ 7.5　多解析度方法

我們要討論的最後一個預測性影像壓縮方案或許不像其他方案一樣具有競爭力，然而它是一個很有趣的演算法，因為它從稍微不一樣的觀點來處理問題。

多解析度模型會產生影像的特殊表示方式，其中具有不同的空間解析度。這樣通常會產生這幅影像的金字塔型表示方式，其中每一層金字塔都是下面一層的預測模型。

圖 7.2　階層式預測使用的 HINT 方案。

　　這些技術中，較常用的一種稱為 HINT (Hierarchical INTerpolation，階層式內插) [80]。HINT 的具體步驟如下。首先，我們使用線性預測獲得圖 7.2 中標為 Δ 的像素對應的殘餘值，並傳送這個值。接下來，我們使用線性內插法估計中間像素 (○) 的值，並傳送估計誤差。然後我們根據 Δ 和○來估計像素 X 的值，並傳送估計誤差。最後，我們根據已知的鄰近像素估計標為 * 與 • 的像素，並傳送誤差。重建過程也是以類似的方式進行。

　　多解析度的方法的用途之一是漸進式影像傳輸。下一節將描述這個應用。

7.5.1　漸進式影像傳輸

最近幾年來，我們看到被儲存成影像的資訊量非常迅速地增加，特別是遙測影像 (例如氣象衛星及其他衛星的影像) 和醫學影像 (例如 CAT 掃描、磁共振影像與乳房 X 射線照片)。只有資訊是不夠的，我們也需要讓能夠利用這些影像的個人可以取得這些影像。要讓許多人可以取得大量的資訊，其中牽涉到很多問題。在本節中，我們將討論一個特別的問題 — 將這些影像傳送給遠端使用者。(如果讀者需要管理大量資訊問題的一般性討論，請參閱參考文獻[81]。)

假設有一位使用者想要瀏覽遠端資料庫中的一些影像。使用者透過每秒 56 仟位元 (kbps) 的數據機連上資料庫。假設影像大小為 1024 × 1024，平均而言，使用者必須看過 30 幅影像，才能找到他們要尋找的影像。如果這些影像是單色的，每個像素有 8 個位元，這個過程將耗費一個小時又 15 分鐘，這不太切合實際。即使我們在傳輸之前先壓縮這些影像，無失真壓縮平均而言可以產生 2 比 1 的壓縮。這樣只是讓傳輸時間變成一半，這種方法使用起來仍然很麻煩。一個更好的選擇是先傳輸每一幅影像的近似值，這不需要太多位元，但仍然夠準確，足以讓使用者瞭解這幅影像看起來像什麼樣子。如果使用者發現影像是他們有興趣的，他們可以要求傳輸更細緻的近似值或完整的影像。這種方法稱為**漸進式影像傳輸** (progressive image transmission)。

例題 7.5.1

一個簡單的漸近式傳輸方案是把影像分成許多區塊，然後傳送每一個區塊的代表像素。接收器以代表像素的值取代區塊內的每一個像素。在這個例子中，代表像素的值是左上角的像素的值。視區塊的大小而定，需要傳送的資料量可以大幅降低。舉例來說，在一條 56 kbps 的信號線上傳送一幅大小為 1024 × 1024，每個像素佔 8 個位元的影像，大約需要 2.5 分鐘。如果我們使用 8 × 8 的區塊大小，並使用每一個區塊的左上角像素作為代表像素的值，表示我們使用一幅 128 × 128 的二次取樣影像來近似一幅 1024 × 1024 的影像。如果每個像素佔 8 個位元，並使用每秒 56 仟位元的信號線來傳送影像的近似值，需要的時間不到 2.5 秒。假設這幅近似影像足以讓使用者決定某一幅特定影像是不是他需要的影像，檢查 30 幅影像需要的時間，現在變成了一分半鐘，而不是前面提到的一個半鐘頭。如果使用 8 × 8 的區塊大小得到的近似影像提供的解析度不足以做決定，使用者可以要求更細緻的影像。接下來，傳輸器可以把 8 × 8 的區塊分成 4 個 4 × 4 的區塊。左上區塊的左上角像素已經傳送過去了，它就是 8 × 8 區塊的代表像素，因此我們需要傳送另外 3 個 4 × 4 的區塊。這樣大約要花費 7 秒鐘，因此即使使用者每隔 3 幅影像會要

求傳輸一次更細緻的近似影像，這樣只會讓總搜尋時間增加的量比一分鐘稍微多一點。為了瞧瞧這些近似影像看起來像什麼樣子，我們以 Sena 影像為例，並使用不同的區塊大小將它編碼，結果示於圖 7.3。左上角顯

圖 7.3　使用不同的區塊大小進行編碼，供漸進式傳輸使用的 Sena 影像。

上排：8 × 8 的區塊大小與 4 × 4 的區塊大小

下排：2 × 2 的區塊大小與原始影像

示的 32×32 影像是解析度最低的影像。右上角的影像是 64×64 影像。左下角的影像是 128×128 影像，右下角的影像則是 256×256 的原始影像。

請注意，即使區塊大小等於 8，我們仍然可以很清楚地認出來這一幅影像是人的影像。因此，如果使用者要找的是一棟房子，那麼在看見第一幅近似影像之後，或許會跳過這幅影像。如果使用者要找的是一個人的照片，仍然可以根據第二幅近似影像來做決定。

最後，當一幅影像被一行一行產生出來時，眼睛傾向於會跟隨掃描線。使用漸近式傳輸方法時，使用者在成像過程中，很早就可以得到這幅影像更全面的觀感。考慮圖 7.4 的影像。左邊的影像是 Sena 影像的 8×8、4×4 和 2×2 近似影像。在右邊，我們顯示如果使用標準的逐行點陣掃描順序，在同樣時間內可以看見多少比例的原始影像。　　　　　◆

我們希望我們傳輸的第一幅近似影像使用的位元數愈少愈好，但仍然夠準確，讓使用者可以有一定程度的把握決定接受或捨棄這幅影像。由於這些近似影像有些失真，許多漸近式傳輸方案在第一個回合會使用著名的有失真壓縮方案。

較常用的有失真壓縮方案，例如轉換編碼，通常需要相當大量的計算。由於大部份漸近式傳輸方案的解碼器必須在多種平台上作用，因此通常是以軟體實作，而且必須簡單和快速。由於這項要求，有一些漸進式傳輸方案被發展出來，這些方案產生初始近似影像時不會使用有失真壓縮方案。這些方案中，大部份都具有類似例題 7.5.1 所描述的形式，此外，由於近似影像產生及影像重建的方式，它們通常稱為**金字塔方案** (pyramid scheme)。

當我們使用金字塔形式時，仍然有一些產生近似影像的方法。例題 7.5.1 描述的簡單方法有一個問題：如果一個區塊內的像素值變化很大，那麼「代表」像素的值可能沒有什麼代表性。為了避免發生這種情況，我們可以使用某種平均值或合成值來表示區塊。舉例來說，假設我們從 512×512 的影像開始。我

圖 7.4　使用漸進式傳輸及使用標準點陣掃描順序時所接收到之影像的比較。

們先把這幅影像分成 2×2 的區塊,並計算每一個區塊的平均值的整數值 [82, 83]。平均值的整數值將形成倒數第二的近似影像。我們可以取 2×2 平均值的平均值,而得到在這個近似影像之前傳送的近似影像,並依此類推,如圖 7.5 所示。

使用例題 7.5.1 中的這種簡單技術,最後所傳送的值,其數目與原來的像素數目相同。然而,當我們使用像素的平均值作為近似影像時,在傳送每一層的平均值之後,我們仍然需要傳送實際的像素值。原因是當我們取平均值的整數部分時,我們最後會損失一些資訊,而且無法挽回。為了避免資料膨脹的問題,我們可以傳送在 2×2 區塊中所有像素值的總和。接下來,我們只需要再傳送 3 個值,就可以把原來的 4 個值還原。使用這種方法,雖然我們傳送的值的數目與影像中的像素數目相同,最後仍然有可能傳送更多的位元數,因為要表示所有可能的總和值,必須比原先的值所需要的多傳送 2 個位元。舉例來說,如果影像中的像素可以取 0 到 255 之間的值 (可使用 8 個位元來表示),則其總和將取 0 到 1024 之間的值,這樣會需要 10 個位元。如果我們可以使用熵值編碼,我們可以利用「每一近似值中的相鄰值,就像金字塔中不同層的值

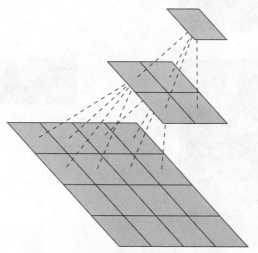

圖 7.5　漸進式傳輸使用的金字塔結構。

一樣，均為密切關聯」的事實，而克服資料膨脹的問題。這表示這些值之間的差距，可以使用熵值編碼有效地予以編碼。如果我們這麼做，最後得到的總成果將是壓縮，而不是擴大。

如果我們不採用算術平均值，也可以形成其他類型的加權平均值。一般的程序將類似以上所描述的程序 (如果讀者希望瞭解比較有名的加權平均值技術，請參閱 [84])。

代表值並非一定要使用平均值。金字塔較下層的近似影像中的像素值可以作為檢索表的索引。我們可以設計能保存如邊緣等重要資訊的檢索表。這個方法有一個問題，就是檢索表的大小。如果我們使用 8 位元值的 2×2 區塊，檢索表將有 2^{32} 個值，對於大部份的應用來說太大了。如果每個像素佔用的位元數可以減少，或如果我們不使用 2×2 個區塊，而改用大小等於 2×1 和 1×2 的矩形區塊，則表格的大小可以縮減 [85]。

最後，我們不必一次建造一層金字塔。在傳送低解析度的近似影像之後，我們可以使用區塊中所含的一些資訊度量來決定是否應該被傳送 [86]。一個可能的度量是在區塊中最大強度值與最小強度值的差距。另一個可能是區塊中相似像素的最大個數。使用資訊度量來引導影像的漸近式傳輸，可以讓使用者先看到影像中更引人注目的部份。

■ 7.6 　傳真編碼

無失真壓縮在現代最早的應用之一是傳真的壓縮。當傳真被傳輸時，頁面被掃描，並轉換成黑色或白色像素的序列。最近二十年來，一份 A4 文件 (210×297 公分) 的傳真必須傳送多快的要求已經改變了。CCITT (現在的 IUT -T) 已經根據給定時間內的速率要求發佈了許多通訊協定。CCITT 把用來傳輸傳真儀器分成為 4 組。雖然這個分類過程中使用了一些考慮，然而，如果我們只考慮在電話線上傳送一份 A4 大小文件的時間，那麼這 4 個群組可以描述如下：

■ **第 1 組：**這部儀器可以使用類比方案，在電話線上以大約 6 分鐘的時間傳送一份 A4 大小的文件。此組儀器在通訊協定 T.2 中被標準化。

- **第 2 組：**這部儀器可以在電話線上以大約 3 分鐘的時間傳送一份 A4 大小的文件。第 2 組的儀器也使用類比方案，因此不會使用資料壓縮。此組儀器在通訊協定 T.3 中被標準化。
- **第 3 組：**這部儀器使用傳真的數位化二進位表示方式。因為是數位化的方案，它可以使用，也確實使用到資料壓縮，而且可以在大約一分鐘內傳送一份 A4 大小的文件。此組儀器在通訊協定 T.4 中被標準化。
- **第 4 組：**這部儀器的速率要求與第 3 組相同。此組儀器在通訊協定 T.6、T.503、T.521 以及 T.563 中被標準化。

隨著網際網路的出現，傳真傳輸也跟著改變了。由於數位通訊使用的編碼率與「儀器」的範圍極為寬廣，因此專注於通訊協定而非儀器是有道理的。ITU 發佈的較新通訊協定提供了或多或少與儀器無關的壓縮標準。

本章稍後將討論 ITU-T 通訊協定 T.4、T.6、T.82 (JBIG)、T.88 (JBIG2) 以及 T.42 (MRC) 中描述的壓縮方案。我們先討論比較早期的一種傳真技術，稱為**連續片段長度編碼** (run-length coding)，這項技術仍然是 T.4 通訊協定的一部份。

7.6.1　連續片段長度編碼

產生連續片段長度編碼的模型是 Capon 模型 [87]，這是有兩個狀態的 Markov 模型，這兩個狀態是 S_w 和 S_b (S_w 相當於剛被編碼的像素是白色像素的情況，S_b 則相當於剛被編碼的像素是黑色像素的情況)。轉變機率 $P(w|b)$ 和 $P(b|w)$，以及在每一種狀態下的機率 $P(S_w)$ 和 $P(S_b)$ 完全指定了這個模型。對於影像傳真而言，$P(w|w)$ 和 $P(b|b)$ 通常比 $P(w|b)$ 和 $P(b|w)$ 高得多。我們使用圖 7.6 所示的狀態圖來表示 Markov 模型。

具有狀態 S_i 的有限狀態過程，其熵值係由方程式 (2.16) 給出。回憶一下，在例題 2.3.1 中，使用機率模型及 *iid* 假設得到的熵值遠大於使用 Markov 模型得到的熵值。

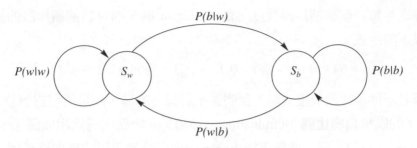

圖 7.6　二進位影像的 Capon 模型。

　　讓我們試著解釋這個模型對於資料的結構說了些什麼。機率 $P(w|w)$ 和 $P(w|b)$，以及 $P(b|b)$ 和 $P(b|w)$ (但程度較小) 極為偏斜的性質說明：一旦某個像素具有一種特定的顏色 (黑色或白色)，則其後面的像素也非常可能具有同樣的顏色。因此，我們只需要把每一種顏色的連續片段的長度編碼，而不需要將每一個像素的顏色分別編碼。舉例來說，如果我們有 190 個白色像素，之後有 30 個黑色像素，之後又有 210 個白色像素，那麼我們並不會把 430 個像素分別編碼，而是將序列 190, 30, 210 編碼，並指示第一串像素的顏色。將連續片段的長度，而非個別像素值編碼的方法，稱為連續片段長度編碼。

7.6.2　CCITT 第 3 組通訊協定 T.4 與第 4 組通訊協定 T.6

第 3 組傳真通訊協定包括兩個編碼方案。其中一個方案是一維的方案，其中每一排像素進行編碼時均與其他排無關。另一個則是二維的方案；一排像素進行編碼時，會使用排對排的關聯性。

　　一維的編碼方案乃是一個連續片段長度編碼方案，其中每一排像素都被表示成一連串交替出現的白色連續片段及黑色連續片段。第一個連續片段永遠是白色的連續片段。如果第一個像素是黑色像素，則我們假設有一個長度等於零的白色連續片段。

　　不同長度的連續片段出現的機率不同；因此我們將使用可變長度碼將其編碼。CCITT 標準 T.4 和 T.6 採用 Huffman 碼將連續片段的長度編碼。然而連續片段可能具有的長度數量極大，我們根本不可能建立這麼大的編碼冊。因此我

們並不產生每一個連續片段長度 r_l 的 Huffman 碼,而是將連續片段的長度表示成以下的形式:

$$r_l = 64 \times m + t \quad \text{當 } t = 0, 1, \cdots, 63,\ \text{且 } m = 1, 2, \cdots, 27. \tag{7.10}$$

當必須表示連續片段長度 r_l 時,我們並不計算 r_l 的碼,而是使用對應於 m 和 t 的碼。t 的碼稱爲**終止碼** (terminating codes),m 的碼則稱爲**組成碼** (make-up codes)。若 $r_l < 63$,只需要使用終止碼,否則同時使用組成碼與終止碼。對於這裡提供的 m 和 t 的範圍來說,可以表示 1728 的長度,這是一份 A4 大小文件中每一行的像素數目。然而,如果文件更寬,通訊協定也提供了一組有 13 個碼的選用碼。除了選用碼之外,黑色與白色連續片段長度各有不同的碼。這種編碼方案一般稱爲**改良型** *Huffman* (modified Huffman,簡稱 MH) 方案。

在二維的方案中,我們並不報告連續片段的長度 (就 Markov 模型而言乃是保持在一個狀態內的時間的長短),而是報告從一個狀態轉變成另一個狀態的轉變次數。請參閱圖 7.7。有兩種方式可以將它編碼。我們可以說第一排由長度等於 0, 2, 3, 3, 8 的一連串連續片段組成,第 2 排則由長度等於 0, 1, 8, 3, 4 的連續片段組成 (請注意第一個長度等於零)。我們也可以把像素值從白色轉變成黑色,或從黑色轉變成白色的位置編碼。第一個像素是一個虛構的白色像素,我們假設這個像素位於第一個實際像素的左邊。因此,如果我們把轉變位置編碼,我們會把第一排編碼成 1, 3, 6, 9,第 2 排則編碼成 1, 2, 10, 13。

傳眞的各排影像通常都是高度關聯的。因此參照前一排的像素將轉變點編碼,會比把每一個轉變點根據其絕對位置進行編碼,或甚至根據與前一個轉變點的距離進行編碼要來得容易。這是被推薦的二維編碼方案背後的基本想法。這個方案是一個叫做**相對元素位址指示** (Relative Element Address Designate,

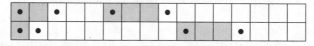

圖 7.7　一幅影像中的兩排像素。轉變像素以黑點標明。

簡稱 READ) 碼[88, 89] 的二維編碼方案的改進版本，一般稱爲**改良型** *READ*
(Modified READ，簡稱 MR)。READ 碼是日本針對第 3 組標準向 CCITT 所作
的提議。

　　爲了瞭解二維編碼方案，我們需要一些定義。

a_0：這是最後一個像素的值，編碼器與解碼器都知道。將每一排影像開
　　始編碼時，a_0 是指第一個實際像素左邊的一個虛構的白色像素。雖
　　然這個像素經常是一個轉變像素，但未必如此。

a_1：這是 a_0 右邊的第一個轉變像素。根據定義，它的顏色應該與 a_0 相反。
　　這個像素的位置只有編碼器知道。

a_2：這是 a_0 右邊的第 2 個轉變像素。它的顏色應該與 a_1 相反，這表示它
　　的顏色與 a_0 相同。這個像素的位置也只有編碼器知道。

b_1：這是位於目前被編碼的像素排的上一排，而且在 a_0 右邊的第一個轉
　　變像素，顏色與 a_0 相反。由於編碼器與解碼器都知道上面的這排像
　　素，正如 a_0 的值一樣，編碼器與解碼器也都知道 b_1 的位置。

b_2：位於目前被編碼像素排的上一排，而且在 b_1 右邊的第一個轉變像素。

對於圖 7.7 的像素來說，如果目前編碼的是第 2 排，而且如果我們已經編碼到
第 2 個像素，不同的像素的指定示於圖 7.8。對於稍微不同的黑色與白色像素
排列方式，其像素指定示於圖 7.9。

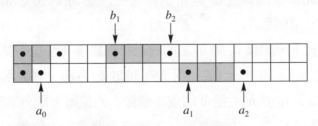

圖 7.8　一幅影像中的兩排像素。轉變像素以黑點標明。

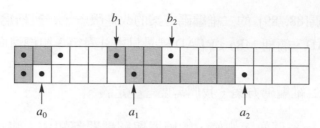

圖 7.9　一幅影像中的兩排像素。轉變像素以黑點標明。

　　如果 b_1 和 b_2 位於 a_0 和 a_1 之間，則我們稱所使用的編碼模式為穿越模式。傳輸器會傳送碼 0001，將這種情況通知接收器。接收器接收到這個碼之後，就知道從 a_0 的位置到 b_2 正下方的像素，所有像素的顏色都相同。如果不是這樣的話，我們早就遇到轉變像素了。由於 a_0 右邊的第一個轉變像素是 a_1，而且 b_2 在 a_1 之前出現，因此不會發生任何轉變。而且從 a_0 到 b_2 正下方的所有像素顏色都相同。在這個時候，傳輸器與接收器都知道的最後一個像素是 b_2 下方的像素。因此這個像素現在變成新的 a_0，而且我們會檢查目前被編碼的這排像素的上一排，找出新的 b_1 和 b_2 的位置，並繼續編碼過程。

　　如果編碼器在 b_2 之前偵測到 a_1，我們會做下面兩件事情的其中之一。如果 a_1 與 b_1 (從 a_1 到 b_1 正下方的像素個數) 之間的距離小於或等於 3，則我們傳送 a_1 相對於 b_1 的位置，把 a_0 移到 a_1，並繼續編碼過程。這種編碼模式稱為垂直模式。如果 a_1 與 b_1 之間的距離很大，基本上我們會回復到一維的技術，並使用改良型 Huffman 碼傳送 a_0 與 a_1 的距離，以及 a_1 與 a_2 之間的距離。讓我們瞧瞧如何完成這個動作。

　　在垂直模式下，如果 a_1 與 b_1 之間的距離等於零 (也就是說，a_1 正好在 b_1 下方)，則傳送碼 1。如果 a_1 (如同圖 7.9) 位於 b_1 右邊一個像素的位置，則傳送碼 011。如果 a_1 位於 b_1 右邊 2 個或 3 個像素的位置，則分別傳送碼 000011 或 0000011。如果 a_1 在 b_1 左邊 1 個、2 個或 3 個像素的位置，則分別傳送碼 010、000010 或 0000010。

在水平模式下，我們首先傳送碼 001，通知接收器要使用這種方式，然後傳送對應於從 a_0 到 a_1，以及 a_1 從到 a_2 之連續片段長度的改良型 Huffman 編碼字。

由於在二維演算法中，一排像素的編碼是根據前一排，我們可以想像某一排的誤差會傳播到被傳輸的所有其他各排。為了避免發生這種情況，T.4 通訊協定包含以下的要求：每一排像素使用一維演算法編碼之後，最多只有 $K-1$ 排像素可以使用二維演算法進行編碼。對於標準垂直的解析度而言，$K = 2$，對於高解析度，則 $K = 4$。

第 4 組編碼演算法在 CCITT 通訊協定 T.6 中被標準化了，它和通訊協定 T.4 中的二維編碼演算法完全相同。從壓縮觀點來看，T.6 和 T.4 的主要差別是在於 T.6 沒有一維編碼演算法，這表示上一段描述的限制也不存在。對於改良型 READ 演算法的這樣一個微小的修改，已經為它贏得了**改良改良型** *READ* (modified modified READ，簡稱 MMR) 這個名稱！

7.6.3　JBIG

許多黑白影像具有大量的局部結構。請考慮一頁數位化的文字。在大部份的影像中，我們遇到白色像素的機率趨近於 1。在影像的其他部分，遇到黑色像素的機率很高。我們可以觀察被編碼像素附近的像素的值，合理地猜測一個特定像素的情況。舉例來說，如果被編碼的像素附近的像素大部份是白色，那麼被編碼的像素也是白色的機率就很高。另一方面，如果附近的像素大部份是黑色的，被編碼的像素也是黑色的機率也會很高。每一種情況都會產生偏斜機率 —— 這種情況非常適合進行算術編碼。如果我們把這些情況分別處理，在每一種情況下使用不同的算術編碼器，比起所有的像素都使用同樣的算術編碼器的情況，應該可以獲得改進。請考慮以下的範例。

假設遇到黑色像素的機率是 0.2，遇到白色的像素的機率是 0.8。這個資料源的熵為

$$H = -0.2\log_2 0.2 - 0.8\log_2 0.8 = 0.722 \tag{7.11}$$

如果我們使用一具算術編碼器把這個資料源編碼，會得到每個像素接近於 0.722 位元的平均位元編碼率。現在讓我們假設，根據像素的鄰近像素，我們可以把像素分成兩個集合，一個包含 80%的像素，另一個則包含 20%的像素。在第一個集合中遇到白色像素的機率是 0.95，在第 2 個集合中遇到黑色的像素的機率是 0.7。這些集合的熵分別為 0.286 和 0.881。如果我們使用頻率表與機率相匹配的兩具不同的算術編碼器，那麼大約有 80%的時間，我們可以產生接近於每個像素 0.286 位元的編碼率，大約有 20%的時間，我們可以產生接近於每個像素 0.881 位元的編碼率。平均編碼率大約是每個像素 0.405 位元，幾乎是使用一具算術編碼器時所需編碼率的一半。如果我們只使用傳送到接受器的鄰近像素來決定要使用哪一個算術編碼器，解碼器可以記錄哪一具編碼器被用來將一個特定的像素編碼。

正如我們在前面提到的，算術編碼方法特別適合使用許多個不同的編碼器。所有的編碼器都使用同樣的計算機制，每一具編碼器使用一組不同的機率。JBIG 演算法充分利用到算術編碼的這項特性。JBIG 編碼器並不檢查附近大部份的像素是白色還是黑色，而是使用鄰近像素的圖案或*背景* (context) 來決定將某一特定像素編碼時，應該使用哪一組機率。如果鄰近像素由 10 個像素組成，每一個像素可以呈現兩個不同的值，那麼可能的圖案有 1024 種。JBIG 編碼器使用 1024 到 4096 個編碼器，視被編碼的資料是低解析層或高解析層而定。

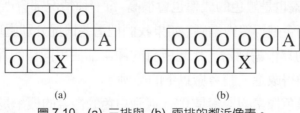

(a)   (b)

圖 7.10   (a) 三排與 (b) 兩排的鄰近像素。

圖 7.11 (a) 由三排與 (b) 兩排像素組成的背景。

對低解析層來說，JBIG 編碼器使用圖 7.10 所示的兩個不同鄰近像素的其中之一。被編碼的像素標示為 **X**，使用於樣板的像素則標示為 **O** 或 **A**。**A** 和 **O** 像素乃是先前已經編碼的像素，而且編碼器和解碼器都可以取得其資訊。像素 **A** 可以視為鄰近像素的移動成員。它的位置取決於被編碼的輸入。假設影像中有相距 30 個像素的垂直線。像素 **A** 會被放在被編碼的像素左邊 30 個像素的位置。像素 **A** 可以四處移動，以捕捉影像中可能存在的任何結構。這在像素 **A** 用來捕獲週期性結構的半色調影像中特別有用。像素 **A** 的位置和運動被當作附屬資訊傳送給解碼器。

在圖 7.11 中，鄰近像素的符號已經被替換成 0 與 1。我們令 0 對應於白色像素，1 則對應於黑色像素，被編碼的像素則以粗線框起來。0 與 1 的圖案被解釋成一個二進位數，並使用為各組機率的索引。在使用 3 排鄰近像素 (從左到讀右，從上讀到下) 的情況下，背景為 0001000110，對應於索引 70。在使用兩排鄰近像素的情況下，背景為 0011100001 或 225。由於這些樣板有 10 個位元，因此我們有 1024 具不同的算術編碼器。

在 JBIG 標準中，這 1024 具算術編碼器是一種稱為 QM 編碼器的算術編碼器的變形。QM 編碼器是一種適應性二進位算術編碼器 (稱為 Q 編碼器) 的修改版本 [51, 52, 53]，而 Q 編碼器又是另一種二進位適應性算術編碼器 (稱為偏斜編碼器) 的延伸 [90]。

在算術編碼的描述中，我們更新區間的端點 $u^{(n)}$ 和 $l^{(n)}$，以更新標記區間。我們也可以記錄一個端點和區間的大小。這是 QM 編碼器採用的方法，它會記錄標記區間的左邊端點 $l^{(n)}$ 與區間的大小 $A^{(n)}$，其中

$$A^{(n)} = u^{(n)} - l^{(n)}. \tag{7.12}$$

序列的標記是 $l^{(n)}$ 的二進位表示方式。

我們可以把方程式 (4.10) 減去方程式 (4.9)，並進行以下的代換，而得到 $A^{(n)}$ 的更新方程式

$$A^{(n)} = A^{(n-1)}(F_X(x_n) - F_X(x_n - 1)) \tag{7.13}$$

$$= A^{(n-1)}P(x_n). \tag{7.14}$$

將方程式 (4.9) 中的 $u^{(n)} - l^{(n)}$ 代換成 $A^{(n)}$，我們得到 $l^{(n)}$ 的更新方程式：

$$l^{(n)} = l^{(n-1)} + A^{(n-1)}F_X(x_n - 1). \tag{7.15}$$

QM 編碼器不直接處理資料源輸出的 0 和 1，而是將它們映射到比較可能出現的符號 (MPS) 和比較不可能出現的符號 (LPS)。如果 0 代表黑色像素，1 代表白色像素，那麼在一幅主要是黑色的影像中，MPS 是 0，而在一幅主要是白色區域的影像中，MPS 是 1。如果我們把背景 C 的 LPS 的出現機率記為 q_c，並將 MPS 映射到下方的子區間，那麼 MPS 符號的出現會造成以下的更新方程式：

$$l^{(n)} = l^{(n-1)} \tag{7.16}$$

$$A^{(n)} = A^{(n-1)}(1 - q_c) \tag{7.17}$$

LPS 符號的出現則會造成以下的更新方程式：

$$l^{(n)} = l^{(n-1)} + A^{(n-1)}(1 - q_c) \tag{7.18}$$

$$A^{(n)} = A^{(n-1)}q_c \tag{7.19}$$

到目前為止，QM 編碼器看起來非常像本章先前所描述的算術編碼器。為了讓實作簡單一點，JBIG 委員會建議了一些可能與標準算術編碼演算法有差異的地方。更新方程式會用到乘法運算，這樣的運算不論在硬體與軟體上，成本都很昂貴。在 QM 編碼器中，我們假設 $A^{(n)}$ 的值接近於 1，而且乘以 $A^{(n)}$ 可以用乘以 1 來近似，以避免乘法運算。因此更新方程式變成

對於 MPS：

$$l^{(n)} = l^{(n-1)} \tag{7.20}$$

$$A^{(n)} = 1 - q_c \tag{7.21}$$

對於 LPS：

$$l^{(n)} = l^{(n-1)} + (1 - q_c) \tag{7.22}$$

$$A^{(n)} = q_c \tag{7.23}$$

　　爲了不違反 $A^{(n)}$ 的假設，當 $A^{(n)}$ 降低到 0.75 以下時，QM 編碼器會進行一系列的尺度調整，直到 $A^{(n)}$ 值大於或等於 0.75。尺度調整採用重複加倍的形式，相當於將 $A^{(n)}$ 的二進位表示方式向左移位。爲了讓所有的參數保持同步，同樣的尺度調整也將應用於 $l^{(n)}$。從緩衝區 (含有 $l^{(n)}$ 的值) 移位出來的位元會形成編碼器的輸出。觀察 QM 編碼器的更新方程式，我們可以發現：每當 LPS 出現時，就會發生一次尺度調整。MPS 的出現可能會造成尺度調整，也可能不會，端視 $A^{(n)}$ 的值而定。

　　發生尺度調整，而且我們正在使用背景 C 時，背景 C 的 LPS 的機率 q_c 會被更新。q_c 值的有序串列會列在一個表格中。每當尺度調整發生時，q_c 的值會被轉換成表格中下一個較低或較高的值，取決於尺度調整是因爲 LPS 或 MPS 的出現而引起的。

　　在不穩定的情況下，指定給 LPS 的符號實際上可能比指定給 MPS 的符號更常出現。當 $q_c > (A^{(n)} - q_c)$ 時，我們會偵測到這種情況。在這種情況中，我們會反過來指定；指定爲 LPS 標記的符號將被指定爲 MPS 標記，反之亦然。每一次發生尺度調整時，我們都會執行這項測試。

　　QM 編碼器的解碼器會模擬編碼器的操作，並採用與本章所描述的解碼器相同的方式操作。

漸進式傳輸

在某些應用中，我們可能不一定總是需要以完整的解析度觀看影像。舉例來說，如果我們觀看某一幅頁面的佈局，我們可能不需要知道該頁上的每一個字或字母是什麼。JBIG 標準允許我們產生解析度逐漸降低的影像。如果使用者對影像中的一些整體圖案有興趣 (舉例來說，如果他們有興趣看看是否在某一特別的頁上有任何圖形)，他們可以要求一幅解析度比較低的影像。這幅影像

可以使用比較少的位元傳送。一旦獲得了解析度比較低的影像，使用者可以決定是否需要解析度比較高的影像。JBIG 規格建議：針對解析度比較高的影像內的每一個 2×2 區塊，產生一個解析度比較低的像素。JBIG 並沒有指定解析度比較低的影像 (稱為影像層) 的數目。

有一個直截了當的方法可以產生解析度比較低的影像，就是使用 4 個像素的平均值來取代 2×2 區塊中的每一個像素，而使水平和垂直方向的解析度減少兩倍。只要 4 個像素中有 3 個是黑色或白色的，這種方法就有效。然而，當每一種像素各有兩個時，我們就有麻煩了；如果我們統一使用白色或黑色像素來取代 4 個像素，會讓細節損失得很嚴重，如果我們把像素隨機取代為黑色或白色像素，又會把相當多的雜訊引入影像中 [81]。

JBIG 規格並非只是取每一個 2×2 區塊的平均值，它提供了一種以表格為主的方法，以降低解析度。表格是以圖 7.12 顯示的鄰近像素來索引的，圓圈代表解析度比較低的影像層的像素，正方形則代表解析度比較高的影像層的像素。

每個像素都會貢獻一個位元給索引。我們計算以下的表示式，以產生表格

$$4e + 2(b+d+f+h) + (a+c+g+i) - 3(B+C) - A.$$

如果這個表示式的值大於 4.5，像素 X 會暫時被宣告為 1。表格中有一些這個規則的例外，以降低邊緣的模糊程度，通常在濾波運算中會遇到。還有一些例外是用來保持週期性圖案和遞色圖案。

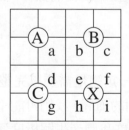

圖 7.12　用來決定較低層像素之值的像素。

　　由於解析度比較低的層是從解析度比較高的影像獲得的，當我們將解析度比較高的影像編碼時，可以使用它們。JBIG 規格將解析度比較高的影像編碼時，會使用解析度比較低的影像中的像素當作背景，以利用解析度比較低的影像。將解析度最低的影像層編碼所用的背景示於圖 7.10。將解析度較高的影像層編碼所用的背景示於圖 7.13 顯示。

　　每一種背景會使用 10 個像素。如果再加上指示目前使用哪一種背景樣板所需的 2 個位元，我們將使用 12 個位元來表示背景。這表示我們可以有 4096 種不同的背景。

MH、MR、MMR 和 JBIG 的比較

在本節中，我們討論了 3 種舊式的傳真編碼演算法：改良型 Huffman、改良型 READ，以及改良改良型 READ。在我們討論 T.88 和 T.42 中更現代化的技術之前，讓我們把這些演算法的效能與最早的現代技術 (亦即 JBIG) 相互比較。我們把 JBIG 演算法描述為第 4 章的算術編碼的應用。在 ITU-T 通訊協定 T.82 中，這個演算法已經被標準化。正如我們所預期的，JBIG 演算法的效能比 MMR 演算法好，MMR 演算法的效能比 MR 演算法好，MR 演算法的效能又比 MH 演算法好。雖然我們可以辯稱 MMR 實際上不像 MR 那麼複雜，然而複雜度的層次也遵循同樣的趨勢。

　　一些傳真資料源方案的比較示於表 7.4。改良型 READ 演算法係使用於 K = 4，JBIG 演算法則使用一個適應性的 3 排像素樣板和一個適應性算術編碼器，以獲得此表格中的結果。當我們從一維 MH 編碼器變成二維 MMR 編碼器時，稀疏文字資料源的檔案大小可以減少兩倍。當我們使用適應性編碼器及適應性模型時，這一點對於 JBIG 編碼器也成立，可以減少得更多。當我們使用稠密的文字時，二維 MMR 超越一維 MH 的優勢並沒有那麼大，因為二維關聯性的量少得多。

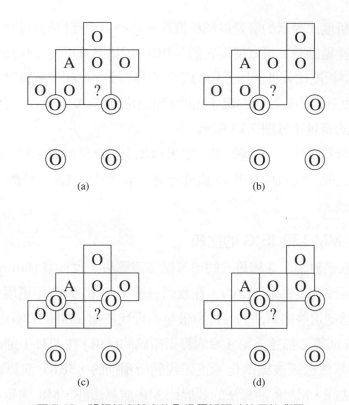

圖 7.13   將解析度較高的影像層編碼時使用的背景。

表 7.4   二進位影像編碼方案的比較。資料源：參考文獻 [91]。

資料源 描述	原始尺寸 (像素)	MH (位元組)	MR (位元組)	MMR (位元組)	JBIG (位元組)
信件	4352 × 3072	20,605	14,290	8,531	6,682
稀疏文字	4352 × 3072	26,155	16,676	9,956	7,696
稠密文字	4352 × 3072	135,705	105,684	92,100	70,703

　　當我們試圖使用 T.4 和 T.6 中指定的壓縮方案來壓縮半色調影像時，這些方案就失靈了。在半色調影像中，灰階係使用二進位像素圖案來表示。比較接近黑色的灰階，將以包含較多黑色像素的圖案來表示，比較接近白色的灰階，則以包含較少黑色像素的圖案來表示。因此，用來發展在 T.4 和 T.6 中指定之

壓縮方案的模型，對於半色調影像無效。JBIG 演算法由於具有適應性模型和編碼器，因此並沒有這樣的缺點，而且對於半色調影像的效能也很好 [91]。

7.6.4 JBIG2 - T.88

JBIG2 標準於 2000 年 2 月通過。除了傳眞傳輸之外，這項標準也針對文件儲存、歸檔、無線傳輸、列印多工緩衝，以及在 Web 上的影像的編碼。這項標準只提供了解碼器的規格，編碼器的設計則不作任何限制。這表示編碼器設計可以不斷地改良，只受限於與解碼器規格的相容性。這種情況也允許有失眞壓縮，因爲編碼器可以納入資料的有失眞轉換，以增加壓縮的程度。

JBIG 中的壓縮演算法爲一般性黑白影像提供了極佳的壓縮效果。針對 JBIG2 而提議的壓縮演算法則使用與 JBIG 相同的算術編碼方案。然而，它也利用了「許多黑白影像中含有可以用來增加壓縮效能的結構」的事實。含有在某些背景上的文字的黑白影像，所佔的比例相當大，此外，黑白影像中也有相當大的比例是半色調影像，或者包含半色調影像。JBIG2 方法允許編碼器選擇對於該類型的資料可以提供最佳效能的壓縮技術。爲了這麼做，編碼器將被壓縮的頁面分成 3 種類型的區域，亦即**符號區域** (symbol region)、**半色調區域** (halftone region) 和**一般性區域** (generic region)。符號區域是包含文字資料的區域，半色調區域是包含半色調影像的區域，一般性區域則是所有不屬於以上兩類的區域。

劃分資訊必須提供給解碼器。解碼器要求提供給它的所有資訊必須組織成由區段標頭、資料標頭與資料區段構成的**區段** (segment)。頁面資訊區段包含有關頁面的資訊，其中包括大小與解析度。解碼器使用此一資訊來建立頁面緩衝區，然後使用適當的解碼程序，將各種區域解碼，並將不同的區域放置在適當的位置。

一般性解碼程序

有兩個程序用來將一般性區域解碼：一般性區域解碼程序和一般性細緻修正區域解碼程序。一般性區域解碼程序會使用第 3 組和第 4 組傳眞標準中使用的

MMR 技術，或 JBIG 通訊協定中用來將解析度最低的影像層編碼的技術的變形。我們在第 6 章描述了 MMR 演算法的操作。另一個程序將描述如下。

第 2 種一般性區域解碼程序是一個稱為*典型預測* (typical prediction) 的程序。在黑白影像中，一排像素經常與上面一排完全相同。在典型預測中，如果目前這排與上面一排相同，一個稱為 $LNTP_n$ 的位元旗標會被設定為 0，該排像素則不會傳送。如果這排像素不相同，則該旗標被設定為 1，並使用目前 JBIG 中使用於低解析度影像層的背景將這排像素編碼。我們根據以下的規則另一個位元 $SLNTP_n$，而將 $LNTP_n$ 的值編碼：

$$SLNTP_n = !(LNTP_n \oplus LNTP_{n-1})$$

這個位元會被視為每一列左邊的一個虛構像素。如果解碼器解碼出 $LNTP$ 的值等於 0，則會複製上面一排的像素。如果它解碼出 $LNTP$ 的值等於 1，則使用先前描述的算術解碼器和背景，將區段資料中跟在後面的其他位元解碼出來。

一般性細緻修正解碼程序會假設存在一個參考影像層，而且會參考該影像層，將區段資料解碼。標準中並未對參考影像層的規格作任何限制。

符號區域解碼

符號區域解碼程序是一種以辭典為基礎的解碼程序。符號區域區段借助於符號辭典區段中所含的符號辭典，以進行解碼。符號區域區段內的資料包含符號應該放置的位置，以及符號辭典中某一筆辭條的索引。符號辭典由一組點陣圖組成，並使用一般性解碼程序予以解碼。請注意，因為 JBIG2 允許我們使用有失真壓縮，符號不必與原始文件中的符號完全符合。當原始文件中含有可能讓辭典中的符號無法精確匹配的雜訊時，這項特性可以使壓縮效能大幅增加。

半色調區域解碼

半色調區域解碼程序也是一種以辭典為基礎的解碼程序。半色調區域區段借用了半色調辭典區段中所含的半色調辭典，以進行解碼。半色調辭典區段使用一般性解碼程序予以解碼。半色調區域區段內的資料包含半色調區域的位置，以

及半色調辭典的索引。辭典是一組固定大小的半色調圖案。如同符號區域的情況一般，如果允許使用有失真壓縮，則半色調圖案不必與原始文件中的圖案完全符合。由於允許非精確匹配，因此我們可以讓辭典變得很小，讓壓縮效果更好。

7.7　MRC-T.44

由於文件產生的技術的迅速發展，文件的外貌與以往已經大不相同。以前的文件通常是一組黑色和白色的列印頁面，現在的文件則包含了色彩繽紛的文字與彩色影像。為了處理這種新型的文件，ITU-T 開發了混合點陣內容 (MRC) 通訊協定 T.44。此一通訊協定採取的方法是將文件劃分成可以使用各種技術壓縮的部分。因此，與其說它是一種壓縮技術，不如說是一種劃分文件影像的方法。這裡運用的壓縮策略是從先前的標準，例如 JPEG (T.81)、JBIG (T.82)，甚至 T.6 借用過來的。

It Will Soon be June 4

That's Ruby's Birthday!

You are invited to a PARTY
to CELEBRATE
with Ruby and Hanna

圖 7.14　Ruby 的生日邀請函。

此區域不進行編碼或傳輸

圖 7.15 背景影像層。

T.44 通訊協定把頁面分成薄片，其中薄片的寬度等於整個頁面的寬度，薄片的高度則爲可變。在基礎模式下，每個薄片以 3 個影像層表示：一個背景影像層，一個前景影像層，以及一個遮罩影像層。這些影像層用來有效地表示 3 種基本的資料類型：彩色影像 (可以是連續色調或顏色對映)、黑白資料，以及多層次 (多種顏色) 資料。多層次影像資料放在背景影像層，遮罩影像與前景影像層則用來表示黑白影像和多層次非影像資料。讓我們使用圖 7.14 所示的文件作爲範例，以描述各種定義。我們把資料分成了兩個薄片。最上層的薄片包含蛋糕的圖片，以及以兩種「顏色」顯示的兩行字。請注意兩個薄片的高度並不相同，而且兩個薄片內所含資訊的複雜度也不相同。最上層的薄片包含多種顏色的文字和連續色調影像，底層的薄片只包含黑白文字。讓我們先討論上層薄片，並觀察它如何被分成 3 個影像層。我們稍後將討論如何將這些影像層編碼。背景影像層只包含蛋糕，除此之外沒有其他內容。背景影像層的預設顏色是白色 (然而這個顏色可以更改)。因此，我們不需要傳送這個影像層左邊的一半 (其中只包含白色像素)。

It Will Soon be June 4

That's Ruby's Birthday!

圖 7.16 遮罩影像層。

此區域不進行
編碼或傳輸。

圖 7.17　背景遮罩影像層

遮罩影像層 (圖 7.16) 由文字資訊的黑白表示方式組成，前景影像層則包含文字中使用的顏色。為了將薄片重新組合起來，我們先從背景影像層開始，然後使用遮罩影像層作為導引，將前景影像層的像素加入背景影像層。當遮罩影像層的像素為黑色 (1) 時，我們從前景影像層中選擇對應的像素。如果遮罩影像層的像素是白色的 (0)，我們使用背景影像層的像素。由於遮罩影像層在選擇像素時的角色，它也被稱為選擇器影像層。在傳輸過程中，我們會先傳送遮罩影像層，然後傳送背景影像層和前景影像層。產生影像時，背景影像層會最先被建構。

當我們觀察下層薄片時，我們注意到其中只包含黑白兩色的資訊。在這種情況下，我們只需要遮罩影像層，因為另外兩個影像層是多餘的。為了處理這種情況，T.44 標準定義了 3 種不同類型的條紋。當條紋中含有影像和文字資料時，3 層條紋 (3LS) 包含所有的 3 個影像層，而且很有用。雙層條紋 (2LS) 只包含兩個影像層，第 3 個影像層則設定為常數值。當我們把含有多種言色的文字，但不含影像的條紋，或含有影像與黑白文字或線條畫的條紋編碼時，這個條紋就很有用。第 3 種條紋是單層條紋 (1LS)，當條紋中只含有黑白文字或黑白影像時，或只有連續色調影像時，可以使用此種條紋。

文件一旦劃分完畢，就可以進行壓縮。請注意，進行劃分之後，我們得到的資料類型有連續色調影像、黑白雙色資訊和多層次區域。我們已經擁有將這些類型的資料壓縮的有效標準。對於包含黑白雙色資訊的遮罩影像層，通訊協定建議使用幾種方法的其中之一，包括改良型 Huffman 或改良型 READ 通訊

協定 (如 T.4 所描述)，MMR (如通訊協定 T.6 所描述) 或 JBIG (通訊協定 T.82)。編碼器會在資料流中納入所使用的演算法的資訊。至於包含在前景和背景影像層內的連續色調影像和多層次區域，通訊協定建議使用 JPEG 標準 (通訊協定 T.81) 或 JBIG 標準。每個薄片的標頭含有使用哪一個演算法來進行壓縮的資訊。

▣ 7.8 摘要

在本章中，我們檢驗了壓縮影像的一些方法。這些方法全部利用到「影像中的像素通常與鄰近像素的關聯性很高」的事實。此一關聯性可以用來預測目前像素的實際值，接下來，我們可以將預測誤差編碼，並傳送其值。關聯性特別高的情況，例如黑白影像，一長串的像素可以利用與前一排像素的相似性一起編碼。最後，藉由識別出影像中據有共同特性的不同成分，我們可以把影像劃分成許多區域，每一個分割則使用最適合的演算法進行編碼。

進階閱讀

1. K.P. Subbalakshmi 撰寫的「Lossless Image Compression」中，可以找到無失真影像壓縮技術的詳細綜覽。這一章出現在 *Academic Press* 於 2003 年出版的「*Lossless Compression Handbook*」中。

2. 如果讀者需要 LOCO-I 和 JPEG-LS 壓縮演算法的詳細描述，請參閱「The LOCO-I Lossless Image Compression Algorithm: Principles and Standarizaton into JPEG-LS」，惠普實驗室技術報告 HPL-98-193，1998 年 11 月 [92]。

3. M.W. Huffman 撰寫的「Lossless Bilevel Image Compression」中，以非常容易閱讀的方式描述了 JBIG 和 JBIG2 標準。這一章出現在 *Academic Press* 於 2003 年出版的「*Lossless Compression Handbook*」中。

4. 無失真影像壓縮是一個非常活躍的研究領域，隨時都有新方案會公佈出來。這些文章出現在一些期刊上，包括 *Journal of Electronic Imaging*、*Optical Engineering*、*IEEE Transactions on Image Processing*、*IEEE Transactions on Communications*、*Communications of the ACM*、*IEEE Transactions on Computers*、*Image Communications*，以及其他的期刊。

■ 7.9　專案與習題

1. 使用改良型 Huffman 方案，將圖 7.18 所示的二進位影像編碼。
2. 使用改良型 READ 方案，將圖 7.18 所示的二進位影像編碼。
3. 使用改良改良型 READ 方案，將圖 7.18 所示的二進位影像編碼。

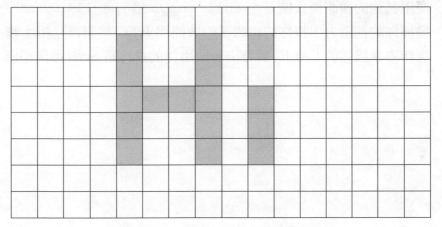

圖 7.18　一幅 8 × 16 的二進位影像。

4. 假設希望在每秒鐘 9600 個位元的信號線上傳送一幅大小為 512 × 512，每個像素佔用 8 個位元的影像。

(a) 若打算使用點陣掃描順序來傳送這幅影像，試問 15 秒鐘之後，使用者會接收到多少排的影像？這些資訊對應到多少比率的影像？

(b) 若打算使用例題 7.5.1 的方法來傳送這幅影像，使用者收到第一個近似影像要花費多久的時間？得到前兩個近似影像需要多久的時間？

5. 本書隨附程式中包含漸進式傳輸範例 (例題 7.5.1) 的實作。該程式稱為 prog_tran1.c。使用這個程式作為樣板，實驗產生近似影像的各種不同方式 (你可以使用各種不同的加權平均值)，並評論使用各種方案時獲得的品質的差異 (或沒有差別)。嘗試不同的區塊大小，並針對品質和編碼率評論實際的效果。

6. jpegll_enc.c 程式會產生不同 JPEG 預測模式的殘餘值影像，jpegll_dec.c 程式則會從殘餘值影像重建原始影像。編碼器程式的輸出可以使用為第 4 章提到的公用領域算術編碼程式的的輸入，以及第 3 章提到的 Huffman 編碼程式的輸入。試使用你選擇的 3 幅影像，研究不同的預測模式組合與熵值編碼器的效能。試解釋你所看見的任何差異。

7. 使用其他的預測模式擴充 jpegll_enc.c 和 jpegll_dec.c — 請發揮你的創造力！將你的預測器的效能與 JPEG 預測器互相比較。

8. 實作本章描述的 CALIC 演算法。使用你的實作將 Sena 影像編碼。

8

有失真編碼的數學基礎

8.1　綜覽

討論無失真壓縮之前，我們提出了瞭解與欣賞隨後的壓縮方案所需的一些數學背景。對於有失真壓縮方案，我們也打算這麼做。在無失真壓縮方案中，我們普遍關心的是編碼率。至於有失真壓縮方案，我們也關心與其相關的資訊損失。我們將討論用來評估資訊損失所造成之影響的不同方式。我們也將簡短地再討論一下資訊理論的主題，主要是為了瞭解該理論中處理「降低編碼率或每一取樣值的位元數，但必須付出在解碼出來的資訊引入失真的代價時所涉及之得失取捨」的部份。資訊理論的這一部份又稱為編碼率失真理論。我們也將討論發展有失真壓縮方案時使用的一些模型。

8.2　引言

本章將提供討論有失真壓縮技術時需要的一些數學背景。本章中涵蓋的大部份材料對於後面各章描述的許多壓縮技術來說是通用的。某一種特別技術專屬的材料會在討論此種技術的章節內描述。本章中呈現的一些材料對於瞭解本書中描述的技術並不是必要的，然而為了能夠看得懂這個領域內的一些文獻，讀者

必須熟悉這些題材。我們將用★來標明這些章節。如果讀者主要是對技術感興趣，可能會希望略過這些章節，至少在第一次閱讀的時候。另一方面，如果讀者希望更深入地鑽研這些主題，我們在本章結尾附上了一個資源列表，可以提供這些題材在數學上更嚴謹的論述。

當我們討論無失真壓縮時，永遠不必擔心重建序列與原來的序列有什麼不同。根據定義，以無失真方式產生的序列，其重建結果與原來的序列相同。然而，使用無失真壓縮，只能得到很有限的壓縮量。資料源的熵值定義了一個 (嚴謹的) 下界，我們不可能把序列壓縮得比它還小。只要我們希望保存資料源中所有的訊息，熵就像光速一樣，是一個基本的極限。

使用無失真壓縮方案可以獲得的有限壓縮量，在某些情況下也許還可以接受。我們可以使用的儲存或傳輸資源也許足以在進行無失真壓縮之後處理我們的資料需求。也有可能資訊損失的後果遠比額外的儲存器及/或傳輸資源的費用昂貴。銀行交易記錄的儲存與和歸檔即屬於此種情況；交易記錄只要發生一次錯誤，損失可能遠比另行購買儲存媒體的費用昂貴。

如果這兩個條件都不成立 — 也就是說，資源是有限的，而且我們不要求資料完整無缺 — 我們可以接受壓縮過程中某種程度的損失，而提升壓縮的量。決定**有失真**壓縮方案的效率時，需要效能的度量。無失真壓縮方案基本上只使用編碼率作為效能的度量。對於有失真壓縮而言，這樣並不可行。如果編碼率是有失真壓縮方案的唯一標準，而且我們允許資訊損失的話，最好的有失真壓縮方案就是把所有的資料全部丟掉！因此我們需要一些額外的效能度量，例如原始資料與重建資料之差異的某些度量，我們稱為重建資料的**失真** (distortion)。下一節將討論一些更著名的差異度量，並討論它們的優點和缺點。

在最完美的情況下，我們希望造成最少的失真，同時儘可能壓縮到最低的編碼率。讓編碼率降到最低，以及讓失真保持很小的值，兩者之間顯然有得失取捨。極端的情況是我們不傳送任何資訊，在這種情況下編碼率等於零，或保存所有的資訊，在這種情況下失真等於零。離散資料源的編碼率就是熵。對於這兩個極端之間的情況的研究，稱為**編碼率失真理論** (rate distortion theory)。在本章中，我們將簡短地討論一下與這個理論有關的一些重要概念。

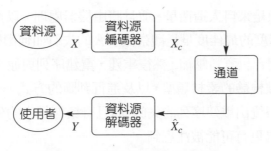

圖 8.1 一般性壓縮方案的方塊圖。

最後，由於一些原因，我們需要擴大可供給我們使用的模型的知識。首先，因為我們現在可以引入失真，我們必須決定如何聰明地加入失真。為了這麼做，我們經常需要使用和以前有些不同的方式來看資料源。另一個原因是我們將討論本質上是類比式資料源的壓縮方案，即使我們以前把它們視為離散資料源。我們需要更精確地描述這些資料源的真實性質的模型。我們將描述被廣泛用來發展有失真壓縮演算法的幾種不同的模型。

在整個討論過程中，我們將使用圖 8.1 中的方塊圖和記號。資料源的輸出被描述為隨機變數 X。**資料源編碼器** (source coder) 取得資料源的輸出，並產生被壓縮的表示方式 X_c。通道區塊代表資料源重建之前，被壓縮的表示方式經歷的所有轉換。通常我們令通道等於恆等映射，也就是說 $X_c = \hat{X}_c$。資料源解碼器取得被壓縮的表示方式，並為使用者產生資料源輸出的重建結果。

8.3 失真標準

我們怎樣衡量重建的資料源序列與原始資料的接近程度或保真度？這個答案通常要看壓縮的是什麼資料，以及回答這個問題的人是誰。假設我們把一幅影像壓縮，然後重建。如果這幅影像是一件藝術作品，而且所得的重建結果將成為藝術類書籍的一部份，要找出其中產了多少失真，最好的方法是請一位熟悉這件作品的人觀看這些影像，然後徵求他的意見。如果影像是房屋，而且將使用於廣告中，評估重建結果品質最好的方法或許是詢問一位房地產經紀人。然

而，如果這幅影像是來自人造衛星，並且將由機器處理，以獲得影像中的物體的資訊，那麼保眞度的最佳度量是觀察被引入的失眞如何影響機器的性能。同樣地，如果我們把音訊資料壓縮，然後重建，重建序列與原來的序列有多接近的判斷將取決於被檢驗的素材類型，以及進行判斷的方式。一位高保眞音響愛好者很有可能會察覺出重建序列的失眞，而且音樂作品中的失眞也許比政治人物的演說中的失眞更有可能被注意到。

在最理想的情況下，我們總是會請特定資料源輸出的終端使用者來評估品質，並提供設計所需的回饋。在實務上，通常並不可能這麼做，特別是當終端使用者是人類時，因爲把人類的響應納入數學設計程序是很困難的。此外，人們很難客觀地報告結果。被要求評價一個人的設計的一群人，可能比被要求評價另一個人的設計的一群人隨和。即便使用某一個人的設計得到的重建輸出被評價爲「極好」，使用另一個人的設計得到的重建輸出只獲得「可接受」的評價，觀察者一改變，評分可能就跟著改變了。我們可以徵求許多位觀察者，以降低這種偏差，希望各種偏差會互相抵消。這是我們經常使用的選擇，特別是在壓縮系統設計的最後階段。然而這個過程相當麻煩，因此限制很大。通常我們需要更實際的方法來檢視重建信號與原始信號到底有多接近。

討論重建序列的保眞度時，我們很自然地會檢視原始值與重建值的差異，亦即壓縮過程引入的失眞。原始序列與重建序列的差異 (或失眞) 最常用的兩個度量是平方誤差度量與絕對差異度量。這些度量稱爲**差異失眞度量** (difference distortion measure)。如果資料源的輸出爲 $\{x_n\}$，且重建序列爲 $\{y_n\}$，則平方誤差度量爲

$$d(x, y) = (x - y)^2 \tag{8.1}$$

且絕對差異度量爲

$$d(x, y) = |x - y| \tag{8.2}$$

一項一項地檢查差異，通常是很困難的。因此，有一些平均度量被用來總結差異序列的資訊。最常使用的平均度量是平方誤差度量的平均值。這個度量稱爲**均方誤差** (mean squared error，簡稱爲 mse)，通常以符號 σ^2 或 σ_d^2 表示：

$$\sigma^2 = \frac{1}{N} \sum_{n=1}^{N} (x_n - y_n)^2. \tag{8.3}$$

如果我們對誤差相對於信號的大小有興趣，可以計算資料源輸出的均方值與 mse 的比例。這個比例稱為**訊噪比** (signal-to-noise ratio，簡稱為 SNR)。

$$\text{SNR} = \frac{\sigma_x^2}{\sigma_d^2} \tag{8.4}$$

其中 σ_x^2 是資料源輸出 (或信號) 的均方值，且 σ_d^2 等於 mse。SNR 通常以對數尺度測量，測量單位是**分貝** (decibels，縮寫為 dB)。

$$\text{SNR (dB)} = 10 \log_{10} \frac{\sigma_x^2}{\sigma_d^2} \tag{8.5}$$

有時相較於誤差相對於信號的均方值的大小，我們對誤差相對於信號的峰值 x_{peak} 的大小更有興趣。這個比例稱為**峰值訊噪比** (peak-signal-to-ratio，簡稱為 PSNR)，而且等於

$$\text{PSNR (dB)} = 10 \log_{10} \frac{x_{\text{peak}}^2}{\sigma_d^2}. \tag{8.6}$$

另一種差異失真度量也經常使用，只是不像 mse 那麼常用，就是絕對差異的平均值，或

$$d_1 = \frac{1}{N} \sum_{n=1}^{N} |x_n - y_n|. \tag{8.7}$$

評估影像壓縮演算法時，這個度量似乎特別對有用。

$$d_\infty = \max_n |x_n - y_n|. \tag{8.8}$$

在某些應用中，只要失真是在某些臨界值以下，便無法察覺。在這些情況下，我們可能對誤差大小的最大值感興趣。

我們已經討論了兩種測量重建結果保真度的方法。第一種方法與人有關，可以針對知覺保真度提供非常準確的度量，然而這種方法並不實用，而且對於數學設計方法並沒有多大用處。第二種方法在數學上容易處理，然而它通常無

法針對重建結果的知覺保眞度提供非常準確的指示。折衷之道是尋求人類知覺的數學模型，將資料源的輸出與重建結果都轉換到這個知覺空間，然後測量知覺空間中的差異。舉例來說，假設我們可以找到一個轉換 V，以代表人類視覺系統 (HVS) 對於撞擊在視網膜上的光強度被大腦皮層「察覺」之前採取的動作。那麼，我們可以求出 $V(x)$ 和 $V(y)$，並檢驗它們之間的差異。這種方法有兩個問題。首先，人類的知覺過程很難建立模型，而且到目前爲止，我們還沒有發現準確的知覺模型。其次，即使我們找得到知覺的數學模型，它也很有可能極爲複雜，以致於在數學上很難處理。

　　儘管這些前景令人沮喪，從壓縮系統的分析與設計的觀點來看，知覺機制的研究仍然很重要。即使我們無法獲得可以準確描述知覺的轉換，我們也可以學習有關知覺的一些性質，這些性質在壓縮系統的設計中可能用得上。以下將討論人類視覺系統與聽覺的一些性質。我們的討論絕非完整，然而我們的目的是提出在後面各章談論影像、視訊、語音和音訊的壓縮時很有用的一些性質。

8.3.1　人類視覺系統

眼睛是一個球形物體，前面有一只透鏡，可以把物體聚焦在後面的視網膜上。視網膜含有兩種感光細胞，亦即**桿狀細胞** (rods) 和**錐狀細胞** (cones)。桿狀細胞對於光的感受比錐狀細胞敏感，在弱光下，大部份的視力要歸功於桿狀細胞的動作。錐狀細胞一共有三種，每一種都對可見光譜中的不同波長最爲敏感。錐狀細胞的峰值敏感度位於可見光譜的紅色、藍色和綠色區域 [93]。錐狀細胞主要集中於視網膜中一個非常小的區域內，這個區域稱爲**中央窩** (fovea)。雖然桿狀細胞的數目比錐狀細胞裡更多，但錐狀細胞可以提供更高的解析度，因爲它們更緊密地集中於中央窩內。眼睛的肌肉會移動眼球，將物體的影像置於中央窩上。當光線微弱的時候，這樣會變成一個缺點。有一個方法可以讓你在光線微弱時看得清楚一點，就是把目光集中於物體的一側。這樣一來，物體會成像在對光比較敏感的桿狀細胞上。

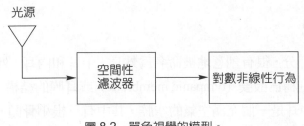

圖 8.2 單色視覺的模型。

　　眼睛可以感受一個極為寬廣的光強度範圍；此範圍頂端的強度，大約是範圍底端的 10^{10} 倍，然而我們不能同時感受到整個亮度範圍。相反地，眼睛會去適應到一個平均亮度。在任何時刻，眼睛可以同時感受的亮度範圍比它能察覺的整個範圍要小得多。

　　如果我們以強度等於 I 的光照射螢幕，同時使用不同強度的光照亮螢幕上的一點，當強度的差異等於 dI 時，將可以看得到那一點。這個差異稱為**最小可察覺差異** (just noticeable difference，簡稱為 jnd)。$\frac{\Delta I}{I}$ 這個比率稱為**韋伯分數** (Weber fraction) 或**韋伯比率** (Weber ratio)。我們知道在沒有背景照明的情況下，這個比率在一個寬廣的強度範圍內，大約維持於 0.02 這個常數值。然而如果背景照明改變了，韋伯比率維持恆定的範圍將會變成相當地小。韋伯比率維持恆定的範圍集中於眼睛所適應的強度水平周圍。

　　如果 $\frac{\Delta I}{I}$ 等於常數，則可推論：眼睛對光強度的敏感度是一個對數函數 ($d(\log I) = dI/I$)。因此可以把眼睛描述成一個感受器，其輸出具有對數形式的非線性行為。我們也知道眼睛的功能如同一個空間上的低通濾波器 [94, 95]。把這些資訊息全部集中起來，可以發展出一個為單色視力模型，如圖 8.2 所示。

　　這些關於人類視覺系統的描述和編碼方案有什麼關係？請注意大腦並不會感知眼睛所看到的一切。我們可以利用這一點來設計壓縮系統，讓有失真壓縮方案所引入的失真幾乎無法察覺。

8.3.2 聽覺

耳朵分爲三個部分，很有創意地被命名爲外耳、中耳和內耳。外耳包含將聲波或壓力波引導到稱爲**鼓膜** (tympanic membrane) 或耳膜的結構。這層膜把外耳和中耳分開。中耳是一個充滿空氣的空腔，其中有三根小骨頭，這三根小骨頭使鼓膜與通往內耳的**卵圓窗** (oval window) 之間產生耦合。鼓膜與耳骨將空氣中的壓力波轉換成音頻的振動。內耳包含一段蝸牛形狀的通道和其他構造，這一段通道稱爲**耳蝸** (cochlea)，耳蝸中含有可以把音頻的振動轉換成神經脈衝的轉換器。

人的耳朵可以聽到大約 20 赫茲到 20,000 赫茲的聲音，這是 1000：1 的頻率範圍。這個範圍會隨著年齡增長而縮短；老年人通常無法聽到較高頻率的聲音。聽覺和視覺一樣，也有一些非線性的成分。其中之一是響度不僅是音量的函數，也是頻率的函數。因此，舉例來說，一個以 20 分貝強度平呈現的純 1000 赫茲音調，以及一個以 50 分貝強度水平呈現的 50 赫茲音調，兩者具有同樣的視響度。如果我們把主觀響度相等的不同頻率音調的振幅畫出來，會得到一系列稱爲 *Fletcher-Munson* **曲線** (Fletcher-Munson curves) 的圖形 [96]。

另一個有趣的音訊現象是屏蔽現象，也就是說一個聲音會阻擋或屏蔽另一個聲音的感知。一個聲音會壓過另一個聲音似乎是合理的。關於屏蔽現象，比較不直觀的性質是：如果我們嘗試用噪音來屏蔽一個純音調，只有在被屏蔽的音調周圍的一個小頻率範圍內的噪音有助於屏蔽，這個範圍的頻率稱爲**臨界頻帶** (critical band)。對於大部份的頻率而言，當噪音剛好屏蔽音調時，將音調的功率除以臨界頻帶中噪音的功率，所得的比例是一個常數 [97]。臨界頻帶的寬度會隨著頻率而改變。這些現象導致我們使用帶通濾波器組作爲聽覺模型。有一些更複雜的其他屏蔽現象也支持這個理論 (如果讀者需要更詳細的資訊，請參閱參考文獻 [97, 98])。聽覺的限制在音訊壓縮演算法的設計中扮演著很重要的角色。第 16 章討論音訊壓縮時會更深入地研究這些限制。

◾ 8.4 再訪資訊理論 ★

為了研究有失真壓縮方案中編碼率與失真之間的得失取捨,對於某一給定的失真度量,我們希望將編碼率明確地定義成失真的函數。不幸的是,通常這是不可能的,而且我們必須採用更迂迴的方式來做。在我們往這條路走下去之前,我們還需要資訊理論的一些概念。

在第 2 章中,當我們談論資訊時,是指單一字母集中的字母。在有失真壓縮的情況下,我們必須處理兩個字母集,亦即資料源字母集和重建結果字母集。這兩個字母集一般而言是不一樣的。

例題 8.4.1

一個簡單的有失真壓縮方法,是把資料源輸出最低的幾個有效位元丟掉。如果一個資料源會產生每個像素 8 位元的單色影像,但某一個使用者的顯示設備只能顯示 64 種不同的灰階,那麼兩者之間可以使用這樣的方案。將影像傳送給使用者之前,我們可以把每一個像素最低的兩個有效位元丟掉。在這種情況下,還有其他更有效的方法可以使用,然而這個方法確實很簡單。

假設資料源的輸出包含 4 位元字組 {0, 1, 2, ..., 15}。資料源編碼器會把每一個值的最低有效位元移出,而將其編碼。資料源編碼器的輸出字母集是 {0, 1, 2, ..., 7}。接收器這邊無法精確地還原成原先的值,然而我們可以把 0 當作最低有效位元移入,換句話說,就是把資料源編碼器的輸出乘以 2,而得到近似值。因此重建結果字母集為 {0, 2, 4, ..., 14},而且資料源和重建結果並不是從同一個字母集取值的。　　　　　　　　　　　◆

因為資料源字母集與重建結果字母集可能不同,我們必須能夠談論從兩個不同的字母集取值的兩個隨機變數之間的資訊關係。

8.4.1　條件熵值

令 X 為一隨機變數，且從資料源字母集 $X = \{x_0, x_1, \cdots, x_{N-1}\}$ 取值。令 Y 為一隨機變數，且從重建結果字母集 $Y = \{y_0, y_1, \cdots, y_{M-1}\}$ 取值。從第 2 章，我們知道資料源與重建結果的熵為

$$H(X) = -\sum_{i=0}^{N-1} P(x_i) \log_2 P(x_i)$$

並且

$$H(Y) = -\sum_{j=0}^{M-1} P(y_j) \log_2 P(y_j).$$

兩個隨機變數之間的關係的度量是**條件熵值** (conditional entropy，條件自我資訊的平均值)。回憶一下，事件 A 的自我資訊被定義為

$$i(A) = \log \frac{1}{P(A)} = -\log P(A).$$

同樣地，如果另一個事件 B 已經發生，事件 A 的條件自我資訊可以定義為

$$i(A \mid B) = \log \frac{1}{P(A \mid B)} = -\log P(A \mid B).$$

假設 B 代表事件「Frazer 兩天內滴水未進」，且事件 A 代表「Frazer 口渴了」，則 $P(A|B)$ 應該接近於 1，這表示條件自我資訊 $i\,(A|B)$ 將接近於零。從直覺上來看，這也是有意義的。如果我們知道 Frazer 兩天內滴水未進，那麼 Frazer 口渴了的陳述對我們來說一點也不奇怪，也不會包含太多的訊息。

如同自我資訊的情況一般，通常我們對條件自我資訊的平均值有興趣。這個平均值稱為條件熵值。資料源字母集與重建結果字母集的條件熵值可由以下的式子計算

$$H(X \mid Y) = -\sum_{i=0}^{N-1} \sum_{j=0}^{M-1} P(x_i \mid y_j) P(y_j) \log_2 P(x_i \mid y_j) \tag{8.9}$$

以及

$$H(Y \mid X) = -\sum_{i=0}^{N-1} \sum_{j=0}^{M-1} P(x_i \mid y_j) P(y_j) \log_2 P(y_j \mid x_i) \tag{8.10}$$

條件熵值 $H(X \mid Y)$ 可以解釋為：在我們知道重建結果 Y 所取之值的情況下，隨機變數 X (或資料源輸出) 仍然具有的不確定性的量。對於 Y 有額外的瞭解應該會降低 X 的不確定性，而且我們可以證明

$$H(X \mid Y) \le H(X) \tag{8.11}$$

(參閱習題 5)。

例題 8.4.2

假設我們有一個資料源，其中每一個符號有 4 個位元，以及例題 8.4.1 所描述的壓縮方案。假設資料源同樣可能選擇其字母集中的任何字母。讓我們計算這個資料源和壓縮方案的各種熵值。

因為資料源的輸出全部同樣可能，因此對於所有的 $i \in \{0, 1, 2, ..., 15\}$，$P(X = i) = \dfrac{1}{16}$，因此

$$H(X) = -\sum_i \frac{1}{16} \log \frac{1}{16} = \log 16 = 4 \text{ 位元。} \tag{8.12}$$

我們可以計算重建結果字母集的機率：

$$P(Y = j) = P(X = j) + P(X = j+1) = \frac{1}{16} + \frac{1}{16} = \frac{1}{8}. \tag{8.13}$$

因此 $H(Y) = 3$ 位元。為了計算條件熵值 $H(X \mid Y)$，我們需要條件機率 $\{P(x_i \mid y_j)\}$ 的值。從資料源編碼器的建造過程中，我們發現

$$P(X = i \mid Y = j) = \begin{cases} \dfrac{1}{2} & \text{若 } i = j \text{ 或 } i = j+1, \text{其中 } j = 0, 2, 4, ..., 14 \\ 0 & \text{其他情況} \end{cases} \tag{8.14}$$

把這個表示式代入方程式 (8.9) 中的 $H(X \mid Y)$，我們得到

$$H(X \mid Y) = -\sum_i \sum_j P(X=i \mid Y=j)P(Y=j)\log P(X=i \mid Y=j)$$

$$= -\sum_j [P(X=j \mid Y=j)P(Y=j)\log P(X=j \mid Y=j)$$

$$+ P(X=j+1 \mid Y=j)P(Y=j)\log P(X=j+1 \mid Y=j)]$$

$$= -8\left[\frac{1}{2}\cdot\frac{1}{8}\log\frac{1}{2} + \frac{1}{2}\cdot\frac{1}{8}\log\frac{1}{2}\right] \tag{8.15}$$

$$= 1. \tag{8.16}$$

我們把我們基於對壓縮方案的瞭解，從直覺上預期的不確定性與這個答案相互比較。對於這裡描述的編碼方案而言，對 Y 的瞭解是指我們曉得輸入 X 的前 3 個位元。對於輸入，我們唯一不確定的是最後一個位元的值。換句話說，如果我們知道重建結果的值，我們對資料源輸出的不確定性是 1 個位元。因此，至少在這種情況下，我們的直覺與數學定義是相符的。

為了求出 $H(X \mid Y)$，我們需要條件機率 $\{P(y_j \mid x_i)\}$ 的值。根據我們對壓縮方案的瞭解，我們發現

$$P(X=i \mid Y=j) = \begin{cases} 1 & \text{若 } i=j \text{ 或 } i=j+1, \text{其中 } j=0,2,4,...,14 \\ 0 & \text{其他情況} \end{cases} \tag{8.17}$$

如果我們把這些值代入方程式 (8.10)，會得到 $H(X \mid Y) = 0$ 位元 (請注意 0 log 0 = 0)。這也是很合理的。對於這裡描述的壓縮方案，如果我們知道資料源的輸出，那麼我們知道 4 個位元，其中的前 3 個位元是重建結果。因此，在這個例題中，在特定時刻對於資料源輸出的瞭解完全決定了對應的重建結果。　◆

8.4.2　平均交互資訊

我們要利用到另一個量，這個量把兩個隨機變數的不確定性 (或熵值) 關聯起來。這個量稱為**交互資訊** (mutual information)，而且被定義為

$$i(x_k; y_j) = \log\left[\frac{P(x_k \mid y_j)}{P(x_k)}\right]. \tag{8.18}$$

我們將使用這個量的平均值，它被恰當地稱為**平均交互資訊** (average mutual information)，可由以下的式子求出

$$I(X;Y) = \sum_{i=0}^{N-1} \sum_{j=0}^{M-1} P(x_i, y_j) \log \left[\frac{P(x_i \mid y_j)}{P(x_i)} \right] \tag{8.19}$$

$$= \sum_{i=0}^{N-1} \sum_{j=0}^{M-1} P(x_i \mid y_j) \log P(y_j) \log \left[\frac{P(x_i \mid y_j)}{P(x_i)} \right]. \tag{8.20}$$

我們可以展開方程式 (8.20) 中對數的引數，以熵值及條件熵值來表示平均交互資訊。

$$I(X;Y) = \sum_{i=0}^{N-1} \sum_{j=0}^{M-1} P(x_i, y_j) \log \left[\frac{P(x_i \mid y_j)}{P(x_i)} \right] \tag{8.21}$$

$$= \sum_{i=0}^{N-1} \sum_{j=0}^{M-1} P(x_i, y_j) \log P(x_i \mid y_j) - \sum_{i=0}^{N-1} \sum_{j=0}^{M-1} P(x_i, y_j) \log P(x_i) \tag{8.22}$$

$$= H(X) - H(X \mid Y) \tag{8.23}$$

其中方程式 (8.22) 的第二項是 $H(X)$，第一項是 $H(X \mid Y)$。因此，平均交互資訊等於資料源的熵減去在接收到重建結果的值之後，資料源輸出仍然具有的不確定性。平均交互資訊也可以寫成

$$I(X;Y) = H(Y) - H(Y \mid X) = I(Y; X) \tag{8.24}$$

例題 8.4.3

對於例題 8.4.2 的資料源，$H(X) = 4$ 位元，且 $H(X \mid Y) = 1$ 位元。因此，使用方程式 (8.23)，可以得到平均交互資訊 $I(X; Y)$ 等於 3 位元。如果希望利用方程式 (8.24) 來計算 $I(X; Y)$，我們將需要 $H(Y)$ 和 $H(Y \mid X)$ 的值。從例題 8.4.2 可以得知它們分別等於 3 和 0。因此，$I(X; Y)$ 的值計算出來仍然等於 3 位元。 ◆

8.4.3　微分熵值

到目前為止，我們都是假設資料源從離散的字母集挑選其輸出。當我們研究有失真壓縮技術時，將發現對於我們有興趣的許多資料源而言，這項假設並不是真的。在本節中，我們會將針對離散隨機變數定義的一些資訊理論概念延伸到具有連續分佈的隨機變數的情況。

不幸的是，我們一開始就陷入了麻煩。回憶一下，我們定義的第一個量是自我資訊，這個量等於 $\log \dfrac{1}{P(x_i)}$，其中 $P(x_i)$ 是隨機變數具有 x_i 值的機率。對於具有連續分佈的隨機變數而言，這個機率等於零。因此，如果隨機變數具有連續的分佈，與任何值相關的「自我資訊」都等於無限大。

如果沒有自我資訊的概念，我們該怎樣定義熵值，也就是自我資訊的平均值？我們知道很多連續函數可以寫成其離散版本的極限情況。我們將試著採取這條途徑，以便使用**機率密度函數** (probability density function，簡寫為 *pdf*) $f_X(x)$ 來定義連續隨機變數 X 的熵值。

雖然隨機變數 X 通常無法以不等於零的機率具有某一個特定值，但它能夠以不等於零的機率在一段**區間**內取值。因此，讓我們把隨機變數的範圍分成大小等於 Δ 的區間。那麼，根據平均值定理，每一個區間 $[(i-1)\Delta, i\Delta]$ 中存在一個數 x_i，使得

$$f_X(x_i)\,\Delta = \int_{(i-1)\Delta}^{i\Delta} f_X(x)\,dx. \tag{8.25}$$

讓我們用 *pdf* 來定義離散隨機變數 X_d

$$P(X_d = x_i) = f_X(x_i)\,\Delta. \tag{8.26}$$

接下來，我們可以求出這個隨機變數的熵

$$H(X_d) = -\sum_{i=-\infty}^{\infty} P(x_i)\log P(x_i) \tag{8.27}$$

$$= -\sum_{i=-\infty}^{\infty} f_X(x_i)\,\Delta \log f_X(x_i)\,\Delta \tag{8.28}$$

$$= -\sum_{i=-\infty}^{\infty} f_X(x_i)\Delta \log f_X(x_i) - \sum_{i=-\infty}^{\infty} f_X(x_i)\Delta \log \Delta \qquad (8.29)$$

$$= -\sum_{i=-\infty}^{\infty} [f_X(x_i)\log f_X(x_i)]\Delta - \log \Delta. \qquad (8.30)$$

當我們取方程式 (8.30) 在 $\Delta \to 0$ 時的極限，第一項變成 $-\int_{-\infty}^{\infty} f_X(x)\log f_X(x)\,dx$，看起來很像我們爲離散資料源所定義的熵值的類比。然而第二項是 $-\log \Delta$，當 Δ 趨近於 0 時，這一項趨近於無限大。看來針對離散資料源而定義的熵值似乎沒有對應的量。然而極限中的第一項具有與離散情況下的熵值類似的某些功能，而且它本身就是一個很有用的函數。我們把這一項稱爲連續資料源的**微分熵值** (differential entropy)，並記爲 $h(X)$。

例題 8.4.4

假設有一個在區間 $[a,b)$ 內均勻分佈的隨機變數 X。這個隨機變數的微分熵值爲

$$h(X) = -\int_{-\infty}^{\infty} f_X(x)\log f_X(x)\,dx \qquad (8.31)$$

$$= -\int_a^b \frac{1}{b-a}\log\frac{1}{b-a}\,dx \qquad (8.32)$$

$$= \log(b-a). \qquad (8.33)$$

請注意當 $b-a$ 小於 1 時，微分熵值將變成負值，相形之下，熵值絕不會呈現負值。　　　　　　　　　　　　　　　　　　　　　◆

我們在本章稍後將發現高斯分佈資料源之微分熵值的特別用途。

例題 8.4.5

假設有一個具有高斯分佈 *pdf* 的隨機變數 X，

$$f_X(x) = \frac{1}{\sqrt{2\pi\sigma^2}}\exp-\frac{(x-\mu)^2}{2\sigma^2}. \qquad (8.34)$$

微分熵值為

$$h(X) = -\int_{-\infty}^{\infty} \frac{1}{\sqrt{2\pi\sigma^2}} \exp-\frac{(x-\mu)^2}{2\sigma^2} \log\left[\frac{1}{\sqrt{2\pi\sigma^2}} \exp-\frac{(x-\mu)^2}{2\sigma^2}\right] dx \tag{8.35}$$

$$= -\log\frac{1}{\sqrt{2\pi\sigma^2}} \int_{-\infty}^{\infty} f_X(x)\,dx + \int_{-\infty}^{\infty} \frac{(x-\mu)^2}{2\sigma^2} \log e f_X(x)\,dx \tag{8.36}$$

$$= \frac{1}{2}\log 2\pi\sigma^2 + \frac{1}{2}\log e \tag{8.37}$$

$$= \frac{1}{2}\log 2\pi e\sigma^2. \tag{8.38}$$

因此，具有高斯分佈的隨機變數，其微分熵值與它的變異數成正比。 ◆

高斯分佈的微分熵值還有一個額外的特性：在所有變異數相同的連續分佈隨機變數中，它的微分熵值比任何其他的隨機變數都大。也就是說，對於變異數等於σ^2的任何隨機變數 X，我們有

$$h(X) \le \frac{1}{2}\log 2\pi e\sigma^2. \tag{8.39}$$

這個敘述的證明是根據以下的事實：對於任何兩個連續的分佈 $f_X(x)$ 和 $g_X(x)$，我們有

$$-\int_{-\infty}^{\infty} f_X(x)\log f_X(x)\,dx \le -\int_{-\infty}^{\infty} f_X(x)\log g_X(x)\,dx. \tag{8.40}$$

在這裡我們不會去證明方程式 (8.40)，然而如果讀者需要一個簡單的證明，可以參閱參考文獻 [99]。為了得到方程式 (8.39)，我們把高斯分佈的表示式代入 $g_X(x)$。請注意方程式(8.40)的左邊就是隨機變數 X 的微分熵值，我們有

$$h(X) \le -\int_{-\infty}^{\infty} f_X(x) \log \frac{1}{\sqrt{2\pi\sigma^2}} \exp-\frac{(x-\mu^2)}{2\sigma^2} dx$$

$$= \frac{1}{2}\log(2\pi\sigma^2) + \log e \int_{-\infty}^{\infty} f_X(x) \frac{(x-\mu^2)}{2\sigma^2} dx$$

$$= \frac{1}{2}\log(2\pi\sigma^2) + \frac{\log e}{2\sigma^2} \int_{-\infty}^{\infty} f_X(x)(x-\mu^2) dx$$

$$= \frac{1}{2}\log(2\pi\sigma^2). \tag{8.41}$$

　　我們似乎被連續隨機變數三振出局了。自我資訊在連續的情況下並沒有對應的量，事實上連熵也沒有。然而當我們尋找平均交互資訊在連續的情況下對應的量時，情況就沒那麼糟了。讓我們採用類似隨機變數 X_d 的方式，將隨機變數 Y_d 定義為連續值隨機變數 X_d 的離散版本。則可證明 (參閱習題 4)

$$H(X_d \mid Y_d) = -\sum_{i=-\infty}^{\infty} \sum_{j=-\infty}^{\infty} \left[f_{X|Y}(x_i \mid y_j) f_Y(y_j) \log f_{X|Y}(x_i \mid y_j) \right] \Delta\Delta - \log\Delta. \tag{8.42}$$

因此，離散化隨機變數的平均交互資訊為

$$I(X_d; Y_d) = H(X_d) - H(X_d \mid Y_d) \tag{8.43}$$

$$= -\sum_{i=-\infty}^{\infty} f_X(x_i)\Delta \log f_X(x_i) \tag{8.44}$$

$$-\sum_{i=-\infty}^{\infty} \left[\sum_{j=-\infty}^{\infty} f_{X|Y}(x_i \mid y_j) f_Y(y_j) \log f_{X|Y}(x_i \mid y_j) \Delta \right] \Delta. \tag{8.45}$$

請注意 $H(X_d)$ 及 $H(X_d \mid Y_d)$ 的表示式中，兩個 $\log \Delta$ 會互相抵消，而且只要 $h(X)$ 與 $h(X \mid Y)$ 不等於無限大，當我們取 $I(X_d; Y_d)$ 在 $\Delta \to 0$ 的極限時，會得到

$$I(X; Y) = h(X) - h(X \mid Y). \tag{8.46}$$

我們可以取離散情況下平均交互資訊的極限結果，作為連續情況下的平均交互資訊，而且兩者具有同樣的物理意義。

　　這一節運用到很多數學，但我們馬上就要利用這些資訊來定義隨機資料源的編碼率失真函數。

■ 8.5　編碼率失真理論 ★

編碼率失真理論與有失真壓縮方案中失真與編碼率之間的得失取捨有關。編碼率被定義爲用來表示每一個取樣值的平均位元數。表示得失取捨關係的方法之一是透過**編碼率失真函數** (rate distortion function) $R(D)$。編碼率失真函數 $R(D)$ 指示當我們保持失真小於或等於 D 時，資料源的輸出可以被解碼的最低編碼率。當我們著手以數學方式定義編碼率失真函數時，讓我們看看一些不同的編碼率失真函數的編碼率與失真。

　　在例題 8.4.2 中，對於輸入的值在時間 k 的瞭解完全決定了重建結果在時間 k 的值。在這種情況下，

$$P\left(y_j \mid x_i\right) = \begin{cases} 1 & \text{對於某些 } j = j_i \\ 0 & \text{其他情況} \end{cases} \tag{8.47}$$

因此，

$$D = \sum_{i=0}^{N-1}\sum_{j=0}^{M-1} P\left(y_j \mid x_i\right) P\left(x_i\right) d\left(x_i, y_j\right) \tag{8.48}$$

$$= \sum_{i=0}^{N-1} P\left(x_i\right) d\left(x_i, y_{j_i}\right) \tag{8.49}$$

其中方程式 (8.48) 已經使用了 $P(x_i, y_j) = P(y_j \mid x_i)P(x_i)$ 的結果。這一具資料源編碼器的編碼率乃是資料源解碼器的輸出熵 $H(Y)$。如果情況總是如此，求出編碼率失真函數的任務就相當簡單了。給定一個失真限制條件 D^*，我們可以察看失真小於 D^* 的所有編碼器，然後挑選有輸出熵最低的編碼器。這個熵值將是對應於失真 D^* 的編碼率。然而限制條件「對於輸入在時間 k 的瞭解完全決定在時間 k 的重建結果」侷限性非常強，而且許多有效率的壓縮技術在這項要求下必須排除。試考慮以下的例題。

例題 8.5.1

當我們研究由身高和體重測量值組成的資料序列時，會發現身高和體重的關聯性顯然極爲密切。事實上，在研究一個很長的資料序列之後，我們發現：如果我們沿著 x 軸畫出身高，並沿著 y 軸畫出體重，資料點會集中於 $y = 2.5x$ 這條直線上。爲了利用此一關聯性，我們想出了以下的壓縮方案。對於給定的一組身高和體重測量值，我們求出該點在 $y = 2.5x$ 這條直線上的正射投影，如圖 8.3 所示。這條直線上的點可以表示成與原點的距離最接近的整數。因此，我們把兩個值編碼成單一的值。進行重建時，我們只需要把這個值對映回一組身高和體重測量值。

舉例來說，假設某人的身高是 72 吋，體重是 200 磅 (圖 8.3 中的 A 點)。這一組值對應於沿著 $y = 2.5x$ 這條直線上距離等於 212 的一個點。對應於這個值的身高與體重重建值爲 79 和 197。請注意重建值與原來的值不同。假設另外有一個人，身高也是 72 吋，然而體重是 190 磅 (圖 8.3 中

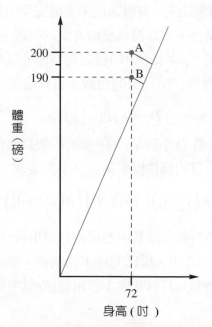

圖 8.3　將身高—體重資料組編碼的壓縮方案。

的 B 點)。這一組值的資料源編碼器輸出是 203，而且身高與體重的重建值分別是 75 和 188。請注意，雖然這兩種情況下的身高值是一樣的，重建值卻不相同，這是因為身高的重建值取決於體重。因此，對於這一具特別的資料源編碼器，我們找不到如方程式 (8.47) 所示形式的條件機率密度函數 $\{P(y_j \mid x_i)\}$。　　　　　　　　　　　　　　　　　　　　◆

讓我們更仔細地檢驗這個方案的失真。由於這個方案的條件機率不屬於方程式 (8.47) 的形式，因此失真無法再寫成方程式 (8.49) 的形式。回憶一下，失真的一般形式為

$$D = \sum_{i=0}^{N-1} \sum_{j=0}^{M-1} d(x_i, y_j) P(x_i) P(y_j \mid x_i). \tag{8.50}$$

總和中的每一項都包含 3 個因子：失真度量 $d(x_i, y_j)$，資料源機率密度 $P(x_i)$，以及條件機率 $P(y_j \mid x_i)$。失真度量是信號的原始版本與重建版本相似程度的量度，通常是由特定應用來決定。資料源機率密度完全由資料源決定。第 3 個因子，亦即條件機率的集合，可以視為壓縮方案的描述。

因此，對於具有某一 *pdf* $\{P(x_i)\}$ 的給定資料源，以及某一指定的失真度量 $d(\cdot, \cdot)$，失真只是條件機率 $\{P(y_j \mid x_i)\}$ 的函數；也就是說，

$$D = D(\{P(y_j \mid x_i)\}). \tag{8.51}$$

因此，我們可以把「失真 D 小於某一 D*值」的限制條件寫成「壓縮方案的條件機率屬於具有以下性質的條件機率集合 Γ」的要求：

$$\Gamma = \left\{ \{P(y_j \mid x_i)\} \text{ 符合 } D(\{P(y_j \mid x_i)\}) \le D^* \right\}. \tag{8.52}$$

一旦我們曉得了必須侷限於其中的壓縮方案集合，就可以開始討論這些方案的編碼率。在例題 8.4.2 中，編碼率是 Y 的熵值，然而這是因為描述該特定資料源編碼器的條件機率只具有 0 與 1 這兩個值。試考慮下面這個並不太重要的情況。

例題 8.5.2

假設我們的資料源和重建結果字母集與例題 8.4.2 相同。假設失真度量為

$$d(x_i, y_j) = (x_i - y_j)^2$$

且 $D^* = 225$。有一個滿足失真限制條件的壓縮方案會把輸入隨機映射到任何一個輸出；也就是說，

$$P\left(y_j \mid x_i\right) = \frac{1}{8} \quad 當 \quad i = 0,1,\cdots,15 \quad 及 \quad j = 0,2,\cdots,14$$

我們可以看到此一條件機率指定滿足失真限制條件。因為 8 個重建結果值同樣可能出現，所以 $H(Y)$ 等於 3 位元。然而我們並沒有傳送**任何**資訊。我們可以傳送 0 個位元，並且在接收器這邊隨機挑選 Y 的值，而得到完全相同的結果。　　　　　　　　　　　　　　　　　　　　◆

因此，重建結果的熵 $H(Y)$ 不可能是編碼率的量度。Shannon 在 1959 年所撰寫，討論資料源編碼的論文 [100] 中證明：對於某一給定的失真，最低編碼率可由以下的式子求出

$$R(D) = \min_{\{P(y_j \mid x_i)\} \in \Gamma} I(X; Y). \tag{8.53}$$

這個結果的證明超出了本書的範圍 (如果讀者需要更詳細的資料，可參閱參考文獻 [3] 和 [4])。然而，我們至少可以確信：在這裡所顯示的例題中，把編碼率定義成平均交互資訊，可以產生有意義的結果。試考慮例題 8.4.2。在這個例題中，平均交互資訊為 3 位元，我們說編碼率也等於這個值。事實上，請注意當條件機率被限制為具有方程式 (8.47) 的形式時，

$$H(Y \mid X) = 0$$

則

$$I(X; Y) = H(Y)$$

這是我們的編碼率度量。

在例題 8.5.2 中，平均交互資訊爲 0 位元，這與我們對於編碼率應該是什麼的直覺相符。同樣的，如果

$$H(Y \mid X) = H(Y),$$

也就是說，對於資料源的認識，並不能讓我們對於重建結果有任何瞭解，則

$$I(X;Y) = 0,$$

這一點似乎完全合理。當沒有傳送任何資訊時，應該也不需要傳送任何位元。

至少對於這裡的例題，平均交互資訊似乎可以代表編碼率。然而先前我們曾經說過，資料源輸出與重建結果之間的平均交互資訊，乃是重建結果關於資料源輸出所傳達之訊息的量度。爲什麼我們要尋找可以讓這個值*降到最低*的壓縮方案？爲了瞭解這一點，我們必須記住：要求出最佳壓縮方案的效能，整個過程有兩個部份。在第一部份指定我們需要的失眞值。平均交互資訊進行最小化時所依據的條件機率的集合，其中所有的元素都滿足失眞限制條件。因此，我們可以把失眞或保眞度的問題擺在一旁，並專注於如何讓編碼率降到最低。

最後，如何求出編碼率失眞函數？有兩種方法：第一種是 Arimoto [101] 和 Blahut [102] 開發的計算方法。雖然這個演算法的導出過程超出了本書的範圍，但演算法本身則是相當簡單的。另一種方法是求出平均交互資訊的下界，然後證明我們可以達到這個下界。我們將使用這個方法求出兩個重要資料源的編碼率失眞函數。

例題 8.5.3 二進位資料源的編碼率失眞函數

假設有一個資料源字母集 {0, 1}，且 $P(0) = p$，且重建結果字母集亦爲二進位。給定以下的失眞度量

$$d(x_i, y_j) = x_i \oplus y_j, \tag{8.54}$$

其中 $\oplus$ 是模數 2 的加法，試求出編碼率失眞函數。先假設 $p < \frac{1}{2}$。當 $D > p$ 時，有一個編碼方案可以滿足失眞標準，就是不傳送任何訊息，並將 Y 的值固定爲 $Y = 1$。因此當 $D \geq p$ 時，

$$R(D) = 0. \tag{8.55}$$

我們將求出失真範圍爲 $0 \le D < p$ 時的編碼率失真函數。

我們求出平均交互資訊的一個下限：

$$I(X;Y) = H(X) - H(X|Y) \tag{8.56}$$

$$= H(X) - H(X \oplus Y | Y) \tag{8.57}$$

$$\ge H(X) - H(X \oplus Y) \quad \text{從方程式(8.11)} \tag{8.58}$$

在第 2 步中，使用了以下的結果：如果已經知道 Y 的值，則只要知道 X 的值，就可以求出 $X \oplus Y$ 的值，反之亦然，因爲 $X \oplus Y \oplus Y = X$。

讓我們看看 (8.11) 式右邊的各項：

$$H(X) = -p \log_2 p - (1-p) \log_2 (1-p) = H_b(p), \tag{8.59}$$

其中 $H_b(p)$稱爲**二進位熵函數** (binary entropy function)，並於圖 8.4 中繪出。請注意 $H_b(p) = H_b(1-p)$。

若 $H(X)$ 完全由資料源的機率決定，則現在的任務是求出條件機率 $\{P(x_i \mid y_j)\}$，使得 $H(X \oplus Y)$ 爲極大值，且滿足平均失真 $E[d(x_i, y_j)] \le D$。$H(X \oplus Y)$ 就是二進位熵函數 $H_b(P(X \oplus Y = 1))$，其中

$$P(X \oplus Y = 1) = P(X = 0, Y = 1) + P(X = 1, Y = 0). \tag{8.60}$$

因此，爲了讓 $H(X \oplus Y)$ 達到極大值，我們希望 $P(X \oplus Y = 1)$ 儘可能接近二分之一。然而，當選擇 $P(X \oplus Y)$ 時，也必須滿足失真限制條件。失真值係由以下的式子給出

$$\begin{aligned} E\left[d(x_i, y_j)\right] &= 0 \times P(X = 0, Y = 0) + 1 \times P(X = 0, Y = 1) \\ &\quad + 1 \times P(X = 1, Y = 0) + 0 \times P(X = 1, Y = 1) \\ &= P(X = 0, Y = 1) + P(X = 1, Y = 0) \\ &= P(Y = 1 | X = 0) p + P(Y = 0 | X = 1)(1-p). \end{aligned} \tag{8.61}$$

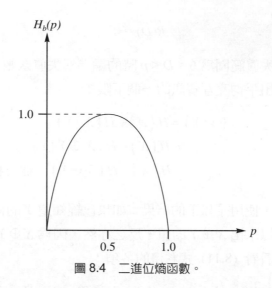

圖 8.4 　二進位熵函數。

然而這就是 $X \oplus Y = 1$ 的機率，因此 $P(X \oplus Y = 1)$ 可以擁有最大值是 D。我們的假設是 $D < p$，且 $p \leq \dfrac{1}{2}$，這表示 $D < \dfrac{1}{2}$。因此，當 $P(X \oplus Y = 1) = D$ 時，$P(X \oplus Y = 1)$ 最接近 $\dfrac{1}{2}$，同時又小於或等於 D。因此，

$$I(X;Y) \geq H_b(p) - H_b(D). \tag{8.62}$$

我們可以證明，當 $P(X = 0 \mid Y = 1) = P(X = 1 \mid Y = 0) = D$ 時，可以達到這個界限。也就是說，如果 $P(X = 0 \mid Y = 1) = P(X = 1 \mid Y = 0) = D$，則

$$I(X;Y) = H_b(p) - H_b(D). \tag{8.63}$$

因此，當 $D < p$，且 $p \leq \dfrac{1}{2}$ 時，

$$R(D) = H_b(p) - H_b(D). \tag{8.64}$$

最後，如果 $p > \dfrac{1}{2}$，我們只需要把 p 與 $1 - p$ 扮演的角色對調。把這些結果整理起來，我們得到二進位資料源的編碼率失真函數為

$$R(D) = \begin{cases} H_b(p) - H_b(D) & \text{當 } D < \min\{p, 1-p\} \\ 0 & \text{其他情況} \end{cases} \tag{8.65}$$

◆

例題 8.5.4　高斯分佈資料源的編碼率失真函數

假設有一個具有連續振幅的資料源，其 *pdf* 爲一平均值等於零，變異數等於 σ^2 的高斯分佈。如果失眞度量爲

$$d(x, y) = (x - y)^2, \tag{8.66}$$

則失眞限制條件爲

$$E[(X - Y)^2] \leq D. \tag{8.67}$$

我們求出編碼率失眞函數的方法與前一個例題相同；也就是說，給定失眞限制條件後，我們先求出 $I(X; Y)$，然後證明可以達到這個下限。

首先我們求出滿足 $D < \sigma^2$ 的編碼率失眞函數。

$$I(X;Y) = h(X) - h(X|Y) \tag{8.68}$$

$$= h(X) - h(X - Y|Y) \tag{8.69}$$

$$\geq h(X) - h(X - Y) \tag{8.70}$$

爲了讓方程式 (8.70) 的右邊達到極小值，我們必須在滿足方程式 (8.67) 所給定之限制條件的情況下，讓第 2 項達到極大值。如果 $X - Y$ 具有高斯分佈，那麼這一項將會達到極大值，此外，如果 $E[(X - Y)^2] = D$，則限制條件可以被滿足。因此，$h(X - Y)$ 是一個具有高斯分佈 (變異數等於 D) 的隨機變數的微分熵值，而且下限變成

$$I(X;Y) \geq \frac{1}{2} \log(2\pi e \sigma^2) - \frac{1}{2} \log(2\pi e D) \tag{8.71}$$

$$= \frac{1}{2} \log \frac{\sigma^2}{D} \tag{8.72}$$

如果 Y 具有平均值等於零，變異數等於 $\sigma^2 - D$ 的高斯分佈，而且

$$f_{X|Y}(x \mid y) = \frac{1}{\sqrt{2\pi D}} \exp \frac{-x^2}{2D} \tag{8.73}$$

那麼這個平均交互資訊是可以達到的。

$D > \sigma^2$ 時，如果我們令 $Y = 0$，則

$$I(X; Y) = 0 \tag{8.74}$$

而且

$$E[(X - Y)^2] = \sigma^2 < D. \tag{8.75}$$

因此高斯分佈資料源的編碼率失真函數可以寫成

$$R(D) = \begin{cases} \frac{1}{2} \log \frac{\sigma^2}{D} & \text{當 } D < \sigma^2 \\ 0 & \text{當 } D > \sigma^2 \end{cases}. \tag{8.76}$$

◆

高斯分佈資料源的編碼率失真函數如同微分熵值一般，也具有以下的特性：它的編碼率失真函數比具有相同變異數之連續分佈的任何其他資料源更大。這一點特別有價值，因為有許多資料源的編碼率失真函數可能很難計算。在這些情況下，擁有編碼率失真函數的上界是非常有用的。如果我們也擁有連續隨機變數的編碼率失真函數的下限，那樣會非常理想。Shannon 在其 1948 年的論文中描述了這樣的一個界限 [7]，它也被恰當地稱為 Shannon **下界** (Shannon lower bound)。在這裡，我們只陳述此一界限，而不會進行推導 (如果讀者希望瞭解更詳細的資訊，請參閱參考文獻 [4])。

使用以下的大小誤差標準時，

$$d(x, y) = |x - y| \tag{8.77}$$

隨機變數 X 的 Shannon 下限為

$$R_{SLB}(D) = h(X) - \log(2eD). \tag{8.78}$$

如果我們使用平方誤差標準，則 Shannon 下限為

$$R_{SLB}(D) = h(X) - \frac{1}{2}\log(2\pi eD). \tag{8.79}$$

在本節中，我們定義了編碼率失眞函數，並且得到了兩個重要資料源的編碼率失眞函數。我們也得到了任意 *iid* 資料源的編碼率失眞函數的上界和下界。給定一特別的資料源時，如果我們想要知道是不是可以設計壓縮方案，以提供指定的編碼率與失眞值，這些函數和上下界特別有用。當我們決定可以藉由設計更好的壓縮方案而得到的效能改進幅度時，這些函數和上下界也很有用。在這些方面，編碼率失眞函數在有失眞壓縮中扮演著與熵值在無失眞壓縮中同樣的角色。

◾ 8.6 模型

正如無失眞壓縮的情況一般，在有失眞壓縮演算法的設計中，模型也扮演著很重要的角色；有很多種方法可以使用。有失眞壓縮可以運用的模型集合，比我們研究過的無失眞壓縮模型的集合要寬廣得多。本節將討論一些這樣的模型。這裡呈現的內容絕不是完整的模型列表。我們的唯一的目的是描述在以下各章中有用的一些模型。

8.6.1 機率模型

描述特定資料源特性時，一個很重要的方法是使用機率模型。我們稍後即將看到，機率模型的瞭解對於許多壓縮方案的設計是很重要的。有失眞壓縮方案的設計與分析使用的機率模型，與無失眞壓縮方案的設計與分析中使用的機率模型不同。發展無失眞情況下的模型時，我們嘗試尋找精確的匹配。我們會估計每一個符號的機率，這是模型化過程的一部份。將資料源模型化，以設計或分析有失眞壓縮方案時，我們更常看的是一般的對應，而不是精確的對應，至於其原因，與其說是基於理論，不如說是基於實用。某些機率分佈函數比其他函

數更容易以解析方法處理,我們試圖使資料源的分佈與這些「良好」分佈的其中之一匹配。

均勻分佈、高斯分佈、拉普拉斯分佈和 Gamma 分佈是有失真壓縮系統的設計和分析中常用的四種機率模型:

■ 均勻分佈:如同無失真壓縮一般,這也是我們的無知模型。如果我們對於資料源輸出的分佈毫無所悉 (也許除了範圍之外),我們可以使用均勻分佈作為資料源的模型。一個均勻分佈於 a 與 b 之間的隨機變數,其機率密度函數為

$$f_X(x) = \begin{cases} \dfrac{1}{b-a} & \text{當 } a \le x \le b \\ 0 & \text{其他狀況} \end{cases} \tag{8.80}$$

■ 高斯分佈:高斯分佈是最常使用的機率模型之一,有兩個原因:它在數學上容易處理,此外,根據中央極限定理,我們可以證明在極限過程中,我們關心的分佈會趨近於高斯分佈。一個具有平均值等於 μ,變異數等於 σ^2 之高斯分佈的隨機變數,其機率密度函數為

$$f_X(x) = \frac{1}{\sqrt{2\pi\sigma^2}} \exp - \frac{(x-\mu^2)}{2\sigma^2} \tag{8.81}$$

■ 拉普拉斯分佈:我們處理的許多資料源,其機率分佈在零點有很高的峰值。舉例來說,語音主要是由無聲的片段組成的,因此語音的取樣值等於零或接近於零的機率很高。影像像素本身並不會傾向於具有很小的值,然而各像素彼此之間具有高度的相關性,因此有許多像素對像素的差距值會接近於零。在這些情況下,高斯分佈對於資料而言並不是很吻合的匹配,峰值位於零點的拉普拉斯分佈是一個更吻合的匹配。一個具有平均值等於零,變異數等於 σ^2 之拉普拉斯分佈的隨機變數,其機率密度函數為

$$f_X\left(x\right) = \frac{1}{\sqrt{2\sigma^2}} \exp \frac{-\sqrt{2}\,|x|}{\sigma} \tag{8.82}$$

■ Gamma 分佈：Gamma 分佈的峰值比拉普拉斯分佈還高，但是相當難處理。一個具有平均值等於零，變異數等於 σ^2 之 Gamma 分佈的隨機變數，其機率密度函數為

$$f_X\left(x\right) = \frac{\sqrt[4]{3}}{\sqrt{8\pi\sigma|x|}} \exp \frac{-\sqrt{3}\,|x|}{2\sigma} \tag{8.83}$$

假設平均值等於零，變異數等於一，這 4 種分佈的形狀示於圖 8.5。

有一個方法可以得到特定資料源的機率分佈的估計值，就是把輸出的範圍分成「箱子」或區間 I_k，然後計算落在每一個區間內的輸出值的個數 n_k。$\frac{n_k}{n_T}$ 的

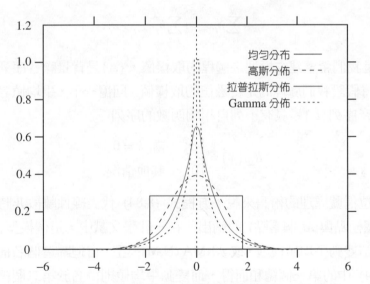

圖 8.5　均勻分佈、高斯分佈、拉普拉斯分佈和 Gamma 分佈。

圖形 (其中 n_T 等於所考慮之資料源輸出的總數) 應該可以讓我們對於輸入分佈的形狀有一些概念。讀者必須瞭解這個方法相當粗糙，而且有時可能會誤導人。舉例來說，如果我們選擇資料源輸出時不小心，最後可能只得到資料源的

某些局部特性的模型。如果箱子太寬，我們可能實際上反而會把資料源的一些重要性質給過濾掉。如果箱子太窄，我們可能會失去資料源的某些整體行為。

一旦我們決定了一些候選分佈，我們可以使用許多複雜的測試，以便它們之間作選擇。這些測試超出了本書的範圍，然而在參考文獻 [103] 中有描述。

當我們設計有失真壓縮方案時，我們處理的資料源中，有許多具有大量的結構，其形式為取樣值對取樣值的相依性。這裡描述的機率模型無法捕捉到這些相依性。幸運的是，我們有許多模型能捕捉到大部份的這些結構。下一節將描述這些模型。

8.6.2 線性系統模型

有一大類的過程可以使用下列差分方程式的形式來描述：

$$x_n = \sum_{i=1}^{N} a_i x_{n-i} + \sum_{j=1}^{M} b_j \varepsilon_{n-j} + \varepsilon_n, \qquad (8.84)$$

其中 $\{x_n\}$ 是我們希望建立模型之過程的取樣值，$\{\varepsilon_n\}$ 是背景噪音序列。在本書中，我們將假設我們處理的是實數值的取樣值。回憶一下，平均值等於零的廣義穩定噪音序列 $\{\varepsilon_n\}$ 是具有下列自相關函數的序列

$$R_{\varepsilon\varepsilon}(k) = \begin{cases} \sigma_\varepsilon^2 & \text{當 } k = 0 \\ 0 & \text{其他情況} \end{cases} \qquad (8.85)$$

以數位信號處理的術語來說，方程式 (8.84) 代表線性離散非時變濾波器 (具有 N 個極點與 M 個零點) 的輸出。在統計學文獻中，這個模型稱為(N,M)階的自迴歸變動平均值模型，或 ARMA (N,M)模型。自迴歸這個名稱是因為方程式 (8.84) 中的第一個總和而得，而變動平均值則得名於第二個總和。

若方程式 (8.84) 中所有的 b_j 都為 0，則 ARMA 模型的自迴歸部分剩下：

$$x_n = \sum_{i=1}^{N} a_i x_{n-i} + \varepsilon_n, \qquad (8.86)$$

這個模型稱為 N 階自迴歸模型，且記為 AR(N)。以數位信號處理的術語來說，這是一個**全極點濾波器** (all pole filter)。AR(N)模型是所有線性模型中最常用的模型，特別是語音壓縮，因為它是語音生成模型的必然結果。我們將更仔細討論這個模型。

首先，請注意對於 AR(N)過程，瞭解此過程的整個歷史，並不會比瞭解此過程的前 N 個取樣值得到更多的資訊；也就是說，

$$P\left(x_n \mid x_{n-1}, x_{n-2}, \ldots\right) = P\left(x_n \mid x_{n-1}, x_{n-2}, \ldots, x_{n-N}\right), \tag{8.87}$$

這表示 AR(N)過程是一個 N 階 Markov 模型。

一個過程的自相關函數可以告訴我們有關一個序列中，取樣值對取樣值行為的許多資訊。緩慢衰減的自相關函數表示取樣值對取樣值的關聯性很強，迅速衰減的自相關則代表取樣值對取樣值的關聯性很弱。至於取樣值與取樣值之間*沒有*關聯性的情況 (例如背景噪音)，則對於大於零的滯後時間，自相關函數等於零，如方程式 (8.85) 所示。AR(N)過程的自相關函數可由以下的式子得到：

$$R_{xx}(k) = E\left[x_n x_{n-k}\right] \tag{8.88}$$

$$= E\left[\left(\sum_{i=1}^{N} a_i x_{n-i} + \varepsilon_n\right)\left(x_{n-k}\right)\right] \tag{8.89}$$

$$= E\left[\sum_{i=1}^{N} a_i x_{n-i} x_{n-k}\right] + E\left[\varepsilon_n x_{n-k}\right] \tag{8.90}$$

$$= \begin{cases} \sum_{i=1}^{N} a_i R_{xx}(k-i) & \text{當 } k > 0 \\ \sum_{i=1}^{N} a_i R_{xx}(i) + \sigma_\varepsilon^2 & \text{當 } k = 0. \end{cases} \tag{8.91}$$

例題 8.6.1

假設有一個 AR(3)過程。讓我們寫出滯後時間值等於 1, 2, 3 時的自相關係數的方程式：

$$R_{xx}(1) = a_1 R_{xx}(0) + a_2 R_{xx}(1) + a_3 R_{xx}(2)$$

$$R_{xx}(2) = a_1 R_{xx}(1) + a_2 R_{xx}(0) + a_3 R_{xx}(1)$$

$$R_{xx}(3) = a_1 R_{xx}(2) + a_2 R_{xx}(1) + a_3 R_{xx}(0)$$

我們知道，如果我們知道自相關函數 $R_{xx}(k)$ 在 $k = 0, 1, 2, 3$ 時的值，則可使用這一組方程式求出 AR(3) 係數 $\{a_1, a_2, a_3\}$。另一方面，如果我們知道模型係數與 σ_ϵ^2，則可使用上述方程式與 $R_{xx}(0)$ 的方程式，求出前 4 個自相關係數。其他所有的自相關值可以使用方程式 (8.91) 求出。　　◆

為了瞭解自相關函數如何與序列的時間行為有關，讓我們看看一個簡單的 AR(1) 資料源的行為。

例題 8.6.2

一個 AR(1) 資料源由以下的方程式定義

$$x_n = a_1 x_{n-1} + \varepsilon_n. \tag{8.92}$$

這個資料源的自相關函數 (參閱習題 8) 為

$$R_{xx}(k) = \frac{1}{1 - a_1^2} a_1^k \sigma_\varepsilon^2. \tag{8.93}$$

從這裡我們可以看出，a_1 值愈大，自相關函數的衰減就愈緩慢。請記住，在這種情況下，a_1 的值是目前取樣值與前一個取樣值的關係有多密切的一個指標。圖 8.6 繪出兩個 a_1 值時的自相關函數。請注意當 a_1 值接近於 1 時，自相關函數的衰減極其緩慢。當 a_1 的值與 1 相差愈來愈大時，自相關函數的衰減就迅速得多了。

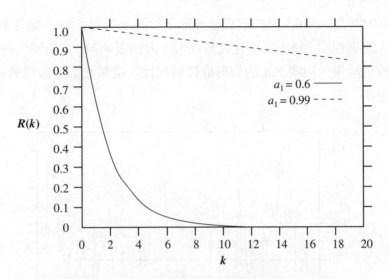

圖 8.6　AR(1)過程的自相關函數，圖中有兩種 a_1 值。

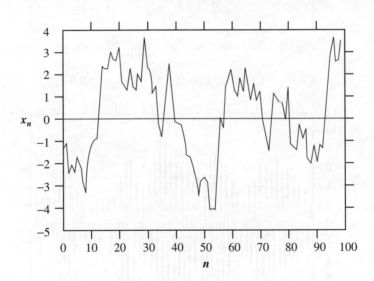

圖 8.7　AR(1)過程的取樣值函數，其中 $a_1 = 0.99$。

$a_1 = 0.99$ 及 $a_1 = 0.6$ 時的取樣值波形示於圖 8.7 與圖 8.8。請注意在 a_1 值較大的過程中，波形的變化比較緩慢。因爲圖 8.7 的波形變化得比圖 8.8 的波形緩慢，與圖 8.8 的波形取樣值相比，這個波形的取樣值可能更爲接近。

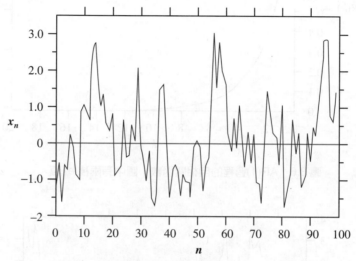

圖 8.8　AR(1)過程的取樣值函數，其中 $a_1 = 0.6$。

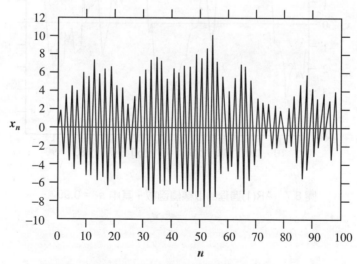

圖 8.9　AR(1)過程的取樣值函數，其中 $a_1 = -0.99$。

當 AR(1)係數為負值時,讓我們看看會發生什麼事。取樣值波形繪於圖 8.9 與圖 8.10。這些波形中的取樣值對取樣值變化比圖 8.7 與 8.8 所示的波形高得多。然而,如果我們檢視大小的變化,會發現較大的 a_1 值會產生比較接近的大小值。

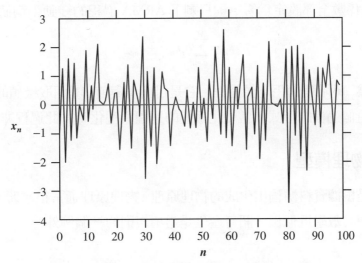

圖 8.10　AR(1)過程的取樣值函數,其中 $a_1 = -0.6$。

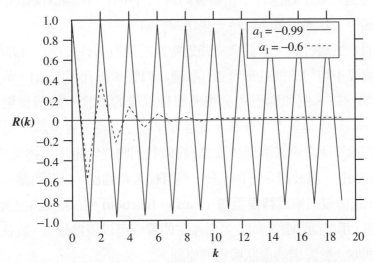

圖 8.11　AR(1)過程的自相關函數,圖中有兩種負的 a_1 值。

　　　這個行爲也反映在圖 8.11 所示的自相關函數中，正如我們在察看方程式
(8.93) 時所預期的結果一般。　　　　　　　　　　　　　　　　　　◆

　　　在方程式 (8.84) 中，如果不是把所有的 $\{b_j\}$ 係數全部設定爲零，而是把
所有的 $\{a_i\}$ 係數全部設定爲零，則只剩下 ARMA 過程的變動平均值部份：

$$x_n = \sum_{j=1}^{M} b_j \varepsilon_{n-j} + \varepsilon_n. \tag{8.94}$$

此過程稱爲 M 階變動平均值過程。它是目前值與前 M 個取樣值的加權平均
值。由於這個過程的形式，當變化緩慢的過程模型化時，此過程非常有用。

8.6.3　物理模型

物理模型是根據資料源輸出生成的物理原理。物理原理通常很複雜，而且不容
易得到合理的數學近似值。語音產生是這項規則的一個例外。

語音生成

語音生成這個領域已經進行了相當多的研究 [104]，相關的文獻也是成篇累
牘。在本節中，我們將試著總結一些相關的結果。

　　　當我們產生語音時，我們會先強迫空氣通過有彈性的開口 (亦即聲帶)，
然後通過直徑不均勻的圓柱形管道 (喉道、口腔、鼻孔和咽道)，最後通過會
改變邊界的空腔，例如嘴巴與鼻腔。聲帶以後的器官一般稱爲**聲道** (vocal
tract)。第一個動作是先產生聲音，當聲音穿越聲道時，會被調節成語音。

　　　後面的章節經常會談論到濾波器，屆時我們將更精確地描述濾波器。對於
目前的目的而言，濾波器是一個系統，具有輸入和輸出，以及將輸入轉換成輸
出的規則，這個規則稱爲**轉換函數** (transfer function)。如果我們把語音視爲濾
波器的輸出，那麼衝過聲帶的空氣所產生的聲音可以視爲輸入，將輸入轉換成
輸出的規則取決於聲道的形狀與物理原理。

　　輸出取決於輸入和轉換函數，現在讓我們逐一討論。聲帶與相關軟骨的不同形態可以產生幾種不同的輸入形式。當聲帶被拉長且緊閉時，如果我們強迫空氣通過聲帶，則聲帶會振動，並提供週期性的輸入。如果聲帶上有一個小孔徑的開口，則輸入將與背景噪音類似。如果沿著聲帶在不同的位置上開孔，可以產生類似背景噪音，且具有某些主要頻率的輸入，頻率值則取決於開口的位置。聲道可以使用一連串直徑不等的管道作為模型。如果我們現在檢驗聲波如何穿過這一連串的管道，我們發現最適合描述這個過程數學模型是自迴歸模型。當我們討論語音壓縮演算法時，經常會遇到自迴歸模型。

8.7　摘要

在本章中，當我們研究各種有失真壓縮技術時，我們討論了對我們有用的一些主題，包括失真及其度量、資訊理論中的一些新概念、平均交互資訊及其與壓縮方案編碼率的關係，以及編碼率失真函數。我們也短暫地討論了人類視覺系統與聽覺系統的一些性質 — 其中最重要是視覺與聽覺屏蔽現象。由於屏蔽現象，我們可以採用讓人類觀察者無法察覺失真的方式引入失真。我們也提出了語音生成的模型。

進階閱讀

有許多很棒的書籍更深入地探討了資訊理論這個領域：

1. R.B. Ash 撰寫的「*Information Theory*」[15]。

2. R.M. Fano 撰寫的「*Information Transmission*」[16]。

3. R.G. Gallagher 撰寫的「*Information Theory and Reliable Communication*」[11]。

4　R.M. Gray 撰寫的「*Entropy and Information Theory*」[17]。

5　T.M. Cover 與 J.A. Thomas 合著的「*Elements of Information Theory*」[3]。

6　R.J. McEliece 撰寫的「The Theory of Information and Coding」[6]。

T. Berger 撰寫的「*Rate Distortion Theory*」以非常清楚的方式討論了編碼率失真理論這個主題 [4]。

有關語音感知背後的概念的介紹，請參閱 T. Parsons 撰寫的「*Voice and Speech Processing*」[105]。

8.8　專案與習題

1. 雖然 SNR 是廣泛使用的失真度量，但它與感知品質通常沒有什麼關聯性。為了瞭解這一點，讓我們做以下的實驗。試使用本書提供的任何一幅影像產生兩幅「重建」影像。第一幅重建影像是把每一個像素值加上 10，第二幅重建影像則是把每一個像素值隨機加上+10 或–10。

   (a) 這兩幅重建影像的 SNR 為何？相對的值可以反映出感知覺品質的差別嗎？

   (b) 試設計一個數學度量，更理想地反映出在這種特殊情況下感知覺品質的差別。

2. 考慮下列二進位序列的有失真壓縮方案。我們把二進位序列分成大小等於 M 的區塊。我們計算每一個區塊中的 0 的個數。如果這個數目大於或等於 $M/2$，則傳送一個 0；否則傳送一個 1。

   (a) 如果序列係隨機產生，且機率為 $P(0) = 0.8$，試針對 $M = 1, 2, 4, 8, 16$ 計算編碼率與失真值 (使用方程式(8.54))。試將你的結果與二進位資料源的編碼率失真函數比較。

   (b) 假設編碼器的輸出以等於輸出之熵值的編碼率被編碼，試重複 (a) 的計算。

3. 寫一個程式，實作前一個習題中描述的壓縮方案。

   (a) 使用 $P(0) = 0.8$ 的機率分佈產生隨機二進位序列，並將你的模擬結果與分析結果比較。

(b)　使用 $P(0|0) = 0.9$ 與 $P(1|1) = 0.9$ 的機率分佈產生一個二進位一階 Markov 序列。使用你的程式將這個序列編碼。討論並評論你的結果。

4.　試證明

$$H\left(X_d \mid Y_d\right) = -\sum_{j=-\infty}^{\infty} \sum_{i=-\infty}^{\infty} f_{X|Y}\left(x_i \mid y_j\right) f_Y\left(y_j\right) \Delta \Delta \log f_{X|Y}\left(x_i \mid y_j\right) - \log \Delta \qquad (8.95)$$

5　試證明對於兩個隨機變數 X 和 Y，

$$H(X \mid Y) \leq H(X)$$

如果 X 與 Y 無關，則等式成立。

提示： $E[\log(f(x))] \leq \log\{E[f(x)]\}$　(Jensen 不等式)。

6　已知兩個隨機變數 X 和 Y，試證明 $I(X; Y) = I(Y; X)$。

7.　有一個二進位資料源，機率為 $P(0) = p$，$P(X = 0 \mid Y = 1) = P(X = 1 \mid Y = 0) = D$，如果我們使用以下的失真度量：

$$d(x_i, y_j) = x_i \oplus y_j,$$

試證明

$$I(X; Y) = H_b(p) - II_b(D). \qquad (8.96)$$

8.　求出下列過程的自相關函數，並以各模型的係數及 σ_ε^2 表示：

(a)　AR(1)過程，

(b)　MA(1)過程，以及

(c)　AR(2)過程。

9

純量量化

在本章中，我們開始研究量化，這是有失眞壓縮中最簡單、最普遍的概念之一。本章將討論純量量化，下一章則繼續討論向量量化。我們會先陳述一般性的量化問題，然後檢驗各種解決方法。我們會從比較簡單，但需要的假設最多的解決方法開始，然後著手討論比較複雜，但需要的假設比較少的解決方法。我們將描述使用固定長度編碼字的均等量化，同時會先假設有一個均勻分佈的資料源，然後假設有一個已知機率密度函數 (*pdf*)，且機率分佈可能並非均勻的資料源，最後則假設有一個不曉得統計性質爲何，或者統計性質會改變的資料源。接下來，我們討論 *pdf* 最佳化的非均等量化，然後討論壓縮擴大量化。最後，我們回到量化器設計問題的一般性陳述，並研究熵值編碼量化。

9.2　引言

在許多有失眞壓縮應用中，我們必須使用少量的編碼字來表示每一個資料源輸出。可能的不同資料源輸出值的數目，通常遠比可以用來表示它們的編碼字的

數目要大得多。使用一個小得多的集合來表示許多種不同的值 (也許有無限多種) 的過程稱爲**量化** (quantization)。

考慮一個會產生從–10.0 到 10.0 之數目的資料源。一個簡單的量化方案是以最接近的整數來表示每一個資料源輸出 (如果資料源輸出與兩個整數同樣接近，我們將隨機選擇其中的一個)。舉例來說，如果資料源輸出是 2.47，我們會把它表示成 2，如果資料源輸出是 3.1415926，我們會把它表示成 3。

這個方法降低了表示資料源輸出所需的字母集的大小；從–10.0 到 10.0 之間的無限多個值，將以只含有 21 個值的集合 ({-10, ..., 0, ..., 10}) 來表示。同時，我們也已經永遠損失了資料源輸出的原始值。如果有人告訴我們重建值是 3，我們並不能確定資料源輸出究竟是 2.95、3.16、3.057932，還是無限多個值中的任何其他值。換句話說，我們已經損失了一些資訊。許多有失眞壓縮方案的名稱中使用到「有失眞」這個詞，正是因爲此種資訊損失。

量化器的輸入集和輸出集可以是純量或向量。如果輸入和輸出是純量，則量化器稱爲**純量量化器** (scalar quantizer)；如果輸入和輸出是向量，則量化器稱爲**向量量化器** (vector quantizer)。本章將研究純量量化器，第 10 章則研究向量量化器。

9.3　量化問題

量化是一個非常簡單的過程，然而量化器的設計對於有失眞壓縮方案中可以得到的壓縮量，以及所引入的資訊損失量有很大的影響，因此我們將在與量化器的設計有關的問題上投注大量的心力。

實際上，量化器包含兩組映射：編碼器映射與解碼器映射。編碼器把資料源產生的值的範圍分成許多區間，每一個區間都使用不同的編碼字來表示。編碼器以代表某一特定區間的編碼字來表示落在該區間內的所有資料源輸出。由於任何一個區間內，都可能有許多個 (也許是無限多個) 不同的取樣值落在其中，因此編碼器映射是不可逆的。知道一個碼，只能讓我們曉得取樣值屬於哪一個區間，卻沒有辦法讓我們知道在區間內的這麼多個值當中，實際的取樣值

到底是哪一個。取樣值來自於類比性資料源時，編碼器稱為類比數位 (A/D) 轉換器。

　　一個具有 8 個重建值的量化器，其編碼器映射示於圖 9.1。對於這具編碼器而言，介於–1 與 0 之間的所有取樣值將指定為碼 011，介於 0 和 1.0 之間的所有值將指定為編碼字 100，依此類推。在左、右兩個邊界上，大於 3 的所有輸入將指定為碼 111，小於–3.0 的所有輸入則指定為碼 000。因此，我們接收到的任何輸入，都將依據其所在的區間指定一個編碼字。由於我們使用 3 個位元來代表每一個值，因此我們說這個量化器是一個 3 位元的量化器。

　　對於編碼器產生的每一個編碼字，解碼器都會產生一個重建值。因為一個編碼字代表整個區間，我們也沒有辦法知道資料源產生的值到底是區間內的哪

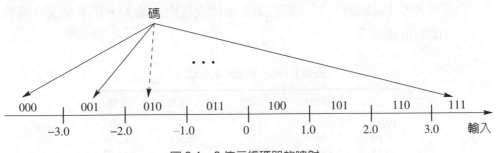

圖 9.1　3 位元編碼器的映射。

輸入碼	輸出
000	−3.5
001	−2.5
010	−1.5
011	−0.5
100	0.5
101	1.5
110	2.5
111	3.5

圖 9.2　3 位元 D/A 轉換器的映射。

一個值，就某種意義來說，解碼器輸出的是最能代表區間內所有的值的一個值。我們稍後將看到如何利用手頭上可能擁有，關於輸入值在區間內的分佈的資訊來得到一個代表值。現在我們直接使用區間的中點作爲解碼器產生的代表值。如果重建值爲類比性質，則解碼器通常稱爲數位類比 (D/A) 轉換器。對應於圖 9.1 所示之 3 位元編碼器的解碼器映射示於圖 9.2。

例題 9.3.1

假設有一個弦波函數 $4\cos(2\pi t)$ 每隔 0.05 秒被取樣一次。我們使用圖 9.1 所示的 A/D 映射將取樣值數位化，並使用圖 9.2 所示的 D/A 方案將其重建。前幾個輸入值、編碼字和重建值示於表 9.1。請注意表 9.1 中的前兩個取樣值。雖然這兩個輸入值不同，然而它們都位於量化器中的同一個區間，因此編碼器以同一個編碼字來代表這兩個輸入，接下來又會導致同樣的重建值。

表 9.1　將一正弦波數位化。

t	$4\cos(2\pi t)$	A/D 輸出	D/A 輸出	誤差
0.05	3.804	111	3.5	0.304
0.10	3.236	111	3.5	−0.264
0.15	2.351	110	2.5	−0.149
0.20	1.236	101	1.5	−0.264

區間的建構 (其位置等等) 可以視爲編碼器設計的一部份。重建值的選擇則是解碼器設計的一部份。然而重建的保眞度取決於區間與重建值。因此，當我們設計或分析編碼器和解碼器時，把它們視爲一對是很合理的。我們把這一對編碼器、解碼器稱爲一個**量化器** (quantizer)。圖 9.1 和圖 9.2 所示的 3 位元編碼器—解碼器對的量化器映射，可以使用圖 9.3 所示的輸入—輸出映射來表示。量化器接受被取樣的值，然後視取樣值所在的區間提供一個輸生編碼字和一個代表值。使用圖 9.3 的映射，我們可以看到：量化器的輸入值爲 1.7 時，產生的輸出值爲 1.5，輸入值爲 −0.3 時，產生的輸出值爲 −0.5。

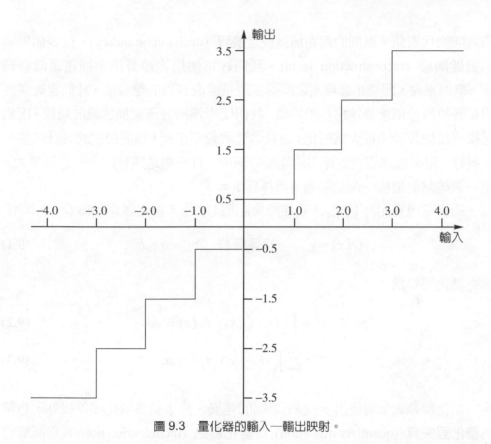

圖 9.3　量化器的輸入─輸出映射。

從圖 9.1 – 9.3 可以看出，當我們指定一個量化器時，我們必須知道如何將輸入範圍分成區間，將二進位碼指定給這些區間，並找出這些區間的代表或輸出值。我們必須完成這些任務，同時滿足失真條件與編碼率條件。在本章中，失真將定義為量化器輸入與輸出差距平方的平均值。我們把它稱為均方量化誤差 (msqe)，並記為 σ_q^2。量化器的編碼率等於表示單一量化器輸出所需的平均位元數。對於給定的編碼率，我們希望得到最低的失真值，或者對於給定的失真值，我們希望得到最低的編碼率。

讓我們用精確的術語來陳述設計問題。假設有一個輸入，其分佈可由 pdf 等於 $f_X(x)$ 的隨機變數 X 來描述。如果我們希望使用一個具有 M 個區間的量化器將這個資料源量化，則我們必須指定區間的 $M + 1$ 個端點，並且指定這 M

個區間的代表值。區間的端點稱爲**決定邊界** (decision boundary)，代表值則稱爲**重建階層** (reconstruction level)。我們經常使用連續分佈來描述離散資料源。舉例來說，即使相鄰像素之間的差距只能取有限的離散值，我們也經常使用拉普拉斯分佈來描述這些差距值。我們使用連續分佈來描述離散過程，因爲這樣可以使設計過程大爲簡化，而且儘管假設不正確，我們得到的設計效能仍然很好。用來描述資料源輸出的連續分佈中，有一些是無界的 — 也就是說，第一個端點與最後一個端點通常選擇爲 $\pm \infty$。

把決定邊界記爲 $\{b_i\}_{i=0}^{M}$，重建階層記爲 $\{y_i\}_{i=1}^{M}$，量化運算記爲 $Q(\cdot)$。則有

$$Q(x) = y_i \qquad 若且爲若 \qquad b_{i-1} < x \le b_i. \tag{9.1}$$

均方量化誤差爲

$$\sigma_q^2 = \int_{-\infty}^{\infty} (x - Q(x))^2 f_X(x) dx \tag{9.2}$$

$$= \sum_{i=1}^{M} \int_{b_{i-1}}^{b_i} (x - y_i)^2 f_X(x) dx. \tag{9.3}$$

量化器輸入 x 與輸出 $y = Q(x)$ 之間的差異，除了稱爲量化誤差以外，也稱爲**量化器失真** (quantizer distortion) 或**量化雜訊** (quantization noise)。然而稱它爲「雜訊」，其實並不太恰當。當討論雜訊時，通常是指在資料源過程以外的過程。從量化誤差產生的方式看來，它與資料源過程是相依的，因此我們並不能把它視爲在資料源過程以外。在這種情況下，使用「雜訊」這個詞的原因是：有時我們會發現，將量化過程描述爲圖 9.4 所示的加法性雜訊過程是很有用的。

如果我們使用固定長度的編碼字來表示量化器輸出，則輸出字母集的大小立即決定了編碼率。如果量化器輸出的數目爲 M，則編碼率爲

$$R = \lceil \log_2 M \rceil. \tag{9.4}$$

例如，如果 $M = 8$，則 $R = 3$。在這種情況下，量化器設計問題可以陳述如下：

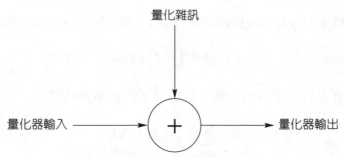

圖 9.4 量化器的加法性雜訊模型。

表 9.2 一個 8 階層量化器的編碼字指定。

y_1	1110
y_2	1100
y_3	100
y_4	00
y_5	01
y_6	101
y_7	1101
y_8	1111

已知一個輸入的 *pdf* 等於 $f_X(x)$，以及量化器的階層數 M，試求出決定邊界 $\{b_i\}$ 與重建階層 $\{y_i\}$，使得方程式 (9.3) 所給的均方量化誤差變成最小。

然而，如果我們可以使用可變長度碼，例如 Huffman 碼或算術碼，則除了字母集的大小之外，決定邊界的選擇也會影響量化器的編碼率。試考慮表 9.2 所示，一個 8 階層量化器輸出的編碼字指定。

根據此一編碼字指定，若輸出為 y_4，則需要 2 個位元進行編碼，若輸出為 y_1，則需要 4 個位元進行編碼。顯然編碼率取決於 y_4 必須編碼的次數相對於 y_1 必須編碼的次數有多麼頻繁。換句話說，編碼率取決於輸出的出現機率。如果對應於輸出 y_i 的編碼字長度為 l_i，且 y_i 的出現機率為 $P(y_i)$，則編碼率為

$$R = \sum_{i=1}^{M} l_i P(y_i). \tag{9.5}$$

然而，機率$\{P(y_i)\}$取決於決定邊界$\{b_j\}$。舉例來說，y_i出現的機率為

$$P(y_i) = \int_{b_{i-1}}^{b_i} f_X(x)dx.$$

因此編碼率 R 是決定邊界的函數，且由以下的表示式給出

$$R = \sum_{i=1}^{M} l_i \int_{b_{i-1}}^{b_i} f_X(x)dx. \tag{9.6}$$

從以上的討論，以及方程式 (9.3) 和 (9.6)，我們看到：對於已知的資料源輸入，我們選擇的分割，以及這些分割的表示方式，將決定在量化過程中引入的失真。我們選擇的分割與分割的二進位碼將決定量化器的編碼率。因此，找出最佳分割、最佳碼與最佳表示階層這三個問題，彼此均為相互關聯。根據這項資訊，我們可以重新陳述我們的問題：

給定失真限制條件

$$\sigma_q^2 \le D^* \tag{9.7}$$

試求出使方程式 (9.6) 所給的編碼率降到最低，同時滿足方程式 (9.7) 的決定邊界，重建階層和二進位碼。

或給定編碼率限制條件

$$R \le R^* \tag{9.8}$$

試求出使方程式 (9.3) 所給的失真降到最低，同時滿足方程式 (9.8) 的決定邊界，重建階層和二進位碼。

這個量化器設計的問題陳述雖然比我們的初始陳述更廣泛，但也複雜得多，幸好在實務上有一些可以簡化問題的情況。我們經常使用固定長度的編碼字將量化器的輸出編碼。在這種情況下，編碼率就是用來將每一個輸出編碼的位元

數,而且我們可以使用量化器設計問題的初始陳述。我們將開始研究量化器的設計,讓我們先討論比較簡單的問題版本,然後使用在這個過程中學到的知識來解決更複雜的問題。

9.4 均等量化器

均等量化器是最簡單的量化器類型。在均等量化器中,所有區間的大小都相同,然而最左邊與最右邊的兩個外側區間長度可能不同。換句話說,決定邊界的間隔均等。重建值的間隔也均等,且其間隔與決定邊界相同;在內部區間中,重建值是區間的中點。此一常量間隔通常稱為步階間距,且記為 Δ。圖 9.3 所示的量化器乃是 $\Delta = 1$ 的均等量化器。它的表示階層中不包含 0。這樣的量化器稱為**中間升起量化器** (midrise quantizer)。圖 9.5 所示的量化器則是另一種可能的均等量化器。這個量化器稱為**中間低平量化器** (midtread quantizer)。由於中間低平量化器輸出階層中包含 0,因此在表示零值很重要的情況下,這個量化器特別有用 — 例如在必須精確地表示零值的控制系統,以及需要表示無聲期間的音訊編碼方案。請注意中間低平量化器只有 7 個區間或階層。這表示如果我們使用固定長度的 3 位元碼,會剩下一個編碼字。

如果階層數為偶數,通常我們會使用中間升起量化器,如果階層數為奇數,通常我們會使用中間低平量化器。在本章其餘的部份中,除非特別提到,否則我們會假設我們處理的是中間升起量化器。一般而言,我們也會假設輸入分佈相對於原點具有對稱性,而且量化器也具有對稱性 (根據最小均方誤差得到的對稱分佈最佳量化器不一定具有對稱性 [106])。在這一切的假設之下,均等量化器的設計包括針對所給的輸入過程與決定階層數,求出讓失真降到最低的步階間距 Δ。

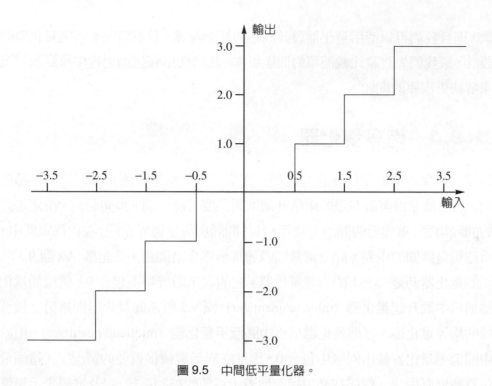

圖 9.5　中間低平量化器。

均勻分佈資料源的均等量化

我們從所有情況中最簡單的情況開始研究量化器：爲一個均勻分佈的資料源設計一個均等量化器。假設我們希望爲一個在區間 $[-X_{\max}, X_{\max}]$ 內均勻分佈的輸入設計一個有 M 個階層的均等量化器。這表示需要把區間 $[-X_{\max}, X_{\max}]$ 分成 M 個大小相同的區間。在這種情況下，步階間距 Δ 等於

$$\Delta = \frac{2X_{\max}}{M}. \tag{9.9}$$

在這種情況下，失眞等於

$$\sigma_q^2 = 2\sum_{i=1}^{\frac{M}{2}} \int_{(i-1)\Delta}^{i\Delta} \left(x - \frac{2i-1}{2}\Delta\right)^2 \frac{1}{2X_{\max}}\,dx. \tag{9.10}$$

如果我們（在經歷一番努力之後）求出這個積分的值，會發現 msqe 等於 $\Delta^2/12$。

如果檢驗以下所示的量化誤差 q 的行為，可以更容易地得到同樣的結果

$$q = x - Q(x). \tag{9.11}$$

在圖 9.6 中，我們針對一個具有 8 個階層，且輸入位於區間 $[-X_{max}, X_{max}]$ 內的均等量化器，畫出量化誤差與輸入信號的關係。請注意量化誤差位於區間 $\left[-\dfrac{\Delta}{2}, \dfrac{\Delta}{2}\right]$ 內。由於輸入是均勻分佈的，我們很容易證明量化誤差在這個區間內也是均勻分佈的。因此，均方量化誤差等於在 $\left[-\dfrac{\Delta}{2}, \dfrac{\Delta}{2}\right]$ 內均勻分佈的一個隨機變數的二次矩：

$$\sigma_q^2 = \frac{1}{\Delta} \int_{-\frac{\Delta}{2}}^{\frac{\Delta}{2}} q^2 dq \tag{9.12}$$

$$= \frac{\Delta^2}{12}. \tag{9.13}$$

讓我們也計算一下這種情況下的訊雜比。在區間 $[-X_{max}, X_{max}]$ 內取值的一個均勻分佈隨機變量，其訊號變異數 σ_s^2 為 $\dfrac{(2X_{max})^2}{12}$。步階間距 Δ 的值與 X_{max} 和及階層數 M 的關係為

$$\Delta = \frac{2X_{max}}{M}.$$

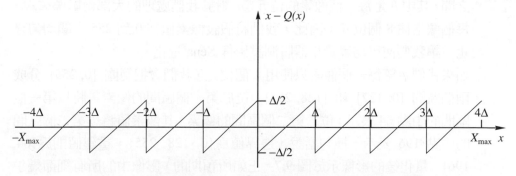

圖 9.6　具有均勻分佈之輸入的均等中央升起量化器的量化誤差。

使用固定長度碼，而且每一個編碼字由 n 個位元組成時，編碼字或重建階層的個數 M 等於 2^n。把所有的結果整理起來，我們有

$$\text{SNR(dB)} = 10\log_{10}\left(\frac{\sigma_s^2}{\sigma_q^2}\right) \tag{9.14}$$

$$= 10\log_{10}\left(\frac{(2X_{\max})^2}{12}\cdot\frac{12}{\Delta^2}\right) \tag{9.15}$$

$$= 10\log_{10}\left(\frac{(2X_{\max})^2}{12}\cdot\frac{12}{(\frac{2X_{\max}}{M})^2}\right) \tag{9.16}$$

$$= 10\log_{10}\left(M^2\right)$$

$$= 20\log_{10}\left(2^n\right)$$

$$= 6.02n \text{ dB.} \tag{9.17}$$

這個方程式說明量化器多增加 1 個位元，訊雜比就增加 6.02 分貝。這個結果眾所周知，而且經常用來指示如果我們增加編碼率時，可以得到的最大增益。然而，請記住我們是在對輸入作了某些假設的情況下得到這個結果的。如果假設不成立，這個結果就不成立。

例題 9.4.1　影像壓縮

由於我們可以取得的影像種類繁多，因此幾乎不可能得到影像中像素變化的機率模型。有一個常見的方法是宣告像素值均勻分佈於 0 到 $2^b - 1$ 之間，其中 b 是每一個像素的位元數。對於我們處理的大部份影像來說，每個像素佔 8 個位元；因此，我們將假設像素值在 0 到 255 之間均勻變化。讓我們使用均等量化器將測試影像 Sena 量化。

如果我們希望每一個像素只使用 1 個位元，我們會把範圍 [0, 255] 分成兩個區間 [0, 127] 和 [128, 255]。位於第一個區間的像素，將以第一個區間的中點 64 表示；位於第二個區間的像素，其像素值將以第二個區間的中點 196 表示。換句話說，邊界值為{0, 128, 255}，重建值則為{64, 196}。量化後的影像示於圖 9.7。正如所預期的，影像中的所有細節幾乎

全部消失無蹤。如果使用 2 位元的量化器，且邊界值爲{0, 64, 128, 196, 255}，重建階層爲{32, 96, 160, 224}，得到的細節就詳細得多了。使用的位元數愈多，細節就愈詳細，一直到每個像素使用 6 個位元時都是如此，至少對於一個漫不經心的觀察者來說，使用 6 個位元時的重建影像與原始影像難以區別。1 位元、2 位元和 3 位元的影像示於圖 9.7。

圖 9.7　左上角：原始的 Sena 影像；右上角：每個像素 1 個位元的影像；

左下角：每個像素 2 個位元的影像；右下角：每個像素 3 個位元的影像。

當觀察低編碼率的影像時，請注意一些事情。首先，低編碼率的影像比原始影像暗，而且編碼率最低的影像，其重建影像最暗。這是因為量化過程通常會造成輸入的動態範圍縮小。例如，在每個像素佔 1 個位元的重建影像中，最高的像素值是 196，原始影像則為 255。由於高灰階值較高代表陰影較明亮，因此重建影像也相對地變暗了。在低編碼率重建影像中，另一件要注意的事情是原來灰階值變化平緩的區域，現在有了尖銳的轉變。這一點在臉部和頸部特別明顯，其中明暗逐漸變化的區域，現在變成了具有恆定像素值的斑點區域。這是因為整個範圍內的值都被映射到同一個值，正如例題 9.3.1 中的弦波函數的前兩個取樣值的情況一樣。這種效應稱為**輪廓化** (contouring)，其原因不言而喻。我們可以利用一種稱為**遞色** (dithering) 的程序來降低輪廓化的視覺效果 [107]。　　◆

非均勻資料源的均等量化

我們處理的資料源通常都不是均勻分佈的；然而我們仍然希望使用簡單的均等量化器。在這些情況下，即使資料源的輸出值為有界，如果我們只是把輸入範圍按照量化階層數予以分割，並不會產生非常好的設計。

例題 9.4.2

假設我們的輸入落在區間 [–1, 1] 內的機率為 0.95，落在區間 [–100, 1] 和 (1, 100) 內的機率則為 0.05。假設我們希望設計一個有 8 個階層的均等量化器。如果遵循前一節的程序，則步階間距等於 25。這表示落在 [–1, 0] 區間內的輸入會表示成–12.5，落在 [0, 1] 區間內的輸入則表示成 12.5。可能造成的最大量化誤差是 12.5。然而至少有 95%的值，可能造成**最小誤差**等於 11.5，這顯然不是一個很理想的設計。有一個方法比這個方法好得多，就是使用比較小的步階間距，如此，對於 [–1, 1] 區間內的值，可以得到更理想的表示方式，即使這代表最大誤差的值會比較

大。假設我們選擇 0.3 的步階間距。在這種情況下，最大量化誤差從 12.5 變成 98.95，然而在 95%的時間內，量化誤差小於 0.15。因此，這個量化器的平均失真或 msqe 會比第一個量化器的 msqe 小得多。　　　　◆

　　我們可以發現，當分佈不再均勻時，只把輸入範圍除以階層數，以求出步階間距，並不是個好主意。當我們使用無界的機率分佈 (例如高斯分佈) 來描述資料源時，這種方法變得完全不切實際。因此，我們把資料源的 *pdf* 納入設計過程之中。

　　我們的目標是求出對於給定的 M 值，可以使失真降到最低的步階間距。要這麼做，最簡單的方法是把失真寫成步階間距的函數，然後讓這個函數具有最小值。我們可以利用 Δ 的函數來取代方程式 (9.3) 中的 b_i 與 y_i，而求出 M 階層均等量化器的失真 (或 msqe) 的表示式，並將其表示成步階間距的函數。由於我們處理的是對稱情況，因此只需要計算正 x 值的失真；負 x 值的失真是一樣的。

　　從圖 9.8 中，我們看到決定邊界是 Δ 的整數倍，區間 $[(k-1)\Delta, k\Delta)$ 的表示階層就是 $\frac{2k-1}{2}\Delta$。因此，msqe 的表示式變成

$$\sigma_q^2 = 2\sum_{i=1}^{\frac{M}{2}-1} \int_{(i-1)\Delta}^{i\Delta} \left(x - \frac{2i-1}{2}\Delta\right)^2 f_X(x)\,dx$$

$$+ 2\int_{(\frac{M}{2}-1)\Delta}^{\infty} \left(x - \frac{M-1}{2}\Delta\right)^2 f_X(x)\,dx. \tag{9.18}$$

　　為了求出 Δ 的最佳值，我們只需要取這個方程式的導數，並令它等於零 [108] (參閱習題 1)。

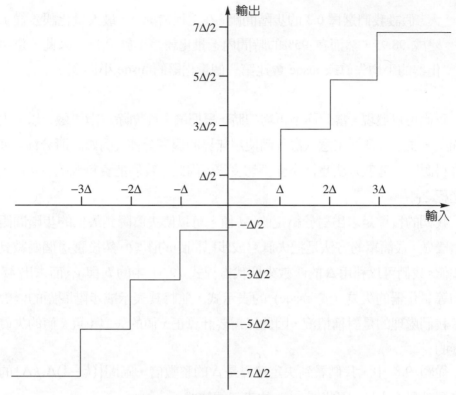

圖 9.8 一個中間升起的均等量化器。

$$\frac{\delta\sigma_q^2}{\delta\Delta} = -\sum_{i=1}^{\frac{M}{2}-1}(2i-1)\int_{(i-1)\Delta}^{i\Delta}\left(x-\frac{2i-1}{2}\Delta\right)f_X(x)\,dx$$

$$-(M-1)\int_{(\frac{M}{2}-1)\Delta}^{\infty}\left(x-\frac{M-1}{2}\Delta\right)f_X(x)\,dx = 0. \tag{9.19}$$

這個表示式看起來相當雜亂,然而已知 pdf 等於 $f_X(x)$ 時,使用任何一種數值分析技術都很容易把它解出來 (參閱習題 2)。在表 9.3 中,我們針對 9 種不同的字母集大小和 3 種不同的分佈來解 (9.19),並列出所得的步階間距。

　　討論表 9.3 的結果之前,讓我們看一下非均勻資料源情況下的量化雜訊。非均勻的資料源經常使用具有無界支援集合的 pdf 來描述。也就是說,得到無界輸入的機率不等於零。在實際的情況下,我們不會得到無界的輸入,然而使

用無界的分佈來描述資料源過程通常很方便。一個典型的例子是測量誤差,即使我們知道它有界的,也經常被描述為具有高斯分佈。如果輸入是無界的,量化誤差也不再是無界的。圖 9.9 顯示量化誤差對輸入的函數關係。我們可以看到:在內部區間中,誤差的界限仍然是 $\frac{\Delta}{2}$;然而外部區間中的量化誤差則是無界的。這兩種量化誤差具有不同的名稱。有界的誤差稱為**粒狀誤差** (granular error) 或**粒狀雜訊** (granular noise),無界的誤差則稱為**超載誤差** (overload error) 或**超載雜訊** (overload 雜訊)。在方程式 (9.18) 的 msqe 的表示式中,第一項代表粒狀雜訊,第二項則代表超載雜訊。輸入落在超載區域的機率稱為**超載機率** (overload probability) (圖 9.10)。

我們處理的非均勻資料源,其機率密度函數通常在零點達到峰值,當我們離開原點時,機率密度值會衰減。因此超載機率通常比輸入落在粒狀區域的機率小得多。如同我們從方程式 (9.19) 所見,步階間距 Δ 增加,會讓 $(\frac{M}{2}-1)\Delta$ 的值增加,接下來又會讓超載機率變小,以及方程式 (9.19) 的第二項變小。然而步階間距 Δ 增加也會讓粒狀雜訊 (亦即方程式 (9.19) 的第一項) 增加。均等量化器的設計過程是這兩種效應的權衡取捨。描述此種權衡取捨的重要參數是負載因子 f_l,定義為輸入在粒狀區域內所能取的最大值與標準差的比。負載因子常用的值為 4。這也稱為 4σ **負載** (4σ loading)。

表 9.3　不同分佈類型與字母集大小之均等量化器的最佳步階間距與訊雜比 [108, 109]。

字母集	均勻分佈		高斯分佈		拉普拉斯分佈	
大小	步階間距	訊雜比	步階間距	訊雜比	步階間距	訊雜比
2	1.732	6.02	1.596	4.40	1.414	3.00
4	0.866	12.04	0.9957	9.24	1.0873	7.05
6	0.577	15.58	0.7334	12.18	0.8707	9.56
8	0.433	18.06	0.5860	14.27	0.7309	11.39
10	0.346	20.02	0.4908	15.90	0.6334	12.81
12	0.289	21.60	0.4238	17.25	0.5613	13.98
14	0.247	22.94	0.3739	18.37	0.5055	14.98
16	0.217	24.08	0.3352	19.36	0.4609	15.84
32	0.108	30.10	0.1881	24.56	0.2799	20.46

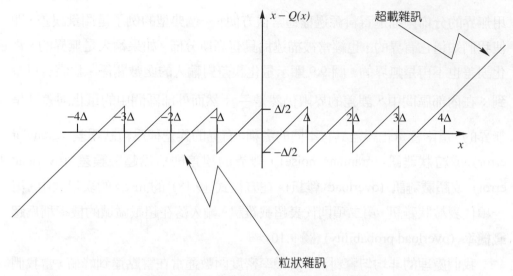

圖 9.9 中央升起均等量化器的量化誤差。

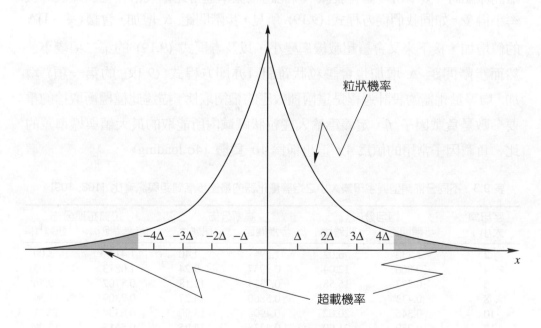

圖 9.10 3 位元均等量化器的超載區域與粒狀區域。

回憶一下，將一具有均勻分佈的輸入量化時，SNR 與位元編碼率係由方程式 (9.17) 關聯起來，這個方程式說明編碼率每增加一個位元，SNR 就增加 6.02 分貝。在表 9.3 中，除了步階間距之外，我們也列出了使用所指示的量化器將具有適當 *pdf* 的 100 萬個輸入值量化時所得的 SNR。

從這張表格中，我們可以看到：雖然均勻分佈的 SNR 遵守每增加一位元，訊雜比就增加 6.02 分貝的規則，然而對於其他分佈，這個規則並不成立。請記住，當我們獲得 $6.02n$ 規則的時候，我們曾經作過一些假設，這些假設只對均勻分佈有效。請注意，分佈的峰值愈高 (亦即離均勻分佈愈遠)，就愈有可能偏離 6.02 分貝規則。

我們也說過，Δ 的選擇乃是超載誤差與粒狀誤差之間的平衡。相較於高斯分佈，拉普拉斯分佈中有更多的機率量遠離原點，而落在其尾端。這表示對於同樣的步階間距與階層數，如果輸入具有拉普拉斯分佈，則其落在超載區域的機率將比輸入具有種高斯分佈時更大。均勻分佈是一種極端情況，其超載機率為零。對於同樣的階層數而言，如果我們增加步階間距，超載區域 (以及超載機率) 會縮小，但其代價是粒狀雜訊會增加。因此，對於給定的階層數，如果我們要選擇步階間距，使得粒狀雜訊與超載雜訊的效應達到平衡，尾端機率量較大的分佈，傾向於具有較大的步階間距。從表 9.3 中可以看到這種效應。舉例來說，有 8 個階層均等量化器，其步階間距為 0.433。高斯量化器的步階間距比較大 (0.586)，拉普拉斯量化器的步階間距則更大 (0.7309)。

不匹配效應

我們已經看到，如果一個結果要成立，用來獲得該項結果的假設必須成立。當我們使用方程式 (9.19) 求出一個特定均等量化器的最佳步階間距時，我們已經對於資料源的統計性質做了一些假設。我們假設資料源具有某種機率分佈，也假設了該分佈中的某些參數。如果我們的假設不成立，會發生什麼事？讓我們嘗試藉由實驗來回答這個問題。

我們將討論兩種類型的不匹配。第一種類型發生於當我們假設的分佈類型與實際的分佈類型相匹配，然而輸入的變異數與我們假設的變異數不同的時候

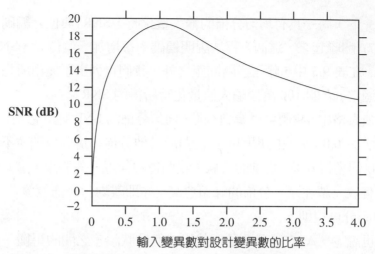

圖 9.11　變異數不匹配對一個 4 位元均等量化器的效能的影響。

。第二種類型發生於當我們得到步階間距的值之後，實際的分佈類型與我們假
設的分佈類型不同的時候。在我們整個的討論中，我們將假設輸入分佈的平均
值等於零。

　　在圖 9.11 中，我們針對一個 4 位元的高斯分佈均等量化器，當輸入具有
高斯分佈時，畫出訊雜比對實際變異數與假設變異數之比的函數 (為了瞭解在
不同條件下的效應，請參閱習題 5)。請記住，平均值等於零的一個分佈，其
變異數等於 $\sigma_x^2 = E[X^2]$，這個量也是訊號 X 的功率的一個度量。從圖中可以
看出，當輸入訊號變異數與我們設計量化器時所假設的變異數匹配時，訊雜比
會達到最大值。從圖中我們也看出有一個不對稱的地方：當輸入變異數比我們
假設的變異數小時，SNR 會變得非常差。這是因為 SNR 乃是輸入變異數與均
方量化誤差的比率。當輸入變異數小於我們假設的變異數時，由於超載雜訊較
低，事實上均方量化誤差會下降。然而，因為輸入變異數很小，所以這個比率
也很小。當輸入變異數比我們假設的變異數大時，msqe 會大幅增加，然而因
為輸入功率也增加了，所以這個比率不會下降得那麼劇烈。為了更清楚地瞭解
這一點，我們在圖 9.12 中另外畫出了均方誤差對訊號變異數的圖形。從這些
圖中，我們可以看出訊雜比降低並不一定總是與 msqe 的增加直接有關。

　　第二種不匹配發生於當輸入機率分佈與我們設計量化器時所假設的機率分佈不匹配的時候。我們在表 9.4 中列出了當我們使用幾種不同的 8 階層量化器，將具有不同機率分佈的輸入量化時得到的 SNR。設計量化器時，會假設輸入具有某種特殊的機率分佈。

　　請注意，當我們從表格的左邊向右看時，會發現我們設計出來的步階間距比「正確」的步階間距要大，而且愈來愈大。這種情況類似於輸入變異數比我們假設的變異數小的情況。我們可以看到，當某種不匹配造成步階間距小於其最佳值時，量化器的效能會比量化器的步階間距大於其最佳值時下降得更多。

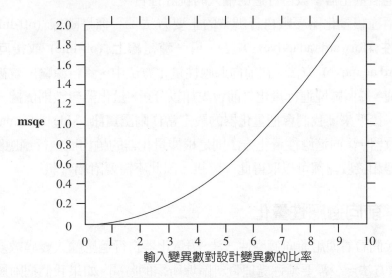

圖 9.12　一個 4 位元均等量化器中，msqe 對變異數不匹配的函數關係。

表 9.4　使用 8 階層量化器時，不匹配效應的示範。

輸入 分佈	均勻分佈 量化器	高斯分佈 量化器	拉普拉斯分 佈量化器	Gamma 分 佈量化器
均勻分佈	18.06	15.56	13.29	12.41
高斯分佈	12.40	14.27	13.37	12.73
拉普拉斯分佈	8.80	10.79	11.39	11.28
Gamma 分佈	6.98	8.06	8.64	8.76

◾ 9.5 適應性量化

處理不匹配問題的方法之一是讓量化器自行適應輸入的統計性質。相對於我們所假設的統計性質，輸入的一些性質可能會改變，包括平均值、變異數與 *pdf*。處理每一種變化情況的策略可能各自不同，不過這些策略顯然並非專屬於某一特定狀況。如果輸入的統計性質不止一方面會改變，我們也可以把處理個別情況的策略組合起來。如果輸入的平均值隨時間而改變，最好的策略是使用某種形式的差分編碼 (第 11 章將詳細討論)。至於其他方面的統計性質變化，常用的方法是讓量化器參數自行適應輸入的統計性質。

有兩種讓量化器參數自行調整的主要方法：一種是**離線** (off-line) 或**前向適應性** (forward adaptive) 方法，另一種是**線上** (on-line) 或**後向適應性** (backward adaptive) 方法。在前向適應性量化方法中，資料源輸出會被分割成資料區塊。每個區塊進行量化之前會先加以分析，量化器參數則依據分析結果來設定。接下來，我們會把量化器的設定當作**附屬資訊** (side information) 傳送給接收器。後向適應性量化方法則是根據量化器的輸出而執行適應動作。由於傳輸器和接收器都可以取得此一資訊，因此不需要附屬資訊。

9.5.1 前向適應性量化

首先讓我們看看使用前向適應性方法，讓量化器自行適應輸入變異數變化的途徑。這種方法至少需要延遲處理資料區塊所需的時間。如果我們把附屬資訊加入被傳輸的資料流中，也許必須解決一些同步化問題。處理的資料區塊大小也會對其他方面造成影響。如果區塊太大，則適應過程可能無法捕捉到輸入統計性質中發生的變化。此外，區塊較大代表延遲時間較長，在某些應用中也許無法容忍。另一方面，區塊較小表示必須經常傳送附屬資訊，這又表示每一個取樣值的負荷量會增加。區塊大小的選擇乃是小尺寸區塊造成的附屬資訊量的增加，以及大尺寸區塊造成的保真度損失之間的權衡取捨 (參閱習題 7)。

變異數估計程序相當簡單。在時間 n 時，我們使用具有 N 個未來取樣值的區塊來計算變異數的估計值

$$\hat{\sigma}_q^2 = \frac{1}{N}\sum_{i=0}^{N-1} x_{n+i}^2. \tag{9.20}$$

請注意我們假設輸入的平均值等於零。變異數資訊也需要被量化，以便傳送給接收器。將變異數的值量化所需的位元數通常遠比將取樣值量化所需的位元數大得多。

例題 9.5.1

圖 9.13 顯示使用一個固定 3 位元量化器得到的語音量化片段。量化器的步階間距係根據整個序列的統計性質予以調整。此序列為樣本資料集合中的 `testm.raw` 序列，其內容為一名男性說出「test」這個字的取樣值，其中包含大約 4000 個取樣值。語音訊號以每秒鐘 8000 個取樣值的速率進行取樣，並使用 16 位元的 A/D 予以數位化。

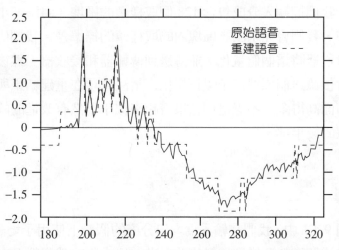

圖 9.13　原始的 16 位元語音，以及壓縮後的 3 位元語音序列。

從圖中可以看到，如同本章前面的弦波函數例題，振幅解析度的損失相當大。數值接近的取樣值被量化成同樣的值。

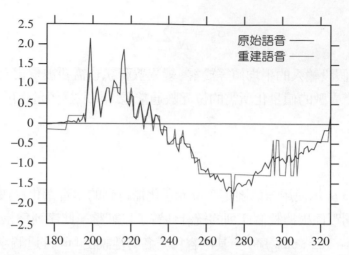

圖 9.14　原始的 16 位元語音，以及使用 8 階層前向適應性量化器得到的序列。

同樣的序列以前向適應性量化器進行量化的結果示於圖 9.14。在這個例子中，我們把輸入分成包含 128 個取樣值的區塊。將區塊中的取樣值量化之前，我們會先求出該區塊內的取樣值的標準差。我們使用一個 8 位元的量化器將這個值量化，並傳送到傳輸器和接收器，然後區塊中的取樣值會根據這個標準差予以正規化。請注意現在重建結果與輸入的吻合度比前面高得多，不過這個結果看起來似乎仍然有改進的餘地，特別是取樣值的後半部。　　　　　　　　　　　　　　　　　　　　　　　　　　　◆

例題 9.5.2

在例題 9.4.1 中，我們在輸入為均勻分佈的假設下使用了均等量化器。讓我們把這個資料源模型稍微修改一點，比方說雖然資料源在不同的區域上均為均勻分佈，但輸入的範圍會改變。在前向適應性量化方案中，我們會得到每一個資料區塊的最小值與最大值，這些資訊將作為附屬資訊予以傳輸。在圖 9.15 中，我們看到使用 3 位元的適應性均等量化器，且區塊大小為 8 × 8 時予以量化的 Sena 影像。附屬資訊包含每個區塊的最

小值與最大值，每一個值各需要 8 位元。因此在這個例子中，負荷值等於每個像素 $\frac{16}{8\times8}$ 位元，或 0.25 位元，與量化器使用於每一個取樣值的位元數比起來，這個值相當小。　　　　　　　　　　　　　　　　　◆

最後得到的影像與原始影像幾乎無法分辨。顯然編碼率較高時，前向適應性量化似乎是很不錯的選擇。

9.5.2　後向適應性量化

在後向適應性量化中，只有已經出現過的取樣值可以用來調整量化器。只有編碼器知道輸入的值，所以此一資訊無法用來調整量化器。我們如何在不知道輸入是什麼的情況下，只憑藉檢查量化器的輸出，而得到有關不匹配的資訊？如果我們研究長時間的量化器輸出，則可根據輸出值的分佈，對於不匹配的情形稍微瞭解。如果量化器步階間距 Δ 與輸入極為匹配，量化器的輸入落在特定區間內的機率將與我們對輸入所假設的 *pdf* 一致。然而，如果實際的 *pdf* 與我們假設的 *pdf* 不同，輸入落在不同量化區間的次數將與我們所假設的 *pdf* 不符。如果 Δ 比它應該具有的值要小，則輸入落在量化器外側區間的次數將會過高。另一方面，對於某一特別的資料源，如果 Δ 比它應該具有的值要大，則輸入落在量化器內側區間的次數將會過高。因此，我們似乎應該長時間地觀察量化器的輸出，如果輸入落在量化器外側區間的次數過高，則拉長量化器步階間距，如果輸入落在量化器內側區間的次數過高，則縮短量化器步階間距。

貝爾實驗室的 Nuggehally S. Jayant 證明我們並不需要長時間地觀察量化器的輸出 [110]。事實上，我們可以在觀察單一輸出之後調整量化器的步階間距。Jayant 把這種量化方法命名為「具有一個字的記憶的量化」。然而這個量化器更為人熟知的名稱是 *Jayant* 量化器 (Jayant quantizer)。Jayant 量化器背後的想法非常簡單。如果輸入落在外側階層，則步階間距必須拉長，如果輸入落在內側的量化器階層，則步階間距必須縮短。拉長和縮短應該依照以下的方式進行：一旦量化器與輸入相匹配，則拉長量與縮短量的乘積必須等於 1。

圖 9.15　使用前向適應性量化，且被量化為每個像素 3.25 位元的 Sena 影像。

在 Jayant 量化器中，我們把一個*乘數* M_k 指定給每一個區間，而達成步階間距的拉長和縮短。如果第$(n-1)$個輸入落在第 k 個區間，我們會把第$(n-1)$個輸入使用的步階間距乘以 M_k，而得到第 n 個輸入使用的步階間距。量化器內側階層的乘數值小於 1，量化器外側階層的乘數值則大於 1。

因此，如果輸入落在內側階層，用來將下一個輸入量化的量化器，其步階間距會比較小。同樣的，如果輸入落在外側階層，步階間距將乘以一個大於 1 的值，而且下一個輸入將使用更大的步階間距予以量化。請注意目前輸入的步階間距會根據前一個量化器的輸出而修改。傳輸器與接收器都可以取得前一個量化器的輸出，因此我們不需要傳送任何額外資訊，以通知接收器有一適應動作。在數學上，適應過程可以表示成

$$\Delta_n = M_{l(n-1)}\Delta_{n-1} \tag{9.21}$$

其中 $l(n-1)$是時間 $n-1$ 時的量化區間。

在圖 9.16 中，我們顯示一個 3 位元的均等量化器。我們有 8 個由不同的量化器輸出表示的區間。然而，由於對稱性，所以對稱區間的乘數相同：

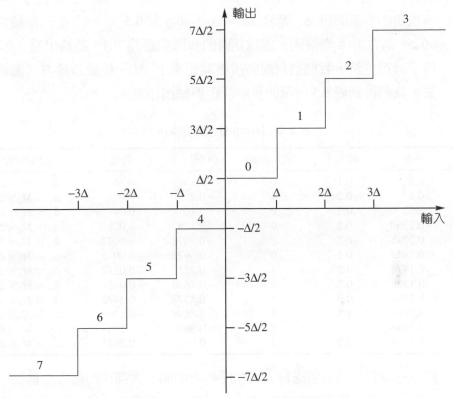

圖 9.16 Jayant 量化器的輸出階層。

$$M_0 = M_4 \qquad M_1 = M_5 \qquad M_2 = M_6 \qquad M_3 = M_7$$

因此我們只需要 4 個乘數。為了瞭解適應動作如何進行,讓我們使用這個量化器完成一個簡單的例題。

例題 9.5.3 Jayant 量化器

對於圖 9.16 的量化器,假設乘數值為 $M_0 = M_4 = 0.8$, $M_1 = M_5 = 0.9$, $M_2 = M_6 = 1$, $M_3 = M_7 = 1.2$;步階間距的初始值 Δ_0 等於 0.5;要量化的序列是 0.1, –0.2, 0.2, 0.1, –0.3, 0.1, 0.2, 0.5, 0.9, 1.5, ...。當我們接收到第一個輸入時,量化器的步階間距是 0.5。因此輸入會落在第 0 階層內,且輸出值是 0.25,所以會產生 0.15 的誤差。由於這個輸入落在量化器的第 0 階層內,

所以新的步階間距 Δ_1 等於 $M_0 \times \Delta_0 = 0.8 \times 0.5 = 0.4$。下一個輸入是 -0.2，落在第 4 階層內。因爲此時的步階間距爲 0.4，故輸出是 -0.2。爲了進行更新，我們把目前的步階間距乘上 M_4。按照這種方式繼續下去，我們得到表 9.5 所示的步階間距與輸出序列。

表 9.5　Jayant 量化器的操作。

n	Δ_n	輸入	輸出階層	輸出	誤差	更新方程式
0	0.5	0.1	0	0.25	0.15	$\Delta_1 = M_0 \times \Delta_0$
1	0.4	-0.2	4	-0.2	0.0	$\Delta_2 = M_4 \times \Delta_1$
2	0.32	0.2	0	0.16	0.04	$\Delta_3 = M_0 \times \Delta_2$
3	0.256	0.1	0	0.128	0.028	$\Delta_4 = M_0 \times \Delta_3$
4	0.2048	-0.3	5	-0.3072	-0.0072	$\Delta_5 = M_5 \times \Delta_4$
5	0.1843	0.1	0	0.0922	-0.0078	$\Delta_6 = M_0 \times \Delta_5$
6	0.1475	0.2	1	0.2212	0.0212	$\Delta_7 = M_1 \times \Delta_6$
7	0.1328	0.5	3	0.4646	-0.0354	$\Delta_8 = M_3 \times \Delta_7$
8	0.1594	0.9	3	0.5578	-0.3422	$\Delta_9 = M_3 \times \Delta_8$
9	0.1913	1.5	3	0.6696	-0.8304	$\Delta_{10} = M_3 \times \Delta_9$
10	0.2296	1.0	3	0.8036	0.1964	$\Delta_{11} = M_3 \times \Delta_{10}$
11	0.2755	0.9	3	0.9643	0.0643	$\Delta_{12} = M_3 \times \Delta_{11}$

請注意量化器如何適應輸入。在序列的開頭，大部份的輸入值都很小，量化器的步階間距變得愈來愈小，提供的愈來愈好的輸入估計值。在取樣值序列的結尾，輸入值很大，而且步階間距變得愈來愈大。然而在兩者之間的轉變期，誤差的大小相當大。這表示如果輸入變化得很快 (如果有高頻率的輸入，可能會發生此種狀況)，這樣的轉變情況極有可能會發生，量化器將無法理想地發揮功能。然而，如果輸入的統計性質緩慢地改變，量化器能適應輸入。由於大部份的自然資料源 (例如語音和影像) 傾向於彼此相關，所以從一個取樣值到另一個取樣值之間，資料不會劇烈地變化。即使我們透過某種轉換除去了這些結構，剩餘的結構通常足以讓 Jayant 量化器 (或它的一些變形) 相當有效率地發揮功能。　　◆

在這個例題中，序列初始部分的步階間距變得愈來愈小。我們很容易想像有一段很長的時間內，輸入值都很小的情況。這樣的情況可能出現在語音編碼

系統的無聲時期，或者影像編碼系統將陰暗的背景編碼時。如果步階間距在一段很長的時間內一直不斷地縮短，在精確度有限的系統中，我們會得到一個等於零的步階間距。這樣會造成非常嚴重的後果，我們等於是用一個專門輸出零的裝置來取代量化器。通常我們會定義一個最小值 Δ_{min}，步階間距不得小於這個值，以免發生此種情況。同樣的，如果我們接收到一群很大的值組成的序列，步階間距可能會增加到某個程度，以致於當我們開始接收到比較小的值時，量化器會無法適應得夠迅速。爲了避免發生此種情況，我們會定義一個最大值 Δ_{max}，步階間距增加時，不得超過這個值。

Jayant 量化器的適應性取決於乘數的值。乘數值與 1 離得愈遠，量化器的適應性就愈強。然而，如果適應演算法響應得太快，可能會造成系統不穩定。那麼，我們該如何選擇乘數？

首先，我們知道對應於內側階層的乘數小於 1，外側階層的乘數則大於 1。如果輸入過程是穩定的，而且 P_k 代表落在量化器區間 k 的機率 (我們通常會使用輸入資料的固定的量化器來估計)，然後我們可以根據以下的要求，規定 Jayant 量化器必須滿足某一穩定性條件：一旦量化器與輸入相匹配，則拉長量與縮短量的乘積必須等於 1。也就是說，如果輸入落在第 k 個區間的次數爲 n_k，

$$\prod_{k=0}^{M} M_k^{n_k} = 1, \tag{9.22}$$

取方程式兩邊 (其中 N 是輸入的總數) 的 n 次方根，我們得到

$$\prod_{k=0}^{M} M_k^{\frac{n_k}{N}} = 1,$$

或

$$\prod_{k=0}^{M} M_k^{P_k} = 1 \tag{9.23}$$

其中我們已經假設 $P_k = {n_k}/{N}$。

有無數個乘數可以滿足方程式 (9.23)。有一個方法可以限制乘數的數目，就是要求這些乘數具備以下的形式，使得這些乘數具備某些結構

$$M_k = \gamma^{l_k} \tag{9.24}$$

其中 γ 是一個大於 1 的數，且 l_k 只會取整數值 [111, 112]。如果我們把 M_k 的表示式代入方程式 (9.23)，我們得到

$$\prod_{k=0}^{M} \gamma^{l_k P_k} = 1, \tag{9.25}$$

這表示

$$\sum_{k=0}^{M} l_k P_k = 0 \tag{9.26}$$

最後一步是 γ 的選擇，這就需要相當豐富的創意了。我們選擇的 γ 值會決定量化器對於不斷變化的統計性質的響應有多麼迅速。如果 γ 的值比較大，會產生比較快的適應動作，如果 γ 的值比較小，則系統的穩定性比較好。

例題 9.5.4

假設輸入機率為 $P_0 = 0.8$，$P_1 = 0.2$，而我們必須求出一個 2 位元量化器的乘數函數。首先，請注意內側階層的乘數必須小於 1，因此 l_0 小於 0。如果我們選擇 $l_0 = -1$ 和 $l_1 = 4$，這樣可以滿足方程式 (9.26)，同時使得 M_0 小於 1，且 M_1 大於 1。最後，我們必須挑選 γ 的值。

在圖 9.17 中，我們看見在一個相當極端的例子裡使用不同的 γ 值造成的影響。輸入是一個方波，在 0 與 1 之間，每隔 30 個取樣值改變一次。我們使用一個 2 位元的 Jayant 量化器將輸入量化。我們已經使用了 $l_0 = -1$ 和 $l_1 = 4$。請注意當輸入從 0 變成 1 時會發生什麼事。一開始的時候，輸入會落在量化器的外側階層，而且步階間距會增加。這個過程會不斷地持續下去，直到 Δ 剛好大於 1。如果 γ 接近於 1，Δ 應該已經增加得十分緩慢，因此 Δ 的值增加到超過 1 之前，應該會很接近 1，因此這個時

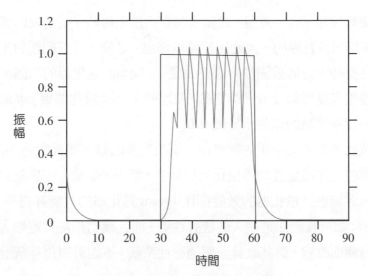

圖 9.17　γ 對 Jayant 量化器效能的影響。

候的輸出接近於 1.5。當 Δ 變成大於 1 時，輸入會落在內側階層，如果
γ 接近於 1，輸出會突然降到大約 0.5。接下來，步階間距會減少，直到
它剛好小於 1，而且這個過程會不斷重複，造成圖 9.17 所見的「振盪」。
當 γ 增加時，量化器適應得更快，振盪效應的幅度則會降低。振盪幅度
降低的原因是：當 Δ 的值增加到剛好大於 1 時，它的值會遠小於 1，然
後輸出的值會遠小於 1.5。當 Δ 增加到超過 1 時，它可能會增加得非常
多，因此內側階層可能遠大於 0.5。這兩種效果一起發揮作用，使得振盪
現象被壓縮。當我們觀察這個現象時，會發現如果有兩個適應性策略的
話，可能比較理想，一個在輸入迅速變化時使用 (例如在 0 與 1 之間轉
變的情況)，另一個則是在輸入為恆定值或幾乎恆定時使用。當我們描述
CCITT 標準 G .726 中使用的量化器時，會更進一步地探討這種方法。◆

當我們選擇 Jayant 量化器的乘數時，最好的量化器膨脹的速度比收縮的
速度快得多。當我們進行以下的考量時，會發現這一點是有道理的。輸入落在
量化器的外側階層時，會造成超載誤差，這個誤差基本上是無界的。這種情況

必須立即使其緩和。另一方面，當輸入落在內部階層時，所造成的雜訊是粒狀雜訊，這個雜訊是有界的，因此比較可以容忍。最後，當我們面對不斷變化的輸入統計性質時，對於強固性的需要激發了 Jayant 量化器的討論。讓我們重複先前改變輸入變異數及分佈的實驗，並比較 Jayant 量化器與 pdf 最佳化量化器的效能。這些實驗的結果示於圖 9.18。

看看效能曲線多麼平坦。雖然在一個很寬廣的輸入變異數範圍內，Jayant 量化器的效能比非適應性均等量化器好得多，然而，當輸入變異數與設計變異數相同時，非適應性量化器的效能卻比 Jayant 量化器的效能好得多。

這表示：如果我們知道輸入的統計性質，而且我們相當肯定輸入的統計性質不會隨時間而改變，與其設計一個適應性系統，不如針對這些統計性質進行設計。

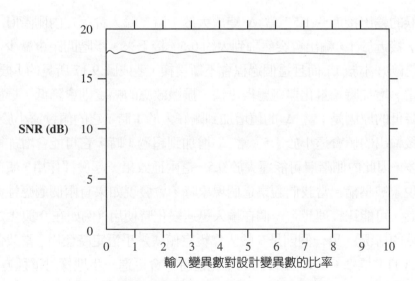

圖 9.18 不同輸入變異數時的 Jayant 量化器的效能。

9.6　非均等量化

如圖 9.10 所見，如果輸入分佈在原點附近有比較多的機率量，輸入更有可能落在量化器的內側階層。回憶一下，在無失眞壓縮中，爲了讓每一個輸入符號*平均位元數*降到最低，我們把比較短的編碼字指定給出現機率比較高的符號，又把比較長的編碼字指定給出現機率比較低的符號。同樣的，爲了降低平均失眞，我們可以嘗試在機率較高的區域對輸入值進行比較吻合的近似，也許需要付出機率較低的區域近似值比較差的代價。我們可以讓機率量比較多的區域中的量化區間小一點，而達到這一點。如果資料源分佈如圖 9.10 所示的分佈，那麼原點附近的區間會比較小。如果我們希望保持區間的數目不變，這表示在離開原點的地方，區間會比較大。區間長度不均等的量化器稱爲**非均等量化器**(nonuniform quantizer)。非均等量化器的例子示於圖 9.19。

請注意較接近零的區間會比較小，因此量化器誤差可以取的最大值也比較小，這樣會得到更好的近似值。內側的輸入階層的精確度獲得改進的代價是：當輸入落在外側區間時，產生的誤差比較大。然而，由於獲得較小的輸入值的機率比獲得較大的訊號值的機率高得多，平均而言，失眞會比使用均等量化器時要低。雖然非均等量化器可以產生比較低的平均失眞，但是非均等量化器的設計也比較複雜。然而基本的想法非常簡單：求出可以讓均方量化誤差降到最低的決定邊界與重建階層。接下來的各節將更詳細討論非均等量化器的設計。

9.6.1　*pdf* 最佳化的量化

如果我們知道資料源的機率模型的話，有一個方法可以直接找出最佳非均等量化器，就是求出讓方程式 (9.3) 降到最低的 $\{b_i\}$ 和 $\{y_i\}$。令方程式 (9.3) 對 y_j 的導數等於零，並求出 y_j，我們得到

$$y_j = \frac{\int_{b_{j-1}}^{b_j} x f_X(x) dx}{\int_{b_{j-1}}^{b_j} f_X(x) dx}. \tag{9.27}$$

每一個量化區間的輸出點等於該區間內的機率量的質心。取這個量對 b_j 的導數,並令其等於零,我們得到 b_j 的表示式

$$b_j = \frac{y_{j+1} + y_j}{2}. \tag{9.28}$$

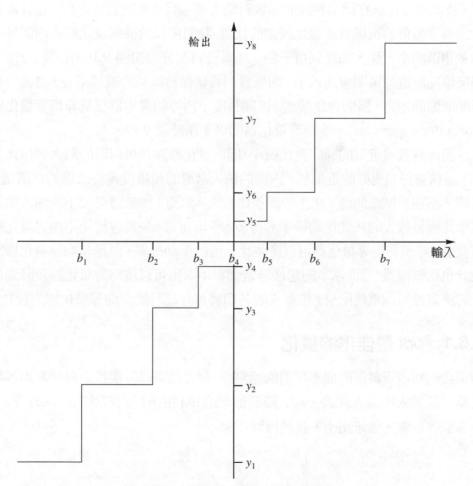

圖 9.19　一個中央升起的非均等量化器。

決定邊界就是兩個相鄰重建階層的中點。解出這兩個方程式，會得到可以讓均方量化誤差降到最低的重建階層與決定邊界。不幸的是，為了求出 y_j，我們需要 b_j 和 b_{j-1} 的值，然而為了求出 b_j，我們又需要 y_{j+1} 和 y_j 的值。1960 年，Joel Max [108] 在一篇論文中說明了如何使用疊代法來解這兩個方程式。1957 年，Stuart P. Lloyd 在貝爾實驗室的一份內部備忘錄中描述了同樣的方法。在學術界中，通常誰先發表，榮譽就歸誰，然而在這個案例中，因為早期的量化研究工作大部份是在貝爾實驗室完成的，因此 Lloyd 的成果獲得了應有的榮譽，我們把這個演算法稱為 Lloyd-Max 演算法。然而，故事到這裡還沒結束。(應該說從這裡才開始？) Allen Gersho [113] 指出：1955 年，Lukaszewicz 和 Steinhaus 已經在一本波蘭文期刊中發表了同樣的演算法 [114]！Lloyd 的論文一直到 1982 年，才發表於 *IEEE Transactions on Information Theory* 期刊發行的一份討論量化的特刊上 [115]。

為了瞭解這個演算法如何作用，我們把它應用到一個明確的情況。假設我們希望設計一個 M 階層的對稱性中間升起量化器。為了明確地定義符號，我們將使用圖 9.20。從圖中可以看到，

為了設計這個量化器，我們必須求出重建階層 $\{y_1, y_2, \cdots, y_{\frac{M}{2}}\}$ 和決定邊界 $\{b_1, b_2, \cdots, b_{\frac{M}{2}-1}\}$。我們可以透過對稱性而得到重建階層 $\{y_{-1}, y_{-2}, \cdots, y_{-\frac{M}{2}}\}$ 和決定邊界 $\{b_{-1}, b_{-2}, \cdots, b_{-(\frac{M}{2}-1)}\}$，此外，決定邊界 b_0 等於零，而且決定邊界 $b_{\frac{M}{2}}$ 就是輸入所能取的最大值 (對無界的輸入而言，這個值等於 ∞)。

我們把方程式 (9.27) 中的 j 設為 1：

$$y_1 = \frac{\int_{b_0}^{b_1} x f_X(x) dx}{\int_{b_0}^{b_1} f_X(x) dx}. \tag{9.29}$$

由於我們知道 b_0 等於 0，因此這個方程式中有兩個未知數，亦即 b_1 和 y_1。我們先猜測 y_1 的值，稍後再嘗試改進我們的猜測值。我們在方程式 (9.29) 中使用這個猜測值，然後以數值方法求出滿足方程式 (9.29) 的 b_1。將方程式 (9.28) 中的 j 設為 1，然後稍微整理一下結果，我們得到

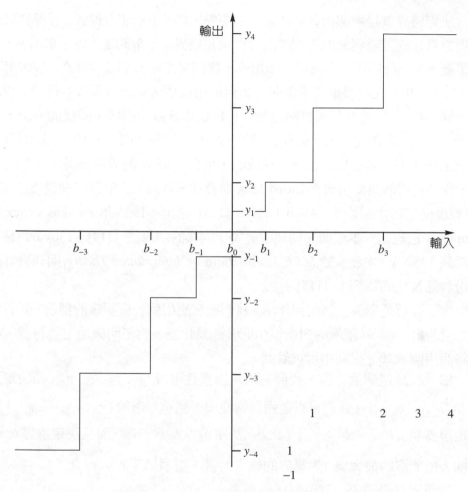

圖 9.20　一個中央升起的非均等量化器。

$$y_2 = 2b_1 + y_1 \tag{9.30}$$

我們可以根據這個式子計算 y_2。方程式 (9.27) 在 $j = 2$ 時可以使用這個 y_2 值，以求出 b_2，接下來又可以求出 y_3。我們會繼續執行這個過程，直到求出 $\{y_1, y_2, \cdots, y_{\frac{M}{2}}\}$ 和 $\{b_1, b_2, \cdots, b_{\frac{M}{2}-1}\}$ 的值為止。請注意，我們到目前為止求出的所有數值的精確度均取決於初始估計值 y_1 的好壞。為了檢查這一點，我們特別

指出 $y_{\frac{M}{2}}$ 是 $[b_{\frac{M}{2}-1}, b_{\frac{M}{2}}]$ 內的機率量的質心。根據我們對資料的瞭解，我們知道 $b_{\frac{M}{2}}$ 的值，因此我們可以計算以下的積分：

$$y_{\frac{M}{2}} = \frac{\int_{b_{\frac{M}{2}-1}}^{b_{\frac{M}{2}}} x f_X(x) dx}{\int_{b_{\frac{M}{2}-1}}^{b_{\frac{M}{2}}} f_X(x) dx}. \tag{9.31}$$

並且把它與先前計算出的 $y_{\frac{M}{2}}$ 的值相比較。如果差距小於某一個容許誤差的臨界值的話，我們就可以停止了。否則，我們根據差距的正負號所指示的方向調整 y_1 的估計值，並重複這個程序。

表 9.6　非均等高斯分佈與拉普拉斯分佈量化器的量化器邊界和重建階層。

階層	高斯分佈			拉普拉斯分佈		
	b_i	y_i	訊雜比	b_i	y_i	訊雜比
4	0.0	0.4528		0.0	0.4196	
	0.9816	1.510	9.3 dB	1.1269	1.8340	7.54 dB
6	0.0	0.3177		0.0	0.2998	
	0.6589	1.0		0.7195	1.1393	
	1.447	1.894	12.41 dB	1.8464	2.5535	10.51 dB
8	0.0	0.2451		0.0	0.2334	
	0.7560	0.6812		0.5332	0.8330	
	1.050	1.3440		1.2527	1.6725	
	1.748	2.1520	14.62 dB	2.3796	3.0867	12.64 dB

　　針對各種分佈及階層數，並使用這個程序計算出來的決定邊界和重建階層示於表 9.6。請注意尾部機率量愈多的分佈，其外側區間的步階間距也愈大。然而這些量化器的內側區間的步階間距也愈小，因為它們的峰值也愈高。表中也列出了這些量化器的 SNR。將這些值與 *pdf* 最佳化的均等量化器比較，可以看出有顯著的改進，尤其是與均勻分佈偏離愈遠的分佈。均等和非均等 *pdf* 最佳化量化器 (或 Lloyd-Max 量化器) 都有一些有趣的特性。我們把這些性質列在下面 (如果讀者需要這些性質的證明，請參閱參考文獻 [116, 117, 118])：

- **性質** 1：Lloyd-Max 量化器的輸入與輸出的平均值相等。
- **性質** 2：對於一已知的 Lloyd-Max 量化器，輸出的變異數恆小於或等於輸入的變異數。
- **性質** 3：Lloyd-Max 量化器的均方量化誤差係由以下的式子給出

$$\sigma_q^2 = \sigma_x^2 - \sum_{j=1}^{M} y_j^2 P\left[b_{j-1} \leq X < b_j \right] \tag{9.32}$$

其中σ_x^2是量化器輸入的變異數，且右手邊的第二項是輸出的二次矩 (如果輸入的平均值等於零，則該項也等於輸出的變異數)。

- **性質** 4：令 N 為一對應於量化誤差的隨機變數。則對於一已知的 Lloyd-Max 量化器，

$$E[XN] = - \sigma_q^2 \tag{9.33}$$

- **性質** 5：對於一已知的 Lloyd-Max 量化器，量化器輸出與量化雜訊為正交：

$$E[Q(X)N \,|\, b_0, b_1, \cdots, b_M] = 0. \tag{9.34}$$

不匹配效應

如同均等量化器一般，當我們設計 *pdf* 最佳化非均等量化器時根據的假設不成立時，這些量化器也會發生問題。圖 9.21 顯示變異數不匹配對於 4 位元拉普拉斯非均等量化器的影響。

這種不匹配效應是一個嚴重的問題，因為在大部份的通訊系統中，輸入的變異數可能會隨著時間而產生相當大的變化。一個常見的例子是電話系統。不同的人說話時，輸入電話的音量各自不同。為了提供滿意的服務，電話系統使用的量化器必須十分強固，足以適應輸入變異數的廣大範圍。

有一個方法可以解決這個問題，就是使用適應性量化，使量化器匹配不斷變化的輸入特性。我們已經討論過均等量化器的適應性量化。把均等適應性量化器推廣到非均等情況相當簡單，我們把它留給讀者當作實際練習 (參閱習題

8)。另一種有些不一樣的方法是使用非線性映射，將圖 9.21 所示的效能曲線拉平。爲了研究這個方法，我們需要以稍微不同的方式來檢視非均等量化器。

9.6.2　壓縮擴大量化

除了讓步階間距縮小之外，我們也可以讓輸入出現機率較大的區間變大 — 也就是說，把輸入落在其間的機率較大的區間，依據輸入落在此區域內的機率按比例放大。這是壓縮擴大量化背後的想法。這個量化方法可以利用圖 9.22 所示的方框圖來表示。輸入先經由一個**壓縮器** (compressor) 函數進行映射。這個函數把靠近原點的高機率區域「拉長」，同時「壓縮」遠離原點的低機率區域。因此，靠近壓縮器輸入原點的區域佔據了壓縮器所涵蓋的總區域中較大的一部份。如果壓縮器函數的輸出使用均等量化器來量化，然後經由一個**擴大器** (expander) 函數將量化值轉換，總效應相當於使用非均等量化器。爲了瞭解這一點，我們設計了一個簡單的壓縮擴大器，並觀察這個過程如何作用。

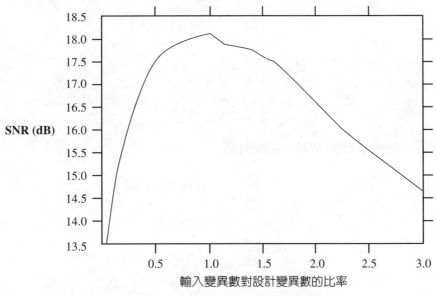

圖 9.21　不匹配對非均等量化的影響。

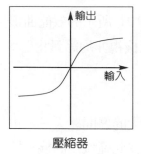
壓縮器

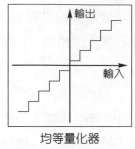
均等量化器

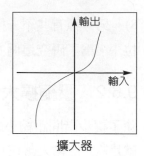
擴大器

圖 9.22　對數性質壓縮擴大量化的方塊圖。

例題 9.6.1

假設有一個資料源可以描述成在區間 [–4, 4] 內取值的一個隨機變數，且在原點附近的機率量比遠離原點之處的機率量要多。我們想要使用圖 9.3 的量化器將其量化。讓我們嘗試使用以下的壓縮擴大器將這個分佈拉平，然後把經過壓縮擴大量化的值與直接進行均等量化的結果相互比較。我們使用的壓縮器特性函數係由以下的方程式給出：

$$c(x) = \begin{cases} 2x & \text{若} -1 \le x \le 1 \\[2mm] \dfrac{2x}{3} + \dfrac{4}{3} & x > 1 \\[2mm] \dfrac{2x}{3} - \dfrac{4}{3} & x < -1. \end{cases} \tag{9.35}$$

此一映射示於圖 9.23。逆映射為

$$c^{-1}(x) = \begin{cases} \dfrac{x}{2} & \text{若} -2 \le x \le 2 \\[2mm] \dfrac{3x}{2} - 2 & x > 2 \\[2mm] \dfrac{3x}{2} + 2 & x < -2. \end{cases} \tag{9.36}$$

逆映射示於圖 9.24。

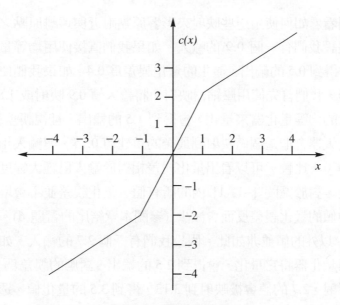

圖 9.23 壓縮器映射。

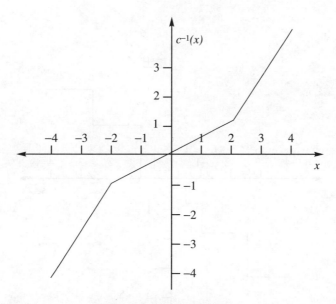

圖 9.24 擴大器映射。

讓我們看看如何使用這些映射來影響原點附近與遠離原點之處的量化誤差。假設我們有一個 0.9 的輸入。如果我們直接使用均等量化器將它量化，會得到 0.5 的輸出，產生的量化誤差爲 0.4。如果我們使用壓縮擴大量化器，我們首先使用壓縮器映射，將輸入值 0.9 映射成 1.8。把這個值用同樣的均等量化器來量化，會得到 1.5 的輸出，且視誤差爲 0.3。接下來，擴大器會把這個值映射到最後的重建值 0.75，與輸入相差 0.15。將 0.15 與 0.4 比較，可以看出量化誤差相對於輸入已經大幅度地減少了。事實上，對於區間 [−1, 1] 內的所有值，量化誤差並不會增加，而且大部份的值的量化誤差反而會減少 (參閱本章結尾的習題 6)。當然，區間 [−1, 1] 以外的值並非如此。假設我們有一個 2.7 的輸入。如果我們直接用均等量化器將它量化，會得到 2.5 的輸出，對應的誤差爲 0.2。運用壓縮器映射，2.7 的值會被映射到 3.13，得到 3.5 的量化值。透過擴大器把這個值映射回去，我們得到 3.25 的重建值，與輸入相差 0.55。

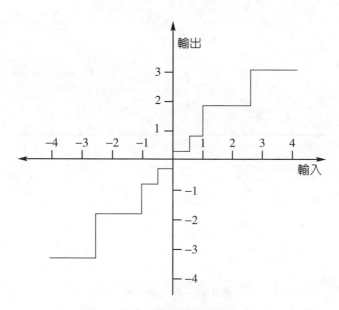

圖 9.25　非均等壓縮擴大量化器。

如我們所見，壓縮擴大量化器的功能實際上很像一個非均等量化器，在區間 [−1, 1] 內的量化區間較小，此區間以外的量化區間較大。這個量化器的有效輸入—輸出映射爲何？請注意區間 [0, 0.5] 內所有的輸入都會被映射到爲區間 [0, 1]，其量化器輸出爲 0.5，接下來又對應到 0.25 的重建值。基本上，區間 [0, 0.5] 內所有的值均以 0.25 表示。同樣的，區間 [0.5, 1]內所有的值均以 0.75 表示，依此類推。量化器的有效輸入—輸出映射示於圖 9.25。　　　　　　　　　　　　　　　　　　　　　　◆

如果我們以某個 x_{max} 值作爲資料源輸出的界限，那麼任何非均等量化器一定可以表示成一個壓縮擴大量化器。讓我們看看如何利用這個結果來設計一個足夠強固，可以承受各種不匹配的量化器。首先我們需要看看編碼率很高，或階層數很多的量化器的一些性質。

茲定義

$$\Delta_k = b_k - b_{k-1}. \tag{9.37}$$

如果階層數很大，那麼每一個量化區間的長度將會很小，而且我們可以假設輸入 $f_X(x)$ 的 pdf 基本上在每一個量化區間內均爲常數。那麼

$$f_X(x) = f_X(y_k) \qquad 若 \;\; b_{k-1} \le x < b_k \tag{9.38}$$

使用這個結果，我們可以把方程式 (9.3) 改寫成

$$\sigma_q^2 = \sum_{i=1}^{M} f_X(y_i) \int_{b_{i-1}}^{b_i} (x - y_i)^2 \, dx \tag{9.39}$$

$$= \frac{1}{12} \sum_{i=1}^{M} f_X(y_i) \Delta_i^3 \tag{9.40}$$

有了這個結果之後，讓我們回到壓縮擴大量化。令 $c(x)$ 等於對稱量化器的壓縮擴大特性函數，並令 $c'(x)$ 等於壓縮器特性函數對 x 的導數。如果量化器的編碼率很高，也就是說，如果有許多階層，那麼在第 k 個區間內，壓縮器特性函數可使用直線片段予以近似 (參閱圖 9.26)，而且我們可以寫出

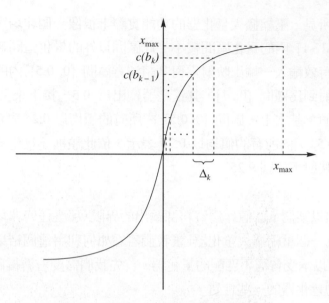

圖 9.26   一個壓縮器函數。

$$c'(y_k) = \frac{c(b_k) - c(b_{k-1})}{\Delta_k} \tag{9.41}$$

從圖 9.26 中，我們也可以看到 $c(b_k) - c(b_{k-1})$ 等於一個 M 階層均等量化器的步階間距。因此，

$$c(b_k) - c(b_{k-1}) = \frac{2x_{\max}}{M}. \tag{9.42}$$

把這個結果代入方程式 (9.41)，並求出 Δ_k，我們得到

$$\Delta_k = \frac{2x_{\max}}{Mc'(y_k)}. \tag{9.43}$$

最後，把 Δ_k 的表示式代入方程式 (9.40)，我們得到量化器失眞、輸入的 pdf，以及壓縮器特性函數之間的關係，如以下所示：

$$\sigma_q^2 = \frac{1}{12} \sum_{i=1}^{M} f_X(y_i) \left(\frac{2x_{max}}{Mc'(y_i)} \right)^3$$

$$= \frac{x_{max}^2}{3M^2} \sum_{i=1}^{M} \frac{f_X(y_i)}{c'^2(y_i)} \cdot \frac{2x_{max}}{Mc'(y_i)}$$

$$= \frac{x_{max}^2}{3M^2} \sum_{i=1}^{M} \frac{f_X(y_i)}{c'^2(y_i)} \Delta_i \tag{9.44}$$

對於很小的 Δ_i，以上的式子可以寫成

$$\sigma_q^2 = \frac{x_{max}^2}{3M^2} \int_{-x_{max}}^{x_{max}} \frac{f_X(x)}{(c'(x))^2} dx. \tag{9.45}$$

這是一個著名的結果，根據它的發現者 W. B. Bennett 的名字被命名為 Bennett 積分 [119]，而且廣泛被用來分析量化器。從這個積分中，我們可以看見量化器失眞與資料源序列的 *pdf* 相關，然而它也告訴了我們如何除去此一相依性。茲定義

$$c'(x) = \frac{x_{max}}{\alpha |x|}, \tag{9.46}$$

其中 α 爲常量。從 Bennett 積分中，得到

$$\sigma_q^2 = \frac{x_{max}^2}{3M^2} \frac{\alpha^2}{x_{max}^2} \int_{-x_{max}}^{x_{max}} x^2 f_X(x) dx. \tag{9.47}$$

$$= \frac{\alpha^2}{3M^2} \sigma_x^2 \tag{9.48}$$

其中

$$\sigma_x^2 = \int_{-x_{max}}^{x_{max}} x^2 f_X(x) dx. \tag{9.49}$$

把 σ_q^2 的表示式代入 SNR 的表示式，我們得到

$$SNR = 10 \log_{10} \frac{\alpha_x^2}{\alpha_q^2} \tag{9.50}$$

$$= 10 \log_{10}(3M^2) - 20 \log_{10} \alpha \tag{9.51}$$

此與輸入的 *pdf* 無關。這表示如果我們使用的壓縮器特性函數的導數滿足方程式 (9.46)，那麼不論輸入變異數為何，訊雜比將保持不變。這個結果讓人印象深刻，然而我們必須提醒讀者注意一些事情。

請注意我們並沒有說均方量化誤差與量化器輸入無關。從方程式 (9.48) 可以很清楚地看出來事實上並非如此。另外，請記住只要我們所根據的假設是有效的，這個結果就有效。當輸入變異數非常小時，*pdf* 在量化區間內是常數的假設就不再有效，當輸入的變異數很大時，輸入被限制於 x_{max} 以內的假設也可能不再成立。

既然我們已經適當地提醒過讀者了，讓我們看看我們得到的壓縮器特性函數。我們可以把方程式 (9.46) 積分，而得到壓縮器特性函數：

$$c(x) = x_{max} + \beta \log \frac{|x|}{x_{max}} \tag{9.52}$$

其中 β 是常量。這個壓縮器特性函數唯一的問題是：對於很小的 x，它的值會變得非常大。因此在實務上，我們會使用一個在原點附近呈線性，遠離原點時則呈對數性質的函數來近似這個特性函數。

目前廣泛使用的壓縮擴大特性函數有兩種：μ-規則壓縮擴大與 A-規則壓縮擴大。μ-規則壓縮器函數係由以下的式子給出：

$$c(x) = x_{max} \frac{\ln\left(1 + \mu \dfrac{|x|}{x_{max}}\right)}{\ln(1+\mu)} \text{sgn}(x). \tag{9.53}$$

擴大器函數則由以下的式子給出：

$$c^{-1}(x) = \frac{x_{max}}{\mu}\left[(1+\mu)^{\frac{|x|}{x_{max}}} - 1\right]\text{sgn}(x). \tag{9.54}$$

北美洲和日本的電話系統使用此種 $\mu = 255$ 的壓縮擴大特性函數。全球其他地區則使用以下的式子所給出的 A-規則：

$$c(x) = \begin{cases} \dfrac{A|x|}{1+\ln A}\operatorname{sgn}(x) & 0 \le \dfrac{|x|}{x_{max}} \le \dfrac{1}{A} \\[3mm] x_{max}\dfrac{1+\ln\dfrac{A|x|}{x_{max}}}{1+\ln A}\operatorname{sgn}(x) & \dfrac{1}{A} \le \dfrac{|x|}{x_{max}} \le 1. \end{cases} \tag{9.55}$$

而且

$$c^{-1}(x) = \begin{cases} \dfrac{|x|}{A}\left(1+\ln A\right) & 0 \le \dfrac{|x|}{x_{max}} \le \dfrac{1}{1+\ln A} \\[3mm] \dfrac{x_{max}}{A}\exp\left[\dfrac{|x|}{x_{max}}\left(1+\ln A\right)-1\right] & \dfrac{1}{1+\ln A} \le \dfrac{|x|}{x_{max}} \le 1. \end{cases} \tag{9.56}$$

9.7 熵值編碼量化

在 9.3 節中,我們提到了 3 項任務:邊界的選擇、重建階層的選擇,以及編碼字的選擇。到目前為止,我們已經談論了如何完成前兩項任務,效能度量則是均方量化誤差。在本節中,我們將考慮如何完成第 3 項任務,亦即將編碼字指定給量化區間。回憶一下,當我們使用可變長度編碼時,這一點會成為一個問題。在本節中,我們將討論後面這種情況,並以編碼率作為效能度量。

量化器輸出的可變長度編碼有兩種方法可以採用。我們可以把「決定邊界的選擇會影響編碼率」的事實列入考慮,並重新設計量化器,或讓量化器的設計保持不變 (亦即 Lloyd-Max 量化),而直接將量化器的輸出進行熵值編碼。由於後面這種方法到目前為止是比較簡單的,因此我們先討論這種方法。

9.7.1 Lloyd-Max 量化器輸出的熵值編碼

針對給定階層數和編碼率求出最佳量化器的過程,是一項相當艱難的任務。要加入熵值編碼,有一個比較容易的方法,就是設計讓 msqe 降到最低的量化器,亦即 Lloyd-Max 量化器,然後將它的輸出進行熵值編碼。

　　表 9.7 列出了均等和非均等 Lloyd-Max 量化器的輸出熵。請注意，雖然階層數較少時，編碼率的差異相當小，然而當階層數增加時，固定編碼率與熵值編碼之間的差距可能非常大。舉例來說，對於 32 個階層而言，在固定編碼率量化器中，每一個取樣值需要 5 位元。然而，在拉普拉斯分佈的情況下，一個 32 階層均等量化器的熵值為每一個取樣值 3.779 位元，少了不止 1 個位元。請注意固定編碼率與均等量化器的熵值之間的差異通常比固定編碼率與非均等量化器輸出的熵值之間的差異要大。這是因為非均等量化器在高機率區域內的步階間距較小，在低機率區域內的步階間距則較小。這樣會使輸入落在低機率區域與輸入落在高機率區域內的機率更為接近。這樣又會使非均等量化器相對於均等量化器的輸出熵增加。最後，機率分佈與均勻分佈愈接近，編碼率的差異就愈小。因此，相較於拉普拉斯資料源量化器，高斯分佈資料源量化器的編碼率差異要小得多。

表 9.7　最小均方誤差量化器每一取樣值的輸出熵值 (單位為位元)。

階層數	高斯分佈		拉普拉斯分佈	
	均等量化器	非均等量化器	均等量化器	非均等量化器
4	1.904	1.911	1.751	1.728
6	2.409	2.442	2.127	2.207
8	2.759	2.824	2.394	2.479
16	3.602	3.765	3.063	3.473
32	4.449	4.730	3.779	4.427

9.7.2　熵值限制量化 ★

Lloyd-Max 量化器輸出的熵值編碼無疑非常簡單，然而我們很容易看出，如果我們重新檢視量化器的設計問題，也許可以做得更好，但這次我們使用熵值 (而非字母集的大小) 作為編碼率的度量標準。量化器輸出的熵值等於

$$H(Q) = -\sum_{i=1}^{M} P_i \log_2 P_i \tag{9.57}$$

其中 P_i 是量化器的輸入落在第 i 個量化區間內的機率，且等於

$$P_i = \int_{b_{i-1}}^{b_i} f_X(x)\,dx. \tag{9.58}$$

　　請注意表示值 $\{y_j\}$ 的選擇對編碼率沒有影響。這表示我們選擇表示值時，可以完全只針對讓失真降到最低這個目的。然而邊界值的選擇會影響編碼率和失真。一開始的時候，我們求出可以讓失真降到最低的重建階層和決定邊界，同時固定量化器字母集的大小，並假設使用固定編碼率進行編碼。現在我們可以採用類似的方式，保持熵值固定不變，並設法讓失真降到最低。我們也可以更正式地陳述如下：

　　對於一給定的 R_o，在 $H(Q) \le R_o$ 的條件下，求出使方程式 (9.3) 所給的 σ_q^2 降到最低的決定邊界 $\{b_j\}$。

　　這個問題的解答與下列 $M-1$ 個非線性方程式的解有關 [120]：

$$\ln \frac{P_{l+1}}{P_l} = \lambda(y_{k+1} - y_k)(y_{k+1} + y_k - 2b_k) \tag{9.59}$$

其中 λ 會被調整，以獲得我們所需的編碼率，重建階層則使用方程式 (9.27) 求出。如果我們把獲得最小均方誤差量化器所用的方法加以推廣，也可以用來求出這個方程式的解 [121]。找出最佳熵值限制量化器的過程看起來很複雜。幸運的是，編碼率很高時，我們可以證明：最佳量化器是一個均等量化器，因此問題得以簡化。此外，雖然這些結果是針對高編碼率的情況而導出，但已經有人證明這些結果在編碼率較低時也成立 [121]。

9.7.3　高編碼率最佳量化 ★

編碼率很高時，最佳量化器的設計變得很簡單，至少在理論上是如此。Gish 和 Pierce 的研究成果 [122] 指出：編碼率很高時，最佳的熵值編碼量化器是一個均等量化器。回憶一下，任何非均等量化器都可以使用壓縮擴大器和均等量化器來表示。讓我們試著求出編碼率很高時，對於一給定的失真值，可以讓熵值降到最低的最佳壓縮器函數。我們將採用變分法，先建立以下所示的泛函，

$$J = H(Q) + \lambda\,\sigma_q^2, \tag{9.60}$$

然後求出讓它降到最低的壓縮器特性函數。

至於失眞 σ_q^2，我們將使用方程式 (9.45) 所示的 Bennett 積分。量化器的熵值由方程式 (9.57) 給出。編碼率很高時，我們可假設 pdf $f_X(x)$ 在每一個量化區間 Δ_i 內均爲常數 (如同先前的作法)，並使用下式取代方程式 (9.58)：

$$P_i = f_X(y_i)\,\Delta_i. \tag{9.61}$$

將此式代入方程式 (9.57)，我們得到

$$H(Q) = -\sum f_X(y_i)\Delta_i \log\big[f_X(y_i)\Delta_i\big] \tag{9.62}$$

$$= -\sum f_X(y_i)\log\big[f_X(y_i)\big]\Delta_i - \sum f_X(y_i)\log\big[\Delta_i\big]\Delta_i \tag{9.63}$$

$$= -\sum f_X(y_i)\log\big[f_X(y_i)\big]\Delta_i - \sum f_X(y_i)\log\frac{2x_{max}/M}{c'(y_i)}\Delta_i \tag{9.64}$$

其中我們已經使用方程式 (9.43) 代入 Δ_i。對於很小的 Δ_i，我們可以把它寫成

$$H(Q) = -\int f_X(x)\log f_X(x)dx - \int f_X(x)\log\frac{2x_{max}/M}{c'(x)}dx \tag{9.65}$$

$$= -\int f_X(x)\log f_X(x)dx - \log\frac{2x_{max}}{M} + \int f_X(x)\log c'(x)\,dx. \tag{9.66}$$

其中第一項是資料源 $h(X)$ 的微分熵值。茲定義 $g = c'(x)$。將 $H(Q)$ 的值代入方程式 (9.60)，並對 g 微分，我們得到

$$\int f_X(x)\left[g^{-1} - 2\lambda\frac{x_{max}^2}{3M^2}g^{-3}\right]dx = 0. \tag{9.67}$$

如果被積分函數等於零，則此方程式成立，我們有

$$g = \sqrt{\frac{2\lambda}{3}}\frac{x_{max}}{M} = K(\text{常數}). \tag{9.68}$$

因此，

$$c'(x) = K \tag{9.69}$$

而且

$$c(x) = Kx + \alpha. \tag{9.70}$$

如果使用邊界條件 $c(0) = 0$ 和 $c(x_{max}) = x_{max}$，得到 $c(x) = x$，這是均等量化器的壓縮器特性函數。因此，編碼率很高時，最佳量化器是一個均等量化器。

把最佳壓縮器函數的表示式代入 Bennett 積分中，我們得到最佳量化器的失真表示式：

$$\sigma_q^2 = \frac{x_{max}^2}{3M^2}. \tag{9.71}$$

將 $c(x)$ 的表示式代入方程式 (9.66)，我們得到最佳量化器的熵值的表示式：

$$H(Q) = h(X) - \log \frac{2x_{max}}{M}. \tag{9.72}$$

請注意，雖然這個結果為最佳量化器的設計提供了一個容易的方法，但我們的推導只有在資料源的 *pdf* 完全被包含在區間 $[-x_{max}, x_{max}]$ 內，而且步階間距小到足以合理地假設 *pdf* 在量化區間內為常數時才有效。這些條件通常只有在量化區間非常多時才能滿足。雖然在理論上這不是什麼大問題，然而大部份的重建階層將很少使用到。實務上，如第 3 章所提，將輸出字母集很大的資料源進行熵值編碼很容易出問題。有一個方法可以克服，就是使用稱為遞迴索引的技術。

遞迴索引是一種映射，把一個可數集對映到另一個有限大小集合的符號組成的一群序列 [76]。已知一個可數集 $A = \{a_0, a_1, ...\}$ 和一個大小等於 $M + 1$ 的有限集 $B = \{b_0, b_1, ..., b_M\}$，我們可以按照以下的方式，以一個 B 中元素組成的序列來表示 A 中的每一個元素：

1. 求出 A 中元素 a_i 的索引 i。
2. 求出索引 i 的商數 m 和餘數 r，使得

$$i = mM + r.$$

3. 產生序列：$\underbrace{b_M b_M \cdots b_M}_{m 次} b_r$

B 稱爲表示集。我們可以看到給定 A 中的任何元素，B 中都有唯一的一個序列來表示它。此外，沒有一個表示序列是任何其他序列的字首。因此遞迴索引可以被視爲一個顯然的唯一可解譯字首碼。逆映射係由以下的式子給出：

$$\underbrace{b_M b_M \cdots b_M}_{m次} b_r \mapsto a_{mM+r}.$$

由於它是一對一的，如果使用這個方法，將量化器輸出的索引序列轉換成遞迴索引序列，則前者可從後者完全無誤地還原。此外，如果適當地選擇表示集 B 的大小 $M+1$，事實上我們可以把用來進行熵值編碼的輸出字母集縮小。

例題 9.7.1

假設我們希望使用表示集 $B = \{0, 1, 2, 3, 4, 5\}$ 來表示非負整數的集合 $A = \{0, 1, 2, ...\}$。那麼值 12 將被表示爲序列 5, 5, 2，且值 16 將表示爲序列 5, 5, 5, 1。當解碼器看見 5 時，只會把它加到下一個值，直到下一個值小於 5。例如，序列 3, 5, 1, 2, 5, 5, 1, 5, 0 將被解碼成 3, 6, 2 11, 5。　◆

遞迴索引可以適用於任何使用一個小的集合來表示一個大集合的場合。將遞迴索運用於量化問題的方法如下：對於給定的步階間距 $\Delta > 0$ 和一個正整數 K，定義 x_l 和 x_h 如下：

$$x_l = -\left\lfloor \frac{K-1}{2} \right\rfloor \Delta$$

$$x_h = x_l + (K-1)\Delta$$

其中 $\lfloor x \rfloor$ 是不超過 x 的最大整數。我們把大小等於 K 的遞迴索引量化器定義爲一個均等量化器，其步階間距爲 Δ，且最小與最大輸出階層分別爲 x_l 和 x_h (以這種方式定義的 Q，其輸出階層爲 0)。對於給定的輸入值 x，量化規則 Q 如下：

1. 如果 x 落在區間 $(x_l + \frac{\Delta}{2}, x_h - \frac{\Delta}{2})$ 內，則 $Q(x)$ 是最接近的輸出階層。

2. 如果 x 大於 $x_h - \frac{\Delta}{2}$，則檢查 $x_1 \triangleq x - x_h \in (x_l + \frac{\Delta}{2}, x_h - \frac{\Delta}{2})$ 是否成立。如果爲眞，則 $Q(x) = (x_h, Q(x_1))$。如果不是，則計算 $x_2 = x - 2x_h$，然後對它

進行和 x_1 同樣的動作。持續這個過程，直到對於某個 m，$x_m = x - m\,x_h$ 落在 $(x_l + \frac{\Delta}{2}, x_h - \frac{\Delta}{2})$ 內，此時它會被量化成

$$Q(x) = (\underbrace{x_h, x_h, \cdots, x_h}_{m\text{次}}, Q(x_m)). \tag{9.73}$$

3. 若 x 小於 $x_l + \frac{\Delta}{2}$，則使用類似以上所述的程序；即計算 $x_m = x + m\,x_l$，使它落在 $(x_l + \frac{\Delta}{2}, x_h - \frac{\Delta}{2})$ 內，並將它量化成 $(x_l, x_l, ..., x_l, Q(x_m))$。

總而言之，量化器以兩種模式操作：輸入落在範圍 (x_l, x_h) 內，以及輸入落在指定範圍以外。這個方法的名稱來自於第 2 種模式的遞迴性質。

為了得到用一個小集合將一個比較大的集合編碼的好處，我們透過幾種不同的方式付出了代價。如果我們接收到對量化器而言很大的輸入，最後得到的表示序列可能長得無法忍受。此外，編碼率也會增加。如果量化器輸出的熵值等於 $H(Q)$，且 γ 是每一個輸入符號的平均表示符號數，則遞迴索引量化器的最小編碼率為 $\gamma\,H(Q)$。

在實務上，這兩種成本都不太大。我們可以採用某種簡單的策略來表示這些序列，以避免序列長得無法忍受，此外，對於合理的 M 值，γ 的值非常接近於 1。對於拉普拉斯分佈和高斯分佈量化器而言，典型的 M 值為 15 [76]。

9.8 摘要

量化這個領域已經研究得相當透徹，關於這個主題，我們也瞭解得相當多。在本章中，我們討論了各種資料源的均等和非均等量化器的設計與效能，以及在設計過程中使用的假定不正確時，效能會如何受影響。當我們不曉得資料源的統計性質，或者此種性質會隨時間而改變時，我們可以使用適應性策略。較常用的適應性量化方法之一是 Jayant 量化器。我們也討論了與熵值編碼量化有關的問題。

進階閱讀

像量化這麼廣闊的領域，有一些討論內容我們不得不匆匆帶過。然而讀者可以在已經出版的文獻中找到許多關於量化的資訊。如果讀者希望對這個領域有一般性的瞭解，那麼以下的資訊來源將特別有用：

1. N.S. Jayant 與 P. Noll 合著的「*Digital Coding of Waveforms*」這本書 [123] 非常詳盡地涵蓋了量化這個主題。

2. ersho 在 1977 年 9 月號的 *IEEE Communication Magazine* 中發表的論文「Quantization」 [113] 對於這裡列出的許多主題提供了非常棒的講義式討論。

3. Max 在 *IRE Transactions on Information Theory* 期刊發表的原始論文「Quantizing for Minimum Distortions」[108] 中，對於 *pdf* 最佳化量化器的設計提供了非常容易閱讀的描述。

4. Mauersberger 在參考文獻 [124] 中，對於不匹配的效應提供了透徹的研究。

◾ 9.9　專案與習題

1. 證明在方程式 (9.18) 中，失眞的表示式的導數會產生方程式 (9.19) 的表示式。你必須使用 Leibnitz 規則，以及望遠鏡級數 (級數展開後，相鄰的前後項會互相抵消，只留下頭尾兩項的級數) 的概念。Leibnitz 規則陳述：如果 $a(t)$ 和 $b(t)$ 爲單調函數，則

$$\frac{\delta}{\delta t}\int_{a(t)}^{b(t)} f(x,t)dx = \int_{a(t)}^{b(t)} \frac{\delta f(x,t)}{\delta t}dx + f(b(t),t)\frac{\delta b(t)}{\delta t} - f(a(t),t)\frac{\delta a(t)}{\delta t} \quad (9.74)$$

2. 使用 falspos 程式，針對高斯分佈和拉普拉斯分佈，以數值方法解方程式 (9.19)。爲了這麼做，你可能必須修改 func 函式。

3. 試針對一個具有拉普拉斯 *pdf*，且平均值等於 3，變異數等於 4 的資料源設計一個 3 位元的均等量化器 (指定決定邊界與表示階層)。

4. Sena 影像內的像素值其實並非均勻分佈。試求出該影像的直方圖 (你可以使用 `hist_image` 程序)，並利用「量化的影像應該是儘可能與原始影像相似的近似影像」的事實，爲這幅影像設計 1 位元、2 位元和 3 位元的量化器。把這些影像與圖 9.7 所示的結果比較 (爲了得到更理想的比較結果，你可以使用 `uquan_img` 程式重新產生本書的結果)。

5. 使用 `misuquan` 程式研究輸入變異數與所假設的變異數之間的不匹配造成的影響。這些效應如何隨著量化器字母集大小和分佈類型而改變？

6. 對於例題 9.6.1 中的壓縮擴大量化器，下列輸入：−0.8, 1.2, 0.5, 0.6, 3.2, −0.3 的輸出爲何？把你的結果與輸入直接使用具有相同階層數的均等量化器進行量化的情況互相比較。試評論你的結果。

7. 利用測試影像 Sena 和 Bookshelf1 研究例題 9.5.2 描述的前向適應性量化方案中與區塊大小的選擇有關的權衡取捨。試將此結果與一個會估計變異數，並傳送其值的傳統前向適應性方案比較。請注意變異數資訊應使用位元數會變動的均等量化器傳輸。

8. 將 Jayant 量化器推廣到非均等量化器的情況。假設輸入來自於一個已知的機率分佈，但不知變異數爲何。試針對與均等量化器情況相同的變異數範圍模擬量化器的效能。將你的結果與固定的非均等量化器及適應性均等量化器比較。爲了讓你的程式有個起頭，你可能希望使用 `misnuq.c` 和 `juquan.c`。

9. 讓我們看看各種量化器的編碼率失真效能。

   (a) 針對平均值等於零，變異數 $\sigma_X^2 = 2$ 的高斯分佈資料源，畫出編碼率失真函數 $R(D)$。

   (b) 假設使用固定長度的編碼字，試計算 1 位元、2 位元和 3 位元 *pdf* 最佳化非均等量化器的編碼率與失真值。此外，請假設 X 爲平均值

等於零，變異數 $\sigma_X^2 = 2$ 的高斯分佈隨機變數。在同一張圖上以 **x** 畫出這些值。

(c) 假設量化器輸出使用熵值編碼，試計算 2 位元 3 位元量化器的編碼率與失眞值。在同一張圖上以 **o** 畫出這些值。

10

向量量化

10.1　綜覽

如果我們把資料源的輸出聚集起來，然後當作單一的區塊進行編碼，可以得到
有效率的有失真與無失真壓縮演算法。我們討論的許多無失真壓縮演算法都利
用到這個結果。量化也可以這麼做。本章裡將描述作用於資料區塊的幾種量化
技術。我們可以把這些區塊視為向量，因此這些技術稱為「向量量化」。我們
將描述幾種不同的向量量化方法。我們將探討如何設計向量量化器，以及這些
量化器如何用來壓縮。

10.2　引言

前一章討論了將一個資料源的輸出量化的不同方式。在所有的情況下，量化器
的輸入均為純量值，而且每一個量化器編碼字表示資料源輸出的單一取樣值。
在第 2 章中，我們看到：如果我們研究愈來愈長的輸入取樣值序列，可以抽出
資料源編碼器輸出的結構。在第 4 章中，我們看到：即使輸入是隨機分佈的，
將取樣值的序列編碼，而非將個別取樣值分別編碼，可以提供更有效率的碼。
在有失真壓縮的架構中，將取樣值的序列編碼也有好處。所謂的「有好處」是

指對於給定的編碼率而言失眞比較低，或對於給定的失眞而言編碼率比較低。如同前一章一樣，「編碼率」是指每一個輸入取樣值的平均位元數，而且失眞的度量通常是均方誤差與訊雜比。

　　Shannon 最先提出「將輸出的序列編碼，會比將個別取樣值編碼更爲有利」的想法，此外，資訊理論的基本結果，也都是藉由處理愈來愈長的輸入序列而證明出來的。這表示相較於純量量化，處理輸出的序列或區塊的量化策略，其效能會有一些改進。換句話說，我們希望產生一組有代表性的序列。給定一個資料源的輸出序列，我們會使用代表性集合中的一個元素來表示它。

　　在向量量化中，我們把資料源的輸出分成區塊或向量。舉例來說，我們可以把 L 個連續的語音取樣值視爲一個 L 維向量的各個分量。我們也可以從影像中取出一個有 L 個像素的區塊，同時把每一個像素值視爲大小或維度等於 L 的向量的一個分量。這個資料源輸出的向量構成向量量化器的輸出。在向量量化器的編碼器和解碼器兩端，我們有一組 L 維的向量，稱爲向量量化器的**編碼冊** (codebook)。編碼冊中的向量 (稱爲**碼向量** (code-vector)) 被選擇出來，以代表從資料源輸出產生的向量。我們會把一個二進位的索引指定給每一個碼向量。在編碼器中，爲了找到最接近輸入向量的碼向量，輸入向量會與每一個碼向量比較。這個碼向量的元素是資料源輸出的量化值。爲了通知解碼器我們發現哪一個碼向量最接近輸入向量，我們會傳送或儲存碼向量的二進位索引。由於解碼器也有一本完全相同的編碼冊，因此當我們給予它二進位索引之後，就可以取出碼向量。這個過程的圖形表示方式示於圖 10.1。

　　儘管編碼器在找出與資料源輸出的向量最接近的再生向量時，可能必須進行相當可觀的計算，然而解碼時只需要查表即可。對於解碼時可資運用的資源遠比提供給編碼的資源稀少的應用，這一點使得向量量化成爲一個非常具有吸引力的編碼方案。舉例來說，在多媒體應用中，編碼運算也許可以使用相當多的計算資源。然而，如果我們使用軟體來解碼的話，解碼器可以使用的計算資源也許就相當有限了。

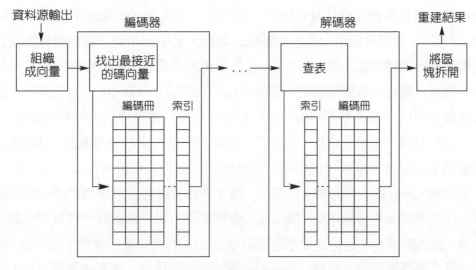

圖 10.1 向量量化程序。

　　雖然向量量化這個領域相當新穎，但其進展非常迅速，甚至於有一些細項目前也已經成為廣闊的研究領域。在本章中，我們會儘可能地向讀者介紹這個引人入勝的領域。如果這裡提供的材料激起了讀者的興趣，而且讀者希望更進一步地探索，Gersho 和 Gray 合著了一本很棒的書 [5]，專門討論向量量化這個主題。

　　本章的內容如下：首先，我們試著回答為什麼想要使用向量量化，而不使用純量量化的問題。這個問題有幾種可能的答案，每一種答案都會透過例題予以說明。在我們的討論中，我們會假設讀者已經熟悉了第 9 章的材料。接下來，我們會討論向量量化器設計中最重要的元素之一，也就是編碼冊的產生。雖然有幾種方法可以得到向量量化器的編碼冊，然而這些方法大部份都是根據一個特別的方法，一般稱為 Linde-Buzo-Gray (LBG) 演算法。我們會花相當多的時間來描述這個演算法的細節。我們的目的是為提供讀者足夠的資訊，讓讀者可以寫出自己的程式，以使用來設計向量量化器的編碼冊。在本書的隨附軟體中，我們也附上了根據本章的描述而撰寫，用來設計編碼冊的程式。如果讀者

目前並沒有打算實作向量量化程式，也許會希望跳過這些章節 (第 10.4.1 和 10.4.2 節)。我們會運用一些影像壓縮的範例，其中使用到以這個演算法設計的編碼冊，繼續討論 LBG 演算法，然後簡短地示範許多不同種類的向量量化器的樣本。最後，我們描述另一種稱為格子編碼量化 (TCQ) 的量化策略，儘管其實作與向量量化器不同的，但它也利用到由於處理序列而得到的好處。

開始討論向量量化之前，讓我們先定義即將使用到的一些術語。壓縮量將以編碼率來描述，度量單位為每一取樣值的位元數。假設有一本大小等於 K 的編碼冊，而且輸入向量的大小為 L。為了通知解碼器我們選擇了哪一個碼向量，我們需要使用 $\lceil \log_2 K \rceil$ 個位元。舉例來說，如果編碼冊中含有 256 個碼向量，我們將需要 8 個位元來指定編碼器在 256 個碼向量中選擇了哪一個。因此，**每一個向量**的位元數為 $\lceil \log_2 K \rceil$ 個位元。因為每一個碼向量都包含 L 個資料源輸出取樣值的重建值，所以**每一個取樣值**的位元數為 $\dfrac{\lceil \log_2 K \rceil}{L}$。因此，編碼冊大小等於 K 的 L 維向量量化器，其編碼率為 $\dfrac{\lceil \log_2 K \rceil}{L}$。我們將使用均方誤差作為失真的度量。當我們說在一本包含 K 個碼向量 $\{Y_i\}$ 的編碼冊 $\mathcal{C}$ 中，輸入向量 X 最接近 Y_j 時，我們是指

$$\| X - Y_j \|^2 \leq \| X - Y_i \|^2, \quad \text{對於所有的 } Y_i \in \mathcal{C} \tag{10.1}$$

其中 $X = (x_1\, x_2 \cdots x_L)$，而且

$$\| X \|^2 = \sum_{i=1}^{L} x_i^2 . \tag{10.2}$$

在本書中，術語「**取樣值**」永遠代表純量值。因此當我們討論影像壓縮時，取樣值代表單一像素。最後，量化器的輸出點一般稱為**階層** (level)。因此，當我們想要稱呼一個具有 K 個輸出點或碼向量的量化器時，我們可以稱它為一個 K 階層的量化器。

10.3　向量量化超越量量化的優點

對於一個給定的編碼率 (單位是每一個取樣值的位元數)，使用向量量化造成的失眞會比在同樣的編碼率下使用純量量化要低，這有幾個原因。本節將利用例題來探討這些原因 (如果讀者需要更爲理論性的解釋，請參閱 [3, 4, 17])。

　　如果資料源的輸出彼此相關，則資料源輸出值的向量將傾向於會聚成許多群組。如果我們選擇讓量化器的輸出點落在這些群組內，將可更準確地表示資料源的輸出。請考慮下面的例題。

例題 10.3.1

　　在例題 8.5.1 中，我們介紹了一個會產生個人身高與體重的資料源。假設這些人的身高在 40 和 80 吋之間均勻地變化，且體重在 40 和 240 磅之間均勻地變化。假設我們總共可以使用 6 個位元來表示每一對數值。我們可以使用 3 個位元將身高量化，並使用 3 個位元將體重量化。因此，從 40 到 240 磅之間的體重範圍將被分成 8 個區間，每個區間的寬度均爲 25，且有重建值爲 {52, 77, …, 227}。同樣的，從 40 到 80 吋之間的身高範圍內可以分成 8 個區間，每個區間的寬度均爲 5，且重建階層爲 {42, 47, …, 77}。當我們分別觀察身高和體重的表示方式時，這種方法似乎很合理。但是讓我們看看這個量化方案在二維中的情況。我們沿著 x 軸畫出身高值，並沿著 y 軸畫出體重值。請注意我們並沒有改變量化過程的任何細節。身高值仍然被量化成同樣的 8 個不同的值，就像體重值一樣。二維的表示方式示於圖 10.2。

從圖中可以看出，我們等於有一個對應於身高爲 80 吋 (6 呎 8 吋)，且體重爲 40 磅的個人的量化器輸出，以及對應於身高爲 42 吋，但是體重超過 200 磅的個人的量化器輸出。這些輸出顯然永遠不會使用到，正如許多其他的輸出一樣。一個更明智的方法是使用圖 10.3 所示的量化器，其

中考慮到了身高與體重互相關聯的事實。這個量化器的輸出點的數目與圖 10.2 的量化器完全相同;然而輸出點聚集在輸入所佔的區域內。如果我們使用這個量化器,就再也不能將身高與體重分別進行量化了。為了找到最接近的量化器輸出點,我們必須把它們考慮成二維空間中的一個點,然而這種方法提供的輸入量化結果會細緻得多。

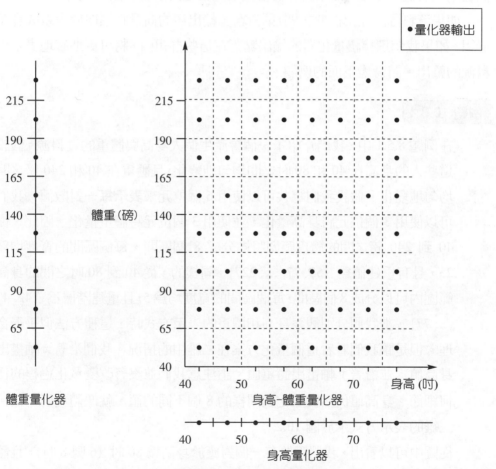

圖 10.2　二維觀點下的身高/體重純量量化器。

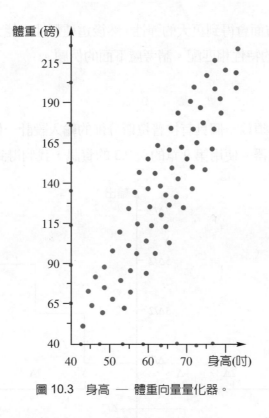

圖 10.3　身高 — 體重向量量化器。

請注意我們並未提到如何得到如圖 10.3 的量化器輸出位置。這些輸出點構成向量量化器的編碼冊，本章稍後將更詳細地討論編碼冊的設計。　◆

　　從這個例題中，我們可以看出：如同無失真壓縮的情況一般，觀察比較長的輸入序列，可以取出資料源輸出中的結構。接下來，我們可以使用這個結構來提供更有效率的表示方式。

　　我們可以很容易地看出來：資料源輸出中的結構 (以資料源輸出彼此之間的關聯性的形式呈現) 如何使得觀察資料源輸出的序列會比個別觀察每一個取樣值更有效率。然而，即使資料源輸出值彼此不相關，向量量化器也比純量量化器有效率，原因其實非常簡單。當我們觀察看愈來愈長的資料源輸出序列

時，我們在設計方面會得到更大的彈性，然後這種彈性又能允許我們讓量化器的設計與資料源的特性相匹配。請考慮下面的例題。

例題 10.3.2

假設我們必須為一個具有拉普拉斯分佈的輸入設計一個具有 8 個輸出值的均等量化器。使用第 9 章的表 9.3 的資訊，我們得到圖 10.4 所示的量

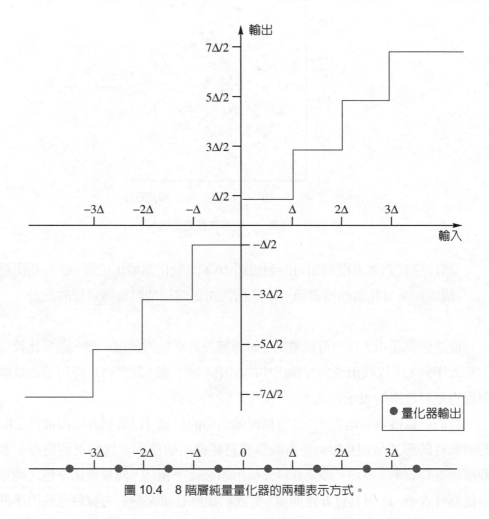

圖 10.4　8 階層純量量化器的兩種表示方式。

化器，其中 Δ 等於 0.7309。由於輸入具有拉普拉斯分佈，因此資料源的輸出落在不同量化區間的機率並不相同。舉例來說，資料源輸出輸入落在 $[0, \Delta)$ 區間內的機率為 0.3242，資料源輸出落在 $[3\Delta, \infty)$ 區間內的機率則為 0.0225。讓我們看看這個量化器如何將連續的兩個資料源輸出量化。如同當我們在前一個例題中所做的，讓我們沿著 x 軸畫出第一個取樣值，並沿著 y 軸畫出第 2 個取樣值。我們可以把這個量化過程的二維空間觀點表示成如圖 10.5。請注意，如同前一個例題一樣，我們並沒

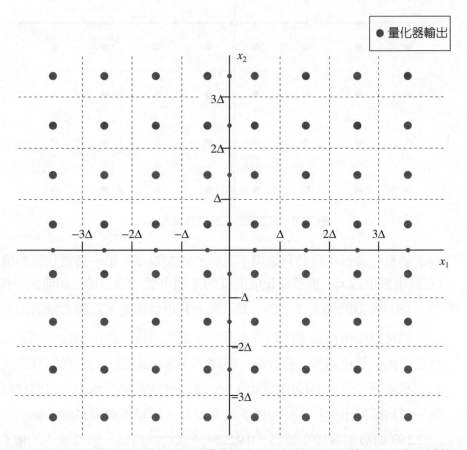

圖 10.5 　使用有 8 個階層的純量量化器將兩個輸入值連續量化時的輸入 ── 輸出映射圖。

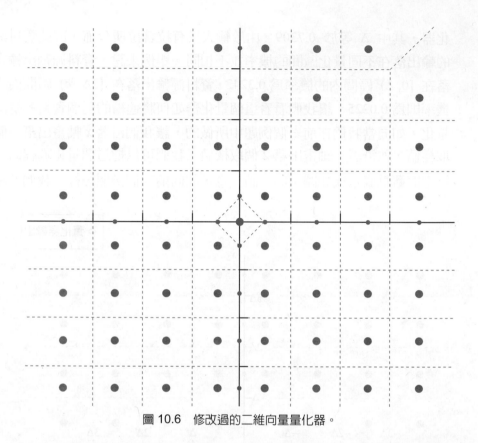

圖 10.6　修改過的二維向量量化器。

有改變量化過程；我們只是用不同的方式來表示。第一個量化器的輸入 (在圖中表示為 x_1) 被被量化成同樣的 8 個可能的輸出值，和前面一樣。第 2 個量化器的輸入 (在圖中表示為 x_2) 也是如此。此種二維表示方式使我們可以採用稍微不同的方式來觀察量化過程。圖中的每一個實心圓代表由兩個量化器輸出組成的一個序列。舉例來說，右上角的圓圈代表在連續兩個量化器的輸出都大於 3Δ 時得到的資料源輸出。我們計算出單一資料源輸出大於 3Δ 的機率為 0.0225。連續兩個資料源的輸出都大於 2.193 的機率等於 $0.0225 \times 0.0225 = 0.0005$，這是一個非常小的值。既然我們不常使用這個輸出點，我們可以直接把它放在更有用的其他位置。讓我們把這個輸出點移到原點，如圖 10.6 所示。現在我們已經更改

了量化過程。如果我們現在得到連續兩個大於 3Δ 的資料源輸出，對應於第二個資料源輸出的量化器輸出可能與第一個資料源輸出不同。

比較這兩個向量量化器的編碼率失真效能，會發現第一個向量量化器的 SNR 為 11.44 分貝，此與第 9 章中具有拉普拉斯分佈輸入的均等量化器一致。修改後的向量量化器的 SNR 則為 11.73 分貝，增加了大約 0.3 分貝。回憶一下，SNR 是資料源輸出取樣值的均方值與均方誤差的比例的度量。由於這兩種情況的資料源輸出的均方值相同，因此 SNR 增加表示均方誤差減少。SNR 的增加是否重要視特殊的應用而定。這裡的重點是將資料源的輸出分成兩個一組的許多群，只需要稍微修改一下，就可以達成正面的改變。我們可以認為：由於原先的量化器的均等特性已經被破壞，這樣的修改其實並不算小。然而，如果我們從非均等量化器開始，並以類似的方式來修改它，我們也會得到類似的結果。

純量量化器也可以這麼做嗎？如果我們把位於 $\frac{7\Delta}{2}$ 的輸出點移到原點，SNR 會從 11.44 分貝**降到** 10.8 分貝。為什麼在向量情況下我們可以進行修改，在純量情況下卻不行？當我們在維度比較高的空間中觀察量化過程時，會得到額外的彈性，此種彈性造成了向量量化器特有的優點。讓我們嘗試以兩個連續的輸入來考慮將輸出點從 $\frac{7\Delta}{2}$ 移到原點造成的影響。在一維情況下的這個改變相當於在二維情況下移動 15 個輸出點。從向量量化器的觀點來看，純量量化器階層的修改乃是規模相當龐大的修改。請記住，在這個例題中，我們只討論了二維的向量量化器。當我們把輸入組織成愈來愈大的區塊或向量時，更高的維度可以提供更大的彈性，因此有希望獲得更進一步的改善。　　　　　　　　　　　　◆

在圖 10.6 中，請注意對於原點附近，以及被移走的輸出點兩邊的鄰近區域的輸出，量化區域如何改變。重建階層之間的決定邊界現在已經不像純量量化器那樣容易描述了。然而，如果我們知道失真度量，只要曉得輸出點，我們

擁有的資訊就已經足夠實作量化過程了。我們可以把量化規則定義如下,而使用決定邊界來定義量化規則:

$$Q(X) = Y_j \quad 若且唯若 \quad d(X, Y_j) < d(X, Y_i) \; \forall \, i \neq j. \tag{10.3}$$

如果輸入 X 與兩個輸出點等距離,我們可以使用一個簡單的決勝規則,例如「使用索引比較小的輸出點」。這樣一來,量化區域 V_j 可以定義為

$$V_j = \{X : d(X, Y_j) < d(X, Y_i) \; \forall \, i \neq j\}. \tag{10.4}$$

因此,輸出點與失真度量完全定義了量化器。

從多維的觀點來看,每一個輸入都使用一個純量量化器,會把輸出限制在矩形的格子點上。如果我們一次同時觀察數個資料源的輸出值,就可以把輸出點到處移動。另一種看法是:在一維情況下,量化區間會被限定為區間,我們唯一能操控的參數是這些區間的大小。當我們把輸入分成某一個長度 n 的向量時,量化區域就不再被限定為矩形或正方形。我們可以自由地以無限多種方式劃分輸入的範圍。

這些例題顯示了向量量化器可以用來改進效能的兩種方法。在第一個例題中,我們利用到輸入中取樣值對取樣值的相依性。在第 2 個例題中,取樣值與取樣值之間不具相依性;取樣值彼此獨立。然而,同時觀察兩個取樣值,仍然可以使效能有所改進。

這兩個例題可以激發出兩種稍微有些不同的向量量化方法。第一種方法是樣式比對方法,類似例題 10.3.1 所採用的過程,第二種方法則處理隨機輸入的量化。本章將分別討論這兩種方法。

■ 10.4 Linde-Buzo-Gray 演算法

在例題 10.3.1 中,我們看到利用資料源輸出中的結構的方法之一,是將量化器的輸出點放在資料源輸出(被組織成向量)最有可能聚集的地方。量化器輸出

點的集合稱爲量化器的**編碼冊** (codebook)，放置這些輸出點的過程一般稱爲**編碼冊設計** (codebook design)。當我們把資料源輸出分成二維向量的群組時 (例如例題 10.3.1)，我們也許可以畫出資料源輸出點的代表性集合，然後用目視法找出量化器輸出點應該在什麼位置上，而得到理想的編碼冊設計。然而當我們設計高維度的向量量化器時，這種編碼冊設計方法就行不通了。試考慮一個 16 維量化器的編碼冊設計。在這種情況下，憑目視法放置輸出點顯然是不可能的。我們需要一個自動化的程序，以找出資料源輸出會聚集在哪裡。

這是樣式辨識領域中，大家很熟悉的一個問題。因此，設計向量量化器最常用的方法是一種針對樣式辨識應用而發展，稱爲 k-平均值演算法的分群程序，也就不足爲奇了。

k-平均值演算法的作用如下：給定一大群資料源的輸出向量 (稱爲訓練集)，以及由 k 個代表性樣式組成的初始集合，將訓練集裡面的每一個元素指定到最接近的代表性樣式。當一個元素被指定之後，我們會計算指定給此一代表性樣式之訓練集向量的質心，以更新該樣式。當我們完成指定過程之後，我們會有聚集在每一個輸出點周圍的 k 群向量。

Stuart Lloyd [115] 使用這個方法產生了 *pdf* 最佳化的純量量化器，不過他並沒有使用訓練集，而是假設分佈爲已知。Lloyd 演算法的動作如下：

1. 從重建值的初始集合 $\{y_i^{(0)}\}_{i=1}^{M}$ 開始。令 $k=0$，$D^{(0)}=0$。選擇臨界值 ε。
2. 求出決定邊界。

$$b_j^{(k)} = \frac{y_{j+1}^{(k)} + y_j^{(k)}}{2} \qquad j=1,2,\cdots,M-1.$$

3. 計算失眞值。

$$D^{(k)} = \sum_{i=1}^{M} \int_{b_{i-1}^{(k)}}^{b_i^{(k)}} (x-y_i)^2 f_X(x)\, dx.$$

4. 如果 $D^{(k)} - D^{(k-1)} < \varepsilon$，則停止計算；否則繼續下去。

5. $k = k+1$。計算新的重建值

$$y_j^{(k)} = \frac{\int_{b_{j-1}^{(k-1)}}^{b_j^{(k-1)}} x f_X(x)\, dx}{\int_{b_{j-1}^{(k-1)}}^{b_j^{(k-1)}} f_X(x)\, dx}.$$

回到步驟 2。

Linde、Buzo 與 Gray 將這個演算法推廣到輸入不再是純量的情況 [125]。對於分佈為已知的情況來說，這個演算法看起來很像上述的 Lloyd 演算法。

1. 從重建值的初始集合 $\{Y_i^{(0)}\}_{i=1}^M$ 開始。令 $k=0$，$D^{(0)}=0$。選擇臨界值 ε。

2. 求出量化區域。

$$V_i^{(k)} = \{X : d(X, Y_i) < d(X, Y_j) \ \forall\, j \neq i\} \qquad j = 1, 2, \cdots, M.$$

3. 計算失真值。

$$D^{(k)} = \sum_{i=1}^{M} \int_{V_i^{(k)}} \| X - Y_i^{(k)} \|^2 f_X(X)\, dX.$$

4. 如果 $\dfrac{D^{(k)} - D^{(k-1)}}{D^{(k)}} < \varepsilon$，則停止計算；否則繼續下去。

5. $k = k+1$。計算新的重建值 $\{Y_i^{(k)}\}_{i=1}^M$，其值等於 $\{V_i^{(k-1)}\}$ 的質心。回到步驟 2。

這個演算法並不太實用，因為計算失真值與質心所需的積分，必須在 n 維空間中的不規則區域內計算，其中 n 等於輸入向量的大小。這些積分的計算通常極為困難，因此這個特別的演算法比較屬於學術界有興趣的題目。

實務上大家比較有興趣的演算法是我們有一個訓練集的情況。在這種情況下，演算法看起來很像 k-平均值演算法。

1. 從重建值的初始集合 $\{Y_i^{(0)}\}_{i=1}^M$ 與一個訓練向量集 $\{X_n\}_{n=1}^N$ 開始。令 $k=0$，$D^{(0)}=0$。選擇臨界值 ε。

2. 量化區域為

$$V_i^{(k)} = \{X_n : d(X_n, Y_i) < d(X_n, Y_j) \ \forall j \neq i\} \quad i = 1, 2, \cdots, M.$$

我們假設所有的量化區域均為非空區域 (稍後將處理對於某些 i 和 k，$V_i^{(k)}$ 為空區域的情況)。

3. 計算訓練向量與代表性重建值之間的平均失真 $D^{(k)}$。

4. 如果 $\dfrac{D^{(k)} - D^{(k-1)}}{D^{(k)}} < \varepsilon$，則停止計算；否則繼續下去。

5. $k = k + 1$。求出新的重建值 $\{Y_i^{(k)}\}_{i=1}^M$，其值等於每一個量化區域 $V_i^{(k-1)}$ 中所有元素的平均值。回到步驟 2。

這個演算法構成了大部份向量量化器設計的基礎，一般稱為 Linde-Buzo-Gray 或 LBG 演算法或廣義 Lloyd 演算法 (GLA) [125]。雖然 Linde、Buzo 與 Gray 的論文 [125] 是大部份向量量化研究工作的起點，然而美國太空總署噴射推進實驗室 (位於加州 Pasadena) 的 Edward E. Hilbert 早在幾年前就已經使用了後面這種演算法。Hilbert 的起點是分群的概念，雖然他也得到了與以上所述同樣的演算法，但他把這個方法稱為**群聚壓縮演算法** (cluster compression algorithm) [126]。

為了瞭解這個演算法如何運行，請考慮下面的例題，設計一個二維向量量化器的編碼冊。

例題 10.4.1

假設我們的訓練集由表 10.1 所示的身高與體重值組成。輸出點的初始集合示於表 10.2 (為了便於呈現，我們總是把輸出點的座標四捨五入成最接近的整數)。輸入、輸出和量化區域示於圖 10.7。

表 10.1 用來設計向量量化器的訓練集。

身高	體重
72	180
65	120
59	119
64	150
65	162
57	88
72	175
44	41
62	114
60	110
56	91
70	172

表 10.2 用於編碼冊設計的輸出點的初始集合。

身高	體重
45	50
75	117
45	117
80	180

輸入 $(44, 41)$ 被指定到到第一個輸出點；輸入 $(56, 91), (57, 88), (59, 119)$ 和 $(60, 110)$ 被指定到到第 2 個輸出點；輸入 $(62, 114)$ 和 $(65, 120)$ 被指定到第 3 個輸出點；訓練集中剩下的 5 個向量則被指定到第 4 個輸出點。這一組指定的失眞值爲 387.25。現在我們來找出新的輸出點。第一個量化區域內只有一個向量，因此第一個輸出點是 $(44, 41)$。第二個量化區域內的 4 個向量的平均值 (經過四捨五入) 爲向量 $(58, 102)$，這是新的第二輸出點。我們可以採用同樣的方式計算出來第 3 個和第 4 個輸出點分別爲 $(64, 117)$ 和 $(69, 168)$。新輸出點及對應的量化區域示於圖 10.8。從圖 10.8 中，我們可以看到，雖然最初屬於第 1 和第 4 量化區域內的訓練向量，現在仍然在同樣的量化區域內，然而原先落在第 2 量化區域的訓練向量 $(59, 115)$ 和 $(60, 120)$，現在已經落在第 3 量化區域了。這一組從訓練向量到量化區域的指定，對應的失眞值爲 89，比原先

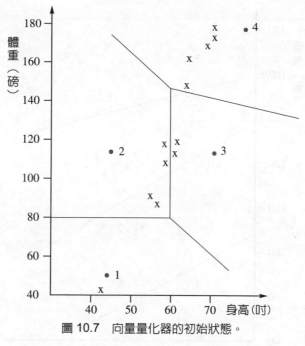

圖 10.7 向量量化器的初始狀態。

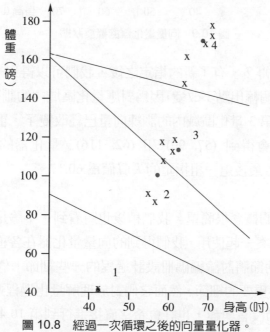

圖 10.8 經過一次循環之後的向量量化器。

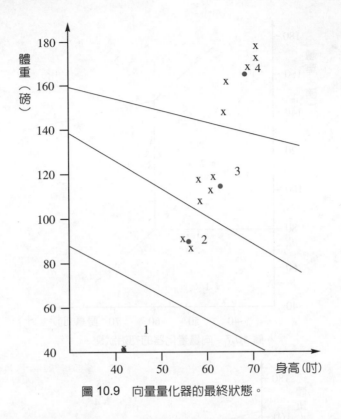

圖 10.9　向量量化器的最終狀態。

的 387.25 低得多。有了新的指定之後，我們可以得到一組新的輸出點。
第 1 和第 4 個輸出點不改變，因爲對應量化區域內的訓練向量沒有改變。
然而第 2 和第 3 量化區域內的訓練向量已經改變了。重新計算這些區域
的輸出點，會得到 (57, 90) 和 (62, 116)。量化器的最終形式示於圖
10.9。對應於最後這一組指定的失眞值爲 60.17。　　　　　　　　　◆

　　LBG 演算法的概念很簡單，我們稍後也將看到，不論是單獨使用這個演
算法，或與其他方案一起使用，我們得到的向量量化器在各種輸入的壓縮中都
非常有效。下面兩節將討論編碼冊設計過程的一些細節。儘管在設計編碼冊
時，必須考慮這些重要的細節，然而它們對於理解量化過程並非必要。如果讀
者目前對這些細節沒有興趣，也許會希望直接進行到第 10.4.3 節。

10.4.1　LBG 演算法的初始化

LBG 演算法可以保證從這一次循環到下一次循環，失真值不會增加，然而這個程序並不保證會收斂到最佳解。這個演算法會收斂到哪一個解與初始條件極其相關。舉例來說，如果例題 10.4 中的輸出點初始集合是表 10.3 所示的集合，而不是表 10.2 的集合，使用 LBG 演算法，最後會得到表 10.4 所示的編碼冊。

表 10.3　另外一組輸出點的初始集合。

身高	體重
75	50
75	117
75	127
80	180

表 10.4　使用另外一本初始編碼冊得到的最終編碼冊。

身高	體重
44	41
60	107
64	150
70	172

我們得到的量化區域及其成員示於圖 10.10。與我們先前得到的量化器相比較，這是一個相當不同的量化器。由於最後的結果與初始條件的關係極其密切，因此初始編碼冊的選擇是一個重要的問題。後面各節將討論一些較為知名的初始化方法。

Linde、Buzo 與 Gray 在他們的原始論文中描述了一種用來將設計演算法初始化的技術，稱為**分裂技術** (splitting technique) [125]。在這種技術中，我們首先設計一個單一輸出點的向量量化器；換句話說，編碼冊大小等於 1，或有一個階層的向量量化器。由於編碼冊只有一個元素，因此量化區域等於整個輸入空間，輸出點則是整個訓練集的平均值。從這個輸出點開始，我們可以把一階量化器的輸出點納入初始集合，然後將輸出點加上一個固定的擾動向量 ε，

以產生第二個輸出點，這樣一來，我們可以得到一個兩階層向量量化器的初始編碼冊。然後我們使用 LBG 演算法得到兩階層的向量量化器。一旦演算法收斂，我們將使用這兩個編碼冊向量來得到一個 4 階層的向量量化器的初始編碼冊。此一初始的 4 階層編碼冊包含兩階層向量量化器最後的編碼冊中的兩個向量，以及將 ε 加上這兩個編碼冊向量而到的另外兩個向量。接下來，我們可以使用 LBG 演算法，直到這個 4 階層的量化器收斂。我們按照這種方法，讓階層數不斷加倍，直到我們獲得需要的階層數。我們在每一次「分裂」時，將前一個階段中最後的編碼冊納入初始集合，便已經保證了分裂之後的編碼冊至少和分裂之前的編碼冊一樣好。

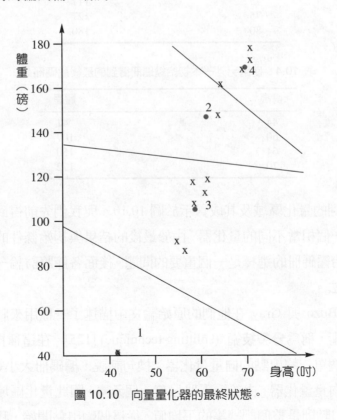

圖 10.10　向量量化器的最終狀態。

例題 10.4.2

讓我們重新做一次例題 10.4.1。這一次我們不使用例題 10.4.1 的初始編碼字，而改爲使用分裂技術。至於擾動向量，我們將使用固定的向量 ε = (10，10)。擾動向量通常是隨機選擇的；然而爲了便於解釋，使用固定的擾動向量會更有用。

我們從單一階層的編碼冊開始。編碼字只不過是訓練集的平均值。編碼冊的進展示於表 10.5。

被擾動的向量會用來初始化一個兩階層向量量化器的 LBG 設計。我們得到的兩階層向量量化器示於圖 10.11。所得的失眞值爲 468.58。這兩個向量被擾動，以產生四階層設計的初始輸出點。使用 LBG 演算法，最後得到的量化器示於圖 10.12，失眞值爲 156.17。使用分裂演算法時，這個量化器的訓練集的平均失眞值比先前得到的平均失眞值更高。然而因爲這個例題使用的取樣值數目非常小，因此這一點並不表示前面的方法比較好。 ◆

表 10.5 使用分裂技術設計編碼冊時的進展。

編碼冊	身高	體重
一階層	62	127
初始兩階層	62	127
	72	137
最終兩階層	58	98
	69	168
初始四階層	58	98
	68	108
	69	168
	79	178
最終四階層	52	73
	62	116
	65	156
	71	176

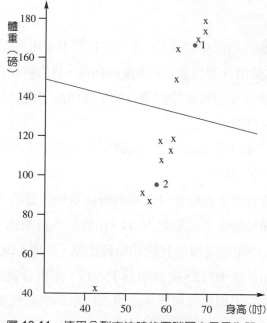

圖 10.11　使用分裂方法時的兩階層向量量化器。

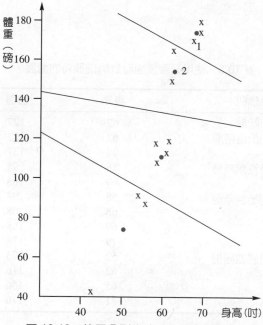

圖 10.12　使用分裂方法時的最終設計。

如果我們需要的階層數不是 2 的次方，則在最後一個步驟中，我們並不會從先前設計的向量量化器的每一個輸出點產生兩個初始點，我們只需要擾動足夠的向量，使我們能產生所需的向量數。舉例來說，如果我們需要有 11 個階層的向量量化器，我們會先產生一個一階層的向量量化器，然後兩階層、4 階層，以及 8 階層的向量量化器。到了這個階段，我們只會再擾動 8 個向量之中的 3 個，而得到 11 階層的向量量化器的 11 個初始輸出點。這 3 個點應該是具有最多訓練集向量或失真值最大的輸出點。

Hilbert 用來獲得向量量化器之初始輸出點的方法 [126] 是從訓練集中隨機挑選輸出點。這種方法可以保證在初始階段，每一個量化區域內至少會有一個訓練集裡的向量。然而，如果我們使用訓練集內不同的子集作為初始編碼冊，仍然有可能得到不同的編碼冊。

表 10.6　使用訓練序列的不同子集作為初始編碼冊的效果。

編碼冊	身高	體重
1 號初始編碼冊	72	180
	72	175
	65	120
	59	119
1 號最終編碼冊	71	176
	65	156
	62	116
	52	73
2 號初始編碼冊	65	120
	44	41
	59	119
	57	88
2 號最終編碼冊	69	168
	44	41
	62	116
	57	90

例題 10.4.3

使用例題 10.4.1 的訓練集，我們從訓練集內選擇不同的向量作爲初始編碼冊。結果總結於表 10.6。如果我們選擇標爲「1 號初始編碼冊」的編碼冊，會得到標爲「1 號最終編碼冊」的編碼冊。這本編碼冊與我們使用分裂演算法得到的編碼冊完全相同。標爲「2 號初始編碼冊」的集合會產生標爲「2 號最終編碼冊」的編碼冊。這本編碼冊與我們在例題 10.4.1 中得到的量化器完全相同。事實上，大部份的其他選擇都會產生這兩個量化器的其中之一。　　　　　　　　　　　　　　　　　　　　　　◆

請注意，挑選不同的輸入子集作爲初始編碼冊，可以產生不同的向量量化器。設計編碼冊的一個好辦法是隨機初始化編碼冊數次，然後從所產生的量化器中挑選在訓練集內的失眞值最小的量化器。

1989 年，Equitz [127] 介紹了一種產生初始編碼冊的方法，稱爲**成對最接近鄰居** (pairwise nearest neighbor，簡稱 PNN) 的演算法。在 PNN 演算法中，我們從訓練向量中所有的群組開始，最後得到初始編碼冊。在每一個階段，我們將兩個最接近的向量合併成一個群組，並以它們的平均值取代這兩個向量。這個方法的概法是把可以讓失眞值增加最少的群組合併。Equitz 證明：當我們把這 C_i 和 C_j 兩個群組合併時，失眞值會增加

$$\frac{n_i n_j}{n_i + n_j} \left\| Y_i - Y_j \right\|^2 \tag{10.5}$$

其中 n_i 是群組 C_i 中的元素個數，且 Y_i 是對應的輸出點。在 PNN 演算法中，我們把會造成失眞值增加最少的群組合併。

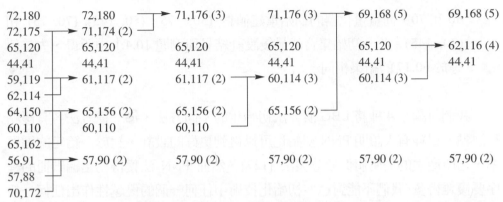

72,180　　　　72,180　　　　→ 71,176 (3)　　　71,176 (3)　→ 69,168 (5)　　　69,168 (5)

圖 10.13　使用 PNN 法得到的初始輸出點。

例題 10.4.4

使用 PNN 演算法，如圖 10.13 所示，把訓練集中的元素合併起來。在每個步驟，我們合併就方程式 (10.5) 的意義而言最接近的兩個群組。如果使用這些值將 LBG 演算法初始化，得到輸出點為 (70, 172), (60, 107), (44, 41), (64, 150)，以及失真值等於 104.08 的一個向量量化器。　　　　　　　　　◆

雖然在例題 10.4.4 中，使用 PNN 演算法產生初始編碼冊相當容易，我們可以看出，當訓練集的大小增加時，這個程序會變得愈來愈耗時。為了避免這項成本，我們可以使用不會嘗試每一個步驟都找出絕對最小成本的快速 PNN 演算法 (如果讀者需要更詳盡的資料，請參閱參考文獻 [127])。

最後，有一個簡單的初始編碼冊，就是對應的純量量化器的輸出點集合。在本章的開頭，我們看到輸入序列的量化可以視為使用矩形向量量化器進行的向量量化。我們可以使用這個矩形向量量化器作為輸出的初始集合。

例題 10.4.5

讓我們再一次回到身高與體重資料集合的量化問題。如果我們假設身高在 40 和 180 之間均勻分佈，則一個兩階層純量量化器的重建值為 75 和 145。同樣的，如果我們假設體重在 40 和 80 之間均勻分佈，則重建值為

50 和 70。向量量化器的初始重建值為 (50, 75), (50, 145), (70, 75) 和 (70, 145)。此一初始集合的最後設計結果與例題 10.4.1 中所得，失真值等於 60.17 的結果相同。 ◆

我們討論了 4 種將 LBG 演算法初始化的不同方法，每一種方法各有優點和缺點。已經有人證明 PNN 初始化可以得到更好的設計，對於一給定的編碼率，它所產生的失真值低於分裂法 [127]。然而 PNN 法獲得初始編碼冊的程序要複雜得多。我們不能對這些初始化技術中任何一個的優越性作出任何一般性的聲明。連 PNN 方法都無法證明會得到最佳解。事實上，如果我們處理的是多式各樣的輸入，使用不同初始化技術的影響看來似乎無關緊要。

10.4.2　空缺區域問題

讓我們更仔細地觀察例題 10.4.5 中設計過程的進展。當我們把輸入指定給初始輸出點時，沒有一個輸入點會指定給位於 (70, 75) 的輸出點。這樣會產生問題，因為更新輸出點時需要計算輸入向量的平均值。顯然我們需要一些策略。例題 10.4.5 實際使用的策略是：如果某一個輸出點相關的量化區域內沒有輸入值，則該輸出點不予更新。在這個特別的例題中，這個策略似乎是有效的；然而這個策略有一個危險，那就是我們有可能最後會得到一個永遠不會用到的輸出點。為了避免這種情況，常用的方法是除去沒有相關輸入的輸出點，並使用具有最多輸出點的量化區域內的一個點來取代。我們可以從具有最多訓練向量，或相關的失真值最大的區域內隨機選擇一個點。更為系統化的方法，是針對具有最多訓練向量的量化區域內的訓練向量設計一個兩階層的量化器。這種方法在計算上相當耗費成本，而且相較於比較簡單的方法，並沒有提供顯著的改進。在本書隨附的程式中，我們使用第一種方法 (如果讀者希望比較這兩種方法，請參閱習題 3)。

10.4.3　LBG 在影像壓縮方面的用途

本節描述的向量量化器有一個極爲常見的應用，就是影像壓縮。爲了進行影像壓縮，我們取大小等於 $N \times M$ 的像素區塊，並將其視爲一個 $L = NM$ 維的向量。通常我們會令 $N = M$。除了以這種方式產生向量之外，我們也可以從影像的一排像素中取 L 個像素來形成向量，然而這樣便無法利用影像中的二維關聯性了。請記住，取樣值之間的關聯性會讓輸入群聚在一起，LBG 演算法則會利用此一群聚性質。

例題 10.4.6

　　讓我們使用一個 16 維的量化器來量化圖 10.14 所示的 Sinan 影像。輸入向量係使用 4×4 的區塊像素來建造。編碼冊則使用 Sinan 影像予以訓練。使用大小等於 16, 64, 256 和 1024 的編碼冊量化的結果示於圖 10.15。編碼率與壓縮比總結於表 10.7。爲了瞭解這些數量是如何計算出來的，請回憶一下，如果編碼冊中有 K 個向量，則需要 $\lceil \log_2 K \rceil$ 個位元來通知接收器，這 K 個向量中，哪一個是量化器的輸出。我們針對不同的 K 值，在表 10.7 的第二欄列出了這個量。如果向量的維度等於 L，這表示我們使用了 $\lceil \log_2 K \rceil$ 個位元來傳送 L 個像素的量化值。因此每一個像素的編碼率爲 $\dfrac{\lceil \log_2 K \rceil}{L}$ (我們假設傳輸器與接收器均可取得編碼冊，因此我們不需要使用任何位元將編碼冊從傳輸器傳送到接收器)。這個量列在表 10.7 的第 3 欄。最後，壓縮比 (列在表 10.7 的最後一欄) 等於原始影像中每一個像素的位元數與壓縮影像中每一個像素的位元數的比。Sinan 影像係使用每個像素 8 位元進行數位化。使用這項資訊，以及壓縮之後的編碼率，我們可以得到壓縮比。

圖 10.14   原始的 Sinan 影像。

如果觀看影像，會發現使用大小爲 1024 的編碼冊重建的影像非常接近原始影像。另一方面，使用有 16 個重建向量的編碼冊獲得的影像則含有許多很明顯的失眞。每一幅重建影像的用途端視特殊應用的需求而定。　◆

在這個例題中，我們使用根據影像本身進行訓練的編碼冊。我們通常不會這麼做，因爲接收器必須擁有同樣的編碼冊，才能重建這幅影像。我們必須把編碼冊和這幅影像一同傳送，否則接收器必須擁有同樣的訓練影像，以便產生相同的編碼冊。這是不切實際的，如果接收器已經擁有這幅影像，只把影像的名稱傳送給接收器，得到的壓縮效果會好得多。將編碼冊與影像一起傳送並不至於不合理，然而如果我們使用傳輸器與接收器都可以取得，而且較爲一般性的編碼冊，可以避免傳送編碼冊的負荷。

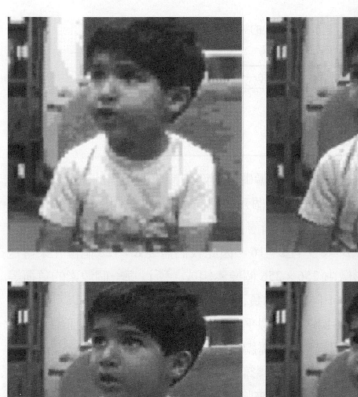

圖 10.15　左上角：編碼冊的大小等於 16；右上角：編碼冊的大小等於 64；
左下角：編碼冊的大小等於 256；右上角：編碼冊的大小等於 1024。

表 10.7　影像壓縮範例的壓縮度量的總結。

編碼冊的大小 (編碼字的數目)	選擇編碼字所 需要的位元數	每一個像素 的位元數	壓縮比
16	4	0.25	32:1
64	6	0.375	21.33:1
256	8	0.50	16:1
1024	10	0.625	12.8:1

表 10.8 對於不同大小的編碼冊，每一個像素額外
負荷的位元數。

編碼冊大小 K	每一個像素額外負荷的位元數
16	0.03125
64	0.125
256	0.50
1024	2.0

　　為了計算負荷，我們需要計算把編碼冊傳送到接收器所需的位元數。如果編碼冊中的每一個編碼字是一個有 L 個元素的向量，而且我們使用 B 個位元來表示每一個元素，那麼傳送一個 K 階層量化器的編碼冊將需要 $B \times L \times K$ 個位元。在我們的例題中，$B = 8$，且 $L = 16$。因此我們需要 $K \times 128$ 個位元來傳送編碼冊。因為我們的影像由 256×256 個像素組成，所以每一個像素的負荷等於 $128K / 65{,}536$ 個位元。不同 K 值的負荷總結於表 10.8。我們可以看到，儘管當編碼冊的大小等於 16 時，負荷似乎還算像合理，然而當編碼冊的大小等於 1024 時，其負荷竟然超過量化所需編碼率的 3 倍！

　　由於將編碼冊與經過向量量化的影像一起傳送時，負荷過於龐大，所以我們對於設計更具一般性，因此可以用來將許多影像量化的編碼冊非常有興趣。為了研究可能會產生的問題，由 Sena, Sensin, Earth 和 Omaha 影像產生的 4 本不同的編碼冊來量化 Sinan 影像，結果示於圖 10.16。

　　正如我們所期望的，以這種方法重建的影像，其品質與編碼冊直接由被量化的影像產生時並不相同，然而只有在我們忽略儲存或傳送編碼冊所需的負荷時，這一點才是真的。如果我們考慮將包括，所需把輸出點組成的編碼冊編碼及傳輸所需的額外編碼率，使用由被量化的影像產生的編碼冊似乎不切實際。雖然使用另一幅影像產生的編碼冊來執行量化是實際可行的，但重建影像的品質相當差。本章稍後將更仔細地討論影像的向量量化這個主題，並考慮可以改進效能的各種方法。

　　讀者可能注意到例題中使用的向量量化器，其位元率非常低。這是因為編碼冊的大小會隨著編碼率呈現指數增加。假設我們希望每一個取樣值使用 R 個位元將一個資料源編碼；也就是說，被壓縮的資料源輸出中，每一個取樣值平

圖 10.16 在每一個像素 0.5 位元的編碼率下量化的 Sinan 影像。獲得編碼冊所用的影像分別是 Sensin, Sena, Earth, Omaha (從左上角開始順時針方向)。

均位元數等於 R。「取樣值」是指資料源輸出序列中的一個純量元素。如果我們想要使用一個 L 維的量化器，我們會把 L 個取樣值一同放在一個向量之內。這表示我們有 RL 個位元來表示每一個向量。RL 個位元可以表示 2^{RL} 個不同的輸出向量。換句話說，如果有一個 L 維的量化器，其中每一個取樣值佔 R 個位

元,則其編碼冊的大小為 2^{RL}。我們從表 10.7 中可以看到,當我們使用每一個像素 0.25 位元,以及一個 16 維的量化器將影像量化時,每一個向量可以使用 $16 \times 0.25 = 4$ 個位元來表示,因此編碼冊的大小為 $2^4 = 16$。 RL 這個量通常稱為**編碼率維度乘積** (rate dimension product)。請注意編碼冊的大小會隨著這個乘積呈現指數成長。

請考慮以下的問題。一個 16 維,每一個取樣值佔 2 個位元的向量量化器,其編碼冊的大小將是 $2^{16 \times 2}$!(如果資料源輸出最初是使用每一個取樣值 8 個位元來表示,那麼在被壓縮的資料源中,每一個取樣值佔 2 個位元,其編碼率相當於 4:1 的壓縮比。) 這麼龐大的尺寸,不論是儲存或量化過程,都會造成問題。假設向量的每一個分量可以儲存在一個位元組內,儲存 2^{32} 個 16 維的向量需要 $2^{32} \times 16$ 個位元組,大約是 640 億個位元組。此外,為了將一個輸入向量量化,我們需要進行 40 億次以上的向量比較,才能找到最接近的輸出點。顯然不論是儲存需求或計算需求都不切實際。由於有這個問題,大部份的向量量化應用都是以很低的位元率操作的。在許多應用中,例如低編碼率的語音編碼,我們希望以非常低的編碼率操作;因此這不是什麼缺點,然而像高品質視訊編碼這樣需要比較高的編碼率的應用,這樣一定會造成問題。

這些問題有幾種解決方法,每一種方法都需要在編碼冊及/或量化過程中引入一些結構。儘管結構的引入可以使儲存和計算問題減輕一些,然而在失真效能方面通常會有一些損失。以下各節將討論這些方法。

■ 10.5 樹狀結構向量量化器

引入結構的方法之一是把編碼冊組織起來,使我們很容易挑出哪一部份含有我們需要的輸出向量。考慮圖 10.17 所示的二維向量量化器。請注意每一個象限中的輸出點都是相鄰象限中的輸出點的鏡像。給定向量量化器的一個輸入,我們可以使用輸入向量的分量的正負號,以減少找出最接近的輸出點所需的比較次數。輸入向量的分量的正負號可以告訴我們輸入位於哪一個象限。因為所有的象限都是相鄰的象限的鏡像,與給定輸入最接近的輸出將位於輸入所在的同

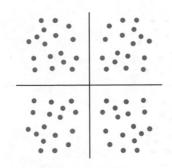

圖 10.17　二維空間中的對稱性向量量化器。

一個象限內。因此我們只需要將輸入與同一個象限內的輸出點相互比較，這樣一來，需要的比較次數可以減少 4 倍。這個方法可以推廣到 L 維，其中輸入向量的 L 個分量的正負號可以告訴我們輸入位於 2^L 個超象限之中的哪一個象限，這樣可以使比較次數降低 2^L 倍。

當輸出點以對稱方式分佈時，這個方法非常有效，然而當輸出點的分佈變得不是那麼對稱時，這個方法就行不通了。

例題 10.5.1

考慮圖 10.18 所示的向量量化器。此與圖 10.17 的輸出點不同；我們已經拋棄了前一個例題中鏡像要求。輸出點顯示為同心圓，且輸入點為 X。從圖中可以明顯看出，雖然輸入位於第一象限內，最接近的輸出點卻在第四象限內。然而以上所描述的量化方法會迫使輸入由第一象限中的輸入來表示。

當對稱性愈來愈低時，情況會變得更糟。考慮圖 10.19 的情況。在這個量化器中，當輸入接近第一象限的邊界時，我們不僅會得到錯誤的輸出點，而且需要的計算量並沒有顯著的減少。

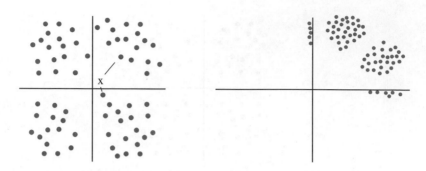

圖 10.18　令象限方法失效的情況。　　圖 10.19　令象限方法失效的情況。

大部份的輸出點位於第一象限內。因此,當輸入落在第一象限時 (如果量化器的設計反映出輸入的分佈,那麼這種情況將會經常發生),知道它在第一象限,並不會使比較次數大幅縮減。　　　　　　　　　　　　　　◆

使用象限在 L 維空間中的對等觀念來分割輸出點,以降低計算負荷的概念,也可以採用下面的方式推廣到如圖 10.19 所示的不對稱的情況。我們把輸出點的集合分成 *group0* 和 *group1* 兩群,然後把每一個測試向量指定到一個群,使得每一群中的輸出點與指定到該群的測試向量的距離,比起與指定到其他群的測試向量的距離要近 (圖 10.20)。我們把這兩個測試向量標示為 0 與 1。當我們得到一個輸入向量時,會把它與測試向量比較。根據比較的結果,輸入

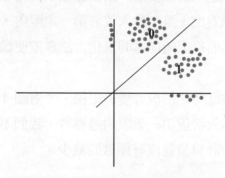

圖 10.20　將輸出點分成兩群。

會與最接近它的測試向量相關的輸出點比較。進行過這兩自比較之後，我們可以丟掉一半的輸出點。與測試向量比較的方法乃是觀察各分量的正負號，以決定哪一組輸出點要被丟掉，而且不再考慮。如果輸出點的總數是 K，使用這種方法必須進行 $\frac{K}{2} + 2$ 次比較，而不是 K 次比較。

我們可以把每一個群組中的輸出點再分成兩個群組，然後把一個測試向量指定給每一個子群組，讓這個過程繼續下去。因此 *group0* 會被分成 *group00* 和 *group01*，相關的測試向量則標示爲 00 和 01，且 *group1* 會被分成 *group10* 和 *group11*，相關的測試向量則標示爲 10 和 11。假設第 1 組比較的結果指出我們應該在 *group1* 中尋找輸出點，則輸入將與測試向量 10 和 11 比較。如果輸入更接近測試向量 10，則 *group11* 中的輸出點會被丟掉，且輸入將與 *group10* 中的輸出點比較。這個程序可以繼續下去，亦即將每一個輸出點的群組連續分成兩群，如果輸出點的數目等於 2 的次方，那麼最後兩群將只有一個點。得到最終輸出點所需的比較次數將等於 $2 \log K$ 次，而不是 K 次。因此，如果編碼冊的大小等於 4096，我們將需要 24 次向量比較，而不是 4096 次向量比較。

計算的複雜度降低了這麼多，相當令人驚訝。然而爲了降低複雜度，我們在兩方面付出了代價。第一個代價是失眞值可能會增加。有可能在某一個階段，輸入比較接近某一個測試向量，但同時也最接近被捨棄的群組中的某一個輸出。這一點類似於圖 10.18 所示的情況。其他的代價包括儲存需求的增加。現在我們不僅必須儲存向量量化器編碼冊的輸出點，還必須儲存測試向量。這表示儲存需求幾乎是原來的兩倍。

每一個步驟必須進行的比較示於圖 10.21。每一個節點內的標示是與輸入進行比較對的測試向量的標示。這棵決策樹乃是樹狀結構向量量化器 (TSVQ) 得名的原因。此外，請讀者注意，當我們沿著樹往下進展時，我們也建立了二進位字串。因爲樹的葉節點是輸出點，當我們到達到某一特定的葉節點時，換句話說，當我們選擇了某一特定的輸出點時，我們已經得到了對應於該輸出點的二進位編碼字。

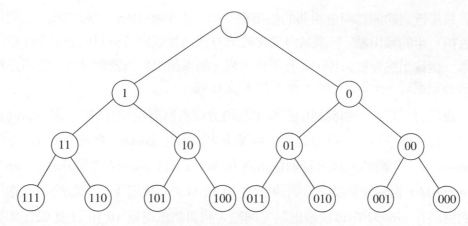

圖 10.21 量化用的決策樹。

當我們持續進行找出最後的輸出所需要的一系列決策時,此一建立二進位編碼字的過程,可能會產生樹狀結構向量量化器其他的一些有趣的性質。舉例來說,即使只傳送了一部份的編碼字,我們仍然可以得到輸入向量的近似值。在圖 10.21 中,如果被量化的值是編碼冊向量 5,則二進位編碼字爲 011。然而,如果解碼器只接收到前兩個位元 01,則可使用標示爲 01 的測試向量來近似此一輸入。

10.5.1 樹狀結構向量量化器的設計

在最後一節中,我們看到如何把樹狀結構加入向量量化器中,以降低設計過程中計算的複雜度。直接在樹狀結構的架構下設計向量量化器,而不是在向量量化器設計完成之後才加入樹狀結構,這樣的做法是有道理的。爲了達到這一點,我們可以稍微修改 Linde 等人提出的分裂式設計方法 [125]。

我們採用與分裂技術完全相同的方式開始進行。首先,求出所有訓練向量的平均值,然後將其擾動,而得到第 2 個向量,並使用這些向量建立一個二階層的向量量化器。我們把這兩個向量標示爲 0 與 1,同時把會被量化成這兩個向量的兩群訓練集向量分別標示爲 *group0* 與 *group1*。稍後我們將使用這些向量作爲測試向量。我們將這些輸出點擾動,而得到一個 4 階層向量量化器的初

始向量。樹狀結構向量量化器的設計程序與分裂技術在這一點就有所不同了。我們使用 *group0* 中的訓練集向量來設計一個兩階層的向量量化器 (輸出點被標示為 00 與 01)，而不是使用整個訓練集來設計一個 4 階層的向量量化器。我們使用 *group1* 中的訓練集向量來設計一個兩階層的向量量化器 (輸出點被標示為 10 與 11)。我們也把 *group0* 和 *group1* 中的訓練集向量各自分為兩群。*group0* 的向量根據其與標示為 00 與 01 的向量的接近程度，被分成 *group00* 與 *group11*，*group1* 中的向量也以類似的方式被分成 *group10* 與 *group11* 這兩群。標示為 00, 01, 10 和 11 的向量將作為這一層的測試向量。為了得到 8 階層的量化器，我們使用這 4 群中的訓練集向量，而得到 4 個兩階層的向量量化器。我們按照這種方式繼續下去，直到我們獲得所需的輸出點的數目。請注意在獲得輸出點的過程中，我們也得到了量化過程所需的測試向量。

10.5.2　修剪樹狀結構向量量化器

我們一旦建立了樹狀結構的編碼冊，有時可以刪除經過仔細選擇的子群組，以提升其編碼率失真效能。子群組的刪除 (稱為**修剪** (pruning)) 可使編碼冊縮小，故可降低編碼率。它也可能造成失真值增加。因此修剪的目標是刪除可以得到編碼率與失真值之間最佳得失取捨點的子群組。Chou, Lookabaugh 與 Gray [128] 發展了一個最佳化的修剪演算法，稱為**廣義 BFOS 演算法** (generalized BFOS algorithm)。我們這麼稱呼，是因為這個演算法乃是最初由 Brieman, Freidman, Olshen 和 Stone 針對分類應用所開發的演算法 [129] 的延伸 (有關這個演算法的描述與討論，請參閱 [128])。

　　刪除編碼冊中的輸出點有一個很不理想的後果，就是會移除先前用來產生對應於輸出點的二進位編碼字時的結構。如果我們使用此一結構來產生二進位編碼字，刪除輸出點會造成編碼字的長度不固定。由於可變長度碼對應於二元樹的葉節點，因此這組碼是字首碼，當然可以使用。然而，使用另一種方法，將固定長度的編碼字指定給輸出點，並不會讓複雜度增加太多。由於修剪而獲得的效能改善，通常可以彌補所增加的複雜度 [130]。

10.6 結構化向量量化器

樹狀結構的向量量化器解決了複雜度的問題，卻使得儲存問題變得更嚴重。現在我們採取一個完全不同的方法，並發展不會產生這些儲存問題的向量量化器；然而我們必須在其他方面為這些優點付上代價。

例題 10.3.1 乃是激發我們採用 LBG 演算法獲得量化器的動力。這個例題顯示資料源輸出的取樣值之間的關聯性會造成取樣值的群聚。LBG 演算法把輸出點放在這些群中，以利用此一群聚現象。然而我們在例題 10.3.2 中發現：即使取樣值之間沒有關聯性，也存在一種機率性的結構。當我們把資料源的隨機輸入組織成愈來愈大的區塊或向量時，這種機率性的結構會變得更明顯。

在例題 10.3.2 中，我們改變了右上角的輸出點的位置。位於角落的 4 個輸出點機率全部相同，因此我們可以選擇任何一點。在例題 10.3.2 中二維拉普拉斯分佈的情況下，位於輪廓線 $|x| + |y| =$ 常數上的各點，機率全部相等，這些輪廓線稱為**等機率線** (contour of constant probability)。對於像高斯分佈這樣的球對稱分佈，二維情況下的等機率線是圓，三維情況下的等機率線是球，更高維情況下的等機率線則是超球。

我們在例題 10.3.2 中提過，遠離原點的輸出點，其相關機率幾乎等於零。根據我們對於等機率線的討論，我們可以更明確地指出，在遠離原點的等機率線上的點，其相關機率幾乎等於零。因此我們可以把某一條等機率線以外的點全部丟掉，而不致引入太大的失真值。此外，當重建點的數目減少時，編碼率會降低，因此可以改進編碼率失真效能。

例題 10.6.1

讓我們設計一個二維的均等量化器，方法如下：只保留例題 10.3.2 的量化器中，位於等機率線 $|x_1| + |x_2| = 5\Delta$ 上或該線以內的輸出點。如果我們計算被保留下來的點，會得到一共有 60 個點。這個值與 64 夠接近，因此我們可以把它和具有 8 個階層的均等純量量化器相互比較。如果我們使用一個具有拉普拉斯分佈的輸入來模擬這個量化方案，並使用與純量

量化器相同的步階間距 (亦即 $\Delta = 0.7309$)，會得到 SNR 等於 12.22 分貝。把這個結果與使用純量量化器獲得的 11.44 分貝相比，可發現效能顯然有改進。如果改變步階間距，效能可再稍微改進。　　◆

　　請注意，在前一個例題中，我們只不過限制了量化器的外部邊界，就獲得了一些改進。與例題 10.3.2 不同，我們並沒有改變任何內部量化區域的形狀。

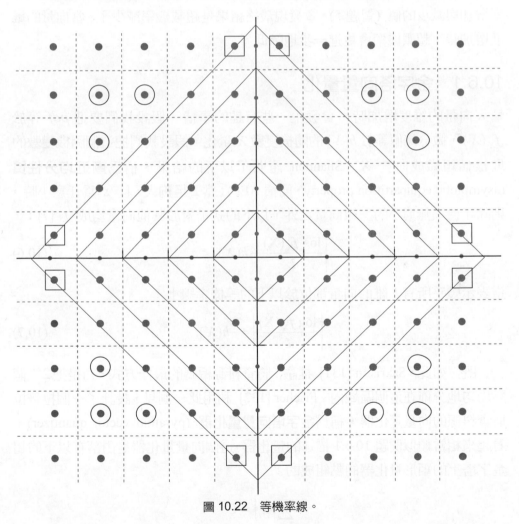

圖 10.22　等機率線。

在量化文獻中，這種增益稱爲邊界增益。以第 8 章的量化雜訊的描述來說，我們讓超載機率降低了，因此超載誤差也降低了，然而粒狀雜訊卻沒有對應的的增加。在圖 10.22 中，我們在屬於原先 64 階層的量化器，但不屬於 60 階層量化器的 12 個輸出點的周圍畫上圓圈，以標示這些輸出點。我們也在屬於 60 階層量化器，但不屬於原先 64 階層量化器的 8 個輸出點的周圍畫上正方形，以標示這些輸出點。把這些點加入，會使超載機率減少。如果我們計算超載機率增加與減少的值 (習題 5)，會發現最終結果是超載機率減少了。當向量的維度增加時，超載機率會更進一步地降低。

10.6.1　金字塔向量量化

輸入向量的維度增加時，會發生一些有趣的事情。假設我們要把 *pdf* 等於 $f_X(X)$，微分熵值等於 $h(X)$ 的隨機變數 X 量化。假設我們把這個隨機變數的取樣值組織成向量 **X**。Shannon 證明了以下的結果，稱爲**漸近均分性質** (asymptotic equipartition property，簡稱 AEP)：當 L 足夠大，且 ε 爲任意小時，則除了機率無窮小的一組向量之外，以下的式子對於其他向量均成立 [7]：

$$\left| \frac{\log f_{\mathbf{X}}(\mathbf{X})}{L} + h(X) \right| < \varepsilon \tag{10.6}$$

這表示幾乎所有 L 維的向量都位於以下的等機率線上：

$$\left| \frac{\log f_{\mathbf{X}}(\mathbf{X})}{L} \right| = -h(X). \tag{10.7}$$

　　既然如此，Sakrison [131] 提議：將資料源編碼的最佳方式，乃是把 2^{RL} 個點均勻地分佈在這個區域內。Fischer [132] 利用此一洞見，設計了一個拉普拉斯資料源的向量量化器，稱爲**金字塔向量量化器** (pyramid vector quantizer)，看起來相當類似例題 10.6.1 描述的量化器。這個向量量化器是由落在以下的超金字塔上的矩形量化器的點組成的：

$$\sum_{i=1}^{L} |x_i| = C$$

其中 C 為一常數，取決於輸入的變異數。Shannon 的結果是漸近性的，而且對於實際的 L 值而言，輸入向量通常不會侷限在單一的超金字塔內。

　　對於這種情況，Fischer 首先求出以下的距離

$$r = \sum_{i=1}^{L} |x_i|.$$

這個值會被量化，並傳送到接收器。輸入會根據這個增益項進行歸一化，並使用單一的超金字塔進行量化。形狀項的量化包含兩個階段：找出超金字塔上與經過比例調整的輸入最接近的輸出點，然後找出這個輸出點的二進位編碼字 (有關量化與編碼過程的細節，請參閱 [132])。這種方法相當成功，而且對於每一個取樣值 3 個位元的編碼率，以及 16 維的向量，我們得到的 SNR 值等於 16.32 分貝。如果我們把向量的維度增加到 64，得到的 SNR 值等於 17.03。相較於使用非相等純量量化器時的 SNR，我們得到的改進超過 4 分貝。

　　請注意，在這種方法中，我們把輸入向量分成**增益**項與樣式項或**形狀**項。這種形式的量化器稱為**增益 — 形狀向量量化器** (gain-shape vector quantizer) 或**乘積碼向量量化器** (product code vector quantizer) [133]。

10.6.2　極座標與球座標向量量化器

對高斯分佈來說，在二維情況下的等機率線是圓，在三維及更高維情況下則是球與超球。在二維情況下，我們可以把輸入向量先轉換成極坐標 r 和 θ，然後進行量化：

$$r = \sqrt{x_1^2 + x_2^2} \tag{10.8}$$

　　而且

$$\theta = \tan^{-1} \frac{x_2}{x_1}. \tag{10.9}$$

接下來，r 和 θ 可以獨立量化 [134]，或使用 r 的量化值作為 θ 的量化器索引 [135]。前者稱為極座標量化器，後者則稱為無限制的極座標量化器。將 r 和

θ 獨立量化的優點在於簡單。r 和 θ 的量化器是互相獨立的純量量化器。然而極座標量化器的效能並沒有比二維向量之分量的純量量化高很多。無限制極座標量化器的實作比較複雜，因爲 θ 的量化取決於 r 的量化，然而它的效能也比極座標量化器好一點。極座標量化器可推廣到 3 維或更高維 [136]。

10.6.3 晶格向量量化器

回憶一下，量化誤差是由兩種誤差組成的，亦即超載誤差和粒狀誤差。超載誤差係由離原點最遠的量化區域或邊界決定。我們已經看到如何設計向量量化器，以降低超載機率及超載誤差。我們把它稱爲向量量化的邊界增益。在純量量化中，量化區間的大小決定了粒狀誤差。在向量量化中，量化區間的大小與形狀都會影響粒狀誤差。

考慮圖 10.23 所示的正方形和圓形量化區域。我們只顯示了位於原點的量化區域。這些量化區域必須以規律的方式分佈於資料源輸出的空間內。然而現在我們暫時只考慮位於原點的量化區域。我們假設它們的面積相同，因此可以比較。這樣一來，覆蓋一個給定面積所需的量化區域的數目將會相同。也就是說，我們將會比較兩個同樣大小的量化區域。爲了讓面積等於 1，正方形的邊長必須等於 1。因爲圓的面積等於 πr^2，所以圓的半徑爲 $\frac{1}{\sqrt{\pi}}$。當輸入位於正方形的四個角落時，正方形量化區域可能具有的量化誤差會達到最大值。在這個例子中，誤差值爲 $\frac{1}{\sqrt{2}}$，或大約 0.707。對於圓形量化區域而言，當輸入落在圓的邊界上時，會出現最大誤差。在這個例子中，誤差值爲 $\frac{1}{\sqrt{\pi}}$，或大約 0.56。因此正方形區域的粒狀誤差比圓形區域的粒狀誤差大。

相較於最大誤差，我們通常對均方誤差更有興趣。如果我們計算正方形區域的均方誤差，會得到：

$$\int_{正方形} \| X \|^2 \, dX = 0.16666\overline{6}.$$

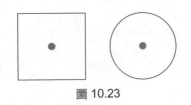

圖 10.23

圓形區域的均方誤差則爲：

$$\int_{\text{圓形}} \| X \|^2 \, dX = 0.159.$$

所以圓形區域引入的粒狀誤差小於正方形區域。

　　我們應該做的選擇似乎很清楚；使用圓形作爲量化區域。不幸的是，量化器的基本要求是：對於所有可能的輸入向量，輸出向量應該是唯一的。爲了滿足這項要求，同時擁有一個具有足夠的結構，以便用來降低儲存空間的量化器，經過平移的量化區域的聯集應該能夠完全覆蓋資料源的輸出空間。換句話說，量化區域應該把空間**蓋滿** (tile)。二維區域可以用正方形蓋滿，卻不能用圓形蓋滿。如果試圖用圓形來覆蓋空間，結果不是會重疊，就是會有縫隙。

　　除了正方形之外，可以把空間蓋滿的其他形狀還包括長方形和六邊形。已經有人證明，在二維空間中可以挑選的最佳量化區域的形狀是六邊形 [137]。

　　在二維情況下，相當容易找到可以把空間蓋滿的形狀，然後選擇粒狀誤差最小的形狀。然而當我們開始考慮更高的維度時，要想像不同的形狀是什麼樣子，就算不是完全不可能，也極爲困難，更不用說要找出可以把空間蓋滿的形狀了。有一個簡單的方法可以讓我們從這個困境中脫身而出，就是記住一個量化器的輸出點可以完全決定這個量化器。爲了讓量化器擁有結構，這些點之間的距離必須具有某種規律。

　　輸出點在空間中的規則排列稱爲**晶格** (lattice)。在數學上，我們可以使用以下的方式來定義晶格：

　　　　令 $\{\mathbf{a}_1, \mathbf{a}_2, \cdots, \mathbf{a}_L\}$ 爲 L 個獨立的 L 維向量。如果 $\{u_i\}$ 均爲整數，則下列集合

$$\mathcal{L} = \left\{ \mathbf{x} : \mathbf{x} = \sum_{i=1}^{L} u_i \mathbf{a}_i \right\} \tag{10.10}$$

為一晶格。

當一個晶格點的子集合被使用為向量量化器的輸出點時,該量化器稱為**晶格向量量化器** (lattice vector quantizer)。根據定義,先前描述的金字塔向量量化器可以視為一個晶格向量量化器。以晶格作為量化器的基礎,可以解決儲存問題。如果知道基礎集,則任何晶格點均可重新產生,所以不必儲存輸出點。此外,晶格高度結構化的性質,使我們相當容易找出最接近某一輸入點的輸出點。請注意,當使用晶格向量量化器時,所放棄的是 LBG 量化器的群聚性質。

觀察二維空間中一些晶格的例子。如果選擇 $a_1 = (1, 0)$ 和 $a_2 = (0, 1)$,會得到整數晶格 — 在二維空間中,此晶格內的任何一點,其座標均為整數。

如果選擇 $a_1 = (1, 1)$ 和 $a_2 = (1, -1)$,會得到如圖 10.24 的晶格。這個晶格有個性質相當有趣。晶格中的任何一點均可表示為 $na_1 + ma_2$,其中 n 和 m 為整數。然而

$$na_1 + ma_2 = \begin{bmatrix} n+m \\ n-m \end{bmatrix}$$

且係數總和等於 $n + m + n - m = 2n$,對所有的 n,其值皆為整數。因此這個晶格中所有點,其座標和均為偶數。具有此性質的晶格稱為 **D 晶格** (D lattice)。

最後,如果 $a_1 = (1, 0)$ 和 $a_2 = \left(-\dfrac{1}{2}, \dfrac{\sqrt{3}}{2} \right)$,會得到圖 10.25 所示的六邊形晶格。這是 A **晶格** (A lattice) 的一個例子。

有許多晶格可以用來獲得晶格向量量化器。事實上,給定維度 L,有無限多組可能的 L 個獨立的向量。在這些向量集之中,我們希望挑選出可以使粒狀雜訊降低最多的晶格。當我們把正方形和圓形視為可能的量化區域而加以比

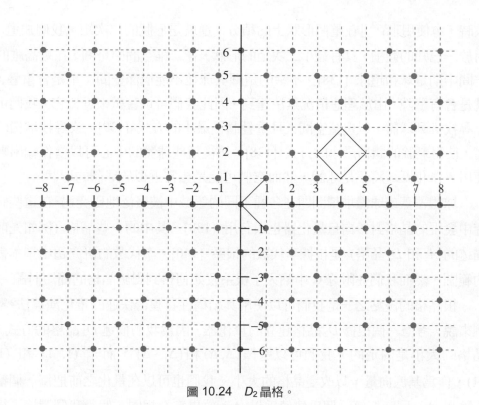

圖 10.24 D_2 晶格。

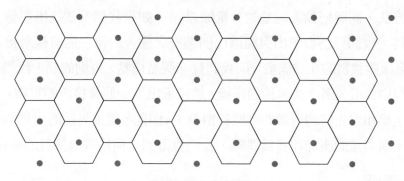

圖 10.25 A_2 晶格。

較時，會使用 $\| X^2 \|$ 在整個形狀上的積分。這就是形狀的二次矩。我們知道，對於一已知的體積，具有最小二次矩的形狀，在二維空間中是圓，在更高維的空間中則是球和超球 [138]。不幸的是圓與球並不能填滿空間；不是會重疊，就是會有縫隙。由於理想情況無法達到，因此我們可以嘗試來近似它。我們可以尋找排列球體，以覆蓋空間，且重疊體積最小的方式 [139]，或尋找堆積球體，使得剩餘的體積最小的方式 [138]。然後這些球體的中心可以當作輸出點使用。量化區域將不是球體，然而它們可能是相當近似於球體的形狀。

球體覆蓋或球體堆積問題在各種不同的領域中被廣泛地研究過，在這些研究中發現的晶格對於向量量化器也很有用 [138]。其中的一些晶格 (例如先前描述的 A_2 和 D_2 晶格) 是根據李代數的根系 [140]。李代數的研究超出了本書的範圍，然而我們在附錄 C 中納入了根系及如何得到對應晶格的簡短討論。

根晶格的優點之一是我們可以使用其結構性質獲得快速的量化演算法。舉例來說，考慮一個根據 D_2 晶格建立的量化器。因為我們描述 D_2 晶格的方式，晶格的大小是固定的。我們可以選擇 (Δ, Δ) 和 $(\Delta, -\Delta)$，而非 $(1, 1)$ 和 $(1, -1)$，作為基底向量，以改變晶格的大小。我們也可以在量化之前把每一個輸入除以 Δ，同時把每一個重建值乘以 Δ，效果完全相同。假設我們選擇了後面這種方法，同時把輸入向量的分量除以 Δ。如果我們希望找出與輸入最接近的晶格，我們只需要求出與經過比例調整之輸入的每一個座標最接近的整數。如果這些整數的和為偶數，則我們有一個晶格點。否則的話，我們找出在轉換過程中會引入最大失真值的座標，然後求出下一個最接近的整數。這個新向量的座標和與先前的向量的座標和相差 1。因此，如果先前的向量的座標和為奇數，新向量的座標和將為偶數，我們也得到了與輸入最接近的晶格點。

例題 10.6.2

假設輸入向量為 $(2.3, 1.9)$。如果把每個係數四捨五入到最接近的整數，會得到向量 $(2, 2)$，座標和是偶數；因此，這是與輸入最接近的晶格點。

假設輸入為 (3.4, 1.8)。把各分量四捨五入到最接近的整數，會得到 (3, 2)。分量和等於 5，是奇數。輸入向量的分量與最接近的整數之間的差距為 0.4 和 0.2。第一個分量的差距最大，所以我們把它四捨五入到下一個最接近的整數，得到的向量是 (4, 2)。座標和等於 6，是偶數；因此，這是最接近的晶格點。　　　　　　　　　　　　　　　　　　　　　　　　◆

許多晶格具有類似的性質，可以用來發現找出與一給定輸入最接近之輸出點的快速演算法 [141, 140]。

現在複習一下有關晶格向量量化的討論。小心地選擇邊界，可以降低超載誤差。我們也可以選擇晶格，以降低粒狀雜訊。晶格也提供了一種避免儲存問題的方法。最後，使用晶格的結構性質，以找出最接近給定輸入的晶格點。

現在我們需要知道兩件事情：知道如何找出最接近的輸出點 (請記住，並非所有的晶格點都是輸出點)，以及找出把二進位編碼字指定給輸出點，並從二進位編碼字將輸出點還原的方法。我們同樣可以再度利用晶格的特定結構。僅管我們需要的程序很簡單，然而這個程序的解釋卻很冗長及複雜 (如果讀者希望瞭解更詳細的資訊，請參閱 [142] 和 [140])。

▣ 10.7　主題的變奏曲

由於向量量化能夠提供相當高的壓縮效果，而且失真值很低，近十年來，它已經成為影像壓縮及低編碼率語音壓縮等不同領域中較常用的有失真壓縮技術之一。在這段期間內，有一些人提出了基本向量量化方法的變形。這裡將簡短地討論比較有名的一些變形，然而絕對不是一份巨細彌遺的清單。如果讀者希望瞭解更多資訊，請參閱 [5] 和 [143]。

10.7.1　增益 ─ 形狀向量量化

在某些應用 (例如語音) 中，輸入的動態範圍相當大。這個現象造成的影響之一是：爲了能夠表示資料源的各種不同的向量，我們需要非常大的編碼冊。我們以把資料源的輸出向量歸一化，然後將經過歸一化的向量與歸一化因子分別量化 [144, 133]。這樣一來，由於動態範圍引起的變化可以使用歸一化因子或增益來描述，向量量化器則可自由地執行它最拿手的任務，就是捕捉資料源輸出中的結構。以這種方式作用的向量量化器稱爲**增益 ─ 形狀向量量化器** (gain-shape vector quantizer)。先前討論過的金字塔量化器就是增益 ─ 形狀向量量化器的例子。

10.7.2　平均值扣除向量量化

如果使用一幅影像來產生編碼冊，不同的背景照明量會導致極爲不同的編碼冊。若在進行量化之前，從每一個向量中扣除平均值，將可大幅降低這種影響。接下來，平均值及扣除平均值的向量可以分別量化。平均值可以使用純量量化方案量化，扣除掉平均值的向量則可使用向量量化器進行量化。當然，如果採用這個策略，則應該使用扣除掉平均值的向量來設計向量量化器。

> **例題 10.7.1**
>
> 讓我們使用由 Sena 影像產生的編碼冊將 Sinan 影像編碼，就像我們在圖 10.16 中所做的一樣，然而這次我們將使用扣除掉平均值的向量量化器。結果示於圖 10.26。爲了便於比較，我們也納入了圖 10.16 中的重建影像。請注意肩膀上令人討厭的大塊斑點已經消失了。然而在重建影像中，區塊失眞的現象也更爲嚴重。區塊失眞的效應增加，是因爲將平均值加回每一個區塊，會使區塊邊界不連續的現象變得更明顯。

圖 10.26　左邊：使用平均值扣除向量量化，並以 Sena 影像作為訓練集時得到的重建影像。

右邊：使用 LBG 向量量化，並以 Sena 影像作為訓練集時得到的重建影像。

每一種方法都有優點和缺點。我們在某一特定應用中使用哪一種方法，
與該應用的關係非常密切。　　　　　　　　　　　　　　　　　◆

10.7.3　分類向量量化

有時我們可以使用不同的空間性質，而將資料源輸出分成不同的類別。在這種
情況下，針對不同的類別各自設計向量量化器，也許非常有利。這種方法稱為
分類向量量化 (classified vector quantization)，在影像壓縮中特別有效，其中影
像內的邊緣與非邊緣區域會形成兩種不同的類別。把訓練集分成包含邊緣的向
量與不包含邊緣的的向量。每一個類別可以各自發展一個不同的向量量化器。
在編碼過程中，先測試向量是否包含邊緣。有一個簡單的方法可以這麼做，就
是檢查向量中像素的變異數。變異數很大表示有邊緣存在。我們也可以使用更
複雜的邊緣偵測方法。一旦向量完成分類，就可以使用對應的編碼冊將其量
化。編碼器會傳送所使用的編碼冊的標籤，以及向量在該編碼冊中的標籤。

　　這個策略可以稍微變化一下，即不同類別的向量使用不同類型的量化器。例如，如果資料源輸出中某些類別進行量化的編碼率必須比 LBG 向量量化器所能達到的編碼率更高，則可使用晶格向量量化器。在參考文獻 [146] 中，可找到此方法的例子。

10.7.4　多階段向量量化

多階段向量量化 [147] 是一種可以降低向量量化的編碼複雜度及儲存需求的方法，尤其是在高編碼率的情況下。在這種方法中，輸入會分成幾個階段進行量化。在第一個階段，我們使用低編碼率的向量量化器來產生輸入的粗略近似值。此一粗略的近似值會以向量量化器輸出點之標籤的形式傳送到接收器。原始輸入與此粗略表示值之間的誤差會使用第二階段的量化器進行量化，而且輸出點的標籤會傳送到接收器。按照這種方式，第 n 個階段的向量量化器的輸入是原始輸入與我們從前面 $n-1$ 個階段的輸出得到的重建值之間的差距。量化器的輸入與重建值之間的差距通常稱爲**殘餘值** (residual)，多階段向量量化器又稱爲**殘餘值向量量化器** (residual vector quantizer) [148]。重建向量等於每一個階段的輸出點的和。假設有一個三階段的向量量化器，其中的 3 個量化器係由 $\mathbf{Q}_1$，$\mathbf{Q}_2$ 和 $\mathbf{Q}_3$ 表示。那麼，對於一給定的輸入 $\mathbf{X}$，我們發現

$$\mathbf{Y}_1 = \mathbf{Q}_1(\mathbf{X})$$
$$\mathbf{Y}_2 = \mathbf{Q}_2(\mathbf{X} - \mathbf{Q}_1(\mathbf{X}))$$
$$\mathbf{Y}_3 = \mathbf{Q}_3(\mathbf{X} - \mathbf{Q}_1(\mathbf{X}) - \mathbf{Q}_2(\mathbf{X} - \mathbf{Q}_1(\mathbf{X}))). \tag{10.11}$$

重建值 $\hat{\mathbf{X}}$ 等於

$$\hat{\mathbf{X}} = \mathbf{Y}_1 + \mathbf{Y}_2 + \mathbf{Y}_3. \tag{10.12}$$

這個過程示於圖 10.27。

　　如果我們有 K 個階段，而且第 n 個階段的向量量化器的編碼冊大小爲 L_n，則總編碼冊的有效大小爲 $L_1 \times L_2 \times \cdots \times L_K$，然而我們只需要儲存 $L_1 + L_2 + \cdots + L_K$ 個向量，也就是需要的比較次數。假設有一個 5 個階段的向

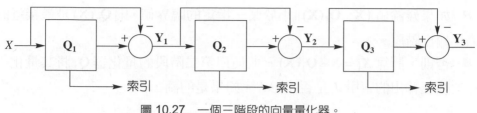

圖 10.27　一個三階段的向量量化器。

量量化器，其中每一個階段的編碼冊的大小等於 32，這表示我們必須儲存 160 個編碼字。這樣可以提供的有效編碼冊的大小等於 $32^5 = 33,554,432$。節省下來的計算量也屬於同樣的數量級。

　　這種方法使我們可以在其他方法達不到的高編碼率下使用向量量化。然而在可以使用 LBG 向量量化器的編碼率下，多階段向量量化器的效能一般而言不如 LBG 向量量化器 [5]。這是因爲經過前面幾個階段之後，向量量化器使用的大部份結構已經被除去，因此我們無法得益於向量量化與這個結構相關的的優點。在 [148, 149] 中，可以找到有關殘餘值向量量化器設計的細節。

　　有一些輸入向量也許只需要使用比其他向量少的階段就可以很清楚地表示了。我們可以把遞迴索引量化的概念推廣到向量，以實作量化器階段可以改變的多階段向量量化器。我們沒有辦法直接這麼做，因爲純量量化器和向量量化器之間有一些本質上的差異。純量量化器的輸入會被假設爲 *iid*。另一方面，向量量化器可以視爲樣式匹配演算法 [150]。我們假設輸入乃是許多不同樣式的其中之一。我們除去資料源序列中的重複性之後，才使用純量量化器，然而向量量化器則會利用資料中的重複性。

　　瞭解了這些差異之後，遞迴索引向量量化器 (RIVQ) 就可以描述成一個兩階段的過程。第一個階段執行一般的樣式匹配功能，如果殘餘值的大小大於某一個預先指定的臨界值的話，第二個階段就會將殘餘值進行遞迴量化。第二個階段的編碼冊已經排序過，因此編碼冊辭條的大小爲其索引值的非遞減函數。接下來，我們選擇一個索引值 I，以決定 RIVQ 的操作模式。

　　對於一給定的輸入值 $\mathbf{X}$，量化規則 Q 如下：

■　使用第一個階段的量化器 $\mathbf{Q}_1$ 將 $\mathbf{X}$ 量化。

- 如果殘餘值 $\|X - Q_1(X)\|$ 小於某一指定的臨界值，則 $Q_1(X)$ 是最接近的輸出階層。

- 否則，計算 $X_1 = X - Q_1(X)$，並使用第二階段的量化器 Q_2 將其量化。檢查輸出的索引 J_1 是否小於 I。如果是的話，則

$$Q(X) = Q_1(X) + Q_2(X_1)$$

如果不是，則計算

$$X_2 = X_1 - Q(X_1)$$

然後對 X_2 進行與 X_1 同樣的運算。

這個過程會一直重複，直到對於某一個 m，索引 J_m 小於索引 I，在這種情況下，X 將被量化成

$$Q(X) = Q_1(X) + Q_2(X_1) + \cdots + Q_2(X_M)$$

因此，RIVQ 以兩種模式操作：被量化之輸入值的索引 J 小於某一給定的索引 I 時，以及索引 J 大於索引 I 時。在參考文獻 [151, 152] 中，可以找到有關遞迴索引向量量化器的設計和效能的細節。

10.7.5 適應性向量量化

雖然 LBG 向量量化器執行時會使用資料源輸出中的結構，然而當資料源的特性隨時間而改變時，此一結構相依性也可能會變成缺點。在這種情況下，我們希望量化器能自行適應資料源輸出的變化。

對於平均值扣除及增益 — 形狀向量量化器而言，我們可以調整量化器的純量部份，亦即使用前面各章討論的技術將平均值或增益值量化。本節將討論讓向量量化器的編碼冊自行適應輸入特性之變化的一些方法。

讓編碼冊自行適應不斷變化的輸入特性的方法之一，乃是從一本非常龐大，而且是為了適應廣大範圍的資料源特性的編碼冊開始 [153]。這本龐大的編碼冊可以按照傳輸器與接收器都知道的某種方式予以排序。給定欲進行量化的輸入向量序列，編碼器可以選擇大型編碼冊中要使用的子集合。大型編碼冊

中哪些向量會被使用的資訊，可以當作二進位字串傳送。舉例來說，如果大型編碼冊包含 10 個向量，而且編碼器將使用第 2、第 3、第 5 及第 9 個向量，我們將傳送二進位字串 0110100010，其中 1 代表大型編碼冊中被使用的編碼字的位置。這種方法讓我們可以使用與資料源的局部行為相匹配的小編碼冊。

　　這種方法可以和遞迴索引向量量化器一起使用，而且特別有效率 [151]。回憶一下，在遞迴索引向量量化器中，被量化的輸出與輸入的的距離總是在給定的範圍之內，此距離係由索引決定。這表示 RIVQ 的輸出值的集合可以視為輸入及其統計性質的準確表示方式。因此我們可以把前一個區間的輸出集合的子集合當作我們的大型編碼冊。接下來，我們可以使用參考文獻 [153] 中描述的方法，以通知接收器：前一個輸出中的哪些元素會形成下一個區間的編碼冊。儘管這種方法並不是最有效率，卻相當簡單。假設有一個輸出集合 (按照第一次出現的順序排列) 是 $\{p,a,q,s,l,t,r\}$，而且欲編碼的區間需要的編碼冊是 $\{a,q,l,r\}$，那麼我們會傳送二進位字串 0110101 到接收器，其中 1 對應於輸出集合中屬於所需編碼冊的字母。我們從先前的輸出集合中找出與目前集合的輸入向量最接近的向量，以選擇目前區間要使用的子集合。這表示這個方法天生就有一個區間的時間延遲。傳送編碼冊選擇所需的負荷為 M/N，其中 M 是在輸出集合中的向量數，N 是區間的大小。

　　另一種更新編碼冊的方法，是在每一個輸入向量進行量化時檢查所產生的失真值；當此一失真值超過某一指定的臨界值時，則使用編碼率較高的不同機制將輸入編碼。編碼率較高的機制也許是把每一個分量進行純量量化，或使用高編碼率的晶格向量量化器。輸入的量化表示方式會被傳送到接收器，同時加入編碼器與解碼器的編碼冊內。為了讓編碼冊的大小保持不變，當一個新向量加入編碼冊時，我們必須捨棄一筆辭條。有許多種不同的方式可以處理要選擇捨棄哪一筆辭條。這種方法的變形已經使用於語音編碼、影像編碼和視訊編碼 (如果讀者需要更詳細的資訊，請參閱 [154, 155, 156, 157, 158])。

◘ 10.8 格子 — 編碼量化

最後，我們來討論一個與其他向量量化方案有點不同的量化方案。事實上，有些人可能會認為它根本就不是向量量化器。然而，格子編碼量化 (TCQ) 演算法會利用晶格向量量化器利用到的統計性結構而獲得其效能利益，因此我們可以主張它應該被歸類為向量量化器。

　　調變技術中，一個稱為格子編碼調變 (TCM) 的革命性概念的出現，激發了格子編碼量化演算法。將隨機資料源編碼時，TCQ 演算法及其熵值限制變形可以提供最理想的效能。這個量化器可以視為一個維度非常大，然而向量的分量只能具有一組限定值的向量量化器。

　　如同向量量化器一般，TCQ 會將資料源輸出的序列量化。序列中的每一個元素將使用從一組 2^{R+1} 個重建階層中選出的 2^R 個重建階層進行量化，其中 R 是格子編碼量化器中每一個取樣值使用的位元數。這 2^R 個元素的子集合是預先定義的；我們根據將前一個量化器的輸入量化所用的重建階層來決定要使用哪一個特別的子集合。然而 TCQ 演算法允許我們延遲到觀察過一個決策序列之後才做決定。這樣一來，我們可以選擇平均失真值最小的決策序列。

　　讓我們以一個 2 位元的量化器為例。如同以上的描述，這表示我們需要 2^3 或 8 個重建階層。讓我們把這些重建階層標示成如圖 10.28 所示。重建階層的集合被分成兩個子集合：第一個集合包含標示為 $Q_{0,i}$ 和 $Q_{2,i}$ 的重建值，第二個集合則包含其餘的重建值。如果前一個量化階層被標示為 $Q_{0,i}$ 或 $Q_{1,i}$，我們會使用第一個集合來執行量化；否則的話，我們會使用第二個集合。因為目前的重建值會決定用來執行下一個輸入的量化的子集合，有時讓目前的取樣值接受比實際所需更大的失真值，以便下一個量化步驟的失真值比較小，也許是有益的。事實上，有時讓幾個取樣值接受很差的量化過程，以便接下來的幾個取樣值的量化過程可以得到比較低的失真值，可能是有益的。如果你瞭解了這個道理，就可以看出來：觀察整個資料源輸出序列的量化，可以得到比較低的總失

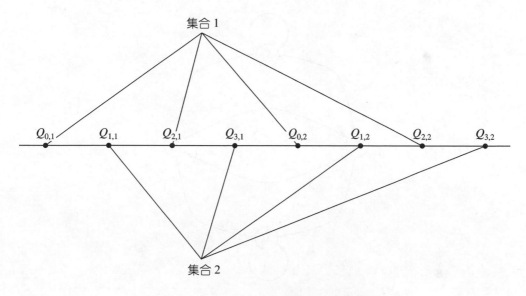

圖 10.28   2 位元格子編碼量化器的重建階層。

2 位元的例子中，第一個取樣值有 4 種選擇；對於這 4 種選擇之中的每一種選擇，第 2 個取樣值又有 4 種選擇。對於這 16 種選擇之中的每一種選擇，第 3 個取樣值又有 4 種選擇，依此類推。幸運的是，有一個技術可以把選擇數的爆炸性成長維持在控制之下。這個技術稱為 Viterbi **演算法** (Viterbi algorithm) [159]，被廣泛地使用於錯誤控制編碼。

　　為了解釋 Viterbi 演算法怎樣作用，我們需要正式地定義我們討論的內容。選擇序列可以視為一個狀態圖。讓我們假設有 4 個狀態：S_0, S_1, S_2 和 S_3。如果我們使用重建階層 $Q_{k,1}$ 或 $Q_{k,2}$，則我們說我們處於狀態 S_k。因此，如果我們使用重建階層 $Q_{0,i}$，則我們處於狀態 S_0。我們已經說過，如果前一個量化階層是 $Q_{0,i}$ 或 $Q_{1,i}$，我們會使用集合 1 中的元素。由於集合 1 包含量化階層 $Q_{0,i}$ 和 $Q_{2,i}$，這表示我們可以從狀態 S_0 和 S_1 進入狀態 S_0 和 S_2。同樣的，從狀態 S_2 和 S_3，我們只能進入狀態 S_1 和 S_3。狀態圖可以畫成如圖 10.29 所示。

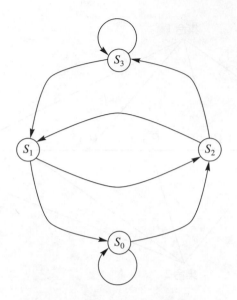

圖 10.29　選擇過程的狀態圖。

　　讓我們假設我們沿著會聚到同一個狀態的兩個選擇序列進行，從此之後，兩個序列完全相同。這表示當兩個選擇序列會聚時，失真值比較大的選擇序列從此開始，一直都會有比較大的失真值。最後我們會選擇產生最低失真值的選擇序列；因此，繼續記錄我們不論如何總要丟掉的序列是沒有什麼意義的。這表示當兩個選擇序列會聚時，我們可以丟掉其中之一。這種情況多長發生？為了瞭解這一點，讓我們在狀態圖中引入時間。引入時間因素的狀態圖稱為**格子圖** (trellis diagram)。這個特別例子的格子示於圖 10.30。在每一個時刻，我們都會從一個狀態進入另外兩個狀態。此外，每一個步驟都有兩個會聚到每一個狀態的序列。如果我們丟掉會聚到每一個狀態的兩個序列的其中之一，我們可以看出，不管我們使用的決策序列有多長，我們永遠只會得到 4 個序列。

　　請注意，假設解碼器知道初始狀態，則我們可以使用每個取樣值 1 個位元，向解碼器描述穿越此一特定格子的任何路徑。從每一個狀態，我們只能進入另外兩個狀態。在圖 10.31 中，我們使用可以指示發生哪一種轉變的位元來

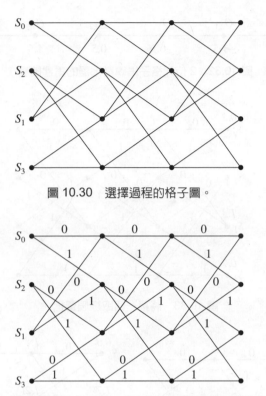

圖 10.30　選擇過程的格子圖。

圖 10.31　選擇過程的格子圖，每一狀態轉變均附有二進位標籤。

標示每一個分支。如果每一個狀態都對應到兩個量化階層，那麼指示每一個取
樣值的量化階層將需要另一個位元，因此每一個取樣值總共有兩個位元。讓我
們看看在一個例題中，這些細節如何一同作用。

例題 10.8.1

我們將使用具有如圖 10.32 所示之量化階層的量化器，把數值序列 0.2,
1.6, 2.3 量化。至於失真值度量，我們將使用絕對差距的和。如果我們只
使用圖 10.28 中標示為集合 1 的量化階層，我們會把 0.2 量化為重建值
0.5，失真值為 0.3。第 2 個取樣值 1.6 會被量化為 2.5，而且第 3 個取樣
值 2.3 也會被量化為 2.5，使得總失真值等於 14。如果我們使用集合 2

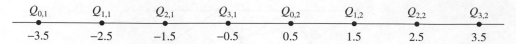

圖 10.32　2 位元格子編碼量化器的重建階層。

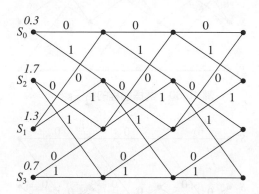

圖 10.33　將第一個取樣值量化。

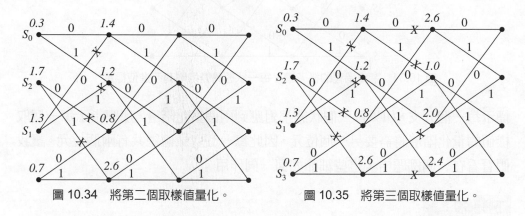

圖 10.34　將第二個取樣值量化。　　圖 10.35　將第三個取樣值量化。

來量化這些值，最後得到的總失真值等於 1.6。讓我們看看使用 TCQ 演算法時得到的失真值為何。

一開始的時候，我們使用兩個量化階層 $Q_{0,1}$ 和 $Q_{0,2}$ 將第一個取樣值量化。重建階層 $Q_{0,2}$ 或 0.5 比較接近，且絕對差距為 0.3。我們把這個結果標明在對應於 S_0 的第一個節點上。接下來，我們使用 $Q_{1,1}$ 和 $Q_{1,2}$ 將第一

個取樣值量化。最接近的重建值是 $Q_{1,2}$ 或 1.5，所產生的失真值為 1.3。我們把這個結果標明在對應於 S_1 的第一個節點上。按照這種方式繼續下去，當我們使用對應於狀態 S_2 的重建階層時，得到的失真值為 1.7，當我們使用對應於狀態 S_3 的重建階層時，得到的失真值則為 0.7。到這裡為止，格子看起來如同圖 10.33 一般。現在我們前進第 2 個取樣值。讓我們先使用與狀態 S_0 有關的量化階層來量化第 2 個取樣值 1.6。與狀態 S_0 相關的重建階層是 −3.5 和 0.5。與 1.6 最接近的值是 0.5。這樣會造成第 2 個取樣值的絕對差異等於 1.1。我們可以從 S_0 和 S_1 到達 S_0。如果我們接受對應於 S_0 的第一個取樣重建值，最後得到的累積失真值等於 1.4。如果我們接受對應於狀態 S_1 的重建值，我們得到的累積失真值等於 2.4。如果我們接受從狀態 S_0 而來的轉變，累積的失真值會比較少，所以我們這麼做，並且捨棄從狀態 S_1 而來的轉變。按照這種方式繼續處理其餘的狀態，最後我們會得到圖 10.34 所描繪的情況。如果一個決策序列被終止了，我們會在對應於被捨棄的特定轉變的分支上打一個 X，以顯示被終止的決策序列。我們把累積的失真值列在每一個節點上。針對第 3 個取樣值 2.3 重複這個程序，會得到圖 10.35 所示的格子。如果我們想要在這個時候結束演算法，我們可以挑選累積失真值最小的決策序列。在這個特別的例子中，序列將是 S_3，S_1，S_2。累積失真值為 1.0，這個值比起使用集合 1 或集合 2 所得的累積失真值都要小。　　　　　　◆

10.9　摘要

在本章中，我們介紹了向量量化技術。我們看到如何利用一組數值或數值的向量所呈現的結構，以獲得壓縮的效果。因為不同種類的資料中有不同類型的結構，所以我們有許多不同的方法可以設計向量量化器。由於有許多資料源的資料，如果視為向量的話，會傾向於形成一個一個的群聚，因此我們可以設計量化器，這些量化器基本上是由這些群聚的表示方式組成的。我們也描述向量量

化器的設計方面，並討論了一些應用。近年來，這個領域有非常多的文獻，向量量化技術有許許多多有趣的變形，我們只不過略微瀏覽了皮毛而已。

進階閱讀

A. Gersho 與 R.M. Gray 合著的「*Vector Quantization and Signal Compression*」這本書非常廣泛地討論了向量量化這個主題 [5]。此外，還有一本很棒的論文集，稱爲「Vector Quantization」，係由 H. Abut 編輯，IEEE Press 出版 [143]。

關於這個主題，有許多極優秀的講義式文章：

1. R.M. Gray 在 1984 年 4 月號的「*IEEE Acoustics, Speech, and Signal Processing Magazine*」中撰寫的「Vector Quantization」[160]。

2. A. Gersho 與 V. Cuperman 在 1983 年 12 月號的「IEEE Communications Magazine」中撰寫的「Vector Quantization: A Pattern Matching Technique for Speech Coding」[l50]。

3. J. Makhoul, S. Roucos 與 H. Gish 在 1985 年 11 月號的「*Proceedings of the IEEE*」中合著的「Vector Quantization in Speech Coding」[161]。

4. P.F. Swaszek 在 I.F. Blake 和 H.V. Poor 編輯的「*Communications and Networks*」這本書中撰寫的「Vector Quantization」 [162]。

5. N.M. Nasrabadi 與 R.A. King 在 1988 年 8 月號的「*IEEE Transactions on Communications*」內合著的「Image Coding Using Vector Quantization: A Review」中，可以找到向量量化的各種影像編碼應用的綜覽 [163]。

6. J.D. Gibson 與 K. Sayood 在「*Advances in Electronics and Electron Physics*」這本書內合著的「Lattice Quantization」中，可以找到有關晶格向量量化的完整回顧 [140]。

向量量化這個領域非常活躍，使用向量量化的新技術正不斷地被開發出來。報導這個領域內的研究成果的期刊包括 *IEEE Transactions on Information*

Theory、*IEEE Transactions on Communications*、*IEEE Transactions on Signal Processing* 和 *IEEE Transactions on Image Processing*，以及其他期刊。

■ 10.10 專案與習題

1. 在例題 10.3.2 中，我們把左上角的輸出點移到原點，使得 SNR 增加了大約 0.3 分貝。如果我們把四個角落的輸出點移到 $(\pm\Delta, 0)$ 與 $(0, \pm\Delta)$ 的位置，會發生什麼事？請假設輸入具有平均值等於零，變異數等於一的拉普拉斯分佈，且 $\Delta = 0.7309$，如同這個例題一樣。你可以使用解析方式或透過模擬來得到答案。

2. 對於前一題的量化器，除了將輸出點移到 $(\pm\Delta, 0)$ 與 $(0, \pm\Delta)$ 之外，我們也可以把輸出點移到可以讓 SNR 值增加較多的其他位置。請寫一個程式，測試不同的 (合理的) 可能性，並報告最佳與最差情況。

3. 在 trainvq.c 程式中，我們使用向量數最多的量化區域中的一個訓練集向量來取代沒有相關訓練集向量的向量，以解決空缺區域問題。在本題中，我們將研究其他可能的選擇。

   產生一個具有介於 0 與 2 的三角形分佈的虛擬隨機數的序列 (你可以把兩個均勻分佈的隨機數相加，而得到到具有三角形分佈的隨機數)。使用表 10.9 所示的初始編碼冊設計一個有 8 個階層的二維向量量化器。

   (a) 使用 trainvq 程式，以 10, 000 個隨機數作為訓練集，以產生編碼冊。試評論最後得到的編碼冊。畫出編碼冊的元素，並討論為什麼它們最後會變成這個樣子。

   (b) 修改程式，以失真值最大的量化區域中的一個向量來取代空缺區域向量。試評論失真值的任何變化 (或沒有變化)。最後的編碼冊與你先前得到的編碼冊不同嗎？

   (c) 修改程式，當空缺區域問題發生時，為輸出點數目最多的量化區域設計一個兩階層的量化器。試評論與前兩種情況的編碼冊與失真值之間的任何差異。

表 10.9 習題 3 的初始編碼冊。

1	1
1	2
1	0.5
0.5	1
0.5	0.5
1.5	1
2	5
3	3

4. 試針對 Sena 影像產生大小等於 64 的 16 維編碼冊。把向量建立為 4×4 的像素區塊、8×2 的像素區塊,以及 16×1 的像素區塊。試評論均方誤差的差異,以及重建影像品質量的差異。你可以使用 trvqgp_img 程式來獲得編碼冊。

5. 在例題 10.6.1 中,我們使用一個 8 階層純量量化器的二維表示方式,從 64 個輸出點中除去 12 個輸出點,然後在其他的位置上加入 8 個輸出點,而設計出一個 60 階層的二維量化器。假設輸入具有平均值等於零,變異數等於一的拉普拉斯分佈,且 $\Delta = 0.7309$。

   (a) 計算從原先的 64 個點中除去 12 個點時超載機率增加的量。

   (b) 計算將 8 個新的點加入剩餘的 52 個點時超載機率減少的量。

6. 在本題中,我們將針對兩種不同的資料源,比較一個 16 維的金字塔向量量化器與一個 16 維的 LBG 向量量化器的效能。在每一種情況下,金字塔向量量化器的編碼冊都包含 272 個元素:

   ■ 32 個向量,其中有一個元素等於 $\pm \Delta$,其餘的 15 個元素都等於零,以及

   ■ 240 個向量,其中有兩個元素等於 $\pm \Delta$,其餘的 14 個元素都等於零。

   Δ 的值應予調整,以獲得最佳效能。至於 LBG 向量量化器的編碼冊,則是針對資料源的輸出使用 trvqsp_img 程式而獲得。你必須稍微修改 trvqsp_img,以獲得大小不等於 2 的次方的編碼冊。

(a) 使用這兩個量化器，將一個包含 10,000 個平均值等於零，變異數等於一的拉普拉斯分佈隨機數的向量量化。請使用均方誤差或 SNR 作為效能的度量，以比較這兩個量化器的效能。

(b) 使用這兩個量化器將 Sinan 影像量化。請使用均方誤差或 NR 以及重建影像來比較這兩個量化器。試比較這兩個量化器的效能差異與輸入為隨機時的效能差異。

11

差分編碼

11.1 綜覽

在語音和影像等資料源中，取樣值與取樣值之間有很多關聯性。我們可以利用這一點，而根據過去的取樣值來預測每一個取樣值，並且只把預測值與取樣值的差距進行編碼和傳送。差分編碼方案是根據這個前提建立的。因為預測技術相當簡單，所以這些方案遠比其他壓縮方案容易實作。在本章中，我們將討論差分編碼方案的各部分，並研究如何使用它們將資料源編碼，尤其是語音。我們也將討論一個廣泛使用於語音編碼的國際差分編碼標準。

11.2 引言

前一章討論了向量量化，並將其視為利用資料中的結構來進行有失真壓縮的一種方法，這是一個相當複雜的方案，需要極為龐大的計算資源。在本章中，我們要討論另一種不同的方法，以稍微不一樣的方式利用資料源輸出中的結構。這種方法會產生一個簡單很多的系統。

403

　　當我們為一個給定的資料源設計量化器時，量化區間的大小取決於輸入的變異數。如果我們假設輸入為均勻分佈，則變異數取決於輸入的動態範圍，接下來，量化區間的大小又會決定在量化過程中引入的量化雜訊的量。

　　在許多使我們感興趣的資料源中，被取樣的資料源輸出$\{x_n\}$從一個取樣值到下一個取樣值並不會變化太大。這表示差距序列$\{d_n = x_n - x_{n-1}\}$的動態範圍和變異數比資料源輸出序列小得多。此外，具有關聯性的資料源，d_n的分佈在零點會有很高的峰值。第 7 章利用此一偏斜性質及其所導致的熵值降低來進行影像的無失真壓縮。已知量化器輸入的變異數及其所造成之量化誤差的關係時，對於有失真壓縮而言，討論將一個取樣值到下一個取樣值之間的差距 (而非實際的取樣值) 編碼的技術，也是很有用的。將差距編碼，以傳送資訊的技術，稱為**差分編碼技術** (differential encoding technique)。

例題 11.2.1

　　考慮圖 11.1 所示，以每個週期 30 個取樣值的速率取樣的正弦曲線的半週期。正弦曲線的值介於 1 到–1 的範圍內。如果我們希望使用一個 4 階層的均等量化器將正弦曲線量化，我們會使用 0.5 的步階間距。這樣一

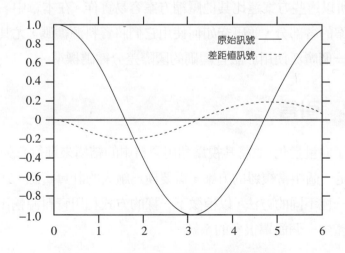

圖 11.1　正弦曲線與取樣值對取樣值差距。

來，所得的量化誤差將落在 [−0.25, 0.25] 的範圍內。如果我們計算取樣值對取樣值的差距 (除了第一個取樣值之外)，差距值將落在 [−0.2, 0.2] 的範圍內。以一個 4 階層的均等量化器將這個範圍內的值量化，需要使用 0.1 的步階間距，所得的量化雜訊將落在 [−0.05, 0.05] 的範圍內。 ◆

前一個例題中的正弦曲線訊號不免有斧鑿之嫌。然而，如果我們觀察想要編碼的現實世界資料源，會發現絕大部份差距值的動態範圍遠比資料源輸出的動態範圍要小。

例題 11.2.2

圖 11.2 是 Sinan 影像的直方圖。請注意像素值幾乎是在從 0 到 255 的整個範圍內變化。爲了精確地表示這些值，每一個像素需要 8 個位元。如果我們使用有失眞方式來表示這些值，使誤差保持在最低有效位元內，則每一個像素需要 7 個位元。圖 11.3 爲差距值的直方圖。

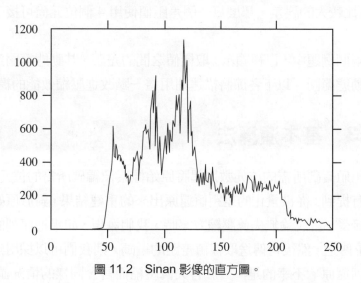

圖 11.2　Sinan 影像的直方圖。

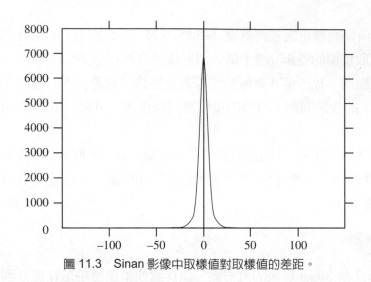

圖 11.3　Sinan 影像中取樣值對取樣值的差距。

99%以上的像素值落在−31 到 31 的範圍內。因此，如果我們願意接受最低有效位元的失眞，那麼對於 99%以上的差距值，每一個像素只需要 5 個位元，而不是 7 個位元。事實上，如果我們願意容忍一小部份的像素具有比較大的誤差，那麼每一個差距值使用 4 個位元尙可接受。　　◆

　　在這兩個例題中，已經顯示：取樣值之間的差距，其動態範圍遠小於資料源輸出的動態範圍。以下各節將描述利用這一點改進壓縮效能的編碼方案。

▣ 11.3　基本演算法

儘管將差距值編碼所需的位元數比起將原始像素值編碼所需的位元數少，然而我們並沒有提到：從被量化的差距值還原出來的重建結果，對於原始序列而言是否可以接受。當討論無失眞壓縮方案時，我們發現，如果把序列的第一個值編碼，並予傳送，然後再傳送取樣值差距的編碼，則我們可以採用無失眞方式將原始序列還原。不幸的是，對於有失眞壓縮而言，同樣的情況並不存在。

例題 11.3.1

假設有一個資料源輸出以下的序列

$$6.2 \quad 9.7 \quad 13.2 \quad 5.9 \quad 8 \quad 7.4 \quad 4.2 \quad 1.8$$

計算取樣值之間的差距 (假設第一個取樣值是零)，而產生以下的序列：

$$6.2 \quad 3.5 \quad 3.5 \quad -7.3 \quad 2.1 \quad -0.6 \quad -3.2 \quad -2.4.$$

如果我們採用無失真方式將這些值編碼，我們可以在接收器這邊把差距值加回去，而將原始序列還原。舉例來說，為了得到第 2 個重建值，我們把差距值 3.5 加到接收到的第一個值 6.2，而得到 9.7 的值。第 3 個重建值則可藉由將接收到的差距值 3.5 加到第 2 個重建值 9.7，而得到 13.2 的值，此與原始序列的第 3 個值相同。因此，把接收到的第 n 個差距值加上第 $n-1$ 個重建值，我們可以完全無誤地將原始序列還原。

現在讓我們來看看，如果使用有失真方案將這些差距值編碼，會發生什麼事。假設我們有一個 7 階層的量化器，其輸出值為 $-6, -4, -2, 0, 2, 4, 6$。量化後的序列將是

$$6 \quad 4 \quad 4 \quad -6 \quad 2 \quad 0 \quad -4 \quad -2$$

如果我們遵循與無失真壓縮方案相同的重建程序，會得到以下的序列：

$$6 \quad 10 \quad 14 \quad 8 \quad 10 \quad 10 \quad 6 \quad 4$$

原始序列與重建序列之間的差距或誤差為

$$0.2 \quad -0.3 \quad -0.8 \quad -2.1 \quad -2 \quad -2.6 \quad -1.8 \quad -2.2$$

請注意，一開始的時候，誤差的大小非常小 $(0.2, 0.3)$。當重建過程繼續進行時，誤差的大小會變得相當大 $(2.6, 1.8, 2.2)$。　　　　　◆

為了瞭解發生了什麼事，請考慮序列 $\{x_n\}$。我們計算差距 $x_n - x_{n-1}$ 的值，而產生差距序列 $\{d_n\}$。這個差距序列會被量化，而得到序列 $\{\hat{d}_n\}$：

$$\hat{d}_n = Q[d_n] = d_n + q_n$$

其中 q_n 是量化誤差。在接收器這邊，我們把前一個重建值 $\hat{x}_{n-1}$ 加上 $\hat{d}_n$，而得到重建序列 $\{\hat{x}_n\}$

$$\hat{x}_n = \hat{x}_{n-1} + \hat{d}_n.$$

讓我們假設傳輸器與接收器都從同樣的值 x_0 開始，亦即 $\hat{x}_0 = x_0$。我們針對前幾個取樣值進行量化和重建過程：

$$d_1 = x_1 - x_0 \tag{11.1}$$

$$\hat{d}_1 = Q[d_1] = d_1 + q_1 \tag{11.2}$$

$$\hat{x}_1 = x_0 + \hat{d}_1 = x_0 + d_1 + q_1 = x_1 + q_1 \tag{11.3}$$

$$d_2 = x_2 - x_1 \tag{11.4}$$

$$\hat{d}_2 = Q[d_2] = d_2 + q_2 \tag{11.5}$$

$$\hat{x}_2 = \hat{x}_1 + \hat{d}_2 = x_1 + q_1 + d_2 + q_2 \tag{11.6}$$

$$= x_2 + q_1 + q_2. \tag{11.7}$$

繼續進行這個過程，在第 n 個回合時，我們得到

$$\hat{x}_n = x_n + \sum_{k=1}^{n} q_k. \tag{11.8}$$

我們可以發現，當這個過程繼續進行時，量化誤差會不斷累積。理論上，如果量化誤差過程的平均值等於零，到最後誤差會互相抵消。事實上，由於機器的精確度有限，早在這件事發生之前，重建值通常就已經發生溢位現象了。

　　請注意編碼器與解碼器操作時使用的資訊並不是一樣的。編碼器根據原始取樣值產生差距序列，解碼器則把被量化的差距加回到原始訊號的失真版本。我們可以強迫編碼器和解碼器在進行差分與重建運算時，使用相同的資訊，以解決這個問題。關於序列 $\{x_n\}$，接收器可以取得的唯一資訊是重建序列 $\{\hat{x}_n\}$。由於傳輸器也可以取得此一資訊，因此我們可以修改差分運算，使用前一個取樣值的重建值，而非前一個取樣值本身，也就是說，

$$d_n = x_n - \hat{x}_{n-1} \tag{11.9}$$

使用這個新的差分運算，再檢查一次量化與重建過程。並假設 $\hat{x}_0 = x_0$。

$$d_1 = x_1 - x_0 \tag{11.10}$$

$$\hat{d}_1 = Q[d_1] = d_1 + q_1 \tag{11.11}$$

$$\hat{x}_1 = x_0 + \hat{d}_1 = x_0 + d_1 + q_1 = x_1 + q_1 \tag{11.12}$$

$$d_2 = x_2 - \hat{x}_1 \tag{11.13}$$

$$\hat{d}_2 = Q[d_2] = d_2 + q_2 \tag{11.14}$$

$$\hat{x}_2 = \hat{x}_1 + \hat{d}_2 = \hat{x}_1 + d_2 + q_2 \tag{11.15}$$

$$= x_2 + q_2 . \tag{11.16}$$

在第 n 個回合時，我們有

$$\hat{x}_n = x_n + q_n , \tag{11.17}$$

而且量化雜訊不會再累積。事實上，重建序列的第 n 個重建值的量化雜訊，乃是第 n 個差距值的量化引起的量化雜訊。差距序列的量化誤差比原始序列的量化誤差小得多。因此，這個程序可以導致量化誤差全面的減少。如果我們滿足於每一個取樣值的量化誤差只佔用給定的位元數，那麼我們可以使用差分編碼程序，以更少的位元來得到同樣的失真值。

例題 11.3.2

讓我們嘗試使用兩種不同的差分方法將例題 11.2.1 使用的正弦曲線量化，並加以重建。使用第一種方法得到的差距值動態範圍為–0.2 到 0.2，因此我們使用 0.1 作為量化器步階間距。在第 2 種方法中，差距值落在範圍 [–0.4, 0.4] 內。為了涵蓋這個範圍，我們使用 0.2 作為量化器的步階間距。重建訊號示於圖 11.4。

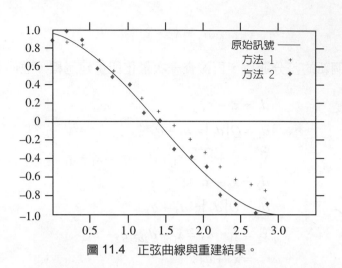

圖 11.4 正弦曲線與重建結果。

請注意，在第一個例題中，當我們處理愈來愈多的訊號時，重建結果與訊號會偏離。雖然第二種差分方法使用的步階間距比較大，但是這種方法可以更準確地表示輸入。 ◆

到目前為止，我們所描述的差分編碼系統，其方塊圖示於圖 11.5。我們把編碼器中模擬解碼器的部份用虛線框起來。編碼器必須模擬解碼器，以獲得重建取樣值的複本，並用來產生下一個差距值。

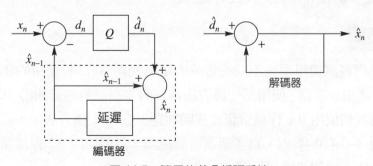

圖 11.5 簡易的差分編碼系統

　　我們希望差距值儘可能地小。為了讓差距值儘可能地小，給定到目前為止我們所描述的系統，$\hat{x}_{n-1}$ 應該儘可能接近 x_n。然而 $\hat{x}_{n-1}$ 是 x_{n-1} 的重建值，因此我們會希望 $\hat{x}_{n-1}$ 接近 x_{n-1}。除非 x_{n-1} 總是非常接近 x_n，否則重建序列過去的值的某些函數，通常可以針對 x_n 提供更理想的預測值。本章稍後將討論一些*預測器* (predictor) 函數。現在，讓我們修改圖 11.5，並以預測器區塊取代延遲區塊，如圖 11.6 所示，而得到基本的差分編碼系統。預測器的輸出乃是預測值序列 $\{p_n\}$，由以下的式子給出：

$$p_n = f\left(\hat{x}_{n-1}, \hat{x}_{n-2}, \ldots, \hat{x}_0\right). \tag{11.18}$$

　　這個基本的差分編碼系統稱為差分脈衝編碼調變 (DPCM) 系統。DPCM系統是在第二次世界大戰之後的幾年內由貝爾實驗室開發出來的 [164]。它是最為人熟知的語音編碼系統，而且在電話通訊中被廣泛地使用。

　　如同圖 11.6 中所見，DPCM 系統包含兩個主要成分 — 預測器和量化器。DPCM 的研究基本上乃是這兩個成分的研究。在後面的的各節中，我們將討論各種預測器和量化器設計，並瞭解它們在差分編碼系統中如何一同作用。

　　像 DPCM 這樣的差分編碼系統，其優點在於差距值序列的變異數和動態範圍縮減了。變異數能縮減多少，取決於預測器根據過去重建出來的符號，能將下一個符號預測得多準。在本節中，將以數學形式來闡述預測問題。這個問題的解析解將給予我們最廣泛使用的一種預測器設計方法。為了瞭解這些推導過程，讀者必須熟悉一些期望值和相關性的數學概念。這些概念描述於附錄 A。

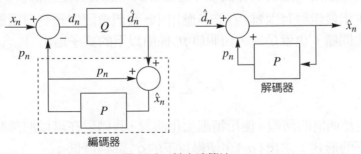

圖 11.6　基本演算法。

茲將差距值序列的變異數 σ_d^2 定義為

$$\sigma_d^2 = E\left[\left(x_n - p_n \right)^2 \right] \tag{11.19}$$

其中 $E[]$ 是期望值算子。由於預測器輸出 p_n 係由 (11.18) 給出，因此理想預測器的設計基本上乃是選擇使 σ_d^2 降到最低的函數 $f(\cdot)$。具備此種形式的問題如下：$\hat{x}_n$ 係由以下的式子給出

$$\hat{x}_n = x_n + q_n$$

且 q_n 取決於 d_n 的變異數。因此，挑選 $f(\cdot)$ 會影響到 σ_d^2，接下來又會影響到重建結果 $\hat{x}_n$，然後再影響到 $f(\cdot)$ 的選擇。由於此一耦合性，即使是行為最規律的資料源，要求出精確解也極其困難 [165]。由於絕大部份真實資料源的行為完全沒有規律可言，因此在大部份的情況下，這個問題在計算上會非常棘手。

我們可作以下的假設 (稱為**精細量化假設**，fine quantization assumption)，以避免這個問題。假設量化器步階間距極小，以致於可使用 x_n 來取代 $\hat{x}_n$，故

$$p_n = f\left(x_{n-1}, x_{n-2}, \ldots, x_0 \right). \tag{11.20}$$

一旦找到函數 $f(\cdot)$，就可以使用這個函數以及重建值 $\hat{x}_n$ 來求出 p_n。現在，如果我們假設資料源的輸出為一穩定過程，則根據隨機過程的研究 [166]，我們知道使 σ_d^2 降到最低的函數是條件期望值 $E[x_n \mid x_{n-1}, x_{n-2}, \cdots, x_0]$。不幸的是，輸出過程處於穩定態的假設通常並不成立，即使成立，要求出此一條件期望值，也必須知道第 n 階的條件機率，這種資訊一般而言是無法得到的。

既然求出最佳解有困難，在許多應用中，我們會限制預測器函數為線性函數，以簡化問題。也就是說，預測值 p_n 係由以下的式子給出

$$p_n = \sum_{i=1}^{N} a_i \hat{x}_{n-i}. \tag{11.21}$$

N 的值決定預測器的階數。使用精細量化假設，我們現在可以把預測器設計問題寫成以下的形式：求出 $\{a_i\}$，使得以下的 σ_d^2 降到最低：

$$\sigma_d^2 = E\left[\left(x_n - \sum_{i=1}^{N} a_i \hat{x}_{n-i}\right)^2\right].$$ (11.22)

其中我們假設資料源序列乃是廣義的實數值穩定過程的實體。對每一個 a_i 取 σ_d^2 的導數，並令其等於零，我們得到 N 個方程式和 N 個未知數：

$$\frac{\delta\sigma_d^2}{\delta\sigma_1} = -2E\left[\left(x_n - \sum_{i=1}^{N} a_i x_{n-i}\right)x_{n-1}\right] = 0$$ (11.23)

$$\frac{\delta\sigma_d^2}{\delta\sigma_2} = -2E\left[\left(x_n - \sum_{i=1}^{N} a_i x_{n-i}\right)x_{n-2}\right] = 0$$ (11.24)

$$\vdots \quad \vdots$$

$$\frac{\delta\sigma_d^2}{\delta\sigma_N} = -2E\left[\left(x_n - \sum_{i=1}^{N} a_i x_{n-i}\right)x_{n-N}\right] = 0$$ (11.25)

如果我們計算以上各式的期望值，那麼這些方程式可以重寫成

$$\sum_{i=1}^{N} a_i R_{xx}(i-1) = R_{xx}(1)$$ (11.26)

$$\sum_{i=1}^{N} a_i R_{xx}(i-2) = R_{xx}(2)$$ (11.27)

$$\vdots \quad \vdots$$

$$\sum_{i=1}^{N} a_i R_{xx}(i-N) = R_{xx}(N)$$ (11.28)

其中 $R_{xx}(k)$ 是 x_n 的自相關函數：

$$R_{xx}(k) = E[x_n x_{n+k}].$$ (11.29)

我們可以使用矩陣形式，將這些方程式寫成

$$\mathbf{RA} = \mathbf{P}$$ (11.30)

其中

$$\mathbf{R} = \begin{bmatrix} R_{xx}(0) & R_{xx}(1) & R_{xx}(2) & \cdots & R_{xx}(N-1) \\ R_{xx}(1) & R_{xx}(0) & R_{xx}(1) & \cdots & R_{xx}(N-2) \\ R_{xx}(2) & R_{xx}(1) & R_{xx}(0) & \cdots & R_{xx}(N-3) \\ \vdots & \vdots & & & \vdots \\ R_{xx}(N-1) & R_{xx}(N-2) & R_{xx}(N-3) & \cdots & R_{xx}(0) \end{bmatrix} \tag{11.31}$$

$$\mathbf{A} = \begin{bmatrix} a_1 \\ a_2 \\ a_3 \\ \vdots \\ a_N \end{bmatrix} \tag{11.32}$$

$$\mathbf{P} = \begin{bmatrix} R_{xx}(1) \\ R_{xx}(2) \\ R_{xx}(3) \\ \vdots \\ R_{xx}(N) \end{bmatrix} \tag{11.33}$$

同時使用下列結果：對於廣義的實數值穩定過程，存在 $R_{xx}(-k) = R_{xx}(k)$。這些方程式稱為 Weiner-Hopf 方程式的離散形式。如果知道 $k = 0, 1, \cdots, N$ 時的自相關值 $\{R_{xx}(k)\}$，則可求出預測器係數，如以下所示

$$\mathbf{A} = \mathbf{R}^{-1}\mathbf{P}. \tag{11.34}$$

例題 11.4.1

讓我們求出圖 11.7 所示語音序列的一階、二階和三階預測器，並檢查它們的效能。我們首先根據資料估計自相關值。已知 M 個資料點，我們使用以下的平均值求出 $R_{xx}(k)$ 的值：

$$R_{xx}(k) = \frac{1}{M-k} \sum_{i=1}^{M-k} x_i x_{i+k} \tag{11.35}$$

使用這些自相關值，我們得到 3 種不同的預測器的係數，如以下所示。
$N = 1$ 時，預測器係數爲 $a_1 = 0.66$；$N = 2$ 時，係數爲 $a_1 = 0.596$,
$a_2 = 0.096$；$N = 3$ 時，係數爲 $a_1 = 0.555$, $a_2 = -0.025$, $a_3 = 0.204$。我們
使用這些係數來產生殘餘值序列。爲了瞭解變異數的降低，我們計算資
料源輸出變異數對殘餘值序列變異數的比率。爲了便於比較，我們也針
對殘餘值序列係由計算相鄰取樣值的差距而得的情況計算此一比率。取
樣值對取樣值的差距產生導致的比率爲 1.63。相較之下，輸入變異數對
一階預測器之殘餘值變異數的比率爲 2.04。對於二階的預測器，此比率
上升到 3.37，且三階預測器的比率爲 6.28。

三階預測器的殘餘值序列示於圖 11.8。請注意，雖然動態範圍內有所縮
減，但殘餘值序列中仍然具有相當明顯的結構，尤其是在從大約第 700
個取樣值到第 2000 個取樣值的範圍內。當我們討論語音編碼時，會研究
除去此種結構的方法。

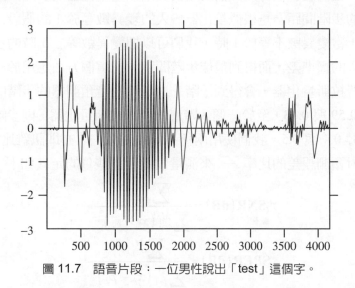

圖 11.7　語音片段：一位男性說出「test」這個字。

現在讓我們把量化器加入迴路中，並觀察 DPCM 系統的效能。爲了簡單
起見，我們將使用均等量化器。如果我們觀察殘餘值序列的直方圖，會
發現它具有非常高的峰值，因此我們將假設量化器的輸入具有拉普拉斯

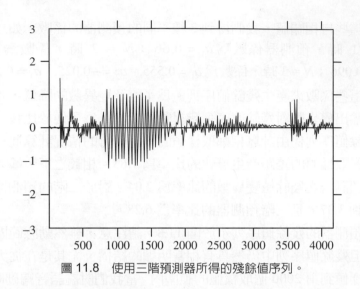

圖 11.8　使用三階預測器所得的殘餘值序列。

分佈。我們也會根據殘餘值的變異數來調整量化器的步階間距。第 9 章提供的步階間距乃是根據量化器輸入的變異數等於 1 的假設。我們不難證明，當變異數不等於 1 時，我們可以把變異數等於 1 時的步階間距乘上輸入的標準差，而得到最佳步階間距。把這個方法應用於一個 4 階層的拉普拉斯量化器，會得到一階、二階和三階預測器的步階間距分別為 0.75, 0.59 與 0.43，至於一個 8 階層的拉普拉斯量化器，則步階間距分別為 0.3, 0.4 與 0.5。我們使用兩種不同的度量 — 亦即訊雜比 (SNR) 和訊號對預測誤差的比率 — 來測量效能。這些量的定義如下：

$$\text{SNR(dB)} = \frac{\sum_{i=1}^{M} x_i^2}{\sum_{i=1}^{M} \left(x_i - \hat{x}_i \right)^2} \tag{11.36}$$

$$\text{SPER(dB)} = \frac{\sum_{i=1}^{M} x_i^2}{\sum_{i=1}^{M} \left(x_i - p_i \right)^2} \tag{11.37}$$

結果列在表 11.1。為了便於比較，我們也列出了不使用預測時的結果；也就是說，我們直接將輸入量化。請注意，一階預測器與二階預測器之

間的差距相當大,從二階預測器變成三階預測器時,增加的量就小得多了。當我們使用固定的量化器時,這種情況相當典型。

最後,讓我們觀察一下重建出來的語音訊號。使用三階預測器和 8 階層量化器進行編碼的語音示於圖 11.9。請注意,儘管重建序列看起來與原始序列很像,然而在資料源輸出值很小的區域卻有很明顯的失真。這是因為在這些區域內,量化器的輸入接近於零。因為量化器並沒有零值的輸出階層,所以量化器的輸出會在兩個內部階層之間不停地擺動。如果我們仔細聆聽這個訊號,會聽到重建訊號中有嘶嘶聲。

表 11.1　具有不同預測器和量化器的 DPCM 系統的效能。

量化器	預測器階數	SNR (dB)	SPER (dB)
四階層	無	2.43	0
	1	3.37	2.65
	2	8.35	5.9
	3	8.74	6.1
八階層	無	3.65	0
	1	3.87	2.74
	2	9.81	6.37
	3	10.16	6.71

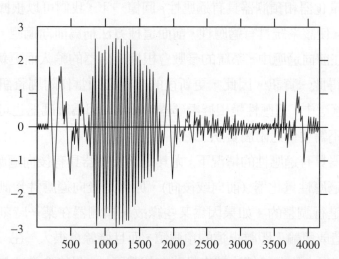

圖 11.9　使用三階預測器和一個八階層均等量化器得到的重建序列。

用來產生這個範例的語音訊號包含於隨書附贈的資料集內的 testm.raw 檔案。讀者可以使用函式 readau.c 來讀取檔案。我們鼓勵讀者重新產生本例題的結果，並聆聽所產生的重建結果。　　　　　　　　　　　　◆

如果我們觀察圖 11.7 中的語音序列，會發現語音中有幾個不同的片段。在第 700 個取樣值和第 2000 個取樣值之間，語音看起來似乎具有週期性。在第 2200 個取樣值和第 3500 個取樣值之間，語音的振幅很低，看起來像雜訊一樣。既然這兩個區域的特性截然不同，使用不同的方法把這些片段編碼是有道理的。處理這些問題的解決方法中，有一些是語音編碼特有的，當我們明確地討論使用 DPCM 進行語音編碼時，會討論到這些方法。然而這些問題的範圍也比語音編碼更為廣泛。處理輸入的非穩定性時的一般對策是在預測過程中使用適應性。我們將在下一節討論這些方法。

■ 11.5 適應性 DPCM

由於 DPCM 包含兩個主要成分，亦即量化器和預測器，因此讓 DPCM 具有適應性是指讓量化器和預測器具有適應性。回憶一下，我們可以根據一個系統的輸入或輸出，使該系統具有適應性。前面這種方法稱為前向適應，後者則稱為後向適應。在前向適應中，系統的參數會根據編碼器的輸入而更新，然而解碼器並無法取得此一資訊。因此，更新後的參數必須當作附屬資訊傳送給解碼器。在後向適應中，適應性是根據編碼器的輸出。因為解碼器也可以取得此一資訊，所以不需要傳送附屬資訊。

在預測器具有適應性的情況下，尤其是當預測器具有後向適應性時，我們通常會使用適應性量化器 (前向或後向)，原因是後向適應性預測器是根據量化器輸出而進行調整的。如果因為某些緣故，預測器在某一時刻適應得不正確，這樣會造成與輸入距離很遠的預測值，而且殘餘會很大。在一個固定的量化器中，這些很大的殘餘值比較容易落在超載區域，最後會造成量化誤差變成

無界。接下來,誤差很大的重建值又會被用來調整預測器,這樣會造成預測器離輸入愈來愈遠。

　　同樣的限制條件對於量化而言並不存在,而且我們可以採用具有固定預測器的適應性量化。

11.5.1 DPCM 中的適應性量化

在前向適應性量化中,輸入被分成區塊。我們會估計每一個區塊的量化器參數。這些參數會當作附屬資訊傳送給接收器。在 DPCM 中,量化器係位於一迴授迴路內,這表示我們並不能很方便地以前向適應性量化可以使用取得量化器的輸入,因此大部份的 DPCM 系統使用後向適應性量化。

　　DPCM 系統中使用的後向適應性量化,基本上是第 9 章所描述的後向適應性 Jayant 量化器的變形。在第 9 章中,Jayant 演算法乃是用來使量化器適應一個穩定的輸入。在 DPCM 中,我們使用這個演算法,使量化器適應不穩定輸入的局部行為。考慮圖 11.7 所示的語音片段,以及圖 11.8 所示的殘餘值序列。顯然第 3000 個取樣值附近使用的量化器與第 1000 個取樣值附近的量化器應該是不一樣的。Jayant 演算法提供了一種方法,讓量化器可以有效地適應輸入特性的變化。

例題 11.5.1

　　讓我們使用具有後向適應性量化器的 DPCM 系統,將圖 11.7 所示的語音取樣值編碼。我們將使用三階預測器和一個 8 階層的量化器。我們也將使用以下的乘數 [110]:

　　　　$M_0 = 0.90,$　　　$M_1 = 0.90,$　　　$M_2 = 1.25,$　　　$M_3 = 1.75.$

結果示於圖 11.10。請注意語音取樣值的開頭以及第 3000 個和第 3500 個取樣值之間的區域,在這些區域,具有固定量化器的 DPCM 系統會出問題。因為適應性量化器的步階間距可以變成非常小,所以這些區域可以理想地重建。然而在這個區域的正後方,語音輸出的突波比重建的波

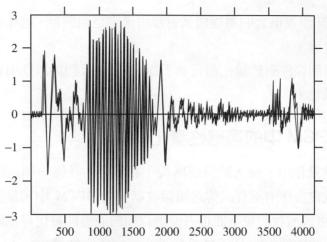

圖 11.10　使用三階預測器和一個八階層 Jayant 量化器得到的重建序列。

形還大。這表示量化器擴展得不夠迅速，這一點可以藉由增加 M_3 的值而予以補救。用來產生這個範例的程式為 `dpcm_aqb`。讀者可以使用這個程式來研究系統在不同的設定下的行為。　　　　　　　　　　◆

11.5.2　DPCM 中的適應性預測

求出預測器係數的方程式是根據穩定性的假設。然而從圖 11.7 中，我們可以看出這個假設並不成立。在圖 11.7 所示的語音片段中，不同的片段具有不同的特性。這一點對於我們處理的大部份資料源是成立的；儘管資料源的輸出在某一段夠長的輸出長度內也許具有局部的穩定性，然而其統計性質仍然可能有相當大的變化。在這種情況下，讓預測器自行調整，以符合局部統計性質是很理想的。此一適應性可以是前向適應或後向適應。

具有前向適應性預測值的 DPCM (DPCM-APF)

在前向適應性預測中，輸入被分成片段或區塊。在語音編碼中，此一區塊包含大約 16 毫秒的語音資料。在每秒 8000 個取樣值的取樣率下，相當於每一個區塊有 128 個取樣值 [123, 167]。在影像編碼中，我們使用 8 × 8 的區塊 [168]。

我們計算每一個區塊的自相關係數。預測器係數係由自相關係數求出，並使用編碼率相當高的量化器予以量化。如果將係數值直接量化，每一個係數至少需要使用 12 個位元 [123]。如果我們以 *parcor* **係數** (parcor coefficient) 來表示預測器係數，則所需的位元數可以大幅降低；第 17 章將描述如何求出 parcor 係數。現在讓我們暫且假設可以使用每一個係數大約 6 個位元的成本來傳送這些係數。

為了估計每一個區塊的自相關函數值，通常我們會假設每一個區塊外邊的取樣值等於零。因此，對於長度等於 M 的區塊，第 l 個區塊的自相關函數值可由以下的式子估計

$$R_{xx}^{(l)}(k) = \frac{1}{M-k} \sum_{i=(l-1)M+1}^{lM-k} x_i x_{i+k} \tag{11.38}$$

其中 k 為正值，或

$$R_{xx}^{(l)}(k) = \frac{1}{M+k} \sum_{i=(l-1)M+1-k}^{lM} x_i x_{i+k} \tag{11.39}$$

其中 k 為負值。請注意 $R_{xx}^{(l)}(k) = R_{xx}^{(l)}(-k)$，與我們的初始假設相符。

具有後向適應性預測的 DPCM (DPCM-APB)

前向適應性預測要求我們將輸入置於緩衝區，這樣會在傳送語音時造成延遲。由於緩衝的量很小，只有一具編碼器和解碼器時，使用前向適應性預測並不是什麼大問題。然而，在語音的情況下，雙方的連接可能有數條聯繫通道，每一條都包含一具 DPCM 編碼器和解碼器。在這種串行連接中，延遲的量可能會大到足以造成困擾。此外，需要傳送附屬資訊也會使系統變得更複雜。為了避免這些問題，我們可以根據編碼器的輸出 (解碼器亦可取得此一資訊) 讓預測器具有適應性。適應程序係以循序方式進行 [169, 167]。

在最佳預測器係數的導出中，我們計算了預測誤差序列或殘餘值序列平方的統計平均值的導數。為了這麼做，我們必須假設輸入過程是穩定的。現在讓我們暫時除去此一假設，並嘗試想出如何以代數方式讓預測器自行適應輸入。

為了讓整個過程保持簡單，我們將從一階的預測器開始，然後把結果推廣到更高階的情況。

對於一階預測器而言，時間 n 時的殘餘值平方係由以下的式子給出

$$d_n^2 = (x_n - a_1 \hat{x}_{n-1})^2. \tag{11.40}$$

如果我們畫出 d_n^2 的值對 a_1 的圖形，會得到類似圖 11.11 所示的一張圖。讓我們看一看 d_n^2 的導數，並將其視爲 a_1 目前的值位於 a_1 的最佳值 (亦即使 d_n^2 具有最小值的 a_1) 左邊或右邊的函數。當 a_1 在最佳值的左邊時，導數爲負值，而且當 a_1 遠離最佳值時，導數的大小會比較大。如果我們要使 a_1 自行調整，我們會增加 a_1 目前的值。如果 a_1 離最佳值很遠，要增加的量就很大，如果 a_1 離最佳值很近，要增加的量就很小。如果目前的值位於最佳值的右邊，導數將爲正值，而且我們會把 a_1 減去一些量，使其自行調整。和前面一樣，如果我們離最佳值比較遠，要減去的量就比較大，而且如果 a_1 離最佳值比較遠，導數的大小會比較大。

在任何給定的時間，爲了調整時間 $n+1$ 時的係數，我們把時間 n 時 d_n^2 的導數加上與導數的大小成正比，但正負號相反的一個量：

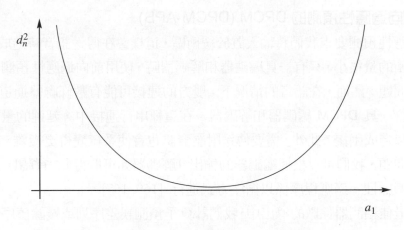

圖 11.11　殘餘值平方對預測器係數的圖形。

$$a_1^{(n+1)} = a_1^{(n)} - \alpha \frac{\delta d_n^2}{\delta a_1}. \tag{11.41}$$

其中 α 是某一個比例常數。

$$\frac{\delta d_n^2}{\delta a_1} = -2\left(x_n - a_1 \hat{x}_{n-1}\right) \hat{x}_{n-1} \tag{11.42}$$

$$= -2 d_n \hat{x}_{n-1} . \tag{11.43}$$

把這個結果代入(11.41)，我們得到

$$a_1^{(n+1)} = a_1^{(n)} + \alpha d_n \hat{x}_{n-1}. \tag{11.44}$$

其中我們已經把 2 吸收到 α 之內。只有編碼器可以取得殘餘值 d_n，因此為了讓編碼器與解碼器使用同樣的演算法，我們把 (11.44) 式中的 d_n 替換成 $\hat{d}_n$，結果得到

$$a_1^{(n+1)} = a_1^{(n)} + \alpha \hat{d}_n \hat{x}_{n-1}. \tag{11.45}$$

一階預測器的適應方程式很容易推廣到 N 階預測器的情況。預測誤差平方的方程式係由以下的式子給出

$$d_n^2 = \left(x_n - \sum_{i=1}^{N} a_i \hat{x}_{n-i}\right)^2 \tag{11.46}$$

對 a_j 取導數，會得到第 j 個預測器係數的適應方程式：

$$a_j^{(n+1)} = a_j^{(n)} + \alpha \hat{d}_n \hat{x}_{n-j} . \tag{11.47}$$

我們可以把所有的 N 個方程式組合成向量形式，結果得到

$$\mathbf{A}^{(n+1)} = \mathbf{A}^{(n)} + \alpha \hat{d}_n \hat{X}_{n-1} . \tag{11.48}$$

其中

$$\hat{X}_n = \begin{bmatrix} \hat{x}_n \\ \hat{x}_{n-1} \\ \vdots \\ \hat{x}_{n-N+1} \end{bmatrix} \quad (11.49)$$

這個特別的適應演算法稱爲最小均方值 (LMS) 演算法 [170]。

11.6 增量調變

有一個非常簡單的 DPCM 形式廣泛地使用於許多語音編碼應用中，就是增量調變器 (DM)。DM 可以視爲一個具有 1 位元 (兩階層) 量化器的 DPCM 系統。使用輸出值等於 ±Δ 的兩階層量化器，我們只能表示大小等於 Δ 的取樣值對取樣值差距。對於一個給定的資料源序列，如果取樣值對取樣值的差距與 Δ 經常相差很多，可能會造成相當大的失真。限制差距的方法之一是更頻繁地取樣值。在圖 11.12 中，我們看到以兩種不同的頻率取樣的一個訊號。頻率較低的取樣值以空心圓顯示，頻率較高的取樣值則以 + 表示。頻率較比的取樣值顯然離得比較遠。

一個訊號的取樣頻率取決於該訊號的最高頻成分。如果一個訊號的最高頻成分爲 W，爲了得到精確的訊號重建結果，取樣的頻率至少應該等於最高頻率的兩倍或 $2W$。在使用增量調變的系統中，信號的取樣頻率通常遠高於最高頻率的兩倍。如果 F_s 爲取樣頻率，則 F_s 對 $2W$ 的比例可以在將近 1 到將近 100 的範圍內變化 [123]。高品質的類比/數位轉換器會使用比較高的取樣頻率，低取樣頻率則較常使用於低編碼率的語音編碼器。

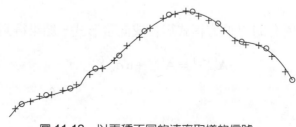

圖 11.12 　以兩種不同的速率取樣的信號。

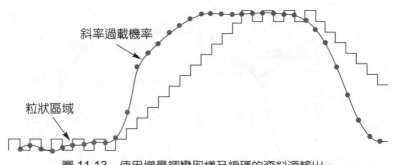

斜率過載機率

粒狀區域

圖 11.13　使用增量調變取樣及編碼的資料源輸出。

　　如果我們觀察增量調變系統的方塊圖，會發現：儘管編碼器的方塊圖與 DPCM 系統的方塊圖完全相同，然而標準 DPCM 解碼器後面有一個濾波器。圖 11.13 顯示了資料源輸出及未經過濾波的重建結果，從圖中可以明顯地看出為什麼需要濾波器。資料源輸出的取樣值以實心圓表示。由於資料源被在最高頻率時被取樣了幾次，因此重建訊號的階梯形狀在訊號所佔的頻帶以外的頻帶會造成失真。濾波器可以用來除去這些假的頻率。

　　圖 11.13 所示的重建結果乃是使用具有固定量化器的增量調變器獲得的。使用固定步階間距的增量調變系統一般稱為線性增量調變器。請注意重建訊號會顯示兩種行為之中的一種。在資料源輸出相當恆定的區域，輸出會或上或下交互跳動 Δ 的距離；這些區域稱為**粒狀區域** (granular region)。在資料源輸出快速上升或下降的區域，重建的輸出會跟不上；這些區域稱為**斜率過載區域** (slope overload region)。如果我們希望降低粒狀誤差，則需使步階間距 Δ 變小，然而這樣會讓重建的輸出更難跟上輸入訊號中的快速變化。換句話說，這樣會導致超載誤差增加。為了避免超載狀態，我們必須讓步階間距更大，以便重建訊號能迅速跟上輸入訊號中的快速變化，然而這樣又會使粒狀誤差增加。

　　避免這種僵局的方法之一是讓步階間距自行適應輸入的特性，如圖 11.14 所示。為了降低粒狀誤差，在近似恆定的區域，我們讓步階間距變小。在迅速變化的區域，則增加步階間距，以降低超載誤差。有許多不同的方法可以讓增量調變器自行適應資料源輸出的局部特性，本書將描述較常用的兩種方法。

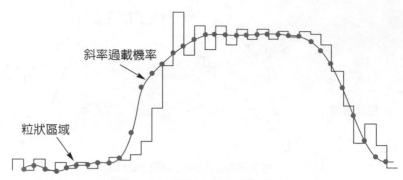

圖 11.14　正弦曲線與重建結果。

11.6.1　恆定因子適應性增量調變 (CFDM)

適應性增量調變的目標很明確：在超載區域內，增加步階間距，在粒狀區域內，則減少步階間距。問題在於知道什麼時候系統處於這些區域內。觀察圖 11.13，我們發現在粒狀區域內，量化器的輸出幾乎是隨著每一個輸入取樣值而改變正負號；在超載區域內，量化器輸出的正負號則與一連串的輸入取樣值相同。因此，我們可以根據量化器的輸出是否一直在變換正負號，而決定系統是處於超載或粒狀狀態。有一個非常簡單的系統 [171] 使用一個取樣值的過往記錄來決定系統是否處於超載或粒狀狀態，以及是否要擴大或收縮步階間距。如果 s_n 代表量化器輸出 $\hat{d}_n$ 的正負號，

$$s_n = \begin{cases} 1 & \text{若 } \hat{d}_n > 0 \\ -1 & \text{若 } \hat{d}_n < 0 \end{cases} \tag{11.50}$$

則適應邏輯係由以下的式子給出

$$\Delta_n = \begin{cases} M_1 \Delta_{n-1} & s_n = s_{n-1} \\ M_2 \Delta_{n-1} & s_n \neq s_{n-1} \end{cases}. \tag{11.51}$$

其中 $M_1 = \dfrac{1}{M_2} = M > 1$。通常 $M < 2$。

　　增加記憶容量可以改進 CFDM 系統的響應。舉例來說，讓我們觀察前兩個取樣值。如果前兩個取樣值的正負號相同，然而目前取樣值的正負號改變了，則可判斷系統正由超載狀態進入粒狀狀態：

$$s_n \neq s_{n-1} = s_{n-2}. \tag{11.52}$$

在這種請況下，假設步階間距先前一直在擴大，因此需要急遽地收縮是合理的。如果

$$s_n = s_{n-1} \neq s_{n-2}, \tag{11.53}$$

則表示系統或許正在進入超載區域，而

$$s_n = s_{n-1} = s_{n-2}, \tag{11.54}$$

則表示系統正處於超載狀態，步階間距應該迅速擴大。

對語音編碼而言，參考文獻 [172] 建議具有兩個取樣值記憶容量的 CFDM 系統採用以下的乘數 M_i：

$$s_n \neq s_{n-1} = s_{n-2} \qquad M_1 = 0.4 \tag{11.55}$$

$$s_n \neq s_{n-1} \neq s_{n-2} \qquad M_2 = 0.9 \tag{11.56}$$

$$s_n = s_{n-1} \neq s_{n-2} \qquad M_3 = 1.5 \tag{11.57}$$

$$s_n = s_{n-1} = s_{n-2} \qquad M_4 = 2.0. \tag{11.58}$$

記憶容量可以進一步地增加，然而複雜度也會一致地增加。太空梭使用有 7 個記憶容量的增量調變器 [173]。

11.6.2　連續可變斜率增量調變

我們描述的 CFDM 系統使用一個快速的適應方案。對於低編碼率的語音編碼而言，如果適應是針對較長的時間的話，會更令人滿意。此種較緩慢的適應會使粒狀誤差減少，而且一般而言超載誤差會增加。針對較長時間適應的增量調變系統稱爲**音節式** (syllabically) 壓縮擴大式。連續可變斜率增量調變就是一種常見的音節式壓縮擴大式系統類型。

CVSD 系統中使用的適應邏輯如下 [123]：

$$\Delta_n = \beta\Delta_{n-1} + \alpha_n \Delta_0 \tag{11.59}$$

其中 β 是一個比 1 小，但接近於 1 的數目，此外，最後 K 個量化器輸出中，如果有 J 個輸出正負號相同，則 α_n 等於一。也就是說，我們觀察長度等於 K 的

窗子,而獲得資料源輸出的行為。如果這個條件不滿足,則 α_n 等於零。J 和 K 的標準值為 $J = 3$ 和 $K = 3$。

◾ 11.7 語音編碼

差分編碼方案在語音編碼中極為常見。這些方案使用於電話系統、語音訊息、多媒體,及其他應用。適應性 DPCM 是幾個國際標準規格的一部份 (ITU-T G.721, ITU G.723, ITU-T G.722, ITU G.726),將在本節及後面各章討論。

在我們討論之前,讓我們先看一看語音編碼特有的一個問題。在圖 11.7 中,我們發現有一個週期性非常明顯的語音片段。如果我們畫出語音片段的自相關函數 (圖 11.15),則可看出此一週期性。

延滯時間等於 47 和 47 的倍數時,自相關函數會達到峰值。這表示有一個 47 個取樣值長的週期性。這個週期稱為**高音週期** (pitch period)。我們最初設計的預測器並沒有利用到此一週期性,因為最大的預測器是一個三階預測器,而這個週期性結構必須有 47 個取樣值才會出現。我們可以在基本 DPCM 結構的周圍建立一個外部預測迴路,如圖 11.16 所示,以利用此一週期性。這可能是 $b\hat{x}_{n-\tau}$ 形式的簡單單一係數預測器,其中 τ 為高音週期。我們針對 testm.raw

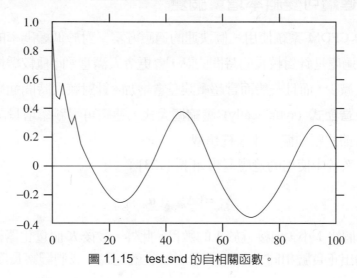

圖 11.15 test.snd 的自相關函數。

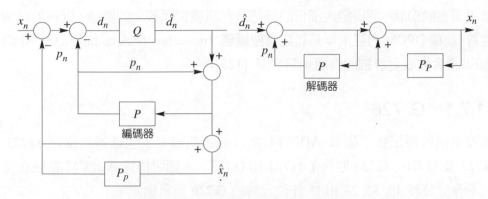

圖 11.16 具有高音預測器的 DPCM 結構。

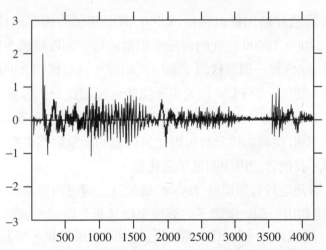

圖 11.17 具有高音預測器的 DPCM 系統得到的殘餘值序列。

使用這個系統，並於圖 11.17 顯示殘餘值序列。請注意語音週期性部份的振幅已經縮小了。

　　最後，請記住在我們所有的討論中，我們一直使用均方誤差作為失真度量。然而知覺的測試並不一定總是與均方誤差相關。我們察覺的失真程度通常與與語音訊號的位準有關。在語音訊號振幅較高的區域，我們很難察覺到失真，然而同樣的失真量在不同的頻率上，可能會變得非常明顯。我們可以調整

量化誤差的形狀，使得絕大部份的誤差落在訊號振幅較大的區域，以利用這個性質。此種 DPCM 的變形稱爲**雜訊迴授編碼** (noise feedback coding，簡稱 NFC) (如果讀者需要更詳細的資訊，請參閱 [123])。

11.7.1　G. 726

國際電信聯盟出版了標準 ADPCM 系統的通訊協定，包括通訊協定 G.721, G.723 及 G.726。G.726 取代了 G.721 和 G.723。本節將描述 ADPCM 系統在位元率等於每秒 40, 32, 24 和 16 仟位元時的 G.726 通訊協定。

量化器

本通訊協定假設語音輸出係以每秒 8,000 個取樣值的速率取樣，因此每秒 40000, 32000, 24000, 16000 位元的位元率相當於每一個取樣值 5 個位元、每一個取樣值 4 個位元、每一個取樣值 3 個位元和每一個取樣值 2 個位元。相較於每一個取樣值 8 個位元的 PCM 位元率，這表示壓縮比分別等於 1.6：1, 2：1, 2.67：1 和 4：1。除了每秒 16,000 位元的系統，量化器的階層數均等於 $2^{nb}-1$，其中 nb 爲每一個取樣值的位元數，因此量化器的階層數爲奇數，這表示對於較高的位元率，我們會使用中間低平量化器。

　　這個量化器乃是具有類似於 Jayant 量化器之適應演算法的後向適應性量化器。通訊協定利用一個比例因子的調整來描述量化區間的調整。我們使用一個比例因子 α_k 將輸入 d_k 歸一化。歸一化之後的值被量化，將其乘以 α_k，則可去除歸一化。這樣一來，量化器會保持固定，且 α_k 會根據輸入而自行調整。因此，舉例來說，我們並不擴大步階間距，而是增加 α_k 的值。

　　固定的量化器是一個非均等的中間低平量化器。通訊協定利用按比例調整之輸入的對數值來描述量化邊界與重建值。24,000 位元系統的輸入輸出特性示於表 11.2。表中的輸出值爲 $-\infty$ 相當於重建值等於 0。

　　適應演算法係以比例因子的對數值來描述

$$y(k) = \log_2 \alpha_k. \tag{11.60}$$

表 11.2　通訊協定建議每秒 24,000 位元的操作使用的輸入輸出特性。

輸入範圍	標籤值	輸出
$\log_2 \frac{d_k}{\alpha_k}$	$\|I_k\|$	$\log_2 \frac{d_k}{\alpha_k}$
$[2.58, \infty)$	3	2.91
$[1.70, 2.58)$	2	2.13
$[0.06, 1.70)$	1	1.05
$(-\infty, -0.06)$	0	$-\infty$

比例因子 α 或其對數值 $y(k)$ 的調整取決於輸入是否為語音或類似語音，或輸入是否為音頻資料，在前者中，取樣值對取樣值的差距可能會波動地相當劇烈，後者則可能由數據機產生，且取樣值對取樣值的差距非常小。為了處理這兩種情況，比例因子由兩個值組成，一個是*被鎖定* (locked) 的慢速比例因子，使用於取樣值對取樣值的差距非常小的時候，另一個則是**未鎖定** (unlocked) 的值，使用於輸入的變化比較大的時候：

$$y(k) = a_l(k) y_u(k-1) + (1 - a_l(k)) y_l(k-1). \tag{11.61}$$

$a_l(k)$ 的值取決於輸入的變異數。對於語音輸入而言，這個值接近於一，對於音頻資料的音調，則接近於零。

　　未鎖定的比例因子係使用稍微修改過的 Jayant 演算法進行調整。如果我們使用 Jayant 演算法，未鎖定的比例因子可以按照以下的式子予以調整

$$\alpha_u(k) = \alpha_{k-1} M[I_{k-1}] \tag{11.62}$$

其中 $M[\cdot]$ 為乘數。如果以對數值表示，則這個式子變成

$$y_u(k) = y(k-1) + \log M[I_{k-1}]. \tag{11.63}$$

修改的部份包括把一些記憶容量引入適應過程，使得編碼器和解碼器收斂到以下的傳輸誤差：

$$y_u(k) = (1-\varepsilon) y(k-1) + \varepsilon W[I_{k-1}]. \tag{11.64}$$

其中 $W[\cdot] = \log M[\cdot]$，且 $\varepsilon = 2^{-5}$。

被鎖定的比例因子則是根據以下的式子，從未鎖定的比例因子得到：

$$y_l(k) = (1-\gamma)y_l(k-1) + \gamma y_u(k), \qquad \gamma = 2^{-6}. \tag{11.65}$$

預測器

通訊協定建議採用的預測器是一個後向適應性預測器，這個預測器使用前兩個重建值與前 6 個被量化的差距值的線性組合來產生預測值

$$p_k = \sum_{i=1}^{2} a_i^{(k-1)} \hat{x}_{k-i} + \sum_{i=1}^{6} b_i^{(k-1)} \hat{d}_{k-i}. \tag{11.66}$$

我們使用 LMS 演算法的一個簡化形式來更新預測器的係數組。

$$a_1^{(k)} = \left(1 - 2^{-8}\right)a_1^{(k-1)} + 3 \times 2^{-8}\, \text{sgn}\big[z(k)\big]\text{sgn}\big[z(k-1)\big] \tag{11.67}$$

$$a_2^{(k)} = \left(1 - 2^{-7}\right)a_2^{(k-1)} + 2^{-7}\left(\text{sgn}\big[z(k)\big]\text{sgn}\big[z(k-2)\big]\right.$$
$$\left. - f\left(a_1^{(k-1)}\,\text{sgn}\big[z(k)\big]\text{sgn}\big[z(k-1)\big]\right)\right) \tag{11.68}$$

其中

$$z(k) = \hat{d}_k + \sum_{i=1}^{6} b_i^{(k-1)} \hat{d}_{k-i}. \tag{11.69}$$

$$f(\beta) = \begin{cases} 4\beta & |\beta| \le \dfrac{1}{2} \\ 2\,\text{sgn}(\beta) & |\beta| > \dfrac{1}{2} \end{cases} \tag{11.70}$$

係數 $\{b_i\}$ 係使用以下列的方程式予以更新：

$$b_1^{(k)} = \left(1 - 2^{-8}\right)b_i^{(k-1)} + 2^{-7}\,\text{sgn}\big[\hat{d}_k\big]\text{sgn}\big[\hat{d}_{k-i}\big] \tag{11.71}$$

請注意，在適應性演算法中，我們把重建值的乘積與量化器輸出的乘積換成了它們的正負號的乘積。這樣在計算上會簡單得多，而且不會造成適應過程中任何嚴重的惡化情況。此外，我們選擇的係數值，其乘法可以使用移位及加法運算完成。當輸入從音調變成語音時，預測器係數會全部被設定為零。

🔳 **11.8　影像編碼**

我們在第 7 章看到差分編碼提供了一種有效率的無失眞影像壓縮方法,然而我們並沒有很清楚地討論在有失眞影像壓縮中使用差分編碼的情況。在早期的影像壓縮中,差分編碼和轉換編碼都是常見的有失眞影像壓縮的形式。差分編碼目前扮演的角色就有限得多了,它只是其他壓縮方案的一部份。目前常見的幾種影像壓縮方法會把影像分解成較低頻和較高頻的成分。當我們研究以次頻帶或小波爲主的壓縮方案時,會發現其中運用到差分編碼,當我們研究轉換編碼時也會看到,只是程度比較小。

現在我們來看看兩種獨立的差分影像壓縮方案的效能。我們將比較這些方案的效能與 JPEG 壓縮標準的效能。

請考慮一個簡單的差分編碼方案,其中位於第 j 列、第 k 行的像素,其預測器 $p[j,k]$ 係由以下的式子給出:

$$p[j,k] = \begin{cases} \hat{x}[j,k-1] & \text{當 } k > 0 \\ \hat{x}[j-1,k] & \text{當 } k = 0 \text{ 且 } j > 0 \\ 128 & \text{當 } j = 0 \text{ 且 } k = 0 \end{cases}$$

其中 $\hat{x}[j,k]$ 是位於第 j 列、第 k 行的重建像素。我們把這個預測器和一個 4 階層的固定均等量化器一起使用,並使用算術編碼器將量化器輸出編碼。壓縮影像的編碼率大約爲每個像素 1 位元。在圖 11.18 中,我們把重建的影像與相同編碼率下的 JPEG 編碼影像作比較。差分編碼影像的訊雜比爲 22.33 分貝 (PSNR 爲 31.42 分貝),JPEG 編碼影像的訊雜比爲則爲 32.52 分貝 (PSNR 爲 41.60 分貝),兩者相差 10 分貝以上!

然而相較於 JPEG 標準,這個系統極爲簡單,而且已經針對影像編碼的用途被微調過。讓我們以遞迴索引量化器來取代均等的量化器,並使用稍微複雜一些的預測器來取代目前的預測器,讓我們的差分編碼系統稍微複雜一點。我們針對每一個像素 (邊界像素除外) 們計算以下的 3 個值:

圖 11.18　左：在每個像素 1 個位元的編碼率下使用差分編碼的重建影像。

右：在每個像素 1 個位元的編碼率下使用 JPEG 編碼的重建影像。

圖 11.19　左：在每個像素 1 個位元的編碼率下，使用中位數預測器與遞迴索引量化器的重建
影像。

右：在每個像素 1 個位元的編碼率下使用 JPEG 編碼的重建影像。

$$p_1 = 0.5 \times \hat{x}[j-1,k] + 0.5 \times \hat{x}[j,k-1]$$
$$p_2 = 0.5 \times \hat{x}[j-1,k-1] + 0.5 \times \hat{x}[j,k-1] \qquad (11.72)$$
$$p_3 = 0.5 \times \hat{x}[j-1,k-1] + 0.5 \times \hat{x}[j-1,k]$$

然後使用以下的式子求出預測值：

$$p[j, k] = \{p_1, p_2, p_3\}\text{的中位數}$$

　　至於邊界像素，則使用簡單的預測方案。編碼率等於每個像素 1 位元時，我們得到圖 11.19 所示的影像。為了便於參考，我們在這幅影像的旁邊顯示相同編碼率下的 JPEG 編碼影像。重建結果的訊雜比為 29.20 分貝 (PSNR 為 38.28 分貝)。我們只使用相當細微的修改，就可以彌補三分之二的差異。我們可以看到，發展出足以與其他影像壓縮技術匹敵的差分編碼方案也許是可行的。因此，當我們需要開發影像壓縮系統時，不要立即丟掉差分編碼，是有道理的。

■ 11.9　摘要

在本章中，我們描述了一些比較為人熟知的差分編碼技術。雖然差分編碼並不能提供和向量量化一樣高的壓縮程度，但其實作非常簡單。這種方法在語音編碼中已經被廣泛運用，而且特別適合語音編碼。DPCM 系統是由量化器和預測器這兩個主要成分構成的。第 9 章花費了相當多的時間在討論量化器，因此本章大部份的討論著重於預測器。我們討論了讓預測器具備適應性的不同方法，並研究了對預測器的設計進行與資料源相關的特定修改而獲得的一些改進。

進階閱讀

1. N.S. Jayant 與 P. Noll 合著的「*Digital Coding of Waveforms*」[123] 這本書中，有幾章討論到差分編碼，內容非常詳盡，資訊也很豐富。

2. J.D. Gibson 所著的「Adaptive Prediction in Speech Differential Encoding Systems」[167] 是一本有關預測性編碼的綜合性專著。

3. NASA 開發了一個根據 DPCM 的即時視訊編碼系統。在參考文獻 [174] 中，可以找到有關的細節。

■ **11.10 專案與習題**

1. 使用以下的關係式產生一個 AR(1)過程：

$$x_n = 0.9 \times x_{n-1} + \varepsilon_n$$

其中 ε_n 是高斯隨機數產生器（在 rangen 中，這是第 2 個選項）的輸出。

(a) 使用具有單一接頭預測器（預測器係數為 0.9）及一個三階高斯量化器的 DPCM 系統將這個序列編碼。計算預測誤差的變異數。這個值與輸入的變異數比較起來如何？預測誤差的變異數與 $\{\varepsilon_n\}$ 的變異數比較起來如何？

(b) 使用 0.5, 0.6, 0.7, 0.8 和 1.0 作為預測器係數，重複以上的程序。試評論所得的結果。

2. 使用以下的係數產生一個 AR(5)過程：1.381, 0.6, 0.367, −0.7, 0.359。

(a) 使用一個具有 3 位元高斯非均等量化器，以及一階、二階、三階、四階和五階預測器的 DPCM 系統將它編碼。試求出 (11.30) 的解，以獲得這些預測器。針對每一種情況，計算預測誤差的變異數與 SNR。試評論你的結果。

(b) 使用 3 位元 Jayant 量化器重複以上的程序。

3. DPCM 也可以用來將影像編碼。試使用下列形式的單一接頭預測器

$$\hat{x}_{i,j} = a \times x_{i,j-1}$$

以及一個 2 位元的量化器將 Sinan 影像編碼。使用針對不同的分佈設計的量化器來作實驗。試評論你的結果。

4. 使用 Jayant 量化器重複上一題的影像編碼實驗。

5. 使用單一接頭的預測器和一個 4 階層的量化器，然後接上 Huffman 編碼器，將 Sinan, Elif 和 bookshelf1 等影像進行 DPCM 編碼。使用一個 5 階層的量化器重複以上的程序。計算每一種情況下的 SNR，並比較編碼率失真效能。

6. 我們希望使用下列形式的兩接頭預測器

$$\hat{x}_{i,j} = a \times x_{i,j-1} + b \times x_{i-1,j}$$

和一個 4 階層的量化器，然後接上 Huffman 編碼器，將影像進行 DPCM
編碼。為了得到使均方誤差降到最低的係數 a 和 b，必須求解某些方
程式，請找出這些方程式。

7. (a) 使用一個兩接頭的預測器和一個 4 階層的量化器，然後接上
Huffman 編碼器，將 Sinan, Elif 和 bookshelf1 影像進行 DPCM 編
碼。

(b) 使用 5 階層的量化器，重複以上的程序。計算每一種情況下的 SNR
及編碼率 (單位為每一個像素的位元數)。

(c) 將編碼率失真效能與一個接頭的情況互相比較。

(d) 使用 5 階層的量化器，重複以上的程序。計算每一種情況下的 SNR，
並比較使用一接頭和兩接頭預測器時的編碼率失真效能。

12

轉換、次頻帶與小波的數學基礎

12.1 綜覽

在本章中，我們將複習研究轉換、次頻帶與小波時需要的數學基礎，我們的主題包括 Fourier 級數、連續與離散情況下的 Fourier 轉換。我們也將討論取樣，並簡短地複習線性系統的一些觀念。

12.2 引言

我們要研究許多技術，讀者可以在各種數學文獻中找到這些技術的根基。因此，為了瞭解這些技術，我們需要一些數學基礎。我們的方法通常是在需要某些數學工具之前才會加以介紹，然而有一些基礎對於我們要討論的大部份題材是必要的。本章只描述要研究的所有技術的共同基礎。我們的方法將以實用為主，有關這些題材更複雜的討論，可以在參考文獻 [175] 中找到。我們會介紹相當多的觀念，其中有很多是彼此相關的。為了讓讀者更容易找到某個特定的觀念，我們將指出第一次介紹這個觀念的段落。

我們將簡短地介紹向量空間的觀念，特別是內積的觀念，以開始我們的討論，描述 Fourier 級數與 Fourier 轉換時，會使用到這些觀念。接下來是線性系統的簡短綜覽，然後討論將一個函數取樣時所涉及的問題。最後，我們將在被取樣函數的背景下再討論 Fourier 觀念，並提供 Z 轉換的簡單介紹。在整個過程中，我們將努力讓讀者獲得各種觀念的實體感覺。

▣ **12.3 向量空間**

我們用來獲得壓縮效果的技術將與（被取樣的）時間函數的處理與分解有關。為了這麼做，我們需要一些數學架構，向量空間的觀念提供了這個架構。我們非常熟悉二維或三維空間中的向量。二維空間向量的例題示於圖 12.1。這個向量可以使用許多不同的方式來表示：我們可以使用它的大小和方向來描述它，或將它表示成在 x 和 y 方向上的單位向量的加權總和，或使用一個陣列來表示它，陣列的元素則是單位向量的係數。因此圖 12.1 中的向量 **v**，大小等於 5，且角度為 36.86 度，

$$\mathbf{v} = 4u_x + 3u_y$$

，而且

$$\mathbf{v} = \begin{bmatrix} 4 \\ 3 \end{bmatrix}.$$

我們可以把第 2 種表示方式視為將 **v** 分解成更簡單的組成部份，亦即**基底向量** (basis vector)。這樣做的好處是二維空間中的任何向量都可以採用完全相同的方式加以分解。給定一個特定向量和一組基底集 (稍後將更詳細地討論)，分解是指求出把基底集的單位向量加權的係數。在這個簡單的例題中，很容易看出這些係數應該等於多少。然而我們也會一些情況，要求出形成向量分解的係數可不是一件簡單的差事。因此我們需要可以取出這些係數的一些機制。這裡要使用的特別機制稱為**點積** (dot product) 或**內積** (inner product)。

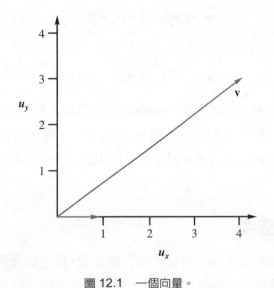

圖 12.1　一個向量。

12.3.1　點積或內積

已知兩個向量 **a** 和 **b**，

$$\mathbf{a} = \begin{bmatrix} a_1 \\ a_2 \end{bmatrix}, \quad \mathbf{b} = \begin{bmatrix} b_1 \\ b_2 \end{bmatrix}$$

a 和 **b** 的內積定義為

$$\mathbf{a} \cdot \mathbf{b} = a_1 b_1 + a_2 b_2.$$

如果兩個向量的內積等於零，則稱為**正交** (orthogonal)。一個向量集合中，如果每一個向量均與該集合中的其他向量正交，則我們稱這個向量集合為正交。計算一個向量與一組正交基底中的單位向量的內積，可以得到對應於這個單元向量的係數。我們很容易看出來確實如此。u_x 和 u_y 可以寫成

$$u_x = \begin{bmatrix} 1 \\ 0 \end{bmatrix}, \quad u_y = \begin{bmatrix} 0 \\ 1 \end{bmatrix}.$$

這兩個向量顯然彼此正交，因此係數 a_1 可由下式求出：

$$\mathbf{a} \cdot u_x = a_1 \times 1 + a_2 \times 0 = a_1$$

且 u_y 的係數可由下式求出：

$$\mathbf{a} \cdot u_y = a_1 \times 0 + a_2 \times 1 = a_2$$

　　就某種意義而言，兩個向量的內積乃是它們有多麼「相似」的一種度量，然而當我們定義什麼是「相似」的時候必須小心一點。舉例來說，試考慮圖 12.2 的向量。與 u_y 相比，向量 $\mathbf{a}$ 更接近 u_x，因此 $\mathbf{a} \cdot u_x$ 比 $\mathbf{a} \cdot u_y$ 大，對 $\mathbf{b}$ 來說，情形剛好相反。

12.3.2　向量空間

為了讓我們處理的對象不僅只有兩維或三維向量，也包括我們感興趣的一般序列和函數，我們需要把這些觀念一般化。讓我們從更廣義的向量定義和向量空間的觀念開始。

　　向量空間 (vector space) 是一個集合，其中的元素稱為向量，我們針對這些元素定義了向量加法與純量乘法兩種運算。此外，這些運算的結果也是向量空間的元素。

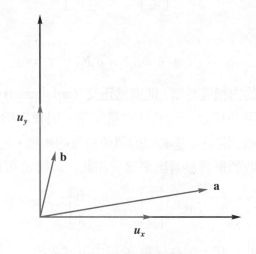

圖 12.2　不同向量的範例。

　　兩個向量的**向量加法** (vector addition) 是指兩個向量的分量逐項相加而得到的向量。舉例來說，已知兩個向量 **a** 和 **b**：

$$\mathbf{a} = \begin{bmatrix} a_1 \\ a_2 \\ a_3 \end{bmatrix}, \quad \mathbf{b} = \begin{bmatrix} b_1 \\ b_2 \\ b_3 \end{bmatrix} \tag{12.1}$$

這兩個向量的向量加法結果等於

$$\mathbf{a} + \mathbf{b} = \begin{bmatrix} a_1 + b_1 \\ a_2 + b_2 \\ a_3 + b_3 \end{bmatrix}. \tag{12.2}$$

　　純量乘法 (scalar multiplication) 是指向量與實數或複數的乘法。如果這一組元素的集合要成為向量空間，則必須滿足某些公理。

　　假設 V 是一個向量空間，**x**, **y**, **z** 是向量，且 α 和 β 為純量。則下列公理成立：

1. $\mathbf{x} + \mathbf{y} = \mathbf{y} + \mathbf{x}$ (交換律)。
2. $(\mathbf{x} + \mathbf{y}) + \mathbf{z} = \mathbf{x} + (\mathbf{y} + \mathbf{z})$，且 $(\alpha\beta)\mathbf{x} = \alpha(\beta\mathbf{x})$ (結合律)。
3. V 中存在一個元素 θ，使得對於 V 中所有的 **x**，$\mathbf{x} + \theta = \theta + \mathbf{x}$。$\theta$ 稱為加法單位元素。
4. $\alpha(\mathbf{x} + \mathbf{y}) = \alpha\mathbf{x} + \alpha\mathbf{y}$，且 $(\alpha + \beta)\mathbf{x} = \alpha\mathbf{x} + \beta\mathbf{x}$ (分配律)。
5. $1 \cdot \mathbf{x} = \mathbf{x}$，且 $0 \cdot \mathbf{x} = \theta$。
6. 對於 V 中的每一個 **x**，存在一個 $(-\mathbf{x})$，使得 $\mathbf{x} + (-\mathbf{x}) = \theta$。

　　向量空間的一個簡單例子是實數的集合。在這個集合中，零是加法單位元素。我們很容易證明：使用標準加法與乘法運算，實數的集合遵循以上所述的公理。讀者可以試試看能不能證明實數的集合是一個向量空間。這個練習的好處之一在於它強調了一件事實，就是向量絕不只是尾端有箭頭的一條線。

例題 12.3.1

對我們而言，另一個向量空間的例子更有實際的興趣，就是所有具備有限能量的函數 $f(t)$ 的集合。也就是說，

$$\int_{-\infty}^{\infty} \left| f(t) \right|^2 dt < \infty. \tag{12.3}$$

讓我們看看這個集合是否形成一個向量空間。如果我們按照一般的方式定義加法與純量乘法，並將加法定義爲逐項加法，則函數 $f(t)$ 的集合顯然滿足公理 1、2 和 4。

- 如果 $f(t)$ 和 $g(t)$ 是具備有限能量的函數，且 α 爲一個純量，則函數 $f(t) + g(t)$ 和 $\alpha f(t)$ 也具備有限能量。

- 如果 $f(t)$ 和 $g(t)$ 是具備有限能量的函數，則 $f(t) + g(t) = g(t) + f(t)$（公理 1）。

- 如果 $f(t), g(t)$ 與 $h(t)$ 是具備有限能量的函數，且 α 和 β 爲純量，則 $(f(t) + g(t)) + h(t) = f(t) + (g(t) + h(t))$，且 $(\alpha\beta)f(t) = \alpha(\beta f(t))$（公理 2）。

- 如果 $f(t), g(t)$ 與 $h(t)$ 是具備有限能量的函數，且 α 和 β 爲純量，則 $\alpha(f(t) + g(t)) = \alpha f(t) + \alpha g(t)$，且 $(\alpha + \beta)f(t) = \alpha f(t) + \beta f(t)$（公理 4）。

讓我們把加法單位元素函數 $\theta(t)$ 定義爲對於所有的 t 都等於零的函數。這個函數滿足有限能量的要求，而且我們可以看到公理 3 及公理 5 也滿足。最後，如果函數 $f(t)$ 具備有限能量，則根據 (12.3)，函數 $-f(t)$ 也具備有限能量，且公理 6 滿足。因此，具備有限能量的所有函數形成一個向量空間，這個空間記爲 $L_2(f)$，或簡寫爲 L_2。　　　　◆

12.3.3　子空間

向量空間 V 的**子空間** (subspace) S 是 V 的一個子集合，其中的元素滿足向量空間的所有公理，而且具有一額外的性質：如果 $\mathbf{x}$ 和 $\mathbf{y}$ 屬於 S，且 α 為一純量，則 $\mathbf{x} + \mathbf{y}$ 與 $\alpha\mathbf{x}$ 也屬於 S。

例題 12.3.2

考慮定義於區間 $[0, 1]$ 的連續有界函數組成的集合 S，則 S 是向量空間 L_2 的子空間。 ◆

12.3.4　基底

我們可以取一個向量集合的線性組合，以產生子空間。如果這個向量集合為線性獨立，則稱為子空間的一個基底。

一個向量集合 $\{\mathbf{x}_1, \mathbf{x}_2, ...\}$ 中，如果沒有任何一個向量可以寫成該集合內其他向量的線性組合，則稱為**線性獨立** (linearly independent)。

這個定義直接的結果是以下的定理：

定理　向量集合 $\mathbf{X} = \{\mathbf{x}_1, \mathbf{x}_2, ..., \mathbf{x}_N\}$ 為線性獨立，若且唯若表示式 $\sum_{i=1}^{N} \alpha_i \mathbf{x}_i = \theta$ 意指對於所有 $i = 1, 2 ..., N$，$\alpha_i = 0$。

證明　大部份討論線性代數的書籍中都可以找到這個定理的證明 [175]。 □

由線性獨立集合 $\mathbf{X}$ 中之向量的所有可能線性組合構成的向量集合會形成一個向量空間 (參閱習題 1)。集合 $\mathbf{X}$ 稱為這個向量空間的*基底*。基底集包含表示向量空間中所有元素所需之最低數目的線性獨立向量。一個給定空間可以有許多個作為基底的集合。

例題 12.3.3

考慮由向量 $[a\ b]^T$ 組成的向量空間，其中 a 與 b 為實數，則集合

$$\mathbf{X} = \left\{ \begin{bmatrix} 1 \\ 0 \end{bmatrix}, \begin{bmatrix} 0 \\ 1 \end{bmatrix} \right\}$$

形成這個空間的一個基底，下面這一個集合也是：

$$\mathbf{X} = \left\{ \begin{bmatrix} 1 \\ 1 \end{bmatrix}, \begin{bmatrix} 1 \\ 0 \end{bmatrix} \right\}.$$

事實上，任何兩個向量，只要彼此不是對方的純量倍數，都可以形成這個空間的一個基底。 ◆

產生一個空間所需的基底向量的數目稱為向量空間的**維度** (dimension)。在前一個例題中，向量空間的維度等於二。區間 [0, 1] 上所有連續函數的空間，其維度為無限大。

給定一個特定基底，我們可以求出空間中任何向量相對於這個基底的表示方式。

例題 12.3.4

如果 $\mathbf{a} = [3\ 4]^T$，則

$$\mathbf{a} = 3 \begin{bmatrix} 1 \\ 0 \end{bmatrix} + 4 \begin{bmatrix} 0 \\ 1 \end{bmatrix}$$

而且

$$\mathbf{a} = 4 \begin{bmatrix} 1 \\ 1 \end{bmatrix} + (-1) \begin{bmatrix} 1 \\ 0 \end{bmatrix}$$

因此 $\mathbf{a}$ 相對於第一個基底集的表示方式為 $(3, 4)$，且相對於第二個基底集的表示方式為 $(4, -1)$。 ◆

在本節的開頭，我們描述了一種計算欲分解之向量與基底向量的點積或內積，以求出該向量之分量的數學機制。為了在更抽象的向量空間中使用相同的機制，我們必須擴大內積的概念。

12.3.5　內積 ── 正式定義

兩個向量 $\mathbf{x}$ 和 $\mathbf{y}$ 的內積 (記為$\langle \mathbf{x}, \mathbf{y} \rangle$) 把一個純量值與每一對向量關聯起來。內積滿足下列公理：

1. $\langle \mathbf{x}, \mathbf{y} \rangle = \langle \mathbf{y}, \mathbf{x} \rangle^*$，其中 $*$ 代表共軛複數。
2. $\langle \mathbf{x} + \mathbf{y}, \mathbf{z} \rangle = \langle \mathbf{x}, \mathbf{z} \rangle + \langle \mathbf{y}, \mathbf{z} \rangle$。
3. $\langle \alpha\mathbf{x}, \mathbf{y} \rangle = \alpha \langle \mathbf{x}, \mathbf{y} \rangle$。
4. $\langle \mathbf{x}, \mathbf{x} \rangle \geq 0$，若且唯若 $\mathbf{x} = \theta$，則等號成立。$\sqrt{\langle \mathbf{x}, \mathbf{x} \rangle}$ 這個量 (記為 $\|\mathbf{x}\|$) 稱為 x 的**範** (norm)，而且與一般的距離觀念類似。

12.3.6　正交集與單範正交

正如歐幾里德空間一般，如果兩個向量的內積等於零，則稱為*正交*。如果我們選擇正交的基底集 (也就是說每一個向量都與該集合中的其他向量正交)，並進一步要求每一個向量的範等於一 (也就是說基底向量為單位向量)，這樣的基底集稱為**單範正交基底集** (orthonormal basis set)。給定一個單範正交基底集，我們很容易利用內積求出空間中任何向量相對於這個基底向量集的表示方式。假設我們有一個具有單範正交基底集 $\{\mathbf{x}_i\}_{i=1}^{N}$ 的向量空間 S_N。根據基底集的定義，給定空間 S_N 中的向量 $\mathbf{y}$，我們可以把 $\mathbf{y}$ 寫成向量 $\mathbf{x}_i$ 的線性組合：

$$\mathbf{y} = \sum_{i=1}^{N} \alpha_i \mathbf{x}_i.$$

為了求出係數 α_k，我們計算這個方程式的兩邊與 $\mathbf{x}_k$ 的內積：

$$\langle \mathbf{y}, \mathbf{x}_k \rangle = \sum_{i=1}^{N} \alpha_i \langle \mathbf{x}_i, \mathbf{x}_k \rangle.$$

由於單範正交性，

$$\langle \mathbf{x}_i, \mathbf{x}_k \rangle = \begin{cases} 1 & i = k \\ 0 & i \neq k \end{cases}$$

而且

$$\langle \mathbf{y}, \mathbf{x}_k \rangle = \alpha_k.$$

對於每一個 $\mathbf{x}_i$ 重複這項運算，我們可以求出所有的係數 α_i。請注意，為了使用這個機制，基底集必須為單範正交。

　　現在我們手上已經有足夠的訊息，可以開始討論一些表示時間函數的著名技術。我們的討論有點像是一門向量空間的速成課程，如果你覺得有點頭暈，也不是沒有道理。基本上，我們希望你記得以下的重要概念：

- 向量不僅僅只是二維或三維空間中的點。事實上，時間函數也可以視為向量空間中的元素。
- 滿足某些公理的向量集合可以構成一個向量空間。
- 向量空間中的所有元素，都可以表示成基底向量的線性組合或加權組合 (記住同一個空間可以有很多不同的基底集)。如果基底向量的大小等於 1，而且彼此正交，則稱為**單範正交基底集**。
- 如果一個基底集為單範正交，則可計算一個向量與對應之基底向量的內積，以求出權重或係數。

　　下一節將使用這些觀念來說明如何將週期函數表示成正弦與餘弦的線性組合。

■ 12.4　Fourier 級數

Jean Baptiste Joseph Fourier 發現週期函數可以利用正弦與餘弦的級數來表示。雖然他提出這個概念是為了協助解出描述熱擴散的方程式，然而從那時開始，這項成果已經成為系統分析與設計過程中不可或缺的工具。這項成果在 1812 年獲得了數學大獎，而且被稱為上個世紀最具有革命性的貢獻之一。關

於 Fourier 的一生以及他的發現帶來的影響，參考文獻 [176] 中有非常容易閱讀的記載。

　　Fourier 證明：任何週期函數，不管外形看起來多麼醜陋，都可以表示成平滑、行為良好的正弦函數與餘弦函數的總和。給定週期為 T 的一週期函數 $f(t)$，

$$f(t) = f(t + nT) \qquad n = \pm 1, \pm 2, \cdots$$

我們可以把 $f(t)$ 寫成

$$f(t) = a_0 + \sum_{n=1}^{\infty} a_n \cos n\omega_0 t + \sum_{n=1}^{\infty} b_n \sin n\omega_0 t, \qquad \omega_0 = \frac{2\pi}{T}. \tag{12.4}$$

這個形式稱為 $f(t)$ 的**三角函數形式** *Fourier* **級數表示方式** (trigonometric Fourier series representation)。

　　從我們的觀點來看，更有用的 Fourier 級數表示方式形式是 Fourier 級數的指數形式：

$$f(t) = \sum_{n=-\infty}^{\infty} c_n e^{jn\omega_0 t} \tag{12.5}$$

我們可以使用 Euler 恆等式，很容易地在指數形式與三角函數形式之間轉換：

$$e^{j\phi} = \cos\phi + j\sin\phi$$

其中 $j = \sqrt{-1}$。

　　用前一節的術語來說，週期為 T 的所有週期函數形成一個向量空間，複數指數函數 $\{e^{jn\omega_0 t}\}$ 形成這個空間的一個基底。參數 $\{c_n\}_{n=-\infty}^{\infty}$ 是給定函數 $f(t)$ 相對於這個基底集的表示方式。因此，我們可以使用不同的 $\{c_n\}_{n=-\infty}^{\infty}$ 值來建立不同的週期函數。如果我們想通知其他人某個特定週期函數的形狀看起來是什麼樣子，我們可以傳送 $\{c_n\}_{n=-\infty}^{\infty}$ 的值，他們就可以把函數合成出來。

　　我們想看看這個基底集是否為單範正交。如果是的話，我們希望使用上一節描述的方法求出構成 Fourier 表示方式的係數。為了這麼做，我們需要這個

向量空間中的內積的定義。如果 $f(t)$ 和 $g(t)$ 是這個向量空間的元素,則內積定義爲

$$\langle f(t), g(t) \rangle = \frac{1}{T} \int_{t_0}^{t_0+T} f(t) g(t)^* \, dt \qquad (12.6)$$

其中 t_0 是任意常數,且 * 代表共軛複數。爲了方便起見,我們令 t_0 等於零。

使用這個內積的定義,讓我們檢查看看這個基底集是否爲單範正交。

$$\langle e^{jn\omega_0 t}, e^{jm\omega_0 t} \rangle = \frac{1}{T} \int_0^T e^{jn\omega_0 t} e^{-jm\omega_0 t} \, dt \qquad (12.7)$$

$$= \frac{1}{T} \int_0^T e^{j(n-m)\omega_0 t} \, dt \qquad (12.8)$$

當 $n = m$ 時,方程式 (12.7) 成爲基底向量的範,其值顯然等於 1。當 $n \neq m$ 時,我們定義 $k = n - m$,則

$$\langle e^{jn\omega_0 t}, e^{jm\omega_0 t} \rangle = \frac{1}{T} \int_0^T e^{jk\omega_0 t} \, dt \qquad (12.9)$$

$$= \frac{1}{jk\omega_0} \left(e^{jk\omega_0 T} - 1 \right) \qquad (12.10)$$

$$= \frac{1}{jk\omega_0} \left(e^{jk 2\pi} - 1 \right) \qquad (12.11)$$

$$= 0 \qquad (12.12)$$

我們已經使用了 $\omega_0 = \frac{2\pi}{T}$,以及

$$e^{jk 2\pi} = \cos(2k\pi) + j\sin(2k\pi) = 1.$$

的結果,因此基底集爲單範正交。

使用這個結果,可以計算 $f(t)$ 與基底向量 $e^{jn\omega_0 t}$ 的內積,而求出係數 c_n:

$$c_n = \langle f(t), e^{jn\omega_0 t} \rangle = \frac{1}{T} \int_0^T f(t) e^{jn\varpi_0 t} \, dt. \qquad (12.13)$$

　　求出函數 $f(t)$ 的 Fourier 表示方式有什麼好處？回答這個問題之前，讓我們先檢查一下，我們通常在什麼情況下會使用 Fourier 分析。我們從某個資料源產生的一些訊號開始。如果我們想觀察這個訊號在一段時間 (或空間) 內振幅如何變化，我們會把它表示成時間的函數 $f(t)$ (或空間的函數 $f(x)$)，因此 $f(t)$ (或 $f(x)$) 乃是顯示該訊號如何隨時間 (或空間) 變化的表示方式。序列 $\{c_n\}_{n=-\infty}^{\infty}$ 是同一個訊號的不同表示方式，然而這個表示方式會顯示出訊號的不同層面。基底向量是一組正弦函數，彼此之間的差異在於在一給定時間間隔內波動的快慢。基底向量 $e^{2jn\omega_0 t}$ 波動的速率是基底向量 $e^{jn\omega_0 t}$ 的兩倍快。基底向量的係數 $\{c_n\}_{n=-\infty}^{\infty}$ 告訴我們存在於信號內的不同波動量的度量，這種波動通常是以頻率來測量的。頻率為 1 赫茲代表一秒內完成一個週期，頻率為 2 赫茲代表一秒內完成兩個週期，依此類推。因此，係數 $\{c_n\}_{n=-\infty}^{\infty}$ 提供訊號的頻率圖譜：有多少成分的訊號以 $\dfrac{\omega_0}{2\pi}$ 赫茲的速率變化，有多少成分的訊號以 $\dfrac{2\omega_0}{2\pi}$ 赫茲的速率變化，依此類推。觀察時間表示方式 $f(t)$ 並不能得到這種訊息。另一方面，使用 $\{c_n\}_{n=-\infty}^{\infty}$ 表示方式也無法告訴我們訊號如何隨時間而變化。每一種表示方式都強調訊號的不同層面。用不同的方式觀察同一個訊號，可以幫助我們更清楚地瞭解訊號的性質，並發展用來處理訊號的工具。本書後面談論小波時，將討論可以提供訊號的時間圖譜與頻率圖譜資訊的表示方式。

　　Fourier 級數提供了**週期性** (periodic) 訊號的頻率表示方式，然而我們要處理的許多訊號不具週期性，幸好 Fourier 級數的觀念也可以延伸到非週期性訊號。

📖 12.5 Fourier 轉換

考慮圖 12.3 所示的函數 $f(t)$。讓我們將函數 $f_P(T)$ 定義為

$$f_P(t) = \sum_{n=-\infty}^{\infty} f(t-nT) \tag{12.14}$$

其中 $T > t_1$。這個函數然是週期性的 ($f_P(t+T) = f_P(t)$)，稱為函數 $f(t)$ 的**週期**

性延伸 (periodic extension)。因為函數 $f_P(T)$ 是週期性的，所以我們可以定義它的 Fourier 級數展開：

$$c_n = \frac{1}{T} \int_{-\frac{T}{2}}^{\frac{T}{2}} f_P(t) e^{-jn\omega_0 t} \, dt \tag{12.15}$$

$$f_P(t) = \sum_{n=-\infty}^{\infty} c_n e^{jn\omega_0 t}. \tag{12.16}$$

茲定義

$$C(n, T) = c_n T$$

以及

$$\Delta\omega = \omega_0,$$

同時，讓我們把 Fourier 級數方程式稍微改寫一下：

$$C(n, T) = \int_{-\frac{T}{2}}^{\frac{T}{2}} f_P(t) e^{-jn\Delta\omega t} \, dt \tag{12.17}$$

$$f_P(t) = \sum_{n=-\infty}^{\infty} \frac{C(n, T)}{T} e^{jn\Delta\omega t}. \tag{12.18}$$

我們可以取 $f_P(T)$ 在 T 趨近於無限大時的極限，而還原出 $f(t)$。因為 $\Delta\omega = \omega_0 = \frac{2\pi}{T}$，這相當於取 $\Delta\omega$ 趨近於 0 時的極限。當 $\Delta\omega$ 趨近於 0 時，$n\Delta\omega$ 會變成連續變數 ω。因此，

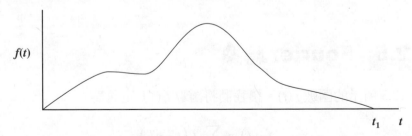

圖 12.3　一個時間的函數。

$$\lim_{\substack{T \to \infty \\ \Delta\omega \to 0}} \int_{-\frac{T}{2}}^{\frac{T}{2}} f_P(t) e^{-jn\Delta\omega t} \, dt = \int_{-\infty}^{\infty} f(t) e^{-j\omega t} \, dt. \tag{12.19}$$

從方程式的右手邊可以看出，我們得到的函數只是 ω 的函數。我們把這個函數稱為 $f(t)$ 的 Fourier 轉換，並記為 $F(\omega)$。為了從 $F(\omega)$ 還原 $f(t)$，我們對方程式 (12.18) 取同樣的極限：

$$f(t) \lim_{T \to \infty} f_P(t) = \lim_{\substack{T \to \infty \\ \Delta\omega \to 0}} \sum_{n=-\infty}^{\infty} C(n,T) \frac{\Delta\omega}{2\pi} e^{jn\Delta\omega t} \tag{12.20}$$

$$= \frac{1}{2\pi} \int_{-\infty}^{\infty} F(\omega) e^{j\omega t} \, d\omega. \tag{12.21}$$

方程式

$$F(\omega) = \int_{-\infty}^{\infty} f(t) e^{-j\omega t} \, dt \tag{12.22}$$

一般稱為 *Fourier* **轉換** (Fourier transform)。函數 $F(\omega)$ 告訴我們訊號如何在不同的頻率下波動。方程式

$$f(t) = \frac{1}{2\pi} \int_{-\infty}^{\infty} F(\omega) e^{j\omega t} \, d\omega. \tag{12.23}$$

稱為**逆向** *Fourier* **轉換** (inverse Fourier transform)，而且告訴我們如何使用在不同頻率下波動的成分來產生訊號。我們會將 Fourier 轉換的運算記為 F，因此在前面的討論中，$F(\omega) = F[f(t)]$。

Fourier 轉換有一些重要的性質，其中有 3 個性質對我們而言來說具有特別的用途。我們在這裡敘述這些性質，至於證明則留作習題 (習題 2, 3, 4)。

12.5.1 Parseval 定理

Fourier 轉換會保持能量不變；也就是說，我們觀察訊號的頻率表示方式時，總能量與我們觀察訊號的時間表示方式時相同。這是合理的，因為總能量是訊號的物理性質，當我們使用不同的表示方式來觀察訊號時，不應該有所改變。在數學上，我們把這個結果敘述為

$$\int_{-\infty}^{\infty} \left| f(t) \right|^2 = \frac{1}{2\pi} \int_{-\infty}^{\infty} \left| F(\omega) \right|^2 d\omega. \tag{12.24}$$

因子 $\frac{1}{2\pi}$ 乃是使用頻率單位 (強度) 而非赫茲 (f) 的結果。如果我們在方程式 (12.24) 中代入 $\omega = 2\pi f$，這個因子將會消失。這個性質適用於使用單範正交基底集得到的任何向量空間表示方式。

12.5.2　調變性質

如果 $f(t)$ 的 Fourier 轉換為 $F(\omega)$，則 $f(t)e^{j\omega_0 t}$ 的 Fourier 轉換為 $F(\omega - \omega_0)$。也就是說，在時間域內與一個複數指數的乘法，相當於頻率域的平移。由於正弦函數可以寫成複數指數的形式，因此 $f(t)$ 與正弦函數的乘法也相當於 $F(\omega)$ 的平移。舉例來說，

$$\cos(\omega_0 t) = \frac{e^{j\omega_0 t} + e^{-j\omega_0 t}}{2}.$$

因此，

$$\mathcal{F}\left[f(t)\cos(\omega_0 t) \right] = \frac{1}{2}\left(F(\omega - \omega_0) + F(\omega + \omega_0) \right).$$

12.5.3　捲積定理

當檢查線性系統的輸入與輸出之間的關係時，會遇到下列形式的積分：

$$f(t) = \int_{-\infty}^{\infty} f_1(\tau) f_2(t - \tau) \, d\tau$$

或

$$f(t) = \int_{-\infty}^{\infty} f_1(t - \tau) f_2(\tau) \, d\tau$$

這些積分稱為捲積積分。捲積運算通常記為

$$f(t) = f_1(t) \otimes f_2(t).$$

捲積定理說明，如果 $F(\omega) = \mathcal{F}[f(t)] = \mathcal{F}[f_1(t) \otimes f_2(t)], F_1(\omega) = \mathcal{F}[f_1(t)]$，而且 $F_2(\omega) = \mathcal{F}[f_2(t)]$，則

$$F(\omega) = F_1(\omega) F_2(\omega).$$

我們也可以往反方向進行。如果

$$F(\omega) = F_1(\omega) \otimes F_2(\omega) = \int F_1(\sigma) F_2(\omega - \sigma)\, d\sigma$$

則

$$f(t) = f_1(t) f_2(t).$$

如前所述，Fourier 轉換的這個性質很重要，因為捲積積分把線性系統的輸入與輸出關聯起來，這是 Fourier 轉換廣受歡迎的主要原因之一。我們已經聲明 Fourier 級數與 Fourier 轉換提供了訊號的另一種頻率圖譜。雖然能提供頻率圖譜的基底函數集並非只有正弦函數，然而它們確實具有一些重要的性質，可以幫助我們研究在下一節描述的線性系統。

12.6 線性系統

線性系統是具有下列兩個性質的系統：

- **齊次性 (Homogeneity)**：假設有一個線性系統 L，其輸入為 $f(t)$，且輸出為 $g(t)$：

$$g(t) = L[f(t)].$$

如果有兩個輸入 $f_1(t)$ 與 $f_2(t)$，其輸出分別為 $g_1(t)$ 與 $g_2(t)$，則兩個輸入之和的輸出就是兩個輸出的和：

$$L[f_1(t) + f_2(t)] = g_1(t) + g_2(t).$$

- **比例性 (Scaling)**：已知一個線性系統 L，其輸入為 $f(t)$，且輸出為 $g(t)$，如果把輸入乘上一個純量 α，則輸出也會被乘以同樣的倍數：

$$L[\alpha f(t)] = \alpha L[f(t)] = \alpha g(t).$$

這兩個性質合稱爲**疊加** (superposition)。

12.6.1　時間不變性

我們對於具有**時間不變性** (time invariant) 的線性系統特別有興趣。時間不變系統具有以下的性質：系統的響應形狀與施加輸入的時間無關。如果一個線性系統 L 對於輸入 $f(t)$ 的響應爲 $g(t)$，

$$L\big[f(t)\big] = g(t).$$

而且我們將輸入延遲了某一時間間隔 t_0，那麼，如果 L 爲一時間不變系統，則輸出爲延遲同樣時間的 $g(t)$：

$$L\big[f(t-t_0)\big] = g(t-t_0). \tag{12.25}$$

12.6.2　轉換函數

當輸入爲正弦函數時，線性時間不變系統的響應非常有趣 (而且很有用)。如果一個線性系統的輸入是某一頻率 ω_0 的正弦函數，則輸出也是同樣頻率的正弦函數，而且按比例縮放及延遲，而且；也就是說，

$$L\big[\cos(\omega_0 t)\big] = \alpha \cos\big(\omega_0(t-t_d)\big)$$

或以複數指數來表示

$$L\Big[e^{j\omega_0 t}\Big] = \alpha e^{j\omega_0(t-t_d)}$$

因此，給定一個線性系統，我們可以利用增益 α 及延遲 t_d 這兩個參數來描述該系統對於特定頻率的正弦函數的響應。通常我們使用相位 $\phi = \omega_0 t_d$ 來代替延遲。參數 α 和 ϕ 通常是頻率的函數，因此爲了描述系統在所有頻率下的特性，我們需要兩個函數 $\alpha(\omega)$ 和 $\phi(\omega)$。因爲 Fourier 轉換允許我們把訊號表示成正弦函數的係數，給定一個輸入 $f(t)$，我們只需要針對每一個頻率 ω，把 $f(t)$ 的 Fourier 轉換乘上某一個 $\alpha(\omega)e^{j\varphi(\omega)}$，其中 $\alpha(\omega)$ 與 $\phi(\omega)$ 乃是這個線性系統在該特定頻率下的增益項與相位項。

$\alpha(\omega)$ 與 $\phi(\omega)$ 這兩個函數形成線性時間不變系統的**轉換函數** (transfer function) $H(\omega)$：

$$H(\omega) = \left| H(\omega) \right| e^{j\phi(\omega)}$$

其中 $\left| H(\omega) \right| = \alpha(\omega)$。

由於線性系統對於正弦函數輸入的特殊響應方式，如果一個線性系統的轉換函數爲 $H(\omega)$，輸入爲 $f(t)$，且輸出爲 $g(t)$，則輸入與輸出的 Fourier 轉換 $F(\omega)$ 與 $G(\omega)$ 的關係爲

$$G(\omega) = H(\omega) F(\omega).$$

使用捲積定理，可得 $f(t)$ 與 $g(t)$ 的關係爲

$$g(t) = \int_{-\infty}^{\infty} f(\tau) h(t - \tau) \, d\tau$$

或

$$g(t) = \int_{-\infty}^{\infty} f(t - \tau) h(\tau) \, d\tau$$

其中 $H(\omega)$ 是 $h(t)$ 的 Fourier 轉換。

12.6.3　脈衝響應

爲了瞭解什麼是 $h(t)$，讓我們從不同的觀點來看線性時間不變系統的輸入 — 輸出關係。假設有一個線性系統 L，其輸入爲 $f(t)$。我們可以得到函數 $f(t)$ 的階梯狀近似值 $f_S(t)$，如圖 12.4 所示：

$$f_s(t) = \sum f(n\,\Delta t)\,\mathrm{rect}\left(\frac{t - n\,\Delta t}{\Delta t}\right) \tag{12.26}$$

其中

$$\mathrm{rect}\left(\frac{t}{T}\right) = \begin{cases} 1 & |t| < \frac{T}{2} \\ 0 & \text{其他情況.} \end{cases} \tag{12.27}$$

線性系統的響應可以寫成

$$L\left[f_s\left(t\right)\right] = L\left[\sum f\left(n\,\Delta t\right)\,\text{rect}\left(\frac{t-n\,\Delta t}{\Delta t}\right)\right] \tag{12.28}$$

$$= L\left[\sum f\left(n\,\Delta t\right)\;\frac{\text{rect}\left(\frac{t-n\Delta t}{\Delta t}\right)}{\Delta t}\,\Delta t\right]. \tag{12.29}$$

對於給定的 Δt 值來說，我們可以使用線性系統的疊加性質而得到

$$L\left[f_s\left(t\right)\right] = \sum f\left(n\,\Delta t\right)\,L\left[\frac{\text{rect}\left(\frac{t-n\Delta t}{\Delta t}\right)}{\Delta t}\right]\,\Delta t. \tag{12.30}$$

如果我們取這個方程式在 Δt 趨近於零時的極限，左手邊的 $f_s\left(t\right)$ 會變成 f (t)。爲了瞭解方程式的右手邊發生了什麼事，讓我們先看看這個極限對函數 $\text{rect}(\frac{t}{\Delta t})\,/\,\Delta t$ 有什麼影響。當 Δt 趨近於零時，這個函數會變得愈來愈窄，也愈來愈高，然而這個函數的積分永遠等於 1。當 Δt 趨近於零時，這個函數的極限稱爲**迪拉克** *delta* **函數** (Dirac delta function) 或**脈衝函數** (impulse function)，並記爲 $\delta(t)$：

$$\lim_{\Delta t\to 0}\frac{\text{rect}\left(\frac{t-n\Delta t}{\Delta t}\right)}{\Delta t} = \delta\left(t\right). \tag{12.31}$$

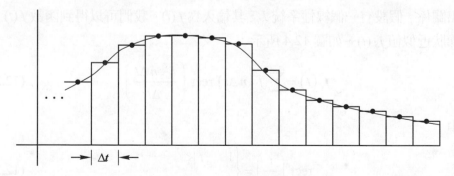

圖 12.4　一個時間的函數。

因此，

$$L\big[f(t)\big] = \lim_{\Delta t \to 0} L\big[f_s(t)\big] = \int f(\tau) L\big[\delta(t-\tau)\big]\, d\tau. \qquad (12.32)$$

我們把系統 L 對脈衝的響應 (或稱爲**脈衝響應** (impulse response)) 記爲 $h(t)$：

$$h(t) = L\big[\delta(t)\big] \qquad (12.33)$$

這樣一來，如果系統也具有時間不變性，

$$L\big[f(t)\big] = \int f(\tau) h(t-\tau)\, d\tau \qquad (12.34)$$

使用捲積定理，我們可以看出脈衝響應 $h(t)$ 的 Fourier 轉換是轉換函數 $H(\omega)$。

迪拉克 delta 函數是一個很有趣的函數。事實上，我們並不清楚它到底是不是一個函數。它的積分顯然等於 1，然而它在唯一不等於零的那一點竟然沒有定義！delta 函數非常有用的一個性質是**篩選** (sifting) 性質：

$$\int_{t_1}^{t_2} f(t)\, \delta(t-t_0)\, dt = \begin{cases} f(t_0) & t_1 \le t_0 \le t_2 \\ 0 & \text{其他情況} \end{cases} \qquad (12.35)$$

12.6.4 濾波器

大部份讓我們感興趣的線性系統，都允許訊號中的某些頻率成分通過，其他的所有成分則予衰減。這樣的系統稱爲**濾波器** (filter)。如果濾波器只允許某一頻率 W 赫茲以下的頻率成分通過，則稱爲**低通濾波器** (low-pass filter)。一個理想低通濾波器的轉換函數爲

$$H(\omega) = \begin{cases} e^{-j\alpha\omega} & |\omega| < 2\pi W \\ 0 & \text{其他情況} \end{cases} \qquad (12.36)$$

我們說這個濾波器的**帶寬** (bandwidth) 爲 W 赫茲。這個濾波器的範值示於圖 12.5。低通濾波器會把對應於訊號中快速變化的高頻率成分擋住，而產生變得平滑的訊號。

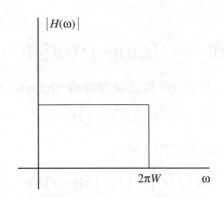

圖 12.5　理想低通濾波器的轉換函數的範值。

　　將某一頻率 W 以下的頻率成分衰減，並允許此一頻率以上的頻率成分通過的濾波器稱爲**高通濾波器** (high-pass filter)。高通濾波器會從訊號中除去緩慢變化的趨勢。最後，讓介於兩個指定頻率 (比方說 W_1 和 W_2) 之間的頻率通過的濾波器叫做**帶通濾波器** (band-pass filter)，我們說這個濾波器的帶寬是 $W_2 - W_1$ 赫茲。理想高通濾波器與帶寬爲 W 的理想帶通濾波器，其轉換函數的範值示於圖 12.6。在所有理想濾波器的特性曲線中，濾波器的**通帶** (passband，亦即不會被衰減的頻率範圍) 與**阻帶** (stopband，亦即訊號被完全衰減的頻率

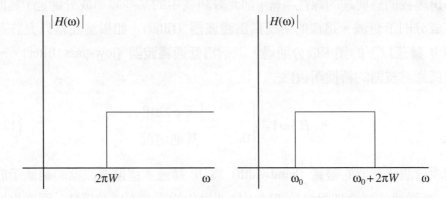

圖 12.6　理想高通濾波器 (左邊) 與理想帶通濾波器 (右邊) 的轉換函數的範值。

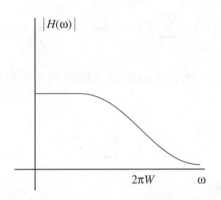

圖 12.7 真實低通濾波器的轉換函數的範值。

區間) 之間有一個很尖銳的轉變。真正的濾波器沒有這麼尖銳的轉變或**截止** (cutoff) 曲線。更實際的低通濾波器，其範值特性曲線示於圖 12.7。請注意下降趨勢比較緩和。然而，如果阻帶與通帶之間的截止並不尖銳，我們該如何定義帶寬？帶寬有幾種不同的定義方式，最常見的方式是將轉換函數的範值等於最大值的$1/\sqrt{2}$ (或範值的平方等於最大值的 1/2) 時的頻率定義爲截止頻率。

📖 **12.7 取樣**

1928 年，Bell 實驗室的 Harry Nyquist 證明：如果一個訊號的 Fourier 轉換在某一頻率 W 赫茲以上的值全部爲零，那麼我們可以使用每秒 $2W$ 個間隔均等的取樣數，精確地表示這個訊號。這個結果非常重要，稱爲**取樣定理** (sampling theorem)，是我們使用數位方法傳送類比波形 (例如語音與視訊) 之能力的核心所在。有幾種方法可以證明這個結果。我們將使用前一節提出的結果來證明。

12.7.1 理想取樣 — 頻率域觀點

假設函數 $f(t)$ 的 Fourier 轉換爲 $F(\omega)$，如圖 12.8 所示，當 ω 大於 $2\pi W$ 時，$F(\omega)$ 等於零。我們將 $F(\omega)$ 的週期性延伸定義爲

$$F_P(\omega) = \sum_{n=-\infty}^{\infty} F(\omega - n\sigma_0), \qquad \sigma_0 = 4\pi W \tag{12.37}$$

週期性延伸示於圖 12.9。因為 $F_P(\omega)$ 是週期性的，故可使用 Fourier 級數展開來表示：

$$F_P(\omega) = \sum_{n=-\infty}^{\infty} c_n e^{jn\frac{1}{2W}\omega}. \tag{12.38}$$

則展開係數 $\{c_n\}_{n=-\infty}^{\infty}$ 為

$$c_n = \frac{1}{4\pi W} \int_{-2\pi W}^{2\pi W} F_P(\omega) e^{-jn\frac{1}{2W}\omega} \, d\omega. \tag{12.39}$$

然而 $F(\omega)$ 與 $F_P(\omega)$ 在區間 $(-2\pi W, 2\pi W)$ 內完全相同；因此，

$$c_n = \frac{1}{4\pi W} \int_{-2\pi W}^{2\pi W} F(\omega) e^{-jn\frac{1}{2W}\omega} \, d\omega. \tag{12.40}$$

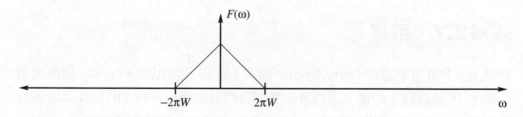

圖 12.8　函數 $F(\omega)$。

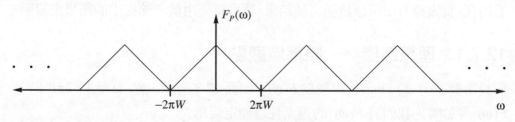

圖 12.9　週期性延伸 $F_P(\omega)$。

函數 $F(\omega)$ 在區間 $(22\pi W, 2\pi W)$ 之外等於零，因此我們可以把極限延伸到無限大，而不會改變其結果：

$$c_n = \frac{1}{2W}\left[\frac{1}{2\pi}\int_{-\infty}^{\infty}F(\omega)e^{-jn\frac{1}{2W}\omega}d\omega.\right] \tag{12.41}$$

方括弧中的表示式就是逆向 Fourier 轉換在 $t = \frac{n}{2W}$ 時的值；因此，

$$c_n = \frac{1}{2W}f\left(\frac{n}{2W}\right). \tag{12.42}$$

知道 $\{c_n\}_{n=-\infty}^{\infty}$ 與 W 的值之後，就可以重建 $F_P(\omega)$。因為 $F_P(\omega)$ 與 $F(\omega)$ 在區間 $(22\pi W, 2\pi W)$ 內完全相同，如果我們知道 $\{c_n\}_{n=-\infty}^{\infty}$ 的值，我們也可以重建在這段區間內的 $F(\omega)$。然而 $\{c_n\}_{n=-\infty}^{\infty}$ 正是 $f(t)$ 每隔 $\frac{1}{2W}$ 秒的取樣值，而且 $F(\omega)$ 在這段區間之外等於零。因此，已知一個函數 $f(t)$ 在每秒鐘 $2W$ 個值的速率下獲得的取樣值，我們應該可以精確地重建函數 $f(t)$。

讓我們看看如何做到這一點：

$$f(t) = \frac{1}{2\pi}\int_{-\infty}^{\infty}F(\omega)e^{-j\omega t}\,d\omega \tag{12.43}$$

$$= \frac{1}{2\pi}\int_{-2\pi W}^{2\pi W}F(\omega)e^{-j\omega t}\,d\omega \tag{12.44}$$

$$= \frac{1}{2\pi}\int_{-2\pi W}^{2\pi W}F_P(\omega)e^{-j\omega t}\,d\omega \tag{12.45}$$

$$= \frac{1}{2\pi}\int_{-2\pi W}^{2\pi W}\sum_{n=-\infty}^{\infty}c_n e^{jn\frac{1}{2W}\omega}e^{-j\omega t}\,d\omega \tag{12.46}$$

$$= \frac{1}{2\pi}\sum_{n=-\infty}^{\infty}c_n\int_{-2\pi W}^{2\pi W}e^{j\omega\left(t-\frac{n}{2W}\right)}\,d\omega. \tag{12.47}$$

求出積分的值,並代入方程式 (12.42) 中的 c_n,我們得到

$$f(t) = \sum_{n=-\infty}^{\infty} f\left(\frac{n}{2W}\right) \text{Sinc}\left[2W\left(t - \frac{n}{2W}\right)\right] \tag{12.48}$$

其中

$$\text{Sinc}\,[x] = \frac{\sin(\pi x)}{\pi x}. \tag{12.49}$$

因此,已知每隔 $\frac{1}{2W}$ 秒獲得 $f(t)$ 取樣值,亦即在每秒鐘 $2W$ 個值的速率下獲得 $f(t)$ 取樣值,我們可以使用 Sinc 函數來內插取樣值之間的值,而重建出 $f(t)$。

12.7.2 理想取樣 ── 時間域觀點

從取樣運算開始,以稍微不同的觀點來看這個過程。在數學上,把函數 $f(t)$ 乘上一連串的脈衝函數,得到被取樣的函數 $f_s(t)$,以表示取樣運算:

$$f_s(t) = f(t) \sum_{n=-\infty}^{\infty} \delta(t - nT), \qquad T < \frac{1}{2W}. \tag{12.50}$$

為了求出被取樣函數的 Fourier 轉換,我們使用捲積定理:

$$\mathcal{F}\left[f(t) \sum_{n=-\infty}^{\infty} \delta(t - nT)\right] = \mathcal{F}[f(t)] \otimes \mathcal{F}\left[\sum_{n=-\infty}^{\infty} \delta(t - nT)\right]. \tag{12.51}$$

我們把 $f(t)$ 的 Fourier 轉換記為 $F(\omega)$。在時間域中的一連串脈衝函數,其 Fourier 轉換乃是頻率域中的一連串脈衝函數 (習題 5):

$$\mathcal{F}\left[\sum_{n=-\infty}^{\infty} \delta(t - nT)\right] = \sigma_0 \sum_{n=-\infty}^{\infty} \delta(\omega - n\sigma_0) \qquad \sigma_0 = \frac{2\pi}{T}. \tag{12.52}$$

因此 $f_s(t)$ 的 Fourier 轉換為

$$F_s(\omega) = F(\omega) \otimes \sum_{n=-\infty}^{\infty} \delta(\omega - n\sigma_0) \qquad (12.53)$$

$$= \sum_{n=-\infty}^{\infty} F(\omega) \otimes \delta(\omega - n\sigma_0) \qquad (12.54)$$

$$= \sum_{n=-\infty}^{\infty} F(\omega - n\sigma_0) \qquad (12.55)$$

其中最後一個等號是因為 delta 函數的篩選性質。

從圖形上來看，對於圖 12.8 所示的 $F(\omega)$，$F_S(\omega)$示於圖 12.10。請注意，如果 T 小於 $\dfrac{1}{2W}$，則 σ_0 大於 $4\pi W$，此外，只要 σ_0 大於 $4\pi W$，我們可以讓 $F_S(\omega)$ 通過帶寬等於 W 赫茲 ($2\pi W$ 弳) 的理想低通濾波器，而將 $F(\omega)$ 還原。

如果取樣速率低於每秒鐘 $2W$ 個取樣值 (亦即 σ_0 小於 $4\pi W$)，會發生什麼事？同樣地，從圖形中最容易看出結果。σ_0 等於 $3\pi W$ 的結果示於圖 12.11。如果我們使用理想的低通濾波器將這個訊號過濾，會得到如圖 12.12 所示的失真訊號。因此，如果 σ_0 小於 $4\pi W$，我們就無法根據訊號 $f(t)$ 的取樣值將它還原。這種失真稱為**混疊** (aliasing)。為了避免發生混疊，在進行取樣之前，使用帶寬小於取樣頻率之半的低通濾波器來過濾訊號，是很有用處的。

一旦我們有了訊號的取樣值，這些值被取樣的實際時間有時並不重要。在這種情況下，我們可以把取樣頻率歸一化為 1。這表示訊號中的最高頻率成分等於 0.5 赫茲或 π 弳。因此，處理取樣訊號時，我們經常會談論到從 $-\pi$ 到 π 的頻率範圍。

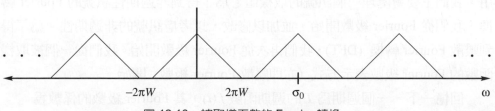

圖 12.10　被取樣函數的 Fourier 轉換。

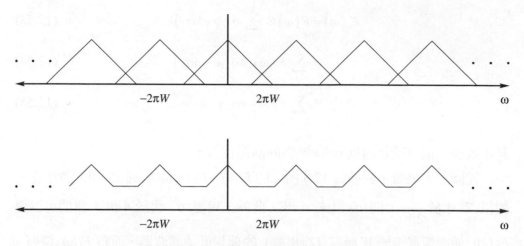

圖 12.11 取樣速率低於每秒鐘 2W 個取樣值的效應。

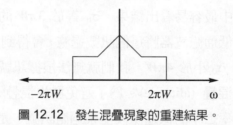

圖 12.12 發生混疊現象的重建結果。

■ 12.8 離散 Fourier 轉換

我們所提供，用來求出 Fourier 級數與 Fourier 轉換的程序，是根據「我們所檢驗的訊號可以表示成時間的連續函數」這個假設。然而對於我們有興趣的應用，我們主要會處理一個訊號的取樣值。為了得到非週期性訊號的 Fourier 轉換，我們從 Fourier 級數開始，並加以修改，以考慮訊號的非週期性。為了得到離散 Fourier 轉換 (DFT)，我們再次從 Fourier 級數開始。我們從一個被取樣函數的 Fourier 級數表示方式 (亦即離散 Fourier 級數) 開始。

回憶一下，一個週期為 T 的週期函數 $f(t)$，其 Fourier 級數的係數為

$$c_k = \frac{1}{T} \int_0^T f(t) e^{jkw_0 t} \, dt. \tag{12.56}$$

假設我們擁有某一個函數在每一個週期 T 內的 N 個取樣值，而不是一個連續函數，我們可以求出此一被取樣函數之 Fourier 級數表示方式的係數，如以下所示：

$$F_k = \frac{1}{T} \int_0^T f(t) \sum_{n=0}^{N-1} \delta\left(t - \frac{n}{N}T\right) e^{jkw_0 t} \, dt. \tag{12.57}$$

$$= \frac{1}{T} \sum_{n=0}^{N-1} f\left(\frac{n}{N}T\right) e^{j\frac{2\pi kn}{N}} \tag{12.58}$$

其中我們使用了 $\omega_0 = \frac{2\pi}{T}$ 的結果，而且已經把 c_k 換成了 F_k。為了方便起見，我們取 $T = 1$，並定義

$$f_n = f\left(\frac{n}{N}\right)$$

我們得到離散 Fourier 級數 (DFS) 表示方式的係數：

$$F_k = \sum_{n=0}^{N-1} f_n e^{j\frac{2\pi kn}{n}} \tag{12.59}$$

請注意係數的序列 $\{F_k\}$ 具有週期性，且週期等於 N。

Fourier 級數表示方式為

$$f(t) = \sum_{k=-\infty}^{\infty} c_k e^{jn\omega_0 t}. \tag{12.60}$$

求出這個式子在 $t = \frac{n}{N}T$ 時的值，我們得到

$$f_n = f\left(\frac{n}{N}T\right) = \sum_{k=-\infty}^{\infty} c_k e^{j\frac{2\pi kn}{n}}. \tag{12.61}$$

讓我們把它寫成一個稍微不同的形式：

$$f_n = \sum_{k=0}^{N-1} \sum_{l=-\infty}^{\infty} c_{k+lN} e^{\frac{2\pi n(k+lN)}{N}}. \tag{12.62}$$

但是

$$e^{j\frac{2\pi n(k+lN)}{N}} = e^{j\frac{2\pi kn}{N}} e^{j2\pi nl} \tag{12.63}$$

$$= e^{j\frac{2\pi kn}{N}} \tag{12.64}$$

因此，

$$f_n = \sum_{k=0}^{N-1} e^{j\frac{2\pi kn}{N}} \sum_{l=-\infty}^{\infty} c_{k+lN}. \tag{12.65}$$

茲定義

$$\overline{c}_k = \sum_{l=-\infty}^{\infty} c_{k+lN}. \tag{12.66}$$

顯然 $\overline{c}_k$ 具有週期性，且週期等於 N。事實上，我們可以證明 $\overline{c}_k = \frac{1}{N} F_k$，而且

$$f_n = \frac{1}{N} \sum_{k=0}^{N-1} F_k e^{j\frac{2\pi kn}{N}}. \tag{12.67}$$

從離散 Fourier 級數得到離散 Fourier 轉換只不過是解釋的問題。我們通常對有限長度序列的離散 Fourier 轉換感興趣。如果我們假設有限長度序列是某一週期性序列的一個週期，就可以使用 DFS 方程式來表示這個序列。唯一的差別是這個表示式只對「週期性」序列的一個「週期」有效。

由於存在一個可以用來計算 DFT 的快速演算法，因此 DFT 是一項特別有力的工具，這個演算法有一個很合適的名稱，叫做快速 Fourier 轉換 (fast Fourier transform，簡稱 FFT)。

◾ 12.9 Z 轉換

在前一節中，我們看到如何延伸 Fourier 級數，以使用於被取樣的函數。Fourier 轉換也可以這麼做。回憶一下，Fourier 轉換係由以下的方程式給出

$$F(\omega) = \int_{-\infty}^{\infty} f(t) e^{-j\omega t} \, dt \tag{12.68}$$

將 $f(t)$ 以其被取樣的版本替換，我們得到

$$F(\omega) = \int_{-\infty}^{\infty} f(t) \sum_{n=-\infty}^{\infty} \delta(t-nT)e^{-j\omega t}\, dt \tag{12.69}$$

$$= \sum_{n=-\infty}^{\infty} f_n e^{-j\omega nT} \tag{12.70}$$

其中 $f_n = f(nT)$。這叫做離散時間 Fourier 轉換。$\{f_n\}$ 的 Z 轉換序列是廣義的離散時間 Fourier 轉換，而且等於

$$F(z) = \sum_{n=-\infty}^{\infty} f_n z^{-n} \tag{12.71}$$

其中

$$z = e^{\sigma T + j\omega T}. \tag{12.72}$$

　　請注意，如果我們令 σ 等於零，我們得到離散時間序列之 Fourier 轉換的原始表示式。我們把序列的 Z 轉換記為

$$F(z) = Z[f_n].$$

　　我們可以用另一種方示來表示。請注意 z 的範值為

$$|z|e^{\sigma T}.$$

因此，當 σ 等於 0 時，z 的範值等於 1。由於 z 是複數，在複數平面的單位圓上的 z，其範值等於 1。因此我們可以這麼說：我們可以求出序列的 Z 轉換在單位圓上的值，而得到該序列的 Fourier 轉換。請注意這樣得到的 Fourier 轉換將是週期性的，我們也預期會如此，因為我們處理的是一個被取樣的函數。如果我們更進一步假設 T 等於 1，則 ω 將從 $-\pi$ 變化到 $+\pi$，相當於從-0.5 到 0.5 赫茲的頻率範圍。這是很合理的，因為根據取樣定理，如果取樣速率為每秒鐘一個取樣值，那麼可以被還原的最高頻率成分為 0.5 赫茲。

　　如果 Z 轉換要存在 ── 換句話說，冪級數要收斂 ── 我們需要有

$$\sum_{n=-\infty}^{\infty} \left| f_n z^{-n} \right| < \infty.$$

不等式是否成立，取決於序列本身與 z 的值。使級數收斂的 z 值稱為 Z 轉換的 **收斂區域** (region of convergenece)。從前面的討論可以看出，如果存在序列的 Fourier 轉換，則收斂區域應包括單位圓。讓我們看看一個簡單的例題。

例題 12.9.1

已知以下的序列

$$f_n = a^n u[n]$$

其中 $u[n]$ 是單位階梯函數。

$$u[n] = \begin{cases} 1 & n \geq 0 \\ 0 & n < 0 \end{cases} \tag{12.73}$$

Z 轉換為

$$F(z) = \sum_{n=0}^{\infty} a^n z^{-n} \tag{12.74}$$

$$= \sum_{n=0}^{\infty} \left(az^{-1} \right)^n. \tag{12.75}$$

這正是幾何級數的總和。由於我們經常會遇到這種總和，因此讓我們暫時離題一下，並求出幾何級數的總和公式。

假設我們有一個總和

$$S_{mn} = \sum_{k=m}^{n} x^k = x^m + x^{m+1} + x^{m+2} + \cdots + x^n \tag{12.76}$$

則

$$xS_{mn} = x^{m+1} + x^{m+2} + \cdots + x^{n+1} \tag{12.77}$$

從方程式 (12.76) 中減去方程式 (12.77)，我們得到

$$(1 - x)\, S_{mn} = x^m - x^{n+1}$$

而且

$$S_{mn} = \frac{x^m - x^{n+1}}{1 - x}$$

若總和的上限是無限大，則取 n 趨近於無限大時的極限。只有在 $|x| < 1$ 時，這個極限才存在。

使用這個公式，我們得到序列 $\{f_n\}$ 的 Z 轉換為

$$F(z) = \frac{1}{1 - az^{-1}}, \qquad \left|az^{-1}\right| < 1 \tag{12.78}$$

$$= \frac{z}{z - a}, \qquad |z| > |a|. \tag{12.79}$$

♦

在這個例題中，收斂區域為 $|z| > a$。如果 Fourier 轉換要存在，則收斂區域必須包含單位圓。為了滿足此種情況，a 必須小於 1。

使用這個例題，我們可以得到一些有用的其他 Z 轉換。

例題 12.9.2

在前一個例題中，我們發現

$$\sum_{n=0}^{\infty} a^n z^{-n} = \frac{z}{z - a}, \qquad |z| > |a|. \tag{12.80}$$

如果在方程式的兩邊對 a 取導數，得到

$$\sum_{n=0}^{\infty} n a^{n-1} z^{-n} = \frac{z}{(z - a)^2}, \qquad |z| > |a|. \tag{12.81}$$

因此，

$$Z\left[na^{n-1}u[n]\right] = \frac{z}{\left(z-a\right)^2}, \qquad |z| > |a|.$$

如果我們將方程式 (12.80) 微分 m 次，我們得到

$$\sum_{n=0}^{\infty} n(n-1)\cdots(n-m+1)a^{n-m} = \frac{m!z}{\left(z-a\right)^{m+1}}.$$

換句話說，

$$Z\left[\binom{n}{m}a^{n-m}u[n]\right] = \frac{z}{\left(z-a\right)^{m+1}}. \tag{12.82}$$

◆

　　在這些例題中，Z 轉換是 z 的多項式的比。我們有興趣的序列通常都是這種情況，而且 Z 轉換將具有下列形式

$$F(z) = \frac{N(z)}{D(z)}.$$

使 $F(z)$ 等於零的 z 值稱為 $F(z)$ 的**零點** (zero)；使 $F(z)$ 等於無限大的 z 值稱為 $F(z)$ 的**極點** (pole)。對於有限的 z 值而言，極點將在多項式 $D(z)$ 的根出現。

　　逆向 Z 轉換由圍線積分正式給出

$$\frac{1}{2\pi j}\oint_C F(z)z^{n-1}dz$$

其中的積分是在逆向時針方向的圍線 C 上計算出來的，且 C 位於收斂區域內。這個積分可能很難直接求值；因此，在大部份的情況下，我們採用其他方法求出逆向 Z 轉換。

12.9.1 列表法

許多有趣情況下的逆向 Z 轉換已經被列成表格 (參閱表 12.1)。如果我們可以把 $F(z)$ 寫成這些函數的和

表 12.1 一些 Z 轉換對。

$\{f_n\}$	$F(z)$
$a^n u[n]$	$\frac{z}{z-a}$
$nTu[n]$	$\frac{Tz^{-1}}{(1-z^{-1})^2}$
$\sin(\alpha nT)$	$\frac{(\sin \alpha nT)z^{-1}}{1-2\cos(\alpha T)z^{-1}+z^{-2}}$
$\cos(\alpha nT)$	$\frac{(\cos \alpha nT)z^{-1}}{1-2\cos(\alpha T)z^{-1}+z^{-2}}$

$$F(z) = \sum \alpha_i F_i(z)$$

則逆向 Z 轉換為

$$f_n = \sum \alpha_i f_{i,n}$$

其中 $F_i(z) = Z[\{f_{i,n}\}]$。

例題 12.9.3

$$F(z) = \frac{z}{z-0.5} + \frac{2z}{z-0.3}$$

從前面的例題中，我們知道 $z/(z-a)$ 的逆向 Z 轉換。使用這個結果，則 $F(z)$ 的逆向 Z 轉換為

$$f_n = 0.5^n u[n] + 2(0.3)^n u[n].$$

12.9.2 部份分式展開

為了使用列表法，我們必須把我們有興趣的函數分解成更簡單的項的和。當函數等於兩個 z 的多項式的比時，部份分式展開法就是在進行這樣的分解。

假設 $F(z)$ 可以寫成多項式 $N(z)$ 與 $D(z)$ 的比。讓我們暫時假設 $D(z)$ 的次數比 $N(z)$ 的次數大，而且 $D(z)$ 所有的根都是不同的 (不同的根稱為簡單根)；也就是說，

$$F(z) = \frac{N(z)}{(z-z_1)(z-z_2)\cdots(z-z_L)}. \tag{12.83}$$

則 $F(z)/z$ 可以寫成

$$\frac{F(z)}{z} = \sum_{i=1}^{L} \frac{A_i}{z - z_i} \qquad (12.84)$$

如果我們能求出係數 A_i，則 $F(z)$可以寫成

$$F(z) = \sum_{i=1}^{L} \frac{A_i z}{z - z_i}$$

而且逆向 Z 轉換為

$$f_n = \sum_{i=1}^{L} A_i z_i^n u[n].$$

接下來，問題變成求出係數 A_i 的值。我們只需要這麼做：假設我們希望求出係數 A_k。將方程式 (12.84) 的兩邊乘上$(z - z_k)$，然後把式子化簡，我們得到

$$\frac{F(z)(z - z_k)}{z} = \sum_{i=1}^{L} \frac{A_i (z - z_k)}{z - z_i} \qquad (12.85)$$

$$= A_k + \sum_{\substack{i=1 \\ i \neq k}}^{L} \frac{A_i (z - z_k)}{z - z_i}. \qquad (12.86)$$

計算這個方程式在 $z = z_k$ 時的值，則總和中所有的項全部變成零，而且

$$A_k = \left. \frac{F(z)(z - z_k)}{z} \right|_{z=z_k}. \qquad (12.87)$$

例題 12.9.4

讓我們使用部份分式展開法求出下列函數的逆向 Z 轉換：

$$F(z) = \frac{6z^2 - 9z}{z^2 - 2.5z + 1}.$$

則

$$\frac{F(z)}{z} = \frac{1}{z}\frac{6z^2 - 9z}{z^2 - 2.5z + 1}. \tag{12.88}$$

$$= \frac{6z - 9}{(z - 0.5)(z - 2)}. \tag{12.89}$$

我們想要把 $F(z)/z$ 寫成以下的形式

$$\frac{F(z)}{z} = \frac{A_1}{z - 0.5} + \frac{A_2}{z - 2}$$

使用如上所述的方法，我們得到

$$A_1 = \left.\frac{(6z - 9)(z - 0.5)}{(z - 0.5)(z - 2)}\right|_{z = 0.5} \tag{12.90}$$

$$= 4 \tag{12.91}$$

$$A_2 = \left.\frac{(6z - 9)(z - 2)}{(z - 0.5)(z - 2)}\right|_{z = 2} \tag{12.92}$$

$$= 2 \tag{12.93}$$

因此，

$$F(z) = \frac{4z}{z - 0.5} + \frac{2z}{z - 2}$$

而且

$$f_n = \left[4(0.5)^n + 2(2)^n\right]u[n]. \qquad\blacklozenge$$

當 $D(z)$ 有重根時，程序會稍微複雜一些。假設有一個函數

$$F(z) = \frac{N(z)}{(z - z_1)(z - z_2)^2}.$$

這個函數的部份分式展開是

$$\frac{F(z)}{z} = \frac{A_1}{z - z_1} + \frac{A_2}{z - z_2} + \frac{A_3}{\left(z - z_2\right)^2}.$$

A_1 和 A_3 的值可以使用前面所示的方式求出：

$$A_1 = \left. \frac{F(z)(z - z_1)}{z} \right|_{z = z_1}. \tag{12.94}$$

$$A_3 = \left. \frac{F(z)(z - z_2)^2}{z} \right|_{z = z_2}. \tag{12.95}$$

然而當我們嘗試求出 A_2 的值時，我們會遇到問題。讓我們看看，當我們把兩邊乘上 $(z - z_2)$ 時會發生什麼事：

$$\frac{F(z)(z - z_2)}{z} = \frac{A_1(z - z_2)}{z - z_1} + A_2 + \frac{A_3}{z - z_2}. \tag{12.96}$$

如果我們現在計算這個方程式在 $z = z_2$ 時的值，右手邊的的第 3 項會變成未定義。為了避免這個問題，先把兩邊乘上 $(z - z_2)^2$，然後在計算方程式在 $z = z_2$ 時的值之前，先對 z 取導數：

$$\frac{F(z)(z - z_2)^2}{z} = \frac{A_1(z - z_2)^2}{z - z_1} + A_2(z - z_2) + A_3. \tag{12.97}$$

在方程式兩邊對 z 取導數，我們得到

$$\frac{d}{dz} \frac{F(z)(z - z_2)^2}{z} = \frac{2A_1(z - z_2)(z - z_1) - A_1(z - z_2)^2}{(z - z_1)^2} + A_2. \tag{12.98}$$

如果我們現在計算這個表示式在 $z = z_2$ 時的值，我們得到

$$A_2 = \left. \frac{d}{dz} \frac{F(z)(z - z_2)^2}{z} \right|_{z = z_2}. \tag{12.99}$$

把這個方法一直推廣，我們可以證明，如果 $D(z)$ 在某個 z_k 有 m 重根，則部份分式展開的該部份可以寫成

$$\frac{F(z)}{z} = \frac{A_1}{z - z_k} + \frac{A_2}{(z - z_k)^2} + \cdots \frac{A_m}{(z - z_k)^m} \tag{12.100}$$

而且第 l 個係數可由以下的式子求出

$$A_l = \frac{1}{(m-l)!} \frac{d^{(m-1)}}{dz^{(m-1)}} \left. \frac{F(z)(z - z^k)^m}{z} \right|_{z=z_k} \tag{12.101}$$

最後，讓我們除去 $D(z)$ 的次數大於或等於 $N(z)$ 的次數的要求。當 $N(z)$ 的次數大於 $D(z)$ 的次數時，我們只需要把 $N(z)$ 除以 $D(z)$，得到

$$F(z) = \frac{N(z)}{D(z)} = Q(z) + \frac{R(z)}{D(z)} \tag{12.102}$$

其中 $Q(z)$ 是商式，$R(z)$ 是除法運算的餘式，$R(z)$ 的次數顯然小於 $D(z)$ 的次數。

為了瞭解這些結果如何一同作用，試考慮以下的例題。

例題 12.9.5

讓我們求出下列函數的逆向 Z 轉換

$$F(z) = \frac{2z^4 + 1}{2z^3 - 5z^2 + 4z - 1}. \tag{12.103}$$

分子的次數比分母大，因此我們做一次除法，結果得到

$$F(z) = z + \frac{5z^3 - 4z^2 + z + 1}{2z^3 - 5z^2 + 4z - 1}. \tag{12.104}$$

z 的逆向 Z 轉換等於 δ_{n-1}，其中 δ_n 是離散 delta 函數，定義為

$$\delta_n = \begin{cases} 1 & n = 0 \\ 0 & \text{其他情況} \end{cases} \tag{12.105}$$

讓我們把剩下的多項式的比稱為 $F_1(z)$。我們求出 $F_1(z)$ 的分母的根為

$$F_1(z) = \frac{5z^3 - 4z^2 + z + 1}{2(z - 0.5)(z - 1)^2}. \tag{12.106}$$

則

$$\frac{F_1(z)}{z} = \frac{5z^3 - 4z^2 + z + 1}{2z(z - 0.5)(z - 1)^2}. \tag{12.107}$$

$$= \frac{A_1}{z} + \frac{A_2}{z - 0.5} + \frac{A_3}{z - 1} + \frac{A_4}{(z - 1)^2}. \tag{12.108}$$

故

$$A_1 = \frac{5z^3 - 4z^2 + z + 1}{2(z - 0.5)(z - 1)^2}\bigg|_{z=0} = -1 \tag{12.109}$$

$$A_2 = \frac{5z^3 - 4z^2 + z + 1}{2z(z - 1)^2}\bigg|_{z=0.5} = 4.5 \tag{12.110}$$

$$A_4 = \frac{5z^3 - 4z^2 + z + 1}{2z(z - 0.5)}\bigg|_{z=1} = 3. \tag{12.111}$$

為了求出 A_3，我們對 z 取導數，然後令 $z = 1$：

$$A_3 = \frac{d}{dz}\left[\frac{5z^3 - 4z^2 + z + 1}{2z(z - 0.5)}\right]\bigg|_{z=1} = -3. \tag{12.112}$$

因此，

$$F_1(z) = -1 + \frac{4.5z}{z - 0.5} - \frac{3z}{z - 1} + \frac{3z}{(z - 1)^2} \tag{12.113}$$

且

$$f_{1,n} = -\delta_n + 4.5(0.5)^n u[n] - 3\,u[n] + 3\,nu[n] \tag{12.114}$$

且

$$f_n = \delta_{n-1} - \delta_n + 4.5(0.5)^n u[n] - (3-3n)u[n]. \tag{12.115}$$

◆

12.9.3 長除法

如果我們可以把 $F(z)$ 寫成冪級數，則從 Z 轉換的表示式可以得到 z^{-n} 的係數將等於序列 f_n 的值。

例題 12.9.6

讓我們求出下列式子的逆向 Z 轉換

$$F(z) = \frac{z}{z-a}.$$

將分母除以分子，我們得到如下的結果：

$$
\begin{array}{r}
1 \quad + \quad az^{-1} \quad + \quad a^2z^{-2} \quad \cdots \\
z-a \overline{)\ z } \\
z \quad - \quad a \\
\overline{ a } \\
a \quad - \quad a^2z^{-1} \\
\overline{ a^2z^{-1} }
\end{array}
$$

因此商式為

$$1 + az^{-1} + a^2z^{-2} + \cdots = \sum_{n=0}^{\infty} a^n z^{-n}$$

我們很容易看出 Z 轉換等於 $F(z)$ 的序列為

$$f_n = a^n u[n]. $$

◆

12.9.4 Z 轉換的性質

與連續線性系統相似，我們可以把離散線性系統的轉換函數定義爲 z 的函數，這個函數會將輸入的 Z 轉換與輸出的 Z 轉換關聯起來。令離散線性時間不變系統的輸入爲 $\{f_n\}_{n=-\infty}^{\infty}$，且輸出爲 $\{g_n\}_{n=-\infty}^{\infty}$。如果輸入序列的 Z 轉換爲 $F(z)$，且輸出序列的 Z 轉換爲 $G(z)$，則兩者的關係爲

$$G(z) = H(z)\, F(z) \tag{12.116}$$

而且 $H(z)$ 是離散線性時間不變系統的轉換函數。

如果輸入序列 $\{f_n\}_{n=-\infty}^{\infty}$ 的 Z 轉換等於 1，則 $G(z)$ 等於 $H(z)$。我們很容易求出需要的序列：

$$F\left(z\right) = \sum_{n=-\infty}^{\infty} f_n z^{-n} = 1 \Rightarrow f_n = \begin{cases} 1 & n=0 \\ 0 & \text{其他情況.} \end{cases} \tag{12.117}$$

這個特殊序列稱爲**離散** *delta* **函數** (discrete delta function)。系統對離散 delta 函數的響應稱爲系統的脈衝響應。轉換函數 $H(z)$ 顯然是脈衝響應的 Z 轉換。

12.9.5 離散捲積

在連續時間的情況下，線性時間不變系統的輸出是輸入與脈衝響應的捲積。類似的情況在離散情況下也成立嗎？我們可以明確地寫出方程式 (12.116) 中的 Z 轉換，很容易地檢查這個結果。爲了簡單起見，讓我們假設所有的序列都是單邊的；也就是說，只有在下標不等於零時，序列的值才不等於零：

$$\sum_{n=0}^{\infty} g_n z^{-n} = \sum_{n=0}^{\infty} h_n z^{-n} \sum_{m=0}^{\infty} f_m z^{-m} \tag{12.118}$$

令 z 的各種次方的同類項相等，可得：

$$g_0 = h_0 f_0$$
$$g_1 = f_0 h_1 + f_1 h_0$$
$$g_2 = f_0 h_2 + f_1 h_1 + f_2 h_0$$
$$\vdots$$
$$g_n = \sum_{m=0}^{n} f_m h_{n-m}.$$

因此輸出序列等於輸入序列與脈衝響應的離散捲積。

　　我們處理的大部份離散線性系統將由延遲元件組成，其輸入 — 輸出關係可以寫成常係數差分方程式。舉例來說，對於圖 12.13 所示的系統，輸入 — 輸出關係可以寫成下列差分方程式的形式：

$$g_k = a_0 f_k + a_1 f_{k-1} + a_2 f_{k-2} + b_1 g_{k-1} + b_2 g_{k-2} \tag{12.119}$$

　　使用**移位定理** (shifting theorem)，很容易求出這個系統的轉換函數。移位定理表示，如果序列 $\{f_n\}$ 的 Z 轉換為 $F(z)$，則移位過某一整數取樣值數目 n_0 的序列，其 Z 轉換為 $z^{-n_0} F(z)$。

　　這個定理很容易證明。假設有一個序列 $\{f_n\}$，其 Z 轉換為 $F(z)$。讓我們看看序列 $\{f_{n-n_0}\}$ 的 Z 轉換：

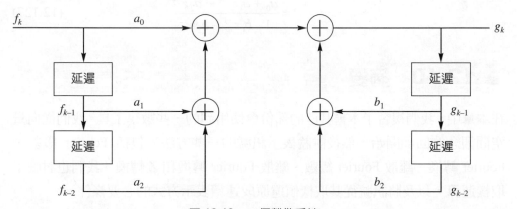

圖 12.13　一個離散系統。

$$z\left[\left\{f_{n-n_0}\right\}\right] = \sum_{n=-\infty}^{\infty} f_{n-n_0} z^{-n} \tag{12.120}$$

$$= \sum_{m=-\infty}^{\infty} f_m z^{-m-n_0} \tag{12.121}$$

$$= z^{-n_0} \sum_{m=-\infty}^{\infty} f_m z^{-m} \tag{12.122}$$

$$= z^{-n_0} F(z) \tag{12.123}$$

假設 $\{g_n\}$ 的 Z 轉換為 $G(z)$，且 $\{f_n\}$ 的 Z 轉換為 $F(z)$，我們可以取差分方程式 (12.119) 兩邊的 Z 轉換：

$$G(z) = a_0 F(z) + a_1 z^{-1} F(z) + a_2 z^{-2} F(z) + b_1 z^{-1} G(z) + b_2 z^{-2} G(z) \tag{12.124}$$

我們得到 $G(z)$ 和 $F(z)$ 之間的關係為

$$G(z) = \frac{a_0 + a_1 z^{-1} + a_2 z^{-2}}{1 - b_1 z^{-1} - b_2 z^{-2}} F(z). \tag{12.125}$$

因此，根據定義，轉換函數 $H(z)$ 為

$$H(z) = \frac{G(z)}{F(z)} \tag{12.126}$$

$$= \frac{a_0 + a_1 z^{-1} + a_2 z^{-2}}{1 - b_1 z^{-1} - b_2 z^{-2}} \tag{12.127}$$

▣ 12.10 摘要

在本章中，我們複習了本書其餘的部份會使用到的一些數學工具。我們從向量空間觀念的回顧開始，然後討論表示訊號的一些方法，包括 Fourier 級數、Fourier 轉換、離散 Fourier 級數、離散 Fourier 轉換和 Z 轉換。我們也討論了取樣運算，以及將訊號從其取樣值還原成連續表示方式的必要條件。

進階閱讀

1. 有許多書籍對於本章所描述的觀念提供更詳細的討論。B.P. Lathi 撰寫的「*Signal Processing and Linear Systems*」就是一本很不錯的書[177]。

2. 有關快速 Fourier 轉換 (FFT) 的詳盡論述，請參閱 W.H. Press, S.A. Teukolsky, W.T. Vetterling 與 B.J. Flannery 合著的「*Numerical Recipes in C*」[178]。

■ 12.11 專案與習題

1. 令 X 爲 N 個線性獨立向量的集合，並令 V 爲使用 X 中之向量的所有線性組合獲得的向量的集合。

   (a) 證明：給定 V 中的任何兩個向量，則這些向量的和也是 V 的元素。

   (b) 證明 V 包含加法單位元素。

   (c) 證明：對於 V 中的每一個 $\mathbf{x}$，存在 V 中的一個($-\mathbf{x}$)，使得兩者的和等於加法單位元素。

2. 針對 Fourier 轉換證明 Parseval 定理。

3. 證明 Fourier 轉換的調變性質。

4. 針對 Fourier 轉換證明捲積定理。

5. 證明：時間域中的一連串脈衝函數，其 Fourier 轉換爲頻率域中的一連串脈衝函數：

$$\mathscr{F}\left[\sum_{n=-\infty}^{\infty}\delta\left(t-nT\right)\right]=\sigma_0\sum_{n=-\infty}^{\infty}\delta\left(\omega-n\sigma_0\right)\qquad\sigma_0=\frac{2\pi}{T}. \tag{12.128}$$

6. 求出以下序列的 Z 轉換：

   (a) $h_n=2^{-n}u[n]$，其中 $u[n]$ 是單位階梯函數。

   (b) $h_n=\left(n^2-n\right)3^{-n}u[n]$.

(c) $h_n = \left(n2^{-n} + (0.6)^n \right) u[n].$

7. 已知下列的輸入 —— 輸出關係：

$$y_n = 0.6y_{n-1} + 0.5x_n + 0.2x_{n-1}$$

  (a)   求出轉換函數 $H(z)$。

  (b)   求出脈衝響應 $\{h_n\}$。

8. 求出下列式子的逆向 Z 轉換：

  (a) $H(z) = \dfrac{5}{z-2}$.

  (b) $H(z) = \dfrac{z}{z^2 - 0.25}$.

  (c) $H(z) = \dfrac{z}{z^2 - 0.5}$.

13

轉換編碼

13.1 綜覽

本章將描述一種技術，其中資料源輸出被分解或轉換成許多分量，然後各分量根據其個別特性予以編碼。我們將討論一些不同的轉換，包括常用的離散餘弦轉換，並討論被轉換係數的編碼及量化的問題。本章最後將描述基礎循序式 JPEG 影像編碼演算法，以及音訊訊號轉換編碼的一些相關問題。

13.2 引言

前一章發展了一些工具，可以把給定序列轉換成不同的表現方式。如果我們取一個輸入序列，然後把將它轉換成另一個序列，其中大部份的資訊只包含在少數幾個元素之內，則我們可以把這些元素編碼，然後把這些元素與它們在新序列中的位置一起傳送，而產生資料壓縮的效果。在我們的討論中，「變異數」和「資訊」這兩個術語可以交換使用。第 7 章的結果可以說明這一點為什麼成立。舉例來說，請回憶一下，高斯資料源的微分熵值等於 $\frac{1}{2}\log 2\pi e\sigma^2$，因此變異數增加會導致熵值 (資料源輸出中所含資訊的度量) 增加。

爲了開始轉換編碼的討論，請考慮下面的例題。

例題 13.2.1

讓我們再做一次例題 8.5.1。在例題 8.5.1 中，我們研究由兩個數目的序列組成的資料源輸出的編碼。每一對數目相當於一個人的身高與體重。更明確地說，讓我們看看表 13.1 所示的輸出序列。

如果我們把身高與體重視爲在二維空間中的一個點的座標，則序列可採用圖形方式呈現，如圖 13.1 所示。請注意輸出值傾向於在直線 $y = 2.5\,x$ 附近聚集。我們可以使用以下的轉換

$$\theta = \mathbf{A}\mathbf{x} \tag{13.1}$$

把這一組值旋轉，其中 $\mathbf{x}$ 是二維資料源輸出向量

$$\mathbf{x} = \begin{bmatrix} x_0 \\ x_1 \end{bmatrix} \tag{13.2}$$

x_0 對應於身高，x_1 則對應於體重，$\mathbf{A}$ 爲旋轉矩陣

$$\mathbf{A} = \begin{bmatrix} \cos\phi & \sin\phi \\ -\sin\phi & \cos\phi \end{bmatrix} \tag{13.3}$$

表 13.1　原始序列。

身高	體重
65	170
75	188
60	150
70	170
56	130
80	203
68	160
50	110
40	80
50	153
69	148
62	140
76	164
64	120

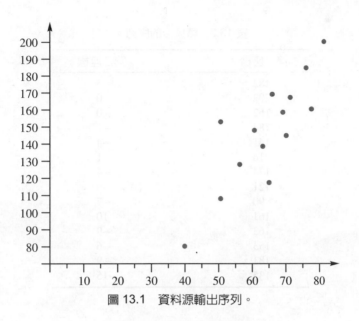

圖 13.1 資料源輸出序列。

ϕ 是 x 軸與直線 $y = 2.5x$ 的夾角，且

$$\theta = \begin{bmatrix} \theta_0 \\ \theta_1 \end{bmatrix} \tag{13.4}$$

是旋轉後或轉換後的一組值。對於這個特別的例子而言，$\mathbf{A}$ 等於

$$\mathbf{A} = \begin{bmatrix} 0.37139068 & 0.92847669 \\ -0.92847669 & 0.37139068 \end{bmatrix} \tag{13.5}$$

轉換後的序列 (四捨五入到最接近的整數) 示於表 13.2 (如果讀者需要簡短地複習矩陣的概念，請參閱附錄 B)。

請注意在每一對的值之中，幾乎所有的能量都集中於第一個元素，第二個元素則小得多。如果我們把這個序列成對畫出，會得到圖 13.2 所示的結果。請注意我們已經把原始值旋轉了大約 68° (arctan 2.5) 的角度。

假設我們把轉換後的序列的第 2 個元素，亦即表 13.2 所示的第 2 個座標全部設定爲零。這樣會把需要編碼的元素的數目減少一半。把序列中一半的元素丟掉，會有什麼影響？只要求出被縮減的序列的逆向轉換，就可以得到答案。逆向轉換係由反向旋轉組成。我們可以把轉換後的序列

表 13.2　轉換後的序列。

第一座標	第二座標
182	3
202	0
162	0
184	−2
141	−4
218	1
174	−4
121	−6
90	−7
161	10
163	−9
153	−6
181	−9
135	−15

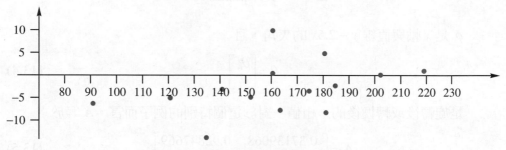

圖 13.2　轉換後的序列。

每兩個值形成一個區塊，其中每一個區塊的第二個元素設定為零，然後乘上以下的矩陣

$$\mathbf{A}^{-1} = \begin{bmatrix} \cos\phi & -\sin\phi \\ \sin\phi & \cos\phi \end{bmatrix} \tag{13.6}$$

而得到表 13.3 所示的重建序列。把這個結果與表 13.1 的原始序列相比，我們可以看到，雖然我們只傳送了原始序列中一半的元素，「重建」序列仍然非常接近原始序列。那裡的原因是被引入序列的誤差這麼小的原

表 13.3 重建序列。

身高	體重
68	169
75	188
60	150
68	171
53	131
81	203
65	162
45	112
34	84
60	150
61	151
57	142
67	168
50	125

因在於：對於這個特定的轉換而言，引入序列 $\{x_n\}$ 的誤差的等於引入序列 $\{\theta_n\}$ 的誤差。也就是說，

$$\sum_{i=0}^{N-1}(x_i - \hat{x}_i)^2 = \sum_{i=0}^{N-1}(\theta_i - \hat{\theta}_i)^2 \qquad (13.7)$$

其中 $\{\hat{x}_n\}$ 是重建序列，而且

$$\hat{\theta}_i = \begin{cases} \theta_i & i = 0, 2, 4, \cdots \\ 0 & \text{其他情況} \end{cases} \qquad (13.8)$$

(參閱習題 1)。$\{\theta_n\}$ 序列中引入的誤差等於被設定為零的 θ_n 的平方和。這些元素非常小，因此被引入重建序列的總誤差也很小。　　　　◆

　　我們可以減少編碼所需的取樣值數目，因為包含於每兩個值之中的大部份資訊是放在其中的一個元素內。由於每一對資料中的其他元素包含的訊息非常少，我們可以把它丟掉，而不致於嚴重影響重建序列的保真度。在這種情況下，轉換乃是作用於每兩個值上；因此，重要取樣值的數目最多可以減少兩倍。這個概念可以推廣到資料中更長的區塊。如果使用可逆向轉換，把資料源的輸出

序列中大部份的資訊集中在轉換後的序列中的少數幾個元素，然後丟掉序列中資訊較少的元素，則可得到大幅度的壓縮。這是轉換編碼背後的基本概念。

在例題 13.2.1 中，我們提出了轉換過程的幾何學觀點。我們也可以研究原始序列與轉換後的序列在統計方面的變化，以檢驗轉換過程。我們可以證明，如果我們使用的轉換可以去除輸入序列元素之間的關聯性，則可得到最大程度的集中；即轉換後的序列中，取樣值與取樣值之間完全沒有關聯性。第一個可以去除離散資料彼此之間的關聯性的轉換，乃是 Hotelling 於 1933 年在 *Journal of Educational Psychology* 上提出的方法 [179]。他把自己的方法稱為**主成分方法** (method of principal components)。Karhunen [180] 與 Loeve [181] 得到了連續函數情況下的類似轉換。Kramer 與 Mathews [182]，以及 Huang 與 Schultheiss [183] 最先把這個去除關聯性的方法應用在目前稱為轉換編碼的壓縮用途上。

轉換編碼包含 3 個步驟。首先，資料序列 $\{x_n\}$ 被分成大小等於 N 的區塊。接下來，我們使用類似例題 13.2.1 所描述的可逆映射，把每一個區塊映射到一個轉換序列 $\{\theta_n\}$。如例題中所示，轉換後的序列中，每一個區塊的不同元素通常具有不同的統計性質。在例題 13.2.1 中，由兩個輸入值形成的區塊，其能量大部份包含在兩個轉換值所形成之區塊的第一個元素內，只有極少的能量包含在第二個元素內。這表示轉換後的序列中，每一個區塊的第 2 個元素都很小，第一個元素的大小可能具有相當可觀的變化，端視輸入區塊中元素的大小而定。第 2 個步驟乃是將轉換後序列量化。使用的量化策略取決於三個主要因素：所需的平均位元率，轉換序列中各元素的統計性質，以及轉換係數的失真對於重建序列的影響。在例題 13.2.1 中，我們可以使用所有的位元將第一個係數量化。在更複雜的情況下，我們使用的策略可能迴然不同。事實上，我們可以使用不同的技術 (例如差分編碼和向量量化 [118]) 將不同的係數編碼。

最後，被量化的值需要使用某種二進位編碼技術予以解碼。二進位編碼可能簡單到只使用固定長度的碼，或複雜到使用連續片段長度編碼與 Huffman 編碼或算術編碼的組合。當描述 JPEG 演算法時，會看到後面這種情況的例子。

　　前面幾章已經花了若干篇幅來描述各種量化和二進位編碼技術,因此下一節將描述各種轉換,然後我們將討論在這些轉換下的量化和編碼策略。

13.3　轉換

我們處理的所有轉換都是線性轉換;也就是說,我們可以根據序列 $\{x_n\}$ 得到序列 $\{\theta_n\}$,如以下所示:

$$\theta_n = \sum_{i=0}^{N-1} x_i a_{n,i}. \tag{13.9}$$

這稱為**正向轉換** (forward transform)。對於我們即將考慮的轉換,轉換後的序列 $\{\theta_n\}$ 與原始序列 $\{x_n\}$ 之間的主要差別在於: θ 序列中各元素的特性是由它們在序列中的位置決定的。舉例來說,在例題 13.2.1 中,轉換後的序列內每一對值的第一個元素的大小比較可能比第二個元素大。一般而言,對於資料源的輸出序列 $\{x_n\}$,我們並不能作這樣的聲明。在轉換後的序列 $\{\theta_n\}$ 中,不同元素的不同特性的度量是每一個元素的變異數 σ_n^2。這些變異數會強烈地影響我們將轉換後的序列編碼的方式。實務上的考量會決定 N 的大小。一般而言,轉換的複雜度增長的速度會比隨著 N 呈線性成長要快。因此,當 N 超過某一個值之後,計算成本會壓垮因為增加 N 值而獲得的任何微不足道的改進。此外,在絕大部份的實際資料源中,資料輸出的統計性質可能會劇烈地變化。例如,當從語音中寂靜無聲的片段進行到有聲音的片段時,統計性質會劇烈地變化。同樣的,影像中的平坦區域,其統計性質可能和影像中變化複雜的區域截然不同。如果 N 很大的話,統計特性在區塊內大幅變化的可能性會增加。這樣通常會造成許多轉換係數具有很大的值,接下來又會導致壓縮比下降。

　　我們可以透過**逆向轉換** (inverse transform)，從轉換後的序列 $\{\theta_n\}$ 將原始序列 $\{x_n\}$ 還原：

$$x_n = \sum_{i=0}^{N-1} \theta_i b_{n,i}.$$ (13.10)

轉換可以寫成矩陣形式

$$\theta = \mathbf{A}x$$ (13.11)

$$\mathbf{x} = \mathbf{B}\theta$$ (13.12)

其中 $\mathbf{A}$ 與 $\mathbf{B}$ 為 $N \times N$ 矩陣，且矩陣的第 (i,j) 個元素為

$$[\mathbf{A}]_{i,j} = a_{i,j}$$ (13.13)

$$[\mathbf{B}]_{i,j} = b_{i,j}.$$ (13.14)

正向轉換矩陣 $\mathbf{A}$ 與逆向轉換矩陣 $\mathbf{B}$ 彼此互為反矩陣；也就是說，$\mathbf{AB} = \mathbf{BA} = \mathbf{I}$，其中 $\mathbf{I}$ 為單位矩陣。

　　方程式 (13.9) 和 (13.10) 處理一維序列的轉換編碼，例如取樣的語音及音訊序列，然而轉換編碼是最常使用的影像壓縮方法之一。為了利用影像中的二維相依性，我們需要討論二維轉換。

　　令 $X_{i,j}$ 代表影像中的第 (i,j) 個像素。大小等於 $N \times N$ 的區塊，其線性二維轉換的通式為

$$\Theta_{k,l} = \sum_{i=0}^{N-1} \sum_{j=0}^{N-1} X_{i,j} a_{i,j,k,l}.$$ (13.15)

目前我們使用的二維轉換，全部都是**可分離的** (separable) 轉換；也就是說，當我們計算二維區塊的轉換時，我們可以先計算沿著某一個維度的轉換，然後沿著另一個方向重複進行運算。如果以矩陣形式來表示的話，這個運算需要先計算各列的 (一維) 轉換，然後逐行計算所得矩陣的轉換。我們也可以把運算順序顛倒過來，先計算各行的轉換結果，然後逐列計算所得矩陣的轉換。轉換運算可以表示成

$$\Theta_{k,l} = \sum_{i=0}^{N-1} \sum_{j=0}^{N-1} a_{k,i} X_{i,j} a_{i,j} . \tag{13.16}$$

如果我們使用矩陣術語來表示，則以上的式子可以寫成

$$\Theta = \mathbf{A}\mathbf{X}\mathbf{A}^T . \tag{13.17}$$

逆向轉換係由以下的式子給出

$$\mathbf{X} = \mathbf{B}\Theta\mathbf{B}^T . \tag{13.18}$$

　　我們處理的所有轉換都是**單範正交轉換** (orthonormal transform)。單範正交轉換具有以下的性質：轉換矩陣的反矩陣就是它的轉置矩陣，因為轉換矩陣的各列形成一個單範正交基底集：

$$\mathbf{B} = \mathbf{A}^{-1} = \mathbf{A}^T \tag{13.19}$$

對於單範正交轉換而言，逆向轉換將由以下的式子給出

$$\mathbf{X} = \mathbf{A}^T \Theta \mathbf{A}. \tag{13.20}$$

　　單範正交轉換會保持能量不變；也就是說，轉換後序列的平方和等於原始序列的平方和。在一維轉換的情況下，最容易看出這一點：

$$\sum_{i=0}^{N-1} \theta_i^2 = \theta^T \theta \tag{13.21}$$

$$= (\mathbf{A}\mathbf{x})^T \mathbf{A}\mathbf{x} \tag{13.22}$$

$$= \mathbf{x}^T \mathbf{A}^T \mathbf{A}\mathbf{x}. \tag{13.23}$$

如果 A 為單範正交轉換，$\mathbf{A}^T \mathbf{A} = \mathbf{A}^{-1} \mathbf{A} = \mathbf{I}$，則

$$\mathbf{x}^T \mathbf{A}^T \mathbf{A}\mathbf{x} = \mathbf{x}^T \mathbf{x} \tag{13.24}$$

$$= \sum_{n=0}^{N-1} x_n^2 . \tag{13.25}$$

且

$$\sum_{i=0}^{N-1} \theta_i^2 = \sum_{n=0}^{N-1} x_n^2 . \tag{13.26}$$

轉換的效能取決於該轉換提供的能量集中的程度。有一個方法可以測量某一特定單範正交轉換所提供的能量集中的程度，就是計算轉換係數的變異數的算術平均與其幾何平均的比 [123]。這個比值又稱為轉換編碼增益 G_{TC}：

$$G_{TC} = \frac{\frac{1}{N}\sum_{i=0}^{N-1}\sigma_i^2}{(\prod_{i=0}^{N-1}\sigma_i^2)^{\frac{1}{N}}} \tag{13.27}$$

其中 σ_i^2 是第 i 個係數 θ_i 的變異數。

有幾種方式可以解釋轉換。我們已經提到過幾何解釋與統計解釋，我們也可以把轉換解釋成以基底集分解訊號。舉例來說，假設有一個二維的單範正交轉換 **A**。逆向轉換可以寫成

$$\begin{bmatrix} x_0 \\ x_1 \end{bmatrix} = \begin{bmatrix} a_{00} & a_{10} \\ a_{01} & a_{11} \end{bmatrix}\begin{bmatrix} \theta_0 \\ \theta_1 \end{bmatrix} = \theta_0\begin{bmatrix} a_{00} \\ a_{01} \end{bmatrix} + \theta_1\begin{bmatrix} a_{10} \\ a_{11} \end{bmatrix} \tag{13.28}$$

我們可以看到，轉換後的值實際上等於輸入序列相對於轉換矩陣各列的展開係數。轉換矩陣的列通常被稱為轉換的基底向量，因為它們形成一個單範正交的基底集，而且轉換後序列的元素通常稱為轉換係數。如果我們描述基底向量的物理意義，則可得到轉換係數的物理解釋。

例題 13.3.1

考慮下面的轉換矩陣：

$$A = \frac{1}{\sqrt{2}}\begin{bmatrix} 1 & 1 \\ 1 & -1 \end{bmatrix} \tag{13.29}$$

我們可以驗證這個轉換確實是一個單範正交轉換。

請注意矩陣的第一列相當於一個「低通」訊號 (從一個分量到下一個分量並無改變)，第二列則相當於一個「高通」訊號。因此，如果我們試圖以這兩列來表示一個序列，其中每一個元素的值都相同，則第二個係數應該等於零。假設原始序列為 (α, α)，則

$$\begin{bmatrix} \theta_0 \\ \theta_1 \end{bmatrix} = \frac{1}{\sqrt{2}} \begin{bmatrix} 1 & 1 \\ 1 & -1 \end{bmatrix} \begin{bmatrix} \alpha \\ \alpha \end{bmatrix} = \begin{bmatrix} \sqrt{2}\alpha \\ 0 \end{bmatrix} \tag{13.30}$$

「低通」係數的值等於 $\sqrt{2}\alpha$ ，「高通」係數的值則等於 0。「低通」與「高通」係數一般稱為低頻和高頻係數。

我們取兩個分量不同，變化程度也不同的序列。請考慮 (3, 1) 和 (3, −1) 這兩個序列。在第一個序列中，第二個元素和第一個元素的差距為 2；在第二個序列中，差距的大小為 4。我們可以說第二個序列比第一個序列更為「高通」。兩個序列的轉換係數分別為 $(2\sqrt{2}, \sqrt{2})$ 和 $(\sqrt{2}, 2\sqrt{2})$。請注意變化較大的序列，其高頻係數是變化較小的序列的兩倍。因此這兩個係數的表現確實和低通濾波器與高通濾波器的輸出一樣。

最後，請注意在每一種情況下，原始序列的平方和都等於轉換係數的平方和；也就是說這個轉換會保持能量不變，它也必須如此，因為 **A** 是一個單範正交轉換。 ◆

我們可以把一維轉換解釋為使用轉換矩陣的各列來展開。同樣的，我們也可以把二維轉換解釋為使用轉換矩陣各列的外積形成的矩陣來展開。回憶一下，外積係由以下的式子給出：

$$\mathbf{xx}^T = \begin{bmatrix} x_0 x_0 & x_0 x_1 & \cdots & x_0 x_{N-1} \\ x_1 x_0 & x_1 x_1 & \cdots & x_1 x_{N-1} \\ \vdots & \vdots & & \vdots \\ x_{N-1} x_0 & x_{N-1} x_1 & \cdots & x_{N-1} x_{N-1} \end{bmatrix} \tag{13.31}$$

為了更清楚地瞭解這一點，讓我們使用例題 13.3.1 中引入的轉換來說明二維轉換的情況。

例題 13.3.2

對於一個 $N \times N$ 的轉換，令 $\alpha_{i,j}$ 等於第 i 列和第 j 列的外積：

$$\alpha_{i,j} = \begin{bmatrix} a_{i0} \\ a_{i1} \\ \vdots \\ a_{iN-1} \end{bmatrix} \begin{bmatrix} a_{j0} & a_{j1} & \cdots & a_{jN-1} \end{bmatrix} \tag{13.32}$$

$$= \begin{bmatrix} a_{i0}a_{j0} & a_{i0}a_{j1} & \cdots & a_{i0}a_{jN-1} \\ a_{i1}a_{j0} & a_{i1}a_{j1} & \cdots & a_{i1}a_{jN-1} \\ \vdots & \vdots & & \vdots \\ a_{iN-1}a_{j0} & a_{iN-1}a_{j1} & \cdots & a_{iN-1}a_{jN-1} \end{bmatrix} \tag{13.33}$$

對於例題 13.3.1 的轉換，外積為

$$\alpha_{0,0} = \frac{1}{2} \begin{bmatrix} 1 & 1 \\ 1 & 1 \end{bmatrix}, \quad \alpha_{0,1} = \frac{1}{2} \begin{bmatrix} 1 & -1 \\ 1 & -1 \end{bmatrix} \tag{13.34}$$

$$\alpha_{1,0} = \frac{1}{2} \begin{bmatrix} 1 & 1 \\ -1 & -1 \end{bmatrix}, \quad \alpha_{1,1} = \frac{1}{2} \begin{bmatrix} 1 & -1 \\ -1 & 1 \end{bmatrix} \tag{13.35}$$

根據 (13.20) 式，逆向轉換係由以下的式子給出：

$$\begin{bmatrix} x_{00} & x_{01} \\ x_{10} & x_{11} \end{bmatrix} = \frac{1}{2} \begin{bmatrix} 1 & 1 \\ 1 & -1 \end{bmatrix} \begin{bmatrix} \theta_{00} & \theta_{01} \\ \theta_{10} & \theta_{11} \end{bmatrix} \begin{bmatrix} 1 & 1 \\ 1 & -1 \end{bmatrix} \tag{13.36}$$

$$= \frac{1}{2} \begin{bmatrix} \theta_{00} + \theta_{01} + \theta_{10} + \theta_{11} & \theta_{00} - \theta_{01} + \theta_{10} - \theta_{11} \\ \theta_{00} + \theta_{01} - \theta_{10} - \theta_{11} & \theta_{00} - \theta_{01} - \theta_{10} + \theta_{11} \end{bmatrix} \tag{13.37}$$

$$= \theta_{00}\alpha_{0,0} + \theta_{01}\alpha_{0,1} + \theta_{10}\alpha_{1,0} + \theta_{11}\alpha_{1,1}. \tag{13.38}$$

轉換值 θ_{ij} 可以視為 **x** 使用矩陣 $\alpha_{i,j}$ 而得的展開係數。矩陣 $\alpha_{i,j}$ 稱為*基底* (basis) 矩陣。

由於歷史上的原因，係數 θ_{00} (對應於基底矩陣 $\alpha_{0,0}$) 稱為 DC 係數，對應於其他基底矩陣的係數則稱為交流係數。DC 代表直流電，也就是不隨時間而改變的電流。AC 代表交流電，也就是會隨時間而改變的電流。請注意基底矩陣 $\alpha_{0,0}$ 的所有元素全部相同，因此稱為 DC。　　　　　◆

　　下面各節將討論一些可供使用的轉換，然後討論與量化和編碼有關的一些問題。最後，我們將詳細描述兩個應用，一個是影像編碼，另一個是音訊編碼。

13.4 我們有興趣的轉換

在例題 13.2.1 中，我們建立了一個其中的資料特有的轉換。在實務上，針對特定情況建立轉換，一般而言並不可行，這有幾個原因。除非資料源輸出的特性在一段很長的時間內都是穩定的，否則我們經常會需要重新計算轉換，再說，針對於每一組不同的資料計算一套轉換，一般而言是非常麻煩的。此外，傳送轉換本身所需的負荷，也許會抵消由於壓縮而產生的任何優點。當轉換的大小很大時，這兩個問題會變得特別嚴重。然而有時我們會希望找出轉換編碼可以達到的最佳效能，在這種情況下，我們可以使用與資料相依的轉換，以便對於我們所能得到的最佳效能有一些概念。最著名的資料相依轉換是離散 Karhunen-Loéve 轉換 (KLT)。在下一節將描述此種轉換。

13.4.1 Karhunen-Loéve 轉換

離散 Karhunen-Loéve 轉換 (又稱為 Hotelling 轉換) 的列 [184] 是由自相關矩陣的本徵向量組成的。一個隨機過程 X 的自相關矩陣是一個矩陣，其第 (i, j) 個元素 $[R]_{i,j}$ 係由以下的式子給出：

$$[R]_{i,j} = E[X_n X_{n+|i-j|}]. \tag{13.39}$$

我們可以證明 [123]，以此種方式建立的轉換，可使轉換係數的變異數的幾何平均值降到最低。因此 Karhunen-Loéve 轉換的轉換編碼增益，在所有轉換編碼方法中是最大的。

如果被壓縮的資料源輸出並非穩定，自相關函數將隨時間而改變。因此，自相關矩陣將隨時間而改變，而且 KLT 必須重新計算。對於任何正常大小的轉換而言，這是相當龐大的計算量。此外，當我們根據資料源輸出計算自相關函數時，接收器並無法取得此一資訊，因此自相關函數與轉換本身都必須傳送到接收器。這些負荷可能相當沉重，而且會讓使用最佳轉換的優點蕩然無存。然而，在統計性質變化緩慢，而且轉換的大小也不需要很大的應用中，KLT 可能具有實際的用途 [185]。

例題 13.4.1

讓我們看看對於一個任意的輸入序列，如何得到大小等於 2 的 KLT 轉換。一個穩定過程的自相關矩陣 (大小等於 2) 為

$$\mathbf{R} = \begin{bmatrix} R_{xx}(0) & R_{xx}(1) \\ R_{xx}(1) & R_{xx}(0) \end{bmatrix} \tag{13.40}$$

解方程式 $|\lambda \mathbf{I} - \mathbf{R}| = 0$，會得到兩個本徵值 $\lambda_1 = R_{xx}(0) + R_{xx}(1)$，以及 $\lambda_2 = R_{xx}(0) - R_{xx}(1)$。對應的本徵向量為

$$V_1 = \begin{bmatrix} \alpha \\ \alpha \end{bmatrix} \qquad V_2 = \begin{bmatrix} \beta \\ -\beta \end{bmatrix} \tag{13.41}$$

其中 α 和 β 為任意常數。如果我們現在加上單範正交條件，則向量的長度必須等於 1，我們得到

$$\alpha = \beta = \frac{1}{\sqrt{2}}$$

且轉換矩陣 $\mathbf{K}$ 為

$$\mathbf{K} = \frac{1}{\sqrt{2}} \begin{bmatrix} 1 & 1 \\ 1 & -1 \end{bmatrix} \tag{13.42}$$

請注意這個矩陣與 $R_{xx}(0)$ 與 $R_{xx}(1)$ 的值無關。這一點只適用於 2×2 的 KLT。更高階的轉換矩陣則是自相關值的函數。

儘管 Karhunen-Loéve 轉換可使 (13.27) 式所定義的轉換編碼具有最大值，然而在大部份的情況下卻是不切實際的。因此，我們需要與被轉換資料無關的轉換。下面各節將描述一些比較常用的轉換。　　　　◆

13.4.2　離散餘弦轉換

離散餘弦轉換 (DCT) 得名的原因在於它的 $N \times N$ 轉換矩陣 $\mathbf{C}$ 的每一列均為餘弦函數。

$$[\mathbf{C}]_{i,\,j} = \begin{cases} \sqrt{\dfrac{1}{N}} \cos \dfrac{(2j+1)i\pi}{2N} & i = 0,\ j = 0, 1, \cdots, N-1 \\[2ex] \sqrt{\dfrac{2}{N}} \cos \dfrac{(2j+1)i\pi}{2N} & i = 1, 2, \cdots, N-1,\ j = 0, 1, \cdots, N-1. \end{cases} \tag{13.43}$$

這個轉換矩陣的各列以圖形方式示於圖 13.3。請注意,當從上到下逐一檢視各列時,變化程度如何增加;也就是說,當從上往下看時,各列的頻率會增加。

各列的外積示於圖 13.4。請注意當我們從左上角矩陣 (對應於 θ_{00} 係數) 往右下角矩陣 (對應於 $\theta_{(N-1)(N-1)}$) 看時,基底矩陣的變化程度會增加。

DCT 與第 11 章提到的離散 Fourier 轉換 (DFT) 關係非常密切,事實上也可以從 DFT 獲得。然而就壓縮而言,DCT 的效能優於 DFT。

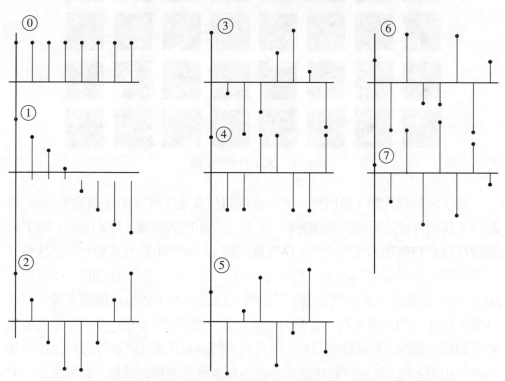

圖 13.3　離散餘弦轉換的基底集。圓圈中的數字相當於轉換矩陣的列號。

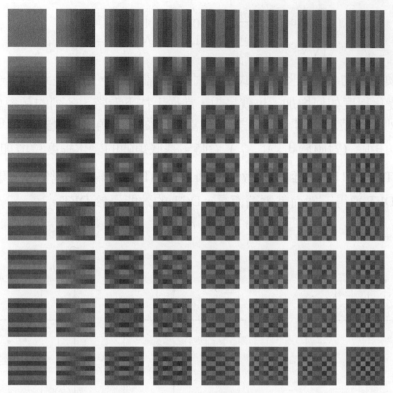

圖 13.4　DCT 的基底矩陣。

　　爲了瞭解爲什麼，請回憶一下，當我們計算長度爲 N 的序列的 Fourier 係數時，我們會假設序列的週期等於 N。如果原始序列如圖 13.5a 所示，DFT 會假設在我們有興趣的區間之外，序列會以圖 13.5b 所示的方式變化。這樣會在序列的開頭和結尾引入很劇烈的不連續性。爲了表示這些劇烈的不連續性，DFT 的高頻分量，其係數必須不等於零。由於只有序列的兩個端點需要這些分量，在序列的其他各點，它們的效應必須被抵消掉，因此 DFT 會將其他係數做對應的調整。在壓縮過程中，當我們丟掉高頻係數 (這些係數無論如何都不應該出現) 時，在序列的其他部份將高頻效應抵消掉的係數，會導致額外的失眞被引入。

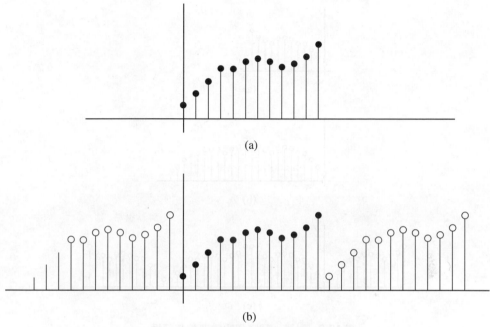

(a)

(b)

圖 13.5　計算一個序列的離散 Fourier 轉換。

　　我們可以形成原來的 N 點序列的鏡像，並產生一個有 2N 點的序列 (如圖 13.6b 所示)，然後使用 DFT，而得到 DCT。DCT 就是所得的 2N 點 DFT 的前 N 個點。當取 2N 個點的鏡像序列的 DFT 時，同樣必須假設序列具有週期性。然而，如同從圖 13.6c 所見，這樣並不會在邊緣引入任何劇烈的不連續性。

　　對於大部份具備關聯性的資料來源而言，DCT 的能量集中程度比 DFT 好得多 [123]。事實上，對於相關係數

$$\rho = \frac{E[x_n x_{n+1}]}{E[x_n^2]} \tag{13.44}$$

很高的 Markov 資料源，DCT 的集中力非常接近 KLT。由於有許多資料源可以描述為 ρ 值很高的 Markov 資料源，此一優越的集中力已經使得 DCT 成為最常用的轉換。它是許多國際標準 (包括 JPEG、MPEG 和 CCITT H.261，以及其他標準) 的一部份。

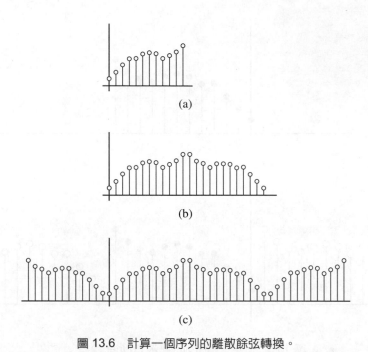

圖 13.6 計算一個序列的離散餘弦轉換。

13.4.3 離散正弦轉換

離散正弦轉換 (DST) 是 DCT 的互補轉換。當相關係數 ρ 很大時，DCT 提供的效能接近於 KLT 的最佳值，然而當相關係數 ρ 很小時，就集中程度而言，DST 的效能接近於 KLT 的最佳效能。由於這個性質，在影像編碼 [186] 與音頻 [187] 編碼應用中，DST 經常被使用爲 DCT 轉換的互補轉換。

$N \times N$ DST 轉換的矩陣元素是

$$[\mathbf{S}]_{ij} = \sqrt{\frac{2}{N+1}} \sin \frac{\pi(i+1)(j+1)}{N+1} \quad i, j = 0, 1, \cdots, N-1. \tag{13.45}$$

13.4.4　離散 Walsh-Hadamard 轉換

有一個轉換特別容易實作，就是離散 Walsh-Hadamard 轉換 (DWHT)。DWHT
轉換矩陣是離散 Hadamard 矩陣的重新排列，後者在編碼理論中特別重要
[188]。N 階的 Hadamard 矩陣被定義為一個 $N \times N$ 矩陣 H，具有以下的性質：
$HH^T = NI$，其中 I 為 $N \times N$ 單位矩陣。大小等於 2 的次方的 Hadamard 矩陣
可使用以下的方式來建立：

$$H_{2N} = \begin{bmatrix} H_N & H_N \\ H_N & -H_N \end{bmatrix} \tag{13.46}$$

其中 $H_1 = [1]$。因此，

$$H_2 = \begin{bmatrix} H_1 & H_1 \\ H_1 & -H_1 \end{bmatrix} = \begin{bmatrix} 1 & 1 \\ 1 & -1 \end{bmatrix} \tag{13.47}$$

$$H_4 = \begin{bmatrix} H_2 & H_2 \\ H_2 & -H_2 \end{bmatrix} = \begin{bmatrix} 1 & 1 & 1 & 1 \\ 1 & -1 & 1 & -1 \\ 1 & 1 & -1 & -1 \\ 1 & -1 & -1 & 1 \end{bmatrix} \tag{13.48}$$

$$H_8 = \begin{bmatrix} H_4 & H_4 \\ H_4 & -H_4 \end{bmatrix} = \begin{bmatrix} 1 & 1 & 1 & 1 & 1 & 1 & 1 & 1 \\ 1 & -1 & 1 & -1 & 1 & -1 & 1 & -1 \\ 1 & 1 & -1 & -1 & 1 & 1 & -1 & -1 \\ 1 & -1 & -1 & 1 & 1 & -1 & -1 & 1 \\ 1 & 1 & 1 & 1 & -1 & -1 & -1 & -1 \\ 1 & -1 & 1 & -1 & -1 & 1 & -1 & 1 \\ 1 & 1 & -1 & -1 & -1 & -1 & 1 & 1 \\ 1 & -1 & -1 & 1 & -1 & 1 & 1 & -1 \end{bmatrix} \tag{13.49}$$

我們可以把 Hadamard 矩陣乘上正規化因子，使得 $HH^T = I$ 而非 NI，然後按照
變號數 (sequency) 漸增的順序重新排列各列，而得到 DWHT 轉換矩陣。一列
的變號數等於該列中正負號改變次數的一半。在 H_8 中，第一列的變號數等於
0，第 2 列的變號數等於 7/2，第 3 列的變號數等於 3/2，依此類推。正規化需
要把矩陣乘上 $\frac{1}{\sqrt{N}}$。將 H_8 矩陣按照變號數漸增的順序重新排列，得到

$$H = \frac{1}{\sqrt{8}} \begin{bmatrix} 1 & 1 & 1 & 1 & 1 & 1 & 1 & 1 \\ 1 & 1 & 1 & 1 & -1 & -1 & -1 & -1 \\ 1 & 1 & -1 & -1 & -1 & -1 & 1 & 1 \\ 1 & 1 & -1 & -1 & 1 & 1 & -1 & -1 \\ 1 & -1 & -1 & 1 & 1 & -1 & -1 & 1 \\ 1 & -1 & -1 & 1 & -1 & 1 & 1 & -1 \\ 1 & -1 & 1 & -1 & -1 & 1 & -1 & 1 \\ 1 & -1 & 1 & -1 & 1 & -1 & 1 & -1 \end{bmatrix}$$ (13.50)

由於整個矩陣除了比例因子之外，全部由 ±1 組成，所以轉換運算只包含加法與減法。因此，在某些情況下，如果把計算量降到最低極為重要，這個轉換就很有用。然而使用這個矩陣得到的能量集中的程度遠比使用 DCT 獲得的集中程度要低。因此，如果擁有足夠的計算資源，DCT 轉換才是首選。

◾ 13.5 轉換係數的量化與編碼

如果每一個係數傳遞的資訊量有所不同，把不同的位元數指定給不同的係數就有道理了。有兩種指定位元的方法，一種方法依靠轉換係數的平均性質，另一種方法則會指定個別轉換係數需要的位元數。

在第一種方法中，我們首先求出轉換係數的變異數的估計值。這些估計值可以由兩個演算法的其中之一使用，以指定將每一個係數量化所需的位元數。我們假設係數的相對變異數對應於每一個係數內所含的訊息量。因此，指定給變異數較高的係數的位元數比變異數較小的的係數更多。

讓我們求出失真的表示式，然後求出讓失真值降到最低的位元配置量。為了進行極小化，我們將使用 Lagrange 法 [189]。如果轉換編碼系統使用於每一個取樣值的平均位元數等於 R，且第 k 個係數使用於每一個取樣值的平均位元數等於 R_k，則

$$R = \frac{1}{M} \sum_{k=1}^{M} R_k$$ (13.51)

其中 M 等於轉換係數的數目。第 k 個量化器的重建誤差變異數 $\sigma_{r_k}^2$ 與第 k 個量化器的輸入變異數 $\sigma_{\theta_k}^2$ 的關係如下：

$$\sigma_{r_k}^2 = \alpha_k \, 2^{-2R_k} \, \sigma_{\theta_k}^2 \tag{13.52}$$

其中 α_k 是取決於輸入分佈和量化器的一個因子。

總重建誤差係由以下的式子給出：

$$\sigma_r^2 = \sum_{k=1}^{M} \alpha_k \, 2^{-2R_k} \, \sigma_{\theta_k}^2 \tag{13.53}$$

位元配置程序的目標，乃是在 (13.51) 的限制條件之下，求出使 (13.53) 具有最小值的 R_k。如果我們假設對於所有的 k，α_k 均為一常數 α，那麼極小化問題可以使用 Lagrange 乘子表達如下：

$$J = \alpha \sum_{k=1}^{M} 2^{-2R_k} \, \sigma_{\theta_k}^2 - \lambda \left(R - \frac{1}{M} \sum_{k=1}^{M} R_k \right). \tag{13.54}$$

取 J 對 R_k 的導數，並令其等於零，可以得到 R_k 的表示式：

$$R_k = \frac{1}{2} \log_2 \left(2\alpha \ln 2 \sigma_{\theta_k}^2 \right) - \frac{1}{2} \log_2 \lambda. \tag{13.55}$$

將 R_k 的表示式代入 (13.51)，我們得到 λ 的值：

$$\lambda = \prod_{k=1}^{M} \left(2\alpha \ln 2 \sigma_{\theta_k}^2 \right)^{\frac{1}{M}} 2^{-2R}. \tag{13.56}$$

將 λ 的表示式代入 (13.55)，我們終於得到個別的位元配置量：

$$R_k = R + \frac{1}{2} \log_2 \frac{\sigma_{\theta_k}^2}{\prod_{k=1}^{M} (\sigma_{\theta_k}^2)^{\frac{1}{M}}}. \tag{13.57}$$

雖然這些 R_k 值可以使 (13.53) 降到最低，然而我們並不能保證這些值是整數，甚至連這些值是正值都無法保證。在這種情況下，標準的作法是把負的 R_k 值設定為零。這樣會使平均位元率增加，而超過限制條件。因此，非零的 R_k 值會均勻地降低，直到平均編碼率等於 R。

　　第二個演算法是遞迴演算法，它會使用變異數的估計值，其作用如下：

1. 計算每一個係數的 $\sigma_{\theta_k}^2$ 。

2. 對於所有的 k，令 $R_k = 0$，並令 $R_b = MR$，其中 R_b 乃是可用來分配的總位元數。

3. 將變異數 $\{\sigma_{\theta_k}^2\}$ 排序。假設 $\sigma_{\theta_1}^2$ 最大。

4. 將 R_1 加 1，並將 $\sigma_{\theta_1}^2$ 除以 2。

5. 將 R_b 減 1。如果 $R_b = 0$，則停止計算；否則進行到步驟 3。

　　如果我們遵循這個程序，最後得到的結果是會把較多的位元配置給變異數較大的係數。

　　這種形式的位元配置稱爲**區域取樣** (zonal sampling)。從表 13.4 所示，一幅影像的 8×8 DCT 位元配置圖的範例，可以瞭解這個名稱的由來。請注意在點陣圖中有一個區域，大致上包含點陣圖對角線的右下方，其中的係數並沒有指定任何位元。換句話說，這些係數會被丟掉。這種方法的優點在於它很簡單。一旦完成位元配置，在某一特定位置的每一個係數總是使用相同的位元數進行量化。缺點則是：由於位元配置的執行是根據平均值，因此在局部層次發生的變化並不能正確地重建。舉例來說，試考慮一個物體的影像，背景相當平坦，然而邊緣的輪廓則很鮮明。相較於像素的總數目，位於邊緣上的像素數目非常少。因此，如果我們根據平均變異數配置位元，指定給高頻係數的位元數就會非常少，或者根本沒有，而這些係數對於表現邊緣而言是非常重要的。這表示重建影像的邊緣並不能清楚地呈現。

表 13.4　一個 8×8 轉換的位元配置圖。

8	7	5	3	1	1	0	0
7	5	3	2	1	0	0	0
4	3	2	1	1	0	0	0
3	3	2	1	1	0	0	0
2	1	1	1	0	0	0	0
1	1	0	0	0	0	0	0
1	0	0	0	0	0	0	0
0	0	0	0	0	0	0	0

我們可以使用另一種不同的位元配置方法，稱為**臨界值編碼** (threshold coding)，以避免這個問題 [190, 93, 191]。在這個方法中，哪些係數要保留，以及哪些係數要丟掉，並不會事先決定。在最簡單的臨界值編碼中，我們會指定臨界值。大小低於這個臨界值的係數會被丟掉，其他的係數則被量化並傳送。哪些係數被保留下來的資訊會傳送給接收器，作為附屬資訊。Pratt 描述了一種簡單的方法 [193]。每一條線上的第一個係數，不論其大小為何，均予編碼。在此之後，當我們遇到大小高於臨界值的係數時，我們會傳送兩個編碼字，一個是係數的量化值，另一個則是在最後一個大小高於臨界值的係數後面有幾個係數。對於二維的情況來說，區塊大小一般而言非常小，而且每一條轉換「線」也很短，因此這種方法的成本十分昂貴。Chen 與 Pratt [191] 建議採用鋸齒狀方式來掃描轉換係數的區塊，如圖 13.7 所示。如果我們以這種方式

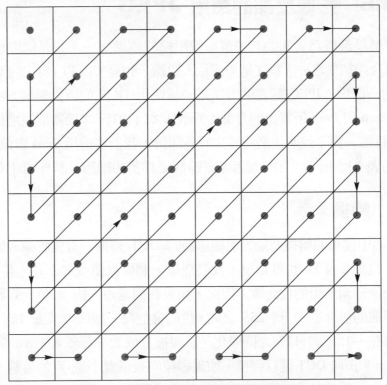

圖 13.7　一個 8 × 8 轉換的鋸齒狀掃描圖案。

掃描一個 8×8 的量化轉換係數區塊，會發現掃描線的尾端通常會包含一大堆的零。這是因為一般而言高階係數的振幅比較小。表 13.4 所示的位元配置表反映了這一點。我們稍後即將看到，如果我們使用中間低平量化器 (具有零值輸出階層的量化器)，再加上高階係數的步階間距一般而言會選擇相當大的值，這表示這些係數中，有許多會被量化為零。因此，經過幾個係數之後，鋸齒狀掃描線上所有的係數通通是零的機率非常高。在這種情況下，Chen 與 Pratt 建議傳送一個特別的**區塊結束** (end-of-block，簡稱 EOB) 符號。當接收器接收到 EOB 信號時，會自動將鋸齒狀掃描線上剩下的係數全部設定為零。

下一節將描述由聯合影像專家小組 (JPEG) 開發的演算法，這個演算法使用到 Chen 與 Pratt 方法的一個相當聰明的變形。

13.6 影像壓縮的應用-JPEG

JPEG 標準是最廣為人知的有失真影像壓縮的標準之一，也是國際標準組織 (ISO) 的合作結果之一。ISO 是一個私人組織，也是 CCITT (現在的 ITU-T)，聯合國的一部份。JPEG 建議的方法是一種使用 DCT 的轉換編碼方法。這個方法是 Chen 與 Pratt 所提出的方案的修改版本 [191]。本節將簡短地描述基礎 JPEG 演算法。為了說明這個演算法的各部份，我們將使用 Sena 影像的 8×8 區塊，如表 13.5 所示。如果讀者希望瞭解更詳盡的細節，請參閱 [10]。

13.6.1 轉換

JPEG 方案中使用的轉換乃是先前描述過的 DCT 轉換。首先將輸入影像進行 2^{P-1} 的「位準平移」；也就是說，我們把每一個像素值減去 2^{P-1}，其中 P 是表示每一個像素所用的位元數。因此，如果我們處理一幅 8 位元的影像，其中像素所取的值介於 0 到 255 之間，我們會把每一個像素減去 128，因此像素的值會在 -128 與 127 之間變化。影像被分成大小等於 8×8 的區塊，然後使用 8×8 正向 DCT 進行轉換。如果影像的長或寬不是 8 的倍數，編碼器會複製最後一行或最後一列，直到最後的尺寸等於 8 的倍數。在解碼過程中，

表 13.5　Sena 影像中的一個 8 × 8 區塊。

124	125	122	120	122	119	117	118
121	121	120	119	119	120	120	118
126	124	123	122	121	121	120	120
124	124	125	125	126	125	124	124
127	127	128	129	130	128	127	125
143	142	143	142	140	139	139	139
150	148	152	152	152	152	150	151
156	159	158	155	158	158	157	156

表 13.6　Sena 影像中的資料經過位準平移後對應的 DCT 係數。

39.88	6.56	−2.24	1.22	−0.37	−1.08	0.79	1.13
−102.43	4.56	2.26	1.12	0.35	−0.63	−1.05	−0.48
37.77	1.31	1.77	0.25	−1.50	−2.21	−0.10	0.23
−5.67	2.24	−1.32	−0.81	1.41	0.22	−0.13	0.17
−3.37	−0.74	−1.75	0.77	−0.62	−2.65	−1.30	0.76
5.98	−0.13	−0.45	−0.77	1.99	−0.26	1.46	0.00
3.97	5.52	2.39	−0.55	−0.051	−0.84	−0.52	−0.13
−3.43	0.51	−1.07	0.87	0.96	0.09	0.33	0.01

這些額外的列或行會被除去。如果我們取表 13.5 所示的 8 × 8 像素區塊，把每一個像素減去 128，然後計算這個經過位準平移的區塊的 DCT，會得到表 13.6 所示的 DCT 係數。請注意表格左上角的低頻係數比高頻係數要大。除了影像區塊中變化非常複雜的情況之外，情況通常是如此。

13.6.2　量化

JPEG 演算法使用中間低平均等量化方法來量化各種係數。量化器步階間距被組織成一張表格，稱為**量化表** (quantization table)，可以視為量化的固定部份。JPEG 通訊協定中的量化表的範例 [10] 示於表 13.7。每一個量化值以一個標籤值表示。對應於轉換係數 θ_{ij} 之量化值的標籤值為

$$l_{ij} = \left\lfloor \frac{\theta_{ij}}{Q_{ij}} + 0.5 \right\rfloor \tag{13.58}$$

表 13.7　量化表範例。

16	11	10	16	24	40	51	61
12	12	14	19	26	58	60	55
14	13	16	24	40	57	69	56
14	17	22	29	51	87	80	62
18	22	37	56	68	109	103	77
24	35	55	64	81	104	113	92
49	64	78	87	103	121	120	101
72	92	95	98	112	100	103	99

表 13.8　針對係數使用量化表得到的量化器標籤值。

2	1	0	0	0	0	0	0
−9	0	0	0	0	0	0	0
3	0	0	0	0	0	0	0
0	0	0	0	0	0	0	0
0	0	0	0	0	0	0	0
0	0	0	0	0	0	0	0
0	0	0	0	0	0	0	0
0	0	0	0	0	0	0	0

其中 Q_{ij} 是量化表的第 (i,j) 個元素，且 $\lfloor x \rfloor$ 是小於 x 的最大整數。請考慮表 13.6 中的 θ_{00} 係數。 θ_{00} 的值等於 39.88。根據表 13.7， Q_{00} 等於 16。因此，

$$l_{00} = \left\lfloor \frac{39.88}{16} + 0.5 \right\rfloor = \lfloor 2.9925 \rfloor = 2. \tag{13.59}$$

我們把標籤值乘上量化表中對應的項目，以根據標籤值求出重建值。因此， θ_{00} 的重建值為 $l_{00} \times Q_{00}$ ，亦即 $2 \times 16 = 32$。在這個例子中，量化誤差為 $39.88 - 32 = -7.88$。同樣的，根據表 13.6 和表 13.7， θ_{01} 等於 6.56， Q_{01} 等 11。因此，

$$l_{01} = \left\lfloor \frac{6.56}{11} + 0.5 \right\rfloor = \lfloor 1.096 \rfloor = 1. \tag{13.60}$$

重建值為 11，且量化誤差為 $11 - 6.56 = 4.44$。按照這種方式繼續下去，我們得到表 13.8 所示的標籤值。

根據表 13.7 所示的取樣值量化表，我們可以看出，當我們從 DC 係數移到較高階的係數時，步階間距通常會增加。因為量化誤差是步階間距的遞增函數，所以較高頻的係數會比較低頻的係數引入更多的量化誤差。步階間距的相對大小是根據人類的視覺系統如何感知這些係數中的誤差而決定的。轉換中的不同係數具有迥然不同的知覺重要性。DC 及較低頻的交流係數中的量化誤差，比較高頻的交流係數中的量化誤差更容易被察覺。因此，對於知覺上比較不重要的係數，我們會使用比較大的步階間距。

因為所有的量化器均為中間低平量化器 (亦即它們都有一個零值的輸出階層)，所以量化過程也具有臨界值運算的功能。大小不到對應步階間距一半的所有係數將被設定為零。由於鋸齒狀掃描線尾端的步階間距比較大，因此在掃描線的尾端發現一連串的零的機率也會增加，表 13.8 所示標籤值的 8×8 區塊就是這種情況。我們可以在最後一個不等於零的標籤值後面使用一個 EOB 碼，將掃描線尾端一整串的零編碼，這樣可以產生當可觀的壓縮效果。

此外，這種效應也提供了一種改變編碼率的方法。讓步階間距更大，可以降低需要傳送的非零值的數目，這相當於減少了需要傳送的位元數。

13.6.3　編碼

Chen 與 Pratt [191] 將標籤值編碼時，會根據每一個係數，以及從上一個非零標籤值開始有幾個係數，分別使用不同的 Huffman 碼。JPEG 方法有點複雜，然而它可以產生比較好的壓縮效果。在 JPEG 方法中，DC 與 AC 係數的標籤值是以不同的方式進行編碼的。

從圖 13.4 中，我們可以看到對應於 DC 係數的基底矩陣是一個常數矩陣。因此，DC 係數等於 8×8 區塊的平均值的某一個倍數。任何一個 8×8 區塊的平均像素值與相鄰的 8×8 區塊的平均值都不會相差很多；因此 DC 係數值會相當接近。如果把係數除以量化表中對應的項目，會得到標籤值的話，對應於這些係數的標籤值會更接近。因此，將相鄰標籤值之間的差距 (而非標籤值本身) 編碼是有道理的。

　　標籤值與差距可以取的值有多少種，取決於將像素值編碼時所用的位元數，這個數目可能會非常大。對於這麼大的字母集而言，Huffman 碼可能很難處理。JPEG 通訊協定把差距可能取的值劃分成許多類別，以解決這個問題。這些類別的大小隨著 2 的次方增長。因此，類別 0 只有一個成員 (0)，類別 1 有兩個成員 (–1 和 1)，類別 2 有 4 個成員 (–3, –2, 2, 3)，依此類推。接下來，我們把類別號碼進行 Huffman 編碼。Huffman 碼中的編碼字個數等於標籤值的差距可能取的值的數目，再取以 2 為底的對數。如果差距值可能取的值有 4096 個，則 Huffman 碼的大小為 $\log_2 4096 = 12$。我們把額外的位元添加到每一個類別的 Huffman 碼的尾端，以指定該類別內的元素。因為各類別的大小不同，指定各類別中的值需要的位元數也不同。舉例來說，因為類別 0 只包含一個元素，所以不需要額外的位元來指定是哪一個值。類別 1 包含兩個元素，因此我們需要在類別 1 的 Huffman 碼的尾端添加 1 個位元，以指定該類別中的特定元素。同樣的，指定類別 2 中的元素需要 2 個位元，類別 3 需要 3 位元，類別 n 則需要 n 個位元。

　　各種類別及其對應的差距值示於表 13.9。舉例來說，如果兩個標籤值的差距為 6，我們將傳送類別 3 的 Huffman 碼。由於類別 3 包含 {–7, –6, –5, –4, 4, 5, 6, 7} 等 8 個值，因此類別 3 的 Huffman 碼後面會有 3 個位元，以指示我們傳送了類別 3 的八個值之中的哪一個值。

　　AC 係數的二進位碼是以稍微不同的方式產生的。一個非零標籤值所屬的類別 C，以及自從上一個非零標籤值之後的零值標籤的數目 Z，兩者共同形成表 13.10 所示的特定 Huffman 碼的指標。因此，如果被編碼的標籤屬於類別 3，而且在這個非零標籤值之前，鋸齒狀掃描線上有 15 個零值標籤，我們將形成指標 $F/3$，這個指標指向編碼字 111111111110111。因為標籤值屬於類別 3，所以我們在這個編碼字後面附上 3 個位元，以指示在類別 3 的 8 個可能的值之中，標籤值所取的是哪一個值。

表 13.9　DC 標籤值差距的編碼。

0			0		
1			−1	1	
2		−3	−2	2	3
3	−7	⋯	−4	4	⋯	7
4	−15	⋯	−8	8	⋯	15
5	−31	⋯	−16	16	⋯	31
6	−63	⋯	−32	32	⋯	63
7	−127	⋯	−64	64	⋯	127
8	−255	⋯	−128	128	⋯	255
9	−511	⋯	−256	256	⋯	511
10	−1,023	⋯	−512	512	⋯	1,023
11	−2,047	⋯	−1,024	1,024	⋯	2,047
12	−4,095	⋯	−2,048	2,048	⋯	4,095
13	−8,191	⋯	−4,096	4,096	⋯	8,191
14	−16,383	⋯	−8,192	8,192	⋯	16,383
15	−32,767	⋯	−16,384	16,384	⋯	32,767
16			32,768		

表 13.10　對於給定的標籤值與連續片段長度，用來得到 Huffman 碼的範例表格。Z 的值係以十六進位表示。

Z/C	編碼字	Z/C	編碼字	⋯	Z/C	編碼字
0/0 (EOB)	1010			⋯	F/0 (ZRL)	11111111001
0/1	00	1/1	1100	⋯	F/1	1111111111110101
0/2	01	1/2	11011	⋯	F/2	1111111111110110
0/3	100	1/3	1111001	⋯	F/3	1111111111110111
0/4	1011	1/4	111110110	⋯	F/4	1111111111111000
0/5	11010	1/5	11111110110	⋯	F/5	1111111111111001
⋮	⋮	⋮	⋮		⋮	

　　有兩個條特別的碼示於表 13.10。第一個是區塊結束碼 (EOB)。這個碼的使用方式與 Chen 和 Pratt 演算法相同 [191]；也就是說，如果某一個特定標籤值是鋸齒狀掃描線上的最後一個非零值，則它的碼後面立刻就是 EOB 碼。另一個碼是 ZRL 碼，當鋸齒狀掃描線上連續出現的零值超過 15 個時，會使用到這個碼。

　　為了瞭解所有的細節如何相互配合，讓我們把表 13.8 中的標籤值編碼。我們先計算這個區塊中被量化的標籤值與前一個區塊中被量化的標籤值的差

距，以便將對應於 DC 係數的標籤值編碼。如果我們假設前一個區塊中對應的標籤值為 −1，則差距等於 3。從表 13.9 中，我們可以看到這個值屬於類別 2。因此，我們會傳送類別 2 的 Huffman 碼，然後傳送 2 位元的序列 11，以指示類別 2 中被編碼的值是 3，而不是 −3, −2 或 2。為了將 AC 係數編碼，我們首先把這些係數排列在鋸齒狀掃描線上。得到以下的序列

$$1 \ -9 \ 3 \ 0 \ 0 \ 0 \ \ldots \ 0$$

第一個值 1 屬於類別 1。由於在這個值之前沒有零，所以我們傳送對應於 0/1 的 Huffman 碼，根據表 13.10，這個碼是 00。接下來，我們在這個碼後面傳送單一位元 1，以表示要傳送的值是 1 而非 −1。同樣的，−9 是類別 4 的第 7 個元素，因此我們傳送二進位字串 1011 (0/4 的 Huffman 碼)，然後再傳送 0110，以表示 −9 是類別 4 的第 7 個元素。下一個標籤值是 3，屬於類別 2，因此我們傳送對應於 0/2 的 Huffman 碼 01，然後再傳送 2 個位元 11。這個標籤值後面所有的標籤值全都是 0，因此我們傳送 EOB 的 Huffman 碼，在這個例子中是 1010。如果我們假設 DC 係數的 Huffman 碼是 2 個位元長，那麼我們總共傳送了 21 個位元來表示這個 8×8 的區塊，這相當於每一個像素平均佔用 $\frac{21}{64}$ 位元。

為了得到原始區塊的重建值，我們執行去量化運算，也就是把表 13.8 的標籤值乘上表 13.7 中對應的值。如果我們取表 13.11 所示之被量化係數的逆向轉換，然後加上 128，會得到表 13.12 所示的重建區塊。我們可以看到，儘管每一個像素佔用的位元數已經從 8 個位元降到了 $\frac{9}{32}$ 個位元，重現值與原始值仍然非常接近。

如果我們希望得到更準確的重建值，我們可以把量化表中的步階間距乘以二分之一，然後使用這些值作為新的步階間距，然而代價是編碼率會增加。如果我們使用和前面一樣的假設，我們可以證明，這樣會讓傳送的位元數增加。我們也可以反其道而行，把步階間距乘上一個大於 1 的數。這樣可以降低位元編碼率，然而代價是失真值會增加。

表 13.11　係數的量化值。

32	11	0	0	0	0	0	0
−108	0	0	0	0	0	0	0
42	0	0	0	0	0	0	0
0	0	0	0	0	0	0	0
0	0	0	0	0	0	0	0
0	0	0	0	0	0	0	0
0	0	0	0	0	0	0	0
0	0	0	0	0	0	0	0

表 13.12　重建區塊。

123	122	122	121	120	120	119	119
121	121	121	120	119	118	118	118
121	121	120	119	119	118	117	117
124	124	123	122	122	121	120	120
130	130	129	129	128	128	128	127
141	141	140	140	139	138	138	137
152	152	151	151	150	149	149	148
159	159	158	157	157	156	155	155

圖 13.8　在每個像素 0.5 位元的編碼率下使用 JPEG 演算法編碼的 Sinan 影像。

圖 13.9　在每個像素 0.25 位元的編碼率下使用 JPEG 演算法編碼的 Sinan 影像。

　　最後，我們在圖 13.8 和圖 13.9 中呈現一些使用 JPEG 編碼的影像的例子。這些影像使用由獨立 JPEG 團隊 (領導人是 Thomas G. Lane 博士) 生產的共享軟體進行編碼。請注意低編碼率影像 (圖 13.8) 中嚴重的「塊狀失真」現象，這是絕大多數以區塊為基礎的技術都會遇到的典型問題，尤其是轉換編碼方法。已經有許多解決方法被提議出來，以除去此一塊狀失真的現象，其中包括區塊邊緣的後置濾波運算，以及區塊邊界會重疊的轉換。每一種方法都有各自的缺點。濾波法一般而言會降低重建結果的解析度，重疊法則會增加複雜度。有一個特別的方法在音訊壓縮中被廣泛地使用，就是下一節要描述的改良型 DCT (MDCT)。

■ 13.7　音訊壓縮的應用 - MDCT

如同前一節所提，當編碼率很低時，使用以區塊為基礎的轉換，會造成區塊邊界上產生失真的不當效應。這些年來，已經有許多使用重疊區塊的技術被發展

出來 [192]。其中有一項技術在音訊壓縮領域已經廣泛被接受，這項技術是以離散餘弦轉換為基礎的轉換，稱為改良型離散餘弦轉換 (MDCT)。從 *mp3*、AAC 到 Ogg Vorbis，所有常用的音訊編碼標準，幾乎都使用到 MDCT。

　　這些演算法中使用的 MDCT 使用 50%的重疊。也就是說，每一個區塊與前一個區塊重疊二分之一，也與下一個資料區塊重疊二分之一。因此，每一個音訊的取樣值都是兩個區塊的一部分。如果我們保留所有的頻率係數，最後得到的係數個數將是取樣值個數的兩倍。減少頻率係數的個數，會導致在逆向轉換中引入失真。失真又稱為時間域混疊 [193]。如果我們考慮到失真是因為在頻率域中進行縮減取樣而引入的，這麼稱呼的原因就很明顯了。回憶一下，在時間域中以低於 Nyquist 頻率的頻率取樣，會造成不同位置上的頻譜複本彼此重疊，或者頻率混疊的現象。儘管每一個區塊的逆向轉換都會造成時間域的混疊，然而相鄰區塊的混疊效應彼此可以互相抵消，由於重疊轉換係以此種方式建立，因此成功了。

　　考慮圖 13.10 所示的情況。觀察區塊 i 和區塊 $i+1$ 的編碼。來自這兩個區塊的係數的逆向轉換會產生子區塊 q 中的音訊取樣值。假設區塊大小為 N，則子區塊的大小等於 $N/2$。前向轉換可由大小等於 $N/2 \times N$ 的矩陣 P 表示。我們把 P 劃分成兩個大小等於 $N/2 \times N/2$ 的區塊 A 和 B。因此

$$P = [A \mid B]$$

令 $x_i = [p \mid q]$，則前向轉換 $P\,x_i$ 可使用子區塊來表示，而寫成

$$X_i = [A \mid B] \begin{bmatrix} p \\ q \end{bmatrix}$$

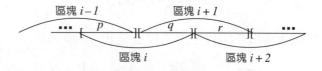

圖 13.10　資料源輸出序列。

逆向轉換矩陣 Q 可由大小等於 $N \times N/2$ 的矩陣來表示,此矩陣可以劃分成兩個大小等於 $N/2 \times N/2$ 的區塊 C 和 D。

$$Q = \begin{bmatrix} C \\ D \end{bmatrix}$$

應用逆向轉換,我們得到重建值 $\hat{x}$:

$$\hat{x}_i = QX_i = QPx_i = \begin{bmatrix} C \\ D \end{bmatrix} [A \mid B] \begin{bmatrix} p \\ q \end{bmatrix} = \begin{bmatrix} CAp + CBq \\ DAp + DBq \end{bmatrix}$$

對於區塊 $i+1$ 重複同樣的過程,我們得到

$$\hat{x}_{i+1} = QX_{i+1} = QPx_{i+1} = \begin{bmatrix} C \\ D \end{bmatrix} [A \mid B] \begin{bmatrix} q \\ r \end{bmatrix} = \begin{bmatrix} CAq + CBr \\ DAq + DBr \end{bmatrix}$$

為了消去區塊下半部的混疊效應,以下的式子必須成立

$$CAq + CBr + DAp + DBq = q$$

從這個式子,我們可以得到轉換必須滿足的條件:

$$CB = 0 \tag{13.61}$$

$$DA = 0 \tag{13.62}$$

$$CA + DB = I \tag{13.63}$$

請注意,同樣的條件有助於使用區塊 $i-1$ 的逆向轉換的下半部來消去區塊 i 的上半部的混疊效應。滿足最後一個條件的選擇之一是:

$$CA = \frac{1}{2}(I - J) \tag{13.64}$$

$$DB = \frac{1}{2}(I + J) \tag{13.65}$$

前向改良型離散轉換係由以下的方程式給出:

$$X_k = \sum_{n=0}^{N-1} x_n \cos\left(\frac{2\pi}{N}(k + \frac{1}{2})(n + \frac{1}{2} + \frac{N}{4}) \right) \tag{13.66}$$

其中 x_n 為音訊取樣值,且 X_k 為頻率係數。逆向 MDCT 係由以下的式子給出:

$$y_n = \frac{2}{N} \sum_{n=0}^{\frac{N}{2}-1} X_k \cos\left(\frac{2\pi}{N}(k+\frac{1}{2})(n+\frac{1}{2}+\frac{N}{4})\right) \qquad (13.67)$$

如果以矩陣符號表示，則爲：

$$[P]_{i,j} = \cos\left(\frac{2\pi}{N}(i+\frac{1}{2})(j+\frac{1}{2}+\frac{N}{4})\right) \qquad (13.68)$$

$$[Q]_{i,j} = \frac{2}{N} \cos\left(\frac{2\pi}{N}(i+\frac{1}{2})(j+\frac{1}{2}+\frac{N}{4})\right) \qquad (13.69)$$

我們很容易證明，給定一 N 值，這些矩陣滿足混疊效應互相抵消的條件。

因此，儘管任何一個區塊的逆向轉換都含有混疊效應，當我們使用相鄰區塊的逆向轉換時，此一混疊效應可以抵消。那麼，沒有相鄰區塊的區塊會怎麼樣？解決這個問題的方法之一是在被取樣的音訊序列的開頭和結尾分別補上 $N/2$ 個零。在實務上我們並不需要這麼做，因爲要轉換的資料在進行轉換之前，會先被放在窗子內。至於第一個區塊和最後一個區塊，我們會使用一個特殊的窗子，其作用與引入零相同。如果讀者希望瞭解有關 MDCT 窗子設計的資訊，請參閱 [194]。如果讀者需要更多有關 MDCT 如何使用於音訊壓縮技術的資訊，請參閱第 16 章。

◼ **13.8 摘要**

在本章中，我們描述了轉換編碼的概念，並提供了研究此一壓縮方案所需的一些細節。基本編碼方案的作用如下：

■ 把資料源輸出分成區塊。就語音或音訊資料而言，這些區塊是一維區塊。就影像而言，這些區塊是二維區塊。在影像編碼中，典型的區塊大小是 8×8。在音訊編碼中，各區塊一般而言會重疊 50%。

■ 計算這個區塊的轉換。就一維資料而言，這個運算需要以轉換矩陣前乘由 N 個資料源輸出取樣值組成的向量。就影像資料而言，這個運算需要以轉換矩陣前乘 $N \times N$ 區塊，然後以轉換矩陣的轉置矩陣後乘所得的結果。

- 將係數量化。有各式各樣的技術可以把這些係數量化。我們描述了 JPEG 使用的方法。第 16 章會描述各種音訊編碼演算法中使用的量化技術。

- 把量化值編碼。量化值可以使用固定長度碼編碼，或先前各章描述過的任何可變長度碼。我們描述了 JPEG 採取的方法。

解碼方案是影像壓縮編碼方案的反向運算。至於音訊編碼中使用的重疊轉換，解碼器會把逆向轉換的重疊部分加起來，以抵消混疊效應。

基本的編碼方法可以根據資料的特性而加以修改。我們描述了各種商用音訊訊號轉換編碼演算法使用的一些修改結果。

進階閱讀

1. 如果讀者需要關於 JPEG 標準的詳細資訊，W.B. Pennebaker 與 J.L. Mitchell 合著的「*JPEG Still Image Data Compression Standards*」[10] 是極為寶貴的參考文獻。這本書也包含了 JPEG 通訊協定 ISO DIS 10918-1 和 ISO DIS 10918-2 官方初稿的全文。

2. 如果讀者需要有關 MDCT，以及如何在音訊編碼中使用的詳細討論，M. Bosi 與 R.E. Goldberg 合著的「*Introduction to Digital Audio Coding Standards*」[194] 是非常棒的資訊來源。

3. N.S. Jayant 與 P. Noll 合著的「*Digital Coding of Waveforms*」[123] 一書的第 12 章，針對轉換編碼這個主題提供了更為數學性的討論。

4. A. K. Jain 所著的「*Fundamentals of Digital Image Processing*」[196] 對於轉換而言，是很的資訊來源。此外，R.C. Gonzales 與 R.E. Wood 合著的「*Digital Image Processing*」[96] 也是很好的資訊來源，這本書對於 Hotelling 轉換有特別精采的討論。

5. A. Gersho 與 R.M. Gray 合著的「*Vector Quantization and Signal Compression*」[51] 描述了位元配置問題及其解決方案。

6. M. Rabbani 與 P.W. Jones 合著的「*Digital Image Compression Techniques*」[80] 描述了影像的轉換編碼，非常容易閱讀。

7. M. Nelson 與 J.-L. Gailly 合著的「*The Data Compression Book*」[60] 針對 JPEG 演算法提供了非常容易閱讀的討論。

◾ **13.9 專案與習題**

1. 正方矩陣 $\mathbf{A}$ 具有以下的性質：$\mathbf{A}^T\mathbf{A} = \mathbf{A}\mathbf{A}^T = \mathbf{I}$，其中 $\mathbf{I}$ 為單位矩陣。如果 X_1 和 X_2 是兩個二維向量，且

$$\mathbf{\Theta}_1 = \mathbf{A}X_1$$
$$\mathbf{\Theta}_2 = \mathbf{A}X_2$$

試證明：

$$|X_1 - X_2|^2 = |\mathbf{\Theta}_1 - \mathbf{\Theta}_2|^2 \tag{13.70}$$

2. 考慮下列的數值序列：

$$\begin{array}{cccccccc} 10 & 11 & 12 & 11 & 12 & 13 & 12 & 11 \\ 10 & -10 & 8 & -7 & 8 & -8 & 7 & -7 \end{array}$$

(a) 使用 8 個點的 DCT 分別轉換每一列。畫出你得到的 16 個轉換係數。

(b) 把所有的 16 個數組合成一個向量，並使用 16 個點的 DCT 來進行轉換。畫出這 16 個轉換係數。

(c) 比較 (a) 和 (b) 的結果。對於這個特別的例子來說，如果我們希望得到更好的壓縮效果，你會建議使用大小等於 8 還是 16 的區塊？證明你的答案是正確的。

3. 考慮以下的「影像」：

$$\begin{array}{cccc} 4 & 3 & 2 & 1 \\ 3 & 2 & 1 & 1 \\ 2 & 1 & 1 & 1 \\ 1 & 1 & 1 & 1 \end{array}$$

    (a) 先計算每一列的一維轉換，然後逐行計算所得矩陣的轉換，以求出二維 DWHT 轉換。

    (b) 先計算每一行的一維轉換，然後逐列計算所得矩陣的轉換，以求出二維 DWHT 轉換。

    (c) 比較 (a) 和 (b) 的結果，並予評論。

4. (本習題係由 P.F. Swaszek 建議。) 讓我們比較 DCT 轉換和 DWHT 轉換的能量集中性質。

    (a) 針對 Sena 影像，使用 DCT 計算每 64 個係數的均方值。把這些值畫出來。

    (b) 針對 Sena 影像，使用 DWHT 計算每 64 個係數的均方值。把這些值畫出來。

    (c) 比較 (a) 和 (b) 的結果。哪一個轉換提供的能量集中程度更大？證明你的答案是正確的。

5. 實作 JPEG 標準的轉換和量化部份。將標籤值編碼時，請使用算術編碼器，而非本章描述的改良型 Huffman 碼。

    (a) 使用這個轉換，在每個像素 (大約) 0.25, 0.5, 0.75 位元的編碼率下將 Sena 影像編碼。進行編碼在 (大約)的比率的編碼器，和。計算在各種編碼率時的均方誤差，並畫出編碼率對 mse 的圖形。

    (b) 使用公共領域的 JPEG 實作成品，重複 (a) 中的作業。

    (c) 試比較使用兩種編碼器得到的圖形，並評論各編碼器的相對關效能。

6. JPEG 標準有一項延伸可以使用多個量化矩陣。研究一下設計一組量化矩陣時會遇到的問題。量化矩陣應該相似還是不相似？你如何測量它們的相似性？給定一個特定區塊，你是否需要使用所有的量化矩陣將其量化，才能選擇出最好的量化矩陣？還是有其他在計算上更有效率的方法？撰寫一份報告，以描述你的結論。

14

次頻帶編碼

14.1 綜覽

本章討論將資料源的輸出分解爲其組成部分的三種壓縮方法之中的第二種。每一組成部分使用前面描述過的一種或數種方法進行編碼。本章描述的方法稱爲次頻帶編碼，這種方法使用數位濾波器將資料源輸出分成不同的頻帶。我們提供次頻帶編碼系統的一般性描述，對於稍微瞭解一點 Z 轉換的讀者，我們也提供更爲數學性的系統分析。包含數學分析的章節對於瞭解本章其餘的部份並非必要，而且會以★符號標示出來。如果讀者對於數學分析不感興趣，應該跳過這些章節部分。接下來我們會描述一種常見的位元配置方法。本章最後以音訊和影像壓縮的應用作爲結束。

14.2 引言

前面幾章討論了許多不同的壓縮方案。當資料具有某種特性時，這些方案之中的某一種會最有效率。如果資料源輸出區塊顯示出高度的群聚性，則向量量化方案最爲有效。取樣值對取樣值的差距很小時，差分編碼方案最爲有效。如果資料源輸出確實具有隨機性，那麼使用純量化或晶格向量量化效果最好。因

此，如果資料源呈現某些明確的特性，我們可以選擇最適合該項特性的壓縮方案。不幸的是，大部份的資料源輸出會呈現許多種特性的組合，這使得我們很難選擇完全適合資料源輸出的壓縮方案。

前一章討論了使用區塊轉換將資料源輸出分解成不同頻率帶的技術。轉換係數的統計性質與感知的重要性各自不同。當我們配置將不同的係數編碼用的位元數時，會利用到這些係數彼此之間的差距。此一可變位元配置可以降低資料源輸出編碼所需的平均位元數。轉換編碼的缺點之一在於把資料源輸出以不自然的方式劃分成各區塊，造成區塊邊緣產生編碼雜訊或區塊失眞現象。避免此種區塊失眞的方法之一是重疊正交變換 (LOT) [192]。在本章中，我們考慮一種把影像分解成不同的頻帶，卻不需要強制使用任意區塊架構的常見方法。輸入被分解成各組成部分之後，我們可以使用最適合每一個組成部分的編碼技術，以改善壓縮效能。此外，資料源輸出的每一個成分可能具有不同的感知特性。舉例來說，在某一個成分中令然感覺相當不快的量化誤差，也許在資料源輸出的不同成分中是可以接受的。因此在感知上比較不重要的成分可以使用比較粗糙 (位元數較少) 的量化器來編碼。

考慮圖 14.1 中所繪的序列 $\{x_n\}$。我們可以看到，儘管取樣值對取樣值的變化相當大，但圖中還有一個位於底層的長期趨勢 (以緩慢變化的虛線顯示)。

有個方法可以擷取出這個趨勢，就是計算在一扇移動的窗口中的取樣值的平均值。平均值運算會讓快速的變化變得平緩，讓緩慢的變化更爲明顯。讓我們選擇大小等於 2 的窗口，並將 x_n 與其相鄰值平均，以產生一個新序列 $\{y_n\}$：

$$y_n = \frac{x_n + x_{n-1}}{2}. \tag{14.1}$$

圖 14.1　一個快速變化的資料源輸出，其中包含緩慢變化的長時間成分。

y_n 的相鄰值的距離將比 x_n 的相鄰值的距離更近，因此使用差分編碼將序列 $\{y_n\}$ 編碼，會比將序列 $\{x_n\}$ 編碼更有效率。然而我們想要編碼的序列是 $\{x_n\}$ 序列，而非 $\{y_n\}$ 序列。因此，我們將平均值序列 $\{y_n\}$ 編碼之後，再將以下的差距序列 $\{z_n\}$ 編碼：

$$z_n = x_n - y_n = x_n - \frac{x_n + x_{n-1}}{2} = \frac{x_n - x_{n-1}}{2}. \tag{14.2}$$

序列 $\{y_n\}$ 和 $\{z_n\}$ 可以彼此獨立編碼。在這種情況下，我們可以使用每一個序列最適合的壓縮方案。

例題 14.2.1

假設我們希望把以下列的數值序列 $\{x_n\}$ 編碼：

$$10 \quad 14 \quad 10 \quad 12 \quad 14 \quad 8 \quad 14 \quad 12 \quad 10 \quad 8 \quad 10 \quad 12$$

取樣值對取樣值的關聯性相當強，因此我們可以考慮使用 DPCM 方案來壓縮這個序列。為了對 DPCM 方案中的量化器的要求有所瞭解，讓我們看一看取樣值對取樣值的差距 $x_n - x_{n-1}$：

$$10 \quad 4 \quad -4 \quad 2 \quad 2 \quad -6 \quad 6 \quad -2 \quad -2 \quad -2 \quad 2 \quad 2$$

如果我們忽略第一個值，那麼差距值的動態範圍是 -6 到 6。假設我們希望每一個取樣值使用 m 個位元將這些值量化。這表示我們可以使用具有 $M = 2^m$ 個階層或重建值的量化器。如果我們選擇均等量化器，每一個量化區間的大小 Δ 等於可能的輸入值的範圍除以重建值的總數。因此，

$$\Delta = \frac{12}{M}$$

所以最大量化誤差為 $\frac{\Delta}{2}$ 或 $\frac{6}{M}$。

現在讓我們根據 (14.1) 式和 (14.2) 式產生兩個新序列 $\{y_n\}$ 和 $\{z_n\}$。所有的 3 個序列都在圖 14.2 中繪出。請注意，一旦給定 $\{y_n\}$ 和 $\{z_n\}$，我們一定可以將 $\{x_n\}$ 還原：

$$x_n = y_n + z_n. \tag{14.3}$$

讓我們嘗試將這些序列中分別進行編碼。$\{y_n\}$ 序列為

10 12 12 11 13 11 11 13 11 10 9 11

請注意 $\{y_n\}$ 序列比 $\{x_n\}$ 「平滑」── 取樣值對取樣值的變化小得多。當我們觀察取樣值對取樣值的差距時，這一點變得很明顯：

10 2 0 –1 2 –2 0 2 –2 –1 –1 2

我們在圖 14.3 畫出差距值序列 $\{x_n - x_{n-1}\}$ 和 $\{y_n - y_{n-1}\}$。如果我們再度忽略第一個差距值，則差距值 $y_n - y_{n-1}$ 的動態範圍等於 4。如果我們把這些差距值的動態範圍視為量化器的範圍的度量，則對於一個 M 階層的量化器，量化器的步階間距為 $\frac{4}{M}$，且最大量化誤差為 $\frac{2}{M}$。這個最大化誤差等於使用 M 階層量化器將 $\{x_n\}$ 序列量化時所產生的最大量化誤差的 3 分之 1。然而為了重建 $\{x_n\}$，我們也必須傳送 $\{z_n\}$。$\{z_n\}$ 序列為

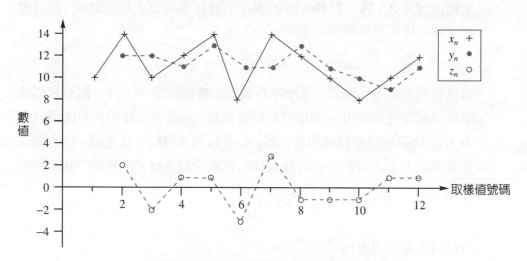

圖 14.2　原始取樣值集合與兩個成分。

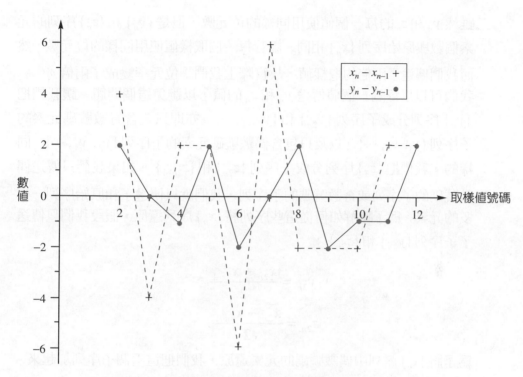

圖 14.3　從原始序列及平均過的序列產生的差距值序列。

$$0\quad 2\quad -2\quad 1\quad 1\quad -3\quad 3\quad -1\quad -1\quad -1\quad 1\quad 1$$

z_n 的動態範圍為 6，等於 $\{x_n\}$ 的差距值序列的動態範圍的一半。我們可以從 z_n 的定義直接推論出這個結果。取樣值對取樣值差距的變化比實際值還大，因此，我們會把每一個取樣值個別量化，而不是將這個序列進行差分編碼。對於一個 M 階層的量化器而言，所需的步階間距為 $\frac{6}{M}$，所產生的最大量化的誤差為 $\frac{3}{M}$。

我們可以在每一個取樣值使用同樣位元數的情況下將 y_n 和 z_n 編碼，並產生比較低的失真。在接收器這邊，我們把 y_n 和 z_n 加起來，而得回原始序列 x_n。重建序列的最大可能量化誤差為 $\frac{5}{M}$，比起將 $\{x_n\}$ 序列直接編碼所產生的最大誤差要小。

雖然 y_n 和 z_n 的每一個值使用同樣的位元數，但是 $\{y_n\}$ 和 $\{z_n\}$ 序列的元素個數與原始序列 $\{x_n\}$ 相同。儘管每一個取樣值使用同樣的位元數，然而我們傳送了兩倍的取樣值，故實際上我們讓位元率變成了兩倍。

我們可以以每隔一個值傳送 y_n 和 z_n 的值，以避免這個問題。讓我們把 $\{y_n\}$ 序列分成子序列 $\{y_{2n}\}$ 和 $\{y_{2n-1}\}$ — 亦即只包含奇數號碼元素的子序列 $\{y_1, y_3, \cdots\}$，以及只包含偶數號碼元素的子序列 $\{y_2, y_4, \cdots\}$。同樣的，我們把 $\{z_n\}$ 序列分成子序列 $\{z_{2n}\}$ 和 $\{z_{2n-1}\}$。如果我們只傳送偶數號碼的子序列或奇數號碼的子序列，我們就只傳送了和原始序列一樣多的元素。為了瞭解如何從這些序列將 $\{x_n\}$ 序列還原，假設我們只傳送了子序列 $\{y_{2n}\}$ 和 $\{z_{2n}\}$：

$$y_{2n} = \frac{x_{2n} + x_{2n-1}}{2}$$

$$z_{2n} = \frac{x_{2n} - x_{2n-1}}{2}.$$

為了將 $\{x_n\}$ 序列中偶數號碼的元素還原，我們把這兩個子序列加起來。為了得到 $\{x_n\}$ 序列中奇數號碼的元素，我們計算以下的差距：

$$y_{2n} + z_{2n} = x_{2n} \tag{14.4}$$

$$y_{2n} - z_{2n} = x_{2n-1} \tag{14.5}$$

因此，我們只需要傳送與原始序列所需一樣多的位元數，就可以將整個原始序列 $\{x_n\}$ 還原，而且產生的失真更低。

前一道陳述的最後一部份還成立嗎？在我們原來的方案中，我們提議傳送差距值 $y_n - y_{n-1}$，以傳送 $\{y_n\}$ 序列。因為我們現在需要傳送 $\{y_{2n}\}$ 序列，所以我們將傳送差距值 $y_{2n} - y_{2n-2}$。為了讓最初有關失真值降低的陳述能夠成立，這個新差距值序列的動態範圍應該小於或等於原先的差距值的動態範圍。如果我們很快地檢查一下 $\{y_n\}$，會發現新差距值的動態範圍仍然是 4，而且所產生的失真較低的聲明仍然成立。 ◆

從這個例子，可以發現幾件事情。首先，無論我們傳送原始序列 $\{x_n\}$ 或兩個子序列 $\{y_n\}$ 和 $\{z_n\}$，我們所傳送的不同數值的個數是相同的。把 $\{x_n\}$ 序列分解成子序列，並不會造成需要傳送的數值的個數增加。其次，兩個子序列的特性截然不同，所以使用不同的技術將不同的序列編碼。如果不把 $\{x_n\}$ 序列分開，基本上會使用同樣的方法來壓縮這兩個子序列。最後，我們可以使用同樣的分解方法來分解這兩個組成序列，而這些序列還可以更進一步地分解。

儘管此例題只適用於一組特別的值，我們可以發現：將信號分解，可以讓我們從不同的觀點來檢視壓縮問題。我們額外獲得的彈性可改善壓縮效能。

在我們離開這個例題之前，讓我們正式描述分解 (或分析) 與重新組合 (或合成) 的過程。在我們的例題中，我們根據以下的運算，將輸入序列 $\{x_n\}$ 分解成 $\{y_n\}$ 和 $\{z_n\}$ 兩個子序列：

$$y_n = \frac{x_n + x_{n-1}}{2} \tag{14.6}$$

$$z_n = \frac{x_n - x_{n-1}}{2} \tag{14.7}$$

我們可以使用離散時間濾波器來實作這些運算。我們在第 12 章簡短地考慮了離散時間濾波器。下一節會稍微更詳細地討論濾波器。

■ 14.3 濾波器

將某些頻率分離出來的系統稱爲**濾波器** (filter)。這裡使用咖啡濾心這樣的機械式過濾器作爲類比的用意是很明顯的。咖啡濾心或一個純水淨化系統中的濾心會堵住粗糙的顆粒，只允許顆粒比較細微的輸入成分通過。然而這個類比並不完全，因爲機械式過濾器總是會堵住比較粗糙的輸入成分，而我們討論的濾波器則會選擇性通過或阻擋任何範圍內的頻率。只允許某一頻率 f_0 以下的成分通過的濾波器稱爲低通濾波器；將某一頻率 f_0 以上的成分全部擋住的濾波器稱爲高通濾波器。頻率 f_0 稱爲**截止頻率** (cutoff frequency)。只允許頻率內容在某一頻率 f_1 以上及頻率 f_2 以下的成分通過的濾波器稱爲帶通濾波器。

　　描述濾波器特性的方法之一是利用**大小轉換函數** (magnitude transfer function) — 濾波器的輸入與輸出大小的比率對頻率的函數。圖 14.4 顯示了一個理想的低通濾波器以及一個比較實際的低通濾波器的大小轉換函數，這兩個濾波器的截止頻率均爲 f_0。在理想的情況下，除了恆定倍率的放大之外，輸入信號中所有頻率低於 f_0 的成分並不受影響。高於 f_0 的所有頻率全部被擋住。換句話說，截止是很急遽的。在比較實際的濾波器中，截止是比較緩和的。此外，頻率低於 f_0 的成分，其放大倍率並非恆定，而且頻率高於 f_0 的成分並沒有完全被擋住。這種現象稱爲導通頻帶與截止頻帶中的**漣波** (ripple)。

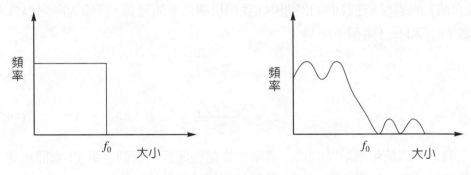

圖 14.4　理想與實際低通濾波器的特性曲線。

　　我們要討論的濾波器是數位濾波器，此種濾波器會作用於一個數值序列上 (該序列通常是一個連續變化信號的取樣值)。第 12 章已經討論過取樣，爲了那些跳過第 12 章的讀者，讓我們簡短地討論一下取樣運算。

　　一個信號必須多久取樣一次，才能將它從取樣值中重建？如果一個信號比另一個信號變化得更迅速，爲了達到準確的表示方式，假設變化較快的信號必須比變化較慢的信號更常取樣，應該是合理的。事實上，我們可以從數學上證明：如果一個信號的最高頻率成分爲 f_0，則每秒鐘至少需要將該信號取樣 $2f_0$ 次。爲了紀念貝爾實驗室的著名數學家 Harry Nyquist，這個結果被稱爲 *Nyquist* **定理** (Nyquist theorem) 或 *Nyquist* **準則** (Nyquist rule)。他的開創性工作奠定

了大部份數位通訊的基礎。Nyquist 準則也可以延伸到只具有介於 f_1 與 f_2 這兩個頻率之間的頻率成分的信號。如果 f_1 與 f_2 滿足某些條件，那麼我們可以證明：為了將信號精確地還原，至少需要以每秒鐘 $2(f_2 - f_1)$ 個抽樣數的頻率將信號取樣 [123]。

如果我們違反 Nyquist 準則，而且取樣頻率低於最高頻率的兩倍，會發生什麼後果？我們在第 12 章中已經證明：不可能根據取樣值將原始信號還原。頻率高於取樣頻率二分之一的成分會在更低的頻率中出現。這個過程稱為**混疊** (aliasing)。為了避免混疊，大部份需要取樣的系統都含有一個「抗混疊的濾波器」，這個濾波器會把取樣器輸入的頻率限制在取樣頻率的一半以下。如果信號中含有頻率超過取樣頻率二分之一的成分，我們會把這些成分濾掉，這樣會造成失真，然而混疊所引起的失真一般而言會比濾波造成的失真更嚴重。

數位濾波包括計算濾波器目前及過往輸入的加權總和，在某些情況下，甚至包括濾波器過往的輸出。濾波器的輸入輸出關係式，其一般形式係由以下的式子給出：

$$y_n = \sum_{i=0}^{N} a_i x_{n-i} + \sum_{i=1}^{M} b_i y_{n-i} \tag{14.8}$$

其中 $\{x_n\}$ 序列是濾波器的輸入，$\{y_n\}$ 序列是濾波器的輸出，$\{a_i\}$ 與 $\{b_i\}$ 稱為**濾波器係數** (filter coefficient)。

如果輸入序列是一個 1，然後全部是 0，則輸出序列稱為濾波器的脈衝響應。請注意，如果 b_i 全部等於 0，則脈衝響應在 N 個取樣值之後將會消失。這些濾波器稱為**有限脈衝響應** (finite impulse response，簡稱 FIR) 濾波器。N 這個數有時稱為濾波器中的接頭數。如果有任何一個 b_i 的值不等於零，理論上脈衝響應會永遠持續下去。某些 b_i 的值不等於零的濾波器稱為**無限脈衝響應** (infinite impulse response，簡稱 IIR) 濾波器。

例題 14.3.1

假設有一個濾波器，其係數為 $a_0 = 1.25$ 和 $a_1 = 0.5$。如果輸入序列 $\{x_n\}$ 係由以下的式子給出

$$x_n = \begin{cases} 1 & n = 0 \\ 0 & n \neq 0 \end{cases} \tag{14.9}$$

則輸出是由以下的式子給出

$$y_0 = a_0 x_0 + a_1 x_{-1} = 1.25$$
$$y_1 = a_0 x_1 + a_1 x_0 = 0.5$$
$$y_n = 0, \quad n < 0 \ \text{或} \ n > 1.$$

這個輸出稱為濾波器的脈衝響應。脈衝響應序列通常以 $\{h_n\}$ 表示。因此我們說：對於這個濾波器而言，

$$h_n = \begin{cases} 1.25 & n = 0 \\ 0.5 & n = 1 \\ 0 & \text{其他情況} \end{cases} \tag{14.10}$$

請注意，如果知道脈衝響應，則也會知道 a_i 的值。知道脈衝響應，就完全決定了濾波器。此外，因為脈衝響應在有限數目的取樣值 (在這種情況下為 2) 之後會變成零，所以濾波器是有限脈衝響應濾波器。

例題 14.2.1 使用的兩個濾波器都是兩接頭的有限脈衝響應濾波器，其脈衝響應為

$$h_n = \begin{cases} \frac{1}{2} & n = 0 \\ \frac{1}{2} & n = 1 \\ 0 & \text{其他情況} \end{cases} \tag{14.11}$$

對於「平均」或低通濾波器而言，且

$$h_n = \begin{cases} \frac{1}{2} & n=0 \\ -\frac{1}{2} & \cdot \ n=1 \\ 0 & \text{其他情況} \end{cases} \tag{14.12}$$

對於「差距」或高通濾波器而言。

現在讓我們考慮另一個不同的濾波器，其係數為 $a_0 = 1$ 和 $b_1 = 0.9$。對於上述的同一個輸入而言，輸出係由以下的式子給出

$$y_0 = a_0 x_0 + b_1 y_{-1} = 1(1) + 0.9(0) = 1 \tag{14.13}$$

$$y_1 = a_0 x_1 + b_1 y_0 = 1(0) + 0.9(1) = 0.9 \tag{14.14}$$

$$y_2 = a_0 x_2 + b_1 y_1 = 1(0) + 0.9(0.9) = 0.81 \tag{14.15}$$

$$\vdots \quad \vdots$$

$$y_n = (0.9)^n \tag{14.16}$$

脈衝響應可以更簡潔地寫成

$$h_n = \begin{cases} 0 & n < 0 \\ (0.9)^n & n \geq 0 \end{cases} \tag{14.17}$$

請注意，對於所有的 $n \geq 0$，脈衝響應都不等於零，因此這個濾波器是一個 IIR 濾波器。　　　　　　　　　　　　　　　　　　　　　　◆

儘管 IIR 的情況並不像 FIR 那麼清楚，脈衝響應仍然完全決定了濾波器。一旦知道濾波器的脈衝響應，就知道濾波器的輸入與輸出之間的關係。如果 $\{x_n\}$ 和 $\{y_n\}$ 分別為一個脈衝響應等於 $\{h_n\}_{n=0}^M$ 的濾波器的輸入和輸出，則 $\{y_n\}$ 可以藉由以下的關係式，從 $\{x_n\}$ 和 $\{h_n\}$ 求出：

$$y_n = \sum_{k=0}^{M} h_k x_{n-k} \tag{14.18}$$

對於有限脈衝響應濾波器而言，M 的值為有限，對於 IIR 濾波器而言，M 的值為無限。(14.18) 式所示的關係式稱為**捲積** (convolution)，使用線性及平移不變性等性質，很容易得到這個結果 (參閱習題 1)。

因為有限脈衝響應濾波器不過是加權平均值，所以它們永遠是穩定的。當我們說一個濾波器是穩定的時候，我們是指：只要輸入是有界的，輸出也將是有界的。這一點對於 IIR 濾波器而言並不適用。即使輸入是有界的，某些 IIR 濾波器仍然可能產生無界的輸出。

例題 14.3.2

試考慮一個濾波器，其係數為 $a_0 = 1$ 和 $b_1 = 2$。假設輸入序列是一個 1，然後全部是 0，則輸出為

$$y_0 = a_0 x_0 + b_1 y_{-1} = 1(1) + 2(0) = 1 \tag{14.19}$$
$$y_1 = a_0 x_0 + b_1 y_0 = 1(0) + 2(1) = 2 \tag{14.20}$$
$$y_2 = a_0 x_1 + b_1 y_1 = 1(0) + 2(2) = 4 \tag{14.21}$$
$$\vdots \quad \vdots$$
$$y_n = 2^n \tag{14.22}$$

即使輸入只含有一個 1，$n = 30$ 時的輸出仍然等於 2^{30}，或一個超過 10 億的值！ ◆

儘管 IIR 濾波器可能會變得不穩定，然而只需要少數幾個係數，就可以使截止曲線更急遽，以及導通頻帶與截止頻帶的漣波少一點，而提供更好的效能。

數位濾波器設計與分析的研究是一個迷人和重要的主題，14.5 - 14.8 節會提供一些細節。如果讀者對於這些題材不感興趣，可以採取實用主義者的方法，並利用文獻選擇需要的濾波器，而非親自設計這些濾波器。以下的章節將簡短地描述用來產生本章例題的一些濾波器家族。我們也提供可以用來實驗的濾波器係數。

14.3.1 次頻帶編碼中使用的一些濾波器

次頻帶編碼中最常使用的濾波器是由一連串的濾波器級組成的，每一級都包含一個低通濾波器和一個高通濾波器，如圖 14.5 所示。在這些濾波器中，最常用的是**正交鏡相濾波器** (quadrature mirror filter，簡稱 QMF)，由 Crosier, Esteban 和 Galand 首先提出 [197]。這些濾波器具有以下的性質：如果低通濾波器的脈衝響應為 $\{h_n\}$，則高通脈衝響應為 $\{(-1)^n h_{N-1-n}\}$。Johnston 設計的 QMF 濾波器 [198] 被廣泛地使用於許多應用中。8, 16 和 32 接頭濾波器的濾波器係數在表 14.1 - 14.3 中列出。請注意濾波器是對稱的；也就是說，

$$h_{N-1-n} = h_n \qquad n = 0, 1, \ldots, \frac{N}{2} - 1 \qquad (14.23)$$

稍後我們將發現：接頭較少的濾波器，其分解效率比不上接頭較多的濾波器。然而從方程式 (14.18) 中，我們可以看出：接頭數會決定產生濾波器輸出所需的乘法 ─ 加法次數。因此，如果我們希望得到更有效率的分解，則需要增加計算量。

另一組常見的濾波器是 Smith-Barnwell 濾波器 [199]，其中有一些示於表 14.4 和 14.5。

表 14.1　8 接頭 Johnston 低通濾波器的係數。

h_0, h_7	0.00938715
h_1, h_6	0.06942827
h_2, h_5	−0.07065183
h_3, h_4	0.48998080

表 14.2　16 接頭 Johnston 低通濾波器的係數。

h_0, h_{15}	0.002898163
h_1, h_{14}	−0.009972252
h_2, h_{13}	−0.001920936
h_3, h_{12}	0.03596853
h_4, h_{11}	−0.01611869
h_5, h_{10}	−0.09530234
h_6, h_9	0.1067987
h_7, h_8	0.4773469

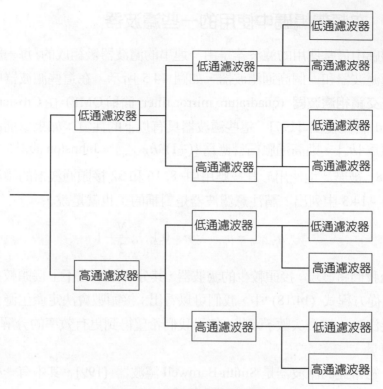

圖 14.5　八個頻帶的濾波器組。

表 14.3　32 接頭 Johnston 低通濾波器的係數。

h_0, h_{31}	0.0022551390
h_1, h_{30}	−0.0039715520
h_2, h_{29}	−0.0019696720
h_3, h_{28}	0.0081819410
h_4, h_{27}	0.00084268330
h_5, h_{26}	−0.014228990
h_6, h_{25}	0.0020694700
h_7, h_{24}	0.022704150
h_8, h_{23}	−0.0079617310
h_9, h_{22}	−0.034964400
h_{10}, h_{21}	0.019472180
h_{11}, h_{20}	0.054812130
h_{12}, h_{19}	−0.044524230
h_{13}, h_{18}	−0.099338590
h_{14}, h_{17}	0.13297250
h_{15}, h_{16}	0.46367410

表 14.4　8 接頭 Smith-Barnwell 低通濾波器的係數。

h_0	0.0348975582178515
h_1	−0.01098301946252854
h_2	−0.06286453934951963
h_3	0.223907720892568
h_4	0.556856993531445
h_5	0.357976304997285
h_6	−0.02390027056113145
h_7	−0.07594096379188282

表 14.5　16 接頭 Smith-Barnwell 低通濾波器的係數。

h_0	0.02193598203004352
h_1	0.001578616497663704
h_2	−0.06025449102875281
h_3	−0.0118906596205391
h_4	0.137537915636625
h_5	0.05745450056390939
h_6	−0.321670296165893
h_7	−0.528720271545339
h_8	−0.295779674500919
h_9	0.0002043110845170894
h_{10}	0.02906699789446796
h_{11}	−0.03533486088708146
h_{12}	−0.006821045322743358
h_{13}	0.02606678468264118
h_{14}	0.001033363491944126
h_{15}	−0.01435930957477529

　　這些濾波器系列有許多地方不同。舉例來說，考慮 8 個接頭的 Johnston 濾波器和 8 個接頭的 Smith-Barnwell 濾波器。這兩個濾波器的大小轉換函數在圖 14.6 中繪出。請注意 Smith-Barnwell 濾波器的截止比 Johnston 濾波器的截止要急遽得多。這表示 8 個接頭的 Johnston 濾波器提供的分離性並不如 8 個接頭的 Smith-Barnwell 濾波器那麼好。本章稍後討論影像壓縮時，我們會看到這一點造成的影響。

　　這些濾波器是一些較常見的濾波器的例子。文獻中已經有許多的濾波器，而且還有更多的濾波器正由研究者繼續不斷地發現。

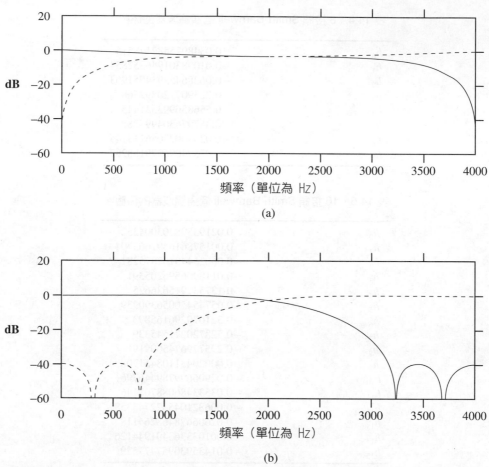

圖 14.6　(a) 8 接頭 Johnston 濾波器和 (b) 8 接頭 Smith-Barnwell 濾波器的大小轉換函數。

▣ **14.4** **基本次頻帶編碼演算法**

基本次頻帶編碼系統示於圖 14.7。

14.4.1　分析

資料源輸出會通過一組濾波器 (稱為分析濾波器組)，這組濾波器涵蓋了組成資料源輸出的頻率範圍。濾波器的導通頻帶可能不重疊，也可能彼此重疊。非重疊和重疊濾波器組示於圖 14.8。接下來，濾波器的輸出會被二次取樣。

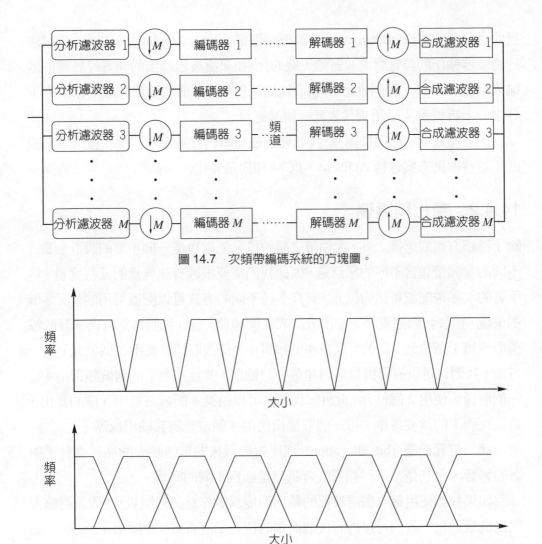

圖 14.7 次頻帶編碼系統的方塊圖。

圖 14.8 非重疊與重疊濾波器組。

　　二次取樣的理由是 Nyquist 定律及其廣義結果，這個定律告訴我們：每秒鐘只需要頻率範圍兩倍的取樣數。這表示我們可以降低濾波器輸出中的取樣值數目，因為濾波器輸出的頻率範圍小於濾波器輸入的頻率範圍。降低取樣值數

目的過程稱為**刪減** (decimation[1]) 或**縮減取樣** (downsampling)。刪減的量取決於濾波器輸出的頻寬對濾波器輸入端的比。如果濾波器輸出的頻寬等於濾波器輸入頻寬的 $1/M$，我們會每 M 個取樣值保留一個，而將輸出刪減成原來的 M 分之一。符號 $M \downarrow$ 被用來代表此一刪減運算。

一旦濾波器的輸出被刪減，我們會從幾種編碼方案之中選擇一種將輸出編碼，這些編碼方案包括 ADPCM、PCM 和向量量化。

14.4.2　量化與編碼

除了壓縮方案的選擇之外，次頻帶之間的位元配置也是一個重要的設計參數。不同的次頻帶包含不同的訊息量，因此我們需要根據資訊容量的某些度量，為所有的次頻帶配置可用的位元。有許多種不同的方式可以配置可用的位元。舉例來說，假設我們把資料源輸出分解成 4 個頻帶，而且我們希望編碼率等於每個取樣值 1 個位元。我們可以在 4 個頻帶中，每個取樣值使用 1 個位元。另一方面，我們也可以直接拋棄兩個頻帶中的輸出，並且在剩下的兩個頻帶中，每一個取樣值使用 2 個位元。此外，我們還可以拋棄 4 個濾波器中 3 個的輸出，並且在剩下的濾波器中，每一個取樣值使用 4 個位元將其輸出編碼。

此一**位元配置** (bit allocation) 程序對於最後的重建結果的品質會有很顯著的影響，尤其是在不同頻帶的資訊容量極為不同的時候。

如果我們使用每一個濾波器的輸出的變異數作為訊息度量，並假設壓縮方案為純量量化，我們可以得到幾個簡單的位元配置方案 (參閱第 13.5 節)。如果我們使用稍微複雜一些的濾波器輸出模型，我們可以得到相當理想的位元配置程序 (參閱第 14.9 節)。

---

[1] *decimation* 這個詞的起源非常血腥。在羅馬帝國時代，如果一個軍團在戰爭中潰逃，它的士兵會被排成一列，每隔 10 人處決一人。這個過程稱為 decimation (集體處決)。

14.4.3 合成

在解碼器這邊，被量化及編碼的係數會用來重建原始信號的表示方式。首先，在接收器這邊，每一個次頻帶中經過編碼的取樣值會被解碼。接下來，我們將解碼出來的值進行擴增取樣，方法是在取樣值之間插入適當個數的 0。一旦每秒鐘的取樣值數目回復原來的位元率，經過擴增取樣的信號會通過一組重建濾波器。重建濾波器的輸出會被加起來，以產生最終的重建輸出。

我們可以看到基本的次頻帶系統很簡單。這個系統有三個主要的成分：**分析與合成濾波器、位元配置**方案和**編碼**方案。有相當多的研究分別以這些成分為中心。為了找出容易實作，而且可以讓各頻帶確實分離的濾波器，有許多種濾波器組的結構已經被研究過。在下一節中，我們將簡短地討論濾波器組的設計過程中使用的一些技術，然而我們的描述必然極為有限。如果讀者希望瞭解 (遠比本書) 更為詳盡的討論，可以參閱 P.P. Vaidyanathan 的精典名著 [200]。

次頻帶編碼、以小波為基礎的編碼，以及轉換編碼中的位元配置程序已經被廣泛地研究過。第 13.5 節已經描了述一些位元配置方案，第 14.9 節將描述另一種不同的方法。有一些應用於小波中的位元配置程序也已經被發展出來，下一章會描述這些方案。

根據頻率來分離資料源輸出，也開啟了以創新方式使用壓縮演算法的可能性。以此種方式進行的資料源輸出的分解提供了壓縮演算法的輸入，相較於原始資料源輸出，這些分解成分的特性都更為明確。我們可以使用這些特性分別選擇每一種不同輸入適合的壓縮方案。

人類對音訊和視訊頻輸入的知覺與頻率有關，我們可以使用這一點來設計壓縮方案。因此，對感覺非常重要的頻帶，應該以最準確的方式重建。無論失真有多大，都應該在對人類而言最不敏感的頻帶中引入。本章稍後會描述語音、音訊和影像編碼的一些應用。

開始研究位元配置程序和實作之前，我們先針對次頻帶編碼系統提供更詳細的數學分析。我們也會討論次頻帶編碼用濾波器組的設計方法。我們的分析大量運用到第 12 章介紹的 Z 轉換概念，有興趣的主要是具備電機工程背景的

讀者。這些題材對於瞭解本章其餘的部份並不重要；如果讀者對於這些細節不感興趣，應該跳過這些章節，直接閱讀第 14.9 節。

▣ **14.5 濾波器組的設計★**

在本節和下一節 (均以星號標示) 中，我們會更詳細地研究分析、縮減取樣、擴增取樣及合成運算。我們的方法遵循參考文獻 [201] 的討論。我們假設讀者熟悉第 12 章的 Z 轉換概念。我們從一些記號開始。假設我們有一個序列 $x_0, x_1, x_2, \cdots$。我們可以使用圖 14.9 所示的方案，將這個序列分成兩個子序列：$x_0, x_2, x_4, \cdots$ 和 $x_1, x_3, x_5, \cdots$，其中 z^{-1} 相當於一個取樣值的延遲，$M\downarrow$ 則代表 M 分之一倍的二次取樣。這個二次取樣過程稱為**縮減取樣** (downsampling) 或**刪減** (decimation)。

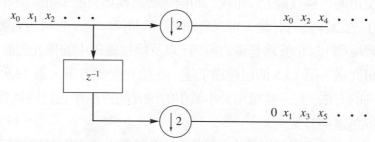

圖 14.9　將輸入序列分解成奇數和偶數成分。

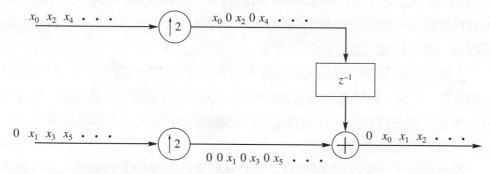

圖 14.10　根據奇數和偶數成分重建輸入序列。

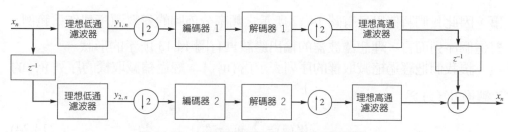

圖 14.11 使用理想濾波器分解成兩個頻帶。

我們可以採用以下的方法，從經過縮減取樣的兩個子序列還原出原始序列：在子序列中相鄰的取樣值之間插入 0，將上方分支延遲一個取樣值，然後把這兩個新的子序列加起來。在相鄰的取樣值之間補上 0 的運算稱爲擴增取樣，並以 $M \uparrow$ 表示。重建過程示於圖 14.10 顯示。

儘管我們把資料源輸出序列分解成了兩個子序列，但沒有理由這些子序列的統計性質和頻譜特性變得不同。因爲我們的目標是把資料源輸出序列分解成具有不同特性的序列，所以我們還有其他的工作要做。

把這個結果推廣下去，我們得到圖 14.11 所示的系統。資料源輸出序列被饋入一個理想的低通濾波器和一個理想的高通濾波器，兩個濾波器的頻寬均爲 $\pi/2$。我們假設資料源輸出序列的頻寬等於 π。如果原始資料源信號是在 Nyquist 頻率下取樣 (因爲這兩個濾波器的輸出的頻寬等於原始序列的一半)，那麼濾波器的輸出實際上是以兩倍的倍率超額取樣。因此我們可以對這些信號進行二分之一倍的二次取樣，而不致遺失任何訊息。現在兩個頻帶的特性不同，而且可以採用不同的方式進行編碼。讓我們暫且假設編碼乃是無失眞方式進行，因此重建序列將與資料源輸出序列完全相符。

讓我們看這個系統如何在頻率域中操作。我們首先討論縮減取樣運算。

14.5.1 縮減取樣★

爲了瞭解縮減取樣造成的影響，我們先求出將原始資料源序列進行縮減取樣而得的序列的 Z 轉換。如果我們能夠看到整個過程，會更容易瞭解發生了什麼

事，因此我們將使用具有圖 14.12 所示之頻率分佈圖的資料源序列作為範例。
對這個序列而言，理想濾波器的輸出應該具有圖 14.13 所示的形狀。

　　讓我們把經過縮減取樣的序列表示為 $\{w_{i,n}\}$。經過縮減取樣的序列 $w_{1,n}$ 的
Z 轉換 $W_1(z)$ 為

$$W_1(z) = \sum w_{1,n} z^{-n} \tag{14.24}$$

縮減取樣運算是指

$$w_{1,n} = y_{1,2n} \tag{14.25}$$

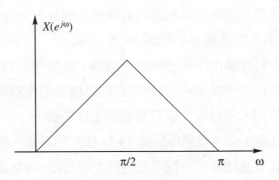

圖 14.12　資料源輸出的頻譜。

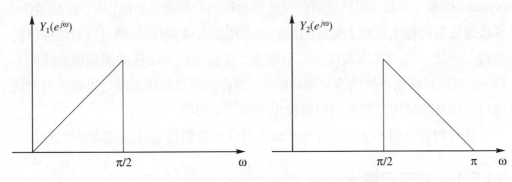

圖 14.13　理想濾波器輸出的頻譜。

為了求出這個序列的 Z 轉換，我們進行一個兩階段的過程。茲定義序列

$$y'_{1,n} = \frac{1}{2}(1 + e^{jn\pi})y_{1,n} \tag{14.26}$$

$$= \begin{cases} y_{1,n} & n \text{ 為偶數} \\ 0 & \text{其他情況} \end{cases} \tag{14.27}$$

我們也可以把方程式 (14.26) 寫成

$$y'_{1,n} = \frac{1}{2}(1 + (-1)^n)y_{1,n}$$

然而把關係式寫成方程式 (14.26) 的形式，可以讓我們更容易把這個導出過程延伸到資料源輸出被分成兩個頻帶以上的情況。

$y'_{1,n}$ 的 Z 轉換係由以下的式子給出：

$$Y'_1(z) = \sum_{n=-\infty}^{\infty} \frac{1}{2}(1 + e^{jn\pi})y_{1,n}z^{-n} \tag{14.28}$$

假設所有的總和都會收斂，

$$Y'_1(z) = \frac{1}{2}\sum_{n=-\infty}^{\infty} y_{1,n}z^{-n} + \frac{1}{2}\sum_{n=-\infty}^{\infty} y_{1,n}(ze^{-j\pi})^{-n} \tag{14.29}$$

$$= \frac{1}{2}Y_1(z) + \frac{1}{2}Y_1(-z) \tag{14.30}$$

其中已經使用了以下的結果

$$e^{-j\pi} = \cos(\pi) - j\sin(\pi) = -1.$$

請注意

$$w_{1,n} = y'_{1,2n} \tag{14.31}$$

$$W_1(z) = \sum_{n=-\infty}^{\infty} w_{1,n}z^{-n} = \sum_{-\infty}^{\infty} y'_{1,2n}z^{-n} \tag{14.32}$$

將 $m = 2n$ 代入，

$$W_1(z) = \sum_{-\infty}^{\infty} y'_{1,m} z^{\frac{-m}{2}} \tag{14.33}$$

$$= Y'_1(z^{\frac{1}{2}}) \tag{14.34}$$

$$= \frac{1}{2} Y_1(z^{\frac{1}{2}}) + \frac{1}{2} Y_1(-z^{\frac{1}{2}}) \tag{14.35}$$

我們為什麼不直接以 $y_{1,n}$ 表示 $w_{1,n}$ 的 Z 轉換,而是代入 $m = 2n$?如果我們這麼做的話,與 (14.33) 式對等的方程式中將會出現奇數索引的 $y_{1,n}$ 項,然而我們知道縮減取樣器的輸出不會出現這些項。在方程式 (14.33) 中,我們也得到奇數索引的 $y_{1,n}$ 項;然而因為這些項全部等於零 (參閱方程式 (14.26)),所有它們對 Z 轉換沒有影響。

將 $z = e^{j\omega}$ 代入,我們得到

$$W_1(e^{j\omega}) = \frac{1}{2} Y_1(e^{j\frac{\omega}{2}}) + \frac{1}{2} Y(-e^{j\frac{\omega}{2}}) \tag{14.36}$$

針對圖 14.13 中的 $Y_1(e^{j\omega})$ 畫出以上這個值,我們得到圖 14.14 所示的頻譜形狀;也就是說,經過縮減取樣的信號,其頻譜的形狀乃是將信號的頻譜形狀延伸而得的結果。經過縮減取樣的 $w_{2,n}$ 信號也具有類似的情況。

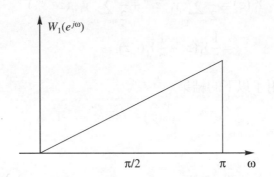

圖 14.14　低通濾波器經過縮減取樣的輸出的頻譜。

14.5.2　擴增取樣★

現在讓我們觀察擴增取樣後會發生什麼事。經過擴增取樣的序列 $v_{1,n}$ 可以寫成

$$v_{1,n} = \begin{cases} w_{1,\frac{n}{2}} & n\text{ 為偶數} \\ 0 & n\text{ 為奇數} \end{cases} \tag{14.37}$$

因此 Z 轉換 $V_1(z)$ 為

$$V_1(z) = \sum_{n=-\infty}^{\infty} v_{1,n} z^{-n} \tag{14.38}$$

$$= \sum_{n=-\infty}^{\infty} w_{1,\frac{n}{2}} z^{-n} \qquad n\text{ 為偶數} \tag{14.39}$$

$$= \sum_{m=-\infty}^{\infty} w_{1,m} z^{-2m} \tag{14.40}$$

$$= W_1(z^2) \tag{14.41}$$

　　其頻譜在圖 14.15 中繪出。時間域序列的「伸長」會造成頻率領域的壓縮。此一壓縮也會造成 $[0,\pi]$ 區間內的頻譜的重複。這種重複現象稱為**頻譜假像** (imaging)。我們可以在上方分支使用理想低通濾波器，以及在下方分支使用理想高通濾波器，以除去頻譜假像。

　　因為在取樣前會使用濾波器降低頻寬，這使得我們可以進行縮減取樣運算，而不會產生混疊，所以這些濾波器稱為**抗混疊** (anti-aliasing) 濾波器。因

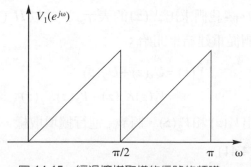

圖 14.15　經過擴增取樣的信號的頻譜。

為這些濾波器把資料源輸出分解成各成分,所以又稱為**分析** (analysis) 濾波器。擴增取樣運算之後的濾波器是用來重建原始信號的,因此它們稱為**合成** (synthesis) 濾波器。我們也可以把這些濾波器視為使用非零值之間的內插值,以還原被插入零值的位置上的信號,因此這些濾波器又稱為**內插** (interpolation) 濾波器。

雖然使用理想濾波器可以完美地重建出資料源輸出,但實際上並沒有理想濾波器可供使用。當我們使用比較實際的濾波器來代替理想濾波器時,最後會引入失真。下一節會討論這種情況,並研究如何降低或除去此一失真。

14.6　使用兩頻道濾波器組的完美重建 ★

假設我們使用一個比較實際,且大小響應函數如圖 14.4 所示的濾波器來取代的圖 14.11 中的理想低通濾波器。低通濾波器輸出的頻譜示於圖 14.16。請注意,高於 $\pi/2$ 的頻率現在具有不等於零的值。如果我們現在進行二分之一倍的二次取樣,最後的取樣頻率會低於最高頻率的兩倍,換句話說,我們是以低於 Nyquist 取樣率的頻率進行取樣。這樣會引入混疊失真,而在重建結果中出現。當使用實際的高通濾波器來取代理想高通濾波器時,也會發生類似的情況。

為了在合成之後得到完美的重建結果,我們必須設法除去混疊及頻譜假像效應。讓我們看看為了達到這一點,必須施加於濾波器 $H_1(z), H_2(z), K_1(z)$ 和 $K_2(z)$ 的條件。這些條件稱為**完美重建** (perfect reconstruction,簡稱 PR) 條件。

請考慮圖 14.17。讓我們求出 $\hat{X}(z)$ 的表示式,並以 $H_1(z), H_2(z), K_1(z)$ 和 $K_2(z)$ 來表示。我們從重建結果開始:

$$\hat{X}(z) = U_1(z) + U_2(z) \tag{14.42}$$

$$= V_1(z)K_1(z) + V_2(z)K_2(z) \tag{14.43}$$

因此,我們必須求出 $V_1(z)$ 和 $V_2(z)$。將 $w_{1,n}$ 進行擴增取樣,可以得到 $v_{1,n}$ 序列。因此,由方程式 (14.41),

$$V_1(z) = W_1(z^2) \tag{14.44}$$

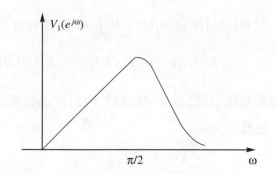

圖 14.16　低通濾波器的輸出。

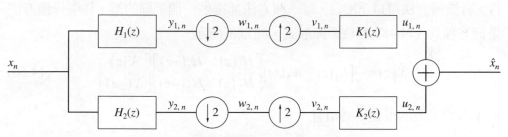

圖 14.17　雙頻道次頻帶的取樣值刪減與內插。

將 $y_{1,n}$ 進行縮減取樣，可以得到 $w_{1,n}$ 序列，

$$Y_1(z) = X(z)H_1(z).$$

因此，由方程式 (14.35)，

$$W_1(z) = \frac{1}{2}\left[X(z^{\frac{1}{2}})H_1(z^{\frac{1}{2}}) + X(-z^{\frac{1}{2}})H_1(-z^{\frac{1}{2}}) \right] \qquad (14.45)$$

而且

$$V_1(z) = \frac{1}{2}\left[X(z)H_1(z) + X(-z)H_1(-z) \right]. \qquad (14.46)$$

同樣的，我們也可以證明

$$V_2(z) = \frac{1}{2}\left[X(z)H_2(z) + X(-z)H_2(-z) \right]. \qquad (14.47)$$

將 $V_1(z)$ 和 $V_2(z)$ 的表示式代入方程式 (14.43)，我們得到

$$\hat{X}(z) = \frac{1}{2}\big[H_1(z)K_1(z) + H_2(z)K_2(z)\big]X(z)$$

$$+ \frac{1}{2}\big[H_1(-z)K_1(z) + H_2(-z)K_2(z)\big]X(-z) \tag{14.48}$$

為了得到完美的重建，我們希望 $\hat{X}(z)$ 是 $X(z)$ 經過延遲 (也許還包括振幅的縮放) 的結果；也就是說，

$$\hat{X}(z) = cX(z)z^{-n_0} \tag{14.49}$$

為了讓這一點成立，我們必須對 $H_1(z), H_2(z), K_1(z)$ 和 $K_2(z)$ 施加某些條件。有幾種方法可以這麼做，每一種方法都提供一個不同的解。其中一種方法是把方程式 (14.48) 寫成矩陣形式，如以下所示

$$\hat{X}(z) = \frac{1}{2}\big[K_1(z) \quad K_2(z)\big]\begin{bmatrix} H_1(z) & H_1(-z) \\ H_2(z) & H_2(-z) \end{bmatrix}\begin{bmatrix} X(z) \\ X(-z) \end{bmatrix} \tag{14.50}$$

為了得到完美的重建，必須有

$$\big[K_1(z) \quad K_2(z)\big]\begin{bmatrix} H_1(z) & H_1(-z) \\ H_2(z) & H_2(-z) \end{bmatrix} = \big[cz^{-n_0} \quad 0\big] \tag{14.51}$$

其中我們已經把 $\frac{1}{2}$ 這個因子吸收到常數 c 內。這表示合成濾波器 $K_1(z)$ 和 $K_2(z)$ 滿足

$$\big[K_1(z) \quad K_2(z)\big] = \frac{cz^{-n_0}}{\det[\mathcal{H}(z)]}\big[H_2(-z) \quad -H_1(-z)\big] \tag{14.52}$$

其中

$$\mathcal{H}(z) = \begin{bmatrix} H_1(z) & H_1(-z) \\ H_2(z) & H_2(-z) \end{bmatrix} \tag{14.53}$$

如果 $H_1(z)$ 和 $H_2(z)$ 是 IIR 濾波器，重建濾波器會變得相當複雜。因此，我們希望分析濾波器與合成濾波器都是 FIR 濾波器。如果我們選擇 FIR 形式的分析濾波器，那麼，為了確保合成濾波器也屬於 FIR 形式，必須有

$$\det[\mathcal{H}(z)] = \gamma z^{-n_1}$$

其中 γ 是常量。如果我們檢驗 $\det[\mathcal{H}(z)]$

$$\det[\mathcal{H}(z)] = H_1(z)H_2(-z) - H_1(-z)H_2(z)$$

$$= P(z) - P(-z) = \gamma z^{-n_1} \qquad (14.54)$$

其中 $P(z) = H_1(z)H_2(-z)$。如果我們我們檢查方程式 (14.54)，會發現 n_1 必須是奇數，因為 $P(z)$ 中所有包含 z 的偶數次方的項都會被 $P(-z)$ 中對應的項所抵消。因此 $P(z)$ 可以擁有任意個數的偶數索引的係數 (因為它們會被抵消)，但必須只有一個 z 的奇數次方項，且其係數不等於零。只要選擇具備下列形式的任何有效的因式分解

$$P(z) = P_1(z)P_2(z) \qquad (14.55)$$

我們可以得到許多組可能的完美重建 FIR 濾波器組的解

$$H_1(z) = P_1(z) \qquad (14.56)$$

且

$$H_2(z) = P_2(-z) \qquad (14.57)$$

儘管這些濾波器是完美重建濾波器，然而對於資料壓縮應用而言，它們有一個嚴重的缺點：因為這些濾波器的頻寬可能彼此不等，頻寬較寬的濾波器，其輸出會受到混疊的嚴重影響。如果接收器可以取得兩個頻帶的輸出，就沒有什麼問題，因為在重建過程中混疊會被抵消。然而在很多壓縮應用中，我們會捨棄包含能量最少的次頻帶，通常是頻寬較窄的濾波器的輸出。在這種情況下，重建結果將含有大量的混疊失真。在壓縮應用中，為了避免這個問題，我們通常希望每一個次頻帶中的混疊的量降到最低。在這種情況下，有一種類型的濾波器很有用，就是**正交鏡相濾波器** (quadrature mirror filter，簡稱 QMF)。下一節將討論這些濾波器。

14.6.1 雙頻道 PR 正交鏡相濾波器★

介紹正交鏡相濾波器之前，讓我們先把方程式 (14.48) 重寫成

$$\hat{X}(z) = T(z)X(z) + S(z)X(-z) \tag{14.58}$$

其中

$$T(z) = \frac{1}{2}\left[H_1(z)K_1(z) + H_2(z)K_2(z)\right] \tag{14.59}$$

$$S(z) = \frac{1}{2}\left[H_1(-z)K_1(z) + H_2(-z)K_2(z)\right] \tag{14.60}$$

如果輸入序列的重建結果 $\{x_n\}$ 要成為經過延遲 (或許還加上縮放) 運算的版本，我們必須除去混疊項 $X(-z)$，而且 $T(z)$ 必須是純延遲。為了除去混疊項，必須有

$$S(z) = 0, \qquad \forall z.$$

由方程式 (14.60)，如果以下的式子成立，則可除去混疊項，

$$K_1(z) = H_2(-z) \tag{14.61}$$
$$K_2(z) = -H_1(-z) \tag{14.62}$$

除去混疊失真之後，如果以下的式子成立，則輸出端可以取得經過延遲的輸入版本，

$$T(z) = cz^{-n_0} \qquad c \text{ 為常數} \tag{14.63}$$

將 z 以 $e^{j\omega}$ 代入，這表示我們希望

$$\left|T(e^{j\omega})\right| = \text{常數} \tag{14.64}$$

$$\arg(T(e^{j\omega})) = Kw \qquad K \text{ 為常數.} \tag{14.65}$$

第一個要求會除去振幅失真，第二個要求 (線性相位要求) 則為除去相位失真所需。如果這些要求都能滿足，

$$\hat{x}(n) = cx(n - n_0) \tag{14.66}$$

也就是說，重建信號是輸入信號 $x(n)$ 的延遲版本。然而同時滿足這兩項要求，可不是一件簡單的任務。

請考慮設計 $T(z)$，使其具有線性相位的問題。將 (14.61) 和 (14.62) 代入方程式 (14.59)，我們得到

$$T(z) = \frac{1}{2}[H_1(z)H_2(-z) - H_1(-z)H_2(z)] \tag{14.67}$$

因此，如果我們選擇線性相位 FIR 形式的 $H_1(z)$ 和 $H_2(z)$，則 $T(z)$ 也是線性相位 FIR 濾波器。在 QMF 方法中，我們先選擇低通濾波器 $H_1(z)$，然後將高通濾波器 $H_2(z)$ 定義為低通濾波器的鏡像：

$$H_2(z) = H_1(-z) \tag{14.68}$$

這稱為**鏡相** (mirror) 條件，也是 QMF 濾波器這個名稱的由來 [200]。我們可以看到這個條件將強迫兩個濾波器的頻寬相等。

已知鏡相條件滿足，以及一個線性相位 FIR 濾波器 $H_1(z)$，我們會得到線性相位，以及

$$T(z) = \frac{1}{2}[H_1^2(z) - H_1^2(-z)] \tag{14.69}$$

我們並不清楚 $|T(e^{j\omega})|$ 是否為常數。事實上，第 14.8 節將證明；線性相位雙頻道 FIR 正交鏡相濾波器組 (其中的濾波器係按照方程式 (14.68) 而選擇) 具有 PR 性質，若且唯若 $H_1(z)$ 具有以下簡單的兩個接頭的形式

$$H_1(z) = h_0 z^{-2k_0} + h_1 z^{-(2k_1+1)} \tag{14.70}$$

則 $T(z)$ 係由以下的式子給出

$$T(z) = 2h_0 h_1 z^{-(2k_0 + 2k_1 + 1)} \tag{14.71}$$

正是我們想要的 cz^{-n_0} 形式。然而，如果我們觀察兩個濾波器的大小特性函數，會發現它們的截止特性很差。低通濾波器的大小係由以下的式子給出

$$\left| H_1(e^{j\omega}) \right|^2 = h_0^2 + h_1^2 + 2h_0 h_1 \cos(2k_0 - 2k_1 - 1)\omega \tag{14.72}$$

而且高通濾波器係由以下的式子給出

$$\left| H_2(e^{j\omega}) \right|^2 = h_0^2 + h_1^2 - 2h_0 h_1 \cos(2k_0 - 2k_1 - 1)\omega \tag{14.73}$$

$h_0 = h_1 = k_0 = k_1 = 1$ 時，大小響應在圖 14.18 中繪出。請注意這兩個濾波器的截止特性很差。

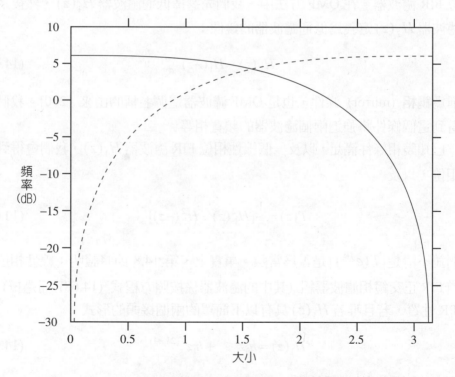

圖 14.18　兩接頭 PR 濾波器的大小特性曲線。

　　因此，如果希望達到沒有混疊現象，也沒有振幅或相位失真的完美重建，鏡相條件這個想法似乎並不太理想。然而，如果我們稍微放鬆這些相當嚴格的條件，我們可以得到一些非常好的設計。舉例來說，我們可以不要試圖除去所有的相位和振幅失真，而改爲選擇只除去相位失真，同時讓振幅失真**降到最低**。我們可以將 $H_1(z)$ 的係數最佳化，使得 $|T(e^{j\omega})|$ 盡可能地接近一個常數，同時讓 $H_1(z)$ 的截止頻帶的能量降到最低。Johnston [198] 及 Jain 與 Crochiere [202] 曾經提議此一最佳化的想法。他們建造了以下的目標函數

$$J = \alpha \int_{\omega_s}^{\pi} \left| H_1(e^{j\omega}) \right|^2 d\omega + (1-\alpha) \int_0^{\pi} (1 - \left| T(e^{j\omega}) \right|^2) d\omega \tag{14.74}$$

此目標函數必須最小化，以求出 $H_1(z)$ 和 $T(z)$，其中 ω_S 是濾波器的截止頻率。

　　我們也可以反其道而行，亦即除去振幅失真，同時試圖讓相位失真降到最低。在參考文獻 [201, 200] 中可以找到關於這些方法的回顧。

14.6.2　冪次對稱型 FIR 濾波器★

我們可以採用另一種方法來設計能完全除去混疊、振幅失真和相位失真的雙頻道濾波器組，Smith 與 Barnwell [199] 及 Mintzer [203] 曾經各自獨立地發現這種方法。如同前面所討論的，選擇

$$K_1(z) = -H_2(-z)$$
$$K_2(z) = H_1(-z) \tag{14.75}$$

可以除去混疊。這樣會得到

$$T(z) = \frac{1}{2}[H_1(-z)H_2(z) - H_1(z)H_2(-z)].$$

在 Smith 與 Barnwell [199] 及 Mintzer [203] 的方法中，當 N 爲奇數時，選擇

$$H_2(z) = z^{-N}H_1(-z^{-1}) \tag{14.76}$$

所以，

$$T(z) = \frac{1}{2} z^{-N}[H_1(z)H_1(z^{-1}) + H_1(-z)H_1(-z^{-1})] \tag{14.77}$$

因此，完美重建的要求化簡為找出一個原型低通濾波器，使得 $H(z) = H_1(z)$，使得

$$Q(z) = H(z)H(z^{-1}) + H(-z)H(-z^{-1}) = 常數. \tag{14.78}$$

茲定義

$$R(z) = H(z)H(z^{-1}), \tag{14.79}$$

完美重建要求變成

$$Q(z) = R(z) + R(-z) = 常數. \tag{14.80}$$

但 $R(z)$ 只不過是 $h(n)$ 的自相關序列的 Z 轉換。自相關序列 $\rho(n)$ 係由以下的式子給出

$$\rho(n) = \sum_{k=0}^{N} h_k h_{k+n} \tag{14.81}$$

$\rho(n)$ 的 Z 轉換係由以下的式子給出

$$R(z) = \mathcal{Z}[\rho(n)] = \mathcal{Z}\left[\sum_{k=0}^{N} h_k h_{k+n}\right] \tag{14.82}$$

我們可以把總和 $\sum_{k=0}^{N} h_k h_{k+n}$ 表示成捲積：

$$h_n \otimes h_{-n} = \sum_{k=0}^{N} h_k h_{k+n} \tag{14.83}$$

兩個序列的捲積的 Z 轉換等於個別序列的 Z 轉換的乘積。使用以上這個結果，我們得到

$$R(z) = \mathcal{Z}[h_n]\mathcal{Z}[h_{-n}] = H(z)H(z^{-1}) \tag{14.84}$$

把 $R(z)$ 寫成 $\{\rho(n)\}$ 序列的 Z 轉換，我們得到

$$R(z) = \rho(N)z^N + \rho(N-1)z^{N-1} + \cdots + \rho(0) + \cdots + \rho(N-1)z^{-N-1} + \rho(N)z^{-N} \quad (14.85)$$

因此 $R(-z)$ 為

$$R(-z) = -\rho(N)z^N + \rho(N-1)z^{N-1} - \cdots + \rho(0) - \cdots + \rho(N-1)z^{-N-1} - \rho(N)z^{-N}$$

$$(14.86)$$

將 $R(z)$ 與 $R(-z)$ 相加，我們得到 $Q(z)$ 為

$$Q(z) = 2\rho(N-1)z^{N-1} + 2\rho(N-1)z^{N-3} + \cdots + \rho(0) + \cdots + 2\rho(N-1)z^{-N-1} \quad (14.87)$$

請注意包含 z 的奇數次方的項彼此消去。因此，如果 $Q(z)$ 要等於一個常數，我們只需要要求：對於偶數的延遲時間 n（$n=0$ 除外），$\rho(n)$ 等於零。換句話說，

$$\rho(2n) = \sum_{k=0}^{N} h_k h_{k+2n} = 0, \qquad n \neq 0 \quad (14.88)$$

以脈衝響應來寫出這項要求：

$$\sum_{k=0}^{N} h_k h_{k+2n} = \begin{cases} 0 & n \neq 0 \\ \rho(0) & n = 0 \end{cases} \quad (14.89)$$

如果我們現在將脈衝響應歸一化，

$$\sum_{k=0}^{N} |h_k|^2 = 1 \quad (14.90)$$

我們得到完美重建的要求

$$\sum_{k=0}^{N} h_k h_{k+2n} = \delta_n \quad (14.91)$$

換句話說，爲了達要完美的重建結果，原型濾波器的脈衝響應該與其平移兩次的結果正交。

14.7 M 頻帶 QMF 濾波器組 ★

我們已經討論過如何將輸入信號分解成兩個頻帶。在許多應用中，把輸入分成多個頻帶是必要的。我們可以使用遞迴式的兩頻帶分離，如圖 14.19 所示，我們也可以得到直接將輸入分成多個頻帶的濾波器組。如果我們有一個很好的濾波器，可以提供兩頻帶的分離，那麼使用如圖 14.19 所示的遞迴式分離似乎是得到 M 頻帶分離的有效方式。不幸的是，就算用於兩頻帶分離的濾波器的頻譜特性十分理想，當這些濾波器應於圖 14.19 所示的樹狀結構時，頻譜的特性可能並不好。舉例來說，試考慮一個 4 接頭的濾波器，其濾波器係數如表 14.6 所示。圖 14.20 顯示當我們觀察兩頻帶分離 (圖 14.19 的 A 點)、四頻帶分離 (圖 14.19 的 B 點) 和八頻帶分離 (圖 14.19 的 C 點) 時，頻譜特性有什麼變化。對於兩頻帶分離而言，特性曲線是平坦的，而且含有一些混疊。當我們利用同樣的濾波器從兩頻帶分離變成四頻帶分離時，混疊的情況會加劇。當我們更進一步，得到八頻帶分離時，大小特性曲線已經惡化得很嚴重，圖 14.20 可以證明。各種頻帶不再截然不同。頻帶之間重疊得很嚴重，因此每一個頻帶內都含有相當多的混疊。

表 14.6　四接頭 Daubechies 低通濾波器的係數。

h_0	0.4829629131445341
h_1	0.8365163037378079
h_2	0.2241438680420134
h_3	-0.1294095225512604

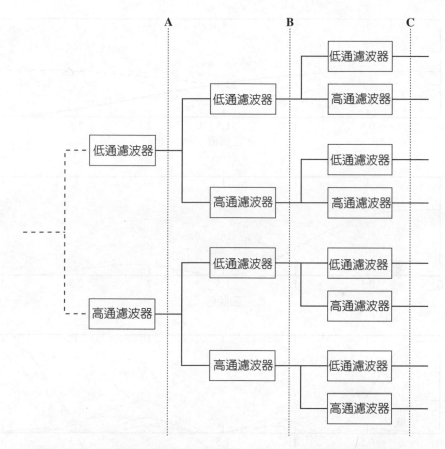

圖 14.19　以遞迴方式使用二頻帶分離，將輸入序列分解成多個頻帶。

　　為了瞭解為什麼失真會增加，讓我們沿著樹狀結構最頂端的分支進行。信號遵循的路徑示於圖 14.21a。我們稍後即將證明 (第 14.8 節)，可以使用圖 14.21 b 所示的單一濾波器和縮減取樣器來取代 3 個濾波器和縮減取樣器，其中

$$\mathbf{A}(z) = H_L(z)H_L(z^2)H_L(z^4) \tag{14.92}$$

如果 $H_L(z)$ 對應於一個 4 接頭的濾波器，則 $A(z)$ 對應於有 $3 \times 6 \times 12 = 216$ 個接頭的濾波器！然而這是一個受到嚴重限制的濾波器，因為它只使用到 4 個係數。如果我們一開始就設計有 216 個接頭的濾波器，在選擇係數時將會自由得多。這一點讓我們有很強烈的動機直接針對 M 個頻帶的情況設計濾波器。

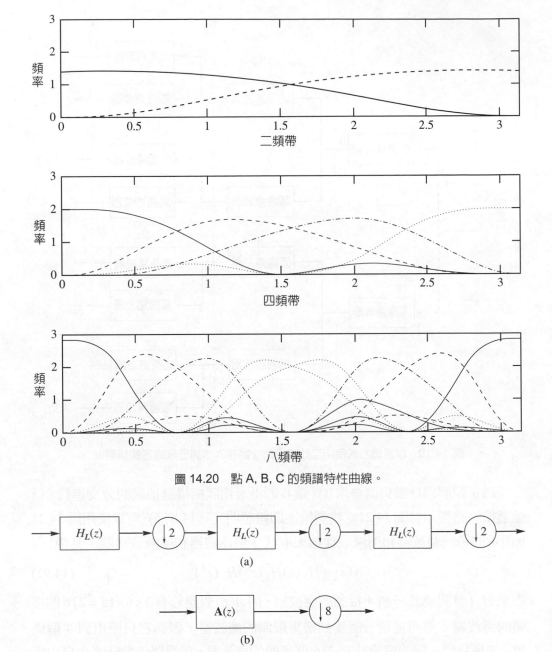

圖 14.20 點 A, B, C 的頻譜特性曲線。

圖 14.21 以遞迴方式使用二頻帶分離的等效結構。

一個 M 頻帶濾波器組有兩組濾波器，其排列如圖 14.7 所示。使用頻寬為 π/M，有 M 個濾波器的分析濾波器組，輸入信號 $x(n)$ 會被分成 M 個頻帶。接下來，這 M 個頻道之中每一個頻道的訊號會被縮減取樣成 L 分之一倍。這樣就形成了分析濾波器組。次頻帶信號 $y_k(n)$ 會被編碼並傳送，然後在合成階段，次頻帶信號會被解碼，並且在相鄰的取樣值中插入 $L-1$ 個 0，以進行擴增取樣，然後傳送到合成或內插濾波器。所有合成濾波器的輸出會被加起來，而得到重建信號。這樣就形成了合成濾波器組。因此，分析與合成濾波器組一同接受輸入信號 $x(n)$，並輸出一個輸出信號 $\hat{x}(n)$。這些濾波器可以是 FIR 和 IIR 濾波器的任何組合。

根據 M 是否小於、等於或大於 L，濾波器組分別稱為**刪減不足** (underdecimated)、**臨界 (最大) 刪減** (critically 或 maximally decimated) 或**過度刪減** (overdecimated)。對於大部份實際的應用而言，我們會使用最大刪減或「臨界二次取樣」。

M 頻帶濾波器的深入研究已經超出本章的範圍。讀者只需要瞭解大部份有關兩個頻帶的濾波器的結果都可以推廣到 M 個頻帶的濾波器就夠了。(如果讀者希望多瞭解這個問題，請參閱 [200]。)

◼ 14.8 多相位分解★

表示濾波器和縮減取樣器的組合有一個主要問題，就是擴增取樣器和縮減取樣器的性質會隨著時間而改變。有一個優雅的方法可以解決這個問題，就是使用多相位分解。為了說明這個概念，讓我們先考慮兩頻帶分離的簡單情況。我們會先考慮圖 14.22 所示系統的分析部份。假設分析濾波器 $H_1(z)$ 係由以下的式子給出

$$H_1(z) = h_0 + h_1 z^{-1} + h_2 z^{-2} + h_3 z^{-3} + \cdots \tag{14.93}$$

將奇次項與偶次項集項，我們可以把它寫成

$$H_1(z) = (h_0 + h_2 z^{-2} + h_4 z^{-4} + \cdots) + z^{-1}(h_1 + h_3 z^{-2} + h_5 z^{-4} + \cdots) \tag{14.94}$$

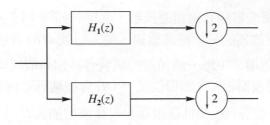

圖 14.22 有兩個頻帶的次頻帶編碼器的分析部份。

茲定義

$$H_{10}(z) = h_0 + h_2 z^{-1} + h_4 z^{-2} + \cdots \qquad (14.95)$$

$$H_{11}(z) = h_1 + h_3 z^{-1} + h_5 z^{-2} + \cdots \qquad (14.96)$$

則 $H_1(z) = H_{10}(z^2) + z^{-1} H_{11}(z^2)$。同理，可以把濾波器 $H_2(z)$ 分解成 $H_{20}(z)$ 和 $H_{21}(z)$ 成分，而且我們可以把圖 14.22 的系統表示成如圖 14.23 所示。濾波器 $H_{10}(z), H_{11}(z)$ 和 $H_{20}(z), H_{21}(z)$ 稱為 $H_1(z)$ 和 $H_2(z)$ 的多相位成分。

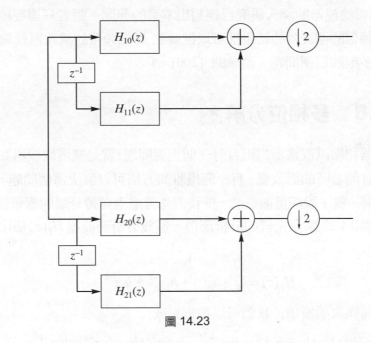

圖 14.23

讓我們計算 $H_1(z)$ 的多相位成分的逆向 Z 轉換：

$$h_{10}(n) = h_{2n} \qquad n = 0,1,\ldots \tag{14.97}$$

$$h_{11}(n) = h_{2n+1} \qquad n = 0,1,\ldots \tag{14.98}$$

因此，$h_{10}(n)$ 和 $h_{11}(n)$ 就是脈衝響應 h_n 縮減取樣成二分一倍的結果。試考慮縮減取樣器對於一給定輸入 $X(z)$ 的輸出。縮減取樣器的輸入是 $X(z)H_1(z)$；因此，根據方程式 (14.35) 的輸出，輸出爲

$$Y_1(z) = \frac{1}{2} X(z^{\frac{1}{2}}) H_1(z^{\frac{1}{2}}) + \frac{1}{2} X(-z^{\frac{1}{2}}) H_1(-z^{\frac{1}{2}}) \tag{14.99}$$

以 $H_1(z)$ 的多相位表示方式將其代換，我們得到

$$Y_1(z) = \frac{1}{2} X\left(z^{\frac{1}{2}}\right)\left[H_{10}(z) + z^{-\frac{1}{2}}H_{11}(z)\right] + \frac{1}{2} X\left(-z^{\frac{1}{2}}\right)\left[H_{10}(z) - z^{-\frac{1}{2}}H_{11}(z)\right] \tag{14.100}$$

$$= H_{10}(z)\left[\frac{1}{2} X\left(z^{\frac{1}{2}}\right) + \frac{1}{2} X\left(-z^{\frac{1}{2}}\right)\right] + H_{11}(z)\left[\frac{1}{2} z^{-\frac{1}{2}} X\left(z^{\frac{1}{2}}\right) - \frac{1}{2} z^{-\frac{1}{2}} X\left(-z^{\frac{1}{2}}\right)\right] \tag{14.101}$$

請注意方括弧中的第一個表示式乃是輸入爲 $X(z)$ 的縮減取樣器的輸出，第二組方括弧中的量則是輸入等於 $z^{-1}X(z)$ 的縮減取樣器的輸出。因此，我們可以如圖 14.24 所示實作這個系統。

現在讓我們考慮圖 14.25 所示的兩頻帶系統的合成部份。如同分析部份一般，我們可以把多相位表示方式寫成其轉換函數。因此，

$$G_1(z) = G_{10}(z^2) + z^{-1}G_{11}(z^2) \tag{14.102}$$

$$G_2(z) = G_{20}(z^2) + z^{-1}G_{21}(z^2) \tag{14.103}$$

試考慮已知輸入等於 $Y_1(z)$ 時合成濾波器 $G_1(z)$ 的輸出。由方程式 (14.41)，擴增取樣器的輸出爲

$$U_1(z) = Y_1(z^2) \tag{14.104}$$

且 $G_1(z)$ 的輸出爲

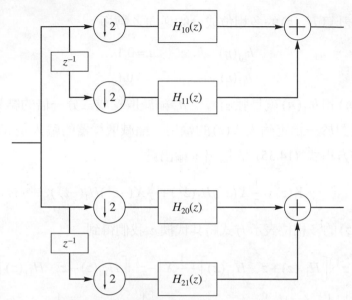

圖 14.24 有兩個頻帶的次頻帶編碼器，其分析部份的多相位表示方式。

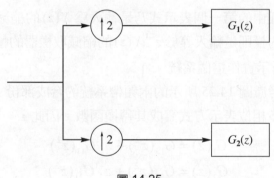

圖 14.25

$$V_1(z) = Y_1(z^2)G_1(z) \tag{14.105}$$

$$= Y_1(z^2)G_{10}(z^2) + z^{-1}Y_1(z^2)G_{11}(z^2) \tag{14.106}$$

上述方程式中的第一項是一個**接在濾波器後面**的擴增取樣器的輸入，而這個濾波器的轉換函數爲 $G_{10}(z)$，且輸入等於 $Y(z)$。同樣的，$Y_1(z^2)G_{11}(z^2)$ 是一個接在濾波器後面的擴增取樣器的輸入，而這個濾波器的轉換函數爲 $G_{11}(z)$，且輸入等於 $Y(z)$。因此，這個系統可以表示成圖 14.26 所示。

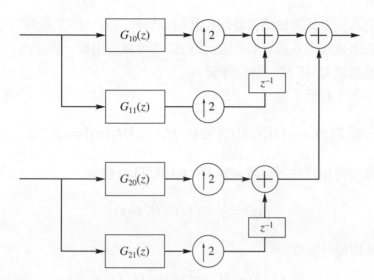

圖 14.26　有兩個頻帶的次頻帶編碼器，其合成部份的多相位表示方式。

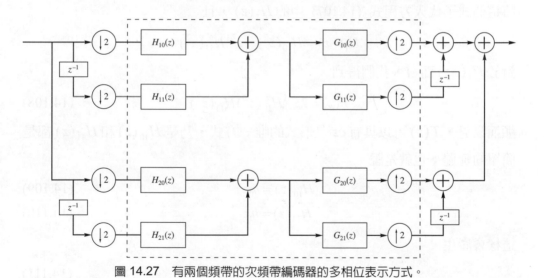

圖 14.27　有兩個頻帶的次頻帶編碼器的多相位表示方式。

　　將分析與合成部份的多相位表示方式放在一起，我們得到圖 14.27 所示的
系統。觀察虛線方框中的部份，我們可以看到這是一個完全線性的非時變系統。

多相位表示方式對於濾波器的設計和分析而言是一件非常有用的工具。雖然大部份的用途超出本這章的範圍，我們仍然可以使用此一表示方式證明有關兩頻帶完美重建 QMF 濾波器的聲明。

回憶一下，我們希望

$$T(z) = \frac{1}{2}[H_1(z)H_2(-z) - H_1(-z)H_2(z)] = cz^{-n_0}.$$

如果我們施加鏡相條件 $H_2(z) = H_1(-z)$ ，則 $T(z)$ 變成

$$T(z) = \frac{1}{2}\left[H_1^2(z) - H_1^2(-z)\right] \tag{14.107}$$

$H_1(z)$ 的多相位分解是

$$H_1(z) = H_{10}(z^2) + z^{-1}H_{11}(z^2).$$

將這個式子代入方程式 (14.107) 中的 $H_1(z)$ ，且

$$H_1(-z) = H_{10}(z^2) - z^{-1}H_{11}(z^2)$$

對於 $H_1(-z)$ 而言，我們得到

$$T(z) = 2z^{-1}H_{10}(z^2)H_{11}(z^2) \tag{14.108}$$

顯而易見，$T(z)$ 可以具有 cz^{-n_0} 形式的唯一方式，乃是 $H_{10}(z)$ 和 $H_{11}(z)$ 都是簡單的延遲；也就是說

$$H_{10}(z) = h_0 z^{-k_0} \tag{14.109}$$

$$H_{11}(z) = h_1 z^{-k_1} \tag{14.110}$$

這樣會產生

$$T(z) = 2h_0 h_1 z^{-(2k_0 + 2k_1 + 1)} \tag{14.111}$$

這正是我們想要的 cz^{-n_0} 形式。所得的濾波器，其轉換函數爲

$$H_1(z) = h_0 z^{-2k_0} + h_1 z^{-(2k_1+1)} \tag{14.112}$$

$$H_2(z) = h_0 z^{-2k_0} - h_1 z^{-(2k_1+1)} \tag{14.113}$$

14.9 位元配置

一旦我們把資料源輸出分成其組成序列,我們必須決定應該使用多少編碼資源將每一個合成濾波器的輸出編碼。換句話說,我們必須在次頻帶序列之間配置可用的位元。前一章描述了使用轉換係數的變異數的配置程序。本節將描述一種位元配置方法,這種方法會嘗試盡量使用圖使用次頻帶的訊息來配置位元。

讓我們從一些記號開始。我們總共有 B_T 個位元,必須配置到 M 個次頻帶中。假設 R 相當於整個系統的平均編碼率,單位是每一個取樣值使用的位元數,R_k 則是次頻帶 k 的平均編碼率。我們從輸入被分解成 M 個等寬的頻帶,每一個頻帶都進行 M 分之一倍的縮減取樣的情況開始。最後,讓我們假設我們知道每個頻帶的編碼率失真函數。(如果讀者還記得的話,第 8 章提過,這是相當強的假設,稍後我們會把它放鬆。) 我們也假設失真度量如下:總失真值等於每個頻帶的失真貢獻的總和。

我們希望找出一種位元配置方式 R_k,使得

$$R = \frac{1}{M} \sum_{k=1}^{M} R_k \tag{14.114}$$

而且重建誤差最小。R_k 的每一個值相當於編碼率失真曲線上的一個點。問題是在每一個次頻帶中,我們應該在編碼率失真曲線上的哪一點操作,使得平均失真降到最低。編碼率和失真之間有一種得失取捨的關係。如果我們降低編碼率 (亦即往編碼率失真曲線的下方移動),則失真會增加。同樣的,如果我們想要移動到編碼率失真曲線的左邊,讓失真降到最低,最後編碼率會增加。我們需要一種可以納入編碼率與失真之間的得失取捨的陳述方式。我們使用的方式是根據 Yaacov Shoham 與 Allen Gersho 在 1988 年發表的一篇具有里程碑地位的論文 [204]。茲定義一個泛函 J_k:

$$J_k = D_k + \lambda R_k \tag{14.115}$$

其中 D_k 是第 k 個次頻帶的失真,λ 則是 Lagrangian 參數。我們希望讓這個量降到最低。在這個表示式中,參數 λ 在某種意義上指示了得失取捨的程度。如

果我們主要感興趣的是把失眞降到最低，我們可以把 λ 設定成很小的值。如果我們主要感興趣的是讓編碼率降到最低，我們可以讓 λ 的值很大。我們可以證明：讓 J_k 降到最低的 D_k 和 R_k 的值發生在編碼率失眞曲線的斜率等於 λ 的地方。因此，給定 λ 和編碼率失眞函數的值，我們可以立即求出 R_k 和 D_k 的值。那麼，λ 的值應該等於多少，在不同的次頻帶之間應該如何變化？

讓我們先來回答第二個問題。我們希望採用以下的方式來配置位元：任何一個編碼率的任何增加，都會對失眞造成相同的影響。如果我們選擇 R_k，使得編碼率失眞函數的斜率對於不同的次頻帶都相等，這種情況就會發生；也就是說，我們希望每一個次頻帶都使用同樣的 λ。讓我們看看如果我們不這麼做的話，會發生什麼事。試考慮圖 14.28 所示的兩個編碼率失眞函數。假設編碼率失眞函數上標示爲 × 的點相當於所選擇的編碼率。顯然這兩種情況下的斜率及 λ 的值是不同的。因爲斜率不同，所以編碼率 R_1 增加 ΔR 所造成失眞值降低的量，遠比 R_2 減少 ΔR 所造成失眞值增加的量要大。因爲總失眞值等於個別失眞值的總和，所以增加 R_1，並減少 R_2，可以使總失眞值降低。我們可以一直這麼做，直到對應於兩種情況下的編碼率的斜率相同。因此，第二個問題的答案是：我們希望所有的次頻帶都使用同樣的 λ 值。

給定一組編碼率失眞函數和 λ 的值，我們自動得到一組編碼率 R_k。接下來，我們可以計算平均值，並檢查其是否滿足我們所能使用的總位元數的限制條件。如果不滿足的話，我們會修正 λ 的值，直到我們得到可以滿足編碼率限制條件的一組編碼率。

然而我們通常無法得知編碼率失眞函數。在這種情況下，我們有什麼就用什麼。對某些情況來說，我們也許可以得知**操作型** (operational) 編碼率失眞曲線。所謂的「操作型」是指作用於特定類型資料源的特殊類型編碼器的效能曲線。舉例來說，如果我們事先知道我們即將使用具有熵值編碼的 pdf 最佳化非均等量化器的話，我們可以估計次頻帶的分佈，並使用該分佈之 pdf 最佳化非均等量化器的效能曲線。我們也許只有特定的編碼方案在有限的幾個編碼率下的效能。在這種情況下，我們需要從幾個點上求出斜率的一些方法。我們可以從這些點以數值方法估計斜率。我們也可以把這些點擬合到某條曲線上，並

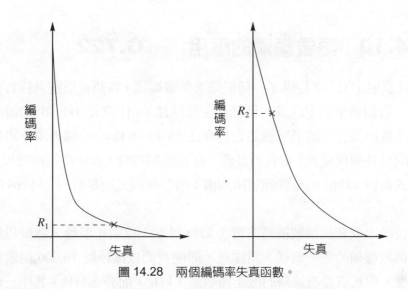

圖 14.28　兩個編碼率失真函數。

根據該曲線估計斜率。在這種情況下，我們也許無法精確地得到我們想要的平均編碼率。

　　最後，我們一直談論的是每一個次頻帶的取樣值數目完全相同的情況，因此總編碼率不過是個別編碼率的總和。如果這一點不成立，我們需要將個別次頻帶的編碼率加權。必須最小化的泛函變成

$$J = \sum D_k + \lambda \sum \beta_k R_k \tag{14.116}$$

其中 β_k 是權重，反映出第 k 個濾波器產生的序列的相對長度。也許是因為指定給各頻率的知覺的權重或因為濾波器的建構，或因為每一個次頻帶對失真的貢獻可能並非同等重要 [205]。在這種情況下，我們可以進一步修正泛函，以納入彼此不等的失真值權重：

$$J = \sum w_k D_k + \lambda \sum \beta_k R_k \tag{14.117}$$

🔲 14.10 語音編碼的應用 — G.722

ITU-T 通訊協定 G.722 提供了一種根據次頻帶編碼，將語音信號進行寬頻編碼的技術。這個通訊協定的基本目標是在每秒鐘 64 仟位元 (kbps) 的編碼率下提供高品質的語音。該通訊協定也包含在 56 和 48 kbps 的編碼率下將輸入進行編碼的另外兩種模式。當我們需要一條輔助頻道時，會使用這兩種模式。第一種模式是為 8 kbps 的輔助頻道所預備；第二種模式則是針對 16 kbps 的輔助頻道。

語音輸出或音訊信號被濾波為 7 kHz 以下，以防止混疊，然後以每秒鐘 16,000 個取樣值的頻率取樣。請注意，即使我們以每秒鐘 16,000 個取樣值的頻率取樣，但抗混疊濾波器的截止頻率是 7 kHz，而非 8 kHz。其中一個原因是抗混疊濾波器的截止不可能像理想低通濾波器那樣急遽。因此，濾波器輸出的最高頻成分將高於 7 kHz。每個取樣值使用一個 14 位元的均等量化器予以編碼。這個 14 位元的輸入會被傳送到有兩個 24 係數的 FIR 濾波器的濾波器組。低通 QMF 濾波器的係數示於表 14.7。

高通 QMF 濾波器的係數可經由以下的關係式得到

$$h_{HP,n} = (-1)^n h_{LP,n} \tag{14.118}$$

低通濾波器允許 0 到 4 kHz 範圍內所有的頻率成分通過，高通濾波器則允許其餘所有的頻率通過。我們將濾波器的輸出進行二分之一倍的縮減取樣。經過縮減取樣的序列使用適應性差分 PCM (ADPCM) 系統予以編碼。

將低頻濾波器經過縮減取樣的輸出進行編碼的 ADPCM 系統使用每個取樣值 6 個位元的編碼率，並可選擇將 1 個或 2 個最低有效位元捨棄，提供輔助頻道所需的空間。高通濾波器的輸出使用每個取樣值 2 個位元的編碼率進行編碼。因為低通 ADPCM 系統的量化器輸出的 2 個最低有效位元可以被捨棄，導致接收器無法取得，所以在傳輸器和接收器端只使用量化器輸出的 4 個最高有效位元進行調整和預測。

表 14.7 傳輸與接收 QMF 的係數值。

h_0, h_{23}	3.66211×10^{-4}
h_1, h_{22}	-1.34277×10^{-3}
h_2, h_{21}	-1.34277×10^{-3}
h_3, h_{20}	6.46973×10^{-3}
h_4, h_{19}	1.46484×10^{-3}
h_5, h_{18}	-1.90430×10^{-2}
h_6, h_{17}	3.90625×10^{-3}
h_7, h_{16}	4.41895×10^{-2}
h_8, h_{15}	-2.56348×10^{-2}
h_9, h_{14}	-9.82666×10^{-2}
h_{10}, h_{13}	1.16089×10^{-1}
h_{11}, h_{12}	4.73145×10^{-1}

如果所有的 6 個位元全部使用於低頻次頻帶的編碼，最後這個低頻帶的編碼率將等於 48 kbps。因為高頻帶係以每個取樣值 2 個位元的編碼率進行編碼，所以高頻次頻帶的輸出是 16 kbps。因此，次頻帶-ADPCM 系統的總輸出等於 64 kbps。

量化器使用 Jayant 演算法的變形來進行調整化 [110]。兩個 ADPCM 系統都使用前兩個重建值和前 6 個量化器輸出來預測下一個取樣值，與第 11 章描述的通訊協定 G.726 的預測器使用的方式相同。預測器進行調整的方式與 G.726 演算法時使用的預測器相同。

在接收器這邊，每一個輸出信號經過 ADPCM 解碼器解碼之後，後面會插入一個零，以進行擴增取樣。經過擴增取樣的信號會被傳送到重建濾波器。這些濾波器與用來分解信號的濾波器完全相同。低通重建濾波器的係數在表 14.7 中列出，至於高通濾波器的係數，則可使用方程式 (14.118) 獲得。

◼ 14.11 音訊應用編碼 — MPEG 音訊

動畫專家小組 (MPEG) 提出了一種部份根據次頻帶編碼的音訊編碼方案。事實上，MPEG 提出了三種編碼方案，分別稱為第 I 層、第 II 層，以及第 III 層編碼。每一種都比前一個更複雜，而且提供更高的壓縮比。編碼器也是「向上」

相容的；第 N 層解碼器可以將第 $N-1$ 層編碼器產生的位元流解碼。本節主要將討論第 1 層和第 2 層編碼器。

第 1 層和第 2 層編碼器都使用有 32 個濾波器的濾波器組，將輸入分離成 32 個頻帶，其中每一個頻帶的頻寬等於 $f_s/64$，f_s 為取樣頻率。可允許的取樣頻率為每秒鐘 32,000 個取樣值、每秒鐘 44,100 個取樣值抽樣數和每秒鐘 48,000 個取樣值抽樣數。第 16 章將提供這些編碼器的細節。

▣ 14.12　影像壓縮的應用

我們已經討論了如何將一個序列分成其組成部分，然而我們使用的範例全部都是一維序列。當序列中包含如影像一般的二維相依性時，我們該怎麼辦？答案顯然是我們需要根據水平和垂直頻率將資料源輸出分成其組成部分的二維濾波器。幸運的是，在大部份的情況下，這個二維的濾波器可以實作成兩個一維的濾波器，我們可以先針對某一個維度進行濾波，然後針對另一個維度進行濾波。具有這種性質的濾波器稱為**可分離** (separable) 濾波器。二維的非可分離濾波器確實存在 [206]；然而它們的優點被複雜度的增加抵消了。

為將影像進行次頻帶編碼時，我們通常使用高通和低通濾波器，把每一列影像分別濾波。濾波器的輸出會被刪減為二分之一。假設影像的大小等於 $N \times N$。在第一個階段之後，我們將有兩幅大小等於 $N \times \frac{N}{2}$ 的子影像。接下來，我們將兩幅子影像逐行濾波，再將濾波器的輸出刪減成二分之一。這樣會產生大小等於 $\frac{N}{2} \times \frac{N}{2}$ 的 4 幅子影像。這個時候，我們可以停止，也可以針對 4 幅子影像之中的一幅或多幅繼續進行分解，而得到 7 幅、10 幅、13 幅或 16 幅影像。這 4 幅原始子影像中，通常只有一幅或兩幅會更進一步地分解。不分解其他子影像的原因是高頻子影像中，有許多像素值接近於零。因此，似乎沒有什麼必要浪費計算資源去分解這些子影像。

例題 14.12.1

讓我們使用表 14.8 中的「影像」，並使用例題 14.2.1 的低通和高通濾波器將它分解。使用低通濾波器將每一列影像濾波之後，我們將輸出刪減成二分之一。濾波器的每一個輸出均取決於目前的輸入值與先前的輸入值。至於第一個輸入 (亦即影像左邊的像素)，我們將假設先前的輸入值等於零。低通濾波器和高通濾波器經過刪減的輸出示於表 14.9。

我們取每一幅子影像，使用低通和高通濾波器進行濾波，並將輸出刪減成二分之一。在這種情況下，濾波器的第一個輸入是每一列頂端的元素。為了提供「先前的」值給濾波器，我們假設這一列的正上方有一列全部等於零的像素。經過濾波和刪減之後，我們得到 4 幅子影像 (表 14.10)。

表 14.8 一幅樣本「影像」。

10	14	10	12	14	8	14	12
10	12	8	12	10	6	10	12
12	10	8	6	8	10	12	14
8	6	4	6	4	6	8	10
14	12	10	8	6	4	6	8
12	8	12	10	6	6	6	6
12	10	6	6	6	6	6	6
6	6	6	6	6	6	6	6

表 14.9 經過濾波和刪減的輸出。

經過刪減的低通濾波器輸出				經過刪減的高通濾波器輸出			
5	12	13	11	5	−2	1	3
5	10	11	8	5	−2	−1	2
6	9	7	11	6	−1	1	1
4	5	5	7	4	−1	−1	1
7	11	7	5	7	−1	−1	1
6	10	8	6	6	2	−2	0
6	8	6	6	6	−2	0	0
3	6	6	6	3	0	0	0

表 14.10   四幅子影像。

低頻—低頻影像				低頻—低頻影像			
2.5	6	6.5	5.5	2.5	6	6.5	5.5
5.5	9.5	9	9.5	0.5	−0.5	−2	1.5
5.5	8	6	6	1.5	3	1	−1
6	9	7	6	0	−1	−1	0
高頻—低頻影像				高頻—低頻影像			
2.5	−1	0.5	1.5	2.5	−1	0.5	1.5
5.5	−1.5	0	1.5	0.5	0.5	1	−0.5
5.5	−1	−1	1	1.5	0	0	0
6	0	−1	0	0	−2	1	0

將子影像 (逐列進行低通濾波的輸出) 的各行影像進行低通濾波器得到的子影像稱爲低頻—低頻 (LL) 影像。同樣的，其他影像則稱爲低頻—高頻 (LH)、高頻—低頻 (HL)，以及高頻—高頻 (HH) 影像。　　　　◆

　　如果我們仔細觀察前一個例題中的最後一組子影像，我們會注意到在某些子影像中，左邊和頂端列的值與內部的值的特性有一些差異。舉例來說，在高頻—低頻子影像中，第一行的值遠比子影像中其他的值要大。同樣的，在低頻—高頻子影像中，第一列的值通常與子影像中其他的值極爲不同。造成此一差異的原因是我們假設第一列上方以及第一列左邊的「先前」影像等於零。影像值與零的差距遠比一般像素對像素的差距要大。因此，我們最後會在影像上添加一些事實上並不存在的結構，而反映在子影像上。我們通常不希望如此，因爲當子影像的特性儘可能一致時，會比較容易選擇適當的壓縮方案。舉例來說，如果高頻—低頻子影像的第一行中並沒有相當大的值，我們可以選擇步階間距比較小的步階間距的量化器。

　　在這個例子中，這種影響僅限於一列或一行，因爲濾波器只使用一個先前的值。然而大部份的濾波器在濾波運算中使用相當多的先前值，因此子影像中有比較大的部份會受到影響。

表 14.11 另一種可能的四幅子影像。

低頻—低頻影像				低頻—低頻影像			
10	12	13	11	0	0	−0.5	−0.5
11	9.5	9	9.5	1	−0.5	−2	1.5
11	8	6	6	3	3	1	−1
12	9	7	6	0	−1	−1	0
高頻—低頻影像				高頻—低頻影像			
0	−2	1	3	0	0	0	0
0	−1.5	0	1.5	0	0.5	1	−0.5
0	−1	−1	1	0	0	0	0
0	0	−1	0	0	−2	1	0

我們可以假設有一種不一樣的「先前值」，以避免這個問題。有幾種方式可以這麼做。有一個很有效的簡單方法，就是取邊界上的像素值的鏡像。舉例來說，對於即將由一個 3 接頭濾波器進行濾波的序列 6 9 5 4 7 2 … 而言，我們將假設先前的值是 $\boxed{9\ 6}$ 6 9 5 4 7 2 … 。如果我們針對例題 14.12.1 的影像使用這種方法，4 幅子影像將如表 14.11 所示。

請注意，除了低頻—低頻影像外，其他影像變得有多稀疏。原始影像中大部份的能量集中在這幅低頻—低頻的影像中。由於其他子影像很少有需要編碼的值，所以我們可以把大部份的資源全部供給低頻—低頻的子影像使用。

14.12.1 分解影像

在本章前面，一組濾波器乃是用來進行一維的次頻帶編碼。我們也可以使用同樣的濾波器將影像分解成次頻帶。

例題 14.12.2

讓我們使用 8 個接頭的 Johnston 濾波器，將 Sinan 影像分解成 4 個次頻帶。分解的結果示於圖 14.29。請注意，如同例題 14.12.1 的影像一般，大部份的信號能量會集中在低頻—低頻子影像內，然而在比較高的頻帶中仍然有相當多的能量。為了更清楚地瞭解這一點，讓我們觀察一下使用 16 個接頭的 Johnston 濾波器來進行分解，結果示於圖 14.30。請注意

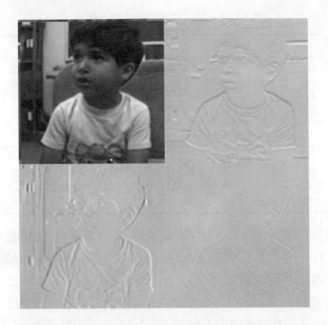

圖 14.29　使用 8 個接頭的 Johnston 濾波器分解的 Sinan 影像。

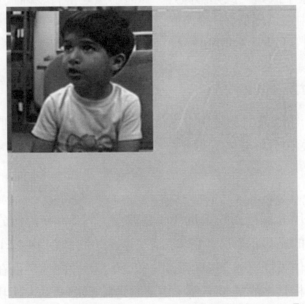

圖 14.30　使用 16 個接頭的 Johnston 濾波器分解的 Sinan 影像。

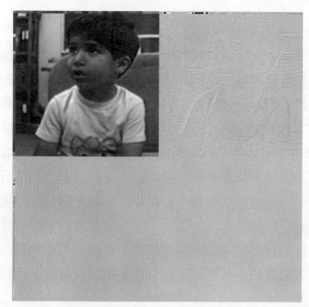

圖 14.31 使用 8 個接頭的 Smith-Barnwell 濾波器分解的 Sinan 影像。

在比較高的次頻帶中的能量變得多麼稀少。事實上，高頻—高頻次頻帶似乎是完全空白的。我們稍後即看到，此一**能量集中程度** (energy compaction) 的差異對於重建結果可能會有很劇烈的影響。

要改善能量集中程度並非只有增加濾波器的大小一途。圖 14.31 顯示使用 8 個接頭的 Smith-Barnwell 濾波器得到的分解結果。這個結果幾乎和 16 個接頭的 Johnston 濾波器完全相同。因此，我們不必使用 16 個接頭的濾波器，而增加計算負荷，只需要使用一個不同的濾波器，就可以維持同樣的計算負荷。　　　　　　　　　　　　　　　　　　　　　♦

14.12.2　將次頻帶編碼

一旦我們把影像分解成次頻帶，我們必須找出每一個次頻帶使用的最佳編碼方案。到目前為止，我們研究過的編碼方案包括純量量化、向量量化與差分編碼。讓我們使用先前研究過的兩種編碼方案 — 純量量化與差分編碼 — 把一些已經分解的影像編碼。

例題 14.12.3

在前一個例題中，我們提到 8 個接頭的 Johnston 濾波器並不像 16 個接頭的 Johnston 濾波器或 8 個接頭的 Smith-Barnwell 濾波器將能量集中得那麼好。讓我們看看這一點如何影響已分解的影像的編碼。

當我們以每個像素 0.5 位元的平均編碼率將這些影像編碼時，我們有 $4 \times 0.5 = 2$ 位元可以把 4 個值編碼，其中每一個值來自一個次頻帶。如果我們針對 8 接頭 Johnston 濾波器的輸出使用遞迴式的位元配置程序，最後會把 1 個位元配置到低頻—低頻頻帶，把 1 個位元配置到高頻—低頻頻帶。由於在低頻—低頻頻帶中，像素對像素的差距非常小，所以我們讓低頻—低頻頻帶使用 DPCM 編碼器。高頻—低頻頻帶並不會呈現這種行為，這表示高頻—低頻頻帶可以只使用純量量化。因為沒有其他位元

圖 14.32　在每個像素 0.5 位元的編碼率下，使用 8 個接頭的 Johnston 濾波器編碼的 Sinan 影像。

可以供給另外兩個頻帶進行編碼，所以這些頻帶可能會被捨棄。這樣會產生圖 14.32 的影像，這幅影像一點也不令人喜歡。然而，如果我們針對以 8 個接頭的 Smith-Barnwell 濾波器分解的影像使用同樣的壓縮方法，其結果為圖 14.33，就讓人滿意得多了。

為了瞭解為什麼使用這兩個濾波器，會得到這麼不同的結果，我們必須看一看位元被配置到不同頻帶的方式。在此一實作中，我們使用遞迴式的位元配置演算法。在使用 Johnston 濾波器分解的影像中，高頻─低頻頻帶中有相當多的能量。演算法把 1 個位元配置給低頻─低頻頻帶，把 1 個位元配置給高頻─低頻頻帶。這樣造成了兩個頻帶的編碼不理想，以及後來不理想的重建結果。在使用 Smith-Barnwell 濾波器分解的影像中，除了低頻─低頻頻帶以外，其中頻帶中的信號內容非常少。因此，位元配置演算法會把兩個位元配置給低頻─低頻頻帶，而提供了還不錯的重建結果。

圖 14.33　在每個像素 0.5 位元的編碼率下，使用 8 個接頭的
Smith-Barnwell 濾波器編碼的 Sinan 影像。

如果由 Johnston 濾波器分解的影像，其編碼問題是低頻─低頻頻帶的編碼位元數不足，爲什麼不乾脆把兩個位元全部指定給低頻─低頻頻帶？問題在於位元配置方案會把一個位元配置給高頻─低頻頻帶，是因爲該頻帶中具有相當多的訊息。如果兩個位元都配置給低頻─低頻頻帶，就沒有任何位元可供高頻─低頻頻帶編碼使用了，而且最後我們會捨棄重建時需要的訊息。　　　　　　　　　　　　　　　　　　　　　　　　◆

　　能量集中程度的問題在重建影像的品量中會變成一個非常重要的因素。容許更高的能量集中程度的濾波器可以把位元配置到比較少的次頻帶內，接下來，這樣又會產生比較理想的重建結果。

　　這個例題使用的編碼方案是 DPCM 和純量量化，在次頻帶編碼中一般而言是比較常見的技術。如果我們把圖 14.33 顯示的結果與前幾章中使用 DPCM 或純量量化，而不先進行分解所得的結果相比較，次頻帶編碼的優點就相當明顯了。

　　次頻帶方法似乎很適合向量量化。將影像分解成次頻帶之後，我們可以針對每一個次頻帶設計不同的編碼冊，以反映該特定次頻帶的特性。這種想法只有一個問題，就是在低頻─低頻次頻帶中，每一個像素通常需要許多個位元。如同我們在第 10 章所提，以高編碼率操作沒有結構的向量量化器，一般而言並不可行。因此，向量量化器通常只用來將比較高的頻帶編碼。當我們發展出可以在比較高的編碼率下操作的向量量化演算法時，這一點可能會改變。

🔲 14.13　摘要

本章介紹了另一種信號分解方法。在次頻帶編碼中，我們把資料源輸出分解成各成分。接下來，這些成分可以使用前幾章裡描述的技術之一予以編碼。次頻帶編碼的一般程序可以總結如下：

■　選擇一組濾波器，以分解資料源。本章已經提供了許多濾波器。在已出版的文獻中，可以找到更多的濾波器 (有一些參考資料列在下面)。

■ 使用濾波器，求出次頻帶信號 $\{y_{k,n}\}$：

$$y_{k,n} = \sum_{i=0}^{N-1} h_{k,i} x_{n-i} \tag{14.119}$$

其中 $\{y_{k,n}\}$ 是第 k 個濾波器的係數。

■ 刪減濾波器的輸出。

■ 把經過刪減的輸出編碼。

解碼程序是編碼程序的反向運算。將影像編碼時，濾波和刪減運算必須執行兩次，一次沿著列，另一次則沿著行。我們應該小心，以避免在邊緣上發生問題，如第 14.12 節所描述。

進階閱讀

1. S.K. Mitra 與 J.F. Kaiser 共同編輯的「*Handbook for Digital Signal Processing*」[162] 是有關數位濾波器的極佳資訊來源。

2. P.P. Vaidyanathan 所著的「*Multirate Systems and Filter Banks*」[200] 對於 QMF 濾波器以及小波與濾波器組之間的關係提供了詳細的資訊，除此之外，還有許多其他內容。

3. N.S. Jayant 與 P. Noll 合著的「*Digital Coding of Waveforms*」[123] 也涵蓋了次頻帶編碼這個主題。

4. K. Brandenburg 與 G. Stoll 在 1994 年 10 月號的 *Journal of the Audio Engineering Society* 期刊中所著的「ISO-MPEG-1 Audio: A Generic Standard for Coding of High-Quality Digital Audio」[28] 描述了 MPEG-1 音訊編碼演算法。

5. A. Ortega 與和 K. Ramachandran 在 1998 年 11 月號的 *IEEE Signal Processing Magazine* 期刊中所著的「Rate Distortion Methods for Image

and Video Compression」[169] 提供了對位元配置的編碼率失真方法的回顧。

14.14 專案與習題

1. 線性平移不變系統具有以下的特性：
   ■ 如果對於給定的輸入序列 $\{x_n\}$，系統的輸出為序列 $\{y_n\}$，那麼如果我們將輸入序列延遲 k 個單位，而得到序列 $\{x_{n-k}\}$，則對應的輸出將是延遲了 k 個單位的序列 $\{y_n\}$。
   ■ 如果對應於序列 $\{x_n^{(1)}\}$ 的輸出是 $\{y_n^{(1)}\}$，且對應於序列 $\{x_n^{(2)}\}$ 的輸出是 $\{y_n^{(2)}\}$，則對應於序列 $\{\alpha\, x_n^{(1)} + \beta\, x_n^{(2)}\}$ 的輸出是 $\{\alpha\, y_n^{(1)} + \beta\, y_n^{(2)}\}$。
   使用這兩個性質證明方程式 (14.18) 所示的捲積性質。

2. 讓我們設計一組滿足完美重建條件的簡單 4 接頭濾波器。
   (a) 我們從低通濾波器開始。假設濾波器的脈衝響應為 $\{h_{1,k}\}_{k=0}^{3}$。再進一步假
   $$|h_{1,k}| = |h_{1,j}| \qquad \forall j,\, k.$$
   設試求出滿足方程式 (14.91) 的一組 $\{h_{i,j}\}$ 值。
   (b) 畫出轉換函數 $H_2(z)$ 的大小。
   (c) 使用方程式 (14.23)，求出高通濾波器係數 $\{h_{2,k}\}$。
   (d) 求出轉換函數 $H_2(z)$ 的大小。

3. 已知一個輸入序列
   $$x_n = \begin{cases} (-1)^n & n = 0, 1, 2, \cdots \\ 0 & \text{其他情況} \end{cases}$$
   (a) 如果濾波器的脈衝響應如以下所示，試求出輸出序列 y_n：
   $$h_n = \begin{cases} \frac{1}{\sqrt{2}} & n = 0, 1 \\ 0 & \text{其他情況。} \end{cases}$$

(b) 如果濾波器的脈衝響應如以下所示，試求出輸出序列 w_n：

$$h_n = \begin{cases} \frac{1}{\sqrt{2}} & n = 0 \\ -\frac{1}{\sqrt{2}} & n = 1 \\ 0 & \text{其他情況。} \end{cases}$$

(c) 試觀察序列 y_n 和 w_n，對於序列 x_n，你有什麼發現？

4. 已知一個輸入序列

$$x_n = \begin{cases} 1 & n = 0, 1, 2, \cdots \\ 0 & \text{其他情況} \end{cases}$$

(a) 如果濾波器的脈衝響應如以下所示，試求出輸出序列 y_n：

$$h_n = \begin{cases} \frac{1}{\sqrt{2}} & n = 0, 1 \\ 0 & \text{其他情況。} \end{cases}$$

(b) 如果濾波器的脈衝響應如以下所示，試求出輸出序列 w_n：

$$h_n = \begin{cases} \frac{1}{\sqrt{2}} & n = 0 \\ -\frac{1}{\sqrt{2}} & n = 1 \\ 0 & \text{其他情況。} \end{cases}$$

(c) 試觀察序列 y_n 和 w_n，對於序列 x_n，你有什麼發現？

5. 針對影像壓縮應用寫一個程式來執行分析與縮減取樣運算，再寫一個程式來執行擴增取樣與和合成的運算。這些程式應該從一個檔案中讀入濾波器參數，再寫另一個程式來執行。合成程式應該讀入分析程式的輸出，並輸出重建影像。分析程式也應該輸出子影像，這些子影像應該進行縮放，以便顯示。使用 Johnston 的 8 接頭濾波器和 Sena 影像來測試你的程式。

6. 在這個習題中，我們討論在二次取樣之後，可以把獲得的子影像編碼的一些方法。使用 8 接頭的 Johnston 濾波器將 Sena 影像分解成 4 個子影像。

(a) 使用適應性增量形調變器 (CFDM 或 CVSD)，將低頻—低頻頻帶編碼。使用 1 位元的純量量化器將其他所有的頻帶進行編碼。

(b) 使用 2 位元的適應性 DPCM 系統將低頻—低頻頻帶編碼。使用 1 位元的純量量化器將低頻—高頻和高頻—低頻頻帶編碼。

(c) 使用 3 位元的適應性 DPCM 系統將低頻—低頻的頻帶編碼。使用 0.5 位元/像素的向量化器將低頻—高頻和高頻—低頻頻帶編碼。

(d) 試比較使用不同方案得到的重建結果。

15

以小波為基礎的壓縮

15.1　綜覽

本章介紹小波的概念，並描述如何在壓縮方案中使用以小波為基礎的分解。我們從小波和多解析度分析的介紹開始，然後描述如何使用濾波器來實作小波分解。接下來，我們會檢驗幾個以小波為基礎的壓縮方案的實作。

15.2　引言

在前兩章中，討論了一些將信號分解的方法。在本章中，我們研究另一種分解信號的方法：使用小波。近年來，這個方法已經變得愈來愈受歡迎。小波被運用在許多不同的應用中。我們可以強調小波的不同層面，端視應用而定。由於我們的特別應用是壓縮，因此我們會強調小波在壓縮演算法的設計中很重要的那些方面。讀者必須瞭解：小波的內容遠比本章所討論的要豐富。如果讀者希望更深入地鑽研這個主題，我們在本章的結尾推薦了一些途徑，可供讀者參考。

　　在實務上，小波壓縮方案的實作非常類似次頻帶編碼方案。如同次頻帶編碼一般，我們使用濾波器組來分解信號 (分析)。濾波器組的輸出經過縮減取樣、量化，並予以編碼。解碼器將編碼後的表現方式解碼，進行擴增取樣，並

使用合成濾波器組將信號重建出來。

　　在以下的幾節中，我們將簡短地研究小波的建造，並描述如何使用多解析度分析將信號分解。然後我們會描述目前常見的一些影像壓縮方案。如果讀者此刻主要對於以小波為基礎的壓縮方案的實作感興趣，應該略過以下幾節，直接閱讀第 15.5 節。

　　最後兩章描述了幾種分解信號的方法。為什麼我們還需要另一個方法？為了回答這個問題，讓我們從標準分析工具 — Fourier 轉換 — 開始。給定一函數 $f(t)$，我們可以求出 Fourier 轉換 $F(\omega)$，如以下所示：

$$F(\omega) = \int_{-\infty}^{\infty} f(t)e^{j\omega t}dt.$$

積分是一種平均運算；因此，使用 Fourier 轉換得到的分析，在某種意義上是一種「平均」分析，其中進行平均的間隔是所有的時間。因此，舉例來說，觀察一個特別的 Fourier 轉換，我們可以指出某一個信號在頻率等於 10kHz 之處有一個很強的成分，但是我們無法說明這個成分在什麼時候存在。換句話說，Fourier 分析在頻率方面提供極佳的局部化，然而在時間方面則完全無法提供。對於時間函數 $f(t)$ 而言則正好相反，它可以提供該函數在每一瞬間之值的精確資訊，卻不會直接提供頻譜的訊息。我們應當指出：$f(t)$ 和 $F(\omega)$ 都代表同樣的函數，而且每一種表示方式都包含全部的訊息，然而每一種表示方式中容易獲得的訊息，其類型並不相同。

　　如果我們有一個非常不穩定的信號，例如圖 15.1 所示的信號，我們不僅希望知道頻率成分，還希望知道特定的頻率成分何時出現。獲得此一訊息的方法之一是利用**短時間 *Fourier* 轉換** short-term Fourier transform，簡稱 STFT)。在 STFT 中，我們把時間信號 $f(t)$ 分割成長度等於 T 的片段，然後對每一個片段進行 Fourier 分析。這樣一來，我們就可以說位於 10 kHz 的成分出現在第三個片段內 — 亦即介於時間 $2T$ 和 $3T$ 之間。因此我們得到一個同時是時間與頻率的函數的分析。如果我們只是把函數切割成片段，會造成邊界效應形式的失真 (參閱習題 1)。為了降低邊界效應，我們在計算 Fourier 轉換之前，會先

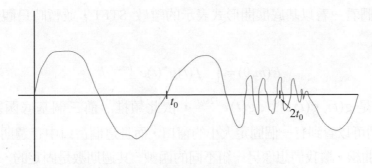

圖 15.1 一個不穩定的信號。

把每一個片段**乘上一個窗口函數**。如果窗口的形狀係由 $g(t)$ 給出，則 STFT 的正式定義如下：

$$F(\omega,\tau) = \int_{-\infty}^{\infty} f(t)g^*(t-\tau)e^{j\omega t}\,dt. \tag{15.1}$$

如果窗口函數 $g(t)$ 為高斯函數，則 STFT 稱為 *Gabor* **轉換** (Gabor transform)。

STFT 的問題在於窗口的大小是固定的。請考慮圖 15.1。為了得到函數一開始時的低頻成分，窗口的大小至少應該等於 t_0，使得窗口包含至少一個週期的低頻成分，然而窗口大小等於或大於 t_0 表示我們將無法準確地將高頻突波局部化。時間域中的大窗口相當於頻率域中頻寬狹窄的濾波器，對於低頻成分而言，我們希望如此 — 然而對於高頻成分則不然。測不準原理正式地描述了這種兩難的局面，該原理指出：對於一個給定的窗口函數 $g(t)$，時間不準度 σ_t^2 與頻率不準度 σ_ω^2 的乘積，其下界等於 $\sqrt{1/2}$，其中

$$\sigma_t^2 = \frac{\int t^2 \,|\,g(t)\,|^2\,dt}{\int |\,g(t)\,|^2\,dt} \tag{15.2}$$

$$\sigma_\omega^2 = \frac{\int \omega^2 \,|\,G(\omega)\,|^2\,d\omega}{\int |\,G(\omega)\,|^2\,d\omega}. \tag{15.3}$$

因此，如果我們希望時間的解析度比較高，亦即降低 σ_t^2，則 σ_ω^2 會增加，或頻率域的解析度會比較差。我們如何克服這個問題？

讓我們看一看以基底展開形式表示的離散 STFT，並暫時只觀察一個區間：

$$F(m,0) = \int_{-\infty}^{\infty} f(t)g^*(t)e^{-jm\omega_0 t}dt. \tag{15.4}$$

基底函數是 $g(t), g(t)e^{j\omega_0 t}, g(t)e^{j2\omega_0 t}$，依此類推。前三個基底函數示於圖 15.2。我們可以看到有一個固定大小的窗口，而且這個窗口中有週期數愈來愈多的正弦曲線。讓我們想像另一組不同的函數，其週期數是固定的，但窗口的大小則不斷改變，如圖 15.3 所示。請注意，當窗口變得愈來愈小時，儘管在每一個窗口中的正弦曲線的週期數相同，但這些週期會在更短的時間間隔內出現；也就是說，正弦曲線的頻率增加了。此外，比較低頻的函數所涵蓋的時間間隔更長，較高頻的函數則涵蓋比較短的時間間隔，因此避免了 STFT 的問題。如果我們可以使用這些函數及它們平移之後的結果寫出我們的函數，我們會得到一種表示方式，不但可以提供時間與頻率局部化，而且在低頻 (時間窗口較長) 時能提供很高的頻率解析度，在高頻 (時間窗口較短) 時能提供很高的時間解析度。粗略來說，這就是小波背後的基本想法。

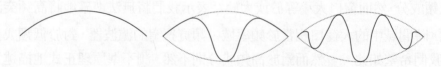

圖 15.2 第一個時間間隔的前三個 STFT 基底函數。

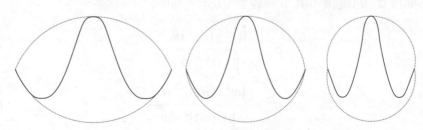

圖 15.3 三個小波基底函數。

　　下一節將正式描述小波的概念，然後我們會討論如何從小波的基底集進入實作層面。如果讀者希望直接研究實作問題，應該跳到第 15.5 節閱讀。

▣ 15.3　小波

在前一節結尾的例題中，我們從一個函數開始。其他所有的函數都是藉由改變 (或縮放) 這個函數的大小，以及把這個函數平移而獲得的。這個函數稱為**母小波** (mother wavelet)。在數學上，我們可以把 t 代換成 t/a，而將函數 $f(t)$ 縮放，其中參數 a 控制縮放的量。舉例來說，試考慮函數

$$f(t) = \begin{cases} \cos(\pi\, t) & -1 \le t \le 1 \\ 0 & \text{其他情況} \end{cases}$$

圖 15.4 畫出了這個函數。為了把這個函數縮成 0.5 倍，我們把 t 代換成 $t/0.5$：

$$f\left(\tfrac{t}{0.5}\right) = \begin{cases} \cos(\pi\, \tfrac{t}{0.5}) & -1 \le \tfrac{t}{0.5} \le 1 \\ 0 & \text{其他情況} \end{cases}$$

$$= \begin{cases} \cos(2\pi t) & -\tfrac{1}{2} \le t \le \tfrac{1}{2} \\ 0 & \text{其他情況} \end{cases}$$

圖 15.5 畫出了經過縮放的函數。如果我們把函數 $f(t)$ 範值定義為

$$\|f(t)\|^2 = \int_{-\infty}^{\infty} f^2(t)\, dt$$

顯然縮放運算會改變函數的範值：

$$\left\| f\left(\tfrac{t}{a}\right) \right\|^2 = \int_{-\infty}^{\infty} f^2\left(\tfrac{t}{a}\right) dt$$

$$= a \int_{-\infty}^{\infty} f^2(x)\, dx$$

其中我們使用了 $x = t/a$ 的代換。因此，

$$\left\| f\left(\tfrac{t}{a}\right) \right\|^2 = a \|f(t)\|^2.$$

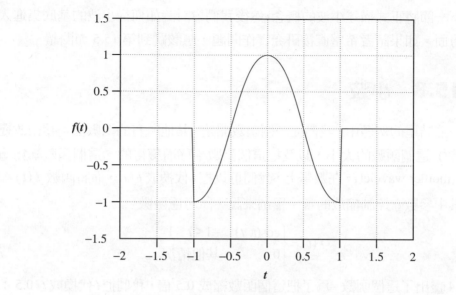

圖 15.4 函數 $f(t)$。

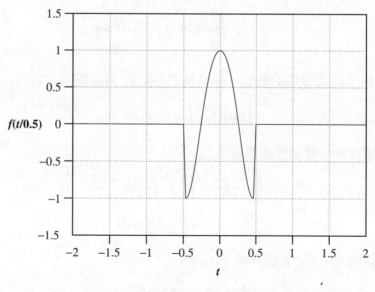

圖 15.5 函數 $f(\frac{t}{0.5})$。

如果我們希望被縮放函數的範值與原始函數相同,則需將其乘上 $1/\sqrt{a}$。

在數學上,我們可以把 t 代換成 $t-b$ 或 $t+b$,以表示將函數向右或向左平移 b 的距離。舉例來說,如果我們想要把圖 15.5 所示的被縮放函數向右平移 1 個單位,我們有

$$f\left(\frac{t-1}{0.5}\right) = \begin{cases} \cos(2\pi\,(t\text{-}1)) & -\frac{1}{2} \le t-1 \le \frac{1}{2} \\ 0 & \text{其他情況} \end{cases}$$

$$= \begin{cases} \cos(2\pi\,(t-1)) & \frac{1}{2} \le t \le \frac{3}{2} \\ 0 & \text{其他情況} \end{cases}$$

經過縮放及平移的函數示於圖 15.6。因此,給定一個母小波 $\psi(t)$,其餘的函數可藉由以下的式子得到

$$\psi_{a,b}(t) = \frac{1}{\sqrt{a}}\psi\left(\frac{t-b}{a}\right) \tag{15.5}$$

其 Fourier 轉換為

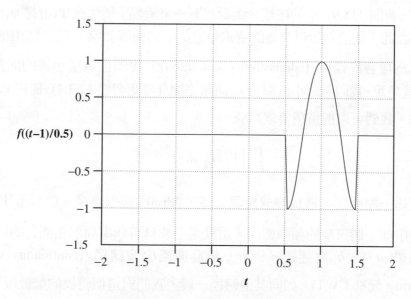

圖 15.6　一個經過縮放及平移的函數。

$$\Psi(\omega) = \mathcal{F}[\psi\pi(t)]$$
$$\Psi_{a,b}(\omega) = \mathcal{F}[\psi_{a,b}(t)]. \tag{15.6}$$

使用這些函數得到的展開係數，可從小波函數與 $f(t)$ 的內積求出：

$$w_{a,b} = \left\langle \psi_{a,b}(t), f(t) \right\rangle = \int_{-\infty}^{\infty} \psi_{a,b}(t) f(t) dt. \tag{15.7}$$

我們可以根據以下的式子，從 $w_{a,b}$ 還原出函數 $f(t)$：

$$f(t) = \frac{1}{C_\psi} \int_{-\infty}^{\infty} \int_{-\infty}^{\infty} w_{a,b} \psi_{a,b}(t) \frac{dadb}{a^2} \tag{15.8}$$

其中

$$C_\psi = \int_0^\infty \frac{|\Psi(\omega)|^2}{\omega} d\omega. \tag{15.9}$$

為了讓 (15.8) 式的積分存在，C_ψ 必須為有限。為了讓 C_ψ 為有限，$\Psi(0) = 0$ 必須成立，否則 (15.9) 式的被積分函數將有一奇異點。請注意 $\Psi(0)$ 是 $\psi(t)$ 的平均值；因此，我們對於母小波的要求是它的平均值等於零。C_ψ 為有限的條件通常稱為**可容許條件** (admissibility condition)。我們也希望小波的能量為有限；也就是說，我們希望小波屬於 L_2 向量空間 (參閱習題 12.3.1)。使用 Parseval 關係式，我們可以把這項要求寫成

$$\int_{-\infty}^{\infty} |\Psi(\omega)|^2 d\omega < \infty.$$

為了讓這一點成立，當 ω 變成無限大時，$|\Psi(\omega)^2|$ 必須衰減。這表示 $\Psi(\omega)$ 的能量集中在一個狹窄的頻率帶內，這就是小波具有頻率局部化能力的原因。

　　如果 a 與 b 為連續，則 $w_{a,b}$ 稱為**連續小波轉換** (continuous wavelet transform，簡稱 CWT)。如同其他轉換一般，我們對這個轉換的離散版本更有興趣。我們先求出一個級數表示式，其中基底函數是時間的連續函數，其縮放

與平移的離散參數分別為 a 與 b。縮放與平移參數的離散版本彼此必須有關聯，因為如果該尺度使基底函數變得很狹窄，平移間距也應該相應地變小，反之亦然。有許多方法可以選擇這些參數。最常見的方法是根據以下的式子

$$a = a_0^{-m}, \qquad b = n b_0 a_0^{-m} \tag{15.10}$$

其中 m 和 n 是整數，我們選擇 a_0 等於 2，且 b_0 的值等於 1。這樣會得到以下的小波集合

$$\psi_{m,n}(t) = a_0^{m/2} \psi(a_0^m t - n b_0), \qquad m, n \in Z. \tag{15.11}$$

$a_0 = 2$ 和 $b_0 = 1$ 時，我們有

$$\psi_{m,n}(t) = 2^{m/2} \psi(2^m t - n). \tag{15.12}$$

(請注意這是最常用的選擇，但不是唯一的選擇。) 如果這個集合是**完備的** (complete)，則 $\{\psi_{m,n}(t)\}$ 稱為**仿射** (affine) 小波。小波係數係由下式子得到

$$w_{m,n} = \langle f(t), \psi_{m,n}(t) \rangle \tag{15.13}$$

$$= a_0^{m/2} \int f(t) \psi(a_0^m t - n b_0) dt. \tag{15.14}$$

我們可以根據以下的式子，從小波係數重建出函數 $f(t)$：

$$f(t) = \sum_m \sum_n w_{m,n} \psi_{m,n}(t) \tag{15.15}$$

小波有很多種形式。本章稍後將討論比較常見的一些小波。Haar 小波是最簡單的小波之一，我們將用來探索小波的各方面。Haar 小波係由以下的式子給出

$$\psi(t) = \begin{cases} 1 & 0 \leq t < \dfrac{1}{2} \\ -1 & \dfrac{1}{2} \leq t < 1. \end{cases} \tag{15.16}$$

將這個母小波平移與縮放，可以合成出許多函數。

在這種形式的轉換中，$f(t)$ 是一個連續函數，轉換則由離散值組成，此一轉換乃是類似 Fourier 級數的小波級數，也有人把它稱為**離散時間小波轉換** (discrete time wavelet transform，簡稱為 DTWT)。我們從連續小波轉換變成小波級數，在前者中，$f(t)$ 及其轉換 $w_{a,b}$ 均為其引數的連續函數，然而在後者中，時間函數是連續的，但時間尺度的小波表示方式則是離散的。既然在資料壓縮中，我們處理的資料通常是函數在離散時間點上的取樣值，所以我們會希望時間與頻率表示方式均為離散。這稱為**離散小波轉換** (discrete wavelet transform，簡稱 DWT)。然而在我們得到這個結果之前，讓我們再研究一個概念 — 多解析度分析。

15.4 多解析度分析與縮放函數

多解析度分析背後的想法非常簡單。讓我們定義一個函數 $\phi(t)$，稱為**縮放** (scaling) 函數。稍後我們將發現縮放函數與母小波密切相關。計算縮放函數及其平移結果的線性組合，我們可以產生許多函數。

$$f(t) = \sum_k a_k \phi(t - k). \tag{15.17}$$

縮放函數具有以下的性質：可以使用縮放函數表示的函數，也可以使用縮放函數的伸長版本來表示。

舉例來說，Haar 縮放函數是最簡單的縮放函數之一：

$$\phi(t) = \begin{cases} 1 & 0 \le t < 1 \\ 0 & \text{其他情況} \end{cases} \tag{15.18}$$

則對於所有的 k，$f(t)$ 可以是在區間 $[k, k+1)$ 內為常數的任何片段連續函數。

茲定義

$$\phi_k(t) = \phi(t - k). \tag{15.19}$$

使用集合 $\{\phi_k(t)\}$ 的線性組合可以得到的所有函數

$$f(t) = \sum_k a_k \phi_k(t) \tag{15.20}$$

稱為集合 $\{\phi_k(t)\}$ 的**生成集** (span) 或 $\mathrm{Span}\{\phi_k(t)\}$。如果我們現在把屬於 $\mathrm{Span}\{\phi_k(t)\}$ 中函數序列的極限的所有函數加入這個集合內,則稱為 $\mathrm{Span}\{\phi_k(t)\}$ 的閉包,並記為 $\overline{\mathrm{Span}\{\phi_k(t)\}}$。讓我們把這個集合稱為 V_0。

如果我們想要產生較高解析度下的函數,比如說只需要在一半的單位區間內是常數的函數,我們可以使用「母」縮放函數的伸長版本。事實上,我們可以使用與小波類似的程序,得到不同解析度下的縮放函數:

$$\phi_{j,k}(t) = 2^{j/2}\phi(2^j t - k). \tag{15.21}$$

索引方式與小波相同,第一個索引指示解析度,第二個索引則指示平移的量。對於 Haar 函數的例子而言,

$$\phi_{1,0}(t) = \begin{cases} \sqrt{2} & 0 \le t < \dfrac{1}{2} \\ 0 & \text{其他情況.} \end{cases} \tag{15.22}$$

對於所有的 k,我們可以使用 $\phi_{1,0}(t)$ 的平移結果來表示在區間 $[k/2,(k+1)/2)$ 內為常數的所有函數。請注意,一般而言,可以使用 $\phi(t)$ 的平移結果表示的任何函數,也可以由 $\phi_{1,0}(t)$ 之平移結果的線性組合來表示。然而此一敘述反過來並不成立。如果我們定義

$$V_1 = \overline{\mathrm{Span}\{\phi_{1,k}(t)\}} \tag{15.23}$$

我們可以看到 $V_0 \subset V_1$。同樣的,我們可以證明 $V_1 \subset V_2$,依此類推。

例題 15.4.1

考慮圖 15.7 所示的函數。我們可用 Haar 縮放函數的平移結果來近似這個函數。近似結果示於圖 15.8a。如果把它稱爲近似值 $\phi_f^{(0)}(t)$，則

$$\phi_f^{(0)}(t) = \sum_k c_{0,k}\phi_k(t) \tag{15.24}$$

其中

$$c_{0,k} = \int_k^{k+1} f(t)\phi_k(t)dt. \tag{15.25}$$

如果我們使用集合 $\{\phi_{1,k}(t)\}$，我們可以得到更接近的近似值，或更高解析度下的近似值 $\phi_f^{(1)}(t)$，如圖 15.8b 所示：

$$\phi_f^{(1)}(t) = \sum_k c_{1,k}\phi_{1,k}(t). \tag{15.26}$$

請注意我們與前一個解析度相比，這個解析度需要兩倍的係數。兩個解析度下的係數係由以下的式子所關聯：

$$c_{0,k} = \frac{1}{\sqrt{2}}(c_{1,2k} + c_{1,2k+1}). \tag{15.27}$$

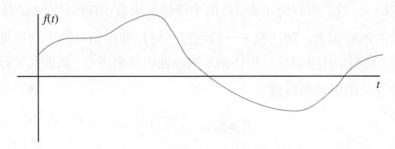

圖 15.7　一個樣本函數。

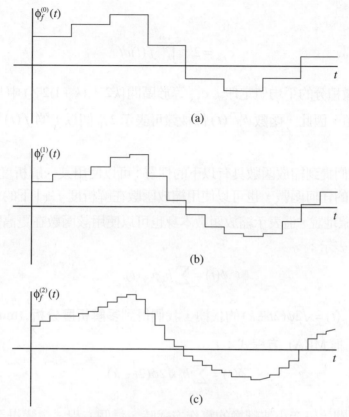

圖 15.8 圖 15.7 所示函數的近似值。

按照這種方式繼續下去 (圖 15.8c)，我們可以得到 $f(t)$ 在愈來愈高階的解析度下的近似值，其中

$$\phi_f^{(m)}(t) = \sum_k c_{m,k} \phi_{m,k}(t). \tag{15.28}$$

回憶一下，根據 Nyquist 準則，如果一個信號的最高頻成分為 f_0 赫茲，則我們每秒鐘需要 $2f_0$ 個取樣值，才能準確地表示這個信號。因此，如果 $2^{-j} < \dfrac{1}{2f_0}$，則使用 $\{\phi_{j,k}(t)\}$ 的平移結果組成的集合，可以得到 $f(t)$ 的準確表示方式。

因為

$$c_{j,k} = 2^{j/2} \int_{\frac{k}{2^j}}^{\frac{k+1}{2^j}} f(t)dt \tag{15.29}$$

根據微積分的平均值定理，$c_{j,k}$ 等於區間 $[k2^{-j}, (k+1)2^{-j})$ 中某個 $f(t)$ 的取樣值。因此，函數 $\phi_f^{(j)}(t)$ 每秒鐘可表示 $2f_0$ 個以上的 $f(t)$ 取樣值。　◆

先前我們提到縮放函數具有以下的性質：可以使用某一解析度 j 下的展開式精確表示的任何函數，也可以使用縮放函數在解析度 $j+1$ 下的伸長結果來表示。更明確地說，這表示縮放函數本身也可以使用該函數在更高解析度下的伸長結果來表示：

$$\phi(t) = \sum_k h_k \phi_{1,k}(t). \tag{15.30}$$

使用 $\phi_{1,k}(t) = \sqrt{2}\phi(2t-k)$ 的代換，我們得到**多解析度分析** (mutliresolution analysis，簡稱 MRA) 方程式：

$$\phi(t) = \sum_k h_k \sqrt{2}\phi(2t-k). \tag{15.31}$$

當我們開始研究小波轉換的實作方式時，這個方程式會變得至關重要。

例題 15.4.2

試考慮 Haar 縮放函數。選擇

$$h_0 = h_1 = \frac{1}{\sqrt{2}}$$

以及

$$h_k = 0, \quad \text{如果 } k > 1$$

，則遞迴方程式可以滿足。　◆

例題 15.4.3

考慮圖 15.9 所示的三角形縮放函數。對於這個函數來說，

$$h_0 = \frac{1}{2\sqrt{2}}, \quad h_1 = \frac{1}{\sqrt{2}}, \quad h_2 = \frac{1}{2\sqrt{2}}$$

可以滿足遞迴方程式。

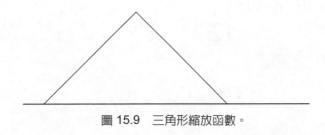

圖 15.9 三角形縮放函數。 ◆

雖然 Haar 縮放函數和三角形縮放函數都是有效的縮放函數，但兩者之間有一個很重要的差別。Haar 函數與其平移結果正交；也就是說，

$$\int \phi(t)\phi(t-m)dt = \delta_m.$$

對於三角形函數而言，這一點顯然不成立。在本章中，我們主要考慮的是彼此正交的縮放函數，如同我們先前所見，這些轉換對於壓縮應用非常有用。

Haar 小波怎麼樣？它可以當作縮放函數使用嗎？稍微回想一下，就可以曉得我們並不能從 Haar 小波的伸長結果的線性組合得到這個函數。

這樣的話，我們的討論，哪裡與小波有關聯？讓我們使用 Haar 縮放函數繼續我們的例題。讓我們暫且假設有一個函數 $g(t)$ 可以由 $\phi_g^{(1)}(t)$ 精確地表示；也就是說，$g(t)$ 是集合 V_1 中的函數。我們可以把 $\phi_g^{(1)}(t)$ 分解成其本身較低解析度版本 (亦即 $\phi_g^{(0)}(t)$) 與差距值 (亦即 $\phi_g^{(1)}(t) - \phi_g^{(0)}(t)$) 的和。

讓我們檢驗這個差距值在任意單位區間 $[k, k+1)$ 中的值：

$$\phi_g^{(1)}(t) - \phi_g^{(0)}(t) = \begin{cases} c_{0,k} - \sqrt{2}c_{1,2k} & k \le t < k+\dfrac{1}{2} \\ c_{0,k} - \sqrt{2}c_{1,2k+1} & k+\dfrac{1}{2} \le t < k+1. \end{cases} \tag{15.32}$$

將 (15.27) 式中 $c_{0,k}$ 的結果代入，我們得到

$$\phi_g^{(1)}(t) - \phi_g^{(0)}(t) = \begin{cases} -\dfrac{1}{\sqrt{2}}c_{1,2k} + \dfrac{1}{\sqrt{2}}c_{1,2k+1} & k \le t < k+\dfrac{1}{2} \\ \dfrac{1}{\sqrt{2}}c_{1,2k} - \dfrac{1}{\sqrt{2}}c_{1,2k+1} & k+\dfrac{1}{2} \le t < k+1. \end{cases} \tag{15.33}$$

茲定義

$$d_{0,k} = -\frac{1}{\sqrt{2}}c_{1,2k} + \frac{1}{\sqrt{2}}c_{1,2k+1}$$

在任意區間 $[k, k+1)$ 中，

$$\phi_g^{(1)}(t) - \phi_g^{(0)}(t) = d_{0,k}\psi_{0,k}(t) \tag{15.34}$$

其中

$$\psi_{0,k}(t) = \begin{cases} 1 & k \le t < k+\dfrac{1}{2} \\ -1 & k+\dfrac{1}{2} \le t < k+1. \end{cases} \tag{15.35}$$

但這不過是 Haar 小波的第 k 個平移結果。因此，對於此一特殊情況，函數可以表示成相同解析度下的縮放函數與小波的和：

$$\phi_g^{(1)}(t) = \sum_k c_{0,k}\phi_{0,k}(t) + \sum_k d_{0,k}\psi_{0,k}(t). \tag{15.36}$$

　　實際上，我們可證明這種分解並不限於這個特別的例子。V_1 中的函數可以分解成兩個函數，其中一個是 V_0 中的函數，亦即解析度 0 下的縮放函數的線性組合，另一個函數則是母小波的平移結果的線性組合。如果把母小波的平移結果的線性組合函數集合表示式記爲 W_0，則結果可用符號寫成：

$$V_1 = V_0 \oplus W_0. \tag{15.37}$$

換句話說，V_1 中的任何函數均可使用 V_0 和 W_0 中的函數來表示。

顯而易見，一旦選擇了縮放函數，就不能任意選擇小波函數。產生集合 W_0 的小波與產生集合 V_0 的縮放函數在本質上是相關的。事實上，根據 (15.37) 式，我們有 $W_0 \subset V_1$，因此 W_0 中的任何函數均可表示成 $\{\phi_{1,k}\}$ 的線性組合。更明確地說，我們可以把母小波 $\psi(t)$ 寫成

$$\psi(t) = \sum_k w_k \phi_{1,k}(t) \tag{15.38}$$

或

$$\psi(t) = \sum_k w_k \sqrt{2}\phi(2t - k). \tag{15.39}$$

這是適用於小波函數，而且與多解析度分析方程式對等的方程式，在分解的實作中至為重要。

所有的討論都是針對 V_1 中的一個函數。若函數只能在解析度 $j+1$ 下精確地表示，會發生什麼事？如果把 W_j 定義為 $\psi_{j,k}(t)$ 生成集的閉包，則可證明

$$V_{j+1} = V_j \oplus W_j. \tag{15.40}$$

然而，由於 j 為任意值，

$$V_j = V_{j-1} \oplus W_{j-1} \tag{15.41}$$

而且

$$V_{j+1} = V_{j-1} \oplus W_{j-1} \oplus W_j. \tag{15.42}$$

照這種方式繼續下去，我們可以看到，對於任何 $k \leq j$，

$$V_{j+1} = V_k \oplus W_k \oplus W_{k+1} \oplus \cdots \oplus W_j. \tag{15.43}$$

換句話說，如果我們有一個屬於 V_{j+1} 的函數 (亦即可由解析度 $j+1$ 下的縮放函數精確表示)，我們可以把這個函數分解成許多函數的和，亦即從較低解析度下的近似值開始，再補上由小波的伸長結果產生的函數序列，以表示其餘的細

節。這與我們在次頻帶編碼中所做的非常類似。一個主要的差別是：次頻帶分解是以正弦和餘弦函數表示，而目前這種情況下的分解則可使用各種縮放函數和小波。因此，我們可以選擇縮放函數和小波，使分解過程適合欲分解的信號。

■ 15.5　使用濾波器實作

實作前一節所討論的分解最常見的方法之一，是使用類似次頻帶編碼的階層式濾波器結構。本節將討論如何求出此一結構和濾波器係數。

我們從 MRA 方程式開始：

$$\phi(t) = \sum_k h_k \sqrt{2}\phi(2t - k). \tag{15.44}$$

進行 $t = 2^j t - m$ 的代換，我們得到適用於任意伸長與平移的方程式：

$$\phi(2^j t - m) = \sum_k h_k \sqrt{2}\phi(2(2^j t - m) - k) \tag{15.45}$$

$$= \sum_k h_k \sqrt{2}\phi(2^{j+1} t - 2m - k) \tag{15.46}$$

$$= \sum_l h_{l-2m} \sqrt{2}\phi(2^{j+1} t - l) \tag{15.47}$$

在最後一個方程式中，我們代入了 $l = 2m + k$。假設有一個函數 $f(t)$ 可以在解析度 $j + 1$ 下由某一個縮放函數 $\phi(t)$ 精確地表示。我們假設縮放函數及其伸長與平移結果形成正交歸一集。係數 c_{j+1} 可由以下的式子得到

$$c_{j+1,k} = \int f(t)\phi_{j+1,k} dt. \tag{15.48}$$

如果我們可以在解析度 $j + 1$ 下以 $\phi_{j+1,k}(t)$ 的線性組合精確地表示 $f(t)$，則根據前一節，我們可以把它分解成兩個函數：一個以 $\phi_{j,k}(t)$ 表示，另一個則是以對應小波的第 j 個伸長結果 $\{\psi_{j,k}(t)\}$ 來表示。係數 $c_{j,k}$ 係由以下的式子給出

$$c_{j,k} = \int f(t)\phi_{j,k}(t) dt \tag{15.49}$$

$$= \int f(t) 2^{\frac{j}{2}} \phi(2^j t - k) dt. \tag{15.50}$$

將 (15.47) 式中的 $\phi(2^j t - k)$ 代入,我們得到

$$c_{j,l} = \int f(t) 2^{\frac{j}{2}} \sum_l h_{l-2k} \sqrt{2} \phi(2^{j+1}t - l) dt. \tag{15.51}$$

交換求和與積分的順序,我們得到

$$c_{j,l} = \sum_l h_{l-2k} \int f(t) 2^{\frac{j}{2}} \sqrt{2} \phi(2^{j+1}t - l) dt. \tag{15.52}$$

但這個積分不過是 $c_{j+1,k}$ 。因此,

$$c_{j,k} = \sum_k h_{k-2m} c_{j+1,k}. \tag{15.53}$$

先前在 Haar 函數的情況下,我們已經遇見過這個關係式。方程式 (15.27) 提供兩個解析度層次的 Haar 展開係數之間的關係。在更一般性的情況下,係數 $\{h_j\}$ 提供了不同解析度下的係數之間的連結。因此,給定解析度 $j+1$ 層次下的係數,我們可以得到所有其他解析度層次下的係數。但我們如何開始這個過程?回憶一下,$f(t)$ 可以解析度 $j+1$ 下精確地表示,因此我們可以使用 $f(t)$ 的取樣值來取代 $c_{j+1,k}$ 。讓我們以 x_k 來表示這些取樣值,則低解析度展開式的係數係由以下的式子給出:

$$c_{j,k} = \sum_k h_{k-2m} x_k. \tag{15.54}$$

在第 12 章中,我們介紹過線性濾波器的輸入輸出關係為

$$y_m = \sum_k h_k x_{m-k} = \sum_k h_{m-k} x_k. \tag{15.55}$$

將 m 代換為 $2m$,我們得到每隔一個的輸出取樣值

$$y_{2m} = \sum_k h_{2m-k} x_k. \tag{15.56}$$

比較 (15.56) 式與 (15.54) 式,我們可以看到低解析度近似值的係數是一個線性濾波器 (脈衝響應為 h_{-k}) 每隔一個的輸出。回憶一下,$\{h_k\}$ 是滿足 MRA

方程式的係數。使用次頻帶編碼的術語,我們可以說係數 $c_{j,k}$ 是線性濾波器 (脈衝響應為 $\{h_{-k}\}$) 經過縮減取樣的輸出。表示方式的細節部份也是以類似的方法獲得的。我們同樣從遞迴關係式開始。這一次我們使用小波函數的遞迴關係式作為起點:

$$\psi(t) = \sum_k w_k \sqrt{2}\phi(2t - k). \tag{15.57}$$

再一次使用 $t = 2^j t - m$ 的代換,並使用相同的簡化過程,我們得到

$$\psi(2^j t - m) = \sum_k w_{k-2m} \sqrt{2}\phi(2^{j+1} t - k). \tag{15.58}$$

使用經過伸長與平移的小波形成正交歸一基底的事實,我們可以得到細節係數 $d_{j,k}$,如以下所示

$$d_{j,k} = \int f(t)\psi_{j,k}(t)dt \tag{15.59}$$

$$= \int f(t)2^{\frac{j}{2}}\psi(2^j t - k)dt \tag{15.60}$$

$$= \int f(t)2^{\frac{j}{2}}\sum_l w_{l-2k}\sqrt{2}\phi(2^{j+1}t - l)dt \tag{15.61}$$

$$= \sum_l w_{l-2k}\int f(t)2^{\frac{j+1}{2}}\phi(2^{j+1}t - l)dt \tag{15.62}$$

$$= \sum_l w_{l-2k}c_{j+1,l}. \tag{15.63}$$

因此,細節係數是濾波器 (脈衝響應為 $\{w_{-k}\}$) 經過刪減的輸出。

這個時候,我們可以使用完全相同的論述,將係數 $\{c_j\}$ 更進一步地分解。

為了從 $\{c_{j,k}\}$ 和 $\{d_{j,k}\}$ 求出 $\{c_{j+1,k}\}$,我們使用脈衝響應等於 $\{h_k\}$ 和 $\{w_k\}$ 的濾波器,將較低解析度的係數進行擴增取樣和濾波:

$$c_{j+1,k} = \sum_l c_{j,l}b_{k-2l}\sum_l d_{j,l}w_{k-2l}.$$

15.5.1　縮放與小波係數

為了實作小波分解，係數 $\{h_k\}$ 和 $\{w_k\}$ 至關重要。在本節中，我們討論有助於我們找出不同分解方式的係數特性。

我們從 MRA 方程式開始。將方程式的兩邊對所有的 t 積分，我們得到

$$\int_{-\infty}^{\infty} \phi(t)dt = \int_{-\infty}^{\infty} \sum_k h_k \sqrt{2}\phi(2t-k)dt. \tag{15.64}$$

交換方程式右手邊的求和與積分，我們得到

$$\int_{-\infty}^{\infty} \phi(t)dt = \sum_k h_k \sqrt{2} \int_{-\infty}^{\infty} \phi(2t-k)dt. \tag{15.65}$$

在方程式的右手邊代入 $x = 2t - k$ （故 $dx = 2dt$），我們得到

$$\int_{-\infty}^{\infty} \phi(t)dt = \sum_k h_k \sqrt{2} \int_{-\infty}^{\infty} \phi(x)\frac{1}{2}dx \tag{15.66}$$

$$= \sum_k h_k \frac{1}{\sqrt{2}} \int_{-\infty}^{\infty} \phi(x)dx. \tag{15.67}$$

假設縮放函數的平均值不等於零，我們可以把方程式的兩邊除以積分，而得到

$$\sum_k h_k = \sqrt{2}. \tag{15.68}$$

如果我們把縮放函數歸一化，使它的大小等於 1，我們可以針對縮放函數上使用正交歸一條件，而得到另一個有關 $\{h_k\}$ 的條件：

$$\int |\phi(t)|^2 dt = \int \sum_k h_k \sqrt{2}\phi(2t-k) \sum_m h_m \sqrt{2}\phi(2t-m)dt \tag{15.69}$$

$$= \sum_k \sum_m h_k h_m 2 \int \phi(2t-k)\phi(2t-m)dt \tag{15.70}$$

$$= \sum_k \sum_m h_k h_m \int \phi(x-k)\phi(x-m)dx \tag{15.71}$$

最後一個方程式中使用了 $x = 2t$ 的代換。除了 $k = m$ 之外，右手邊的積分等於零。$k = m$ 時，積分等於 1，而且我們得到

$$\sum_k h_k^2 = 1. \tag{15.72}$$

事實上，使用縮放函數的平移結果的正交性，可得到更一般化的性質。

$$\int \phi(t)\phi(t-m)dt = \delta_m \tag{15.73}$$

使用 MRA 方程式重寫這個方程式，以代換 $\phi(t)$ 和 $\phi(t-m)$，

$$\int \left[\sum_k h_k \sqrt{2} \phi(2t-k) \right] \left[\sum_l h_l \sqrt{2} \phi(2t-2m-l) \right] dt$$

$$= \sum_k \sum_l h_k h_l 2 \int \phi(2t-k)\phi(2t-2m-l)dt. \tag{15.74}$$

代入 $x = 2t$，我們得到

$$\int \phi(t)\phi(t-m)dt = \sum_k \sum_l h_k h_l \int \phi(x-k)\phi(x-2m-l)dx \tag{15.75}$$

$$= \sum_k \sum_l h_k h_l \delta_{k-(2m+l)} \tag{15.76}$$

$$= \sum_k h_k h_{k-2m}. \tag{15.77}$$

因此，我們有

$$\sum_k h_k h_{k-2m} = \delta_m \tag{15.78}$$

請注意，這就是前一章中必須滿足，以達成完美重建的同一個關係式。使用這些關係式，我們可以產生各種長度的濾波器的縮放係數。

例題 15.5.1

對於 $k = 2$，從 (15.68) 式和 (15.72) 式，我們有

$$h_0 + h_1 = \sqrt{2} \tag{15.79}$$

$$h_0^2 + h_1^2 = 1. \tag{15.80}$$

這些方程式唯有在以下的情況會被滿足

$$h_0 = h_1 = \frac{1}{\sqrt{2}},$$

而這正是 Haar 縮放函數。　　　　　　　　　　　　　　　　　　　◆

並非所有的長度都存在正交展開式。在以下的例題中，考慮 $k = 3$ 的情況。

例題 15.5.2

對於 $k = 3$，從 (15.68)、(15.72) 和 (15.78) 這 3 種條件，我們有

$$h_0 + h_1 + h_2 = \sqrt{2} \tag{15.81}$$

$$h_0^2 + h_1^2 + h_2^2 = 1 \tag{15.82}$$

$$h_0 h_2 = 0 \tag{15.83}$$

最後一個條件只有在 $h_0 = 0$ 或 $h_2 = 0$ 時才能滿足。無論是哪一種情況，我們都會得到具有兩個係數的 Haar 縮放函數濾波器。　　　　　　　　◆

事實上，我們可以看到，當 k 為奇數時，我們總會得到一種情況，強迫某一個係數必須等於零，這樣會留下偶數個係數。當係數的個數大於條件數時，我們最後會得到無限多組解。

例題 15.5.3

考慮 $k = 4$ 的情況。3 個條件會產生以下的 3 個方程式：

$$h_0 + h_1 + h_2 + h_3 = \sqrt{2} \tag{15.84}$$

$$h_0^2 + h_1^2 + h_2^2 + h_3^2 = 1 \tag{15.85}$$

$$h_0 h_2 + h_1 h_3 = 0 \tag{15.86}$$

我們有 3 個方程式和 4 個未知數；也就是說，我們有一個自由度。我們可以利用這個自由度，對我們的解施加其他條件。方程式的解包括 Daubechies 4 接頭濾波器的解：

$$h_0 = \frac{1+\sqrt{3}}{4\sqrt{2}}, \quad h_1 = \frac{3+\sqrt{3}}{4\sqrt{2}}, \quad h_2 = \frac{3-\sqrt{3}}{4\sqrt{2}}, \quad h_3 = \frac{1-\sqrt{3}}{4\sqrt{2}}. \qquad \blacklozenge$$

既然縮放函數與小波的關係密切，我們應該可以從縮放濾波器的係數求出小波濾波器的係數，這一點似乎是很合理的。事實上，如果小波函數與同一尺度上的縮放函數正交，

$$\int \phi(t-k)\psi(t-m)dt = 0 \tag{15.87}$$

則

$$w_k = \pm(-1)^k h_{N-k} \tag{15.88}$$

且

$$\sum_k h_k w_{n-2k} = 0. \tag{15.89}$$

此外，

$$\sum_k w_k = 0. \tag{15.90}$$

不過這些關係式的證明有點複雜 [207]。

15.5.2 小波系列

讓我們研究使用小波進行壓縮更實際的層面。我們提到有無限多種可能的小波，哪一個最好端視應用而定。本節列舉不同的小波及其對應的濾波器。我們鼓勵讀者使用這些小波進行實驗，以找出最適合自己應用的小波。

4 接頭、12 接頭和 20 接頭的 Daubechies 濾波器示於表 15.1-15.3。6 接頭、12 接頭和 18 接頭的 Coiflet 濾波器示於表 15.4-15.6。

表 15.1　4 接頭 Daubechies 低通濾波器的係數。

h_0	0.4829629131445341
h_1	0.8365163037378079
h_2	0.2241438680420134
h_3	−0.1294095225512604

表 15.2　12 接頭 Daubechies 低通濾波器的係數。

h_0	0.111540743350
h_1	0.494623890398
h_2	0.751133908021
h_3	0.315250351709
h_4	−0.226264693965
h_5	−0.129766867567
h_6	0.097501605587
h_7	0.027522865530
h_8	−0.031582039318
h_9	0.000553842201
h_{10}	0.004777257511
h_{11}	−0.001077301085

表 15.3　20 接頭 Daubechies 低通濾波器的係數。

h_0	0.026670057901
h_1	0.188176800078
h_2	0.527201188932
h_3	0.688459039454
h_4	0.281172343661
h_5	−0.249846424327
h_6	−0.195946274377
h_7	0.127369340336
h_8	0.093057364604
h_9	−0.071394147166
h_{10}	−0.029457536822
h_{11}	0.033212674059
h_{12}	0.003606553567
h_{13}	−0.010733175483
h_{14}	0.001395351747
h_{15}	0.001992405295
h_{16}	−0.000685856695
h_{17}	−0.000116466855
h_{18}	0.000093588670
h_{19}	−0.000013264203

表 15.4   6 接頭 Coiflet 低通濾波器的係數。

h_0	-0.051429728471
h_1	0.238929728471
h_2	0.602859456942
h_3	0.272140543058
h_4	-0.051429972847
h_5	-0.011070271529

表 15.5   12 接頭 Coiflet 低通濾波器的係數。

h_0	0.011587596739
h_1	-0.029320137980
h_2	-0.047639590310
h_3	0.273021046535
h_4	0.574682393857
h_5	0.294867193696
h_6	-0.054085607092
h_7	-0.042026480461
h_8	0.016744410163
h_9	0.003967883613
h_{10}	-0.001289203356
h_{11}	-0.000509505539

表 15.6   20 接頭 Coiflet 低通濾波器的係數。

h_0	-0.002682418671
h_1	0.005503126709
h_2	0.016583560479
h_3	-0.046507764479
h_4	-0.043220763560
h_5	0.286503335274
h_6	0.561285256870
h_7	0.302983571773
h_8	-0.050770140755
h_9	-0.058196250762
h_{10}	0.024434094321
h_{11}	0.011229240962
h_{12}	-0.006369601011
h_{13}	-0.001820458916
h_{14}	0.000790205101
h_{15}	0.000329665174
h_{16}	-0.000050192775
h_{17}	-0.000024465734

◙ **15.6　影像壓縮**

小波最常見的應用之一是影像壓縮。JPEG 2000 標準的設計目的是更新及取代目前的 JPEG 標準，此一標準會使用小波而非 DCT 來執行影像的分解。在我們的討論中，我們總是提到把信號當作一維信號來分解；然而影像是二維信號。二維信號的次頻帶分解有兩種方法：使用二維濾波器，或使用可分離轉換，此轉換可使用一維濾波器予以實作，先逐列，再逐行 (或先逐行，再逐列) 運算。大部份的方法，包括 JPEG 2000 驗證模型，都使用第 2 種方法。

　　圖 15.10 顯示影像如何使用次頻帶分解予以分解。我們從一幅 $N \times M$ 的影像開始。我們把每一列影像濾波，然後進行縮減取樣，得到兩幅 $N \times \frac{M}{2}$ 的影像。然後我們把每一行影像濾波，對濾波器輸出進行二次取樣，而得到四幅 $\frac{M}{2} \times \frac{N}{2}$ 的影像。在 4 幅子影像中，逐列與逐行進行低通濾波，得到的子影像稱為 LL 影像；逐列進行低通濾波，再逐行進行高通濾波，得到的子影像稱為 LH 影像；逐列進行高通濾波，再逐行進行低通濾波，得到的子影像稱為 HL 影像；先逐列進行高通濾波，再逐行進行高通濾波，得到的子影像稱為 HH 影像。此一分解有時表示成如圖 15.11 所示。以這種方式得到的每一幅子影像接下來可以再進行濾波和二次取樣，再產生 4 幅子影像。這個過程可以繼續下去

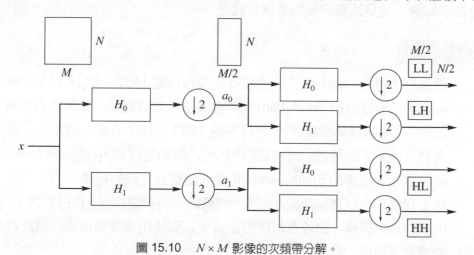

圖 15.10　$N \times M$ 影像的次頻帶分解。

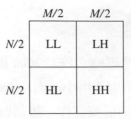

圖 15.11　第一層次的分解。

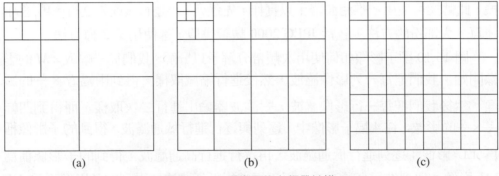

(a)　　　　　　　　(b)　　　　　　　　(c)

圖 15.12　三種常見的次頻帶結構。

，直到獲得所需的次頻帶結構。3 種常見的的結構示於圖 15.12。在圖 15.12a 的結構中，每一次分解之後，LL 子影像會再分解成 4 幅子影像，最後總共有 10 幅子影像。這是比較常見的分解方式之一。

例題 15.6.1

讓我們使用 Daubechies 小波濾波器來重複例題 14.12.2 和 14.12.3 中使用 Johnston 濾波器和 Smith-Barnwell 濾波器所做的運算。如果我們使用 4 接頭的 Daubechies 濾波器，會得到圖 15.13 所示的分解。請注意，即使 我們只使用 4 個接頭的濾波器，仍然可以得到足以與 16 接頭的 Johnston 濾波器和 8 接頭的 Smith-Barnwell 濾波器相互比較的結果。

如果我們現在以每個像素 0.5 位元的編碼率將影像編碼，會得到圖 15.14 所示的重建影像。請注意影像的品質足以與使用需要兩倍或四倍計算量 的濾波器所得的結果相互比較。　　　　　　　　　　　　　　　　　　◆

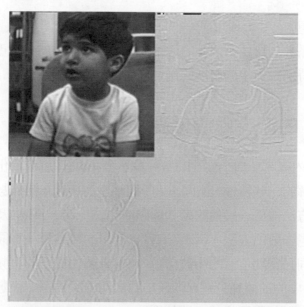

圖 15.13　使用四接頭 Daubechies 濾波器進行的 Sinan 影像的分解結果。

圖 15.14　在每個像素 0.5 位元的編碼率下使用四接頭 Daubechies 濾波器進行編碼的 Sinan
影像的重建結果。

在這個例題中，我們使用了一個簡單的純量量化器將係數量化。然而，如果我們使用由係數的特性所啓發的策略，則可得到顯著的性能改善。在下一節中，我們研究特別針對小波發展的兩個常見的量化策略。

15.7 內嵌零值樹編碼器

Shapiro 引入了內嵌零值樹小波 (EZW) 編碼器 [208]。這種量化與編碼的策略納入了小波分解的一些特性。如同 JPEG 標準中所使用，由係數的特性所啓發的量化與編碼方法優於一般性的帶狀編碼演算法一樣，EZW 及其衍生方法的效能也遠遠超過一般的方法。EZW 演算法使用的特性是：不同的次頻帶中具有代表影像中同一空間位置的小波係數。如果分解使得不同次頻帶的大小彼此不同 (圖 15.12 中的前兩種分解)，則較小的次頻帶中的單一係數可以代表與其他次頻帶中的多個係數同樣的空間位置。

為了讓我們的討論基礎更穩固，請考慮圖 15.15 所示的 10 個頻帶的分解。頻帶 I 左上角中的係數 a 代表與頻帶 II 中的係數 a_1、頻帶 III 中的係數 a_2 和頻帶 IV 中的係數 a_3 相同的空間位置，接下來，係數 a_1 代表與頻帶 V 中的 a_{12}, a_{13} 和 a_{14} 相同的空間位置。每一個像素都代表與頻帶 VIII 中的四個像素相同的空間位置，依此類推。事實上，我們可以把這些係數的關係想像成一棵樹的形式：係數 a 形成有 3 個分支 a_1, a_2 和 a_3 的樹的根節點。係數 a_1 的分支為 a_{11}, a_{12}, a_{13} 和 a_{14}，係數 a_2 的分支為 a_{21}, a_{22}, a_{23} 和 a_{24}，且係數 a_3 的分支為 a_{31}, a_{32}, a_{33} 和 a_{34}。接下來，這些係數又各自有 4 個分支，使得這棵樹總共有 64 個係數。樹的圖形表示方式示於圖 15.16。

回憶一下，當自然的影像以此種方式分解時，大部份的能量會集中在比較低的頻帶。因此，在許多情況下，比較靠近樹的根節點的係數，其大小會比遠離根節點的係數更大。這表示如果某一個係數的大小小於給定的臨界值，則其所有分支的大小通常也會小於該臨界值。在純量量化器中，量化器的外部階層相當於比較大的大小。考慮圖 15.17 所示的 3 位元量化器。如果我們確定從某一個特定的根節點產生的所有係數大小均小於 T_0，而且我們通知解碼器此種

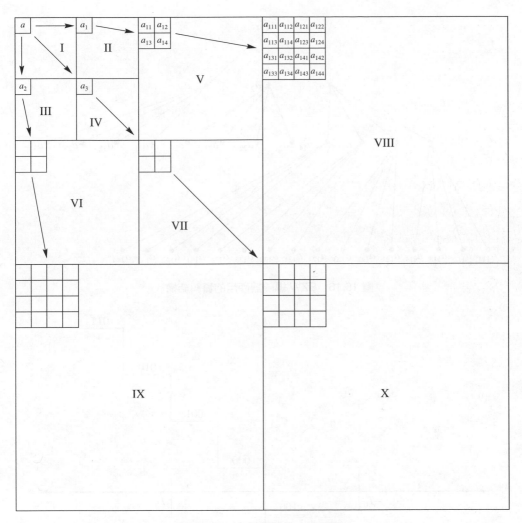

圖 15.15　10 個頻帶的小波分解。

情況的話，對於這棵樹中所有的係數，每一個取樣值只需要使用 2 個位元，就可以得到與使用 3 個位元的量化器同樣的效能。如果使用圖 15.17 所示的二進位編碼方案，第一個位元是符號位元，下一個位元是最高有效位元，則某一組係數的值小於 T_0 的訊息等同於說大小的最高有效位元為 0。如果樹中有 N 個係數，扣掉通知解碼器此種情況所需的位元數之後，這樣可以節省 N 個位元。

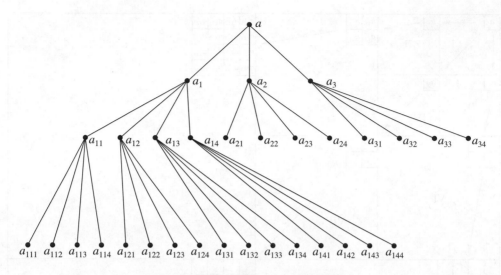

圖 15.16　EZW 編碼器使用的資料結構。

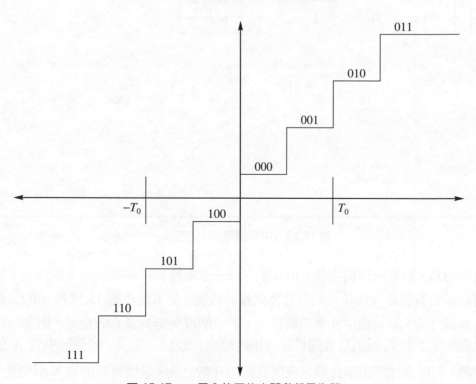

圖 15.17　一個 3 位元的中間升起量化器。

　　描述 EZW 演算法之前，我們需要介紹一些術語。給定一個臨界值 T，如果一個已知係數的大小大於 T，則稱爲在階層 T 的**重要** (significant) 係數。如果係數的大小小於 T(它是不重要的)，且其所有分支的大小均小於 T，則該係數稱爲**零值樹的根節點** (zerotree root)。最後，係數本身可能小於 T，然而它的一些分支的值則大於 T。這樣的係數稱爲**孤立的零** (isolated zero)。

　　EZW 演算法是一種多回合的演算法，每一個回合包含兩個步驟：**重要值分佈圖編碼** (significance map encoding) 或**主要回合** (dominant pass)，以及**修正回合** (refinement pass) 或**附屬回合** (subordinate pass)。如果最大的係數等於 $c_{\max}$，則臨界值 T_0 的初始值 T_0 係由以下的式子給出

$$T_0 = 2^{\lfloor \log_2 c_{\max} \rfloor}. \tag{15.91}$$

這個選擇保證最大的係數將位於區間 $[T_0, 2T_0)$ 內。在每一個回合中，臨界值 T_i 會降爲前一個回合的一半：

$$T_i = \frac{1}{2} T_{i-1}. \tag{15.92}$$

對於一給定的 T_i 值，把 4 種可能的標籤之中的一種指定給每一個係數：**重要的正值** (significant positive，簡稱爲 sp)、**重要的負值** (significant negative，簡稱爲 sn)、**零值樹的根節點** (zerotree root，簡稱爲 zr)，以及**孤立的零** (isolated zero，簡稱 iz)。如果使用固定長度的碼，我們將需要 2 個位元來表示每一個標籤。請注意，當一個係數已經被標示爲零值樹的根節點時，就不再需要標示它的分支了。這項指定稱爲**重要值分佈圖編碼** (significance map encoding)。

　　在某種程度上，重要值分佈圖編碼可以視爲使用一個 3 階層的中間低平量化器的量化程序。此種情況示於圖 15.18。被標示爲重要的係數就是那些落在量化器的外部階層，且所指定的初始重建值爲 $1.5T_i$ 或 $-1.5T$，視係數爲正值或負值而定。請注意根據 (15.91) 式和 (15.92) 式選擇的 T_i 保證重要的係數將位於區間 $[T, 2T)$ 內。一旦決定了某個係數是重要的，這個重要係數會被放在一個串列內，以便在修正或附屬回合中進一步加以修正。在修正回合中，我們決

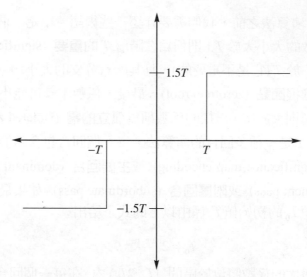

圖 15.18 一個 3 位元的中間低平量化器。

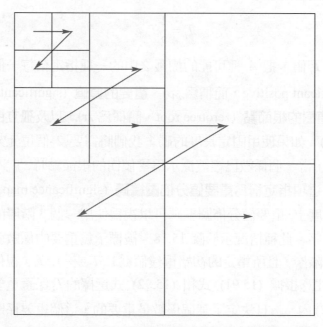

圖 15.19 使用 EZW 演算法編碼時所用的小波係數掃描。

定係數是於於區間 $[T, 2T)$ 的上半段或下半段。在連續的修正回合中，因為 T 的值降低了，包含重要係數的區間會更進一步地縮短，重建結果也跟著更新。有一個執行修正的簡單方法，就是計算係數值與重建結果之間的差距，然後使用重建值等於 $\pm T/4$ 的一個兩階層量化器將差距值量化。接下來，這個被量化的值會當作校正項，加入目前今的重建結果。

先前未被判定為重要的小波係數將以圖 15.19 繪出的方式進行掃描，其中一棵樹中的每一個親代節點都會在它的子節點之前被掃描。這一點是有原因的，因為如果親代節點被判定為零值樹的根節點，它的子節點就不需要編碼了。

雖然這些細節聽起來有點讓人搞不清楚，為了瞭解事實上編碼程序有多麼簡單，讓我們使用例題來說明。

例題 15.7.1

讓我們使用以下所示的 7 層次分解來說明 EZW 的每一步驟：

26	6	13	10
−7	7	6	4
4	−4	4	−3
2	−2	−2	0

為了求出初始臨界值 T_0，我們找出最大的係數，在此例中是 26。如此

$$T_0 = 2^{\lfloor \log_2 26 \rfloor} = 16.$$

將係數與 16 比較，我們發現 26 大於 16，所以我們傳送 sp。掃描線上的下一個係數是 6，而這個係數小於 16，而且它所有的分支 (13, 10, 6 和 4) 全部小於 16。因此 6 是零值樹的根節點，而且我們使用標籤 zr 把整個集合編碼。掃描線上的下一個係數是 −7，這個係數和掃描線上的最後一個元素 7 一樣，都是零值樹的根節點。其餘的係數不需要分別編碼，

因為它們已經被編碼成各棵零值樹的一部份。到目前為止，被傳送的標籤序列是

$$sp\ zr\ zr\ zr$$

由於每個標籤需要 2 個位元 (對固定長度編碼而言)，我們的位元預算已經用掉了 8 個位元。在這個回合中，唯一重要的係數是 26。我們把這個係數放在串列中，以便在附屬回合中加以修正。將附屬串列稱為 L_S，有

$$L_S = \{26\}.$$

這個係數的重建值等於 $1.5\,T_0 = 24$，而且重建後的頻帶看起來像這樣：

24	0	0	0
0	0	0	0
0	0	0	0
0	0	0	0

下一個步驟是附屬回合，我們會求出重要係數的重建值的校正項。在這個例子中，串列 L_S 只含有一個元素。這個元素與它的重建值之間的差距為 $26 - 24 = 2$。使用重建階層等於 $\pm T_0 / 4$ 的兩階層量化器將這個差距值量化，我們得到一個等於 4 的校正項。因此，重建結果變成 $24 + 4 = 28$。傳送校正項要用掉一個位元，因此在第一個回合的結尾，我們已經用掉了 9 個位元。只使用這 9 個位元，我們會得到以下的重建結果：

28	0	0	0
0	0	0	0
0	0	0	0
0	0	0	0

我們現在把臨界值降爲二分之一，並重複這個過程。T_1 的值等於 8。我們重新掃描還沒有被判定爲重要的係數。爲了強調我們不再考慮前一個回合已經被判定爲重要的係數，我們用★來取代它們：

★	6	13	10
−7	7	6	4
4	−4	4	−3
2	−2	−2	0

我們遇到的第一個係數等於 6。這個值小於臨界值 8；然而這個係數的分支包括 13 和 10 的係數值，因此這個係數不能歸類爲零值樹的根節點。這是我們所定義的「孤立的零」的例子。掃描線上的下兩個係數是 −7 和 7。這兩個係數的大小小於臨界值 8，而且它們所有分支的大小也都小於 8，因此，這兩個係數被編碼成 zr。掃描線上的下兩個元素是 13 和 10，它們都被編碼成 sp。掃描線上的最後兩個元素是 6 和 4。這兩個值都小於臨界值，但是它們沒有任何分支。我們把這些係數編碼成 iz。因此，這個主要回合被編碼成

$$iz\ zr\ zr\ sp\ sp\ iz\ iz$$

這樣需要 14 個位元，使得我們用掉的總位元數變成 23。重要的係數係以 $1.5T_1 = 12$ 予以重建。因此，到目前爲止的重建結果爲

28	0	12	12
0	0	0	0
0	0	0	0
0	0	0	0

我們把新的重要係數加入附屬串列：

$$L_S = \{26, 13, 10\}.$$

在附屬回合中，我們計算係數與其重建結果之間的差距，並將這些差距量化，而得到這些係數的校正項或修正值。校正項可能的值為 $\pm T_1/4 = \pm 2$。

$$26 - 28 = -2 \quad \Rightarrow \quad 校正項 = -2$$
$$13 - 12 = 1 \quad \Rightarrow \quad 校正項 = 2 \tag{15.93}$$
$$10 - 12 = -2 \quad \Rightarrow \quad 校正項 = -2$$

每一個校正項需要一個位元，使得我們用掉的總位元數變成 26。使用這些校正項之後，在這個階段的重建結果為：

26	0	14	10
0	0	0	0
0	0	0	0
0	0	0	0

如果我們再進行一個回合，臨界值會降為 4。要掃描的係數為

★	6	★	★
−7	7	6	4
4	−4	4	−3
2	−2	−2	0

主要回合會產生以下的編碼序列：

sp sn sp sp sp sp sn iz iz sp iz iz iz

這個回合用掉了 26 個位元，等於這個回合之前使用的總位元數。當主要回合被解碼時，重建結果為

26	6	14	10
−6	6	6	6
6	−6	6	0
0	0	0	0

附屬串列爲

$$L_S = \{26, 13, 10, 6, -7, 7, 6, 4, 4, -4, 4\}$$

演算法如何作用，現在應該相當清楚了。我們會繼續編碼，直到位元預算用罄，或直到某些其他的條件已經滿足爲止。 ◆

從這個例題可以觀察到一些現象。請注意，編碼過程使得每一個階段的所有位元都能發揮最大效能。在每一個步驟，我們使用這些位元，讓重建誤差降到最低。如果編碼在任何時刻被中斷，那麼在使用這麼多位元的情況下，該演算法所能提供最理想的成果，就是使用此一 (被中斷的) 編碼所得的重建結果。當我們傳送更多的位元時，編碼的效果也會改善。這種形式的編碼稱爲**內嵌式編碼** (embedded coding)。爲了加強演算法在這方面的效能，我們也可以在每一個回合的結尾，使用編碼器和解碼器都能取得的資訊，將附屬串列排序。這樣可以讓比較大的係數更有可能先被編碼，因此重建誤差可以降得更多。

最後，在這個例題中，我們假設使用固定長度編碼，以決定所使用的位元數。實務上可以使用算術編碼，讓編碼率更進一步地降低。

15.8 階層樹中的集合分割

SPIHT (階層樹中的集合分割) 演算法是 EZW 演算法的廣義結果，由 Amir Said 和 William Pearlman 提出 [209]。回憶一下，在 EZW 中，當我們宣稱整棵子樹中的係數都是不重要的，並使用「零值樹的根節點」標籤 zr 來表示其中所有的係數時，我們只使用了很低的成本，就傳送了許多訊息。SPIHT 演算法

使用樹的分割，使得不重要的係數很容易在比較大的子集合中聚集在一起。在 SPIHT 中，這種樹稱爲**空間定向樹** (spatial orientation trees)。分割的決策是一個二進位的決策過程，會被傳送到解碼器，並提供比 EZW 更有效率的重要值分佈圖編碼。事實上，SPIHT 中的重要值分佈圖編碼非常有效率，即使將二進位決策進行算術編碼，能得到的增益也極爲有限。用來檢查重要性的臨界值是二的次方，因此 SPIHT 演算法本質上會傳送小波係數的整數值的二進位表示方式。如同 EZW 一般，重要值分佈圖編碼步驟或集合分割與定序步驟之後有一個修正步驟，重要係數的表示方式會被修正。

讓我們簡短地描述演算法，然後看看其操作的一些例子。然而在我們進行之前，必須先熟悉一些記號。SPIHT 演算法使用的資料結構與 EZW 演算法類似，不過兩者並不相同。小波係數同樣被分成從解析度最低的頻帶 (在我們的例子中是頻帶 I) 開始生長的樹狀結構。係數被分成 2×2 的陣列，除了頻帶 I 中的係數之外，每一個陣列都是較低解析度頻帶中的係數的分支。最低解析度頻帶中的係數也被分成 2×2 的陣列。然而與 EZW 不同的是：這些係數中，除了有一個不是根節點之外，其餘的全部都是根節點。陣列左上角的係數沒有任何分支。圖 15.20 以圖形方式顯示分解成 7 個頻帶時的資料結構。

這些樹會更進一步被分割成 4 種類型的集合，這些集合乃是係數的座標：

- $\mathcal{O}(i, j)$ 這是位置 (i, j) 上的小波係數的子節點的座標集合。因爲每一個節點可以有 4 個子節點，或一個也沒有，所以 $\mathcal{O}(i, j)$ 的大小等於 0 或 4。例如，圖 15.20 中的集合 $\mathcal{O}(0,1)$ 含有係數 b_1, b_2, b_3 和 b_4 的座標。

- $\mathcal{D}(i, j)$ 這是位置 (i, j) 上的係數的所有分支組成的集合。分支包括子節點、子節點的子節點，依此類推。例如，在圖 15.20 中，集合 $\mathcal{D}(0,1)$ 包含係數 $b_1, \cdots, b_4, b_{11}, \cdots, b_{14}, \cdots, b_{44}$ 的座標。因爲子節點的數目可能是 0 個或 4 個，所以 $\mathcal{D}(i, j)$ 的 大小不是零，就是四次方的總和。

- $\mathcal{H}$ 是所有根節點的集合 — 在圖 15.20 的例子中，基本上就是頻帶 I。

■　$\mathcal{L}(i, j)$ 這是位置 (i, j) 上的係數的所有分支 (除了與該係數最接近的
子節點之外) 的座標組成的集合。換句話說，

$$\mathcal{L}(i, j) = \mathcal{D}(i, j) - \mathcal{O}(i, j).$$

在圖 15.20 中，集合 $\mathcal{L}(0,1)$ 含有係數 $b_{11}, \cdots, b_{14}, \cdots, b_{44}$ 的座標。

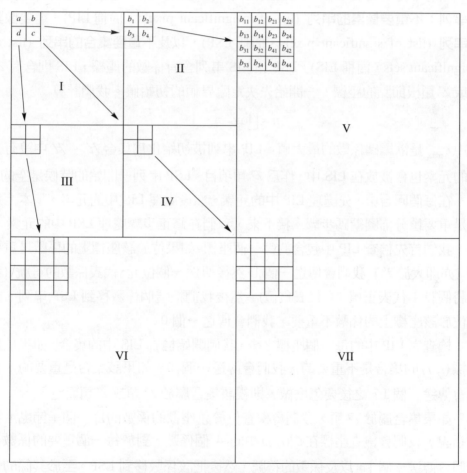

圖 15.20　SPIHT 演算法使用的資料結構。

集合 $\mathcal{D}(i, j)$ 或 $\mathcal{L}(i, j)$ 中，如果有任何一個係數的大小比臨界值大，則該集合稱爲重要。最後，用來檢查重要性的臨界值是二的次方，所以 SPIHT 演算法本質上傳送的是小波係數的整數值的二進位表示方式。位元的編號順序如下：最低有效位元是第 0 個位元，下一個位元是第 1 個有效位元，第 k 個位元則是第 $k-1$ 個位元。

瞭解了這些定義之後，現在讓我們來描述演算法。這個演算法利用到 3 個串列：**不重要像素的串列** (list of insignificant pixels，簡稱 LIP)、**重要像素的串列** (list of significant pixels，簡稱 LSP)，以及**不重要集合的串列** (list of insignificant sets，簡稱 LIS)。LSP 和 LIS 串列含有係數的座標，LIS 則含有 $\mathcal{D}$ 類或 $\mathcal{L}$ 類根節點的座標。一開始先決定臨界值的初始值。我們計算

$$n = \lfloor \log_2 c_{max} \rfloor$$

其中 c_{max} 是欲編碼係數的最大值。LIP 串列被初始化爲集合 $\mathcal{H}$。$\mathcal{H}$ 中沒有分支的元素也會被放在 LIS 中，作爲 $\mathcal{D}$ 類項目。LSP 串列一開始的時候是空的。

在每個回合中，先處理 LIP 中的元素，然後處理 LIS 中的元素。基本上這就是重要值分佈圖編碼步驟。接下來，我們在修正步驟處理 LSP 中的元素。

我們首先檢查 LIP 中包含的每一個座標。如果位於該座標上的係數是重要的 (亦即大於 2^n)，我們會傳送一個 1，然後傳送一個位元，代表係數的符號 (我們將假設 1 代表正值，0 代表負值)。然後我們把這個係數移到 LSP 串列。如果位於該座標上的係數不重要，我們會傳送一個 0。

檢查完 LIP 中的每一個座標之後，我們開始檢查 LIS 中的集合。如果位於座標 (i, j) 的集合是不重要的，我們會傳送一個 0。如果該集合是重要的，我們會傳送一個 1。之後要怎麼做，則視該集合屬於 $\mathcal{D}$ 類或 $\mathcal{L}$ 類而定。

如果集合屬於 $\mathcal{D}$ 類，我們會檢查位於該座標的係數的每一個子節點。換句話說，我們會檢查座標在 $\mathcal{O}(i, j)$ 中的 4 個係數，對於每一個重要的係數，我們會傳送一個 1，以及係數的符號，然後把該係數移到 LSP。至於其餘的係數，我們會傳送一個 0，並將其座標加入 LIP。既然我們已經從集合中移除了 $\mathcal{O}(i, j)$ 中的座標，剩下的就是集合 $\mathcal{L}(i, j)$。如果這個集合不是空的，我們會

把它移到 LIS 的尾端,並註明屬於 $\mathcal{L}$ 類。請注意 LIS 中的這個新項目必須在 *這個* 回合內檢查。如果該集合是空的,則我們從串列中移除座標 (i, j)。

如果集合屬於 $\mathcal{L}$ 類,我們會把 $\mathcal{O}(i, j)$ 中的每一個座標加入 LIS 的尾端,作為一個 $\mathcal{D}$ 類集合的根節點。請注意 LIS 中的這些新項目同樣必須在這個回合內檢查。然後我們從 LIS 中移除去 (i, j)。

一旦我們處理完 LIS 中的每一個集合 (包括最近形成的那些集合),我們會進行到修正步驟。

在修正步驟中,我們檢查**目前這個回合之前**在 LSP 中的每一個係數,並輸出 $|c_{ij}|$ 的第 n 個最高有效位元。我們忽略在這個回合內被加入串列中的係數,因為當我們在這個特定層次宣稱它們是重要的係數時,我們已經通知解碼器第 n 個最高有效位元的值。

這樣就完成了一個回合。根據我們是否有更多位元可供使用或其他外部因素,如果我們決定繼續編碼,我們會把 n 減 1,然後繼續進行。讓我們看一看這個演算法作用在一個例題上的情況。

例題 15.8.1

讓我們使用說明 EZW 演算法的同一個例子:

26	6	13	10
−7	7	6	4
4	−4	4	−3
2	−2	−2	0

我們將在編碼器這邊進行 3 個回合,並產生要傳送過去的位元流,然後將這個位元流解碼。

第一回合 在這個例子中,n 的值等於 4。編碼器的 3 個串列是

LIP：$\{(0, 0) \rightarrow 26, (0, 1) \rightarrow 6, (1, 0) \rightarrow -7, (1, 1) \rightarrow 7\}$

LIS：$\{(0, 1)\mathcal{D}, (1, 0)\mathcal{D}, (1, 1)\mathcal{D}\}$

LSP：$\{\}$

列出 LIP 時，我們加入了$\rightarrow$，讓讀者更容易瞭解這個例題。演算法開始時，先檢查 LIP 的內容。位置 $(0, 0)$ 上的係數大於 16 大。換句話說，這個係數是重要的；因此傳送一個 1，然後傳送一個 0，以指示該係數爲正值，然後把它的座標移到 LSP。接下來的 3 個係數對於目前的臨界值而言，全部都是不重要的；因此我們針對每一個係數傳送一個 0，並把它們留在 LSP 內。下一步驟是檢查 LIS 的內容。觀察位置 $(0, 1)$ 上的係數的分支 $(13, 10, 6, 4)$，發現對於目前的臨界值而言，這些分支之中沒有一個是重要的，所以傳送一個 0。考慮 c_{10} 和 c_{11} 的分支，我們可以看到：對於目前的臨界值而言，這些分支之中沒有一個是重要的，因此針對每一個集合傳送一個 0。由於這是第一個回合，LSP 中並沒有來自前一個回合的元素；因此，在修正回合內，我們什麼也不做。當這個回合結束時，我們總共傳送了 8 個位元 (10000000)，而且 3 個串列的情況如下：

LIP：$\{(0, 1) \rightarrow 6, (1, 0) \rightarrow -7, (1, 1) \rightarrow 7\}$

LIS：$\{(0, 1)\mathcal{D}, (1, 0)\mathcal{D}, (1, 1)\mathcal{D}\}$

LSP：$\{(0, 0) \rightarrow 26\}$

第二回合 在第二回合中，我們把 n 減 1，結果等於 3，相當於臨界值等於 8。這個回合一開始時，我們同樣先檢查 LIP 的內容。LIP 中有 3 個元素。每一個元素對於目前這個臨界值而言都是不重要的，因此傳送 3 個 0。下一步是檢查 LIS 的內容。LIS 的第一個元素是一個集合，其中包含位置 $(0, 1)$ 上的係數的所有分支。在這個集合中，13 和 10 對於目前這個臨界值而言都是重要的；換句話說，集合 $\mathcal{D}(0, 1)$ 是重要的。我們傳送一個 1，並檢查 c_{01} 的分支，以指示此種情況。第一個子節點分支的值等於

13，是重要的正值，因此傳送一個 1，然後傳送一個 0。第 2 個子節點也是如此，而它的值等於 10，因此再傳送一個 1，然後傳送一個 0。我們把這兩個子節點的座標移到 LSP。下兩個子節點在目前這個層次是不重要的；因此我們把這些子節點移到 LIP，並分別傳送一個 0。由於 $\mathcal{L}(0,1) = \{\}$，我們把$(0,1)\mathcal{D}$ 從 LIS 移除。觀察 LIS 的其他元素，我們可以清楚地看到這兩個元素在目前這個層次是不重要的；因此分別傳送一個 0。在修正回合中，我們檢查來自前一個回合的 LSP 的內容。其中只有一個元素不是來自目前的排序回合，而且它的值等於 26。26 的第 3 個 MSB 等於 1；因此傳送一個 1，並完成這個回合。在第二回合中，傳送了 13 個位元：0001101000001。當第二回合結束時，串列的情況如下：

LIP：$\{(0, 1) \rightarrow 6, (1, 0) \rightarrow -7, (1, 1) \rightarrow 7, (1, 2) \rightarrow 6, (1, 3) \rightarrow 4\}$

LIS：$\{(1, 0)\mathcal{D}, (1, 1)\mathcal{D}\}$

LSP：$\{(0, 0) \rightarrow 26, (0, 2) \rightarrow 13, (0, 3) \rightarrow 10\}$

第三回合 第三回合繼續進行時，$n = 2$。因為臨界值現在比較小，所以會多出許多被認為是重要的係數，而且最後會傳送 26 個位元。讀者很容易自行驗證第三回合傳送的位元流是 10111010101101100110000010。第三回合結束時，串列的情況如下：

LIP：$\{(3, 0) \rightarrow -2, (3, 1) \rightarrow -2, (2, 3) \rightarrow -3, (3, 2) \rightarrow -2, (3, 3) \rightarrow 0\}$

LIS：$\{\}$

LSP：$\{(0, 0) \rightarrow 26, (0, 2) \rightarrow 13, (0, 3) \rightarrow 10, (0, 1) \rightarrow 6, (1, 0) \rightarrow -7, (1, 1) \rightarrow 7, (1, 2) \rightarrow 6, (1, 3) \rightarrow 4, (2, 0) \rightarrow 4, (2, 1) \rightarrow -4, (2, 2) \rightarrow 4\}$

現在把這個序列解碼。在解碼器這邊，我們從和編碼器相同的串列開始：

LIP：$\{(0, 0), (0, 1), (1, 0), (1, 1)\}$

LIS：$\{(0, 1)\mathcal{D}, (1, 0)\mathcal{D}, (1, 1)\mathcal{D}\}$

LSP：$\{\}$

假設 n 的初始值被傳送給解碼器。如此，我們可以把臨界值設定為 16。接收到第一個回合的結果 (1000000) 時，我們可以看到 LIP 的第一個元素是重要的正值，而且沒有其他的係數在這個層次是重要的。使用與 EZW 相同的重建程序，在目前這個階段，我們可以重建出以下的係數

24	0	0	0
0	0	0	0
0	0	0	0
0	0	0	0

此外，遵循與編碼器相同的程序，可以將串列更新為

$$\text{LIP} : \{(0, 1), (1, 0), (1, 1)\}$$
$$\text{LIS} : \{(0, 1)\mathcal{D}, (1, 0)\mathcal{D}, (1, 1)\mathcal{D}\}$$
$$\text{LSP} : \{(0, 0)\}$$

對於第二回合，我們把 n 減 1，並檢查傳送過來的位元流：0001101000001。因為前 3 個位元為 0，而且在 LIP 中只有 3 個元素，所以 LIP 中所有的元素仍然都是不重要的。接下來的 9 個位元告訴我們有關 LIS 中的集合的訊息。接收到的位元流的第 4 個位元是 1，這表示根節點位於座標 $(0,1)$ 的集合是重要的。因為這個集合屬於 $\mathcal{D}$ 類，所以接下來的位元和它的子節點有關。序列 101000 表示前兩個子節點在目前這個層次是重要的，而且最後兩個子節點是不重要的。因此，我們把兩個子節點移到 LSP，最後兩個子節點則移到 LIP。我們也可以在重建過程中，以 $1.5 \times 2^3 = 12$ 來近似這兩個重要的係數。我們也從 LIS 中移除 $(0,1)\mathcal{D}$。下兩個位元都是 0，表示剩下來的兩個集合仍然是不重要的。最後一個位元對應於修正回合。它是一個 1，因此我們把位於 $(0,0)$ 的係數的重建值更新為 $24 + 8/2 = 28$。這個階段的重建結果為

28	0	12	12
0	0	0	0
0	0	0	0
0	0	0	0

而且串列的內容如下：

LIP：$\{(0, 1), (1, 0), (1, 1), (1, 2), (1, 3)\}$

LIS：$\{(1, 0)\mathcal{D}, (1, 1)\mathcal{D}\}$

LSP：$\{(0, 0), (0, 2), (0, 3)\}$

至於第三回合，再把 n 減 1，現在 n 變成 2，得到臨界值等於 4。將第三回合產生的位元流 (101110101011011001100010) 解碼，把重建結果更新為

26	6	14	10
−6	6	6	6
6	−6	6	0
0	0	0	0

串列的內容則變成

LIP：$\{(3, 0), (3, 1)\}$

LIS：$\{\}$

LSP：$\{(0, 0), (0, 2), (0, 3), (0, 1), (1, 0), (1, 1), (1, 2), (2, 0), (2, 1), (3, 2)\}$

在目前這個階段，LIS 中沒有留下任何集合，只需要更新係數的值。　◆

圖 15.21　在每個像素 0.5 位元的編碼率下使用 SPIHT 編碼的 Sinan 影像的重建結果。

最後，讓我們看看使用 SPIHT 編碼的影像的例子。圖 15.21 所示的影像是從每一個像素使用 0.5 個位元的壓縮表示方式得到的重建影像 (產生這幅影像所用的程式可向作者索取)。把這幅影像與圖 15.14 比較，我們可以看到影像的品質確實有所改善。

小波分解在各種標準中已開始佔有一席之地。最早的例子是 FBI 的指紋影像壓縮標準。最近的例子是 JPEG 委員會開發的新型影像壓縮標準，一般稱為 JPEG 2000。我們簡短地討論一下 JPEG 2000 目前的狀態。

■ 15.9　JPEG 2000

目前的 JPEG 標準在編碼率大於每一個像素 0.25 位元時可以提供極佳的效能，然而當編碼率較低時，重建影像的品質會很明顯地變差。為了克服這個缺點以及其他缺點，JPEG 委員會著手開發了另一項標準，一般稱為 JPEG 2000。JPEG 2000 標準以小波分解作為基礎。

事實上這個標準包含兩種類型的小波濾波器。其中一種類型是本章一直在討論的小波濾波器。另一種類型則包含產生整數係數的濾波器;當小波分解屬於無失真壓縮方案的一部份時,這種類型特別有用。

編碼方案是根據一個稱為 EBCOT 的方案,最初是由 Taubman [210] 以及 Taubman 與 Zakhor 所提議 [211]。首字母縮寫詞 EBCOT 代表「具備最佳截斷方式的內嵌式區塊編碼」,這句話相當精確地總結了這個技術。這是一種區塊編碼方案,會產生內嵌式的位元流。區塊編碼是在個別次頻帶內不互相重疊的區塊上獨立進行。在一個次頻帶內,不在右邊或下方邊界上的所有區塊大小必須相同。區塊的大小不能超過 256。

內嵌式編碼與獨立區塊編碼似乎天生就互相矛盾。EBCOT 解決這個矛盾的方式是在一連串的層中組織位元流。每一層對應於一個失真位準。在每一層內,每一個區塊使用可變動的位元數 (可以等於零) 予以編碼。我們使用 Lagrange 最佳化方法來決定分割或截斷點,以獲得區塊之間的位元分割。重建影像的品質與收到的層次數成正比。

內嵌式編碼方案的精神與 EZW 和 SPIHT 演算法類似;然而它們使用的資料結構並不相同。EZW 和 SPIHT 演算法使用來自不同頻帶中相同空間位置的係數組成的樹狀結構。在 EBCOT 演算法的情況下,每一個區塊完全存在於一個次頻帶內,每個區塊均彼此獨立編碼,因此無法使用 EZW 和 SPIHT 中使用的樹的類型。EBCOT 演算法使用另一種稱為四元樹的資料結構。在最低的層次中,我們有 2×2 的係數區塊集合。這些集合依次被組織成 2×2 的*四元組* (quad),依此類推。如果這棵樹中某個節點的任何分支在層次 n 是重要的,則稱該節點是重要的。如果係數 c_{ij} 滿足 $\left|c_{ij}\right| \geq 2^n$,則稱該係數在層次 n 是重要的。至於 EZW 和 SPIHT,演算法會進行許多個回合,包括重要值分佈圖編碼回合與大小修正回合。這些程序產生的位元會使用算術編碼進行編碼。

🔲 15.10 摘要

本章介紹了小波和多解析度分析的概念，並討論了如何在壓縮之前，使用小波提供有效率的信號分解。我們也描述了一些以小波分解為基礎的壓縮技術。小波及其應用目前是被密集研究的領域。

進階閱讀

1. 小波這個主題有許多非常棒的入門書。作者認為最容易閱讀的是由 C.S. Burrus, R.A. Gopinath 與 H. Guo 合著的「*Introduction to Wavelets and Wavelet Transforms – A Primer*」[207]。

2. 有關小波最理想的數學性材料或許是 I. Daubechies 所著的「*Ten Lectures on Wavelets*」這本書 [58]。

3. 網際網路上有許多有關小波的講義課程可供參考。網際網路上與小波 (以及更多主題) 有關的所有題材的最佳資源是「The Wavelet Digest」(網址為 http://www.wavelet.org)。這個網站包含許多指其他有趣及有用的網站的連結，這些網站討論小波的不同應用。

4. D. Taubman 與 M. Marcelline 合著的「*JPGE 2000*: *Image Compression Fundamentals, Standards and Practice*」[212] 對於 JPEG 2000 標準有詳盡的討論。

🔲 15.11 專案與習題

1. 在本習題中，我們考慮使用短時間 Fourier 轉換時遇到的邊界條件。給定以下的信號

$$f(t) = \sin(2t)$$

(a)　求出 $f(t)$ 的 Fourier 轉換 $F(\omega)$。

(b)　使用區間 $[-2, 2]$ 上的矩形窗口函數 $g(t)$，求出 $f(t)$ 的 STFT $\ F_1(\omega)$

$$g(t) = \begin{cases} 1 & -2 \le t \le 2 \\ 0 & \text{其他情況} \end{cases}$$

(c)　使用以下的窗口函數求出 $f(t)$ 的 STFT $\ F_2(\omega)$

$$g(t) = \begin{cases} 1 + \cos\left(\dfrac{\pi}{2}t\right) & -2 \le t \le 2 \\ 0 & \text{其他情況} \end{cases}$$

(d)　畫出 $|F(\omega)|, |F_1(\omega)|$ 和 $|F_2(\omega)|$。試評論使用不同的窗口函數造成的影響。

2.　對於以下的函數

$$f(t) = \begin{cases} 1 + \sin(2t) & 0 \le t \le 1 \\ \sin(2t) & \text{其他情況} \end{cases}$$

使用 Haar 小波求出係數 $\{c_{j,k}\}, j = 0, 1, 2; k = 0, \cdots, 10$，並予繪出。

3.　對於以下所示的 7 層次分解而言：

21	6	15	12
−6	3	6	3
3	−3	0	−3
3	0	0	0

(a)　求出 EZW 編碼器產生的位元流。

(b)　將前一個步驟產生的位元流解碼。請驗證你得到原始的係數值。

4.　使用前一個習題中的 7 層次分解的係數：

(a)　求出 SPIHT 編碼器產生的位元流。

(b)　將前一個步驟產生的位元流解碼。請驗證你得到原始的係數值。

16

音訊編碼

16.1 綜覽

我們可以根據資料源模型 (例如語音壓縮)，也可以根據使用者或資料匯集點模型 (例如影像壓縮就有點屬於這種情況) 建立有失眞壓縮方案。本章討論明確依據使用者模型建立的音訊壓縮方法。我們將採用音訊壓縮標準作爲基礎，以討論音訊壓縮方法。我們主要探討的是不同的 MPEG 音訊壓縮標準。這些標準包括 MPEG 第 I 層、第 II 層、第 III 層 (或 *mp3*)，以及先進音訊編碼標準。如同本書描述的其他標準一樣，這裡的目標並不是提供實作時需要的所有細節。相反的，我們的目標是讓讀者對於這些標準夠熟悉，以便讀者能發現：要瞭解這些標準，會變得容易許多。

16.2 引言

前一章研究的各種語音編碼演算法大量運用到語音生成模型，以找出可以用來進行壓縮的語音信號結構。就某種意義而言，音訊壓縮系統正好背道而馳。音訊信號與語音信號不同，可以使用許多種不同的機制產生。因爲音訊的產生並沒有獨一無二的模型，所以音訊壓縮方法把焦點集中於唯一的聽覺模型，亦即

聽覺心理學模型。本章描述的技術，其核心是人類的聽覺心理學模型。本章所描述的方案找出人類聽得見的信號，更重要的是找出人類聽不見的信號，因此可以捨棄聽不見的資訊，而得到大部份的壓縮效果。許多聽覺編碼器的開發動機乃是它們在廣播多媒體中的潛在應用，然而它們主要的影響是網際網路上的音訊傳遞。

　　我們居住的環境充滿了聽覺的刺激。即使是稱為寧靜的環境，也充滿了各種自然和人為的聲音。各種聲音隨時都存在，而且來自四面八方。為了生活在這種充滿刺激的環境中，必須有一種機制，以忽略某些刺激，並集中於其他的刺激，這一點非常重要。在人類的進化過程中，已經發展出哪些聲音可以聽得見的限制。有一些限制是根據聽力的機制，屬於生理層面。其他的限制則是根據我們的大腦如何處理聽覺刺激，屬於心理層面。研究人員對於音訊編碼的深刻領悟，乃是他們瞭解這些限制對於選擇哪些資訊需要編碼，以及哪些資訊可以捨棄，是很有用處的。我們透過聽覺心理學模型，將人類感官的限制納入了壓縮過程。我們將簡短地描述大部份常見的音訊壓縮方法使用的聽覺模型。我們的描述必然很簡略，如果讀者對於更詳細的內容有興趣，請參閱 [97 , 194]。

　　聽力的機制與頻率相關。1930 年代中期，貝爾實驗室的 Fletcher 與 Munson 首先測量了聽起來響度相同的聲音在不同頻率下的變化 [96]。後來 Robinson 與 Dadson 改進了這些聽力等效值的測量。這種相依性通常顯示成一組等響度曲線，其中繪出了聽起來響度相同的音調的音壓強度 (SPL) 對頻率的函數。不同的人對於響度相同的看法顯然並不相同。因此這些曲線實際上是平均值，而且可以作為人類聽覺的指南。我們特別有興趣的曲線是聽力臨界值曲線。這是一條 SPL 曲線，描繪出在不同的頻率時，聽得見與聽不見的聲音的邊界。圖 16.1 顯示安靜時的聽力臨界值曲線。強度落在臨界值以下的聲音是聽不見的。因此我們可以看到，頻率等於 3 kHz 時，一個低振幅的聲音也許聽得見，然而當頻率等於 100 赫茲時，同樣的聲音強度卻無法聽見。

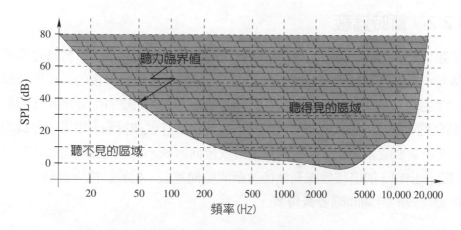

圖 16.1 聽力臨界值的典型圖形。

16.2.1 頻譜遮蔽

有失眞壓縮方案在某個階段必須使用量化。量化可以描述爲加法性的雜訊過程，其中量化器的輸出等於輸入信號加上量化雜訊。在某一特別的頻率下，強度小於某一振幅的信號是聽不見的，我們可以利用這一點，以隱藏量化雜訊。如果我們選擇量化器步階間距，使得量化雜訊落在聽力臨界值以下，就不會聽到雜訊。此外，聽力臨界值並非絕對固定不變，如果有許多聲音同時撞擊人的耳朵，聽力臨界值通常會升高。這種現象稱爲**頻譜屏蔽** (spectral masking)。位於某一頻率的音調會使該頻率附近一個**臨界頻帶** (critical band) 中的聽力臨界值升高。對於這些臨界頻帶而言，頻率對頻寬的比值 Q 爲一常數。因此低頻的臨界頻帶，其頻寬可能只有 100 赫茲，當頻率較高時，頻寬可能高達 4 kHz。對於壓縮而言，臨界值的增加具有很重要的意義。請考慮圖 16.2 所示的情況。頻率等於 1 kHz 的音調使聽力臨界值提高，導致與其相鄰，且頻率較高的音調再也聽不見了。同時，雖然頻率等於 500 赫茲的音調仍然聽得見，因爲臨界值的增加，所以該音調可以採用比較粗略的方式進行量化。這是因爲臨界值的增加使我們在該頻率可以引入較高的量化雜訊。有許多因素會影響臨界值增加的程度，包括信號是否屬於正弦波或無調性。

16.2.2   暫時遮蔽

除了頻譜遮蔽之外，聽覺心理學編碼器也利用到暫時遮蔽現象。暫時遮蔽效應
是指當一個聲音使聽力度臨界值升高時，在該聲音之前與之後的一段短時間間
隔內發生的遮蔽作用。圖 16.3 顯示一個遮蔽音附近的聽力臨界值。在遮蔽音
周圍的間隔內 (遮蔽音調之前或之後) 出現的聲音會被遮蔽。如果被遮蔽的聲
音在遮蔽音調之前出現，則稱為預遮蔽或後向屏蔽，如果被遮蔽的聲音在遮蔽
音調之後出現，則這種效應稱為後遮蔽或前向遮蔽。相較於後向遮蔽，前向遮
蔽持續有效的時間間隔要長得多。

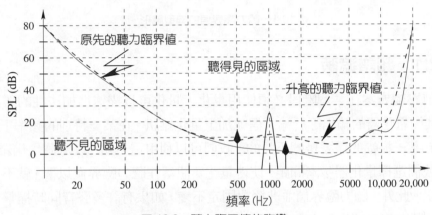

圖 16.2   聽力臨界值的改變。

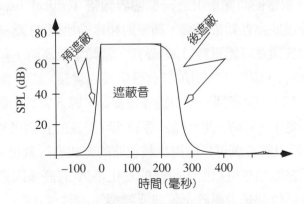

圖 16.3   聽力臨界值在不同時間的改變。

16.2.3 聽覺心理學模型

使用聽覺心理學模型的所有演算法，都會利用耳朵的上述特性。MPEG 音訊編碼演算法中使用了兩個模型。儘管它們的細節有一些不同，然而這兩種情況下使用的一般方法都相同。在聽覺心理學模型中，第一步是求出欲編碼信號的頻譜分佈。音訊輸入會乘上某一個窗口函數，然後使用濾波器組或頻率域轉換，轉換成頻率域信號。我們會計算每一個頻帶的音壓強度 (SPL)。如果演算法使用次頻帶方法，則會根據每一個係數 X_k 的 SPL 來計算頻帶的 SPL。因為音調和非音調成分對遮蔽強度的效應不同，所以下一步是決定這些成分是否存在，以及它們的位置。為了決定是否存在任何音調成分，我們先尋找局部最大值。如果 $|X_k|^2 > |X_{k-1}|^2$，且 $|X_k|^2 \geq |X_{k+1}|^2$，則我們宣稱在位置 k 有一個局部最大值。如果以下的條件滿足，則我們判斷該局部最大值為一音調成分：

$$20\log_{10}\frac{|X_k|}{|X_{k+j}|} \geq 7$$

其中 j 的值與頻率有關。我們把找出來的音調遮蔽信號從每一個臨界頻帶中移除，頻帶中其餘譜線的功率則會被加起來，而得到非音調信號的遮蔽強度。一旦找出了所有的遮蔽信號，SPL 低於聽力臨界值的信號會被除去。此外，在頻率非常接近的遮蔽信號中，振幅較低的信號會被除去。我們使用一個描述頻譜遮蔽的擴展函數，而得到其餘的遮蔽信號的效應。最後，由於聽力位準和遮蔽信號造成的遮蔽效應會被組合起來，以產生最終的遮蔽臨界值。接下來，在編碼過程中會使用到這些臨界值。

　　以下各節描述 MPEG 標準中使用的各種音訊編碼演算法。儘管這些演算法提供的音訊聽起來沒有雜訊，然而我們必須記住，即使我們聽不見量化雜訊，這些雜訊也會導致原始信號失真，這是非常重要的。如果重建出來的音訊信號要進行任何後處理，這一點將會格外重要。後處理可能會改變某些音訊成分，使得先前已經遮蔽掉的量化雜訊又會被聽見。因此，如果要進行任何處理 (包括混音或等化)，只有在處理進行之後，才能將音訊壓縮。這個「隱藏的雜訊」問題也使得我們無法進行多階段的編碼與解碼或並行編碼。

16.3 MPEG 音訊編碼

我們從 MPEG-1 與 MPEG-2 中使用的 3 個不同的獨立音訊壓縮策略開始討論，這些策略稱為第 I 層、第 II 層和第 III 層。第 III 層音訊壓縮演算法又稱為 *mp3*。大多數標準包含**規範性** (normative) 部份與**資訊性** (informative) 部份。*規範性*行為是指符合標準所需的行為。大部份目前使用的標準 (包括 MPEG 標準) 只規定應該傳送給解碼器的位元流，至於編碼器的設計細節則由各廠商自行決定。也就是說，位元流定義屬於規範性，有關編碼的大部份指導方針則屬於資訊性。因此在不同的編碼器上，以同樣的位元率將同樣的音訊材料編碼，得到的兩個 MPEG 相容位元流聽起來可能截然不同。另一方面，在不同的解碼器上將同一段 MPEG 位元流解碼，基本上應該會產生同樣的輸出。

代表這 3 個編碼層所使用的基本策略的簡化方塊圖示於圖 16.4。由 16 位元的 PCM 字組組成的輸入首先被轉換成頻率域信號。頻率係數被量化、編碼，並封裝於 MPEG 位元流內。僅管總體方法對於所有的編碼層而言都相同，然而細節可能差別很大。每一個編碼層都比先前的編碼層更為複雜，也提供更高的壓縮比。這 3 個編碼層均為後向相容。也就是說，第 III 層解碼器應該可以將以第 I 層和第 II 層編碼的音訊解碼，第 II 層解碼器應該可以將以第 I 層編碼的音訊解碼。請注意圖 16.4 中有一個稱為「**聽覺心理學模型**」的方塊。

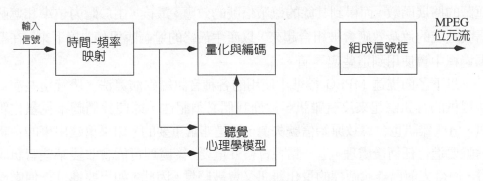

圖 16.4　MPEG 編碼演算法。

16.3.1　第 I 層編碼

第 I 層編碼方案可以提供 4:1 的壓縮比。在第 I 層編碼中，使用有 32 個次頻帶濾波器的濾波器組來完成時間–頻率映射。次頻帶濾波器的輸出會進行臨界取樣。也就是說，每一個濾波器的輸出會被縮減取樣成 1/32 倍。取樣值會被分成每 12 個取樣值一組。來自 32 個次頻帶濾波器中的 12 個取樣值，或總共 384 個取樣值，組成第 I 層編碼器的一個信號框。演算法一旦得到頻率成分，會檢查每一組 12 個取樣值，以決定比例因子。比例因子是用來確保係數利用到量化器的整個範圍。次頻帶輸出進行線性量化之前，會先除以比例因子。MPEG 標準中總共指定了 63 個比例因子。每一個比例因子的指定需要 6 個位元。

　　編碼器利用到聽覺心理學模型，以決定量化所用的位元數。該模型的輸入包括音訊資料的快速 Fourier 轉換 (FFT) 以及信號本身。這個模型會計算每一個次頻帶的遮蔽臨界值，這個值接下來又會決定可以容忍的量化雜訊的量，以及量化步階間距。由於所有的量化器都涵蓋同樣的頻率範圍，因此量化步階間距的選擇等同於將每一個次頻帶的輸出量化所用的位元數的選擇。在第 I 層編碼中，每一個頻帶編碼器有 14 種不同的量化器 (再加上指定 0 個位元的選項) 可供選擇。所有的量化器均為中間低平量化器，量化步階數的範圍則是從 3 個到 65,535 個。每一個次頻帶都會被指定一個可變的位元數，然而可以用來表示所有次頻帶取樣值的總位元數是固定的，因此位元配置過程可能會反覆進行。我們的目標是讓所有的次頻帶中，雜訊對遮蔽信號的比率大致上保持恆定。

　　量化和位元配置步驟的輸出被合併於一個信號框內，如圖 16.5 所示。因為 MPEG 音訊屬於串流格式，所以每一個信號框都含有一個標頭，而不是整個音訊序列只有一個標頭。標頭由 32 個位元組成。前 12 個位元包含一個全部由 1 組成的同步樣式，隨後跟著 1 個位元的版本 ID，2 個位元的編碼層指標，1 個位元的 CRC 保護位元。如果不使用 CRC 保護，則 CRC 保護位元會被設定為 0，如果使用 CRC 保護，則該位元會被設定為 1。如果我們知道編碼層和保護訊息，則所有的 16 個位元都可以用來提供信號框同步。接下來的 4 個

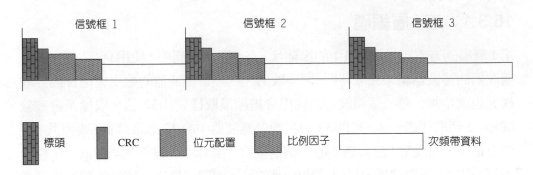

圖 16.5　第 1 層的信號框結構。

表 16.1　MPEG-1 與 MPEG-2 中允許的取樣頻率。

索引	MPEG-1	MPEG-2
00	44.1 kHz	22.05 kHz
01	48 kHz	24 kHz
10	32 kHz	16 kHz
11	保留	

位元組成位元率的索引，以指定位元率，單位為 kbits/sec。有 14 種指定的位元率可供選擇。再來有 2 個位元，指示取樣頻率。MPEG-1 的取樣頻率與 MPEG-2 的取樣頻率不同 (這是 MPEG-1 與 MPEG-2 音訊編碼標準的少數幾項差異之一)，且示於表 16.1。這些位元後面跟著一個填補位元。如果該位元為「1」，表示信號框需要另一個位元，將位元率調整為取樣頻率。下兩個位元代表模式。可能的模式包括「立體聲」、「聯合立體聲」、「雙聲道」及「單聲道」。立體聲模式由兩個分別編碼，但打算同時播放的聲道組成。聯合立體聲模式由兩個一同編碼的聲道組成。左聲道和右聲道被組合成**中央**信號和**兩側**信號，如以下所示：

$$M = \frac{L+R}{2}$$

$$L = \frac{L-R}{2}$$

雙聲道模式由被兩個分別編碼，而且並不打算一同播放 (例如翻譯聲道) 的聲道組成。隨後是聯合立體聲模式使用的兩個模式擴充位元。下一個位元是版權位元 (如果這個位元是「1」，表示音訊材料有版權，如果這個位元是「0」表示音訊材料並無版權)。如果音訊材料是原始媒體，則下一個位元會被設定為「1」，如果音訊材料是複製品，則則下一個位元會被設定為「0」。最後兩個位元指示要使用的解加強類型。

　　如果 CRC 位元被設定，則標頭後面會有一個 16 位元的 CRC 值。後面跟著每一個次頻帶使用的位元配置訊息，接下來則是由 6 位元比例因子的集合。比例因子資料後面是經過量化的 384 個取樣值。

16.3.2　第 II 層編碼

第 II 層編碼器針對第 I 層編碼方案進行了一些相當細微的修正，而達到更高的壓縮比。這些修正包括取樣值被分成群組的方式、比例因子的表示方式及量化策略。第 I 層編碼器把來自每一個次頻帶的 12 個取樣值放在一個信號框內，第 II 層編碼器則是把來自每一個次頻帶的 12 個取樣值，以三組為單位放在一個信號框內。每一個信號框的取樣值總數從 384 個取樣值增加為 1152 個取樣值。這樣可以降低每一個取樣值的負荷量。在第 I 層編碼中，每一個區塊 (由 12 個取樣值組成) 都會單獨選擇一個比例因子。在第 II 層編碼中，編碼器會設法讓來自每一個次頻帶濾波器的兩組或全部三組取樣值共用一個比例因子。只有在不使用彼此不同的比例因子會造成失真值大幅增加的情況下，每一組 12 個取樣值才會使用不同的比例因子。我們會透過位元流中的 *scalefactor selection information* 欄位通知某一個信號框中使用的特殊選擇。

　　第 I 層編碼方案和第 II 層編碼方案的主要差別在於量化步驟。在第 I 層編碼方案中，每一個次頻帶的輸出會使用 14 種選項的其中之一予以量化；每一個次頻帶都使用 14 種選項之中的同一種選項。在第 II 層編碼中，每一個次頻帶都可以從不同的一組量化器 (視取樣率和位元率而定) 中選擇要使用的量化器。對某些取樣率與位元率的組合而言，有許多較高頻的次頻帶不會配置任

何位元，換句話說，這些次頻帶的資訊會被直接捨棄。當我們選擇的量化器擁有 3 個、5 個或 9 個量化步階時，第 II 層編碼方案還會使用另一項改進措施。請注意，在 3 個量化步階的情況下，每一個取樣值必須使用 2 個位元，這樣可以表示 4 個量化步階。有 5 個或 9 個量化步階時，情況變得更糟，因爲在 5 個量化步階的情況下，我們將被迫使用 3 個位元，浪費了 3 個編碼字，在 9 個量化步階的情況下，我們必須使用 4 個位元，因此浪費了 7 個量化步階。爲了避免這種情況，第 II 層編碼器每 3 個組取樣值組成一個**顆粒** (granule)。如果每個取樣值可以出現 3 種量化步階，那麼一個顆粒可以出現 27 種不同的值，使用 5 個位元就可以容納得下。如果我們把每一個取樣值分別編碼，則需要 6 個位元。同樣的，如果每一個取樣值可以出現 9 種不同的值，那麼一個顆粒可以出現 729 種不同的值。我們可以使用 10 個位元來表示 729 個值。如果我們把顆粒中的每一個取樣值分別編碼，則需要 12 個位元。如果我們使用所有的節省技巧，則第 II 層編碼的壓縮比可從 4:1 增加到 8:1 或 6:1。

圖 16.6 中可以看到第 II 層編碼器的信號框結構。這個信號框結構與第 I 層編碼器的信號框結構唯一眞正有差別的地方在於 *scalefactor selection information* 這個欄位。

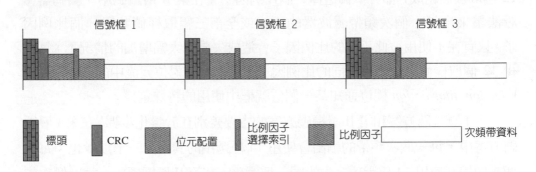

圖 16.6　第 2 層的信號框結構。

　　第 III 層編碼有一個廣為人知的名稱 — *mp3*，這個方案比第 I 層和 II 層編碼方案要複雜得多。第 I 層編碼方案有一個問題：因為它使用 32 個頻帶的分解方式，所以較低頻的次頻帶，其頻寬會比臨界頻帶寬得多。這樣一來，我們很難準確地判斷遮蔽信號對信號的比值。如果某個次頻帶內有一個振幅很高的音調，而且這個次頻帶夠窄的話，我們可以假設這個音調會遮蔽該頻帶內的其他音調。然而，如果次頻帶的頻寬比該頻率的臨界頻寬寬得多，會更難判斷次頻帶中的其他音調是否會被遮蔽。

　　有一個簡單的方法可以增加頻譜的解析度，就是直接把信號分解成更多頻帶。然而第 III 層編碼演算法有一項要求，就是它必須與第 I 層和第 II 層編碼器後向相容。為了滿足此一後向相容性要求，第 III 層編碼演算法的頻譜分解將以兩個階段來執行。首先，我們運用第 I 層和第 II 層編碼中有 32 個頻帶的次頻帶分解方法。我們使用重疊 50% 的改良型離散餘弦轉換 (MDCT)，將每一個次頻帶的輸出進行轉換。第 III 層演算法為 MDCT 指定了兩種尺寸：6 或 18。這表示每一個次頻帶的輸出可能被分解成 18 個頻率係數或 6 個頻率係數。

　　MDCT 有兩種尺寸的原因在於：當我們把一個序列轉換成頻率域時，即使我們得到了頻率解析度，也已經失去了時間解析度。區塊愈大，我們失去的時間解析度就愈多。這樣會造成以下的問題：頻率係數中引入的任何量化雜訊會擴散到整個轉換區塊內。後向暫時遮蔽只有在遮蔽音之前一段很短的期間 (大約 20 毫秒) 內會發生。因此量化雜訊將以**前迴音** (pre-echo) 的形式出現。請考慮圖 16.7 所示的信號。這個序列含有 128 個取樣值，其中前 118 個值等於 0，接下來的值則急遽地增加。這個序列的 128 點 DCT 示於圖 16.8。請注意這些係數中，有許多係數的值相當大。如果我們要傳送所有的係數，最後會造成資料膨脹，而不是資料壓縮。如果我們只保留最大的 10 個係數，所得的重建信號示於圖 16.9。請注意不僅非零的信號值表現得並不理想，信號值變化之前的取樣值也有誤差。如果這個序列是音訊信號，而且很大的值出現在序列的開頭，前向遮蔽效應會使量化誤差比較不容易被聽見。在圖 16.9 所示的情況中，後向遮蔽會遮蔽掉某些量化誤差。然而，後向遮蔽只有在遮蔽音之前一段很短的期間內會發生。因此，如果我們所討論的區塊長度比遮蔽間隔還長的話，對於聽眾而言，失真將會非常明顯。

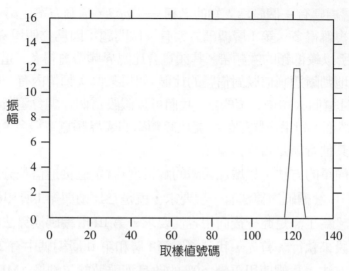

圖 16.7 資料源輸出序列。

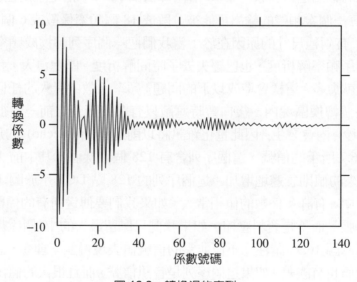

圖 16.8 轉換過的序列。

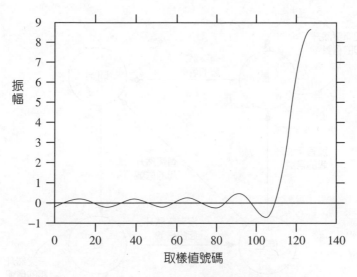

圖 16.9　根據 10 個 DCT 係數重建出來的序列。

　　如果有一個很刺耳，而且時間非常短暫的聲音 (例如響板的聲音)，我們會希望區塊的尺寸夠小，足以包含這個刺耳的聲音。那麼，當我們引入量化雜訊時，就不會擴散到實際發生聲音的間隔之外，因此可以將其遮蔽。第 III 層演算法會監視輸入，必要時，將以三個短的轉換來取代一個長的轉換。實際上發生的是：在穩定期間，次頻帶輸出會被乘上一個長度等於 36 的窗口函數 (亦即區塊大小等於 18，再加上與相鄰區塊重疊 50%)。這個窗口稱爲**長窗口** (long window)。如果我們偵測到突然升起的信號，演算法在一個長度等於 30 的轉移窗口之後，會轉移到一連串長度等於 12 的 3 個**短窗口** (short window)。這個初始轉移窗口稱爲 *start* 窗口。如果輸入回到比較穩定的模式，短窗口後面會有另一個長度等於 30 的轉移窗口，稱爲 *stop* 窗口，接下來則是標準的長窗口序列。在不同的窗口之間轉移的過程示於圖 16.10。一組可能的窗口轉移示於圖 16.11。對於長窗口而言，我們最後得到每一個次頻帶有 18 個頻率，所以總共有 576 個頻率。對於短窗口而言，每一個次頻帶 6 個係數，所以我們總共得到 192 個頻率。此一標準允許使用混合區塊模式，其中兩個最低頻的次頻帶使用長窗口，其餘的次頻帶則使用短窗口。請注意，雖然頻率數可能會依據我

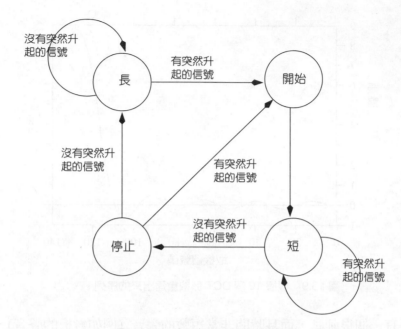

圖 16.10　窗口切換過程的狀態圖。

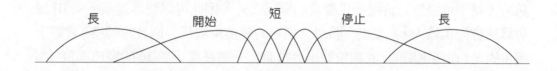

圖 16.11　窗口序列。

們使用長窗口或短窗口而改變,一個信號框仍然有 1152 個取樣值。也就是說,32 個次頻帶濾波器中,每一個都有 36 個取樣值,或 3 組 12 個取樣值。

　　我們使用兩個巢狀迴圈,以反覆方式執行 MDCT 輸出的編碼和量化。外層迴圈稱為**失真值控制迴圈** (distortion control loop),其目的是確保被引入的量化雜訊位於聽力臨界值以下。我們使用比例因子來控制量化雜訊的高低。在第 III 層編碼中,比例因子被分成係數群組或「頻帶」,這些頻帶的大小大約與臨界頻帶相同。長區塊有 21 個比例因子頻帶,短區塊則有 12 個比例因子頻帶。

　　內層迴圈稱爲**位元率控制迴圈** (rate control loop)。這個迴圈的目標是確保不會超過目標位元。爲了達成這個目標，我們會反覆嘗試不同的量化器與 Huffman 碼。*mp3* 使用的量化器是壓縮擴大形式的非均等量化器。經過比例調整的 MDCT 係數首先被量化，然後組織成區域。位於頻率尺度頂端的係數很有可能被量化爲零。這些連續的零值輸出會被視爲單一區域，其連續片段長度則進行 Huffman 編碼。編碼器會找出在這個零值係數區域下方被量化爲 0 或 ±1 的係數。這些係數被分成 4 個 1 組。這一群四元組是係數的第二個區域。每一個四元組使用一個 Huffman 編碼字予以編碼。其餘的係數會被分成 2 個或 3 個子區域。每一個子區域會根據其統計性質指定一個 Huffman 碼。如果使用此一可變長度編碼的結果超過位元預算，量化器會被調整，以增加量化步階間距。整個過程會不斷地重複，直到滿足目標位元率爲止。

　　一旦滿足了滿足目標位元率，流程控制會回到外層的失眞控制迴圈。我們使用聽覺心理學模型，以檢查任何頻帶內的量化雜訊是否超過所允許的失眞值。如果超過的話，我們會調整比例因子，以降低量化雜訊。一旦所有的比例因子都已經調整過了，流程控制會回到位元率控制迴圈。當失眞和位元率條件已經滿足，或無法再進一步調整比例因子時，反覆過程就結束。

　　在某些信號框中，Huffman 編碼器使用的位元數比分配到的量要少。這些位元會被儲存在一個概念性的**位元儲存器** (bit reservoir)。在實務上，這表示資料區塊的啓始位置不一定要與信號框的標頭重疊。請考慮圖 16.12 所示的 3 個信號框。在這個例子裡，第一個信號框的主要資料 (包括比例因子訊息和 Huffman 編碼資料) 並沒有佔用到整個信號框。因此第 2 個信號框的主要資料開始的位置在第 2 個信號框實際開始的位置之前。其餘的資料也是如此。主要資料可以從**前一個信號框**內開始。然而任何一個特定信號框的主要資料不能佔用到**下一個**信號框。

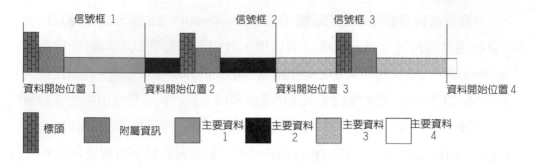

信號框 1   信號框 2   信號框 3

資料開始位置 1   資料開始位置 2   資料開始位置 3   資料開始位置 4

標頭   附屬資訊   主要資料 1   主要資料 2   主要資料 3   主要資料 4

圖 16.12   窗口序列。

　　所有的這些複雜程序使我們可以得到非常有效率的音訊輸入編碼。典型的 *mp3* 音訊檔案的壓縮比大約是 10:1。儘管壓縮程度這麼高，然而大部份的人無法聽出原始音訊與壓縮過的表示方式有什麼不同。我們說大部份的人，因為受過訓練的專業人士有時可以區別原始信號和壓縮版本。可以辨認出編碼信號與原始信號之間極微小差別的人，在音訊編碼器的發展中扮演過很重要的角色。他們分辨出來在哪些頻率可以聽見失真，對於決定改進編碼過程時必須努力的重點很有幫助。此一發展過程使得 *mp3* 成為壓縮音樂的理想格式。

■ 16.4　MPEG 先進音訊編碼

MPEG 第 III 層演算法非常成功。然而，由於設計此演算法時考慮到的限制條件，它也有一些天生的缺點。最主要的限制條件是必須符合後向相容的要求。後向相容性的要求強迫該演算法必須使用一個相當麻煩的分解結構，亦即先進行次頻帶分解，然後進行 MDCT 分解。MPEG 規格發佈之後沒有多久，硬體能力也立即出現了重大的進展。先進音訊編碼 (AAC) 標準在 1997 年被核准為後向相容 MPEG 第 III 層編碼的多聲道替代方案，而且品質更好。

　　AAC 方法是根據一組完備的工具或模組而建立的模組化方法。有些工具來自於比較早期的 MPEG 音訊標準，其他的工具則是新的。如同先前的標準一樣，實際上 AAC 標準指定的是解碼器。AAC 標準中指定的解碼器工具列於

表 16.2。如同該表所顯示的，有些工具對於所有的規格均為必要，至於其他工具，則只有某些規格必須使用。此一標準利用這些工具中的一部份或全部，而描述了 3 種規格。這些規格包括是主要規格、低複雜度規格，以及可變取樣率規格。MPEG–2 中使用的 AAC 方法經過加強與改進之後，成為 MPEG–4 中的音訊編碼選項。在以下各節中，我們先描述 MPEG–2 AAC 演算法，然後描述 MPEG–4 AAC 演算法。

16.4.1 MPEG-2 AAC

MPEG–2 AAC 編碼器的方塊圖示於圖 16.13。每一個方塊代表一件工具。AAC 編碼器中使用的聽覺心理學模型與 MPEG 第 III 層編碼器中使用的的模型相同。如同第 III 層演算法一般，聽覺心理學模型乃是用來觸發 MDCT 轉換的區塊長度切換，並產生用來決定比例因子的臨界值，以及量化臨界值。音訊資料會被平行饋入音響模型及改良型離散餘弦轉換中。

表 16.2　AAC 解碼器工具 [213]。

工具名稱	
位元流格式化器	必要
Huffman 解碼	必要
反向量化	必要
比例重新調整	必要
M/S	選用
區塊間預測	選用
強度	選用
關聯切換耦合	選用
TNS	選用
區塊切換 / MDCT	必要
增益控制	選用
獨立切換耦合	選用

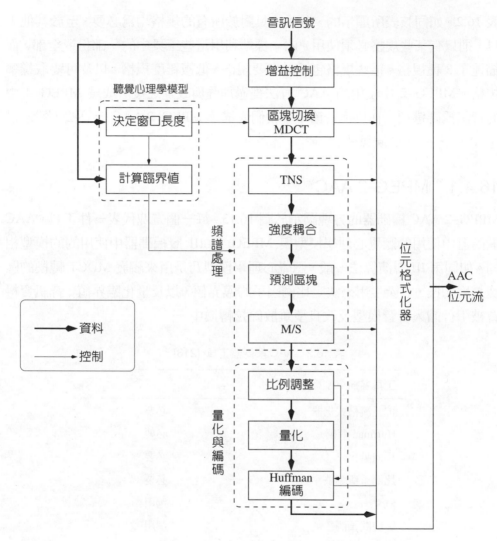

圖 16.13　MPEG-2 AAC 編碼器 [213]。

區塊切換與 MDCT

因為 AAC 演算法不具後向相容性，所以不再需要使用 32 個頻帶的濾波器組。相反的，頻率分解係由改良型離散餘弦變換 (MDCT) 完成。有關 MDCT 的描述，請參閱第 13 章。AAC 演算法允許我們在 2048 個取樣值與 256 個取樣值

的窗口長度之間進行切換。這些窗口的長度與相鄰區塊重疊 50%。因此我們使用 2048 個時間取樣值來產生 1024 個頻譜係數，並使用 256 個時間取樣值來產生 128 個頻率係數。區塊 i 的第 k 個頻譜係數 $X_{i,k}$ 係由以下的式子給出：

$$X_{i,k} = 2 \sum_{n=0}^{N-1} z_{i,n} \cos\left(\frac{2\pi(n+n_o)}{N}(k+\frac{1}{2}) \right)$$

其中 $z_{i,n}$ 是第 i 個區塊的第 n 個時間取樣值，N 是窗口長度，且

$$n_o = \frac{N/2+1}{2}.$$

較長的區塊長度允許演算法利用輸入的穩定部分，使壓縮得到顯著的改進。很短的區塊長度讓演算法可以處理突然升起的信號，而不至於造成大量的失真，以及位元率的增加。短區塊出現時以 8 個為一組，以避免「信號框組成」的問題。如同 MPEG 第 III 層的情況一般，有 4 種長度的窗口：長、短、開始和停止。聽覺心理學模型會決定是否使用一組短區塊。係數會被分配到比例因子頻帶內，頻帶中的係數個數反映出臨界頻寬。每一個比例因子頻帶都會指定一個唯一的比例因子。此一標準指定了在不同的窗口大小及不同的取樣率下，係數被分配到各比例因子頻帶的精確方式 [213]。

頻譜處理

在 MPEG 第 III 層編碼中，我們利用不同頻帶內間能量的不均等分佈、聽覺心理學模型，以及 Huffman 編碼，使得壓縮比提高。能量的不均等分佈使得能量較少的頻帶可以使用比較少的位元。聽覺心理學模型是用來在可以遮蔽量化雜訊的情況下調整量化步階間距。Huffman 編碼使得位元率可以更進一步地降低。AAC 演算法也使用到所有的這些方法。此外，演算法也利用預測技術，以降低係數的動態範圍，因此位元率可以更進一步地降低。

　　回憶一下，預測技術通常只有在穩定的狀況下才有用處。暫態信號在本質上幾乎不可能預測。因此含有大量暫態信號的信號，通常不會考慮採用預測編碼，然而音樂信號正好具有這種性質。雖然音樂信號中可能含有穩定的長時間信號，但通常它們也含有相當多的暫態信號。AAC 演算法聰明地利用了時間–

頻率對偶性來處理這種情況。這個標準包含兩種預測器，其中一個稱爲時域雜訊重整 (Temporal Noise Shaping，簡稱 TNS) 的區塊內預測器，另一個則是區塊間預測器。區塊間預測器使用於穩定期間。在穩定期間內，假設屬於某一特定頻率的係數在各區塊之間的變化不大應屬合理。AAC 標準利用此一特性，實作了一組平行的 DPCM 系統。每一個係數有一個預測器，其數目最多可達某一個最大係數個數。取樣率不同，最大值也不同。每一個預測器均爲後向適應性兩接頭的預測器。這個預測器只有在穩定期間才眞正有用。因此聽覺心理學模型會監視輸入，並決定何時使用預測器的輸出。這項決定係以比例因子頻帶爲單位逐一進行。因爲要使用預測器的決定必須通知解碼器，所以每一個比例因子頻帶必須多使用一個位元，導致位元率增加。因此，一旦下了要使用預測值的初步決定，我們會做更進一步的計算，以檢查節省下來的位元數是否足以補償位元率的增加。如果我們判斷節省的量夠多，則 *predcitor_data_present* 位元會被設定爲 1，每一個比例因子頻帶各自有 1 個位元 (稱爲 *prediction_used* 位元) 會被設定爲 0 或 1，端視在該比例因子頻帶中使用預測技術是否被認爲是有效的。如果節省的量不夠多，*predcitor_data_present* 位元會被設定爲 0，*prediction_used* 位元則不傳送。即使預測器被關閉，此一適應性演算法仍會繼續執行，以便預測器能追蹤不斷變化的係數。然而，因爲編碼信號屬於串流音訊格式，所以我們必須不斷地重新設定係數。我們會定期以多階段方式重新設定係數，使用短信號框時，也會重新設定係數。

　　當音訊輸入含有暫態信號時，AAC 演算法會使用區塊內預測器。回憶一下，時間域的狹窄脈衝相當於很寬的頻寬。信號在時間域的寬度愈窄，其 Fourier 轉換就愈寬。這表示當音訊信號中出現暫態信號時，所產生的 MDCT 輸出將包含許多有相互關聯的係數。因此，時域中的不可預測性轉變成了可預測程度很高的頻率成分。AAC 使用相鄰係數來進行預測。我們在區塊中選擇一組目標係數。此一標準建議使用從 1.5 kHz 到最高的比例因子頻帶 (針對不同的規格與取樣率分別指定) 的範圍。我們使用任何標準方法 (例如第 15 章描述的 Levinson-Durbin 演算法) 獲得一組線性預測係數。濾波器的最大階數從 12 到 20，視規格而定。求出濾波器係數的過程也提供了增益預測值 g_p 的

期望值。這個增益預測期望值將與某一個臨界值相比，以決定是否使用區塊內預測。此一標準建議使用 1.4 這個值作爲臨界值。濾波器的階數是由第一個大小小於某一臨界值 (建議採用 0.1) 的 PARCOR 係數決定。對應於預測器的 PARCOR 係數會被量化與編碼，以便傳送到解碼器。接下來，重建出來的 LPC 係數將用於預測。在時域預測編碼器中，線性預測的效應之一是量化雜訊的頻譜重整，因此稱爲時域雜訊重整。雜訊的重整表示當信號振幅高時，雜訊也比較高，當信號振幅低時，雜訊也較低。由於人類聽覺的遮蔽性質，這一點在音訊信號中特別有用。

量化與編碼

AAC 使用的量化和編碼策略與 MPEG 第 III 層所使用的策略類似。比例因子是用來控制量化雜訊的，屬於外層**失真控制迴圈** (distortion control loop) 的一部份。在內層的**位元率控制迴圈** (rate control loop) 中，量化步階間距會被調整，以符合目標位元率。量化過的係數會被組織成**區段** (section)。區段的邊界必須與比例因子頻帶的邊界重疊。每一個區段中被量化過的係數將使用同一本 Huffman 編碼冊進行編碼。係數被劃分到區段內的程序，是一個根據貪婪合併程序的動態過程。這個程序會從最大區段數開始。如果幾個區段合併在一起可以降低總位元率的話，那麼這些區段會被合併。把這些區段合併可以使位元率降到最低。這個反覆性的程序會一直繼續下去，直到位元率無法再更進一步地降低爲止。

立體聲編碼

AAC 方案使用多重策略來進行立體聲編碼。除了將音訊聲道獨立編碼之外，本標準也允許採用中央聲道/兩側聲道 (M/S) 編碼及強度立體聲編碼。這兩項立體聲編碼技術可以同時使用於不同的頻率範圍。當頻率較高時，兩條通道的訊息可由單一聲道加上一些方向的資訊來描述，強度編碼正是利用到這一點。AAC 標準建議 6 kHz 以上的比例因子頻帶使用此一技術。M/S 方法則是用來減輕雜訊假像的影響。如同先前在聯合立體聲方法中所描述的，這兩個聲道 (L 和 R) 會被組合起來，以產生總和聲道與差異聲道。

規格

MPEG-2 AAC 的主要規格會使用到增益控制工具 (圖 16.13) 以外的所有工具。在低複雜度規格中，除了增益控制工具之外，區塊內預測工具也不會使用。此外，在低複雜度規格中，對於長窗口而言，頻帶內預測 (TNS) 的最大預測階數等於 12，不同於主要規格中的 20。

　　可變取樣率規格不使用耦合工具和頻帶內預測工具，然而該規格確實使用到增益控制工具。在可變取樣規格中，在 MDCT 方塊前面有一個濾波器組，該濾波器組含有四個等頻寬的 96 接頭濾波器。MPEG-2 AAC 標準中提供了這些濾波器係數。使用此一濾波器組可以降低位元率與解碼器的複雜度。如果我們忽略一個或多個濾波器組的輸出，也可以降低輸出頻寬。頻寬與取樣率降低也使得解碼器的複雜度降低。增益控制允許不同的頻帶進行衰減與放擴大，以降低聽覺失眞。

16.4.2　MPEG-4 AAC

MPEG-4 AAC 加入了聽覺雜訊替代 (PNS) 工具，並以長時間預測 (LTP) 工具取代頻譜編碼方塊中的頻帶間預測工具。MPEG-4 AAC 在「量化與編碼」部份還加入了轉換域加權交叉向量量化 (TwinVQ) 及位元切割算術編碼 (BSAC)。

聽覺雜訊替代 (PNS)

音樂中有一些部份聽起來很像雜訊。儘管這句話聽起來可能是很嚴厲 (或實際) 的主觀評斷，然而我們主要的用意並非如此。所謂的雜訊是指音訊信號中 MDCT 係數很穩定，而且不含音調成分的部份 [214]。這種類似雜訊的信號最難壓縮。然而類雜訊信號彼此之間也很難區分。MPEG-4 AAC 利用到這個性質，因此並不會傳送此種類雜訊的比例因子頻帶。相反的，我們通知解碼器此一狀況，並傳送該頻帶中類雜訊係數的功率。解碼器會產生具有合適功率的類雜訊序列，並將其插入，以取代沒有傳送過來的係數。

長時間預測

MPEG-2 AAC 中的頻帶間預測是整個演算法中計算成本最昂貴的部份之一。MPEG-4 AAC 以計算成本比較低廉的長時間預測 (LTP) 模組來取代。

TwinVQ

MPEG-4 AAC 低位元率方案建議使用轉換域加權交叉向量量化 (TwinVQ) 選項 [215]。這個演算法是由 NTT 在 1990 年代初期發展的，它使用一個兩階段的過程將 MDCT 係數變平。在第一個階段，我們使用線性預測碼演算法得到音訊資料的 LPC 係數 (相當於 MDCT 係數)。這些係數會用來求出音訊資料的頻譜包絡線。把 MDCT 係數除以這個頻譜包絡線，在某種程度上可以使係數變得「平坦」。根據 LPC 係數計算出來的頻譜包絡線可以反映出 MDCT 係數包絡線的整體特徵，然而它並不會反映出任何細部結構。這些細部結構是從先前的信號框預測出來的，而且可以讓 MDCT 係數更進一步地變平。變平的係數被交叉組織成子向量，並予以量化。平坦化的過程降低了係數的動態範圍，因此相較於不使用平坦化過程的情況而言，這些係數可以使用比較小的 VQ 編碼冊進行量化。當 LPC 係數傳送到解碼器時，解碼器會進行平坦化過程的反向運算。

位元切割算術編碼 (BSAC)

除了 MPEG-2 AAC 方案的 Huffman 編碼方案之外，MPEG-4 AAC 方案也提供使用二進位算術編碼的選項。本方案會在被量化的 MDCT 係數大小的位元平面上執行二進位算術編碼。位元平面是指每一個係數的對應位元。請考慮 4 位元係數 x_n 的序列：5, 11, 8, 10, 3, 1。最高有效位元平面將由這些數目的 MSB (亦即 011100) 組成。下一個位元平面是 100000。再下一個位元平面是 010110。最低有效位元平面則是 110011。

係數會被分成許多個編碼帶，每一個編碼帶有 32 個係數。每一個編碼帶使用一份機率表格進行編碼。由於我們處理的是二進位資料，所謂的機率表格只不過是零的個數。如果某個編碼帶全部由零組成，我們可以選擇機率表格

0，以指示解碼器。當係數第一次出現 1 時，非零係數的符號位元會在算術碼之後傳送。

　　比例因子資訊也會進行算術編碼。最大的比例因子被編碼成一個 8 位元的整數。比例因子之間的差距將使用算術碼進行編碼。第一個比例因子將使用它與最大的比例因子之間的差距進行編碼。

◧ 16.5　Dolby AC3 (Dolby Digital)

Dolby AC-3 方法與前一節描述的 MPEG 演算法不同，它已經成為業界標準。高畫質電視大聯盟開發美國 HDTV 的標準時，為了回應這項標準化活動，而發展出 Dolby AC-3 方法。然而早在被接納為 HDTV 音訊的通訊協定之前，Dolby-AC3 就已經在電影工業初次登場了。「星艦迷航記 4 – 搶救未來」(Star Trek IV) 於 1991 年上映時，Dolby-AC3 在幾家電影院內第一次問世，隨後在 1992 年上映的「蝙蝠俠 – 大顯神威」(Batman returns) 中正式登場。1993 年 10 月，高畫質電視大聯盟接受了這個方案，而且在 1995 年成為先進電視系統委員會 (ATSC) 的標準。Dolby AC-3 具備電影工業需要的多聲道功能，也具備將多聲道混合的功能，以適應不同應用中各種可能的播放能力。5.1 聲道包括右聲道、中央聲道、左聲道、左後聲道和右後聲道，以及一個窄頻寬的低頻效果聲道 (0.1 聲道)。此一方案支援將 5.1 聲道混合成 4, 3, 2 或 1 個聲道。目前它也是 DVD、直播衛星 (DBS) 和其他應用的標準。

　　Dolby AC-3 演算法的方塊圖示於圖 16.14。Dolby-AC3 方案大部份與我們描述過的 MPEG 演算法類似。如同 MPEG 方案一般，Dolby-AC3 演算法使用有 50%重疊的改良型 DCT (MDCT) 來進行頻率分解。如同 MPEG 一般，此演算法使用兩種不同大小的窗口。在音訊的穩定部份，我們使用大小等於 512 的窗口，而得到 256 個係數。高頻係數功率中的突波表示存在暫態信號，此時大小等於 512 的窗口將由兩個大小等於 256 的窗口取代。Dolby AC-3 演算法與我們描述過的演算法在位元配置方面有很大的差異。

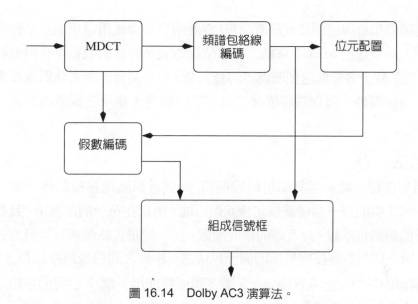

圖 16.14 Dolby AC3 演算法。

16.5.1 位元配置

Dolby-AC3 方案的位元配置方法非常有趣。如同 MPEG 方案一般，此方案也使用聽覺心理學模型，其中納入了聽力臨界值、雜訊遮蔽信號與音調遮蔽信號，然而模型的輸入並不相同。在 MPEG 方案中，被編碼的音訊序列會提供給位元配置程序，而且位元配置訊息會傳送到解碼器，作為附屬資訊。在 Dolby-AC3 方案中，信號本身並不會提供給位元配置程序。相反的，頻譜包絡線的粗略表示方式會提供給解碼器和位元配置程序。因為稍後解碼器即將擁有編碼器使用過的資訊，並產生位元配置，所以配置訊息本身並沒有包含在傳送過去的位元流中。

我們可以採用二進位指數表示方式來表示 MDCT 係數，而得到頻譜包絡線的表示方式。110.101 這個數目的二進位指數表示方式為 0.110101×2^3，其中 110101 稱為假數，3 則是指數。給定一個數目序列，則該序列的二進位指數表示方式的指數可以用來估計這些數目的相對大小。Dolby-AC3 演算法使用 MDCT 係數的二進位指數表示方式中的指數，作為頻譜包絡線的表示方式。

此一編碼結果會傳送到位元配置演算法,此演算法會使用這項訊息及聽覺心理學模型,以產生把 MDCT 係數之二進位指數表示方式的假數量化所需要的位元數。為了減少需要傳送到解碼器的資訊量,並不是每一個音訊區塊都會執行頻譜包絡線編碼。演算法將依據音訊有多麼穩定,使用三個策略的其中之一 [194]。

D15 方法

當音訊相當穩定時,頻譜的包絡線每隔 6 個音訊區塊會被編碼一次。因為 Dolby-AC3 中的每一個信號框包含 6 個區塊,所以在每一個區塊中,我們得到一個新的頻譜包絡線,以及新的位元配置。此一頻譜包絡線將以差分方式進行編碼。第一個指數將按照原始的值予以傳送。指數之間的差距將以 $\{0, \pm 1, \pm 2\}$ 這 5 個值的其中之一進行編碼。3 個差距值將使用一個 7 位元的字組進行編碼。請注意 3 個差距值可以產生 125 種不同的組合。因此使用 7 個位元,可以描述 128 種不同的值,是非常有效率的。

D25 和 D45 方法

如果音訊不穩定,頻譜的包絡線會更常傳送。為了保持位元率不要過高,Dolby-AC3 演算法會使用兩種策略的其中之一。在 D25 策略 (使用於中度頻譜活動) 中,每隔一個係數會編碼一次。在 D45 策略 (使用於暫態信號期間) 中,每 4 個係數會被編碼一次。這些策略利用到以下的結果:在暫態信號期間,頻譜包絡線的細部結構並沒有那麼重要,因此可以採用比較粗略的表示方式。

▧ 16.6　其他標準

我們描述了一些利用到人類聽覺極限的音訊壓縮方法。這些方法當然不是唯一的方法。Dolby Digital 的競爭者包括 Digital Theater Systems (DTS) 和 Sony Dynamic Digital Sound (SDDS)。這兩個專利方案都使用到聽覺心理學模型。新力公司在 1990 年代初期為迷你光碟開發了適應性轉換音響編碼 (ATRAC) 演算法 [216],隨後在 ATRAC3 和 ATRAC3plus 中又有所改進。如同本章裡描述

的其他方案一般，ATRAC 方法使用 MDCT 進行頻率分解，不過我們會使用兩階段的分解方法，先將音訊信號分解成 3 個頻帶。如同其他方案一般，ATRAC 演算法建議使用人類聽覺的極限，以捨棄無法感覺到的資訊。

以開放原始碼形式發表的 Vorbis 編碼器，是另一個使用 MDCT 和聽覺心理學模型的演算法。Vorbis 演算法也使用向量量化和 Huffman 編碼來降低位元率。

16.7   摘要

本章描述的音訊編碼演算法在某種意義上與前一章描述的語音編碼演算法正好背道而馳。語音編碼演算法的焦點在於資訊源，音訊編碼演算法則不然，其重心乃是放在資訊的匯集點或使用者。演算法找出資料源信號中無法感覺到的成分，因此減少了需要傳送的資料量。

進階閱讀

1. M. Bosi 與 R.E. Goldberg 合著的「*Introduction to Digital Audio Coding and Standards*」[194]詳細地說明了這裡描述的演算法，對於建立聽覺心理學模型的過程也提供了綜合性的討論。

2. J. Watkinson 所著的「The MPEG Handbook」[214] 是有關音訊編碼與 MPEG 演算法各方面的訊息來源，非常容易閱讀。

3. D. Pan 撰寫的「A Tutorial on MPEG/Audio Compression」[217]是 MPEG 演算法的極佳入門教材，名稱也取得非常恰當。

4. 在 T. Painter 與 A. Spanias 合著的「*Perceptual Coding of Digital Audio*」[218] 中，可以找到有關音訊編碼的詳細回顧。

5. http://www.tnt.uni-hannover.de/project/mpeg/audio/faq/這個網站上有這裡描述的所有音訊編碼方案，以及 MPEG-7 音訊的綜覽。

17

分析/合成及以合成進行分析的方案

▣ 17.1 綜覽

分析/合成方案必須倚靠資料源輸出生成的參數模型。如果這種模型存在，則傳輸器會分析資料源輸出，並取出模型參數，並傳送給接收器。接收器使用模型及傳送過來的參數，以合成資料源輸出的近似值。這種方法與前幾章討論的技術之間的差異在於：我們所傳送的並不是資料源輸出取樣值的直接表示方式；相反的，傳輸器會通知接收器如何重新產生輸出。這種方法如果要有效，資料源必須有一個很好的模型。因爲我們擁有很好的語音生成模型，所以這種方法已經廣泛地運用於低編碼率的語音編碼。我們描述幾種不同的語音壓縮分析/合成技術。近年來，碎形影像壓縮方法已經愈來愈受到歡迎。因爲這種方法也屬於接收器使用傳輸器的「指示」重新產生資料源輸出，所以我們在本章中予以描述。

▣ **17.2 引言**

前幾章討論了一些有失真壓縮方案，這些方案可以提供每一個資料源輸出值的估計值給接收器。歷史上有一種早期的有失真壓縮方法，就是建立資料源輸出的模型，並傳送資料源的模型參數，而非傳送資料源輸出的估計值。接收器則根據接收到的模型參數，嘗試合成資料源輸出。

　　請考慮一個影像傳輸系統，其作用方式如下。在傳輸器這邊，有一個人檢查要傳送的影像，並提供這幅影像的說明。在接收器這邊，另一個人著手建立影像。舉例來說，假設我們希望傳送的影像是一張向日葵園的圖片。我們並不傳送這張圖片，而只傳送「向日葵園」這幾個字。接收器這邊的人在紙上畫出向日葵園的圖，然後交給使用者。因此物體的影像以極度壓縮的形式從傳輸器傳送到接收器。透過收音機收聽體育節目的聽眾應該很熟悉這種壓縮方法。它要求傳輸器與接收器使用同樣的模型。就體育轉播而言，這表示觀眾心中有一幅運動場的畫面，而且廣播電台和聽眾都使用同樣的術語來代表同樣的意思。

　　這種方法適合體育轉播，因為資料源是在非常嚴格的規則下建立的模型函數。在籃球比賽中，當裁判判決傳球犯規時，聽眾通常不會想到讓人垂涎欲滴的雞肉。如果資料源違反這項規則，重建過程將會非常麻煩。如果籃球運動員突然決定表演一段芭蕾舞，傳輸器 (運動播報員) 要準確地向接收器描述發生了什麼事，將會面臨困難。因此，這種壓縮方法似乎只能使用於根據人為規則運行的人為活動。在我們感興趣的資料源中，只有文字符合這項描述，此外，文字的產生規則非常複雜，而且在不同的語言之間差異非常大。

　　幸運的是，儘管自然的資料源也許不遵循人為規則，然而它們受物理定律影響，我們可以證明這些定律的侷限性很強。對語音而言尤其是如此。不管我們說的是什麼語言，語音都是使用同一種機制產生的，這種機制在人與人之間，彼此差異並不大。再者，此一機制必須遵循某些物理定律，這些定律大大地限制了輸出的行為。因此語音可以藉由模型予以分析，我們可以抽出模型參數，並傳送到接收器。在接收器這邊，我們可以使用模型來合成語音。貝爾實

驗室的 Homer Dudley 最先運用此一分析/合成方法。他發展了稱爲通道聲碼器 (在下一節中描述)。事實上，在更早以前，Kempelen Farkas Lovag (1734-1804) 就已經嘗試完成合成部份了。他發展了一部「會說話的機器」，以軟管作爲聲 道的模型，軟管的形狀可由操作者改變。這具機器使用風箱強迫空氣通過管 子，以發出聲音 [219]。

　　與影像語音不同，是以各種不同的方式產生的；因此分析/合成方法對於 影像或視訊壓縮似乎沒有什麼用處。然而，如果我們限制影像必須屬於視訊會 議中會遇到的「發言人頭部特寫」的類型，那麼我們也許可以滿足這種方法所 要求的條件。當我們交談時，臉部的表情會受到臉部結構與運動的物理原理的 限制。對於這一點的瞭解，開啓了以模型爲基礎的視訊編碼的新領域 (參閱第 16 章)。

　　有一種完全不同的影像壓縮方法，是根據自我相似性的性質，就是**碎形編 碼** (fractal coding) 方法。雖然這種方法並沒有明確地與某些物理限制有關， 但它也屬於本章所描述的技術；也就是說，我們所儲存或傳送的並不是資料源 輸出的取樣值，而是合成輸出的方法。我們將在第 17.5.1 節研究這種方法。

■ 17.3　語音壓縮

圖 17.1 顯示一個極度簡化的語音合成模型。如同第 7 章所描述，我們強迫空 氣先通過有彈性的開口 (亦即聲帶)，然後通過喉嚨、口腔、鼻腔和咽喉，最 後通過嘴巴和鼻孔，以產生語音。聲帶以後的部份通常稱爲聲道。第一個動作 會產生聲音，當聲音通過聲道時，會被調節成語音。

　　在圖 17.1 中，激發源相當於聲音產生，聲道濾波器則是聲道的模型。如 同第 7 章所提，聲帶與相關軟骨的不同形態可以產生幾種不同的聲音輸入。

圖 17.1　語音合成模型。

　　因此，爲了產生特定的語音片段，我們必須產生一連串的聲音輸入或激發信號，以及對應且合適的聲道近似值序列。

　　在傳輸器這邊，語音會被分成許多片段。每一個片段都會分析，以決定激發信號和聲道濾波器的參數。在某些方案中，激發信號的模型會傳送到接收器。然後接收器這邊會合成激發信號，並用來驅動聲道濾波器。在其他方案中，則使用以合成進行的分析方法來獲得激發信號本身。然後聲道濾波器會使用這個信號來產生語音信號。

　　這些年來，許多不同的分析/合成語音壓縮方案已經發展出來，對於新方法的發展和現有方案的改進，仍然有大量的研究繼續不斷地進行。由於資訊量非常龐大，本章只能擷取一些比較常見的方法。如果讀者希望瞭解更詳細的討論，以及有關這個主題的浩瀚文獻的指引，請參閱 [220, 221, 222]。

　　本章描述的方法包括**通道聲碼器** (channel vocoder)，它具有獨特的歷史興趣；**線性預測編碼器** (linear predictive coder)，這是在 2.4 kbps 的位元率下的美國政府標準；以碼激發線性預測 (code excited linear prediction，簡稱 CELP) 爲基礎的方案；**正弦編碼器** (sinusoidal coder)，在 4.8 kbps 或更高的位元率下，可以提供極佳的效能，也是幾種國家標準和國際標準的一部份；還有**混合激發線性預測** (mixed excitation linear prediction)，即將成爲 2.4 kbps 下的新型聯邦標準語音編碼器。當我們描述這些方法時，會使用各種國家內標準和國際標準作爲範例。

17.3.1　通道聲碼器

在通道聲碼器中 [223]，使用帶通濾波器組 (稱爲**分析濾波器** (analysis filter)) 來分析輸入語音的每一個片段。每一個濾波器的輸出端的能量會在固定的時間間隔予以估計，並傳送給接收器。在數位實作成品中，能量估計值可能是濾波器輸出的均方值。在類比實作成品中，則是包絡線檢測器的取樣輸出。通常，每秒會產生 50 個估計值。除了濾波器輸出的估計值之外，我們也會決定該片段中的語音是否爲有聲 (例如 /a/ /e/ /o/ 等音) 或無聲 (例如 /s/ /f/ 等音)。

有聲的聲音通常具有準週期性結構，如圖 17.2 所示，其中繪出了一位男性說出「*test*」這個字的 / e / 部份。基本諧波的週期稱為**音高** (pitch) 週期。傳輸器也會形成音高週期的估計值，並傳送給接收器。

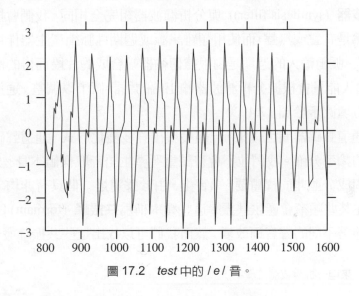

圖 17.2 *test* 中的 / e / 音。

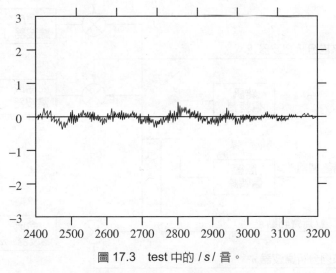

圖 17.3 test 中的 / s / 音。

　　無聲的聲音通常具有像雜訊一樣的結構，如圖 17.3 所示，「*test*」這個字中的 /*s*/ 音。

　　接收器端使用帶通濾波器組來實作聲道濾波器。接收器端的濾波器組 (稱為**合成濾波器** (synthesis filter)) 與分析濾波器組完全相同。我們會根據語音片段是否認為是有聲或無聲，而使用類雜訊源或週期性脈衝產生器作為合成濾波器組的輸入。脈衝輸入的週期是由根據傳輸器端合成的片段而得的高音估計值決定的。輸入能量會根據分析濾波器輸出端的估計值予以調整。通道聲碼器合成部份的方塊圖示於圖 17.4。

　　自從通道聲碼器問世以來，已經發展出許多變化形式。通道聲碼器會匹配輸入語音的頻率分佈。我們並不會嘗試重新產生語音取樣值本身。然而，語音的所有頻率成分並非同樣重要。事實上，由於聲道是一個具有非均勻截面積管子，所以在某些頻率會產生共振。這些頻率稱為**共振峰** (formant) [105]。共振峰的值會隨著不同的聲音而改變；然而我們可以找出這些共振峰發生的範圍。

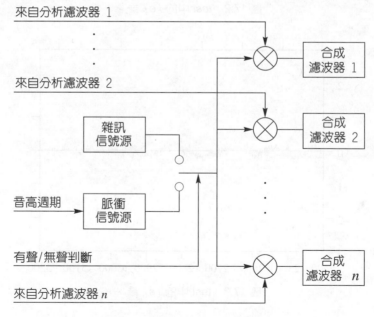

圖 17.4　通道聲碼器的接收器。

舉例來說，對於男性而言，第一個共振峰發生於 200 - 800 赫茲的範圍內，對
於女性而言，則發生於 250 - 1000 赫茲的範圍內。這些共振峰的重要性使得人
們發展出**共振峰聲碼器** (formant vocoder)，這種聲碼器會傳送共振峰的估計值
(通常有 4 個共振峰就視爲足夠) 以及每一個共振峰的頻寬的估計值。在接收
器端，激發信號會傳送到已調整爲共振峰頻率與頻寬的可調整濾波器。

聲碼器的歷史中有一次重要的進展，就是認識到激發信號的重要性。有些
方案必須在接收器端合成激發信號，這些方案要耗費相當龐大的計算資源來得
到準確的發聲訊息與音高週期。如果使用聲音激發，可以省下這些成本。在聲
激發的通道聲碼器中，我們首先使用窄頻寬的濾波器將聲音進行低通濾波。低
通濾波器的輸出被取樣，並傳送到接收器。在接收器端，此一低通信號會被傳
送到一個非線性單元，以產生高階諧波，這些高階諧波與低通信號將一同使用
爲激發信號。聲音激發除去了取出音高的問題。我們也不再需要宣告每一個片
段是有聲或無聲。因爲通常有相當多的片段既不是完全有聲，也不是完全無
聲，這樣可以使語音的品質顯著地提升。不幸的是，品質的提升會反映在傳送
經過低通濾波的語音信號的高成本上。

儘管通道聲碼器是有史以來的第一個分析/合成方法 ── 確實是第一個語
音壓縮方法 ── 但它並不像這裡描述的其他方案那麼受歡迎。然而，所有不同
的方案均可視爲從通道聲碼器衍生出來的技術。

17.3.2　線性預測編碼器 (政府標準 LPC-10)

在通道聲碼器的許多衍生技術中，最爲人熟知的是線性預測編碼器 (LPC)。在
線性預測編碼器中，我們並不使用濾波器組，而是使用一個線性濾波器作爲聲
道的模型，這個濾波器的輸出 y_n 與輸入 ε_n 的關係如下：

$$y_n = \sum_{i=1}^{M} b_i y_{n-i} + G\varepsilon_n \qquad (17.1)$$

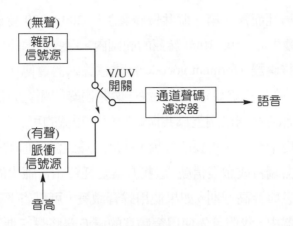

圖 17.5 語音合成模型。

其中 G 稱為濾波器的增益。如同通道聲碼器的情況一般，聲道濾波器的輸入是隨機雜訊產發生器或週期性脈衝產生器的輸出。LPC 接收器的方塊圖示於圖 17.5。

在傳輸器端，語音片段會被分析。分析所得的參數包括語音片段為有聲或無聲的判定，以及如果該片段被宣告為有聲時的音高週期與聲道濾波器的參數。在本節中，我們會更詳細地討論組成線性預測編碼器的各部份。我們將使用於 2.4 kbit 位元率下的美國政府標準 LPC-10 作為範例。

輸入語音通常是以以每秒鐘 8000 個取樣值的速率取樣。在 LPC-10 標準中，語音會被分割成包含 180 個取樣值的片段，相當於每一個片段包含 22.5 毫秒的語音。

有聲/無聲判斷

如果我們比較圖 17.2 和 17.3，會發現其中有兩項主要的差異。請注意有聲語音的取樣值的振幅比較大；也就是說，有聲語音中的能量比較多。此外，無聲語音包含比較高的頻率。因為兩種語音片段的平均值都接近於零，這表示無聲語音的波形比有聲語音的取樣值更常跨越 $x = 0$ 這條線。因此，根據語音片段中相對於背景雜訊的能量，以及在某一指定的窗口內跨越零點的次數，我們對於語音是有聲或無聲，可以得到一個相當清楚的概念。在 LPC-10 演算法中，

語音片段首先以頻寬為 1 kHz 的濾波器進行低通濾波。我們將使用輸出端相對於背景雜訊的能量，而得到關於該片段中的信號應該宣告為有聲或無聲的一個暫時性試驗性的決定。背景雜訊的估計值基本上是無聲語音片段中的能量。我們會計算零點跨越的次數，並檢查聲道濾波器係數的大小，更進一步地修正這個暫時性的決定。本節稍後將更詳細地討論這一點。最後，單一有聲信號框夾在無聲信號框之間，聽起來可能會感覺很刺耳。我們會一併考慮相鄰的信號框是否為有聲的決定，以避免發生此種情況。

估計音高週期

估計音高是分析過程中計算最繁重的步驟之一。這些年來，已經有一些不同的音高取出演算法被發展出來。在圖 17.2 中，要得到理想的音高估計值似乎應該相當容易。然而我們應該記住圖 17.2 所示的片段含有 800 個取樣值，遠比分析演算法可以使用的取樣值要多。此外，這裡顯示的片段沒有雜訊，而且完全由有聲輸入組成。對於一部機器而言，要從嘈雜的短片段 (其中可能包含有聲和無聲成分) 中取出音高，可能是相當艱鉅的任務。

當 k 等於音高週期時，週期函數的自相關函數 $R_{xx}(k)$ 具有最大值，有幾個演算法利用到這一點。這個結果再加上自相關函數的估計值通常會讓雜訊變得平滑的事實，使得自相關函數成為求出音高週期的一件有效工具。不幸的是，使用自相關函數還是有一些問題。有聲語音並不一定是週期性的，這使得最大值比我們預期週期性信號所具有的最大值要低。通常我們會檢查自相關函數值與一個臨界值的關係，以偵測是否出現最大值；如果自相關函數值大於臨界值，則我們宣稱出現了一個最大值。如果最大值的大小並不確定，臨界值的選擇將會很困難。由於聲道中的其他共振會造成干擾，因此會產生另一個問題。有一些演算法以不同的方式解決這些問題 (如果讀者希望瞭解細節，請參閱 [105, 104])。

在本節中，我們將描述一項密切相關，且使用於 LPC-10 演算法中的技術，此一技術會使用平均大小差距函數 (AMDF)。AMDF 定義為

$$AMDF(P) = \frac{1}{N} \sum_{i=k_0+1}^{k_0+N} \left| y_i - y_{i-P} \right| \tag{17.2}$$

如果一個序列 $\{y_n\}$ 是週期性的，且週期為 P_0，則序列 $\{y_n\}$ 中相隔 P_0 的取樣值彼此會很接近，因此 AMDF 在 P_0 有最小值。如果我們使用 / e / 和 / s / 序列來計算這個函數的值，會得到圖 17.6 和 17.7 所示的結果。請注意不僅在 P 等於音高週期時，函數有最小值，而且在無聲片段中可以找到的任何假的最小值也非常淺；也就是說，最小值與平均值之間的差距非常小。因此 AMDF 有兩個作用：可以用來找出音高週期及有聲/無聲狀態。

　　人類的音高週期通常落在一個有限的範圍內，這一點簡化了取出音高的任務，因此我們不需要計算所有可能 P 值的 AMDF。舉例來說，LPC-10 演算法假設高音週期介於 2.5 和 19.5 毫秒。如果我們假設取樣率等於每秒鐘 8000 個取樣值，這表示 P 介於 20 和 160 之間。

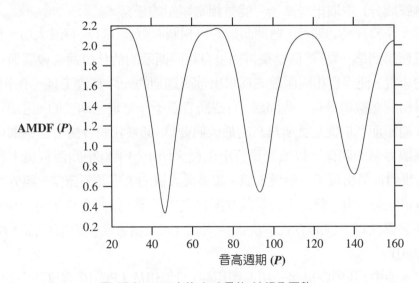

圖 17.6　*test* 中的 / e / 音的 AMDF 函數。

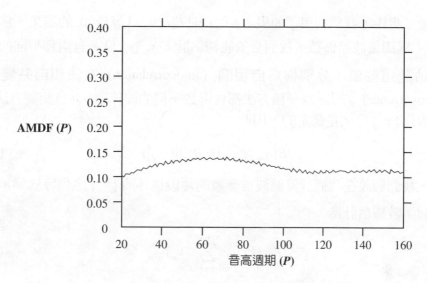

圖 17.7　*test* 中的 /s/ 音的 AMDF 函數。

求出聲道濾波器

在線性預測編碼中，我們使用線性濾波器作為聲道的模型，該濾波器的輸入輸出關係式示於 (17.1) 式。在傳輸器端，我們在分析階段求出與所分析的片段匹配最佳的濾波器係數 (就均方誤差而言)。也就是說，如果 $\{y_n\}$ 是該特定片段中的語音取樣值，則我們希望選擇使 e_n^2 的平均值最小的 $\{a_i\}$，其中

$$e_n^2 = \left(y_n - \sum_{i=1}^{M} a_i y_{n-i} - G\varepsilon_n \right)^2 \tag{17.3}$$

如果我們取 e_n^2 的期望值對係數 $\{a_i\}$ 的導數，會得到一組 M 個方程式：

$$\frac{\delta}{\delta a_j} E\left[\left(y_n - \sum_{i=1}^{M} a_i y_{n-i} - G\varepsilon_n \right)^2 \right] = 0 \tag{17.4}$$

$$\Rightarrow -2E\left[\left(y_n - \sum_{i=1}^{M} a_i y_{n-i} - G\varepsilon_n \right) y_{n-j} \right] = 0 \tag{17.5}$$

$$\Rightarrow \sum_{i=1}^{M} a_i E\left[y_{n-i} y_{n-j} \right] = E\left[y_n y_{n-j} \right] \tag{17.6}$$

在最後一步中，我們利用了如果 $j \neq 0$，則 $E[\varepsilon_n y_{n-j}]$ 等於 0 的結果。為了解 (17.6)，求出濾波器係數，我們必須能夠估計 $E[y_{n-i} y_{n-j}]$。有兩種不同的方法 可以估計這些值，分別稱為**自相關** (autocorrelation) 方法和**自共變異數** (autocovariance) 方法，每一種方法都會導致不同的演算法。在自相關方法中， 我們假設 $\{y_n\}$ 序列是穩定的，因此

$$E\left[y_{n-1} y_{n-j}\right] = R_{yy}\left(|i-j|\right) \tag{17.7}$$

此外，我們假設在我們計算濾波器參數的片段以外的 $\{y_n\}$ 序列等於零，因此 自相關函數被估計為

$$R_{yy}(k) = \sum_{n=n_0+1+k}^{n_0+N} y_n y_{n-k} \tag{17.8}$$

而且具有 (17.6) 之形式的 M 個方程式可以使用矩陣形式寫成

$$\mathbf{R}A = P \tag{17.9}$$

其中

$$\mathbf{R} = \begin{bmatrix} R_y y(0) & R_{yy}(1) & R_{yy}(2) & \cdots & R_{yy}(M-1) \\ R_{yy}(1) & R_{yy}(0) & R_{yy}(1) & \cdots & R_{yy}(M-2) \\ R_{yy}(2) & R_{yy}(1) & R_{yy}(0) & \cdots & R_{yy}(M-3) \\ \vdots & \vdots & \vdots & & \vdots \\ R_{yy}(M-1) & R_{yy}(M-2) & R_{yy}(M-3) & \cdots & R_{yy}(0) \end{bmatrix} \tag{17.10}$$

$$A = \begin{bmatrix} a_1 \\ a_2 \\ a_3 \\ \vdots \\ a_M \end{bmatrix} \tag{17.11}$$

且.

$$P = \begin{bmatrix} R_{yy}(1) \\ R_{yy}(2) \\ R_{yy}(3) \\ \vdots \\ R_{yy}(M) \end{bmatrix} \tag{17.12}$$

這個矩陣方程式可以直接求解，以求出濾波器係數：

$$A = \mathbf{R}^{-1}P \tag{17.13}$$

　　然而矩陣 $\mathbf{R}$ 的特殊形式使我們不需要計算 $\mathbf{R}^{-1}$。請注意 $\mathbf{R}$ 不僅是對稱的，而且 $\mathbf{R}$ 的每一條對角線都含有同樣的元素。舉例來說，主對角線只含有一個元素 $R_{yy}(0)$，而主對角線上方和下方的對角線則只含有元素 $R_{yy}(1)$。這種特殊類型的矩陣稱爲 *Toeplitz* **矩陣** (Toeplitz matrix)，有一些很有效率的演算法可以計算 Toeplitz 矩陣的反矩陣 [224]。因爲 $\mathbf{R}$ 屬於 Toeplitz 形式，我們可以得到 (17.9) 式的遞迴解，這個解在計算上非常有效率，從壓縮的觀點來看，這個額外特點非常具有吸引力。這個演算法稱爲 Levinson-Durbin 演算法 [225, 226]。我們將描述這個演算法，但不提供導出過程。如果讀者希望瞭解導出過程的細節，請參閱 [227, 105]。

　　爲了計算第 M 階濾波器的濾波器係數，Levinson-Durbin 演算法必須計算階數小於 M 的所有濾波器。此外，在濾波器係數的計算過程中，演算法會產生一組常數 k_i，稱爲**反射** (reflection) 係數或**部份相關** (partial correlation，簡稱 PARCOR) 係數。在以下所描述的演算法中，我們使用上標來表示濾波器的階數。因此，第 5 階濾波器的係數將記爲 $\{a_i^{(5)}\}$。這個演算法也需要計算平均誤差 $E[e_n^2]$ 的估計值。我們將把使用第 m 階濾波器時的平均誤差記爲 E_m。整個演算法的進行如下：

1. 令 $E_0 = R_{yy}(0), i = 0$.

2. 把 i 增加 1。

3. 計算 $k_i = \left(\sum_{j=1}^{i-1} a_j^{(i-1)} R_{yy}(i-j+1) - R_{yy}(i) \right) / E_{i-1}$.

4. 令 $a_i^{(i)} = k_i$.

5. 針對 $j = 1, 2, \cdots, i-1$ 計算 $a_j^{(i)} = a_j^{(i-1)} + k_i a_{i-j}^{i-1}$.

6. 計算 $E_i = (1 - k_i^2)E_{i-1}$.

7. 如果 $i < M$，跳到步驟 2。

　　為了得到有聲片段的有效重建，聲道濾波器的階數必須夠高。濾波器的階數通常為 10 或更高。因為濾波器是 IIR 濾波器，係數的誤差可能會導致不穩定，尤其是線性預測編碼所需的高階數。因為濾波器係數會傳送給接收器，所以必須予以量化。這表示量化誤差會被引入係數中，而且可能會造成不穩定。

　　如果我們知道 PARCOR 係數，我們可以從這些係數求出濾波器係數。我們注意到這一點的話，就可以避免這個問題。此外，PARCOR 係數具有以下的性質：只要係數的大小比 1 小，則該係數所產生的濾波器保證是穩定的。因此傳輸器並不會將係數 $\{a_i\}$ 量化並予傳送，而是將係數 $\{k_i\}$ 量化並予傳送。只要我們保證量化器所有的重建值大小都小於 1，則分析/合成方案可以使用階數非常高的濾波器。

　　對於語音信號而言，為了得到 (17.6) 式而使用的穩定性假設其實並不成立。如果我們拋棄此一假設，用來求出濾波器係數的方程式會改變。$E[y_{n-i}y_{n-j}]$ 這一項現在是 i 和 j 的函數。茲定義

$$c_{ij} = E[y_{n-i}y_{n-j}] \tag{17.14}$$

我們得到方程式

$$\mathbf{C}A = S \tag{17.15}$$

其中

$$\mathbf{C} = \begin{bmatrix} c_{11} & c_{12} & c_{13} & \cdots & c_{1M} \\ c_{21} & c_{22} & c_{23} & \cdots & c_{2M} \\ \vdots & \vdots & \vdots & & \vdots \\ c_{M1} & c_{M2} & c_{M3} & \cdots & c_{MM} \end{bmatrix} \tag{17.16}$$

且

$$S = \begin{bmatrix} c_{10} \\ c_{20} \\ c_{30} \\ \vdots \\ c_{M0} \end{bmatrix} \tag{17.17}$$

元素 c_{ij} 被估計為

$$c_{ij} = \sum_{n=n_0+1}^{n_0+N} y_{n-i} y_{n-j}. \tag{17.18}$$

請注意我們不再假設我們所考慮的片段以外的 y_n 值等於零。這表示在計算特定片段的 **C** 矩陣時，我們會使用先前片段中的取樣值。這種計算濾波器係數的方法稱為**共變異數** (covariance)方法。

    C 矩陣是對稱的，但不是 Toeplitz 形式，因此不能使用 Levinson-Durbin 遞迴關係式求出濾波器係數。通常我們會使用稱為 *Cholesky* **分解** (Cholesky decomposition) 的技術來解這一組方程式。這裡將不描述這種求解技術 (大部份討論數值技術的教科書都可找到這個方法；參考文獻 [178] 是個非常棒的資料來源)。有關 Cholesky 分解與反射係數的關係的深入研究，請參閱 [228]。

    LPC-10 演算法使用共變異數方法求出反射係數。它也會使用 PARCOR 係數來更新有聲/無聲的判斷。有聲信號的前兩個 PARCOR 係數的值通常接近於 1。因此，如果前兩個 PARCOR 係數的值都很小，演算法會將有聲/無聲的判斷設定為無聲。

傳送參數

一旦求出了各種參數，我們必須將它們編碼，並傳送到接收器。有許多方法可以做這件事。讓我們看看 LPC-10 演算法如何完成這項任務。

    需要傳送的參數包括有聲/無聲的判斷、音高週期及聲道濾波器參數。一個位元就足夠傳送有聲/無聲的資訊了，音高則使用對數尺度壓縮擴大量化器量化成 60 個不同值的其中之一。LPC10 演算法使用 10 階濾波器來處理有聲

語音，並使用 4 階濾波器來處理無聲語音，因此有聲語音和無聲語音分別必須傳送 5 個和 11 個值 (10 個反射係數及增益)。

反射係數的大小接近於 1 時，聲道濾波器對該係數的誤差特別敏感。因為前面幾個係數的值很可能接近於 1，所以 LPC-10 演算法指定 k_1 和 k_2 使用非均等量化程序。我們首先產生以下的係數：

$$g_i = \frac{1 + k_i}{1 - k_i} \tag{17.19}$$

然後使用 5 位元的均等量化器將其量化，以實作非均等量化程序。係數 k_3 和 k_4 均使用 5 位元的均等量化器進行量化。在有聲片段中，係數 k_5 到 k_8 均使用 4 位元的均等量化器進行量化，k_9 使用 3 位元的均等量化器進行量化，k_{10} 則使用 4 位元的均等量化器進行量化。在無聲片段中，先前在有聲片段中用來將 k_5 到 k_{10} 量化的 21 個位元，現在將使用於錯誤防護。

我們先計算一個片段的均方根 (rms) 值，然後使用 5 位元的對數尺度壓縮擴大量化程序將其量化，而得到增益值 G。如果我們再加上一個同步位元，最後會得到每一個信號框總共有 54 個位元。將這個數值乘以每秒鐘的信號框總數，我們得到每秒鐘 2400 個位元數的目標位元率。

合成

在接收器端，我們使用局部儲存的波形來激發接收到的聲道濾波器，以產生有聲信號框。該波形長 40 個取樣值。視音高週期而定，這個波形會被截斷或補上零。如果信號框為無聲，則我們以虛擬亂數產生器激發聲道。

LPC-10 編碼器在 2.4 kbits 下提供可以聽得懂的重建語音。只使用兩種激發信號，產生的語音品質會讓人覺得聽起來很不自然。當環境很嘈雜時，使用這種方法也會遇到困難。編碼器可能會因為背景雜訊而被愚弄，將語音片段宣稱為無聲。當這種情況發生的時候，語音訊息會遺失。

17.3.3　碼激發線性預測 (CELP)

如同我們先前所提到的，產生自然語音最重要的因素之一是激發信號。因為人類的耳朵對於音高的誤差特別敏感，所以有許多人致力於發展用來偵測準確音高的演算法。然而在一個使用 LPC 聲道濾波器的系統中，不管音高有多麼準確，如果我們使用每一個音高週期只含有單一脈衝的週期性脈衝來激發，會造成「嗡嗡作響的蹦蹦聲」[229]。Atal 與 Remde [230] 在 1982 年引入了多脈衝線性預測編碼 (MP-LPC) 的概念，其中每一個片段會使用數個脈衝。我們會計算某一樣式編碼冊中一些不同樣式的值，然後決定這些脈衝之間的開隔。

我們會建造激發樣式的編碼冊。這本編碼冊中的每一個元素都是一個激發序列，由一些被許多個零隔開的非零值組成。給定欲編碼的語音序列的一個片段，編碼器會使用先前描述的 LPC 分析程序求出聲道濾波器。接下來，編碼器使用編碼冊中的項目來激發聲道濾波器。原始語音片段與被合成的語音之間的差距值會被饋入一個使用聽覺加權條件將誤差加權的聽覺加權濾波器。產生最小平均加權誤差的編碼冊項目會被宣告為最佳匹配。最佳匹配項目的索引將與有聲道濾波器的參數一同傳送到接收器。

Atal 與 Shcroeder 在 1984 年改進了這種方法，並引入一般稱為*碼激發線性預測* (code excited linear prediction，簡稱 CELP) 的系統。在 CELP 中，我們並不使用脈衝樣式的編碼冊，但可以使用多種激發信號。對每一片段而言，編碼器會找出可以產生與被編碼的語音片段最為匹配的合成語音激發向量。嚴格說來，相較於分析/合成方案，這種方法更接近波形編碼技術 (例如 DPCM)。然而，由於 CELP 背後的概念很類似 LPC，所以我們把 CELP 納入本章內。CELP 編碼器的主要成分包括 LPC 分析、激發編碼冊，以及聽覺加權濾波器。CELP 編碼器的每一個成分都已經有許多研究人員非常詳細地研究過了。如果讀者希望瞭解一些研究結果的綜覽，請參閱 [220]。在本節的其餘部份，我們提供兩個類型非常不同的 CELP 編碼器的範例。第一個演算法是美國政府標準 1016，是一個 4.8 kbps 的編碼器；另一個是 CCITT (現在的 ITU-T) G.728 標準，是一個低延遲的 16 kbps 編碼器。

除了 CELP 之外，MP-LPC 演算法還有一個已經變成標準的衍生技術。Kroon、Deprettere 與 Sluyter [231] 於 1986 年修改了 MP-LPC 演算法。他們並不使用以任意個零值隔開非零值的激發向量，而是強迫非零值以週期性的間隔出現。此外，他們允許非零值具有許多不同的值。他們把這個方案稱爲**規律脈衝激發** (regular pulse excitation，簡稱 RPE) 編碼。RPE 的一個變形，稱爲**具備長時間預測的規律脈衝激發** (regular pulse excitation with long-term prediction，簡稱 RPE-LTP) [232]，已經被歐洲電信標準研究所的一個小組委員會「行動通訊專家小組」(Group Speciale Mobile，簡稱 GSM) 採納爲 13 kbps 位元率下的數位行動電話標準。

聯邦標準 1016

FS 1016 中的 CELP 編碼器使用的聲道濾波器係由以下的式子給出

$$y_n = \sum_{i=1}^{10} b_i y_{n-i} + \beta y_{n-P} + G\varepsilon_n \tag{17.20}$$

其中 P 是音高週期，βy_{n-p} 這一項是由音高週期性而產生的貢獻。輸入語音係以每秒鐘 8000 個取樣值的速率取樣，並分爲含有 240 個取樣值的 30 毫秒信號框。每一個信號框被分成長度爲 7.5 毫秒的 4 個子信號框 [233]。第 10 階短時間濾波器的係數 $\{b_i\}$ 係使用自相關方法求出。

每個子信號框都會計算一次音高週期 P。爲了降低計算負荷，假設在每一個奇數號碼的子信號框中，音高值係介於 20 和 147 之間。至於每一個偶數號碼的子信號框，我們假設音高值位於前一個信號框的音高值的 32 個取樣值內。

FS 1016 演算法使用兩本編碼冊 [234]，一本是隨機編碼冊，另一本是適應性的編碼冊。我們把隨機編碼冊中的一個經過縮放的元素加上適應性編碼冊中的一個經過縮放的元素，以產生每一個子信號框的激發序列。我們會選擇可以使輸入與合成語音之間的聽覺誤差降到最低的比例因子和指標。

隨機編碼冊含有 512 個元素。這些元素乃是使用高斯分佈隨機數產生器產生的，其輸出被量化爲–1, 0 或 1。如果輸入小於–1.2，會它被量化成–1；如果

輸入大於 1.2，會被量化成 1；如果輸入位於−1.2 和 1.2 之間，會被量化成 0。編碼冊元素會被調整，使得每一個元素只有兩個地方與前一個元素不同。這樣的結構有助於降低搜尋的複雜度。

適應性編碼冊由前一個信號框的激發向量組成。每當我們得到一個新的激發向量時，會把它加入編碼冊。這樣一來，編碼冊即可適應局部統計性質。

FS 1016 編碼器已經被證明在安靜和嘈雜的環境中，都可以在 4.8 kbps 或更高的編碼率下提供極佳的重建語音 [234]。因爲有許多激發信號，重建語音聽起來不會覺得不自然。不必進行有聲/無聲的判斷，也使得它更能抵抗背景雜訊的干擾。已經有人證明這具編碼器在 4.8 kbps 下的的重建語音品質相當於在 32 kbps 下操作的增量調變器 [234]。高品質的代價是複雜得多，而且編碼的延遲時間拉長許多。下一節將討論最後一點。

CCITT G.728 語音標準

本章描述的方案天生就有一些內含的編碼延遲。所謂的「編碼延遲」是指如果編碼器與解碼器背對背連接 (也就是說沒有傳輸延遲) 時，從語音取樣值被編碼到被解碼出來的時間。在研究過的方案中，語音片段會先儲存在緩衝區內。我們會等到整個語音片段都可以使用時，才開始取出各種參數。一旦片段完全可以使用，就會被處理。如果處理是即時進行的，表示另一個片段值得等一等。最後，一旦獲得各種參數，並予編碼、傳送，接收器至少必須等到大部份的資訊都已取得，才能開始把第一個取樣值解碼。因此，如果一個片段包含 20 毫秒的資料值，編碼延遲時間大約會介於 40 到 60 毫秒之間。對於某些應用而言，這樣的延遲也許可以接受；然而也有其他的應用無法忍受這麼長的延遲時間。舉例來說，在某些情況下，第一個傳輸器與最後一個接收器之間有幾個前後串聯的中間連接。在這種情況下，總延遲市間將等於單一連接的編碼延遲時間的倍數。延遲時間的長短取決於串聯連接的個數，而且可能很快就會變得非常大。

對於這樣的應用，CCITT 核准了通訊協定 G.728，這是在 16 kbps 下操作的 CELP 編碼器，其編碼器延遲時間爲 2 毫秒。因爲輸入語音係以每秒鐘 8000

個取樣值的速率取樣，此一位元率相當於每一個取樣值 2 個位元的平均編碼率。

　　為了縮短編碼延遲時間，每一個片段的大小必須降得很低，因為編碼延遲時間等於片段大小的倍數。G.728 通訊協定使用 5 個取樣值的片段長度。使用 5 個取樣值，而且編碼率等於每一個取樣值 2 個位元，我們只有 10 個位元可用。只使用 10 個位元，不可能把聲道濾波器和激發向量的參數編碼。因此這個演算法會以後向適應性方法求出聲道濾波器參數；也就是說，我們會分析先前解碼出來的片段，以求出用來合成目前片段的聲道濾波器係數。G.728 的 CCITT 要求包括演算法必須可以在通道嘈雜的狀態下操作。從被通道誤差所干擾的語音中取出音高週期極其困難。因此，G.728 演算法不使用音高濾波器。相反的，這個演算法使用 50 階的聲道濾波器。濾波器的階數大到足以作為大部份女性發言者的音高模型。不能使用男性發言者的音高資訊並不會導致語音的品質降低太多 [235]。聲道濾波器每隔 4 個信號框會被更新一次，相當於每隔 20 個取樣值或 2.5 毫秒更新一次。聲道參數係使用自相關方法求出。

　　由於聲道濾波器完全由後向適應性方法決定，因此所有的 10 個位元都可以用來將激發序列編碼。10 個位元可以索引到 1024 個激發序列。然而每隔 0.625 毫秒檢查 1024 個激發序列是相當沉重的計算負荷。為了降低此一負荷，G.728 演算法使用一本乘積編碼冊，其中的每一個激發序列由一個歸一化的序列和一個增益項予以描述。最後的激發序列乃是歸一化的激發序列與增益的乘積。我們使用 10 個位元中的 3 個位元，以預測性編碼方案將增益值編碼，剩下的 7 個位元則形成含有 127 個序列的編碼冊的索引。

　　CCITT G. 728 編碼器的編碼器與解碼器方塊圖示於圖 17.8。在 16 kbps 下操作的低延遲 CCITT G.728 CELP 編碼器提供的重建語音品質比第 10 章所描述，在 32 kbps 下操作的 CCITT G.726 ADPCM 演算法優良。各式各樣的努力正在進行，以降低此一演算法的位元率，但不至於犧牲太多品質，以及造成太長的延遲時間。

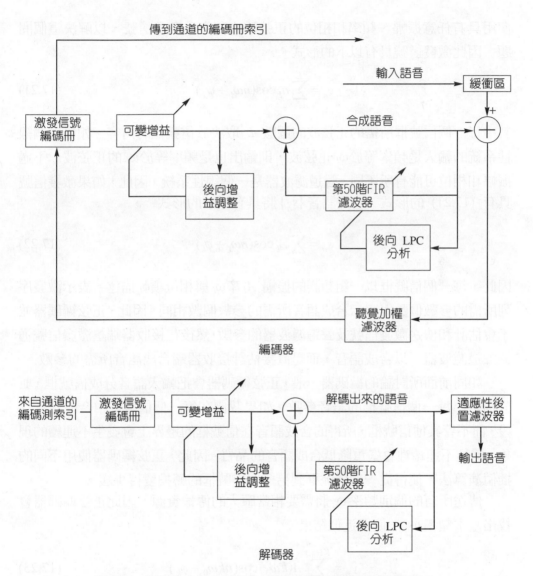

圖 17.8　CCITT G.728 16 kbps 語音編碼器的編碼器與解碼器。

　　在低編碼率領域，有一個相對 CELP 而言極具競爭力，而且相當新穎的編碼器形式，稱為正弦編碼器 [220]。回憶一下，LPC 編碼器的主要問題是激發信號太少。CELP 編碼器使用激發信號的編碼冊來解決這個問題。正弦編碼器

使用具有任意振幅、頻率和相位的正弦波的和作爲激發信號,以解決這個問題。因此激發信號具有以下的形式

$$e_n = \sum_{l=1}^{L} a_l \cos(n\omega_l + \psi_l) \tag{17.21}$$

其中每一個信號框所需的正弦波的個數 L 取決於信號框的內容。如果一個線性系統的輸入是頻率等於ω_l正弦波,則輸出也是頻率等於ω_l的正弦波,不過振幅和相位可能有所不同。聲道濾波器是一個線性系統,因此,如果激發信號具有 (17.21) 的形式,合成語音 $\{s_n\}$ 將具有以下的形式

$$s_n = \sum_{i=1}^{L} A_l \cos(n\omega_l + \phi_l) \tag{17.22}$$

因此,每一個信號框以一組頻譜的振幅 A_l 率ω_l 與相位項ϕ_l 描述。表示激發序列所需的參數個數與表示合成語音所需的參數個數相同。因此,正弦編碼器並不會估計和傳送激發信號及聲道濾波器的參數,然後在接收器端讓激發信號通過聲道濾波器,以合成語音,而是直接估計接收器端合成語音所需的參數。

如同前面所討論的編碼器一般,正弦編碼器會把輸入語音分成信號框,並分別求出每一個信號框的語音參數。如果我們在每一個信號框中合成語音片段,而不管其他信號框,所得的合成語音在信號框的邊界上會發生不連續的現象。這種不連續性會嚴重降低合成語音的品質。因此,正弦編碼器使用不同的插值演算法,使得從一個信號框到另一個信號框的轉換變得平緩。

傳送所有的個別頻率 ω_l 將需要相當龐大的傳輸資源,因此正弦編碼器會找出基本頻率 ω_0,使得近似結果

$$\hat{y}_n = \sum_{k=1}^{K(\omega_0)} \hat{A}(k\omega_0)\cos(nk\omega_0 + \phi_k) \tag{17.23}$$

接近於語音序列 y_n。因爲這是一個諧波近似值,所以當被編碼的語音片段爲無聲片段時,近似值序列 $\{\hat{y}_n\}$ 將與語音序列 $\{y_n\}$ 差異最大。因此,這個差距值可以用來決定信號框或其子集合是否爲無聲。

　　正弦轉換編碼器 (STC) [236] 與多頻帶激發編碼器 (MBE) [237] 可以代表目前最常見的正弦編碼技術。儘管 STC 與 MBE 在許多方面很類似，然而它們處理無聲語音的方式並不相同。在 MBE 編碼器中，頻率範圍被分成頻帶，每一個頻帶包含基本頻率ω_0 幾個諧波。我們會檢查每一個頻帶，看看它是無聲或有聲的。有聲頻帶會使用正弦波的總和來合成，無聲頻帶則使用隨機數產生器獲得。我們分別合成有聲和無聲頻帶，然後把它們加起來。

　　在 STC 中，我們使用「有聲機率」P_v量信號框中包含有聲信號的比例。有聲機率乃是諧波模型與語音片段有多匹配的函數。諧波模型接近語音信號的地方，我們會取有聲機率等於 1。接下來，正弦波頻率係由以下的式子產生

$$w_k = \begin{cases} kw_0 & \text{當 } kw_0 \le w_c P_v \\ k^*w_0 + (k - k^*)w_u & \text{當 } kw_0 > w_c P_v \end{cases} \tag{17.24}$$

其中ω_c 對應於截止頻率 (4 kHz)，ω_u 是無聲信號的音高，相當於 100 赫茲，且k^*為滿足$k^*\omega_0 \le \omega_c P_v$的最大 k 值。接下來，採用以下的式子來合成語音

$$\hat{y}_n = \sum_{k=1}^{K} \hat{A}(w_k)\cos(nw_k + \phi_k) \tag{17.25}$$

STC 和 MBE 編碼器已經被證實在低位元率時效能很好。MBE 編碼器的一個版本，稱為改良型 MBE (IMBE) 編碼器，已經由警察通訊員協會 (APCO) 核准為執法標準。

17.3.4　混合激發線性預測 (MELP)

國防部語音處理協會 (DDVPC) 已經選擇混合激發線性預測 (MELP) 編碼器作為 2.4 kbps 下進行語音編碼的新型聯邦標準。MELP 演算法使用同樣的 LPC 濾波器作為聲道的模型，然而它產生激發信號的方法可要複雜得多。

　　MELP 系統的解碼器的方塊圖示於圖 17.9。從圖中可以很明顯地看出，合成濾波器的激發信號不再只有雜訊或週期性脈衝，而是多頻帶的混合激發信號。混合激發信號包含來自雜訊產生器，且經過濾波的信號，以及與輸入信號直接相關的一個信號。

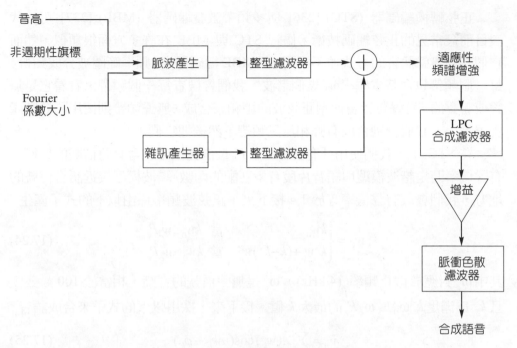

圖 17.9　MELP 解碼器的方塊圖。

　　建立激發信號的第一步是取出音高。MELP 演算法使用一個有許多步驟的方法來取出音高週期。在第一個步驟中，我們利用以下的方法，得到一個整數音高值 P_1：

1. 使用截止頻率等於 1 kHz 的低通濾波器，先將輸入濾波。
2. 針對從 40 到 160 之間的延滯時間，計算歸一化的自相關函數值。歸一化的自相關函數 $r(\tau)$ 定義為

$$r(\tau) = \frac{c_\tau(0,\tau)}{\sqrt{c_\tau(0,0)\, c_\tau(\tau,\tau)}}$$

其中

$$c_\tau(m,n) = \sum_{-\lfloor \tau/2 \rfloor - 80}^{-\lfloor \tau/2 \rfloor + 79} y_{k+m} y_{k+n}$$

我們求出使歸一化的自相關函數最大的 τ 值，作為音高 P_1 的第一個估計值。我們會觀察由導通頻率在 0～500 赫茲範圍內的濾波器進行濾波的信號，以修正這個值。這個階段使用兩個 P_1 值作為候選值，一個來自目前的信號框，另一個來自前信號框。我們針對從落後候選 P_1 值 5 個取樣值到超前 5 個取樣值的延滯時間計算歸一化的自相關函數值。使得每一個候選值的歸一化自相關函數值最大的延滯時間會使用於**部分音高修正值** (fractional pitch refinement)。部分音高修正背後的想法是：如果我們求出 $r(\tau)$ 的最大值發生在某一個 $\tau = T$，那麼最大值可能位於區間 $(T-1, T]$ 或 $[T, T+1)$ 內。部分偏移值計算如下

$$\Delta = \frac{c_T(0, T+1)c_T(T, T) - c_T(0, T)c_T(T, T+1)}{c_T(0, T+1)[c_T(T, T) - c_T(T, T+1)] + c_T(0, T)[c_T(T+1, T+1) - c_T(T, T+1)]}$$

(17.26)

在部分音高值時的歸一化自相關函數值係由以下的式子給出

$$r(T + \Delta) = \frac{(1-\Delta)c_T(0, T) + \Delta c_T(0, T+1)}{\sqrt{c_T(0,0)[(1-\Delta)^2 c_T(T,T) + 2\Delta(1-\Delta)c_T(T, T+1) + \Delta^2 c_T(T+1, T+1)]}}$$

(17.27)

自相關函數值較大的部分估計值會被選擇為修正的音高值 P_2。

我們使用線性預測殘餘值求出音高的最後修正值。我們使用以 LPC 分析求出的濾波器將輸入語音信號濾波，以產生殘餘值序列。針對音高修正的目的，我們會使用截止頻率等於 1 kHz 的低通濾波器將殘餘值信號濾波。我們會針對從落後候選 P_2 值 5 個取樣值到超前 5 個取樣值的延滯時間，計算經過濾波的殘餘值信號的歸一化自相關函數值，並得到 P_3 的候選值。如果 $r(P_3) \geq 0.6$，我們會檢查 P_3 確實不是實際音高的倍數。如果 $r(P_3) < 0.6$，我們會使用輸入語音信號，在 P_2 附近再做一次部分音高修正。如果到了最後，$r(P_3) < 0.55$，則我們使用音高的長時間平均值來取代 P_1。最後的音高值會在對數尺度上使用一個 99 階層的均等量化器進行量化。

我們也會使用導通頻帶等於 0–500, 500–1000, 1000–2000, 2000–3000，以及 3000–4000 赫茲的 5 個濾波器，針對輸入進行多頻帶有聲狀態分析。此一

分析的目標是求出整形濾波器所使用的每一個頻帶的有聲狀態強度 Vbp_i。請注意，由於 P_2 是使用最低頻帶濾波器的輸出得到的，因此 $r(P_2)$ 被指定為最低頻帶的有聲狀態強度 Vbp_1。至於其他的頻帶，Vbp_i 等於該頻帶的 $r(P_2)$ 與帶通信號包絡線的相關係數兩者中較大的值。如果 Vbp_1 的值很小，表示缺乏低頻結構，接下來又表示處於無聲或過渡輸入狀態。因此，如果 $Vbp_1 < 0.5$，激發信號的脈衝成分會被選擇為非週期性，我們會把非週期性旗標設定為 1，將此一判斷傳送給解碼器。當 $Vbp_1 > 0.6$ 時，如果其他有聲狀態強度的值大於 0.6，則會被量化成 1，否則量化成 0。這樣一來，不同頻帶中的信號能量會被開啟或關閉，視有聲狀態的強度而定。這個量化規則有幾個例外。如果 Vbp_2, Vbp_3 和 Vbp_4 全部小於 0.6，且 Vbp_5 大於 0.6，則這些值全部 (包含 Vbp_5) 會被量化成 0。此外，如果殘餘值信號含有一些很大的值，表示輸入信號突然轉變，則有聲狀態的強度會被調整。更明確地說，**峰度** (peakiness) 定義為

$$\text{peakiness} = \frac{\sqrt{\frac{1}{160}\sum_{n=1}^{160} d_n^2}}{\frac{1}{160}\sum_{n=1}^{160}|d_n|} \tag{17.28}$$

如果這個值超過 1.34，Vbp_1 會被設定成 1。如果峰度值超過 1.6，Vbp_1，Vbp_2 和 Vbp_3 全部會被設定成 1。

為了產生脈衝輸入，演算法會測量對應於音高的前 10 個諧波的離散 Fourier 轉換係數的大小。我們使用量化過的預測器係數來產生殘餘值預測。演算法在高音諧波初始值周圍，寬度等於 $\lfloor 512/\hat{P_3} \rfloor$ 個取樣值的窗口內，搜尋滿足 $\hat{P_3}$ 等於 P_3 之量化值的實際諧波。諧波的大小使用編碼冊大小等於 256 的向量量化器進行量化。我們使用加權歐幾裡德距離來搜尋編碼冊，此一距離強調較低的頻率更勝於較高的頻率。

在解碼器端，演算法會使用諧波的大小以及有關脈衝序列的週期性資訊，以產生一個激發信號。另一個信號則使用隨機數產生器產生。在組合這兩個信號之前，會先使用多頻帶整形濾波器予以整形。接下來，混合信號會交給一個

根據 LPC 係數而產生的**適應性頻譜增強濾波器** (adaptive spectral enhancement filter) 進行處理，而形成最後的激發信號。請注意，為了保持信號框之間的連續性，產生激發信號所用的參數會根據相鄰信號框中對應的值予以調整。

■ 17.4　寬頻語音壓縮 ── ITU-T G.722.2

電話是最早期的 (遠距離) 語音通訊的形式之一。此一經驗使大眾對語音品質的期望相當低。當技術不斷進展時，人們仍然沒有要求比較高級的語音通訊品質，然而多媒體革命正使這一點改觀。隨著視訊與音訊的品質不斷提高，希望語音通訊具有更高品質的需求也愈來愈殷切。電話品質的語音，頻帶被侷限於 200 赫茲到 3400 赫茲之間。這個頻率範圍所包含的訊息足以產生可聽懂的語音，且在某種程度上還能辨識出認說話者是誰。為了改進語音的品質，增加語音的頻寬是必要的。寬頻語音的頻帶侷限於 50–7000 赫茲。較高的頻率使語音信號更清晰，較低的頻率則表現出音色和自然性。2002 年 1 月核准的 ITU-T G.722.2 標準為寬頻語音編碼提供了一個具有多重編碼率的編碼器。

寬頻語音係以每秒鐘 16,000 個取樣值的速率取樣。信號被分成兩個頻帶，一個是 50–6400 赫茲的低頻頻帶，另一則是 6400–7000 赫茲的高頻頻帶。編碼資源供給低頻頻帶使用。我們會根據低頻頻帶的資訊，在接收器端使用隨機激發，以重建高頻頻帶。低頻頻帶會被縮減取樣成 12.8 kHz。

這種編碼方法屬於碼激發線性預測方法，其中使用代數編碼冊作為固定編碼冊。適應性編碼冊包含以低通濾波方式進行內插的先前激發向量。它的基本概念與 CELP 相同。根據輸入語音推導出合成濾波器，並使用由固定編碼冊及適應性編碼冊元素的加權總和組成的激發向量來激發合成濾波器。我們根據濾波器的輸出與輸入語音在聽覺上的接近程度來選擇激發向量的組合。選擇結果與合成濾波器的參數會一起傳送到接收器，然後合成語音。我們使用語音動作偵測器，以降低無聲區間中的編碼率。讓我們稍微詳細地檢驗各種組成部分。

　　語音係以 20 毫秒的信號框爲單位進行處理。每一個信號框由 4 個 5 毫秒的子信號框組成。我們使用一個互相重疊，且寬度等於 30 毫秒的窗口，在每一個信號框內進行一次 LP 分析。我們計算在窗口內的語音的自相關函數值，並使用 Levinson-Durbin 演算法求出 LP 係數。這些係數會被轉換成導抗頻譜對 (Immittance Spectral Pairs，簡稱 ISP)，並使用向量量化器予以量化。進行轉換的原因是我們必須把合成濾波器的任何表示方式量化。如果底層的過程是穩定的，則 ISP 表示方式的元素彼此之間將不具關聯性，這表示一個係數的誤差將不至於造成整個頻譜失眞。

　　已知一組 16 個 LP 係數 $\{a_i\}$，茲定義兩個多項式

$$f_1'(z) = A(z) + z^{-16} A(z^{-1}) \tag{17.29}$$

$$f_2'(z) = A(z) - z^{-16} A(z^{-1}) \tag{17.30}$$

　　顯而易見，如果我們知道這些多項式的話，它們的總和會等於 $A(z)$。我們可以不傳送多項式，而傳送這些多項式的根。我們知道這些根全部落在單位圓上，而且兩個多項式的根會交替出現。多項式 $f_2'(z)$ 在 $z = 1$ 和 $z = -1$ 有兩個根。我們把這些根除去，結果得到兩個多項式

$$f_1(z) = f_1'(z) \tag{17.31}$$

$$f_2(z) = \frac{f_2'(z)}{1 - z^{-2}} \tag{17.32}$$

　　我們現在可以把這些多項式進行因式分解，如以下所示

$$f_1(z) = (1 + a_{16}) \prod_{i=0,2,\ldots,14} \left(1 - 2q_i z^{-i} + z^{-2}\right) \tag{17.33}$$

$$f_2(z) = (1 + a_{16}) \prod_{i=1,3,\ldots,13} \left(1 - 2q_i z^{-i} + z^{-2}\right) \tag{17.34}$$

其中 $q_i = \cos \omega_i$，且 ω_i 是導抗頻譜頻率。使用差分編碼和向量量化的組合將 ISP 係數量化。有 16 個頻率的向量會透過兩階段量化被分成子向量。量化過

的 ISP 會被轉換成 LP 係數，並在第 4 個子信號框中用來合成。我們將相鄰子信號況的係數內插，而得到其他的 3 個子信號框使用的 ISP 係數。

　　我們必須爲每一個 5 毫秒的子信號框產生一個激發向量。如同 CELP 一般，激發信號乃是來自兩本編碼冊 — 固定編碼冊和適應性編碼冊 — 的兩個向量的和。向量編碼冊永遠會有儲存需求的問題。編碼冊應該大到足以提供一組豐富的激發信號。然而對於 64 個取樣值 (在 5 毫秒內) 的大小而言，可能的組合數會變得非常龐大。G.722.2 演算法在固定編碼冊中加入了一個代數結構，以解決這個問題。64 個位置被分成 4 個軌道。第一個軌道由位置 0, 4, 8, ..., 60 組成。第二個軌道由位置 1, 5, 9, ..., 61 組成。第三個軌道由位置 2, 6, 10, ..., 62 組成，最後一個軌道則由其餘的位置組成。我們可以使用 4 個位元記錄位置，第 5 個位元記錄正負號，而將一個有號脈衝放在每一個軌道內。這樣等於給了我們一本 20 個位元的固定編碼冊，相當於編碼冊的大小等於 2^{20}。然而我們並不需要儲存編碼冊。我們可以在每一個軌道內指定多一點或少一點的脈衝，動態地改變編碼冊的「大小」，而得到不同的編碼率。標準正文中詳細地描述了一種找出激發向量的快速搜尋程序。

　　語音動作偵測器允許我們在語音暫停期間，顯著地降低編碼器的編碼率。在這些期間，我們會傳送描述雜訊的參數，以低編碼率將背景雜訊編碼。解碼器端會合成此一**舒適雜訊** (comfort noise)。

◨ **17.5** 　**影像壓縮**

儘管有許多人嘗試模擬使用於影像壓縮的線性預測編碼方法，然而這些嘗試並不太成功。主要的原因是：語音可以使用線性濾波器的輸出作爲模型，而大部份的影像則不然。然而在 20 世紀的 80 年代中期，有人想出了一種完全不同的分析/合成方法 — 碎形壓縮，這種方法已經取得了某種程度的成功。

17.5.1 碎形壓縮

碎形壓縮這個主題有幾種不同的研究方法。我們的方法是使用定點轉換的概念。函數 $f(\cdot)$ 如果滿足 $f(x_0) = x_0$，則稱這個函數有一個定點 x_0。假設我們限制函數具有 $ax + b$ 的形式，則除了 $a = 1$ 以外，這個方程式總有一個定點：

$$ax_0 + b = x_o$$

$$\Rightarrow x_0 = \frac{b}{1-a}. \tag{17.35}$$

這表示如果我們希望傳送 x_0 的值，我們可以改為傳送 a 和 b 的值，並且在接收器這邊使用 (17.35) 式求出 x_0。我們不必解這個方程式，以求出 x_0。相反的，我們可以猜測 x_0 應該等於多少，然後使用遞迴關係式修正我們的猜測

$$x_0^{(n+1)} = ax_0^{(n)} + b \tag{17.36}$$

例題 17.5.1

假設我們並不傳送 $x_0 = 2$ 這個值，改為傳送 a 和 b 的值 (分別 0.5 和 1.0)。一開始的時候，接收器猜測 x_0 的值為 $x_0^{(0)} = 1$。則

$$x_0^{(1)} = ax_0^{(0)} + b = 1.5$$
$$x_0^{(2)} = ax_0^{(1)} + b = 1.75$$
$$x_0^{(3)} = ax_0^{(2)} + b = 1.875$$
$$x_0^{(4)} = ax_0^{(3)} + b = 1.9375$$
$$x_0^{(5)} = ax_0^{(4)} + b = 1.96875$$
$$x_0^{(6)} = ax_0^{(5)} + b = 1.984375 \tag{17.37}$$

依此類推。我們可以看到，每進行一個回合，我們就離 x_0 的實際值 (等於 2) 愈來愈近。不管初始猜測值等於多少，這一點都成立。　　　　　　◆

因此，我們可以指定定點方程式，以準確地指定 x_0 的值。接收器可由 (17.35) 的解或透過遞迴關係式 (17.36) 求出這個值。

讓我們把這個概念加以推廣。假設對於一幅給定的影像 (視為整數陣列)，則存在一個函數 $f(\cdot)$，滿足 $f(\mathcal{I}) = \mathcal{I}$。如果表示 $f(\cdot)$ 所需的位元數比 $\mathcal{I}$ 要少，則 $f(\cdot)$ 可以視為 $\mathcal{I}$ 的壓縮表示方式。

Michael Barnsley 和 Alan Sloan 根據自我相似性的概念，首先提出了這個想法 [238]。Barnsley 和 Sloan 指出：一些看起來很自然的物體可以表示成某種類型的函數的定點。如果一幅影像可以表示成某一個函數的定點，那麼可以解決**反向**問題嗎？即已知一幅影像，可以求出以這幅影像為定點的函數嗎？這個問題的第一個實際的公開解答出現在 Arnaud Jacquin 於 1989 年發表的博士論文 [239]。本節描述的技術來自於 Jacquin 在 1992 年發表的論文 [240]。

我們並不直接求出以給定影像為定點的單一函數，而是影像分割成許多區塊 R_k，這些區塊稱為**範圍** (range) 區塊，並求珠每一個區塊的轉換 f_k。轉換 f_k 並不是定點轉換，因為它們不滿足方程式

$$f_k(R_k) = R_k \tag{17.38}$$

相反的，這些轉換是從像素區塊 D_k 到影像的某些其他部分的映射。雖然個別的映射 f_k 並不是定點映射，但稍後我們將看到：所有的這些映射可以組合起來，產生一個定點映射。影像區塊 D_k 稱為**定義** (domain) 區塊，而且被選擇為比範圍區塊要大。在參考文獻 [240] 中，我們以 $K/2$ 或 $K/4$ 個像素為單位，在影像上移動一個 $K \times K$ 的窗口，而得到定義區塊。只要窗口仍然在影像的邊界之內，這樣遇到的每一個 $K \times K$ 區塊都會被加入一個定義區塊池內。所有定義區塊的集合並不需要把影像完全分割。圖 17.10 顯示範圍區塊和兩個可能的定義區塊。

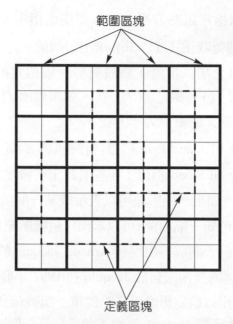

範圍區塊

定義區塊

圖 17.10　範圍區塊與定義區塊的範例。

轉換 f_k 由**幾何** (geometric) 轉換 g_k 和**質量** (massic) 轉換 m_k 組成。幾何轉換包含將定義區塊移動到範圍區塊的位置上，以及調整範圍區塊的大小，以符合定義區塊的大小。當幾何轉換作用於定義區塊之後，質量轉換會調整該區塊內像素的強度和方向。因此，

$$\hat{R}_k = f_k(D_k) = m_k(g_k(D_k)) \qquad (17.39)$$

在 (17.39) 的左手邊，我們使用了 $\hat{R}_k$ 而非 R_k，因為要找出定義區塊和範圍區塊之間的精確函數關係，一般而言是不可能的。因此我們必須勉強接受某種程度的訊息損失。一般而言，這個損失是依據均方誤差來量度的。

所有的這些函數一同產生的作用可以表示成轉換 $f(\cdot)$。在數學上，這個轉換可以視為轉換 f_k 的聯集：

$$f = \bigcup_k f_k \qquad (17.40)$$

請注意，雖然每一個轉換 f_k 都會把不同大小和位置上的區塊映射到 R_k 的位置上，從整幅影像的觀點來看，它是一個從影像到影像的映射。因為 R_k 的聯集是影像本身，所以我們可以把所有的轉換表示成

$$\hat{I} = f(\hat{I}) \tag{17.41}$$

其中使用了 $\hat{I}$，而非 I，以指出「重建影像只是原始影像的近似結果」的事實。

我們現在可以把編碼問題表示成：求出使差異 $d(R_k, \hat{R}_k)$ 最小的 D_k, g_k 和 m_k，其中 $d(R_k, \hat{R}_k)$ 可以是區塊 R_k 與 $\hat{R}_k$ 之間的均方誤差。

首先讓我們看看：假設我們已經知道將要使用哪一個定義區塊 D_k，如何求出 g_k 和 m_k。然後我們將回到選擇 D_k 的問題。

對於一個給定的範圍區塊，知道要使用哪一個定義區塊，就自動決定了所需的位移量。如果範圍區塊 R_k 的大小等於 $M \times M$，我們通常會取定義區塊的大小等於 $2M \times 2M$。為了調整 D_k 的大小與 R_k 相同，我們通常以 2×2 像素區塊的平均值來取代這些像素。一旦選擇了範圍區塊，就很容易求出幾何轉換。

茲定義 $T_k = g_k(D_k)$，且 t_{ij} 是 T_k 中的第 i, j 個像素，$i, j = 0, 1, \cdots, M-1$，則質量轉換 m_k 係由以下的式子給出

$$m_k(t_{ij}) = i(\alpha_k t_{ij} + \Delta_k) \tag{17.42}$$

其中 $i(\cdot)$ 代表區塊內像素的重新排列或重新安排。可能的重新安排 (或保距轉換 (isometry)) 包括以下幾種：

1. 旋轉 90 度，$i(t_{ij}) = t_{j(M-1-i)}$
2. 旋轉 180 度，$i(t_{ij}) = t_{(M-1-i)(M-1-j)}$
3. 旋轉 –90 度，$i(t_{ij}) = t_{(M-1-i)j}$
4. 相對於中間縱軸的反射，$i(t_{ij}) = t_{i(M-1-j)}$
5. 相對於中間橫軸的反射，$i(t_{ij}) = t_{i(M-1-j)}$
6. 相對於主對角線的反射，$i(t_{ij}) = t_{ji}$
7. 相對於反對角線的反射，$i(t_{ij}) = t_{(M-1-j)(M-1-i)}$
8. 恆等映射，$i(t_{ij}) = t_{ij}$

因此,對於每一個質量轉換m_k,我們必須求出α_k和Δ_k的值,以及一個保距轉換。對於一給定的範圍區塊R_k,為了找出可以產生最接近之近似結果$\hat{R}_k$的所有映射,我們可以嘗試各種轉換與定義區塊的所有可能組合 — 這可是相當龐大的計算量。為了降低計算量,我們可以限制要搜尋的定義區塊數目。然而,為了得到最佳的近似結果,我們希望定義區塊池儘可能地大。Jacquin [240] 採用以下的方式來解決這個問題。首先,他以先前描述的方法產生一個相當大的定義區塊池,然後把定義區塊池的元素分成**陰影區塊** (shade block)、**邊緣區塊** (edge block) 和**中間範圍區塊** (midrange block)。陰影區塊是指區塊內的像素值的變異數很小的區塊。顧名思義,邊緣區塊是指包含強度值急遽變化的區塊。中間範圍區塊則是指不屬於這兩種類型的區塊 — 既不太平坦,也沒有輪廓分明的邊緣。接下來,陰影區塊會從定義區塊池中移除,這麼做的原因在於:使用我們所描述的轉換,陰影定義區塊只會產生陰影範圍區塊。如果範圍區塊是陰影區塊,只傳送區塊的平均值,而不嘗試任何更複雜的轉換,在成本上要節省得多。

編碼程序的進行方式如下。首先,我們把一個範圍區塊分類成以上所述 3 種類型的其中之一。如果該區塊是陰影區塊,我們只傳送區塊的平均值。如果該區塊是中間範圍區塊,則質量轉換具有$\alpha_k t_{ij} + \Delta_k$的形式。我們假設保距轉換是恆等保距轉換。首先,我們從幾個值中選出使$d(R_k, \alpha_k T_k)$最小的α_k — Jacquin [240] 選擇以下的值: (0.7, 0.8, 0.9, 1.0)。因此,我們必須搜尋所有可能的α值,以及定義區塊池中所有的中間範圍區塊,以找出使$d(R_k, \alpha_k T_k)$最小的一對(α_k, D_k)。接下來,Δ_k的值會被選擇為R_k與$\alpha_k T_k$的平均值的差距。

如果範圍區塊R_k被歸類為邊緣區塊,那麼質量轉換的選擇是一個稍微有些複雜的過程。首先,區塊被分成明亮區域和黑暗區域。然後我們計算明亮與黑暗區域的平均值的差距,作為區塊的動態範圍$r_d(R_k)$。對於一個給定的定義區塊,我們會使用這個值,以及下面的式子來計算α_k的值:

$$\alpha_k = \min\left\{\frac{r_d(R_k)}{r_d(T_j)}, \alpha_{\max}\right\} \tag{17.43}$$

其中α_{max}是縮放倍率的上界。接下來,以此種方式求出的α_k值會被量化成幾個值的其中之一。一旦得到α_k的值,我們會根據黑暗區域或明亮區域中的像素何者較多,而計算明亮區域或黑暗區域的平均值。最後,我們嘗試每一種保距轉換,以找出可以使轉換過的定義區塊與範圍區塊最為接近的轉換。

一旦求出了轉換,我們會利用以下的參數,將這些轉換傳送到接收器:所選擇的領域區塊的位置、以及記錄該區塊是不是陰影區塊的單一位元。如果該區塊是陰影區塊,則傳送平均強度的值;如果不是的話,經過量化的縮放倍率與偏移值,以及所使用的保距轉換的標籤會一起傳送過去。

接收器從某些任意的初始影像I_0開始。然後把這些轉換應用在每一個範圍區塊上,而得到第一幅近似影像。接下來,把這些轉換應用於第一幅近似影像上,而得到第2幅近似影像,依此類推。讓我們看看一個解碼過程的範例。

例題 17.5.2

我們使用碎形方法將圖 17.11 所示的 Elif 影像編碼。原始影像的大小等

圖 17.11 原始的 Elif 影像。

圖 17.12 碎形解碼過程的前六個回合。

圖 17.13 最後的 Elif 影像

於 256×256，每一個像素使用 8 個位元編碼，因此需要的儲存空間為 65,536 個位元組。被壓縮的影像含有以上所述的轉換。這些轉換總共需要共 4580 個位元組，相當於每一個像素 0.56 位元的平均編碼率。解碼過程一開始，我們把這些轉換應用於一幅全部等於零的影像。解碼過程的前 6 個回合示於圖 17.12。整個過程在 9 個回合之後收斂。最後的影像示於圖 17.13。請注意這幅重建影像與使用 DCT 獲得的低編碼率重建影像的差別。區塊效應大致上都不見了，然而這並不表示重建影像中沒有任何失真或假影像。在下巴和頸部，這些失真或假影像特別明顯。 ◆

在我們的討論 (以及示範) 中，我們假設範圍區塊的大小是固定的。如果是這樣的話，我們應該選擇多大的範圍區塊？如果我們選擇的範圍區塊很大，必須傳送的轉換會比較少，因此可以改進壓縮效率。然而，如果範圍區塊很大，要找出經過適當轉換之後，與範圍區塊很接近的定義區塊，會變得更加困難，這樣又會造成重建影像中的失真值增加。要選擇大型或小型的範圍區塊有一個折衷辦法，就是從一個大尺寸的範圍區塊開始，如果找不到夠好的匹配，則逐

步降低範圍區塊的大小,直到我們找到好的匹配,或已經達到最小尺寸為止。我們也可以計算編碼率和失真值的加權總和

$$J = D + \beta R$$

其中 D 是失真的度量,且 R 為表示區塊所需的位元數。接下來,我們可以根據 J 的值,決定要不要繼續分割。

我們也可以從最小尺寸的範圍區塊 (又稱為**原子區塊** (atomic blocks)) 開始,然後合併比較小的區塊,而得到比較大的區塊。

有許多方法可以進行細部分割,其中最為人熟知的是**四元樹分割** (quadtree partitioning),最初是由 Samet 引入 [241] 的。一開始進行四元樹分割的時候,我們把這幅影像分割成最大尺寸的範圍區塊。如果某個特定區塊無法產生令人滿意的重建結果,我們可以把它繼續分割成 4 個區塊。接下來,如果有需要的話,這些區塊也可以再分割成 4 個區塊。圖 17.14 中可以看到四元樹分割的一個範例。在這個特別的例子中,範圍區塊有 3 種可能的尺寸。如果影像的細節非常重要,通常會把範圍區塊的最小尺寸取得很小 [242]。因為有許多種不同的範圍區塊尺寸,我們也需要許多種不同的定義區塊尺寸。

我們可以使用的分割方法並非只有四元樹分割。另一種常見的分割方法是 HV 方法。在 HV 方法中,我們可以使用長方形的區域。我們並不把一個方形的區域再分成 4 個正方形的區域,而是把長方形的區域垂直或水平分割,以產生更均勻的區域。更明確地說,如果一個區塊內有垂直或水平邊緣,我們會沿著這些邊緣分割該區塊。對於一個給定的 $M \times N$ 範圍區塊,求出分割位置的方法之一是計算偏斜垂直與水平差距值:

$$v_i = \frac{\min(i, N-i-1)}{N-1}\left(\sum_j \mathcal{I}_{i,j} - \mathcal{I}_{i+1,j}\right)$$

$$h_j = \frac{\min(j, M-j-1)}{M-1}\left(\sum_j \mathcal{I}_{i,j} - \mathcal{I}_{i,j+1}\right)$$

使 $|v_i|$ 和 $|h_j|$ 最大的 i 和 j 的值指出區塊的兩半差異最大的列與行。根據 $|v_i|$ 和 $|h_j|$ 何者較大,我們可以沿著垂直或水平方向分割長方形。

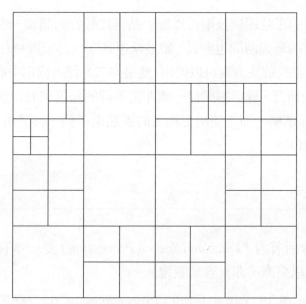

圖 17.14　四元樹分割的範例

　　最後，分割區域不一定需要是長方形，甚至不一定需要是有規律的。已經有人使用過三角形和不規則形狀的分割區域來進行實驗 [243]。

　　碎形方法從一個新穎的角度來處理影像壓縮。目前使用碎形方法得到的重建影像的品質，幾乎與 JPEG 中運用的 DCT 方法得到的重建影像的品質一樣。然而碎形技術相當新穎，進一步的研究也許會帶來重大的改進。碎形方法有一個很重要的優點：解碼過程簡單迅速。在壓縮只執行一次，但解壓縮會執行很多次的應用中，這一點特別有用。

▣ 17.6　摘要

我們討論了使用分析/合成方法，而且極為不同的兩種方式。在語音編碼中，這個方法很有效，因為語音產生的過程有一個數學模型可供使用。我們已經看到：如何依據問題的限制條件，以許多種不同的方式來使用這個模型。如果我們的主要目標是盡可能在最低的位元率下獲得可以聽得懂的通訊，那麼 LPC 演算法可以提供非常理想的解決方案。如果我們也希望得到高品質的語音，

CELP 以及不同的正弦編碼技術可以提供品質比較好的語音，然而代價是更爲複雜，而且處理的延遲時間也愈長。如果延遲時間也必須維持在某一個臨界值以下，有一個特殊的解決方案可以使用，就是 G.728 通訊協定中的低延遲 CELP 演算法。對影像而言，碎形編碼從一個非常不同的角度來看這個問題。它並不使用系統的物理結構，而是使用更抽象的觀點來得到一種分析/合成技術，以產生資料源輸出。

進階閱讀

1. T. Parsons 所著的「*Voice and Speech Processing*」是一本有關語音處理各方面的資訊來源，非常容易閱讀。

2. J. Makhou 在 1975 年 4 月份的 *Proceedings of the IEEE* 期刊上撰寫的「Linear Prediction」[244] 是線性預測的古典入門性文章。

3. 如果讀者希望瞭解語音壓縮領域中近期活動的詳盡回顧，請參閱 A. Gersho 在 1994 年 6 月份的 *Proceedings of the IEEE* 期刊上撰寫的「Advances in Speech and Audio Compression」[220]。

4. A. Kondoz 所著的「Digital Speech: Coding for Low Bit Rate Communication Systems」[127]是有關語音編碼器的極佳資訊來源。

5. 1992 年 6 月份的 IEEE Journal on Selected Areas in Communications 期刊中，可以找到由 J.-H. Chen, R.V. Cox, Y.-C. Lin, N. Jayant 與 M.J. Melchner 合著的「A Low Delay CELP Coder for the CCITT 16kb/s Speech Coding Standard」[235]，這篇文章對於 G.728 演算法有極佳的描述。

6. 碎形影像壓縮有一本很好的入門書，是由 Y. Fisher 編輯，Springer-Verlag, New York 於 1995 年出版的「*Fractal Image Compression: Theory and Application*」。

7. 1993 年 10 月份的 *Proceedings of the IEEE* 期刊中有討論碎形這個主題的特刊，其中有一篇由 A. Jacquin 撰寫的入門性文章討論到碎形影像壓縮。

■ **17.7 專案與習題**

1. 寫一個程式，使用 AMDF 函數來偵測有聲片段和無聲片段。請使用 `test.snd` 聲音檔來測試你的演算法。

2. `testf.raw` 檔案是一位女性說出「test」這個字的聲音。從 `testsm.raw` 檔案和 `testf.snd` 檔案中隔離出 10 個有聲片段和無聲片段 (請嘗試挑出兩個檔案中相同的片段)。計算每一個片段中零點跨越的次數，並比較這兩個檔案的結果。

3. (a) 從 `testf.raw` 檔案中選擇一個有聲片段。使用 Levinson-Durbin 演算法求出這個片段的第 4 階、第 6 階與第 10 階的 LPC 濾波器。

   (b) 從 `testf.snd` 檔案中挑出對應的片段。使用 Levinson-Durbin 演算法求出這個片段的第 4 階、第 6 階與第 10 階的 LPC 濾波器。

   (c) 比較 (a) 和 (b) 的結果。

4. 從 `test.raw` 檔案中選擇一個有聲片段。使用 Levinson-Durbin 演算法求出第 4 階、第 6 階與第 10 階的 LPC 濾波器。針對每一個濾波器，求出會產生與有聲信號最接近之近似結果的多脈衝序列。

18

視訊壓縮

18.1 綜覽

視訊是由影像的時間序列組成的，因此視訊壓縮可以視為具有時間成分的影像壓縮。從這個觀點來看，本章唯一引入的「新」技術是利用此一時間關聯性的策略。然而，也有一些不同的情況必須進行視訊壓縮，每一種情況都需要適合該特殊情況的解決方案。在本章中，我們簡短地討論視訊壓縮演算法，以及針對不同的視頻通訊應用而開發的標準。

18.2 引言

在各種不同的資料源中，產生的資料量最多的大概就是視訊了。試考慮使用 CCIR 601 格式 (第 18.4 節) 產生的一個視訊序列。每一個畫面由二十五萬個以上的像素組成。在每秒 30 個畫面，每一個像素 16 位元的速率下，這相當於大約每秒鐘 21 Mbyte 或 168 Mbits 的資料率。相較於第 17 章討論的語音編碼系統，其目標資料率為每秒 2.4, 4.8 與 16 kbits，視訊的資料率顯然屬於不同的等級。

視訊壓縮可以視為影像序列的壓縮；換句話說，視訊壓縮可以視為具有時間成分的影像壓縮。基本上這就是本章採取的方法。然而這種方法有一些限制。我們觀看動態視訊的方式與觀看靜態影像不同。動態視訊可以遮蔽在靜態影像中看得見的編碼假影像。另一方面，在重建的靜態影像中不太容易看得出來的假影像，在重建的動態視訊中可能非常礙眼。舉例來說，請考慮一個壓縮方案，這個方案會在影像像素的平均強度中引入適度的隨機變化量。除非有一幅重建的靜態影像正好放在旁邊，與原始影像一起比較，否則這些假影像可能完全不會被注意到。然而在動態視訊序列中，特別是沒有太多動作的序列，隨機的強度變化可能非常礙眼。再舉一個例子，對於靜態影像的壓縮而言，邊緣重建得不理想可能是很嚴重的問題。然而如果視訊序列隨著時間有一些變化，邊緣的重建誤差可能不會有人注意到。

雖然更全面性的處理方法可能會得到更好的壓縮方案，然而把視訊視為一連串彼此之間有關聯的影像會更方便。大部份的視訊壓縮演算法利用時間上的關聯性來去除重複性。前一個重建畫面將用來產生目前畫面的預測值。預測值與目前畫面的差別 (亦即預測誤差或殘餘值) 會被編碼，並傳送到接收器。接收器也可以取得前一個重建畫面。因此，如果接收器知道預測是以何種方式執行的話，則可使用這個訊息來產生預測值，再把這些預測值加上預測誤差，而產生重建結果。視訊編碼中的預測運算必須考慮到畫面中的物體的移動，這稱為移動補償 (在下一節中描述)。

我們也將描述一些不同的視訊壓縮演算法。我們的討論主要將限制於已經被國際標準採納的技術。因為有非常多的產品使用具有專利的視訊壓縮演算法，要找出或在本書中納入這些演算法的描述非常困難。

我們可以根據應用領域將演算法分類。儘管有人嘗試開發「通用」標準，然而在各種應用中決定要使用的特徵及參數值時，該應用的要求可能是最主要的因素。如果壓縮演算法乃是針對雙向通訊而設計，則編碼延遲必須最短。此外，壓縮過程和解壓縮過程的複雜程度應該差不多。在廣播應用中，傳輸器只有一個，接收器則有很多個，而且通訊基本上是單向的，這樣一來，複雜度可能是不平衡的。在這種情況下，編碼器可能比接收器要複雜。我們也可以容忍

比較長的編碼延遲。在某些應用中，視訊將在工作站或個人電腦上解碼，此時解碼的複雜度必須極低，以便解碼器解碼出夠多的影像，以產生畫面移動的錯覺。然而由於編碼通常並非即時執行，因此編碼器可能非常複雜。如果視訊要在封包網路上傳輸，在設計壓縮演算法時，必須考慮封包損失造成的影響。因此，每一個應用都會呈現獨特的需求，並要求使用能滿足這些需求的解決方案。

　　我們將假設讀者已經熟悉我們所使用的特殊視訊壓縮技術。舉例來說，討論以轉換為基礎的視訊壓縮技術時，我們會假設讀者已經複習過第 13 章，熟悉有關轉換的描述，以及那一章所含的 JPEG 演算法。

◨ **18.3　移動補償**

在大部份的視訊序列中，從一個畫面到下一個畫面，影像的內容幾乎沒有什麼變化。即使在描繪有許多動作的序列中，從一個畫面到下一個畫面，影像中也有許多部份並不會改變。大部份的視訊壓縮方案會使用前一個畫面來產生目前畫面的預測值，以利用這種重複性。先前當我們研究差分編碼方案時，已經使用過預測技術。如果我們盲目地運用這些技術，直接根據前一個畫面中在同樣位置上的像素值來預測每一個像素的值，我們會遇到入麻煩，因為我們沒有考慮到在不同的畫面之間，物體通常會移動的事實。因此，某一個畫面中位於 (i_0, j_0)，且強度值等於像素值的物體，在下一個畫面中，同樣的強度值可能會出現在 (i_1, j_1) 上。如果沒有考慮到這一點的話，事實上需要傳送的資訊量可能會增加。

例題 18.3.1

　　請考慮圖 18.1 顯示的一個動態視訊序列的兩個畫面。這兩個畫面之間唯一的差別是看起來鬼頭鬼腦的臉孔往畫面的右下方稍微移動了一點，三角形的物體則移到了左邊。兩個畫面之間的差別這麼小，以致於讀者可能會認為：如果傳輸器與接收器都可以取得第一個畫面的話，要重建第二個畫面，應該不需要傳送很多訊息給接收器。然而，如果我們只考慮

兩個畫面之間的差別，如圖 18.2 所示，則畫面中物體的移動所產生的影像，所含的細節將比原始影像更複雜。換句話說，差距運算不但沒有減少資訊量，事實上需要傳送的訊息反而更多。　　　　　　　　　　　　　　◆

 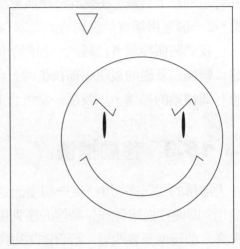

圖 18.1　影像序列的兩個畫面。

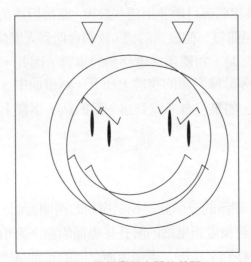

圖 18.2　兩個畫面之間的差距。

　　爲了使用前一個畫面來預測被編碼的畫面中的像素值，我們必須考慮視訊中的物體的移動。儘管有許多方法已經被研究過，然而實務上最有效的方法是一種簡單的方法，稱爲**以區塊爲基礎的移動補償** (block-based motion compensation)。在這種方法中，被編碼的畫面被分成大小等於 $M \times M$ 的區塊。我們針對每一個區塊搜尋前一個重建畫面，找出與被編碼的區塊最爲匹配，而且大小等於 $M \times M$ 的區塊。我們可以使用兩個區塊中對應像素差距的絕對值的總和來測量某一匹配的接近程度或距離。如果我們使用對應像素差距平方，的總和作爲距離的度量，也會得到相同的結果。一般而言，如果被編碼的區塊與前一個重建畫面中最接近的區塊，兩者的距離大於某一個預先指定的臨界值時，則我們宣告該區塊無法補償，然後在不使用預測的情況下進行編碼。這個決定也傳送給接收器。如果距離在臨界值以下，我們會把一個**移動向量** (motion vector) 傳送給接收器。移動向量是預測用區塊的相對位置，計算方法是把預測用區塊左上角像素的座標減去被編碼區塊左上角像素的座標。

　　假設被編碼的區塊是一個 8×8 區塊，位於像素位置 (24, 40) 與 (31, 47) 之間；也就是說，8×8 區塊的左上角像素位於位置 (24, 40) 上。如果前一個畫面中與它最爲匹配的區塊位於 (21, 43) 與 (28, 50) 之間，則移動向量爲 (−3, 3)。移動向量的計算方法是把最匹配區塊左上角的位置減去被編碼區塊左上角的位置。請注意區塊是從左上角開始編號的。因此，x 分量爲正值表示前一個畫面中最爲匹配的區塊位於被編碼區塊的右邊。同樣的，y 分量爲正值表示前一個畫面中最爲匹配的區塊位於被編碼區塊的下方。

例題 18.3.2

　　讓我們再試一次，使用移動補償來預測例題 18.3.1 的第二個畫面。我們把影像分成區塊，然後使用上述方式，根據第一個畫面來預測第二個畫面。圖 18.3 顯示前一個畫面中的一些區塊，這些區塊是用來預測目前畫面中的某些區塊。

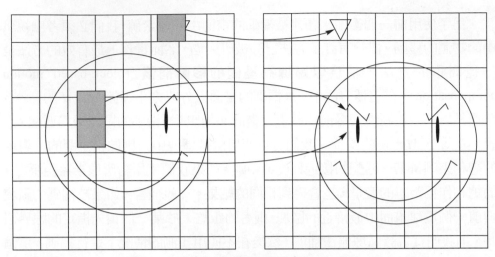

圖 18.3 移動補償預測。

請注意，在這個例子中，我們只需要把移動向量傳送給接收器。前一個畫面可以完全預測出目前的畫面。 ♦

在我們描述的移動補償中，被編碼區塊與匹配最佳區塊之間的位移均爲水平和垂直方向上像素的整數倍數。有一些演算法以半個像素作爲位移的測量單位。爲了這麼做，要搜尋的編碼畫面中的像素會進行內插，而得到原始畫面中兩倍的像素個數。然後我們會搜尋這個「加倍」的影像，以找出匹配最佳的區塊。

加倍影像的計算方法如下：請考慮表 18.1。在這幅影像中，A, B, C, D 是原始畫面的像素。像素 h_1, h_2, v_1, v_2 則係藉由將兩個相鄰像素內插而求出：

表 18.1 「加倍」的影像。

A	h_1	B
v_1	c	v_2
C	h_2	D

$$h_1 = \left\lfloor \frac{A+B}{2} + 0.5 \right\rfloor$$

$$h_2 = \left\lfloor \frac{C+D}{2} + 0.5 \right\rfloor$$

$$v_1 = \left\lfloor \frac{A+C}{2} + 0.5 \right\rfloor$$

$$v_2 = \left\lfloor \frac{B+D}{2} + 0.5 \right\rfloor \tag{18.1}$$

像素 c 則由被編碼的原始畫面中的四個相鄰像素的平均值求出：

$$c = \left\lfloor \frac{A+B+C+D}{4} + 0.5 \right\rfloor.$$

　　本節使用了相當廣泛的術語來描述移動補償。本章中使用特定移動補償方案的各種方案彼此都不相同。其間的差別通常與匹配區塊的搜索區域和搜尋程序有關。當我們研究壓縮方案時，將會探討其細節。然而在我們開始研究壓縮方案之前，讓我們在下一節簡短地討論一下如何表示視頻信號。

■ 18.4 視頻信號表示方式

視頻信號的不同表示方式的發展有很深的歷史淵源。我們也將採取歷史性的觀點，從黑白電視開始，一直介紹到數位視訊格式。美國的類比視頻信號格式的發展史與歐洲不同。儘管我們將以美國使用的格式來說明發展史，然而基本的想法對於所有的格式都是一樣的。

　　我們使用電子束激發電視螢光幕上的螢光點，而產生黑白電視畫面，電子束的強度則被調變，而產生我們所看到的影像。被調變的電子束掃描的路徑示於圖 18.4。電子束的水平移動產生的線稱為一行影像。為了掃描第二條線，電子束必須偏向，回到螢幕的左邊。在這段期間，電子槍會被關閉，以免返回的軌跡被看到。電子槍的掃描產生的影像更新的速度必須夠快，讓視覺產生暫留，使影像看起來似乎是穩定的。然而資訊傳輸率愈高，需要的頻寬就愈寬，相當於成本也愈高。

軌跡

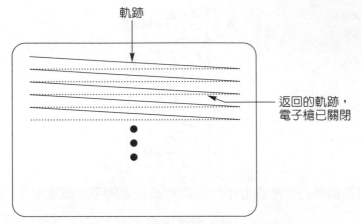

返回的軌跡，
電子槍已關閉

圖 18.4　電子槍在電視機中掃描出來的軌跡。

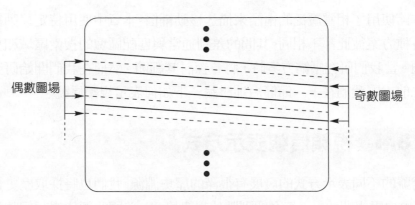

偶數圖場

奇數圖場

圖 18.5　畫面及其組成圖場。

　　為了保持頻寬的成本不要過高，我們決定每秒鐘傳送 525 行影像 30 次。我們說這 525 行影像形成一幅**畫面** (frame)。然而兩幅畫面之間相隔 1/30 秒，時間長到足以讓影像看起來會閃爍。為了避免影像閃爍，我們決定把影像分成兩個交錯的圖場。一個圖場每六十分之一秒傳送一次。電子束先掃描包含 262.5 行影像的一個圖場。然後電子束在第一個圖場的各行*之間*掃描包含其餘 262.5 行影像的第二個圖場。圖 18.5 顯示此種情況。第一個圖場以實線顯示，第二個圖場則以虛線顯示。第一個圖場從實線上開始，在虛線上結束，第二個圖場

則從虛線上開始，在實線上結束。並非所有的 525 行都會顯示在螢幕上。由於電子槍將電子束從螢幕的底部移到頂端需要時間，所以有一些影像行會遺失。實際上每個畫面我們只會看到 486 行影像。

在彩色電視中，我們不只有一支電子槍，而是有 3 支電子槍一同作用。這些電子槍會激發嵌入在螢幕上的紅色、綠色，和藍色螢光點。每一支電子槍的電子束只會撞擊一種螢光點，而且是依據其所激發的螢光點的顏色來命名。因此，紅色電子槍只會撞擊紅色螢光點，藍色電子槍只會撞擊藍色螢光點，而且綠色的電子槍只會撞擊綠色的螢光點 (每一支電子槍由一個孔徑遮罩防護，以免撞擊到不同類型的螢光點)。

為了控制 3 支電子槍，我們需要 3 個信號：一個紅色信號、一個藍色信號和一個綠色信號。如果我們分別傳送每一個信號，我們將需要 3 倍的頻寬。彩色電視的問世也帶來了後向相容的問題。大多數的人只有黑白電視機，而電視台不希望使用大部份的觀眾在他們現有的電視機上無法收看的格式播放節目。合成彩色信號的建立同時解決了這兩個問題。在美國，國家電視系統委員會 (National Television Systems Committee) 建立了合成信號的規格，所以合成信號通常稱為 NTSC 信號。在歐洲，對等的信號有在德國發展的 PAL (Phase Alternating Lines，逐行交錯相位)，以及在法國發展的 SECAM (Séquential Coleur avec Mémoire，具有記憶的循序色彩)，不同系統的擁護者之間有一些良性的競爭 (希望如此)。NTSC 信號色彩再現性的問題，使得它被戲稱為「**顏色永遠不一樣**」(Never Twice the Same Color)，SECAM 系統的特質也為它博得了「**基本上用來對抗美國人的系統**」(Systéme Essentiallement Contre les Américains) 的謔稱。

合成彩色信號由一個亮度成分 (相當於黑白電視信號) 和兩個彩度成分組成。亮度成分記為 Y：

$$Y = 0.299R + 0.587G + 0.114B \tag{18.2}$$

其中 R 為紅色成分，G 為綠色成分，且 B 為藍色成分。我們透過人類觀察者的廣泛測試得到 3 個成分的加權值。兩個彩度信號係由以下的式子求出：

$$C_b = B - Y \tag{18.3}$$

$$C_r = R - Y. \tag{18.4}$$

彩色電視機可以使用這 3 個信號產生控制電子槍所需的紅色、藍色及綠色信號。黑白電視機可以直接使用亮度信號。

因為眼睛對於影像內彩度的變化非常不敏感，所以彩度信號不需要擁有比較高的頻率成分。因此彩度信號使用低頻寬，再加上聰明地使用調變技術，所有的 3 個信號都可以進行編碼，而不需要擴大頻寬 (參考文獻 [245] 中可以找到有關電視系統淺顯易讀的解釋)。

早期有關視頻信號數位化的努力集中於將合成信號取樣，在美國，電影電視工程師協會發展了一個標準，該標準需要將 NTSC 信號取樣稍微超過每秒一千四百萬次。在歐洲，視訊標準化的努力集中於 PAL 信號的特性。因為 NTSC 與 PAL 之間的差別，這可能會導致不同的「標準」。1970 年代末期，這種方法被捨棄了，改為將各成分取樣，以及發展整體性的標準。這個標準是在國際無線電諮詢委員會 (CCIR) 的贊助下發展的，稱為 CCIR 通訊協定 601-2。CCIR 目前稱為 ITU-R，此一通訊協定的官方名稱是 ITU-R 通訊協定 BT.601-2。然而這個標準一般稱為通訊協定 601 或 CCIR 601。

CCIR 601 標準根據 3.725 MHz 的取樣頻率 (每秒 3,725,000 個取樣值) 提出一系列的取樣率。此一取樣頻率的倍數可以使每一行的取樣值垂直對齊，而產生數位處理所需的矩形像素陣列。每一個成分的取樣頻率皆可等於 3.725 MHz 的整數倍數，最高可以等於這個頻率的 4 倍。我們把取樣率表示成一組三個整數，第一個整數對應於亮度成分的取樣，其餘的兩個整數則對應於彩度成分。因此 4:4:4 取樣表示所有成分的取樣頻率均為 13.5 MHz。最常見的取樣格式是 4:2:2 的格式，其中亮度信號的取樣頻率為 13.5 MHz，低頻寬彩度信號的取樣頻率則為 6.75 MHz。如果我們忽略信號的取樣值中沒有對應到有效視訊的部份，那麼這個取樣率相當於亮度信號為每行 720 個取樣值，且彩度信號為每行 360 個取樣值。取樣格式示於圖 18.6。數位視訊信號的亮度成分又記為 Y，U 和 V 則代表彩度成分。被取樣的類比值會按照以下的方式轉換成數位值。

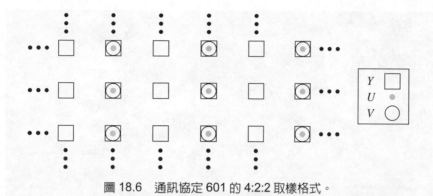

圖 18.6　通訊協定 601 的 4:2:2 取樣格式。

YC_bC_r 的取樣值會被歸一化，使得 Y 的取樣值 Y_s 介於 0 與 1 之間，被取樣的彩度值 C_{rs} 和 C_{bs} 則介於 $-\dfrac{1}{2}$ 與 $\dfrac{1}{2}$ 之間。接下來，這些經過歸一化的值，會根據以下的轉換式，轉換成 8 位元的數目：

$$Y = 219Y_s + 16 \tag{18.5}$$
$$U = 224C_{bs} + 128 \tag{18.6}$$
$$V = 224C_{rs} + 128 \tag{18.7}$$

因此 Y 分量的值介於 16 和 235 之間，U 和 V 分量的值則介於 16 和 240 之間。

CCIR 601 畫面的 Y 成分的範例示於圖 18.7。我們在最頂端的影像中分別顯示兩個圖場，在底部的影像中，兩個圖場則已相互交錯。請注意在交錯的影像中，比較小的孩子看起來模模糊糊的。這是因為這位小朋友在兩個圖場相隔的 60 分之一秒內移動了位置。(如果需要證據的話，這就是證據：一個三歲的小孩子沒有辦法安靜下來，連 60 分之一秒都辦不到！)

YUV 資料也可以安排成其他格式。在視訊會議所用的共同交換格式 (CIF) 中，影像的亮度係由 288×352 個像素陣列表示，兩個彩度信號則由兩個包含 144×176 的像素陣列表示。在 QCIF (四分之一 CIF) 格式中，像素的行數與列數都只有一半。

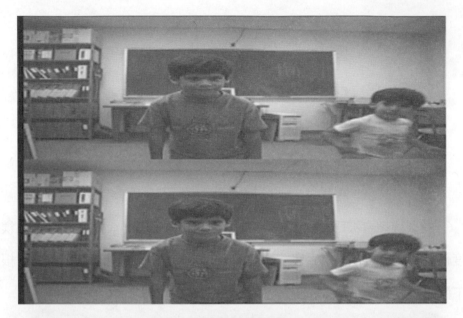

圖 18.7　上方：CCIR 畫面的兩個圖場。下方：交錯的 CCIR 601 畫面。

　　MPEG-1 演算法乃是針對在每秒 1.5 Mbits 及以下的位元率下進行視訊編碼而開發的，此演算法針對 CCIR 601 格式採用不同的次取樣運算，而得到 MPEG-SIF 格式。我們從 4:2:2 格式 (480 行的 CCIR 601 格式) 開始，首先我們只取奇數圖場的亮度和彩度成分，以降低垂直方向的解析度。然後我們在水平方向上濾波 (以免發生混疊現象)，再進行二分之一倍的次取樣，以降低水平方向的解析度。這樣會產生 360×240 個 Y 的取樣值和 180×240 個 U 和 V 的取樣值。我們在垂直方向上濾波，再進行二分之一倍的次取樣，將彩度取樣值的垂直解析度更進一步地降低為每一個彩度信號 180×120 個取樣值。整個過程示於圖 18.8，所產生的格式則示於圖 18.9。

　　以下我們將描述目前存在的視訊編碼標準。我們描述的順序會依循各標準的歷史發展。由於每一個標準都是建築在先前標準的特徵之上，這似乎是一個合乎邏輯的討論策略。如同影像壓縮的情況一般，大部份的視訊壓縮標準乃是根據離散餘弦轉換 (DCT)。視訊會議應用的標準 — ITU-T 通訊協定 H.261 — 也不例外。目前使用於視訊會議的系統，大部份都使用具有專利的壓縮演算法。然而為了讓不同設備的製造商能彼此互相交流資訊，這些系統也提供使用 H.261 的選項。下一節將描述 H.261 標準中使用的壓縮演算法。接下來我們會

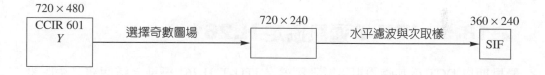

圖 18.8　SIF 畫面的產生。

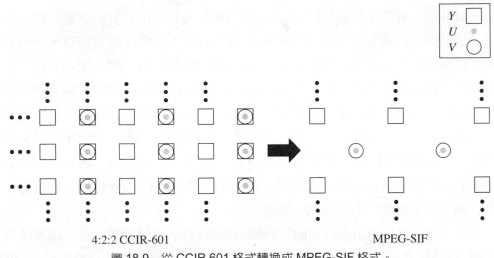

4:2:2 CCIR-601   MPEG-SIF

圖 18.9　從 CCIR 601 格式轉換成 MPEG-SIF 格式。

描述 VCD、DVD 和 HDTV 使用的 MPEG 演算法，並討論 ITU 與 MPEG 最新發佈的聯合成果。

　　我們也會描述一種應用於視訊電話的新型視訊壓縮方法，稱爲三度空間模型式編碼。這種方法還很不成熟，我們的描述也只是蜻蜓點水。把它納入本書的原因是它的前景極爲美好。

■ 18.5　ITU-T 通訊協定 H.261

最早期以 DCT 爲基礎的視訊編碼標準是 ITU-T H.261 標準。這個演算法假設輸入信號屬於 CIF 格式或 QCIF 格式。H.261 視訊編碼器的方塊圖示於圖 18.10。基本的想法很簡單。輸入影像被分成8×8的像素區塊。對於一個給定的8×8區塊，我們把它減去使用前一個畫面產生的預測值 (如果沒有前一個畫面，或前一個畫面與目前的畫面相差很多，則預測值可能等於零)。我們使用 DCT 來轉換被編碼區塊與預測值之間的差距。轉換係數會被量化，量化標籤則使用可變長度碼進行編碼。在以下的討論中，我們會更仔細地察看壓縮演算法的各組成部分。

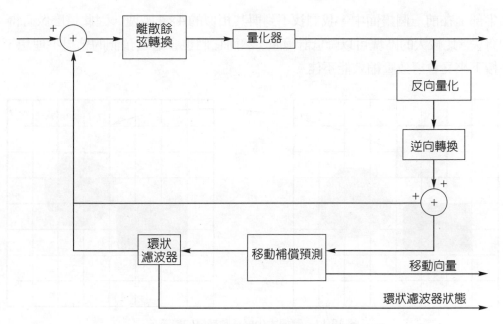

圖 18.10 ITU-T H.261 編碼器的方塊圖。

18.5.1 移動補償

移動補償需要大量的計算。請考慮「尋找與一個8×8區塊匹配的區塊」這個問題。每一次比較需要計算 64 個差距,然後計算差距的絕對值的總和。如果我們假設前一個畫面中最接近的區塊位於被編碼區塊水平或垂直方向上 20 個像素以內的地方,則需要進行 1681 次比較。有幾種方法可以減少總計算次數。

其中一種方法是增加區塊的大小。增加區塊的大小表示每一次比較的計算次數更多。然而它也表示每一個畫面中的區塊更少,因此移動補償必須進行的次數也會減少。然而一個畫面中不同的物體可能會往不同的方向移動。增加區塊大小的缺點是:區塊中含有往不同方向移動的物體的機率會隨著區塊的大小一起增加。請考慮圖 18.11 中的兩幅影像。如果我們使用由2×2個正方形組成的區塊,可以找到與包含圓形的2×2區塊正好匹配的區塊。然而,如果我們把區塊的大小增加到4×4個正方形,則包含圓形的區塊也會包含八邊形的上

半部。在前一個畫面中,我們找不到與其相似的4×4區塊。因此這麼做有得有失。比較大的區塊可以降低計算量;然而它們也會造成預測的結果不理想,接下來又會導致壓縮效能不佳。

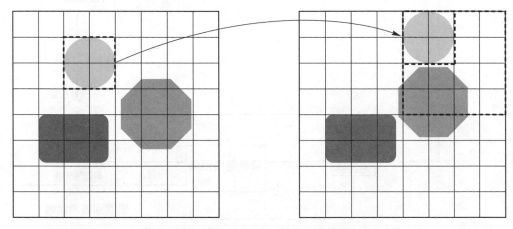

圖 18.11　區塊大小對移動補償的影響。

　　降低計算次數的另一種方法是縮小搜尋空間。如果我們縮小尋找匹配的區域的大小,計算次數量會降低。然而縮小搜尋區域也增加了遺漏匹配的機率。計算次數與壓縮量之間同樣有得失取捨。

　　H.261 標準採用以下的方式來平衡計算次數與壓縮量之間的得失取捨。亮度與彩度像素的8×8區塊會被組織成大區塊,其中包含 4 個亮度區塊,以及兩種彩度區塊各一個。移動補償預測 (或移動補償) 運算係以大區塊為單位進行。對於每一個大區塊,在前一個重建的畫面中搜尋與被編碼的大區塊最為匹配的大區塊。為了更進一步降低計算次數,此一匹配運算只考慮亮度區塊。我們把亮度大區塊的移動向量的分量除以 2,而得到彩度區塊預測值的移動向量。因此,若亮度區塊的移動向量是 $(-3, 10)$,則彩度區塊的移動向量為 $(-1, 5)$。

　　搜尋區域被限制在被編碼區塊水平和垂直方向上 ±15 個像素以內。即被編碼區塊的左上角像素位於 (x_c, y_c),且最佳匹配大區塊的左上角位於 (x_p, y_p),則 (x_c, y_c) 與 (x_p, y_p) 必須滿足 $|x_c - x_p| < 15$ 和 $|y_c - y_p| < 15$ 的限制條件。

18.5.2　環狀濾波器

有時預測用區塊中的銳利邊緣會造成預測誤差產生急遽的變化。接下來，這樣可能會使轉換的高頻係數產生很大的值，造成傳輸率增加。為了避免發生這種情況，在計算差距之前，我們可以使用一個二維的空間濾波器將預測區塊變得平坦。這個濾波器是可分離的；它可以實作為首先逐列進行運算，然後逐行進行運算的一維濾波器。濾波器係數為 $\frac{1}{4}, \frac{1}{2}, \frac{1}{4}$，但濾波器的邊界除外，因為有一個接頭落在區塊外面。為了避免發生這種情況，濾波運算將使區塊邊界保持不變。

例題 18.5.1

讓我們使用 H.261 演算法指定的濾波器將表 18.2 所示的 4×4 像素值區塊濾波。根據像素的值，我們可以看出這是一個灰色的正方形，其中有一個白色的 L (回憶一下，小的像素值相當於比較暗的像素，大的像素值相當於比較淡的像素，且 0 相當於黑色，255 相當於白色)。

表 18.2　原始像素區塊。

110	218	116	112
108	210	110	114
110	218	210	112
112	108	110	116

讓我們將第一列濾波。我們讓第 1 個像素值保持不變。第 2 個值變成

$$\frac{1}{4} \times 110 + \frac{1}{2} \times 218 + \frac{1}{4} \times 116 = 165$$

其中我們假設使用整數除法。第 3 個濾波後的值變成

$$\frac{1}{4} \times 218 + \frac{1}{2} \times 116 + \frac{1}{4} \times 112 = 140.$$

被濾波區塊第 1 列中的最後一個元素保持不變。按照這種方式繼續對所有的 4 個列進行計算，我們得到表 18.3 所示的 4×4 區塊。

表 18.3　將各列濾波之後的像素區塊。

110	165	140	112
108	159	135	114
110	188	187	112
112	109	111	116

現在沿著各行重複進行濾波運算。最後的 4×4 區塊示於表 18.4。請注意，與原始區塊比較起來，最後這個區塊均勻多了。這表示它應該不會在差距區塊中引入任何急遽的變化，因此轉換的高頻係數將接近於零，這樣可以獲得壓縮的效果。

表 18.4　最後的像素區塊。

110	165	140	112
108	167	148	113
110	161	154	113
112	109	111	116

◆

　　對於每一個大區塊而言，這個濾波器可以開啟或關閉。通訊協定並沒有規定開啟或關閉濾波器的條件。

18.5.3　轉換

我們使用 DCT，針對 8×8 的像素區塊或像素差距區塊進行轉換運算。如果移動補償運算找不到接近的匹配，我們會針對 8×8 像素區塊上進行轉換運算。如果我們在區塊層次上進行轉換運算，我們會把一個區塊，或區塊及其預測值之間的差距量化，並傳送給接收器。接收器進行反向運算，以重建影像。傳輸器端也會模擬接收器的操作，而得到重建的影像，並儲存於畫面貯存區。如果編

碼器不使用移動補償，直接對輸入影像進行運算，則稱編碼器處於**獨立編碼** (intra) 模式。否則我們說編碼器處於**跨畫面編碼** (inter) 模式。

18.5.4　量化與編碼

要量化的係數的性質可能極為不同，端視預測結果有多好或多糟而定。在獨立編碼 (intra) 內區塊的情況下，相較於其他係數，DC 係數的值將會大得多。如果兩個畫面之間幾乎沒有什麼移動，被編碼區塊與預測值之間的差距將會很小，因此係數的值也很小。

　　為了處理範圍這麼廣泛的變化，我們需要可以迅速適應目前狀況的量化策略。為了達到這個目的，H. 261 演算法在 32 個不同的量化器之間切換，也許從一個大區塊到下一個大區塊就會改變。有一個量化器保留給區塊內直流係數使用，其餘的 31 個量化器則使用於其他係數。區塊內直流量化器是一個中間升起量化器，其步階間距等於 8。其他的量化器則是中間低平量化器，其步階間距為一偶數值，其範圍介於 2 到 62 之間。給定某一特別的係數區塊，如果使用步階間距比較小的量化器，可能會得到許多不等於零的係數。由於標籤被編碼的方式，傳輸所需的位元數將會增加。因此，有多少傳輸資源可用對於量化器的選擇影響很大。當我們談論傳輸緩衝區時，會更進一步地討論這一方面。一旦選擇了量化器，我們必須通知接收器我們所作的選擇。在 H.261 中，有兩種方法可以使用。每一個大區塊前面都有一個標頭。所使用的量化器可以從這個標頭的部份資訊中找出。當序列中的動作或移動量相當恆定時，期望有許多大區塊使用同樣的量化器應屬合理，在這種情況下，識別每一個大區塊所使用的量化器是非常浪費的。大區塊會被組織成區塊群組 (GOB)，每一個群組由 3 列 11 個大區塊組成。這種階層式的排列示於圖 18.12。圖中只顯示了亮度區塊。每一個 GOB 之前的標頭包含一個 5 位元的欄位，用來識別量化器。一旦找出了 GOB 標頭中的量化器，接收器會假設正在使用這個量化器，除非這個大區塊的標頭把這個選擇蓋過去。

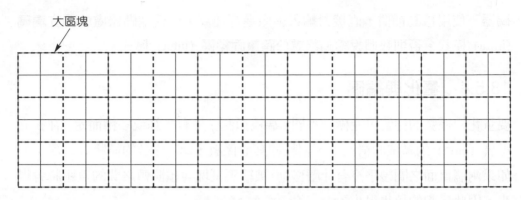

圖 18.12 包含 33 個大區塊的 GOB。

　　量化標籤將以類似於 JPEG，但不完全相同的方法進行編碼。標籤將以類似 JPEG 的鋸齒狀方式掃描。不等於零的標籤將與被量化為零的係數個數 (或片段長度) 一起編碼。最常出現的 20 種 (片段長度, 標籤) 組合將以一個可變長度的編碼字進行編碼。其他所有的 (片段長度，標籤) 組合則以 20 個位元的字組編碼，此一字組由 6 個位元的逸出序列，6 個位元的片段長度碼，以及 8 個位元的標籤碼組成。

　　為了避免傳送被量化的係數全部等於零的區塊，每一個大區塊前面的標頭可以包含一個稱為**編碼區塊樣式** (coded block pattern，簡稱 CBP) 的可變長度碼，以指示 6 個區塊當中，哪一個區塊含有不等於零的標籤。CBP 可以呈現 64 種不同樣式號碼的其中之一，然後將以可變長度碼進行編碼。樣式號碼係由以下的式子給出：

$$CBP = 32P_1 + 16P_2 + 8P_3 + 4P_4 + 2P_5 + P_6$$

其中 P_1 到 P_6 對應於大區塊中不同的 6 個區塊，如果對應的區塊中有一個不等於零的被量化係數，則其值等於 0，否則等於 1。

18.5.5　位元率控制

轉換編碼器產生的二進位編碼字會形成傳輸緩衝區的輸入。傳輸緩衝區的功能是讓編碼器的輸出率固定不變。如果緩衝區被填滿的速率已經開始超過傳輸率，緩衝區會把一個訊息傳送回轉換編碼器，讓量化程序的輸出量降低。如果轉換編碼器提供位元的速率低於傳輸率，使得緩衝區發生開始變空的危險，則傳輸緩衝區可以要求轉換編碼器提高輸出速率。這樣的操作稱爲位元率控制。

　　有兩種不同的方式會影響到位元率的變化。首先，使用的量化器會影響位元率。如果我們使用步階間距較大的量化器，被量化成 0 的係數會比較多。此外，沒有被量化成 0 的係數，屬於可變長度碼字較短的值的機率也比較大。因此，如果我們需要的位元率比較高，轉換編碼器會選擇步階間距較小的量化器，如果我們需要的位元率比較低，轉換編碼器會選擇步階間距較大的量化器。每一個 GOB 的開頭會設定量化器的步階間距，然而此一間距在任何一個大區塊的開頭都可以更改。如果位元率沒有辦法降到夠低，而且緩衝區有溢出的危險，我們會採用更極端的做法，把畫面直接捨棄，不予傳輸。

　　ITU-T H.261 演算法主要是針對視訊電話和視訊會議應用而設計的。因此，演算法必須在最短的編碼延遲 (低於 150 毫秒) 下操作。此外，爲了應用於視訊電話，演算法必須在非常低的位元率下操作。事實上，這項通訊協定的標題是「在 $p \times 64$ kbit/s 下操作的視聽服務使用的視訊轉碼器」，其中 p 的值爲 1 到 30。p 的值等於 2 相當於總傳輸率等於 128 kbps，與兩個語音頻帶的電話通道相同。對於視訊而言，這樣的傳輸率非常低，ITU-T H.261 通訊協定在這些傳輸率下的效能相當理想。

📃 **18.6　模型式編碼**

在語音編碼中，當我們從將波形編碼轉變成使用分析/合成方法時，傳輸率就大幅降低了。下一節將描述在視訊編碼中嘗試同樣的方法。分析/合成技術目前尚未成熟，然而在視訊電話應用中已經顯現出光明的遠景。分析/合成方法

要求傳輸器與接收器雙方同意採用欲傳輸的資訊的模型。然後傳輸器會分析要傳送的資訊，抽出模型參數，並傳送給接收器。接收器使用這些參數合成資料源的資訊。儘管這個方法在語音壓縮中已經成功地使用了很久（參閱第 15章），然而對影像而言並非如此。J.R. Pierce 在 1961 年出版了一本很有趣的書「*Signals, Systems, and Noise – The Nature and Process of Communications*」[14]，他在書中描述了一個分析/合成方案的「夢想」，即現在的視訊會議系統：

　　想像一下，在接收器這邊，我們有某種人臉的橡膠模型。我們也可以把這種模型的描述儲存於一部超大型電腦的記憶體中...。那麼，當傳輸器前面的人交談時，傳輸器必須瞭解他的眼睛、嘴唇、下巴及其他肌肉的動作，並傳送這些資訊，讓接收器端的模型也可以做出同樣的動作。

　　對於臉部影像序列的三度空間模型式壓縮而言，Pierce 的夢是相當精確的描述。在這種方法中，使用三角形建立一個一般性的線框模型，如同圖 18.13所示。將某一張特定人臉的移動編碼時，我們調整模型的特徵及輪廓，使其與這張臉匹配。然後把影像的膚質映射到線框模型上，以合成一張臉。一旦傳輸器與接收器都可以使用這個模型，只有臉部的變化需要傳送給接收器。這些變化可以分類成**整體移動** (global motion) 或**局部移動** (local motion) [246]。整體移動與頭的移動有關，局部移動則與特徵的變化 (亦即臉部表情的變化) 有關。整體移動可以描述成剛體的移動。臉部表情可以使用線框模型中三角形頂點的相對移動來描述。實際上，把移動分成整體成分與局部成分可能會很困難，因為改變頭部的位置，以及因為臉部表情變化而產生的移動，都會影響臉上大部份的點。已經有人提出不同的方法，以分離這些效應 [247, 246, 248]。

　　整體移動可以使用旋轉和平移來描述。局部動作或臉部的表情可以描述成一些**動作單元** (action unit，簡稱 AU) 的總和。這些單元是一組基本臉部表情的描述，一共有 44 種 [249]。舉例來說，AU1 相當於抬起內側的眉毛，AU2相當於抬起外側的眉毛；因此 AU1 + AU2 表示皺眉頭。

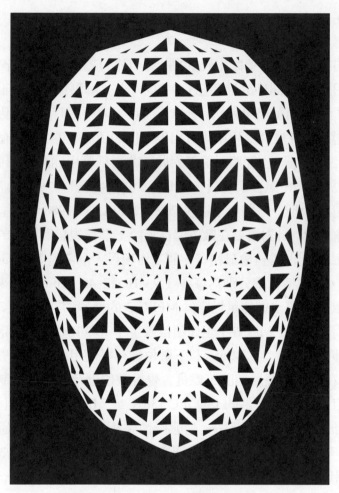

圖 18.13　一般性的線框模型。

　　雖然這個演算法的合成部份相當容易,但分析部份可是一點也不簡單。偵測特徵的變化是一項非常艱難的任務,因為這些變化通常相當細微。這個領域有許多人進行研究,如果這個問題解決了,那麼這種方法所能達到的位元率可以比得上分析/合成語音編碼方案的位元率。如果讀者希望探索這個迷人的領域,參考文獻 [250] 是一個很好的起點。

📖 18.7 非對稱應用

在某些應用中，讓編碼器承擔比較重的計算負擔，成本會比較節省。舉例來說，在多媒體應用中，視訊序列儲存在 CD-ROM 上，解壓縮會執行很多次，而且必須即時執行。然而壓縮只會執行一次，而且不需要即時執行，因此編碼演算法可以非常複雜。在廣播應用中也會出現類似的情況，其中每一個發射臺可能有成千上萬個接收器。本節將討論針對此種非對稱應用開發的標準。國際標準組織 (ISO) 與國際電氣技術委員會 (IEC) 的聯合委員會 — 以 MPEG (動態影像專家小組) 著稱 — 開發了這些標準。MPEG 於 1988 年成立，其目的是在不同的傳輸率下，針對需要在數位儲存媒體上儲存視訊與音訊的應用發展一套標準演算法。這個委員會最初有 3 個工作項目，別名是 MPEG-1、MPEG-2 和 MPEG-3，目標傳輸率分別為每秒 1.5、10 和 40 Mbits。後來，由於針對 MPEG-2 發展的演算法顯然足以應付 MPEG-3 的傳輸率，因此第 3 個工作項目也就被捨棄了 [251]。MPEG-1 工作項目產生了 ISO/IEC 11172 這一組標準，標題是「資訊技術 — 1.5 Mbit/s 以下數位儲存媒體用動態影像暨相關音訊編碼」[252]。在標準的發展期間，委員會覺得數位儲存媒體的限制並非必要，因此第 2 個工作項目下發展的 ISO/IEC 13818 或 MPEG-2 這一組標準發佈時，標題已經改成了「資訊技術 — 動態影像暨相關音訊資訊的通用性編碼」[253]。1993 年 7 月，MPEG 委員會開始發展 MPEG-4，亦即第 3 個標準，也是最有雄心壯志的標準。MPEG-4 的目標是針對多媒體編碼提供一種物件導向的架構。關於 MPEG-4 的範疇，委員會花了兩年的時間才獲得令人滿意的定義，最後在 1996 年向各界徵求提案。ISO/IEC 14496 標準於 1998 年完成，並於 1999 年被核准為國際標準。第 16 章已經研究過音訊標準，本節將簡短地討論視訊標準。

18.8 MPEG-1 視訊標準

MPEG 提出的壓縮演算法的基本架構與 ITU-T H.261 非常類似。我們使用 DCT 將原始畫面或一幅畫面及其移動補償預測畫面差距值的區塊 (大小為 8×8) 進行轉換。區塊會被組織成大區塊，定義方式與 H.261 演算法相同，並以大區塊為單位進行移動補償。轉換係數會被量化，並傳送給接收器。我們使用一個緩衝區，讓編碼器的位元輸出更為平穩，同時進行傳輸率控制。

　　MPEG-1 壓縮方案的基本架構可以視為與 ITU-T H.261 視訊壓縮方案非常類似；然而在該架構的細節方面，兩個方案的差別非常大。H.261 的主要應用領域是視訊電話和視訊會議；MPEG 標準 (至少在一開始的時候) 的焦點則是需要數位儲存與擷取的應用。這並不表示這兩個演算法在上述焦點以外的應用之中就無法使用，我們只是要指出：如果我們記住這些演算法的目標應用領域為何，會更清楚地瞭解它們的特徵。在視訊會議中，我們會建立連線，進行會議，然後結束。這一組事件總是一同發生，而且會循序發生。當我們從儲存媒體上存取視訊時，並不一定總是希望從第一個畫面開始存取視訊序列。我們想要查看的那些才能那些序列起動視訊對，或者接近於，一些任意點在那些序列內。在電視節目的廣播中也存在類似的情況。觀眾不一定一開始就收看某一個節目。他們隨時可能這麼做。在 H.261 中，第一個畫面之後的任何一個畫面都可能含有使用先前畫面的預測值進行編碼的區塊。因此，為了把序列中的某一個特定畫面解碼出來，要解碼的序列可能必須從第一個畫面開始。MPEG-1 的主要貢獻之一乃是提供了隨機存取的功能。提供這項功能的方法非常簡單，就是要求序列中必須定期出現一些畫面，這些畫面在編碼時不會參照先前的任何畫面。這些畫面稱為 I 畫面。

　　為了避免從觀眾打開電視機之後，必須延遲非常久的時間，螢幕上才會出現清晰的畫面，或使用者尋找的畫面與開始解碼的畫面之間有一段很長的延遲時間，I 畫面應該經常出現。然而，因為 I 畫面不使用時間關聯性，相較於利

用時間關聯性進行預測的畫面，它的壓縮比非常低。因此連續兩個 I 畫面相隔的畫面數，乃是在壓縮效率與便利性之間權衡取捨的結果。

　　為了改進壓縮效率，MPEG-1 演算法還包含了另外兩種畫面：**預測編碼** (predictive coded，簡稱為 **P**) 畫面和**雙向預測編碼** (bidirectionally predictive coded，簡稱為 **B**) 畫面。**P** 畫面使用最接近的前一個 I 畫面或 P 畫面的移動補償預測進行編碼。**P** 畫面的壓縮效率通常比 I 畫面高得多。I 畫面和 P 畫面有時稱為**錨點** (anchor) 畫面，讀者稍後就會瞭解這麼稱呼的原因何在。

　　經常使用 I 畫面會讓壓縮比降低，為了彌補這一點，MPEG 標準引入了 **B** 畫面。**B** 畫面使用最近的先前錨點畫面及最接近的未來錨點畫面進行移動補償預測，而達到高度的壓縮。相較於只使用先前的畫面進行預測，同時使用先前和未來的畫面進行預測，通常可以得到比較好的壓縮率。舉例來說，請考慮一個視訊序列，其中從一個畫面到下一個畫面之間會突然變化。在電視廣告中，這種情況經常發生。在這種情況下，根據先前的畫面所作的預測可能沒什麼用處。然而根據未來的畫面所作的預測，準確的機率可能很高。請注意 **B** 畫面只有在未來的錨點畫面產生之後才能產生。此外，**B** 畫面並不會用來預測任何其他畫面。這表示 **B** 畫面可以容忍更多的誤差，因為這個誤差不會在預測過程中傳遞下去。

　　不同的畫面會被組織成**畫面群組** (group of pictures，簡稱 GOP)。GOP 是視訊序列的最小隨機存取單元。建立 GOP 結構的目的，乃是作為在移動補償編碼的高壓縮效率與週期性只進行獨立編碼畫面處理的快速影像擷取能力之間的權衡取捨。正如我們所預期的，GOP 至少必須包含一個 I 畫面。此外，GOP 中的第一個 I 畫面如果不是 GOP 的第一個畫面，就是前面有一個 **B** 畫面，而這個 **B** 畫面只使用該 I 畫面的移動補償預測。圖 18.14 顯示一種可能的 GOP。

　　因為 **B** 畫面可能與未來的錨點畫面相關，所以會有兩種不同的序列順序。**顯示順序** (display order) 是指視訊序列顯示給使用者的順序。典型的顯示順序示於表 18.5。讓我們看看這個序列是如何產生的。第一個畫面是 I 畫面，壓縮時並不會參照先前的任何畫面。下一個被壓縮的畫面是第 4 個畫面。我們使用第 1 個畫面的移動補償預測來壓縮這個畫面。然後我們使用第 1 個畫面和第 4

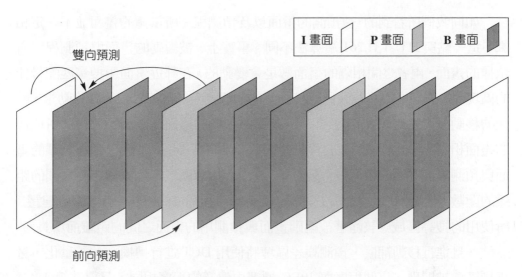

圖 18.14　畫面群組的一種可能的排列。

表 18.5　按照顯示順序排列的典型畫面序列。

I	B	B	P	B	B	P	B	B	P	B	B	I
1	2	3	4	5	6	7	8	9	10	11	12	13

表 18.6　按照位元流順序排列的典型畫面序列。

I	P	B	B	P	B	B	P	B	B	I	B	B
1	4	2	3	7	5	6	10	8	9	13	11	12

個畫面的移動補償預測壓縮第 2 個畫面。第 3 個畫面也是使用第 1 個畫面和第 4 個畫面的移動補償預測進行壓縮的。下一個被壓縮的畫面是第 7 個畫面，這個畫面使用到第 4 個畫面的移動補償預測。接下來是第 5 個畫面和第 6 個畫面，這些畫面是使用第 4 個畫面和第 7 個畫面的移動補償預測進行壓縮的。因此處理順序與顯示順序可能相差很多。MPEG 文件把這個順序稱為*位元流順序* (bitstream order)。表 18.5 所示序列的位元流順序顯示於表 18.6。如果以位元流順序表示，GOP 的第一個畫面永遠是 I 畫面。

如同我們所看到的，被預測的畫面以及預測程序所依據的畫面並不一定相鄰，這一點與 ITU-T H.261 演算法不同。事實上，被編碼的畫面與預測程序所依據的畫面，兩者之間相隔的畫面數是會變動的。在鄰近畫面中搜尋匹配最佳的區塊時，搜尋區域將視我們對移動量的假設而定。相較於較少的移動量，較大的移動量產生比較大的搜尋區域。如果被預測的畫面總是與預測程序所依據的畫面相鄰，我們可以根據對移動量的假設，將搜尋區域固定。當被編碼的畫面與預測畫面之間的畫面數會變動時，我們令搜尋區域等於兩個畫面之間的距離的函數。雖然 MPEG 標準沒有指定使用於移動補償的方法，但其確實建議：所使用的搜尋區域應該隨著被編碼畫面與預測用的畫面之間的距離而增長。

一旦進行移動補償，預測誤差區塊將使用 DCT 進行轉換，並予量化，量化標籤會被編碼。這個程序與 JPEG 標準中建議的程序相同，且已在第 12 章描述過。不同的畫面使用的量化表格並不相同，而且可在編碼過程中改變。

MPEG 標準中的位元率控制可以在序列層次或個別畫面層次進行。在序列層次上，要降低位元率，就從 B 畫面開始，因為這些畫面對於其他畫面的編碼而言並非必要。至於個別畫面的層次，位元率控制會分成兩個步驟。首先，如同 H.261 演算法的情況一般，我們會先加大量化器的步階間距。如果這樣還不夠，那麼高階頻率係數會被捨棄，直到位元率不再需要降低為止。

MPEG 的格式非常富有彈性。然而 MPEG 委員會針對各種參數提供了一些建議值。對於 MPEG-1 而言，這些建議值稱為**受限參數位元流** (constrained parameter bitstream，簡稱 CPB)。畫面的水平大小必須小於或等於 768 個像素，垂直大小則必須小於或等於 576 個像素。更重要的是，如果畫面的位元率為每秒鐘 25 個畫面或更低，則像素的位元率必須小於每一個畫面 396 個大區塊，如果畫面的位元率為每秒鐘 30 個畫面或更低，則像素的位元率必須小於每一個畫面 330 個大區塊。大區塊的定義與 ITU-T H.261 通訊協定相同。因此，在每秒鐘 25 個畫面的位元率下，畫面的大小相當於 352×288 個像素，在每秒鐘 25 個畫面的位元率下，畫面的大小則相當於 352×240 個像素。讓畫面保持這

樣的大小，可以讓演算法的位元率達到每秒鐘 1 到 1.5 Mbits。當我們提到 MPEG-1 參數時，大部份的人實際上指的是 CPB。

對於中度到低度動作量的視訊序列，MPEG-1 演算法可以提供 VHS 品質的重建影像，至於位元率大約每秒鐘 1.2 Mbits 的高動作量序列，重建影像的品質就比不上 VHS 了。因為該演算法以 CD-ROM 為其目標應用，所以沒有考慮到交錯式視訊。為了將基本 MPEG 演算法的應用性擴大到交錯式視訊，MPEG 委員會提供了一些其他的通訊協定，就是 MPEG-2 通訊協定。

18.9 MPEG-2 視訊標準 H.262

MPEG-1 是特別針對數位儲存媒體而提出的，MPEG-2 背後面的想法則是提供與應用無關的通用性標準。為了達到這個目的，MPEG-2 採取「工具組」的方式，提供許多子集合，每一個子集合都包含標準中所有可能選項中的不同選項。對於某一個特別的應用，使用者可以從一組**規格** (profile) 和*等級* (level) 中選擇。規格決定要使用的演算法，等級則決定參數的限制條件。一共有 5 種規格：**簡單**、**主要**、*snr* **可調整** (其中 snr 代表訊雜比)、**空間可調整**、**高**。規格之間有一個順序關係；比較高階的規格可以把使用該規格及所有較低階規格編碼的視訊解碼。舉例來說，針對 *snr* **可調整**規格設計的解碼器可以把使用**簡單**、**主要**與 *snr* **可調整**規格編碼的視訊解碼。**簡單**規格不使用 **B** 畫面。回憶一下，產生 **B** 畫面時，需要的計算量最多 (前向與後向預測)，也需要記憶體儲存預測所需的被編碼畫面，此外，因為必須等待「未來」的畫面產生，以便計算重建結果，所以編碼延遲時間也會增加。因此除去 **B** 畫面可以讓需求變得比較簡單。**主要**規格就是前一節討論的演算法。*snr* **可調整**、**空間可調整**與**高**規格可以使用好幾個位元流將視訊編碼。基礎位元流是視訊序列的低位元率編碼。這個位元流可以單獨解碼，以提供視訊序列的重建結果。其他的位元流則用來改進重建影像的品質。在網路上傳輸視訊時，這種分層方法很有用，因為有些連線可能只容許比較低的位元率。在這些連線上，我們可以只傳輸基礎

位元流，在可以容納較高位元率的連線上，則傳輸基礎層與加強層，以產生品質較好的重建影像。為了瞭解層的概念，請考慮下面的例題。

例題 18.9.1

假設在轉換之後得到一組係數，其中的前 8 個係數為

29.75　6.1　−6.03　1.93　−2.01　1.23　−0.95　2.11

讓我們假設使用步階間距等於 4 來量化這一組係數。為了簡單起見，所有的係數將使用同樣的步階間距。回憶一下，量化器標籤係由以下的式子給出：

$$l_{ij} = \left\lfloor \frac{\theta_{ij}}{Q_{ij}^t} + 0.5 \right\rfloor \tag{18.8}$$

重建值則由以下的式子給出：

$$\hat{\theta}_{ij} = l_{ij} \times Q_{ij}^t. \tag{18.9}$$

使用這些方程式，以及 $Q_{ij}^t = 4$，我們得到重建的係數的值為

28　8　−8　0　−4　0　0　4

重建誤差為

1.75　−1.9　1.97　1.93　1.99　1.23　−0.95　−1.89

現在假設我們有額外的頻寬可以使用。我們可以把差距值量化，並予傳輸，以改進重建結果。假設我們用來將差距值量化的步階間距等於 2。改進序列的重建值為

2　−2　2　2　2　2　0　−2

把這些值加上先前的基底層次的重建結果，我們得到改進的重建結果

30　6　−6　2　−2　2　0　2

所產生的誤差為

$$-0.25 \quad 0.1 \quad -0.03 \quad -0.07 \quad -0.01 \quad -0.77 \quad -0.95 \quad 0.11$$

使用分層方法，當頻寬足夠時，可以增加重建影像的準確度，當頻寬不足，無法傳送加強層時，也可以產生品質較差的重建影像。換句話說，品質是**可調整的** (scalable)。在這個特別的例子中，加強層降低了原始影像與重建影像之間的誤差。由於訊雜比是誤差的度量，故可稱為 *snr* **可調整** (snr-scalable)。如果加強層包含一個已編碼的位元流，且該位元流對應於在基底層的畫面之間的出現的畫面，則系統可稱為**時間可調整** (temporally scalable)。如果加強層可以對基礎層進行擴增取樣，則稱系統為**空間可調整** (spatially scalable)。 ♦

等級被分為：**低**、**主要**、**高** *1440* 和**高**。**低**等級相當於畫面大小為 352×240，**主要**等級相當於畫面大小等於 720×480，**高** *1440* 等級相當於畫面大小為 1440×1152，**高**等級相當於畫面大小等於 1920×1080。所有的等級皆是針對每秒鐘 30 個畫面的速率而定義的。規格與等級有許多種可能的組合，然而並非所有的組合均為 MPEG-2 標準所允許。表 18.7 顯示允許的組合 [251]。特定的規格 — 等級組合記為 *XX@YY*，其中 *XX* 是兩個字母的規格縮寫，*YY* 是兩個字母的等級縮寫。有許多問題 (例如各參數的界限，以及不同規格 — 等級組合的可解碼性) 因為與我們的主要重點 — 壓縮 — 無關，所以我們不予討論 (如果讀者希望瞭解這些細節，請參閱國際標準 [253])。

因為 MPEG-2 的設計目的是處理交錯式視訊，所以 I, P 與 B 畫面也可以選擇以圖場為單位。兩個 P 圖場或兩個 B 圖場可以取代一個 P 畫面或一個 B 畫面。兩個 I 圖場或一個 I 圖場和一個 P 圖場 (其中 P 圖場乃是根據頂端圖場預測底部圖場而得) 可以取代一個 I 畫面。因為一個 8×8 圖場區塊在垂直方向上涵蓋的空間距離實際上等於 8×8 畫面區塊的兩倍，所以我們會調整鋸齒狀掃描線，以符合此種不平衡的情況。8×8 圖場區塊的掃描方式示於圖 18.15。

從壓縮的觀點來看，MPEG-2 中最重要的新元素是加入了幾種新的移動補償預測模式：圖場預測和雙重最佳預測模式。MPEG-1 並不允許使用交錯式視

表 18.7 MPEG-2 中允許的規格─等級組合。

	簡單規格	主要規格	SNR 可調整規格	空間可調整規格	高規格
高等級		允許			允許
高 1440		允許		允許	允許
主要等級	允許	允許	允許		允許
低等級		允許	允許		

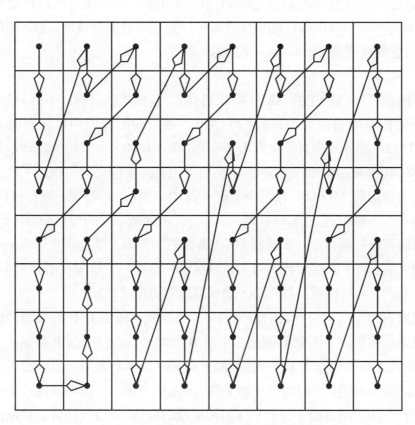

圖 18.15 圖場區塊 DCT 係數的掃描樣式。

訊,因此不需要以圖場爲單位的移動補償演算法。在 **P** 畫面中,我們使用兩個最新解碼出來的圖場的其中之一求出圖場的預測值。當畫面中的第一個圖場

被編碼時，預測值是根據先前畫面的兩個圖場。然而當第二個圖場被編碼時，預測值是根據先前畫面的第二個圖場，以及目前畫面的第一個圖場。使用哪一個圖場進行預測的資訊會傳送給接收器。圖場預測將採用類似先前所描述的移動補償預測的方式進行。

　　除了一般的畫面和圖場預測之外，MPEG-2 還包含兩種額外的預測模式。一種是16×8移動補償。在這種模式中，每一個大區塊會產生兩個預測值，一個是上半部，另一個是下半部。另一種模式稱為雙重最佳移動補償。在這種技術中，每一個圖場會根據最近的圖場形成兩個預測值。這些預測值會被平均，而得到最後的預測結果。

18.9.1　HDTV 大聯盟提案

當美國聯邦通訊委員會 (Federal Communications Commission，簡稱 FCC) 向各界徵求 HDTV 標準的通訊協定時，他們從 4 家聯合企業收到了 4 件數位 HDTV 的提案。FCC 進行過評估階段之後，決定不從這 4 件提案中選出優勝者，而是建議所有的聯合企業一起協力，產生一件提案。由此產生的合作關係有一個很尊貴的名稱 —「大聯盟」。目前數位 HDTV 系統的規格採用 MPEG-2 作為壓縮演算法。大聯盟系統使用在**高**等級下實作的 MPEG-2 標準**主要**規格。

◨ 18.10　ITU-T 通訊協定 H.263

發展 H.263 標準的目的，是為了根據在發展 MPEG 和 H.261 演算法時獲得的經驗，以更新 H.262 視訊會議標準。最初的演算法對於 H.261 提供了漸進式的改進。核心演算法發展完成之後，有人提出了一些選用性的更新，這些更新大幅度地改進了壓縮效能。具有這些選用性組件的標準有時稱為 H.263 ＋ (或 H.263++)。

　　在以下各節中，將先描述核心演算法，然後描述一些選項。H.263 標準以非交錯式視訊為主。此標準可處理的各種影像格式列於表 18.8。影像會被分成

區塊群組 (Groups of Blocks，簡稱 GOB) 或片段。區塊群組是橫跨影像的一條像素，高度是 16 的倍數，倍數的大小取決於影像的大小，最底端的 GOB 可能不到 16 行。每個 GOB 會被分成大區塊，其定義與 H.261 通訊協定相同。

基本視訊編碼器的方塊圖示於圖 18.16。這張圖與 H.261 編碼器的方塊圖 (圖 18.10) 非常類似。唯一的主要差別在於同時處理預測畫面 (或 **P** 畫面) 與獨立編碼畫面 (或 **I** 畫面) 的能力。如同 H.261 一般，移動補償預測係以大區塊為單位進行。移動向量的垂直與水平分量被限制在 $[-16, 15.5]$ 的範圍內。表示 **P** 畫面的預測誤差及 **I** 畫面的像素所用的轉換是離散餘弦轉換。轉換係數將使用中間低平形式的均等量化器予以量化。獨立編碼區塊的 DC 係數使用步階間距等於 8 的均等量化器進行量化。至於其他的所有係數，一共有 31 個量化器可以使用，步階間距從 2 到 62。除了獨立編碼區塊的 DC 係數之外，大區塊中所有的係數均使用同一個量化器進行量化。

移動向量係以差分方式進行編碼。預測值等於相鄰區塊中的移動向量的中位數。H.263 通訊協定可以使用以半個像素為單位的移動補償，此與 H.261 中只能使用以整個像素為單位的補償相反。請注意各分量的正負號會被編碼成可變長度碼的最後一個位元，「0」代表正值，「1」代表負值。大小相同，只有正負號不同的兩個值，所產生的碼只有最低有效位元不同。

表 18.8　標準化的 H.263 格式 [254]。

影像 格式	亮度像 素數目 (行數)	彩度 行數 (列數)	亮度像 素數目 (行數)	彩度 行數 (列數)
sub-QCIF	128	96	64	48
QCIF	176	144	88	72
CIF	352	288	176	144
4CIF	704	576	352	288
16CIF	1408	1152	704	576

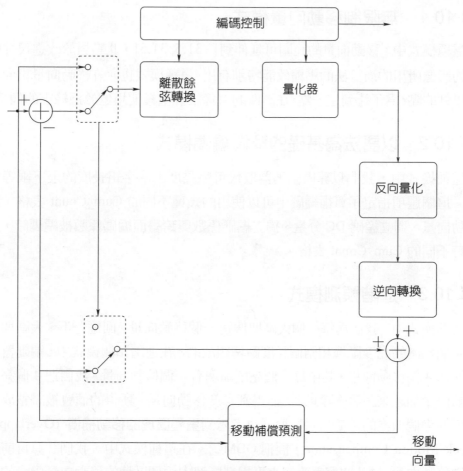

圖 18.16　H.263 視訊壓縮演算法的方塊圖。

　　被量化的轉換係數的碼由 3 個指標進行索引。第一個指標指示被編碼的係數是否為鋸齒狀掃描線上最後一個不等於零的係數。第二個指標等於被編碼係數之前的零值係數的個數，最後一個指標指示被量化係數強度的絕對值。符號位元會附加在可變長度碼的最尾端。

　　以下描述 H.263 通訊協定的一些選用性模式。前 4 種選項是最初 H.263 規格的一部份。其餘的選項是後來才加入的，加入這些選項的標準有時稱為 H.263+ 標準。

18.10.1 無限制移動向量模式

在這種模式中，移動向量的範圍可延伸到 [-31.5, 31.5]，此點對於改進尺寸較大的影像所用的演算法的壓縮效能特別有用。這種模式也允許移動向量指向影像以外的點。為了達到這一點，在影像的邊緣之外重複使用位於邊緣上的像素。

18.10.2 以語法為基礎的算術編碼模式

在這種模式中，我們以算術編碼器取代可變長度碼。字組長度的上下限等於 16。這個選項指定了算術編碼中可以使用的幾種不同的 Cum_Count 表格。將移動向量、獨立編碼 DC 分量、獨立編碼係數與跨畫面編碼係數被編碼時，各自有不同的 Cum_Count 表格。

18.10.3 進階預測模式

在基準模式中，我們為每一個大區塊傳送一個移動向量。回憶一下，大區塊是由 4 個 8×8 的亮度區塊和兩個彩度區塊組成的。在進階預測模式中，編碼器可以傳送 4 個移動向量，其中每一個亮度區塊有一個移動向量。我們把 4 個亮度移動向量加起來，然後除以 8，而得到彩度移動向量。所得的值會被調整成最接近的半個像素的位置。這種模式也考慮到**重疊區塊的移動補償** (Overlapped Block Motion Compensation，簡稱 OBMC)。在這種模式中，我們計算目前區塊的移動向量，以及四個垂直或水平相鄰區塊中兩個區塊的移動向量兩者的加權總和，以求出移動向量。

18.10.4 PB 畫面與改良型 PB 畫面模式

PB 畫面由屬於同一個畫面的一張 P 影像和一張 B 影像組成。P 畫面和 B 畫面的區塊會相互交錯，因此一個大區塊包含 P 影像的 6 個區塊，後面跟著 B 影像的 6 個區塊。考慮 P 影像和 B 影像的時間差距，從 B 影像的移動向量導出 P 影像的移動向量。若無法正確地推導出移動量，我們會加入一個增量修正。改良型 PB 畫面模式將 PB 畫面模式更新，並納入了前向、後向和雙向預測。

18.10.5　進階獨立編碼模式

I 畫面的係數乃是將影像的像素經過轉換而直接獲得的，因此相鄰區塊中的某些係數之間可能具有相當強的關聯性。舉例來說，DC 係數代表區塊的平均值。平均在區塊之間可能不會改變得太多。同樣的，低頻的水平與垂直係數可能也不會改變得太多，但程度比較小一點。進階獨立編碼模式可以使用相鄰區塊中的係數來預測被編碼區塊的係數，以利用此一關聯性。然後預測誤差會被量化及編碼。

　　使用這種模式時，量化方法與可變長度碼必須根據預測誤差的不同統計性質予以調整。此外，掃描順序可能也必須更改。H.263+通訊協定提供了替代的掃描樣式，以及替代的可變長度碼和量化策略。

18.10.6　去區塊效應濾波器模式

這種模式是用來除去8×8區塊邊緣的區塊效應。將區塊邊界變成平滑可以產生更理想的預測結果。這種模式也允許每一個大區塊使用 4 個移動向量，並允許移動向量指向畫面邊緣以外的點。

18.10.7　參考影像選擇模式

這種模式允許演算法使用先前影像以外的影像進行預測，以防止誤差傳遞下去。在這種模式中，有一條反向通道，解碼器會用來通知編碼器有關影像某一部份的正確解碼。如果影像的某一部份解碼不正確，則不會用來預測。相反的，我們會選擇另一個畫面作為參考畫面。選擇哪一個畫面作為參考畫面的資訊會傳送給解碼器。可能的參考畫面數受限於可用的畫面記憶體的容量。

18.10.8 時間、SNR 與空間可調整模式

此模式與先前針對 MPEG-2 演算法定義的可調整結構非常類似。時間可調整性乃是使用單獨的 B 畫面而達成的，與 PB 畫面相反。SNR 可調整性乃是使用先前所描述的分層編碼方式而達成的。空間可調整性則使用擴增取樣達成。

18.10.9 參考影像重新取樣模式

參考影像重新取樣模式允許將參考畫面「彎曲」，以產生更理想的預測結果。進行編碼時，可以採用適應性方式使用此種模式，以改變畫面的解析度。

18.10.10 解析度縮減更新模式

這種模式乃是用來將動作很多的場景編碼。在這種模式中，我們假設大區塊包括一般大區塊兩倍高度和兩倍寬度的區域。我們假設移動向量對應於此一較大的區域。我們使用移動向量產生大區塊的預測值。轉換係數會被解碼，然後進行擴增取樣，以產生擴大的質地區塊。然後我們把預測區塊和質地區塊相加，而得到重建結果。

18.10.11 替代性跨畫面編碼 VLC 模式

跨畫面編碼畫面和獨立編碼畫面的可變長度碼是根據不同的假設而設計的。在跨畫面編碼畫面的情況下，我們假設係數的值很小，在不等於零的係數之間可能非常多的零值。這個預測結果如果成功地運用，可以降低差距值的大小和係數的大小，也會產生許多等於零的係數。因此，我們會把比較短的碼指定給以長的連續片段與小的係數值索引的係數。在獨立編碼畫面的情況下，一般而言，反向敘述才是真的。獨立編碼畫面不使用預測，因此零值係數連續片段出現的機率小得多。此外，值很大的係數很有可能會出現，因此我們會把比較短的碼指定給以短的連續片段與較大的係數值索引的係數。在時間動作增加的期間，預測結果通常比較不理想，因此建立跨畫面編碼畫面的可變長度碼所根據

的假設並不成立。在這些情況下，針對獨立編碼畫面設計的可變長度碼可能更為匹配。替代性獨立編碼 VLC 模式允許我們在這些情況下使用獨立編碼所用的碼，以改進壓縮效能。請注意獨立編碼畫面編碼與跨畫面編碼畫面編碼使用的編碼字是一樣的，不同的是解釋方式。為了偵測適當的解釋方式，解碼器先假設區塊使用跨畫面編碼畫面的編碼冊，並進行解碼。如果解碼產生的係數超過 64 個，則切換解釋方式。

18.10.12　改良型量化模式

在這種模式中，除了通知量化參數變化的方式改變之外，量化過程在某些方面也有所改進。在基底模式中，區塊中的亮度和彩度成分會使用同樣的量化器進行量化。在改良型量化模式中，亮度係數使用的量化器與彩度成分使用的量化器不同。這樣可以讓量化器更密切地匹配輸入的統計性質。改良型量化模式也考慮到比較大的係數值範圍的量化，以避免經常發生超載。如果係數超過基底量化器的範圍，編碼器會傳送一個逸出符號，然後傳送有 11 個位元的係數表示方式。量化器輸出的結構化表示方式的例外會使位元誤差更有可能被接受為有效的量化器輸出。為了降低這種情況發生的機會，這種模式禁止使用「不合理」的係數值。

18.10.13　加強型參考影像選擇模式

我們在先前的影像中搜尋與被編碼的區塊類似的區塊，而完成移動補償預測。加強型參考影像選擇模式允許編碼器搜尋好幾幅影像，以找出最佳匹配，然後使用最符合的影像來進行移動補償預測。進行參考影像選擇可以採用大區塊為單位。有兩種方式可以選擇移動補償所用的畫面。我們可以使用有 M 幅影像的滑動窗口，最後 M 幅被解碼及重建的影像可以儲存在一個多影像的緩衝區內。我們也可以使用比較複雜的適應性記憶體 (標準中未指定) 來取代簡單的滑動窗口。這種模式大幅地改進了預測結果，可以在更低的位元率下，得到同

樣的品質。然而它也增加了編碼器的計算與記憶體需求。把未使用到的標籤指定給畫面或畫面的一部份，在某種程度上可以減輕記憶體的負荷。接下來，這些影像或影像的一部份並不需要儲存於緩衝區內。未使用到的標籤也可以使用為適應性記憶體控制的一部份，以管理儲存於緩衝區內的影像。

18.11 ITU-T 通訊協定 H.264，MPEG-4 第 10 部份，先進視訊編碼

如同前一節所描述的，H.263 通訊協定開始發展的時候，目的是 H.261 的漸進式改進，最後卻產生了很多選擇性的功能，事實上這樣的改進已經不止是漸進式了。H.264 標準開始發展時，目標是大幅度地改進 MPEG 1/2 標準，而它也達成了這個目標。H.264 標準是由 ITU-T 的視訊編碼專家小組 (Video Coding Experts Group，簡稱 VCEG) 開始發展的，後來 VCEG 與 ISO/IEC 的 MPEG 委員會在 2001 年 12 月聯合組成了聯合視訊團隊 (Joint Video Team，簡稱 JVT)，因此這項標準最後成為這兩個組織的合作成果 [255]。在這個標準的發展過程中，不同小組的合作也使得它具有許許多多的名稱。有人稱它為 ITU-T H.264，有人把它叫做 MPEG-4 第 10 部分，也有人稱它為 MPEG-4 先進視訊編碼 (Advanced Video Coding，簡稱 AVC)，還有人以它誕生時的名稱 H.26L 來稱呼它。我們只把這個標準稱為 H.264。

　　基本的方塊圖看起來與先前的方案非常類似。其中有獨立編碼影像和跨畫面編碼影像。我們把原始影像減去經過移動補償的預測影像，而得到跨畫面編碼畫面。殘餘值被轉換到頻率域。轉換係數會被掃描、量化，並使用可變長度碼進行編碼。本地解碼器會把這幅影像重建出來，以供未來預測使用。獨立編碼影像編碼時，並不會參照先前的影像。

　　儘管基本方塊圖與先前的標準非常類似，然而細節卻相當不同。將在後面各節討論這些細節。我們首先討論基本的結構元件，然後討論如何去除跨畫面編碼畫面的關聯性。去除關聯性的處理包括移動補償預測及預測誤差的轉換。

然後我們討論如何去除獨立編碼畫面的關聯性，包括獨立編碼預測模式，以及在在這個模式中使用的轉換。我們最後會討論不同的二進位編碼選項。

　　大區塊結構與其他標準所使用的結構相同。每一個大區塊含有 4 個8×8的亮度區塊及兩個彩度區塊。整數個連續的大區塊可以一起形成一個片段。在先前的標準中，大區塊的最小分割單位是分成該區塊的8×8的組成區塊。H.264標準允許8×8的大區塊分割更進一步地分成大小等於8×4 、 4×8和4×4的次級大區塊。比較小的區塊可以使用於移動補償預測，這樣可以追蹤比其他標準更細微的細節。除了8×8分割之外，大區塊也可以分割成兩個8×16或16×8區塊。在圖場模式下，H.264 標準把每一個圖場的16×8區塊組織起來，形成一個16×16的大區塊。

18.11.1　動作補償預測

H.264 標準使用大區塊分割來發展樹狀結構的移動補償演算法。預測用區塊的大小與形狀的選擇始終是移動補償預測技術的問題之一。視訊場景的不同部分會朝著不同的方向，以不同的速度移動，或在原地固定不動。較小的區塊可以追蹤視訊畫面中各種不同的移動，這樣可以預測得更準確，因此位元率也較低。然而必須編碼及傳送的移動向量也變得更多，這樣會佔用到寶貴的位元資源。事實上，在某些視訊序列中，用來將移動向量編碼的位元，可能佔用掉大部份我們所使用的位元。如果我們使用小區塊，移動向量的數量會增加，位元率也會增加。因為 H. 264 演算法可以使用各種不同的區塊大小與形狀，所以在預測方面可以提供高精確度與效率。演算法在動作多的區域會使用小區塊，在穩定區域則使用比較大的區塊。由於演算法可以使用矩形的形狀，因此可以更準確地集中於動作多的區域。

　　移動補償係以四分之一像素的準確度進行。為了這麼做，在相鄰的像素之間內插兩次，將參考畫面「放大」。這樣一來，所產生的殘餘值會平滑得多。在區塊的 4 個邊緣上使用濾波器，也改進了預測過程。H.264 標準允許我們最

多可以搜尋到 32 幅畫面，以尋找匹配最佳的區塊。參考畫面的選擇是在大區塊分割層次上進行，因此所有的次級大區塊分割都會使用同樣的參考畫面。

如同 H.263，移動向量將以差分方式進行編碼。基本方案是相同的。我們使用 3 個相鄰移動向量的中位數來預測目前的移動向量。用來進行移動補償的區塊如果是16×16、16×8或8×16區塊，此一基本策略會更改。

對 B 畫面而言，如同前面的標準，每一個大區塊或次級大區塊分割可以使用兩個移動向量。每一個像素的預測值等於兩個預測像素的加權平均值。

最後，我們定義 P_{skip} 類型的大區塊，這種區塊會使用16×16的移動補償，但不會傳送預測誤差。這種區塊將使用於幾乎沒有什麼變化的區域以及緩慢移動的畫面。

18.11.2　轉換

與先前的視訊編碼方案不同，我們使用的轉換並非8×8的 DCT。對於大部份的區塊而言，我們使用的轉換是類似 DCT 的4×4整數矩陣。轉換矩陣係由以下的式子給出

$$H = \begin{bmatrix} 1 & 1 & 1 & 1 \\ 2 & 1 & -1 & 2 \\ 1 & -1 & -1 & 1 \\ 1 & -2 & 2 & -1 \end{bmatrix}$$

逆變換矩陣係由以下的式子給出

$$H^I = \begin{bmatrix} 1 & 1 & 1 & \frac{1}{2} \\ 1 & \frac{1}{2} & -1 & -1 \\ 1 & -\frac{1}{2} & -1 & 1 \\ 1 & -1 & 1 & -\frac{1}{2} \end{bmatrix}$$

轉換運算可以使用加法與移位來實作。乘以 2 等於向左移位 1 個位元，除以 2 點等於向右移位 1 個位元。然而簡單是有代價的。請注意每一行的範值並不相同，而且正向轉換與逆向轉換的乘積並不等於單位矩陣。在量化過程中，我們

使用比例因子，以彌補此一差異。使用比較小的整數轉換有幾個優點。整數的特性讓實作變得簡單，也避免了誤差在轉換過程中的累積。比較小的區塊可以更準確地表示影像中小尺寸的穩定區域。比較小的區塊也比較不會包含範圍很廣的值。當區塊中出現急遽的變化時，任何漣波效應只會被包含在少數幾個像素之內。

18.11.3　獨立編碼預測

在前述標準中，當 I 畫面進行轉換編碼時，並沒有經過任何去除關聯性的運算。這表示 I 畫面所需的位元數遠比其他畫面要多。正如同當惡名昭彰的強盜 Willie Sutton 被問到為什麼搶銀行時，他應該只會回答：「因為那裡有錢」。同樣的道理，在視訊編碼中，因為大部份的位元都耗費在 I 畫面的編碼，所以 JVT 研究如何改進 I 畫面的壓縮比，以便大幅降低位元率，就非常有道理了。

H.264 標準包含幾種空間預測模式。對 4×4 區塊而言，一共有 9 種預測模式。其中的 8 種總結於圖 18.17。我們使用邊界上 (以及從邊界上延伸出去)[1] 的 13 個像素來預測區塊中的 16 個像素 a–p。模式號碼對應的箭頭顯示預測的方向。舉例來說，模式 0 對應於指向下方的箭頭。在這個例子中，像素 A 被用來預測像素 a, e, i, m，像素 B 被用來預測像素 b, f, j, n，像素 C 被用來預測像素 c, g, k, o，像素 D 被用來預測像素 d, h, l, p。在模式 3 (又稱為對角線左/下模式) 中，像素 B 被用來預測像素 a，像素 C 被用來預測像素 b, e，像素 D 被用來預測像素 c, f, i，像素 E 被用來預測像素 d, g, j, m，像素 F 被用來預測像素 h, k, n，像素 G 被用來預測像素 l, o，像素 H 則被用來預測像素 p。如果無法使用像素 E, F, G, H，則像素 D 會被重複 4 次。請注意模式 2 並沒有對應的方向。這個模式稱為 DC 模式，其中左側與頂端邊界像素的平均值將使用為 4×4 區塊中全部 16 個像素的預測值。在大部份的情況下，一個大區塊中所有的 4×4

---

[1]　從像素 L 跳到像素 Q 有歷史上的因素。在比較早期的 H.264 標準版本中，某些預測模式也使用到 L 以後的像素。

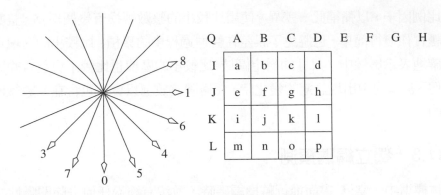

圖 18.17　4×4 獨立編碼預測的預測模式。

區塊使用的預測模式彼此之間的關聯性很強。H.264 標準使用此一關聯性,將模式資訊有效地編碼。

在畫面中的平坦區域中,以大區塊為單位進行預測會更方便。在整個大區塊的情況下,一共有 4 種預測模式。其中的 3 個相當於模式 0, 1, 2 (垂直、水平和 DC)。第 4 種預測模式稱為平面預測模式。在這種模式中,我們使用由 3 個參數決定的平面來擬合大區塊中的像素值。

18.11.4　量化

H.264 標準使用均等純量量化器來量化係數。一共有 52 個純量量化器,由 Q_{step} 進行索引,每隔 6 個 Q_{step},步階間距會加倍一次。為了讓轉換變得簡單,我們使用了近似過程,量化程序則納入了近似過程需要的比例調整。如果 $\alpha_{i,j}(Q_{step})$ 是第 $(i, j)^{th}$ 個係數的權重,則

$$l_{i,j} = sign(\theta_{i,j}) \left\lfloor \frac{|\theta_{i,j}| \alpha_{i,j}(Q_{step})}{Q_{step}} \right\rfloor$$

為了擴大原點附近的量化區間,我們在分子中加入了一個很小的值:

$$l_{i,j} = sign(\theta_{i,j}) \left\lfloor \frac{|\theta_{i,j}| \alpha_{i,j}(Q_{step}) + f(Q_{step})}{Q_{step}} \right\rfloor$$

在實際的實作中，不使用除法，且量化程序係按照參考文獻 [255] 予以實作

$$l_{i,j} = sign(\theta_{i,j})[|\theta_{i,j}| M(Q_M, r) + f2^{17+Q_E}] >> (17 + Q_E)$$

其中

$$Q_M = Q_{step} (\text{mod } 6)$$

$$Q_E = \left\lfloor \frac{Q_{step}}{6} \right\rfloor$$

$$r = \begin{cases} 0 & i, j \text{ 爲偶數} \\ 1 & i, j \text{ 爲奇數} \\ 2 & \text{其他情況} \end{cases}$$

M 在表 18.9 中列出。

反向量化運算係由以下的式子給出

$$\hat{\theta}_{i,j} = l_{i,j} S(Q_M, r) << Q_E$$

其中的 S 在表 18.10 中列出。

以大區塊爲單位的區塊內預測中，16×16的亮度殘餘值與8×8的彩度殘餘值在量化之前，會先進行轉換，以便進一步除去重複性。回憶一下，在 I 畫面的平坦區域中，會使用以大區塊爲單位的預測程序。因此4×4轉換的 DC 係數很可能具有很強的關聯性。爲了除去重複性，我們針對大區塊中的 DC 係數

表 18.9　　H.264 中的 $M(Q_M, r)$ 值。

Q_M	$r = 0$	$r = 1$	$r = 2$
0	13107	5243	8066
1	11916	4660	7490
2	10082	4194	6554
3	9362	3647	5825
4	8192	3355	5243
5	7282	2893	4559

表 18.10　H.264 中的 $S(Q_M, r)$ 值。

Q_M	$r = 0$	$r = 1$	$r = 2$
0	10	16	13
1	11	18	14
2	13	20	16
3	14	23	18
4	16	25	20
5	18	29	23

使用離散 Walsh-Hadamard 轉換。對亮度區塊而言，這是 16 個 DC 係數的 4×4 轉換。比較小的彩度區塊包含 4 個 DC 係數，所以我們使用 2×2 的離散 Walsh-Hadamard 轉換。

18.11.5　編碼

H.264 標準包含兩種二進位編碼的選項。第一種選項使用指數型 Golomb 碼將參數編碼，並使用上下文適應性可變長度碼 (CAVLC) 將被量化的標籤編碼 [255]。第二種選項把所有的值變成二進位，並使用上下文適應性二進位算術碼 (CABAC) [256]。

　　正整數 x 的指數型 Golomb 碼可以按照以下的方式計算：$M = \lfloor \log_2(x+1) \rfloor$ 的一元碼，後面接上 $x+1$ 的 M 位元自然形式二進位碼。整數 x 的一元碼等於 x 個零，後面跟著一個 1。0 的指數型 Golomb 碼等於 1。

　　首先，我們以鋸齒狀方式掃描量化器標籤。在許多情況下，鋸齒狀掃描線上最後幾個非零標籤的大小等於 1。非零標籤的個數 N 與位於尾端的 1 的個數 T 將使用為編碼冊的索引，此編碼冊乃是根據相鄰區塊的 N 與 T 值選擇的。T 的最大容許值為 3。位於尾端的標籤中，如果大小等於 1 的標籤的個數大於 3，其餘的標籤將採用與其他不等於零的標籤同樣的方式進行編碼。接下來，不等於零的標籤將以相反的順序編碼，亦即對應於較高頻係數的量化器標籤會先被編碼。位於尾端的 1 的正負號會先被編碼，0 代表正值，1 代表負值。然後其餘的量化器標籤將以與掃描順序相反的順序進行編碼。在這之後，掃描線上介

於掃描線開頭與最後一個不等於零的標籤之間所有的 0 的個數會被編碼。這將是介於 0 與 16 − N 之間的數目。接下來，從最後一個不等於零的標籤開始，每一個標籤前面的零值連續片段會被編碼，直到所有的係數或零值用完為止。每一個零值連續片段所需的位元數取決於有幾個零值尚未被指定。

第二種技術可以提供比較高的壓縮比，在這種技術中，所有的值會先被轉換成二進位字串。該二進位轉換程序可以使用一元碼、截斷一元碼、指數型 Golomb 碼、固定長度碼，以及 5 種將大區塊和附屬大區塊類型編碼用的特定二元樹，視資料類型而定。我們會採用兩種方式的其中之一將二進位字串編碼。重複出現的字串會以上下文適應性二進位算術碼進行編碼。隨機出現的二進位字串 (例如指數型 Golomb 碼的字尾) 則會繞過算術編碼器。算術編碼器有 399 種上下文可以使用，其中的 325 種上下文係用於將量化標籤編碼。這些上下文包括畫面和圖場片段使用的上下文。在純畫面或圖場片段中，只會使用到 399 個上下文模型之中的 277 個。這些上下文模型只不過是二進位算術編碼器使用的 Cum_Count 表格。H.264 標準建議使用不含乘法的實作方式進行二進位算術編碼。

H.264 標準遠比先前的標準有彈性，可以應用的範圍也寬廣得多。在效能方面，該標準宣稱：相較於先前的標準，位元率可以降低 50%，而達到同樣的視聽品質 [255]。

18.12　MPEG-4 第 2 部份

MPEG-4 標準提供更抽象的多媒體編碼方法。這項標準把多媒體「場景」視為許多物體的集合。這些物體可能是視覺物體 (例如靜態的背景或臉部特寫) 或聽覺物體 (例如語音、音樂、背景噪音) 等等。每一個物體都可以使用不同的技術獨立編碼，並產生獨立的基本位元流。這些位元流將與場景描述一同以多工方式傳輸。MPEG 以虛擬實境描述語言 (Virtual Reality Modeling Language，簡稱 VRML) 為基礎，發展了一種用來描述場景的語言，稱為二進位場景描述格式 (Binary Format for Scenes，簡稱 BIFS)。解碼器可以使用場景描述及使用

者的額外輸入組合或建立物體，以重建原始場景或建立修改過的場景。管理基本串流及其多工版本的通訊協定稱為多媒體傳輸整合架構 (Delivery Multimedia Integration Framework，簡稱 DMIF)，是 MPEG-4 的重要部份。然而因為本書的重點是壓縮，所以我們不會討論這個通訊協定 (如果讀者想要瞭解細節，請參閱標準 [213])。

基本視訊編碼演算法的方塊圖示於 18.18。儘管形狀編碼只佔了整個方塊圖的一小部分，然而它卻是這個演算法的主要部分。組成場景的不同物體會被編碼，並傳送到多工器。這些物體是否存在的資訊也會給提供移動補償預測器，該預測器可以使用以物體為單位的移動補償演算法，以改進壓縮效率。預測程序之後所留下的資訊可以使用以 DCT 為基礎的編碼器傳送。視訊編碼演

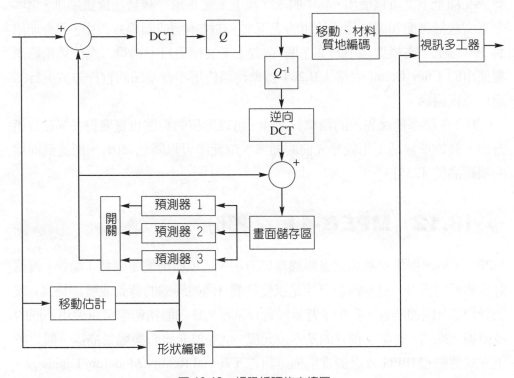

圖 18.18　視訊編碼的方塊圖。

算法也可以使用背景「子畫面」── 通常是一大片的靜態全景，形成視訊序列的背景。子畫面會傳送一次，移動的前景視訊物體則根據編碼器所提供有關背景的資訊，放在子畫面的不同部份的前面。

　　MPEG-4 標準也設想到模型式編碼的使用，其中代表移動物體的三角形網格會先被傳送，然後是覆蓋該網格的材料質地的資訊。接下來，我們可以傳送有關網格節點移動的資訊，讓視訊物體動起來。MPEG-4 標準建議使用的質地編碼技術是內嵌零值樹小波 (EZW) 演算法。更明確地說，MPEG-4 標準考慮到使用臉部動畫物體來呈現一張栩栩如生的臉。我們使用臉部定義參數 (FDP) 和臉部動作參數 (FAP) 來控制臉的形狀、膚質與表情。BIFS 提供可以支援客制化模型與 FAP 的特殊解釋方式等功能。

　　MPEG-2 標準考慮到 SNR 和空間可調整性。MPEG-4 標準也考慮到物體可調整性，亦即有些物體可能不會傳送，以降低頻寬需求。

▣ 18.13　封包視訊

網路通訊愈來愈受歡迎，使得我們對於在網路上使用的壓縮方案的開發愈來愈有興趣。在本節中，我們討論開發在網路上使用的視訊壓縮方案時會遇到的一些問題。

▣ 18.14　ATM 網路

隨著訊息的爆炸，我們也親眼目睹了傳輸資訊的新方式的發展。在眾多使用者中傳送資訊最有效率的方式之一是使用非同步傳輸模式 (asynchronous transfer mode，簡稱 ATM) 技術。在以往，通訊一般是在專用的通道上進行；也就是說，為了在兩個點之間進行通訊，會有一個通道專門用來在這兩個點之間傳輸資訊。即使某一段期間內沒有任何資訊傳輸，其他人也不能使用這個通道。這種方法因為效率很低，所以愈來愈多的人已經不再採用。在 ATM 網路上，使用者把資訊分成封包，然後在可供好幾位使用者使用的通道上傳輸。

我們可以把封包在通訊網路上的移動比喻成汽車在公路網上的移動。如果把訊息分成許多封包，則訊息在網路上的移動，就像許多車輛在高速公路系統上從一個點移動到另一個點。儘管兩輛汽車不能同時佔據同一個位置，然而它們可以同時佔用同一條道路。因此，在任何指定時刻可以有好幾組車輛同時使用一條道路。此外，並非同一組內所有的車輛都必須走同樣的路線。不同的車輛可以走不同的路線，視起點與終點之間各條道路的交通流量而定。比起在第一組車輛完成其路程之前，把整條道路完全封住，這樣使用道路會更有效率。

透過這個比喻，我們可以瞭解：有多少傳輸容量可以使用 (亦即每秒鐘可以傳輸的位元數) 會被我們無法控制的因素所影響。如果在任何特定時刻，網路上的資訊流量非常低，可用容量就很高。另一方面，如果網路壅塞，可用容量就很低。此外，採取不同的路徑穿越網路，也表示有一些封包可能會遇到網路壅塞的情況，因此通過網路的延遲時間是會變動的。為了避免網路壅塞造成至關重要的資訊無法流通，網路會給予各種資訊流不同的優先權，優先權較高的資訊流被允許在優先權較低的資訊流之前傳輸。使用者可以與網路協商，保證取得固定的流量。當然，這樣的保證通常很昂貴，因此使用者稍微瞭解有多少高優先權的流量可以在網路上傳輸是很重要的。

18.14.1 ATM 網路中的壓縮問題

在視訊編碼中，這種情況是一項挑戰，但也提供了機會。先前所討論的視訊壓縮演算法中有一個緩衝區，可以使壓縮演算法的輸出變得平緩。因此，如果我們遇到視訊中動作很多的區域，導致每秒鐘產生的位元數高於平均值，為了避免緩衝區溢出，在這個片段之後，必須有一個視訊片段，每秒鐘產生的位元數低於平均值。有時這種情況可能會自然發生，動作很多的視訊片段會跟著動作很少的視訊片段。然而這種情況有可能不會發生，這樣的話，我們就必須增加步階間距或捨棄一些係數，或甚至捨棄整個畫面，而降低視訊品質。

如果 ATM 網路暢通，則可適應壓縮演算法產生的變動位元率。然而如果網路壅塞的話，壓縮演算法將必須在位元率降低的情況下操作。如果網路設計得很好，後面這種情況不會經常發生，視訊編碼器運行時可以提供一致的品質。然而當網路壅塞時，可能會有相當長的時間一直都不暢通，因此壓縮方案應該可以在位元率降低的情況下操作一段相當長的時間。此外，網路壅塞可能會造成延遲時間過久，導致某些封包在需要用到時 (亦即應該含有這些封包的畫面也許已經在進行重建) 卻還沒收到。

為了處理這些問題，如果視訊壓縮演算法以分層方式提供資訊，將會非常有用，亦即先提供高優先權，但位元率較低的影像層，再提供低優先權的加強層，前者可以用來重建視訊，只是重建結果的品質可能很差，後者則可改進重建結果的品質。此與漸進式傳輸的概念很類似，其中我們先傳送比較粗糙，但位元率較低的影像表現方式，然後再傳送位元率較高的加強層。如果高優先層所需的位元率變化不大的話，這樣也很有用。

18.14.2　封包視訊的壓縮演算法

幾乎所有的壓縮演算法都可以修改成在 ATM 環境下執行，然而有一些方法似乎更適合這種環境。我們簡短地提出兩種方法 (如果讀者希望瞭解更詳細的內容，請參閱原始論文)。

次頻帶編碼乃是天生就具備以分層方式作用的一個壓縮方案。在次頻帶編碼程中，低頻頻帶可以用來提供基本的重建結果，高頻頻帶則提供改進細節。我們舉一個例子，請考慮 Karlsson 與 Vetterli 針對封包視訊提出的壓縮方案 [257]。在他們的方案中，視訊被分成 11 個頻帶。視頻信號先被分成兩個時間域頻帶。然後每一個頻帶被分成 4 個空間域頻帶。接下來，低頻時間域的低頻 -低頻頻帶會被分成 4 個空間域頻帶。此一分離過程示於圖 18.19。圖中記為 1 的次頻帶含有視訊序列的基本資訊。因此它會以最高優先權傳送。即使其他所有次頻帶中的資料全部遺失，只使用這個次頻帶中的資訊，仍然可以將視訊重建出來。我們也可以將其他頻帶的輸出排定優先順序，如果網路開始擁塞，使

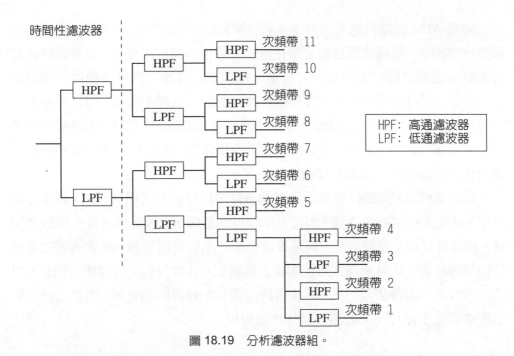

圖 18.19 分析濾波器組。

得我們必須降低傳輸率時，我們可以不傳送低優先權次頻帶中的資訊。次頻帶1 的資料傳輸率也變化得最少。與網路協商優先權流量時，這一點非常有幫助。

　　既然漸進式傳輸與次頻帶編碼背後的想法這麼相似，設計封包視訊的分層壓縮方案時，使用漸近式傳輸演算法作為起點，應該是可行的。Chen、Sayood與 Nelson [258] 使用以 DCT 為基礎的漸進式傳輸方案 [259] 來開發封包視訊壓縮演算法。在他們的方案中，他們首先使用16×16的 DCT 將目前畫面及其預測值之間的差距進行編碼。他們只傳送 DC 係數和最低 3 階的 AC 係數到接收器。被編碼的係數組成最高優先權層。

　　接下來，他們把原始畫面減去重建出來的畫面。他們計算每一個16×16區塊的均方誤差的總和。如果區塊的均方誤差小於某一個預先指定的臨界值，則該區塊會再分成 4 個8×8的區塊，並使用8×8的 DCT 重複編碼過程。被編碼的係數組成下一層。因為只有不滿足臨界值測試的區塊會再被分割，哪些區塊會再分割的資訊會傳送給接收器，作為附屬資訊。

這個過程會針對 4×4 區塊和 2×2 個區塊重複進行，而且分別組成第 3 層和第 4 層。雖然這個演算法是一個可變位元率的編碼方案，但第一層的位元率是固定的，因此使用者可以與網路協商，使用固定量的高優先權流量。為了除去延遲封包對預測的影響，他們只使用最高優先權層的重建結果進行預測。

許多不同的漸進式傳輸演算法都可以運用這個概念，以便適合在 ATM 網路上使用。

▣ 18.15 摘要

本章描述了一些不同的視訊壓縮演算法。對壓縮演算法而言，唯一的新資訊就是移動補償預測的描述。雖然前面各章已經研究過壓縮演算法，但我們要討論如何在不同的需求下使用這些演算法。我們討論的三種情況包括視訊會議、非對稱應用 (例如廣播視訊)，以及在封包網路上傳輸的視訊。每一種應用的需求都稍微有些不同，導致我們以不同的方式使用壓縮演算法。我們並不嘗試涵蓋整個視訊壓縮的領域。然而，現在讀者應該已經建立了足夠的基礎，可以使用以下的清單作為起點，更進一步地探索這個主題。

進階閱讀

1. J. Watkinson 所著的「*The Art of Digital Video*」[260] 是有關數位視訊的技術問題非常棒的資訊來源。

2. MPEG-1 標準文件「資訊技術 ── 1.5 Mbit/s 以下數位儲存媒體用動態影像暨相關音訊編碼」[252] 對於視訊壓縮演算法有極佳的描述。

3. J.L. Mitchell, W.B. Pennebaker, C.E. Fogg 與 D.J. LeGall 合著的「*MPEG Video Compression Standard*」[261] 中可以找到有關 MPEG-1 與 MPEG-2 視訊標準的詳細資訊。

4. 如果讀者想要尋找有關模型式編碼的詳細資訊，請參閱 K. Aizawa 與 T.S. Huang 在 1995 年 2 月份的 *Proceedings of the IEEE* 期刊上撰寫的「Model Based Image Coding: Advanced Video Coding Techniques for Very Low Bit-Rate Applications」[250]。

5. 如果讀者想要探索封包視訊各種不同研究領域，1989 年 6 月份的 *IEEE Journal on Selected Areas of Communications* 期刊是一個很好的起點。

6. J. Watkinson 所著，Focal Press 於 2001 年出版的「*The MPEG Handbook*」[261]涵蓋了 MPEG 1/2 與 MPEG 4 標準，非常容易閱讀。

7. I.E.G. Richardson 所著，Wiley 於 2003 年出版的「*H.264 and MPEG-4 video compression*」是有關 H.264 與 MPEG-4 的理想資訊來源。

▣ 18.16 專案與習題

1. (a) 計算 Sinan 影像的 DCT，並畫出每一個係數的均方值。

   (b) 將每一行影像循環移動八個像素。也就是說，
   $new\_image[i, j] = old\_image[i, j + 8 \, (\text{mod} \, 256)]$。
   計算差距值的 DCT，並畫出每一個係數的均方值。

   (c) 比較上面 (a) 和 (b) 部分中的結果。試評論其間的差異。

機率和隨機過程

在本附錄中，我們討論與機率和隨機過程有關的一些概念，這些觀念在系統的研究中很重要。我們的討論涵蓋的範圍相當有限，而且有點簡略，但已足夠讓讀者使用機率和隨機過程作為瞭解資料壓縮系統的工具。

A.1　機率

機率有幾種不同的定義和思考方式。每一種方式都有一些優點；能夠讓我們最深入地瞭解所研究問題的方式，也許就是最好的方式。

A.1.1　出現頻率

大部份的人考慮機率時，最常見的方式是以一個實驗的結果或一組結果來思考。假設我們正在進行有 N 種可能結果的實驗 E。我們進行實驗 n_T 次。如果結果 ω_i 出現 n_i 次，則我們稱結果 ω_i 的出現頻率為 $\frac{n_i}{n_T}$。接下來，我們可以把結果 ω_i 的出現機率定義為

$$P(\omega_i) = \lim_{n_T \to \infty} \frac{n_i}{n_T}$$

　　實際上我們沒有辦法重複進行一個實驗無限多次,因此我們經常使用出現頻率作為機率的近似值。為了更具體一點,請考慮一個特別的的實驗。假設我們打開電視 1,000,000 次,其中有 800,000 次打開電視時正在播放廣告,有 200,000 次打開電視時播放的不是廣告。我們可以說在播放廣告時打開電視機的出現頻率 (或機率的估計值) 等於 0.8。在這裡,我們的實驗 E 是打開電視機,結果則有「**是廣告**」和「**不是廣告**」。我們可以更仔細地記錄打開電視機時,正在播放什麼節目,並留意播放的節目是新聞節目 (2000 次)、像新聞一樣的節目 (20,000 次)、喜劇節目 (40,000 次)、探險節目 (18,000 次)、綜藝節目 (20,000 次)、脫口秀 (90,000 次) 或電影 (10,000 次),以及廣告是商品廣告還是服務廣告。在這種情況下,結果將包括**廣告商品**、**服務廣告**、**喜劇**、**探險**、**新聞**、**假新聞**、**綜藝**、**脫口秀**和**電影**。接下來,我們可以把事件定義為結果的集合。「**是廣告**」事件將由**商品廣告**與**服務廣告**這兩個結果組成;「**不是廣告**」事件將由**喜劇**、**探險**、**新聞**、**假新聞**、**綜藝**、**脫口秀**、**電影**等結果組成。我們也可以定義其他的事件,例如「**可能含有新聞的節目**」。這個集合將包含**新聞**、**假新聞**和**脫口秀**等結果,而且這個集合的出現頻率等於 0.112。

　　當我們正式定義一個實驗 E 時,我們也會定義與該實驗相關,且由**結果** (outcome) $\{\omega_i\}$ 組成**樣本空間** (sample space) S。接下來,我們可以把這些結果組合成事件的集合,並指定機率給這些事件。S (事件) 的最大子集合是 S 本身,而且事件 S 的機率就是實驗會有一個結果的機率。根據我們的定義方式,這個機率等於 1;也就是說 $P(S) = 1$。

A.1.2　信任的量度

有時透過重複進行實驗獲得事件機率的想法會遇到困難。舉例來說,你在指定的時間內,從波士頓的 Logan 國際機場到達波士頓的某個特定地址的機率為何?這個答案取決於許多不同的因素,包括你對該區域的熟悉程度、當時是一天之中的什麼時候,以及交通狀況等等。你沒有辦法進行實驗,並得到答案,因為你只要一進行實驗,條件就已經改變了,並且答案將與現在不同。我們定

義先驗機率和後驗機率,以處理這種情況。先驗機率是指在接收到某些訊息,或某些事件發生之前,你認為或相信的機率;後驗機率是指在你已經得到進一步的資訊之後的機率。機率不再像出現頻率方法中的定義那樣嚴謹,而是一個流動的量,其值隨著變化中的經驗而改變。如果這種方法想要有效,必須有一種描述機率如何隨著變化中的資訊一同演進的方式。我們使用 Bayes 定理來達成這個目標,該定理是以第一個描述它的人來命名的。如果事件 A 的先驗機率為 $P(A)$,且已知事件 B 發生時,事件 A 的後驗機率為 $P(A\,|\,B)$,則

$$P(A\,|\,B) = \frac{P(A, B)}{P(B)} \tag{A.1}$$

其中 $P(A, B)$ 是事件 A 與事件 B 一同發生的機率。同樣的,

$$P(B\,|\,A) = \frac{P(A, B)}{P(A)} \tag{A.2}$$

把 (A.1) 和 (A.2) 組合起來,我們得到

$$P(A\,|\,B) = \frac{P(B\,|\,A)P(A)}{P(B)} \tag{A.3}$$

若事件 A 和事件 B 兩者皆不提供有關彼此的任何訊息,則下列假設應屬合理:

$$P(A\,|\,B) = P(A)$$

因此,由 (A.1),

$$P(A, B) = P(A)P(B) \tag{A.4}$$

當 (A.4) 滿足時,事件 A 和 B 稱為**統計獨立** (statistically independent),或簡稱為**獨立** (independent)。

例題 A.1.1

二進位對稱通道 (binary symmetric channel) 是數位通訊中經常使用的一個通道模型。在這個模型中,輸入是一個隨機實驗,其結果為 0 和 1。通道的輸出則是具有 0 和 1 兩個結果的另一個隨機事件。這兩個結果顯然是以某種方式連結。為了瞭解它們如何連結,我們先定義一些事件:

$$A:\text{輸入為 } 0$$
$$B:\text{輸入為 } 1$$
$$C:\text{輸出為 } 0$$
$$D:\text{輸出為 } 1$$

讓我們假設輸入同樣可能是 1 或 0。因此 $P(A) = P(B) = 0.5$。如果通道是完美的,即你把什麼資訊放進通道,就會得到同樣的資訊,則我們有

$$P(C \mid A) = P(D \mid B) = 1$$

且

$$P(C \mid B) = P(D \mid A) = 0.$$

對於大部份真實的通道而言,我們很少遇到這樣的系統,一般而言,傳送的位元在接收時有一個很小的機率 ε 會出錯。在這種情況下,我們的機率會變成

$$P(C \mid A) = P(D \mid B) = 1 - \varepsilon$$
$$P(C \mid B) = P(D \mid A) = \varepsilon .$$

我們如何解釋 $P(C)$ 和 $P(D)$?這些機率只不過是在任何特定時刻輸出為 0 或 1 的機率。曉得可以使用的資訊之後,我們如何計算這些機率?使用 (A.1),我們可以從 $P(C \mid A)$, $P(C \mid B)$, $P(A)$ 和 $P(B)$ 求出 $P(A, C)$ 和 $P(B, C)$。最後這兩個機率分別是輸入為 0,且輸出為 1,以及輸入為 1,

且輸出為 1 的機率。事件 C (亦即輸出為 1) 只有在兩個聯合事件的其中之一發生時才會發生，因此

$$P(C) = P(A, C) + P(B, C)$$

同樣的，

$$P(D) = P(A, D) + P(B, D)$$

在數值上，結果等於

$$P(C) = P(D) = 0.5. \qquad \blacklozenge$$

A.1.3 公設法

最後，還有一種方法，只把機率定義為度量，不太著重於其實際的解釋。在日常生活中，我們很熟悉度量。我們會談論取出一條 9 英呎的電纜，或取得一磅的乳酪。正如同長度和寬度乃是測量某些物理量的範圍，機率也是測量某些抽象量 (一個集合) 的範圍。機率所測量的是事件集的「大小」。機率度量也遵循與其他度量類似的規則。正如同實際物體的長度總是大於或等於零，事件的機率也總是大於或等於零。如果我們測量兩個不重疊的物體的長度，則兩個物體的組合長度就是個別物體長度的總和。同樣的，兩個事件如果沒有共同的結果，擇其聯集的機率就是個別事件機率的總和。為了讓這個定義與機率的其他定義保持一致，我們指定最大的集合 (亦即樣本空間 S) 的大小等於 1，將這個量歸一化。因此一個事件的機率總是介於 0 與 1 之間。我們可以把這些規則正式地寫下來，作為機率的 3 個公設。

已知一樣本空間 S：
- **公設 1**：如果 A 是 S 中的一個事件，則 $P(A) \geq 0$。
- **公設 2**：樣本空間的機率是 1； 即 $P(S) = 1$。
- **公設 3**：如果 A 和 B 為 S 中的兩個事件，且 $A \cap B = \varnothing$，則
$$P(A \cup B) = P(A) + P(B)。$$

給定這三個公設，可以得到我們需要的其他所有規則。例如，假設 A^c 是 A 的補集，則 A^c 的機率為何？利用公設 2 和公設 3 可以得到答案。我們知道

$$A^c \cup A = S$$

公設 2 告訴我們 $P(S) = 1$，因此，

$$P(A^c \cup A) = 1 \qquad (A.5)$$

我們也知道 $A^c \cap A = \varnothing$，因此，由公設 3

$$P(A^c \cup A) = P(A^c) + P(A) \qquad (A.6)$$

把方程式 (A.5) 和 (A.6) 組合起來，我們得到

$$P(A^c) = 1 - P(A) \qquad (A.7)$$

同樣的，我們可以使用 3 個公設，求出 $A \cap B = \varnothing$ 時，$A \cup B$ 的機率：

$$P(A \cup B) = P(A) + P(B) - P(A \cap B) \qquad (A.8)$$

在以上所有的討論中，我們一直是使用兩個事件 A 和 B。這些規則可以很容易地延伸到更多個事件。

例題 A.1.2

當 $A \cap B = A \cap C = \varnothing$，且 $B \cup C \neq \varnothing$ 時，求出 $P(A \cup B \cup C)$。

令

$$D = B \cup C.$$

則

$$A \cap C = \varnothing, \quad A \cap B = \varnothing \quad \Rightarrow \quad A \cap D = \varnothing.$$

因此，由公設 3，

$$P(A \cup D) = P(A) + P(D)$$

使用 (A.8)，可得

$$P(D) = P(B) + P(C) - P(B \cap C).$$

把所有的結果組合起來，我們得到

$$P(A \cup B \cup C) = P(A) + P(B) + P(C) - P(B \cap C). \qquad \blacklozenge$$

當一個實驗沒有離散的結果時，公設法特別有用。舉例來說，如果我們檢查電話線路上的電壓，那麼任何特定電壓值的機率皆等於零，因為電壓可以具有的值，其個數乃是不可數無窮多，而我們只能把不等於零的機率值指定給可數無窮多個值。使用公設法，我們可以把樣本空間視為電壓的範圍，事件則視為此一範圍的子集合。

我們提供了三種不同的機率解釋方式，也描述了可以用來處理機率的一些規則。不管你重視哪一種解釋，這裡描述的規則 (例如 Bayes 定理，三個公設，以及我們得到的其他規則) 都成立。提供三種不同解釋的目的，是為讀者提供觀看某種特定情況的各種觀點。舉例來說，如果有人說：當你擲硬幣時，出現正面的機率是 0.5，你可能會利用重複實驗來解釋這個數目 (如果我擲硬幣 1000 次，我會預期得到 500 次正面)。但是，如果有人告訴你穿過某一特定街道時，喪命的機率是 0.1，你可能會希望以更主觀的方式來解釋這則訊息。重點是選擇能讓你最深入瞭解某一個特定問題的解釋，同時要記住，你的解釋不會改變整個情況的數學內涵。

既然我們已經花了許多篇幅來說明什麼是機率，讓我們再用幾行文字來說明什麼不是機率。機率不代表必然。當我們說某一事件的機率等於 1 時，並不代表該事件*會*發生。另一方面，我們說某一事件的機率等於 0，並不代表該事件*不會*發生。請記住，數學只描述了現實，但數學**並不是**現實。

▣ A.2　隨機變數

當嘗試以數學方式描述一個實驗及其結果時，如果結果是數目，那麼會方便許多。有一種簡單的方法可以這麼做，就是定義把數目指定給每一種結果的映射

或函數。這個映射或函數稱為**隨機變數** (random variable)。讓我們更正式地陳述：令 S 為一樣本空間，其結果為 $\{\omega_i\}$，則隨機變數 X 乃是以下的映射

$$X : S \to R \qquad\qquad\qquad (A.9)$$

其中 R 代表實數軸。說明同一件事的另一種方式是

$$X(\omega) = x; \qquad \omega \in S, x \in R \qquad\qquad (A.10)$$

隨機變數通常以大寫字母表示，我們將遵循這項慣例。隨機變數具有的值稱為隨機變數的**實際值** (realization)，並以小寫字母表示。

例題 A.2.1

讓我們以電視節目為例，並以隨機變數 X 將它重寫成：

$$X(商品廣告) = 0$$
$$X(服務廣告) = 1$$
$$X(新聞) = 2$$
$$X(假新聞) = 3$$
$$X(脫口秀) = 4$$
$$X(綜藝節目) = 5$$
$$X(喜劇) = 6$$
$$X(探險) = 7$$
$$X(電影) = 8$$

現在，我們可以不談論某些節目的機率，改為談論隨機變數 X 具有某些值或某些範圍的值的機率。舉例來說，$P(X(\omega) \le 1)$ 是打開電視時看到廣告的機率 (引數通常不寫出來，只寫成 $P(X \le 1)$)。同樣的，P (可能有新聞的節目) 可以寫成 $P(1 < X \le 4)$，這樣寫簡潔多了。　　　　◆

⬛ A.3　分佈函數

以先前的方式定義隨機變數，讓我們可以定義一個特別的機率 $P(X \leq x)$。這個機率稱爲**累積機率分佈函數** (cumulative distribution function，簡稱 cdf)，且記爲 $F_X(x)$，隨機變數是下標，實際值則是引數。機率的主要用途之一是建立物理過程的模型，當我們試圖描述不同的隨機過程或建立其模型時，會發現累積機率分佈函數非常有用。稍後我們會更瞭解這一點。

現在，讓我們看一看 cdf 的一些性質：

性質 1：$0 \leq F_X(x) \leq 1$。這是根據 cdf 的定義。

性質 2：cdf 爲一單調非遞減函數。也就是說，

$$x_1 \geq x_2 \quad \Rightarrow \quad F_X(x_1) \geq F_X(x_2).$$

要證明這個性質，只需要把 cdf 寫成兩個機率的和：

$$F_X(x_1) = P(X \leq x_1) = P(X \leq x_2) + P(x_2 < X \leq x_1)$$
$$= F_X(x_2) + P(x_1 < X \leq x_2) \geq F_X(x_2)$$

性質 3：

$$\lim_{n \to \infty} F_X(x) = 1.$$

性質 4：

$$\lim_{n \to -\infty} F_X(x) = 0.$$

性質 5：如果我們定義

$$F_X(x^-) = P(X < x)$$

則

$$P(X = x) = F_X(x) - F_X(x^-).$$

例題 A.3.1

如果假設出現頻率是機率的準確估計值，請求出電視節目例題的 cdf：

$$F_X(x) = \begin{cases} 0 & x < 0 \\ 0.4 & 0 \le x < 1 \\ 0.8 & 1 \le x < 2 \\ 0.802 & 2 \le x < 3 \\ 0.822 & 3 \le x < 4 \\ 0.912 & 4 \le x < 5 \\ 0.932 & 5 \le x < 6 \\ 0.972 & 6 \le x < 7 \\ 0.99 & 7 \le x < 8 \\ 1.00 & 8 \le x \end{cases}$$

♦

請注意與 cdf 有關的一些性質。首先，cdf 由步階函數組成，這是離散隨機變數的特徵。其次，這個函數從右邊連續，這是因為 cdf 的定義方式。

當隨機變數為一連續隨機變數時，cdf 會稍微有些不同。舉例來說，如果我們對語音信號取樣，然後計算取樣值的差距，所產生的隨機過程，其 cdf 看起來會像下面這樣：

$$F_X(x) = \begin{cases} \frac{1}{2}e^{2x} & x \le 0 \\ 1 - \frac{1}{2}e^{-2x} & x > 0. \end{cases}$$

在這種情況下，要注意的是因為 $F_X(x)$ 為連續，所以

$$P(X = x) = F_X(x) - F_X(x^-) = 0.$$

也有一些過程，其分佈在某些範圍內是連續的，在其他範圍內則為離散。

除了累積機率分佈函數之外，還有一個函數也會用到，就是**機率密度函數** (probability density function，簡稱 pdf)。對應於 $F_X(x)$ 這個 cdf 的 pdf 記為 $f_X(x)$。對於連續的 cdf 而言，pdf 就是 cdf 的導數。對於離散的隨機變數而言，

取 *cdf* 的導數會引入 delta 函數，這種函數本身有自己的問題。所以在離散情況下，我們利用差分來求出 *pdf*。對於不同類型的隨機變數而言，計算同一個函數需要不同的程序，未免有些不便。我們可以針對各種類型的隨機變數定義一個嚴謹、統一的程序，由 *cdf* 求出 *pdf*。然而爲了如此做，我們必須對測度論有一些瞭解，這已經超出了本附錄的範圍。讓我們看看 *pdf* 的一些例子。

例題 A.3.2

以電視節目的範例來說：

$$f_X(x) = \begin{cases} 0.4 & \text{如果 } X = 0 \\ 0.4 & \text{如果 } X = 1 \\ 0.002 & \text{如果 } X = 2 \\ 0.02 & \text{如果 } X = 3 \\ 0.09 & \text{如果 } X = 4 \\ 0.02 & \text{如果 } X = 5 \\ 0.04 & \text{如果 } X = 6 \\ 0.018 & \text{如果 } X = 7 \\ 0.01 & \text{如果 } X = 8 \\ 0 & \text{其他情況} \end{cases}$$

◆

例題 A.3.3

以語音範例來說，*pdf* 係由以下的式子給出

$$f_X(x) = \frac{1}{2} e^{-2|x|}.$$

◆

◾ A.4 期望值

處理隨機過程時，我們經常會計算平均量，例如通訊系統中的信號功率與雜訊功率，以及各種設計問題中兩次故障相隔的平均時間。為了求出這些平均量，我們使用**期望值算子** (expectation operator)。期望值算子 $E[]$ 的正式定義如下：當 X 為一離散隨機變數，且其實際值為 $\{x_i\}$ 時，X 的期望值 (expected value) 係由以下的式子給出：

$$E[X] = \sum_i x_i P(X = x_i) \tag{A.11}$$

當 X 的 pdf 等於 $f_X(x)$ 時，則由以下的式子給出：

$$E[X] = \int_{-\infty}^{\infty} x f_X(x) dx \tag{A.12}$$

期望值與平均值非常類似，如果出現頻率是機率的準確估計值，則期望值與平均值完全相同。請考慮以下的例題：

例題 A.4.1

假設班上 10 個學生，第一次測驗的成績為

$$10, 9, 8, 8, 7, 7, 7, 6, 6, 2$$

平均值為 $\frac{70}{10}$ 或 7。現在讓我們使用出現頻率法來估計各種成績的機率。(請注意，在這種情況下，隨機變數是恆等映射，亦即 $X(\omega) = \omega$。隨機變數可以取各種值的機率，其估計值如下：

$$P(10) = P(9) = P(2) = 0.1, \quad P(8) = P(6) = 0.2, \quad P(7) = 0.3,$$
$$P(6) = P(5) = P(4) = P(3) = P(1) = P(0) = 0$$

因此期望值為

$$E[X] = (0)(0) + (0)(1) + (0.1)(2) + (0)(3) + (0)(4) + (0)(5) + (0.2)(6)$$
$$+ (0.3)(7) + (0.2)(8) + (0.1)(9) + (0.1)(10) = 7.$$

◆

期望值似乎與平均值**完全相同**！但我們已經對機率估計值的準確度作了相當重要的假設。一般而言，相對頻率與機率並不完全相同，期望值與平均值也不同。爲了強調差異性和相似性，有時期望值稱爲**統計平均值** (statistical average)，常用的平均值則稱爲**樣本平均值** (sample average)。

本節的開頭曾提到我們對於信號功率通常很有興趣。平均功率通常定義爲信號平方的平均值。如果我們說隨機變數是信號值，就表示我們必須求出隨機變數平方的期望值。有兩種方法可以這麼做。我們可以定義新的隨機變數 $Y = X^2$，然後計算 $f_Y(y)$，並利用 (A.12) 求出 $E[Y]$。另一個比較容易的方法是使用**期望值基本定理** (fundamental theorem of expectation)，對於離散情況而言，本定理陳述

$$E[g(X)] = \sum_i g(x_i) P(X = x_i) \tag{A.13}$$

對於連續情況而言，則爲

$$E[g(X)] = \int_{-\infty}^{\infty} g(x) f_X(x) dx \tag{A.14}$$

因爲我們定義期望值的方式，所以它是一個線性算子。也就是說，

$$E[\alpha X + \beta Y] = \alpha E[X] + \beta E[Y], \quad \alpha \text{ 和} \beta \text{ 爲常數。}$$

請讀者自行證明。

有一些函數 $g()$ 的期望值經常被使用到，因此爲它們取了特別的名稱。

A.4.1　平均值

最簡單也最明顯的函數是恆等映射 $g(X) = X$。期望值 $E(X)$ 稱爲**平均值** (mean)，且象徵性記爲 μ_X。如果我們取一個隨機變數 X，並把它加上一個常數值，那麼新的隨機過程的平均值只不過是舊的平均值加上該常數值。令

$$Y = X + a$$

其中 a 爲常數值。則

$$\mu_Y = E[Y] = E[X + a] = E[X] + E[a] = \mu_X + a.$$

A.4.2 二次矩

如果隨機變數 X 是一個電信號，則信號的總功率等於 $E[X^2]$，這是我們經常對它有興趣的原因。這個值稱爲隨機變數的**二次矩** (second moment)。

A.4.3 變異數

如果 X 是一個隨機變數，其平均值爲 μ_X，則 $E[(X - \mu_X)^2]$ 這個量稱爲*變異數* (variance)，且記爲 σ_X^2。這個值的平方根稱爲**標準差** (standard deviation)，且記爲 σ。變異數和標準差可以視爲一個隨機變數的「散佈範圍」的度量。我們可以證明

$$\sigma_X^2 = E[X^2] - \mu_X^2.$$

如果 $E[X^2]$ 是一個信號的總功率，則變異數又稱爲總交流功率。

◼ **A.5** 分佈類型

描述或建立各種過程的模型時，有幾種特別的分佈非常有用。

A.5.1 均勻分佈

這是一無所悉的分佈。如果我們想要建立某一組資料的模型，然而除了資料的範圍之外，我們什麼也不知道，請選擇這個分佈。這並不是說均勻分佈與資料永遠不會密切相符。均勻分佈的 *pdf* 係由以下的式子給出

$$f_X(x) = \begin{cases} \dfrac{1}{b-a} & \text{當 } a \le X \le b \\ 0 & \text{其他情況} \end{cases} \tag{A.15}$$

均勻分佈的平均值可由以下的式子求出

$$\mu_X = \int_a^b x \frac{1}{b-a} dx = \frac{b+a}{2}.$$

同樣的，均勻分佈的變異數可由以下的式子求出

$$\sigma_X^2 = \frac{(b-a)^2}{12}.$$

我們把細節留下來作爲習題。

A.5.2　高斯分佈

如果從數學上容易處理的觀點來看，請選擇這個分佈。由於這個分佈的形式，因此它對於平方誤差失眞度量特別有用。一個具有高斯分佈，且平均值爲 μ，變異數爲 σ^2 的隨機變數，其機率密度函數爲

$$f_X(x) = \frac{1}{\sqrt{2\pi\sigma^2}} \exp{-\frac{(x-\mu)^2}{2\sigma^2}} \tag{A.16}$$

A.5.3　拉普拉斯分佈

我們處理的很多資料源，其機率密度函數在零點有非常高的峰值。舉例來說，語音主要由無聲片段組成；因此語音的取樣值等於零或接近於零的機率很高。影像像素本身並不會傾向於具有很小的值。然而各像素彼此之間的關聯程度很高，因此有許多像素對像素的差距值將接近於零。在這些情況下，高斯分佈對於資料而言並非密切匹配。拉普拉斯分佈與資料更爲吻合，其 *pdf* 在零點有很高的峰值。平均值等於 0，變異數等於 σ^2，且具有拉普拉斯分佈的隨機變數，其機率密度函數爲

$$f_X(x) = \frac{1}{\sqrt{2\sigma^2}} \exp{\frac{-\sqrt{2}|x|}{\sigma}} \tag{A.17}$$

A.5.4　Gamma 分佈

Gamma 分佈的 *pdf* 峰值更高，而且遠比拉普拉斯分佈難處理。平均值等於 0，變異數等於 σ^2，且具有 Gamma 分佈的隨機變數，其機率密度函數係由以下的式子給出

$$f_X(x) = \frac{\sqrt[4]{3}}{\sqrt{8\pi\sigma|x|}} \exp \frac{-\sqrt{3}|x|}{2\sigma} \tag{A.18}$$

A.6　隨機過程

我們通常對於結果是時間函數的實驗有興趣。舉例來說，我們可能有興趣設計一個將語音編碼的系統。結果是語音編碼器會遇到的特殊語音樣式。在數學上，我們可以延伸隨機變數的定義，以描述此種情況。隨機變數並不是把實驗的結果映射到一個數，而是映射到一個時間的函數。令 S 爲一樣本空間，其結果爲 $\{\omega_i\}$，則隨機過程 X 乃是以下的映射

$$X : S \to \mathcal{F} \tag{A.19}$$

其中 F 代表實數軸上的函數集合。換句話說，

$$X(\omega) = x(t); \qquad \omega \in S, x \in \mathcal{F}, -\infty < t < \infty \tag{A.20}$$

函數 $x(t)$ 稱爲隨機過程的**實際值** (realization)，由結果 ω 索引的一組函數 $\{x_\omega(t)\}$ 則稱爲隨機過程的**整體** (ensemble)。我們可以把整體的平均值和變異數定義爲

$$\mu(t) = E[X(t)] \tag{A.21}$$

$$\sigma^2(t) = E[(X(t) - \mu(t))^2] \tag{A.22}$$

　　如果我們在某一時間 t_0 對整體進行取樣，得到由結果 ω 索引的一組數目 $\{x_\omega(t_0)\}$，根據定義，這是一個隨機變數。在不同的時間 t_i 對整體進行取樣，

會得到不同的隨機變數 $\{x_\omega(t_i)\}$。為了簡單起見，ω 和 t 通常不寫出來，只把隨機變數寫成 $\{x_i\}$。

每一個隨機變數都有一個相關的分佈函數。我們也可以針對這些隨機變數之中的兩個或多個變數定義聯合分佈函數：已知一組隨機變數 $\{x_1, x_2, \cdots, x_N\}$，**聯合** (joint) 累積機率分佈函數定義為

$$F_{X_1 X_2 \cdots X_N}(x_1, x_2, \ldots, x_N) = P(X_1 < x_1, X_2 < x_2, \ldots, X_N < x_N) \quad \text{(A.23)}$$

除非從討論的上下文中可以很清楚地看出來，否則我們把個別隨機變數 X_i 的 *cdf* 稱為 X_i 的**邊際** *cdf* (marginal *cdf*)。

我們也可以採用在單一隨機變數的情況下定義 *pdf* 的方式，定義這些隨機變數的聯合機率密度函數 $f_{X_1 X_2 \cdots X_N}(x_1, x_2, \cdots, x_N)$。我們可以用許多不同的方式，把這些隨機變數之間的關係分類。以下我們定義兩個隨機變數之間的一些關係。這些概念很容易延伸到兩個以上的隨機變數。

如果兩個隨機變數 X_1 和 X_2 的聯合分佈函數可以寫成每一個隨機變數的邊際分佈函數的乘積，亦即

$$F_{X_1 X_2}(x_1, x_2) = F_{X_1}(x_1) F_{X_2}(x_2) \quad \text{(A.24)}$$

則稱為**獨立** (independent)。這也表示

$$f_{X_1 X_2}(x_1, x_2) = f_{X_1}(x_1) f_{X_2}(x_2) \quad \text{(A.25)}$$

如果所有的隨機變數 X_1, X_2, $\cdots$ 均為獨立，且具有相同的分佈，則稱為**相互獨立，且具有相同分佈** (independent, identically distributed，簡稱 iid)。

兩個隨機變數 X_1 和 X_2 如果滿足

$$E[X_1 X_2] = 0 \quad \text{(A.26)}$$

則稱為**正交** (orthogonal)。

兩個隨機變數 X_1 和 X_2 如果滿足

$$E[(X_1 - \mu_1)(X_2 - \mu_2)] = 0 \quad \text{(A.27)}$$

則稱為**不相關** (uncorrelated)，其中 $\mu_1 = E[X_1]$，且 $\mu_2 = E[X_2]$。

一個隨機過程的**自相關函數** (autocorrelation function) 定義為

$$R_{xx}(t_i, t_2) = E[X_1 X_2] \tag{A.28}$$

對於一給定的 N 值而言，假設我們在 N 個時間 $\{t_i\}$ 對隨機過程取樣，得到 N 個隨機變數 $\{X_i\}$，其 cdf 為 $F_{X_1 X_2 \cdots X_N}(x_1, x_2, \cdots, x_N)$，然後在另外的 N 個時間 $\{t_i + T\}$ 對 隨 機 過 程 取 樣 ， 得 到 N 個 隨 機 變 數 $\{X_i'\}$ ， 其 cdf 為 $F_{X_1' X_2' \cdots X_N'}(x_1', x_2', \cdots, x_N')$。如果以下條件對於所有的 N 和 T 均成立：

$$F_{X_1 X_2 \ldots X_N}(x_1, x_2, \ldots, x_N) = F_{X_1' X_2' \ldots X_N'}(x_1', x_2', \ldots, x_N') \tag{A.29}$$

則此隨機過程稱為**定態** (stationary)。

定常性假設是一個非常重要的假設，因為它陳述我們所研究的過程，其統計性質不隨時間而改變。因此，如果我們今天針對具有輸入統計特性的輸入設計了一個系統，到了明天，系統仍然有效，因為輸入不會改變其性質。定常性假設也是非常強的假設，使用**廣義定常性** (wide sense stationarity) 或**弱定常性** (weak sense stationarity)，通常就可以得到非常好的結果。

一個隨機過程如果滿足下列條件，則稱為廣義定態或弱定態：

1. 平均值為常數；亦即對於所有的 t，$\mu(t) = \mu$。
2. 變異數為有限。
3. 自相關函數 $R_{xx}(t_1, t_2)$ 只是 t_1 與 t_2 之差距的函數，而非個別 t_1 與 t_2 值的函數；亦即

$$R_{xx}(t_1, t_2) = R_{xx}(t_1 - t_2) = R_{xx}(t_2 - t_1) \tag{A.30}$$

進階閱讀

1. W. Feller 所著的「*An Introduction to Probability Theory and Its Applications*」[171] 是機率的精典書籍。

2. 機率與隨機過程導論課程經常使用 A. Papoulis 所著的「*Probability, Random Variables, and Stochastic Processes*」[172] 作為教科書。

A.7　專案與習題

1. 如果 $A \cap B \neq \emptyset$，試證明

$$P(A \cup B) = P(A) + P(B) - P(A \cap B).$$

2. 證明在離散和連續情況下，期望值均為線性算子。

3. 如果 a 為一常數，試證明 $E[a] = a$。

4. 證明對於隨機變數 X，

$$\sigma_X^2 = E[X^2] - \mu_X^2$$

5. 證明均勻分佈的變異數係由以下的式子給出：

$$\sigma_X^2 = \frac{(b-a)^2}{12}.$$

矩陣概念的簡短複習

在本附錄中，我們將討論矩陣代數的一些基本概念。我們的目的只是讓讀者熟悉研究壓縮時需要用到的一些基本矩陣運算。表示線性方程組時，矩陣非常有用，矩陣理論也是研究線性算子的有力工具。當我們研究壓縮技術時，在方程組求解及線性轉換的研究中，都會用到矩陣。

■ B.1　矩陣

排列成 M 列和 N 行的一群實數或複數元素稱為 $M \times N$ 階的矩陣：

$$
\mathbf{A} = \begin{bmatrix}
a_{00} & a_{01} & \cdots & a_{0N-1} \\
a_{10} & a_{11} & \cdots & a_{1N-1} \\
\vdots & \vdots & & \vdots \\
a_{(M-1)0} & a_{(M-1)1} & \cdots & a_{M-1N-1}
\end{bmatrix}
\tag{B.1}
$$

其中第一個下標指示該元素屬於哪一列，第二個下標指示行。舉例來說，元素 a_{02} 屬於第 0 列、第 2 行，且元素 a_{32} 屬於第 3 列、第 2 行。矩陣 $\mathbf{A}$ 的第 ij 個一般性元素有時表示為 $[\mathbf{A}]_{ij}$。如果矩陣的列數等於行數 $(N = M)$，則稱為**方陣** (square matrix)。我們將使用到的一個特殊的方陣乃是單位矩陣 $\mathbf{I}$，其中

對角線上的矩陣元素爲 1，其他所有的元素則爲 0：

$$[\mathbf{I}]_{ij} = \begin{cases} 1 & i = j \\ 0 & i \neq j \end{cases} \tag{B.2}$$

如果矩陣只有一行 ($N = 1$)，則稱爲 M 維的**行矩陣** (column matrix) 或**行向量** (column vector)。如果矩陣只有一列 ($M = 1$)，則稱爲 N 維的列**矩陣** (row matrix) 或**列向量** (row vector)。

把 $N \times M$ 矩陣 $\mathbf{A}$ 的各列寫成行，各行寫成列，可以得到**轉置矩陣** (transpose) $\mathbf{A}^T$：

$$\mathbf{A}^T = \begin{bmatrix} a_{00} & a_{10} & \cdots & a_{(M-1)0} \\ a_{01} & a_{11} & \cdots & a_{(M-1)1} \\ \vdots & \vdots & & \vdots \\ a_{0(N-1)} & a_{1(N-1)} & \cdots & a_{M-1N-1} \end{bmatrix} \tag{B.3}$$

一個行矩陣的轉置是列矩陣，反之亦然。

兩個矩陣 $\mathbf{A}$ 和 $\mathbf{B}$ 如果階數相同，對應的元素也相同，則稱爲相等；亦即：

$$\mathbf{A} = \mathbf{B} \qquad \Leftrightarrow \qquad a_{ij} = b_{ij}, i = 0,1,\ldots M-1; j = 0,1,\ldots N-1 \tag{B.4}$$

■ B.2 矩陣運算

矩陣可以相加、相減和相乘，然而由於矩陣的形狀與大小都不一樣，因此哪種矩陣可以進行哪些運算有一些限制。兩個矩陣如果要相加或相減，它們的大小必須完全相同 — 列數相同，行數也相同。兩個矩陣如果要相乘，相乘的順序很重要。一般而言 $\mathbf{A} \times \mathbf{B}$ 不等於 $\mathbf{B} \times \mathbf{A}$。只有在第一個矩陣的行數等於第二個矩陣的列數時，才能定義乘法。當我們討論到這些運算如何定義時，這些限制的原因會變得很清楚。

兩個矩陣相加時，所得矩陣的元素等於相加矩陣中對應元素的和。讓我們把兩個矩陣 $\mathbf{A}$ 和 $\mathbf{B}$ 加起來，其中

$$\mathbf{A} = \begin{bmatrix} a_{00} & a_{01} & a_{02} \\ a_{10} & a_{11} & a_{12} \end{bmatrix}$$

且

$$\mathbf{B} = \begin{bmatrix} b_{00} & b_{01} & b_{02} \\ b_{10} & b_{11} & b_{12} \end{bmatrix}$$

兩個矩陣的和 $\mathbf{C}$ 係由以下的式子給出

$$\mathbf{C} = \begin{bmatrix} c_{00} & c_{01} & c_{02} \\ c_{10} & c_{11} & c_{12} \end{bmatrix} = \begin{bmatrix} a_{00}+b_{00} & a_{01}+b_{01} & a_{02}+b_{02} \\ a_{10}+b_{10} & a_{11}+b_{11} & a_{12}+b_{12} \end{bmatrix} \tag{B.5}$$

請注意所產生的矩陣 $\mathbf{C}$ 中的每一個元素均為矩陣 $\mathbf{A}$ 和 $\mathbf{B}$ 中對應元素的和。為了讓兩個矩陣有對應的元素,這兩個矩陣的大小必須相同。因此,只有大小完全相同 (亦即行數相同,列數也相同) 的兩個矩陣才能定義加法。減法也是以類似的方式定義的。差值矩陣的元素是由相減的兩個矩陣逐項進行減法而組成的。

我們可以把有關數目的加法與減法的知識推廣到矩陣加法與矩陣減法,矩陣的乘法則完全是另一回事。描述矩陣乘法是最容易的方式是使用範例。假設有兩個不同的矩陣 $\mathbf{A}$ 和 $\mathbf{B}$,其中

$$\mathbf{A} = \begin{bmatrix} a_{00} & a_{01} & a_{02} \\ a_{10} & a_{11} & a_{12} \end{bmatrix}$$

且

$$\mathbf{B} = \begin{bmatrix} b_{00} & b_{01} \\ b_{10} & b_{11} \\ b_{20} & b_{12} \end{bmatrix} \tag{B.6}$$

乘積等於

$$\mathbf{C} = \mathbf{AB} = \begin{bmatrix} c_{00} & c_{01} \\ c_{10} & c_{11} \end{bmatrix} = \begin{bmatrix} a_{00}b_{00} + a_{01}b_{10} + a_{02}b_{20} & a_{00}b_{01} + a_{01}b_{11} + a_{02}b_{21} \\ a_{10}b_{00} + a_{11}b_{10} + a_{12}b_{20} & a_{10}b_{01} + a_{11}b_{11} + a_{12}b_{21} \end{bmatrix}$$

讀者可以看到,我們把第一個矩陣的第 i 列與第二個矩陣的第 j 行元素的的乘積逐項相加,而得到乘積的第 i, j 個元素。因此,我們把第一個矩陣 **A** 第 1 列與矩陣 **B** 第 0 行逐項的乘積相加,而得到矩陣 **C** 的元素 c_{10}。我們也看到所得矩陣的列數與左邊的矩陣相同,行數則與右邊的矩陣相同。

如果我們把乘法的順序顛倒過來,會發生什麼事?根據以上的規則,我們最後會得到一個有 3 列和 3 行的矩陣。

$$\begin{bmatrix} b_{00}a_{00} + b_{01}a_{10} & b_{00}a_{01} + b_{01}a_{11} & b_{00}a_{02} + b_{01}a_{12} \\ b_{10}a_{00} + b_{11}a_{10} & b_{10}a_{01} + b_{11}a_{11} & b_{10}a_{02} + b_{11}a_{12} \\ b_{20}a_{00} + b_{21}a_{10} & b_{20}a_{01} + b_{21}a_{11} & b_{20}a_{02} + b_{21}a_{12} \end{bmatrix}$$

兩個乘積矩陣的元素不同,大小也不同。

如同我們所看到的,矩陣乘法遵循的規則與實數的乘法相當不同。兩個矩陣的大小必須相符 — 第一個矩陣的行數必須等於第二個矩陣的列數,而且乘法的順序也很重要。因為後面這個原因,我們經常會談論到前乘或後乘。以 **A** 前乘 **B** 會產生乘積 **AB**,以 **A** 前乘 **B** 則會產生乘積 **BA**。

我們已經有了基本四則運算中的三則。那麼第四則基本運算 — 除法 — 應該如何定義呢?討論矩陣除法最容易的方法就是觀察當我們談論實數時,除法的正式定義為何。在實數系中,每一個不等於零的數 a 都存在一個反元素(記為 $1/a$ 或 a^{-1}),使得 a 與其反元素的乘積等於 1。當我們談論某數 b 除以某數 a 時,其值與 b 乘以 a 的反元素相同。因此我們可以把除以某個矩陣定義為乘以該矩陣的反矩陣。**A** / **B** 等於 **AB**$^{-1}$。一旦我們有定義了反矩陣,乘法的規則就適用。

那麼,我們如何定義反矩陣?如果我們遵循實數的定義,為了定義反矩陣,我們需要一個相當於 1 的矩陣。在矩陣中,這個對等的矩陣稱為**單位矩陣** (identity matrix)。單位矩陣是一個方陣,對角線元素為 1,非對角線元素則為 0。舉例來說,3×3 單位矩陣係由以下的式子給出:

$$\mathbf{I} = \begin{bmatrix} 1 & 0 & 0 \\ 0 & 1 & 0 \\ 0 & 0 & 1 \end{bmatrix} \tag{B.7}$$

在矩陣世界中，單位矩陣的行爲就像 1 這個數一樣。如果我們把任何矩陣乘上 (大小適當的) 單位矩陣，我們會得到原來的矩陣。給定一個方陣 $\mathbf{A}$，我們把它的反矩陣 $\mathbf{A}^{-1}$ 定義爲以 $\mathbf{A}$

前乘或後乘時等於單位矩陣的那個矩陣。舉例來說，請考慮以下的矩陣：

$$\mathbf{A} = \begin{bmatrix} 3 & 4 \\ 1 & 2 \end{bmatrix} \tag{B.8}$$

逆矩陣等於

$$\mathbf{A}^{-1} = \begin{bmatrix} 1 & -2 \\ -0.5 & 1.5 \end{bmatrix} \tag{B.9}$$

爲了檢查這個矩陣確實是反矩陣，讓我們把它們相乘：

$$\begin{bmatrix} 3 & 4 \\ 1 & 2 \end{bmatrix}\begin{bmatrix} 1 & -2 \\ -0.5 & 1.5 \end{bmatrix} = \begin{bmatrix} 1 & 0 \\ 0 & 1 \end{bmatrix} \tag{B.10}$$

且

$$\begin{bmatrix} 1 & -2 \\ -0.5 & 1.5 \end{bmatrix}\begin{bmatrix} 3 & 4 \\ 1 & 2 \end{bmatrix} = \begin{bmatrix} 1 & 0 \\ 0 & 1 \end{bmatrix} \tag{B.11}$$

如果 $\mathbf{A}$ 是一個 M 維的向量，我們可以定義兩種特別類型的乘積。如果 $\mathbf{A}$ 是一個行矩陣，則**內積** (inner product) 或**點乘積** (dot product) 定義爲

$$\mathbf{A}^T\mathbf{A} = \sum_{i=0}^{M-1} a_{i0}^2 \tag{B.12}$$

且**外積** (outer product) 或**叉乘積** (cross product) 定義爲

$$\mathbf{A}\mathbf{A}^T = \begin{bmatrix} a_{00}a_{00} & a_{00}a_{10} & \cdots & a_{00}a_{(M-1)0} \\ a_{10}a_{00} & a_{10}a_{10} & \cdots & a_{10}a_{(M-1)0} \\ \vdots & \vdots & & \vdots \\ a_{(M-1)0}a_{00} & a_{\{(M-1)1\}}a_{10} & \cdots & a_{(M-1)0}a_{(M-1)0} \end{bmatrix} \tag{B.13}$$

請注意內積會產生純量，外積則產生矩陣。

為了求出反矩陣，我們需要行列式與餘因子的概念。每一個方陣都有一個相關的純量值，稱為矩陣的**行列式** (determinant)。矩陣 $\mathbf{A}$ 的行列式記為 $|\mathbf{A}|$。為了瞭解如何求出一個 $N \times N$ 矩陣的行列式，我們從 2×2 矩陣開始。2×2 矩陣的行列式為

$$|\mathbf{A}| = \begin{vmatrix} a_{00} & a_{01} \\ a_{10} & a_{11} \end{vmatrix} = a_{00}a_{11} - a_{01}a_{10} \tag{B.14}$$

計算 2×2 矩陣的行列式很容易。為了解釋如何計算更大的矩陣的行列式，我們需要定義一些術語。

$N \times N$ 矩陣的元素 a_{ij} 的**子行列式** (minor) 定義為將包含 a_{ij} 的行和列除去的 $N-1 \times N-1$ 矩陣的行列式。舉例來說，如果 $\mathbf{A}$ 是一個 4×4 矩陣：

$$\mathbf{A} = \begin{bmatrix} a_{00} & a_{01} & a_{02} & a_{03} \\ a_{10} & a_{11} & a_{12} & a_{13} \\ a_{20} & a_{21} & a_{22} & a_{23} \\ a_{30} & a_{31} & a_{32} & a_{33} \end{bmatrix} \tag{B.15}$$

則元素 a_{12} 的子行列式 (記為 M_{12}) 是以下的行列式：

$$M_{12} = \begin{vmatrix} a_{00} & a_{01} & a_{03} \\ a_{20} & a_{21} & a_{23} \\ a_{30} & a_{31} & a_{33} \end{vmatrix} \tag{B.16}$$

a_{ij} 的餘因子 (記為 $\mathbf{A}_{ij}$) 為：

$$\mathbf{A}_{ij} = (-1)^{i+j} M_{ij} \tag{B.17}$$

擁有這些定義之後，我們可以把一個 $N \times N$ 矩陣的行列式寫成

$$|\mathbf{A}| = \sum_{i=0}^{N-1} a_{ij} \mathbf{A}_{ij} \tag{B.18}$$

或

$$|\mathbf{A}| = \sum_{j=0}^{N-1} a_{ij} \mathbf{A}_{ij} \tag{B.19}$$

其中 a_{ij} 係取自某一列或某一行。如果矩陣的某一行或某一列中有許多個零，而且我們挑選那一行或那一列，那麼需要的計算會比較少。

方程式 (B.18) 和 (B.19) 以 $(N-1) \times (N-1)$ 矩陣的行列式表示 $N \times N$ 矩陣的行列式。我們可以按照這種方式繼續下去，以 $(N-2) \times (N-2)$ 矩陣的行列式表示 $(N-1) \times (N-1)$ 矩陣的行列式，直到所有的結果都表示成 2×2 矩陣的行列式，這時可以使用 (B.14) 計算其值。

現在我們已經知道如何計算行列式了，我們還需要一個定義，才能定義反矩陣。矩陣 $\mathbf{A}$ 的**伴隨矩陣** (adjoint，記為 $(\mathbf{A})$) 是一個矩陣，其第 ij 個元素等於餘因子 $\mathbf{A}_{ji}$。矩陣 $\mathbf{A}$ 的反矩陣 (記為 $\mathbf{A}^{-1}$) 係由以下的式子給出：

$$\mathbf{A}^{-1} = \frac{1}{|\mathbf{A}|}(\mathbf{A}) \tag{B.20}$$

請注意，如果反矩陣要存在，行列式必須不等於零。如果矩陣的行列式是零，則該矩陣稱為奇異。這裡描述的方法對於小型的矩陣很有效；然而，如果 N 大於 4，這個方法會非常沒有效率。有許多有效率的計算反矩陣的方法；如果讀者希望瞭解更詳細的資訊，請參閱進階閱讀部份的書籍。

大小等於 $N \times N$ 的方陣 $\mathbf{A}$ 有 N 個對應的純量值，稱為 $\mathbf{A}$ 的特徵值 (eigenvalue)。特徵值是方程式 $|\lambda \mathbf{I} - \mathbf{A}| = 0$ 的 N 個根。這個方程式稱為**特徵方程式** (characteristic equation)。

例題 B.2.1

讓我們求出矩陣的特徵值

$$\begin{bmatrix} 4 & 5 \\ 2 & 1 \end{bmatrix}$$

$$|\lambda \mathbf{I} - \mathbf{A}| = 0$$

$$\left| \begin{bmatrix} \lambda & 0 \\ 0 & \lambda \end{bmatrix} - \begin{bmatrix} 4 & 5 \\ 2 & 1 \end{bmatrix} \right| = 0$$

$$(\lambda - 4)(\lambda - 1) - 10 = 0$$

$$\lambda_1 = -1 \quad \lambda_2 = 6 \tag{B.21}$$

◆

$N \times N$ 矩陣 $\mathbf{A}$ 的特徵值是滿足下列方程式的 N 個的大小為 N 的向量：

$$\mathbf{A} V_k = \lambda_k V_k \tag{B.22}$$

進階閱讀

1. 在許多教科書中，對於矩陣這個主題都有導論程度的討論。E. Kreyszig 所著的「*Advanced Engineering Mathematics*」[129] 就是其中非常好的一本書。

2. W.H. Press、S.A. Teukolsky、W.T. Vetterling 與 B.P. Flannery 合著的「*Numerical Recipes in C*」[178] 中提出了處理矩陣 (以及非常豐富的其他內容) 的數值方法。

根晶格

茲定義 $\mathbf{e}_i^L$ 為 L 維空間中的一個向量，其第 i 個分量為 1，其他所有的分量均為 0。晶格向量量化中使用的一些根系統列在下面：

$$
\begin{array}{lll}
D_L & \pm\mathbf{e}_i^L \pm \mathbf{e}_j^L, & i \neq j,\, i, j = 1, 2, \ldots, L \\
A_L & \pm(\mathbf{e}_i^{L+1} - \mathbf{e}_j^{L+1}), & i \neq j,\, i, j = 1, 2, \ldots, L \\
E_L & \pm\mathbf{e}_i^L \pm \mathbf{e}_j^L, & i \neq j,\, i, j = 1, 2, \ldots, L-1, \\
& \frac{1}{2}(\pm\mathbf{e}_1 \pm \mathbf{e}_2 \cdots \pm \mathbf{e}_{L-1} \pm \sqrt{2 - \frac{(L-1)}{4}}\mathbf{e}_L) & L = 6, 7, 8
\end{array}
$$

讓我們更仔細地觀察每一個定義，並瞭解如何使用它們來產生晶格。

D_L　我們從 D_L 晶格開始。$L=2$ 時，D_2 代數的 4 個根是 $\mathbf{e}_1^2 + \mathbf{e}_2^2, \mathbf{e}_1^2 - \mathbf{e}_2^2, -\mathbf{e}_1^2 + \mathbf{e}_2^2$ 和 $-\mathbf{e}_1^2 - \mathbf{e}_2^2$ 或 $(1, 1), (1, -1), (-1, 1)$ 和 $(-1, -1)$。我們可以從這 4 個向量任意挑選線性獨立的兩個向量，以形成 D_2 晶格的基底集。假設我們選擇 $(1, 1)$ 和 $(1, -1)$，則這些向量的任何線性組合 (係數為整數) 均為一晶格點。所產生的晶格示於第 10 章的圖 10.24。請注意所有的座標和都是偶數，這也使得求出最接近某一輸入的晶格點成為一個很簡單的習題。

A_L　A_L 的根晶格乃是使用 $L+1$ 維的向量來描述的。然而，如果我們從這個集合中選擇任何 L 個線性獨立的向量，會發現所產生的點全部落在 $L+1$ 維空間的 L 維薄片上，這一點可從圖 C.1 看出。

　　我們可以使用參考文獻 [139] 中描述的演算法，從這些向量中求出一個 L 維的基底集。在二維情況下，這樣會產生 $(1, 0)$ 和 $(-\frac{1}{2}, \frac{\sqrt{3}}{2})$。所產生的晶格示於第 10 章的圖 10.25。為了求出 A_L 晶格中最接近的點，我們使用了以下的結果：將晶格內嵌於 $L+1$ 維空間時，座標和恆等於 0。在參考文獻 [141, 140] 中可以找到精確的程序。

E_L　從定義中可以看出 E_L 晶格的最大維度等於 8。每一個 E_L 晶格都可以寫成 A_L 與 D_L 及其平移結果的聯集。舉例來說，E_8 晶格是 D_8 晶格與 D_8 晶格平移 $(\frac{1}{2}, \frac{1}{2}, \frac{1}{2}, \frac{1}{2}, \frac{1}{2}, \frac{1}{2}, \frac{1}{2}, \frac{1}{2})$ 所得結果的聯集。因此，要找出 E_8 中最接近 **x** 的點，只需要找出 D_8 中最接近 **x** 的點，以及 D_8 中最接近 $\mathbf{x}\, 2\, (\frac{1}{2}, \frac{1}{2}, \frac{1}{2}, \frac{1}{2}, \frac{1}{2}, \frac{1}{2}, \frac{1}{2}, \frac{1}{2})$ 的點，然後從其中選擇最接近 **x** 的點。

　　使用晶格作為向量量化器有幾個優點。我們不需要儲存編碼冊，找出最接近某一已知輸入的晶格點，也是相當簡單的運算。然而量化器編碼冊只是晶格

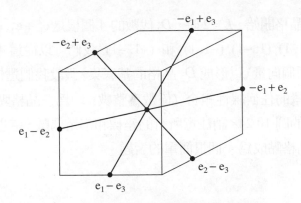

圖 C.1　內嵌於三度空間中的 A_2 根系統。

的一個子集合。我們如何知道輸入落在這個子集合之外，而且我們該怎麼辦？此外，如何爲邊界內的每一個晶格點產生一個二進位的編碼字？第一個問題很容易解決。先前我們曾經討論過選擇邊界，以降低超載誤差的影響。我們可以檢查晶格點的位置，看看是否它位於此一邊界內。如果不是的話，則輸入係位於子集合之外。其他的問題比較難解決。Conway 與 Sloan [142] 發展了一種技術，他們先把邊界定義爲 (擴大了很多倍的) 量化區域之一。這個技術並不太複雜，然而要花一點時間才能完整地描述，因此這裡將不予描述 (如果讀者需要更詳細的資訊，請參閱 [142])。

　　我們概略地描述了晶格量化器。如果讀者需要更詳細的指導課評論，請參閱 [140]。參考文獻 [262] 中可以找到更爲理論性的回顧與綜覽。

參考文獻

[1] T.C. Bell, J.G. Cleary, and I.H. Witten. *Text Compression*. Advanced Reference Series. Prentice Hall, Englewood Cliffs, NJ, 1990.

[2] B.L. van der Waerden. *A History of Algebra*. Springer-Verlag, 1985.

[3] T.M. Cover and J.A. Thomas. *Elements of Information Theory*. Wiley Series in Telecommunications. John Wiley & Sons Inc., 1991.

[4] T. Berger. Rate Distortion Theory: A Mathematical Basis for Data Compression. Prentice-Hall, Englewood Cliffs, NJ, 1971.

[5] A. Gersho and R.M. Gray. *Vector Quantization and Signal Compression*. Kluwer Academic Publishers, 1991.

[6] R. J. McEliece. *The Theory of Information and Coding,* volume 3 of *Encyclopedia of Mathematics and Its Application*. Addison-Wesley, 1977.

[7] C.E. Shannon. A Mathematical Theory of Communication. *Bell System Technical Journal,* 27:379-423, 623-656, 1948.

[8] C.E. Shannon. Prediction and Entropy of Printed English. *Bell System Technical Journal,* 30:50-64, January 1951.

[9] R.W. Hamming. *Coding and Information Theory*. 2nd edition, Prentice-Hall, 1986.

[10] W.B. Pennebaker and J.L. Mitchell. *JPEG Still Image Data Compression Standard*. Van Nostrand Reinhold, 1993.

[11] R.G. Gallager. *Information Theory and Reliable Communication.* Wiley, 1968.

[12] A.A. Sardinas and G.W. Patterson. A Necessary and Sufficient Condition for the Unique Decomposition of Coded Messages. In *IRE Convention Records,* pages 104-108. IRE, 1953.

[13] J.Rissanen. Modeling by the Shortest Data Description. *Automatica,* 14:465–471, 1978.

[14] J.R. Pierce. *Symbols, Signals, and Noise—The Nature and Process of Communications.* Harper, 1961.

[15] R.B. Ash. *Information Theory.* Dover, 1990. (Originally published by Interscience Publishers in 1965.)

[16] R.M. Fano. *Transmission of Information.* MIT Press, Cambridge, MA, 1961.

[17] R.M. Gray. *Entropy and Information Theory.* Springer-Verlag, 1990.

[18] M. Li and P. Vitanyi. *An Introduction to Kolmogorov Complexity and Its Applications.* Springer, 1997.

[19] S. Tate. Complexity Measures. In K. Sayood, editor, *Lossless Compression Handbook,* pages 35-54. Academic Press, 2003.

[20] P. Grunwald, I.J. Myung, and M.A. Pitt. *Advances in Minimum Description Length.* MIT Press, 2005.

[21] P. Grunwald. Minimum Description Length Tutorial. In P. Grunwald, I.J. Myung, and M.A. Pitt, editors, *Advances in Minimum Description Length,* pages 23-80. MIT Press, 2005.

[22] D.A. Huffman. A method for the construction of minimum redundancy codes. *Proc. IRE,* 40:1098-1101, 1951.

[23] R.G. Gallager. Variations on a theme by Huffman. *IEEE Transactions on Information Theory,* IT-24(6):668-674, November 1978.

[24] N. Faller. An Adaptive System for Data Compression. In *Record of the 7th Asilomar Conference on Circuits, Systems, and Computers,* pages 593-597. IEEE, 1973.

[25] D.E. Knuth. Dynamic Huffman coding. *Journal of Algorithms,* 6:163-180, 1985.

[26] J.S. Vitter. Design and analysis of dynamic Huffman codes. *Journal of ACM,* 34(4):825-845, October 1987.

[27] P. Elias. Universal codeword sets and representations of the integers. *IEEE Transactions on Information Theory,* 21(2): 194-203, 1975.

[28] S.W. Golomb. Run-length encodings. *IEEE Transactions on Information Theory,* IT-12:399–401, July 1966.

[29] R.F. Rice. Some Practical Universal Noiseless Coding Techniques. Technical Report JPL Publication 79-22, JPL, March 1979.

[30] R.F. Rice, P.S. Yeh, and W. Miller. Algorithms for a very high speed universal noiseless coding module. Technical Report 91-1, Jet Propulsion Laboratory, California Institute of Technology, Pasadena, CA, February 1991.

[31] P.S. Yeh, R.F. Rice, and W. Miller. On the optimality of code options for a universal noiseless coder. Technical Report 91-2, Jet Propulsion Laboratory, California Institute of Technology, Pasadena, CA, February 1991.

[32] B.P. Tunstall. *Synthesis of Noiseless Compression Codes.* Ph.D. thesis, Georgia Institute of Technology, September 1967.

[33] T. Robinson. SHORTEN: Simple Lossless and Near-Lossless Waveform Compression, 1994. Cambridge Univ. Eng. Dept., Cambridge, UK. Technical Report 156.

[34] T. Liebchen and Y.A. Reznik. MPEG-4 ALS: An Emerging Standard for Lossless Audio Coding. In *Proceedings of the Data Compression Conference, DCC '04.* IEEE, 2004.

[35] M. Hans and R.W. Schafer. AudioPak—An Integer Arithmetic Lossless Audio Code. In *Proceedings of the Data Compression Conference, DCC '98.* IEEE, 1998.

[36] S. Pigeon. Huffman Coding. In K. Sayood, editor, *Lossless Compression Handbook,* pages 79-100. Academic Press, 2003.

[37] D.A. Lelewer and D.S. Hirschberg. Data Compression. *ACM Computing Surveys,* September 1987.

[38] J.A. Storer. *Data Compression—Methods and Theory.* Computer Science Press, 1988. [39] N. Abramson. *Information Theory and Coding.* McGraw-Hill, 1963. [40] F. Jelinek. *Probabilistic Information Theory.* McGraw-Hill, 1968.

[41] R. Pasco. *Source Coding Algorithms for Fast Data Compression.* Ph.D. thesis, Stanford University, 1976.

[42] J.J. Rissanen. Generalized Kraft inequality and arithmetic coding. *IBM Journal of Research and Development,* 20:198-203, May 1976.

[43] J.J. Rissanen and G.G. Langdon. Arithmetic coding. *IBM Journal of Research and Development,* 23(2): 149-162, March 1979.

[44] J. Rissanen and K.M. Mohiuddin. A Multiplication-Free Multialphabet Arithmetic Code. *IEEE Transactions on Communications,* 37:93-98, February 1989.

[45] I.H. Witten, R. Neal, and J.G. Cleary. Arithmetic Coding for Data Compression. *Communications of the Association for Computing Machinery,* 30:520-540, June 1987.

[46] A. Said. Arithmetic Coding. In K. Sayood, editor, *Lossless Compression Handbook,* pages 101-152. Academic Press, 2003.

[47] G.G. Langdon, Jr. An introduction to arithmetic coding. *IBM Journal of Research and Development,* 28:135-149, March 1984.

[48] J.J. Rissanen and G.G. Langdon. Universal Modeling and Coding. *IEEE Transactions on Information Theory,* IT-27(1): 12-22, 1981.

[49] G.G. Langdon and J.J. Rissanen. Compression of black-white images with arithmetic coding. *IEEE Transactions on Communications,* 29(6):858-867, 1981.

[50] T. Bell, I.H. Witten, and J.G. Cleary. Modeling for Text Compression. *ACM Computing Surveys,* 21:557-591, December 1989.

[51] W.B. Pennebaker, J.L. Mitchell, G.G. Langdon, Jr., and R.B. Arps. An overview of the basic principles of the Q-coder adaptive binary Arithmetic Coder. *IBM Journal of Research and Development,* 32:717-726, November 1988.

[52] J.L. Mitchell and W.B. Pennebaker. Optimal hardware and software arithmetic coding procedures for the Q-coder. *IBM Journal of Research and Development,* 32:727-736, November 1988.

[53] W.B. Pennebaker and J.L. Mitchell. Probability estimation for the Q-coder. *IBM Journal of Research and Development,* 32:737-752, November 1988.

[54] J. Ziv and A. Lempel. A universal algorithm for data compression. *IEEE Transactions on Information Theory,* IT-23(3):337-343, May 1977.

[55] J. Ziv and A. Lempel. Compression of individual sequences via variable-rate coding. *IEEE Transactions on Information Theory,* IT-24(5):530-536, September 1978.

[56] J.A. Storer and T.G. Syzmanski. Data compression via textual substitution. *Journal of the ACM,* 29:928-951, 1982.

[57] T.C. Bell. Better OPM/L text compression. *IEEE Transactions on Communications,* COM-34:1176-1182, December 1986.

[58] T.A. Welch. A technique for high-performance data compression. *IEEE Computer,* pages 8-19, June 1984.

[59] P. Deutsch. RFC 1951-DEFLATE Compressed Data Format Specification Version 1.3, 1996. http://www.faqs.org/rfcs/rfc 1951 .htm.

[60] M. Nelson and J.-L. Gailly. *The Data Compression Book.* M&T Books, CA, 1996. [61] G. Held and T.R. Marshall. *Data Compression.* 3rd edition, Wiley, 1991.

[62] G. Roelofs. PNG Lossless Compression. In K. Sayood, editor, *Lossless Compression Handbook,* pages 371-390. Academic Press, 2003.

[63] S.C. Sahinalp and N.M. Rajpoot. Dictionary-Based Data Compression: An Algorithmic Perspective. In K. Sayood, editor, *Lossless Compression Handbook,* pages 153-168. Academic Press, 2003.

[64] N. Chomsky. *The Minimalist Program.* MIT Press, 1995.

[65] J.G. Cleary and I.H. Witten. Data compression using adaptive coding and partial string matching. *IEEE Transactions on Communications,* 32(4):396-402, 1984.

[66] A. Moffat. Implementing the PPM Data Compression Scheme. *IEEE Transactions on Communications,* Vol. COM-38:1917-1921, November 1990.

[67] J.G. Cleary and W.J. Teahan. Unbounded length contexts for PPM. *The Computer Journal,* Vol. 40:x30-74, February 1997.

[68] M. Burrows and D.J. Wheeler. A Block Sorting Data Compression Algorithm. Technical Report SRC 124, Digital Systems Research Center, 1994.

[69] P. Fenwick. Symbol-Ranking and ACB Compression. In K. Sayood, editor, *Lossless Compression Handbook,* pages 195-204. Academic Press, 2003.

[70] D. Salomon. *Data Compression: The Complete Reference.* Springer, 1998.

[71] G.V. Cormack and R.N.S. Horspool. Data compression using dynamic Markov modelling. *The Computer Journal,* Vol. 30:541-337, June 1987.

[72] P. Fenwick. Burrows-Wheeler Compression. In K. Sayood, editor, *Lossless Compression Handbook,* pages 169-194. Academic Press, 2003.

[73] G.K. Wallace. The JPEG still picture compression standard. *Communications of the ACM,* 34:31–44, April 1991.

[74] X. Wu, N.D. Memon, and K. Sayood. A Context Based Adaptive Lossless/Nearly-Lossless Coding Scheme for Continuous Tone Images. ISO Working Document ISO/IEC SC29/WG1/N256, 1995.

[75] X. Wu and N.D. Memon. CALIC—A context based adaptive lossless image coding scheme. *IEEE Transactions on Communications,* May 1996.

[76] K. Sayood and S. Na. Recursively indexed quantization of memoryless sources. *IEEE Transactions on Information Theory,* IT-38:1602-1609, November 1992.

[77] S. Na and K. Sayood. Recursive Indexing Preserves the Entropy of a Memoryless Geometric Source, 1996.

[78] N.D. Memon and X. Wu. Recent developments in context-based predictive techniques for lossless image compression. *The Computer Journal,* Vol. 40:127-136, 1997.

[79] S.A. Martucci. Reversible compression of HDTV images using median adaptive prediction and arithmetic coding. In *IEEE International Symposium on Circuits and Systems,* pages 1310-1313. IEEE Press, 1990.

[80] M. Rabbani and P.W Jones. *Digital Image Compression Techniques,* volume TT7 of *Tutorial Texts Series.* SPIE Optical Engineering Press, 1991.

[81] I.H. Witten, A. Moffat, and T.C. Bell. *Managing Gigabytes: Compressing and Indexing Documents and Images.* Van Nostrand Reinhold, New York, 1994.

[82] S.L. Tanimoto. Image transmission with gross information first. *Computer Graphics and Image Processing,* 9:72-76, January 1979.

[83] K.R. Sloan, Jr. and S.L. Tanimoto. Progressive refinement of raster images. *IEEE Transactions on Computers,* C-28:871-874, November 1979.

[84] P.J. Burt and E.H. Adelson. The Laplacian pyramid as a compact image code. *IEEE Transactions on Communications,* COM-31:532-540, April 1983.

[85] K. Knowlton. Progressive transmission of grey-scale and binary pictures by simple, efficient, and lossless encoding schemes. *Proceedings of the IEEE,* 68:885-896, July 1980.

[86] H. Dreizen. Content-driven progressive transmission of grey-scale images. *IEEE Transactions on Communications,* COM-35:289-296, March 1987.

[87] J. Capon. A Probabilistic Model for Run-Length Coding of Pictures. *IRE Transactions on Information Theory,* pages 157-163, 1959.

[88] Y. Yasuda. Overview of digital facsimile coding techniques in Japan. *IEEE Proceedings,* 68:830-845, July 1980.

[89] R. Hunter and A.H. Robinson. International digital facsimile coding standards. *IEEE Proceedings,* 68:854-867, July 1980.

[90] G.G. Langdon, Jr. and J.J. Rissanen. A Simple General Binary Source Code. *IEEE Transactions on Information Theory,* IT-28:800-803, September 1982.

[91] R.B. Arps and T.K. Truong. Comparison of international standards for lossless still image compression. *Proceedings of the IEEE,* 82:889-899, June 1994.

[92] M. Weinberger, G. Seroussi, and G. Sapiro. The LOCO-I Lossless Compression Algorithm: Principles and Standardization into JPEG-LS. Technical Report HPL-98-193, Hewlett-Packard Laboratory, November 1998.

[93] W.K. Pratt. *Digital Image Processing.* Wiley-Interscience, 1978.

[94] F.W. Campbell. The human eye as an optical filter. *Proceedings of the IEEE,* 56:1009-1014, June 1968.

[95] J.L. Mannos and D.J. Sakrison. The Effect of a Visual Fidelity Criterion on the Encoding of Images. *IEEE Transactions on Information Theory,* IT-20:525-536, July 1974.

[96] H. Fletcher and W.A. Munson. Loudness, its measurement, definition, and calculation. *Journal of the Acoustical Society of America,* 5:82-108, 1933.

[97] B.C.J. Moore. *An Introduction to the Psychology of Hearing.* 3rd edition, Academic Press, 1989.

[98] S.S. Stevens and H. Davis. *Hearing—Its Psychology and Physiology.* American Inst. of Physics, 1938.

[99] M. Mansuripur. *Introduction to Information Theory.* Prentice-Hall, 1987.

[100] C.E. Shannon. Coding Theorems for a Discrete Source with a Fidelity Criterion. In *IRE International Convention Records,* Vol. 7, pages 142-163. IRE, 1959.

[101] S. Arimoto. An Algorithm for Computing the Capacity of Arbitrary Discrete Mem-oryless Channels. *IEEE Transactions on Information Theory,* IT-18:14-20, January 1972.

[102] R.E. Blahut. Computation of Channel Capacity and Rate Distortion Functions. *IEEE Transaction on Information Theory,* IT-18:460-473, July 1972.

[103] A.M. Law and W.D. Kelton. *Simulation Modeling and Analysis.* McGraw-Hill, 1982.

[104] L.R. Rabiner and R.W. Schafer. *Digital Processing of Speech Signals.* Signal Processing. Prentice-Hall, 1978.

[105] Thomas Parsons. *Voice and Speech Processing.* McGraw-Hill, 1987.

[106] E.F. Abaya and G.L. Wise. On the Existence of Optimal Quantizers. *IEEE Transactions on Information Theory,* IT-28:937-940, November 1982.

[107] N. Jayant and L. Rabiner. The application of dither to the quantization of speech signals. *Bell System Technical Journal,* 51:1293-1304, June 1972.

[108] J. Max. Quantizing for Minimum Distortion. *IRE Transactions on Information Theory,* IT-6:7-12, January 1960.

[109] W.C. Adams, Jr. and C.E. Geisler. Quantizing Characteristics for Signals Having Laplacian Amplitude Probability Density Function. *IEEE Transactions on Communications,* COM-26:1295-1297, August 1978.

[110] N.S. Jayant. Adaptive quantization with one word memory. *Bell System Technical Journal,* pages 1119-1144, September 1973.

[111] D. Mitra. Mathematical Analysis of an adaptive quantizer. *Bell Systems Technical Journal,* pages 867-898, May-June 1974.

[112] A. Gersho and D.J. Goodman. A Training Mode Adaptive Quantizer. *IEEE Transactions on Information Theory,* IT-20:746-749, November 1974.

[113] A. Gersho. Quantization. *IEEE Communications Magazine,* September 1977.

[114] J. Lukaszewicz and H. Steinhaus. On Measuring by Comparison. *Zastos. Mat.,* pages 225-231, 1955 (in Polish).

[115] S.P. Lloyd. Least Squares Quantization in PCM. *IEEE Transactions on Information Theory,* IT-28:127-135, March 1982.

[116] J.A. Bucklew and N.C. Gallagher, Jr. A Note on Optimal Quantization. *IEEE Transactions on Information Theory,* IT-25:365-366, May 1979.

[117] J.A. Bucklew and N.C. Gallagher, Jr. Some Properties of Uniform Step Size Quantizers. *IEEE Transactions on Information Theory,* IT-26:610-613, September 1980.

[118] K. Sayood and J.D. Gibson. Explicit additive noise models for uniform and nonuniform MMSE quantization. *Signal Processing,* 7:407–414, 1984.

[119] W.R. Bennett. Spectra of quantized signals. *Bell System Technical Journal,* 27:446–472, July 1948.

[120] T. Berger, F. Jelinek, and J. Wolf. Permutation Codes for Sources. *IEEE Transactions on Information Theory,* IT-18:166-169, January 1972.

[121] N. Farvardin and J.W. Modestino. Optimum Quantizer Performance for a Class of Non-Gaussian Memoryless Sources. *IEEE Transactions on Information Theory,* pages 485–497, May 1984.

[122] H. Gish and J.N. Pierce. Asymptotically Efficient Quantization. *IEEE Transactions on Information Theory,* IT-14:676-683, September 1968.

[123] N.S. Jayant and P. Noll. *Digital Coding of Waveforms.* Prentice-Hall, 1984.

[124] W. Mauersberger. Experimental Results on the Performance of Mismatched Quantizers. *IEEE Transactions on Information Theory,* pages 381-386, July 1979.

[125] Y. Linde, A. Buzo, and R.M. Gray. An algorithm for vector quantization design. *IEEE Transactions on Communications,* COM-28:84-95, Jan. 1980.

[126] E.E. Hilbert. Cluster Compression Algorithm—A Joint Clustering Data Compression Concept. Technical Report JPL Publication 77-43, NASA, 1977.

[127] W.H. Equitz. A new vector quantization clustering algorithm. *IEEE Transactions on Acoustics, Speech, and Signal Processing,* 37:1568-1575, October 1989.

[128] P.A. Chou, T. Lookabaugh, and R.M. Gray. Optimal pruning with applications to tree-structured source coding and modeling. *IEEE Transactions on Information Theory,* 35:31–42, January 1989.

[129] L. Breiman, J.H. Freidman, R.A. Olshen, and C.J. Stone. *Classification and Regression Trees.* Wadsworth, California, 1984.

[130] E.A. Riskin. Pruned Tree Structured Vector Quantization in Image Coding. In *Proceedings International Conference on Acoustics Speech and Signal Processing,* pages 1735-1737. IEEE, 1989.

[131] D.J. Sakrison. A Geometric Treatment of the Source Encoding of a Gaussian Random Variable. *IEEE Transactions on Information Theory,* IT-14(481–486):48 1–486, May 1968.

[132] T.R. Fischer. A Pyramid Vector Quantizer. *IEEE Transactions on Information Theory,* IT-32:568-583, July 1986.

[133] M.J. Sabin and R.M. Gray. Product Code Vector Quantizers for Waveform and Voice Coding. *IEEE Transactions on Acoustics, Speech, and Signal Processing,* ASSP-32:474-488, June 1984.

[134] W.A. Pearlman. Polar Quantization of a Complex Gaussian Random Variable. *IEEE Transactions on Communications,* COM-27:892-899, June 1979.

[135] S.G. Wilson. Magnitude Phase Quantization of Independent Gaussian Variates. *IEEE Transactions on Communications,* COM-28:1924-1929, November 1980.

[136] P.F. Swaszek and J.B. Thomas. Multidimensional Spherical Coordinates Quantization. *IEEE Transactions on Information Theory,* IT-29:570-575, July 1983.

[137] D.J. Newman. The Hexagon Theorem. *IEEE Transactions on Information Theory,* IT-28:137-139, March 1982.

[138] J.H. Conway and N.J.A. Sloane. Voronoi Regions of Lattices, Second Moments of Polytopes and Quantization. *IEEE Transactions on Information Theory,* IT-28: 211-226, March 1982.

[139] K. Sayood, J.D. Gibson, and M.C. Rost. An Algorithm for Uniform Vector Quantizer Design. *IEEE Transactions on Information Theory,* IT-30:805-814, November 1984.

[140] J.D. Gibson and K. Sayood. Lattice Quantization. In P.W. Hawkes, editor, *Advances in Electronics and Electron Physics,* pages 259-328. Academic Press, 1990.

[141] J.H. Conway and N.J.A. Sloane. Fast Quantizing and Decoding Algorithms for Lattice Quantizers and Codes. *IEEE Transactions on Information Theory,* IT-28:227-232, March 1982.

[142] J.H. Conway and N.J.A. Sloane. A Fast Encoding Method for Lattice Codes and Quantizers. *IEEE Transactions on Information Theory,* IT-29:820-824, November 1983.

[143] H. Abut, editor. *Vector Quantization.* IEEE Press, 1990.

[144] A. Buzo, A.H. Gray, R.M. Gray, and J.D. Markel. Speech Coding Based Upon Vector Quantization. *IEEE Transactions on Acoustics, Speech, and Signal Processing,* ASSP-28: 562-574, October 1980.

[145] B. Ramamurthi and A. Gersho. Classified Vector Quantization of Images. *IEEE Transactions on Communications,* COM-34:1105-1115, November 1986.

[146] V. Ramamoorthy and K. Sayood. A Hybrid LBG/Lattice Vector Quantizer for High Quality Image Coding. In E. Arikan, editor, *Proc. 1990 Bilkent International Conference on New Trends in Communication, Control and Signal Processing.* Elsevier, 1990.

[147] B.H. Juang and A.H. Gray. Multiple Stage Vector Quantization for Speech Coding. In *Proceedings IEEE International Conference on Acoustics, Speech, and Signal Processing,* pages 597-600. IEEE, April 1982.

[148] C.F. Barnes and R.L. Frost. Residual Vector Quantizers with Jointly Optimized Code Books. In *Advances in Electronics and Electron Physics,* pages 1-59. Elsevier, 1992.

[149] C.F. Barnes and R.L. Frost. Vector quantizers with direct sum codebooks. *IEEE Transactions on Information Theory,* 39:565-580, March 1993.

[150] A. Gersho and V. Cuperman. A Pattern Matching Technique for Speech Coding. *IEEE Communications Magazine,* pages 15-21, December 1983.

[151] A.G. Al-Araj and K. Sayood. Vector Quantization of Nonstationary Sources. In *Proceedings International Conference on Telecommunications—1994,* pages 92-95. IEEE, 1994.

[152] A.G. Al-Araj. *Recursively Indexed Vector Quantization.* Ph.D. thesis, University of Nebraska—Lincoln, 1994.

[153] S. Panchanathan and M. Goldberg. Adaptive Algorithm for Image Coding Using Vector Quantization. *Signal Processing: Image Communication,* 4:81-92, 1991.

[154] D. Paul. A 500-800 bps Adaptive Vector Quantization Vocoder Using a Perceptually Motivated Distortion Measure. In *Conference Record, IEEE Globecom,* pages pp. 1079-1082. IEEE, 1982.

[155] A. Gersho and M. Yano. Adaptive Vector Quantization by Progressive Codevector Replacement. In *Proceedings ICASSP.* IEEE, 1985.

[156] M. Goldberg and H. Sun. Image Sequence Coding ... *IEEE Transactions on Communications,* COM-34:703-710, July 1986.

[157] O.T.-C. Chen, Z. Zhang, and B.J. Shen. An Adaptive High-Speed Lossy Data Compression. In *Proc. Data Compression Conference '92,* pages 349-355. IEEE, 1992.

[158] X. Wang, S.M. Shende, and K. Sayood. Online Compression of Video Sequences Using Adaptive Vector Quantization. In *Proceedings Data Compression Conference 1994.* IEEE, 1994.

[159] A.J. Viterbi and J.K. Omura. *Principles of Digital Communications and Coding.* McGraw-Hill, 1979.

[160] R.M. Gray. Vector Quantization. *IEEE Acoustics, Speech, and Signal Processing Magazine,* 1:4-29, April 1984.

[161] J. Makhoul, S. Roucos, and H. Gish. Vector Quantization in Speech Coding. *Proceedings of the IEEE,* 73:1551-1588, 1985.

[162] P. Swaszek. Vector Quantization. In I.F. Blake and H.V. Poor, editors, *Communications and Networks: A Survey of Recent Advances,* pages 362-389. Springer-Verlag, 1986.

[163] N.M. Nasrabadi and R.A. King. Image Coding Using Vector Quantization: A Review. *IEEE Transactions on Communications,* August 1988.

[164] C.C. Cutler. Differential Quantization for Television Signals. *U.S. Patent 2 605 361,* July 29, 1952.

[165] N.L. Gerr and S. Cambanis. Analysis of Adaptive Differential PCM of a Stationary Gauss-Markov Input. *IEEE Transactions on Information Theory,* IT-33:350-359, May 1987.

[166] H. Stark and J.W. Woods. *Probability, Random Processes, and Estimation Theory for Engineers.* 2nd edition, Prentice-Hall, 1994.

[167] J.D. Gibson. Adaptive Prediction in Speech Differential Encoding Systems. *Proceedings of the IEEE,* pages 488-525, April 1980.

[168] P.A. Maragos, R.W. Schafer, and R.M. Mersereau. Two Dimensional Linear Prediction and its Application to Adaptive Predictive Coding of Images. *IEEE Transactions on Acoustics, Speech, and Signal Processing,* ASSP-32:1213-1229, December 1984.

[169] J.D. Gibson, S.K. Jones, and J.L. Melsa. Sequentially Adaptive Prediction and Coding of Speech Signals. *IEEE Transactions on Communications,* COM-22:1789-1797, November 1974.

[170] B. Widrow, J.M. McCool, M.G. Larimore, and C.R. Johnson, Jr. Stationary and Nonstationary Learning Characteristics of the LMS Adaptive Filter. *Proceedings of the IEEE,* pages 1151-1162, August 1976.

[171] N.S. Jayant. Adaptive deltamodulation with one-bit memory. *Bell System Technical Journal,* pages 321-342, March 1970.

[172] R. Steele. *Delta Modulation Systems.* Halstead Press, 1975.

[173] R.L. Auger, M.W. Glancy, M.M. Goutmann, and A.L. Kirsch. The Space Shuttle Ground Terminal Delta Modulation System. *IEEE Transactions on Communications,* COM-26:1660-1670, November 1978. Part I of two parts.

[174] M.J. Shalkhauser and W.A. Whyte, Jr. Digital CODEC for Real Time Signal Processing at 1.8 bpp. In *Global Telecommunication Conference,* 1989.

[175] D.G. Luenberger. *Optimization by Vector Space Methods.* Series In Decision and Control. John Wiley & Sons Inc., 1969.

[176] B.B. Hubbard. *The World According to Wavelets.* Series In Decision and Control. A.K. Peters, 1996.

[177] B.P. Lathi. *Signal Processing and Linear Systems.* Berkeley Cambridge Press, 1998.

[178] W.H. Press, S.A. Teukolsky, W.T. Vettering, and B.P. Flannery. *Numerical Recipes in C.* 2nd edition, Cambridge University Press, 1992.

[179] H. Hotelling. Analysis of a complex of statistical variables into principal components. *Journal of Educational Psychology,* 24, 1933.

[180] H. Karhunen. Über Lineare Methoden in der Wahrscheinlich-Keitsrechunung. *Annales Academiae Fennicae, Series A,* 1947.

[181] M. Loéve. Fonctions Aléatoires de Seconde Ordre. In P. Lévy, editor, *Processus Stochastiques et Mouvement Brownien.* Hermann, 1948.

[182] H.P. Kramer and M.V. Mathews. A Linear Encoding for Transmitting a Set of Correlated Signals. *IRE Transactions on Information Theory,* IT-2:41–46, September 1956.

[183] J.-Y. Huang and P.M. Schultheiss. Block Quantization of Correlated Gaussian Random Variables. *IEEE Transactions on Communication Systems,* CS-11:289-296, September 1963.

[184] N. Ahmed and K.R. Rao. *Orthogonal Transforms for Digital Signal Processing.* Springer-Verlag, 1975.

[185] J.A. Saghri, A.J. Tescher, and J.T. Reagan. Terrain Adaptive Transform Coding of Multispectral Data. In *Proceedings International Conference on Geosciences and Remote Sensing (IGARSS '94),* pages 313-316. IEEE, 1994.

[186] P.M. Farrelle and A.K. Jain. Recursive Block Coding—A New Approach to Transform Coding. *IEEE Transactions on Communications,* COM-34:161-179, February 1986.

[187] M. Bosi and G. Davidson. High Quality, Low Rate Audio Transform Coding for Transmission and Multimedia Application. In *Preprint 3365, Audio Engineering Society.* AES, October 1992.

[188] F.J. MacWilliams and N.J.A. Sloane. *The Theory of Error Correcting Codes.* North-Holland, 1977.

[189] M.M. Denn. *Optimization by Variational Methods.* McGraw-Hill, 1969.

[190] P.A. Wintz. Transform Picture Coding. *Proceedings of the IEEE,* 60:809-820, July 1972.

[191] W.-H. Chen and W.K. Pratt. Scene Adaptive Coder. *IEEE Transactions on Communications,* COM-32:225-232, March 1984.

[192] H.S. Malvar. *Signal Processing with Lapped Transforms.* Artech House, Norwood, MA, 1992.

[193] J.P. Princen and A.P. Bradley. Analysis/Synthesis Filter Design Based on Time Domain Aliasing Cancellation. *IEEE Transactions on Acoustics Speech and Signal Processing,* ASSP-34:1153-1161, October 1986.

[194] M. Bosi and R.E. Goldberg. *Introduction to Digital Audio Coding and Standards.* Kluwer Academic Press, 2003.

[195] D.F. Elliot and K.R. Rao. *Fast Transforms—Algorithms, Analysis, Applications.* Academic Press, 1982.

[196] A.K. Jain. *Fundamentals of Digital Image Processing.* Prentice Hall, 1989.

[197] A. Crosier, D. Esteban, and C. Galand. Perfect Channel Splitting by Use of Interpolation/Decimation Techniques. In *Proc. International Conference on Information Science and Systems,* Patras, Greece, 1976. IEEE.

[198] J.D. Johnston. A Filter Family Designed for Use in Quadrature Mirror Filter Banks. In *Proceedings ICASSP,* pages 291-294. IEEE, April 1980.

[199] M.J.T. Smith and T.P. Barnwell III. A Procedure for Designing Exact Reconstruction Filter Banks for Tree Structured Subband Coders. In *Proceedings IEEE International Conference on Acoustics Speech and Signal Processing.* IEEE, 1984.

[200] P.P. Vaidyanathan. *Multirate Systems and Filter Banks.* Prentice Hall, 1993.

[201] H. Caglar. *A Generalized Parametric PR-QMF/Wavelet Transform Design Approach for Multiresolution Signal Decomposition.* Ph.D. thesis, New Jersey Institute of Technology, May 1992.

[202] A.K. Jain and R.E. Crochiere. Quadrature mirror filter design in the time domain. *IEEE Transactions on Acoustics, Speech, and Signal Processing,* 32:353-361, April 1984.

[203] F. Mintzer. Filters for Distortion-free Two-Band Multirate Filter Banks. *IEEE Transactions on Acoustics, Speech, and Signal Processing,* ASSP-33:626-630, June 1985.

[204] Y. Shoham and A. Gersho. Efficient Bit Allocation for an Arbitrary Set of Quantizers. *IEEE Transactions on Acoustics, Speech, and Signal Processing,* ASSP-36: 1445-1453, September 1988.

[205] J.W. Woods and T. Naveen. A Filter Based Bit Allocation Scheme for Subband Compression of HDTV. *IEEE Transactions on Image Processing,* IP-1:436-440, July 1992.

[206] M. Vetterli. Multirate Filterbanks for Subband Coding. In J.W. Woods, editor, *Sub-band Image Coding,* pages 43-100. Kluwer Academic Publishers, 1991.

[207] C.S. Burrus, R.A. Gopinath, and H. Guo. *Introduction to Wavelets and Wavelet Transforms.* Prentice Hall, 1998.

[208] J.M. Shapiro. Embedded Image Coding Using Zerotrees of Wavelet Coefficients. *IEEE Transactions on Signal Processing,* SP-41:3445-3462, December 1993.

[209] A. Said and W.A. Pearlman. A New Fast and Efficient Coder Based on Set Partitioning in Hierarchical Trees. *IEEE Transactions on Circuits and Systems for Video Technologies,* pages 243-250, June 1996.

[210] D. Taubman. *Directionality and Scalability in Image and Video Compression.* Ph.D. thesis, University of California at Berkeley, May 1994.

[211] D. Taubman and A. Zakhor. Multirate 3-D Subband Coding with Motion Compensation. *IEEE Transactions on Image Processing,* IP-3:572-588, September 1994.

[212] D. Taubman and M. Marcellin. *JPEG 2000: Image Compression Fundamentals, Standards and Practice.* Kluwer Academic Press, 2001.

[213] ISO/IEC IS 14496. Coding of Moving Pictures and Audio. [214] J. Watkinson. *The MPEG Handbook.* Focal Press, 2001.

[215] N. Iwakami, T. Moriya, and S. Miki. High Quality Audio-Coding at Less than 64 kbit/s by Using Transform Domain Weighted Interleave Vector Quantization TwinVQ. In *Proceedings ICASSP '95,* volume 5, pages 3095-3098. IEEE, 1985.

[216] K. Tsutsui, H. Suzuki, O. Shimoyoshi, M. Sonohara, K. Agagiri, and R.M. Heddle. ATRAC: Adaptive Transform Acoustic Coding for MiniDisc. In *Conference Records Audio Engineering Society Convention.* AES, October 1992.

[217] D. Pan. A Tutorial on MPEG/Audio Compression. *IEEE Multimedia,* 2:60-74, 1995.

[218] T. Painter and A. Spanias. Perceptual Coding of Digital Audio. *Proceedings of the IEEE,* 88:451-513, 2000.

[219] H. Dudley and T.H. Tarnoczy. Speaking machine of Wolfgang Von Kempelen. *Journal of the Acoustical Society of America,* 22:151-166, March 1950.

[220] A. Gersho. Advances in speech and audio compression. *Proceedings of the IEEE,* 82:900-918, 1994.

[221] B.S. Atal, V. Cuperman, and A. Gersho. *Speech and Audio Coding for Wireless and Network Applications.* Kluwer Academic Publishers, 1993.

[222] S. Furui and M.M. Sondhi. *Advances in Speech Signal Processing.* Marcel Dekker Inc., 1991.

[223] H. Dudley. Remaking speech. *Journal of the Acoustical Society of America,* 11: 169-177, 1939.

[224] D.C. Farden. Solution of a Toeplitz Set of Linear Equations. *IEEE Transactions on Antennas and Propagation, 1977.*

[225] N. Levinson. The Weiner RMS error criterion in filter design and prediction. *Journal of Mathematical Physics,* 25:261-278, 1947.

[226] J. Durbin. The Fitting of Time Series Models. *Review of the Institute Inter. Statist.* 28:233-243, 1960.

[227] P.E. Papamichalis. *Practical Approaches to Speech Coding.* Prentice-Hall, 1987.

[228] J.D. Gibson. On Reflection Coefficients and the Cholesky Decomposition. *IEEE Transactions on Acoustics, Speech, and Signal Processing,* ASSP-25:93-96, February 1977.

[229] M.R. Schroeder. Linear Predictive Coding of Speech: Review and Current Directions. *IEEE Communications Magazine,* 23:54-61, August 1985.

[230] B.S. Atal and J.R. Remde. A New Model of LPC Excitation for Producing Natural Sounding Speech at Low Bit Rates. In *Proceedings IEEE International Conference on Acoustics, Speech, and Signal Processing,* pages 614-617. IEEE, 1982.

[231] P. Kroon, E.F. Deprettere, and R.J. Sluyter. Regular-Pulse Excitation—A Novel Approach to Effective and Efficient Multipulse Coding of Speech. *IEEE Transactions on Acoustics, Speech, and Signal Processing,* ASSP-34:1054-1063, October 1986.

[232] K. Hellwig, P. Vary, D. Massaloux, and J.P. Petit. Speech Codec for European Mobile Radio System. In *Conference Record, IEEE Global Telecommunication Conference,* pages 1065-1069. IEEE, 1989.

[233] J.P. Campbell, V.C. Welch, and T.E. Tremain. An Expandable Error Protected 4800 bps CELP Coder (U.S. Federal Standard 4800 bps Voice Coder). In *Proceedings International Conference on Acoustics, Speech and Signal Processing,* pages 735-738. IEEE, 1989.

[234] J.P. Campbell, Jr., T.E. Tremain, and V.C. Welch. The DOD 4.8 KBPS Standard (Proposed Federal Standard 1016). In B.S. Atal, V. Cuperman, and A. Gersho, editors, *Advances in Speech Coding,* pages 121-133. Kluwer, 1991.

[235] J.-H. Chen, R.V. Cox, Y.-C. Lin, N. Jayant, and M. Melchner. A low-delay CELP coder for the CCITT 16 kb/s speech coding standard. *IEEE Journal on Selected Areas in Communications,* 10:830-849, 1992.

[236] R.J. McAulay and T.F. Quatieri. Low-Rate Speech Coding Based on the Sinusoidal Model. In S. Furui and M.M. Sondhi, editors, *Advances in Speech Signal Processing,* Chapter 6, pages 165-208. Marcel-Dekker, 1992.

[237] D.W. Griffin and J.S. Lim. Multi-band excitation vocoder. *IEEE Transactions on Acoustics, Speech and Signal Processing,* 36:1223-1235, August 1988.

[238] M.F. Barnsley and A.D. Sloan. Chaotic Compression. *Computer Graphics World,* November 1987.

[239] A.E. Jacquin. *A Fractal Theory of Iterated Markov Operators with Applications to Digital Image Coding.* Ph.D. thesis, Georgia Institute of Technology, August 1989.

[240] A.E. Jacquin. Image coding based on a fractal theory of iterated contractive image transformations. *IEEE Transactions on Image Processing,* 1:18-30, January 1992.

[241] H. Samet. *The Design and Analysis of Spatial Data Structures.* Addison-Wesley, Reading, MA, 1990.

[242] Y. Fisher ed. *Fractal Image Compression: Theory and Applications.* Springer-Verlag, 1995.

[243] D. Saupe, M. Ruhl, R. Hamzaoui, L. Grandi, and D. Marini. Optimal Hierarchical Partitions for Fractal Image Compression. In *Proc. IEEE International Conference on Image Processing.* IEEE, 1998.

[244] J. Makhoul. Linear Prediction: A Tutorial Review. *Proceedings of the IEEE,* 63: 561-580, April 1975.

[245] T. Adamson. *Electronic Communications.* Delmar, 1988.

[246] C.S. Choi, K. Aizawa, H. Harashima, and T. Takebe. Analysis and synthesis of facial image sequences in model-based image coding. *IEEE Transactions on Circuits and Systems for Video Technology,* 4:257-275, June 1994.

[247] H. Li and R. Forchheimer. Two-view facial movement estimation. *IEEE Transactions on Circuits and Systems for Video Technology,* 4:276-287, June 1994.

[248] G. Bozdagi, A.M. Tekalp, and L. Onural. 3-D motion estimation and wireframe adaptation including photometric effects for model-based coding of facial image sequences. *IEEE Transactions on Circuits and Systems for Video Technology,* 4:246-256, June 1994.

[249] P. Ekman and W.V. Friesen. *Facial Action Coding System.* Consulting Psychologists Press, 1977.

[250] K. Aizawa and T.S. Huang. Model-based image coding: Advanced video coding techniques for very low bit-rate applications. *Proceedings of the IEEE,* 83: 259-271, February 1995.

[251] L. Chiariglione. The development of an integrated audiovisual coding standard: MPEG. *Proceedings of the IEEE,* 83:151-157, February 1995.

[252] ISO/IEC IS 11172. Information Technology—Coding of Moving Pictures and Associated Audio for Digital Storage Media up to about 1.5 Mbits/s.

[253] ISO/IEC IS 13818. Information Technology—Generic Coding of Moving Pictures and Associated Audio Information.

[254] ITU-T Recomendation H.263. Video Coding for Low Bit Rate Communication, 1998.

[255] T. Wiegand, G.J. Sullivan, G. Bjontegaard, and A. Luthra. Overview of the H.264/AVC video coding standard. *IEEE Transaction on Circuits and Systems for Video Technology,* 13:560-576, 2003.

[256] D. Marpe, H. Schwarz, and T. Wiegand. Context based adaptive binary arithmetic coding in the H.264/AVC video coding standard. *IEEE Transaction on Circuits and Systems for Video Technology,* 13:620-636, 2003.

[257] G. Karlsson and M. Vetterli. Packet video and its integration into the network architecture. *IEEE Journal on Selected Areas in Communications,* 7:739-751, June 1989.

[258] Y.-C. Chen, K. Sayood, and D.J. Nelson. A robust coding scheme for packet video. *IEEE Transactions on Communications,* 40:1491-1501, September 1992.

[259] M.C. Rost and K. Sayood. A Progressive Data Compression Scheme Based on Adaptive Transform Coding. In *Proceedings 31st Midwest Symposium on Circuits and Systems,* pages 912-915. Elsevier, 1988.

[260] J. Watkinson. *The Art of Digital Video.* Focal Press, 1990.

[261] J.L. Mitchell, W.B. Pennebaker, C.E. Fogg, and D.J. LeGall. *MPEG Video Compression Standard.* Chapman and Hall, 1997.

[262] M.V. Eyuboglu and G.D. Forney, Jr. Lattice and Trellis Quantization with Lattice and Trellis Bounded Codebooks—High Rate Theory for Memoryless Sources. *IEEE Transactions on Information Theory,* IT-39, January 1993.

最有希望的成功者，
不一定有很大的才幹，
卻是最能善用每一時機去開拓的人。

最有希望的成功者，
不一定有很大的才幹，
卻是最能善用每一時機去開拓的人。

資料壓縮(第三版)
Introduction to Data Compression
3rd Edition

國家圖書館出版品預行編目資料

資料壓縮 / Khalid Sayood 原著；吳俊霖編譯.
-- 初版 . -- 臺北縣土城市： 全華圖書，民
97.04
　面 ； 公分
參考書目：面
　譯自 ： Introduction to data compression,
3rd ed.

　ISBN 978-957-21-6308-5 （平裝）

1. 資料壓縮

312.74　　　　　　　　　　97005571

資料壓縮(第三版)
Introduction to Date Compression, 3rd Edition

原出版社　Elsevier Inc.
原　　著　Khalid Sayood
編　　譯　吳俊霖
執行編輯　王文彥
發 行 人　陳本源
出 版 者　全華圖書股份有限公司
地　　址　23671 台北縣土城市忠義路 21 號
電　　話　(02) 2262-5666　 (總機)
傳　　眞　(02) 2262-8333
郵政帳號　0100836-1 號
圖書編號　06019
初版一刷　97 年 4 月
定　　價　新台幣 850 元
I S B N　　978-957-21-6308-5　（平裝）

有著作權・侵害必究

全華圖書
www.chwa.com.tw
book@ms1.chwa.com.tw

全華科技網 OpenTech
www.opentech.com.tw